微课版

设计必修课：中文版Illustrator CC 2022图形设计教程

卢斌 编著

電子工業出版社
Publishing House of Electronics Industry
北京·BEIJING

内容简介

本书从实用的角度出发，全面、系统地讲解了Illustrator CC的各项功能和使用方法。书中内容基本涵盖了Illustrator CC的主要工具和重要功能，并将多个精彩实例贯穿于全书讲解过程中，操作一目了然，语言通俗易懂，使读者很容易达到良好的自学效果。

本书配套资源不但提供了书中所有实例的源文件和素材，还提供了所有实例的多媒体教学视频，读者可扫描二维码下载观看，让新手从零起步，快速跨入高手行列。

本书案例丰富、讲解细致，注重激发读者的学习兴趣和培养动手能力，可作为自学参考书，适合平面设计人员、动画制作人员、网页设计人员、大中专院校学生及图片处理爱好者等参考阅读。

图书在版编目（CIP）数据

设计必修课 : 中文版Illustrator CC 2022图形设计教程 : 微课版 / 卢斌编著.
北京 : 电子工业出版社,2023.4
ISBN 978-7-121-45251-2

Ⅰ. ①设… Ⅱ. ①卢… Ⅲ. ①图形软件－教材 Ⅳ. ①TP391.412

中国国家版本馆CIP数据核字(2023)第046077号

责任编辑：陈晓婕
印　　刷：天津善印科技有限公司
装　　订：天津善印科技有限公司
出版发行：电子工业出版社
　　　　　北京市海淀区万寿路173信箱　邮编：100036
开　　本：720×1000　1/16　印张：23.25　字数：669.6千字
版　　次：2023年4月第1版
印　　次：2023年4月第1次印刷
定　　价：98.90元

凡所购买电子工业出版社图书有缺损问题，请向购买书店调换。若书店售缺，请与本社发行部联系，联系及邮购电话：（010）88254888，88258888。

质量投诉请发邮件至zlts@phei.com.cn，盗版侵权举报请发邮件至dbqq@phei.com.cn。

本书咨询联系方式：（010）88254161~88254167转1897。

前　言

Illustrator是Adobe公司推出的一款优秀的矢量绘图软件，可以为用户迅速生成用于印刷、多媒体、Web页面和移动端UI的超凡图形。一直以来，Illustrator深受世界各地设计人员的青睐，它现在几乎可以与所有的平面、网页、动画等设计软件完美地结合，包括InDesign、Photoshop、Dreamweaver及After Effects等，这使得Illustrator能够横跨平面、网页与多媒体等设计环境。因此，不论读者是哪个领域的设计人员，Illustrator都将是你最好的助手！

为了帮助用户快速、系统地掌握Illustrator软件，我们特别策划并编写了本书。本书按照循序渐进、由浅入深的讲解方式，全面细致地介绍了Illustrator CC的各项功能及应用技巧，内容起点低、操作上手快、语言简洁、技术全面、资源丰富。每个知识点都配有精心挑选的实例进行分析讲解，针对性强，便于用户在边阅读边练习的过程中逐步熟悉软件的操作方法。

本书内容

本书是初学者快速入门并精通Illustrator CC的经典教程和指南。全书从实用的角度出发，全面、系统地讲解了Illustrator CC的各项功能和使用方法，书中内容基本涵盖了Illustrator CC的全部工具和重要功能。在介绍技术知识的同时，本书还精心安排了大量具有针对性的实例，以帮助用户轻松、快速地掌握软件的使用方法和使用技巧。

本书共分为15章，第1章 熟悉Illustrator CC；第2章 Illustrator CC的优化与辅助功能；第3章 Illustrator CC基本操作；第4章 绘图的基本操作；第5章 对象的变换与高级操作；第6章 色彩的选择与使用；第7章 绘画的基本操作；第8章 绘图的高级操作；第9章 3D对象的创建与编辑；第10章 文字的创建与编辑；第11章 创建与编辑图表；第12章 样式、效果和外观；第13章 作品的输出与打印；第14章 移动UI设计应用案例；第15章 平面设计应用案例。

本书特点

全书内容丰富、条理清晰，通过15章的内容，为读者全面介绍了Illustrator CC 的几乎所有功能和知识点，采用理论知识与实战案例相结合的方法，使知识融会贯通。

- 语言通俗易懂、内容丰富、版式新颖，几乎涵盖了Illustrator的所有知识点。
- 实用性强，采用理论知识与实战操作相结合的方式，使读者能够更好地理解并掌握使用Illustrator绘图和绘画的方法和技巧。
- 在知识点和案例的讲解过程中穿插了专家提示和操作技巧等栏目，使读者能够更好地对知识点进行归纳吸收。
- 每一个案例的制作过程都配有相关视频教程和素材，步骤详细，使读者轻松掌握。
- 删除了知识点中的大量参数，降低读者的阅读难度。

本书适合正准备学习或者正在学习Illustrator的初中级读者。本书充分考虑到初学者可能遇到的困难，讲解全面深入，结构安排循序渐进，使读者在掌握了知识要点后能够有效总结，并通过案例的制作巩固所学知识，提高学习效率。

本书作者

本书由张晓景编写，由于时间较为仓促，书中难免有疏漏之处，在此敬请广大读者朋友批评、指正。

编　者

目 录

第4章 绘图的基本操作

第5章 对象的变换与高级操作

第6章 色彩的选择与使用

第7章 绘画的基本操作

第8章 绘图的高级操作

第9章 3D对象的创建与编辑

第10章 文字的创建与编辑

第11章 创建与编辑图表

第12章 样式、效果和外观

第13章 作品的输出与打印

第14章 移动UI设计应用案例

第15章 平面设计应用案例

读 者 服 务

读者在阅读本书的过程中如果遇到问题，可以关注“有艺”微信公众号，通过公众号与我们取得联系。此外，通过关注“有艺”公众号，还可以获取更多的新书资讯、书单推荐、优惠活动等相关信息。

扫一扫关注“有艺”

资源下载方法：关注“有艺”公众号，在“有艺学堂”的“资源下载”中获取下载链接。如果遇到无法下载的情况，可以通过以下 3 种方式与我们取得联系。

1. 关注“有艺”公众号，通过“读者反馈”功能提交相关信息。
2. 请发送邮件至 art@phei.com.cn，邮件标题命名方式为：资源下载 + 书名。
3. 读者服务热线：（010）88254161~88254167 转 1897。

投稿、团购合作：请发送邮件至 art@phei.com.cn。

第1章 熟悉 Illustrator CC

Point

Learning Objectives
学习重点

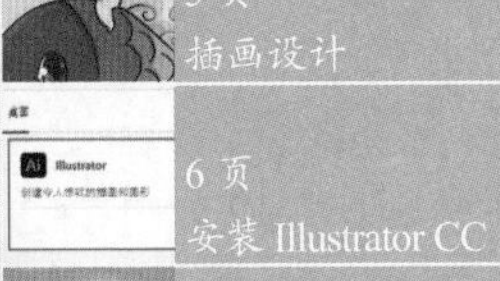

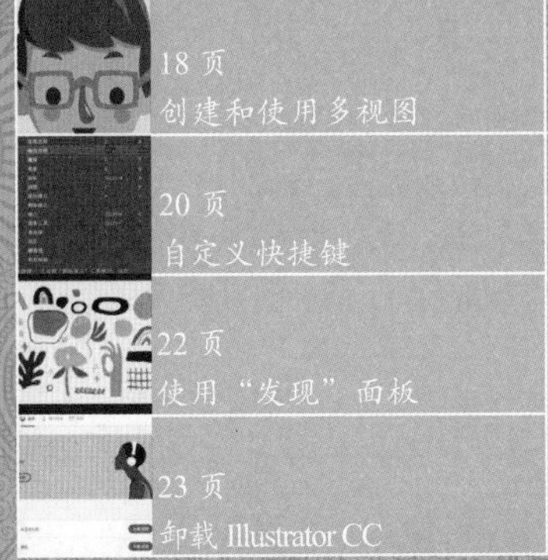

Illustrator是Adobe公司开发的一款矢量绘图软件，可完成UI设计、插画、印刷排版及多媒体制作等工作。本章将针对Illustrator CC的基础知识进行讲解，帮助读者快速了解并掌握Illustrator CC的基础内容。

1.1 矢量图与位图

计算机中的图形和图像是以数字的方式记录、处理和存储的。按照用途可以将它们分为矢量图形和位图图像。人们在生活中看到的图像大部分都是位图，如画报、照片和书籍等。矢量图一般被应用到专业领域，如VI设计、图标设计和二维动画制作等。

1.1.1 位图图像

位图也称为点阵图，它由许许多多的点组成，这些点被称为像素。位图图像可以表现丰富的色彩变化并产生逼真的效果，很容易在不同软件之间交换使用，但它在保存图像时需要记录每一个像素的色彩信息，所以占用的存储空间较大，在进行旋转或缩放时边缘会产生锯齿。图1-1所示为位图图像及其图像局部放大后观察到的锯齿效果。

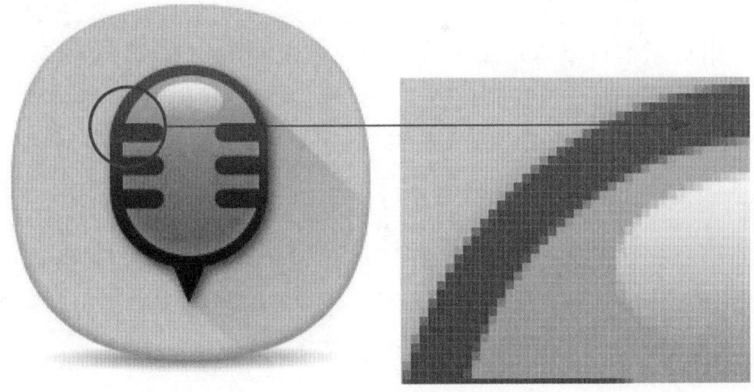

图1-1 位图图像及其放大效果

提示 位图只要有足够多的不同色彩的像素，就可以制作出色彩丰富的图像，逼真地表现自然界中的景象。但位图在进行缩放和旋转时容易失真，同时文档容量较大。

1.1.2 矢量图像

矢量图通过数学的向量方式进行计算，使用这种方式记录的文档所占用的存储空间很小，由于它与分辨率无关，所以在进行旋转

和缩放等操作时，可以保持对象光滑无锯齿。图1-2所示为矢量图及其放大后的效果。

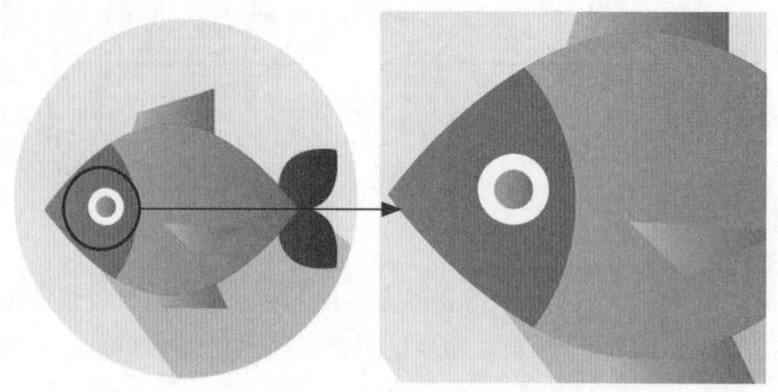

图1-2 矢量图及其放大效果

矢量图的缺点是图像色彩变化较少，颜色过渡不自然，并且绘制出来的图像也不是很逼真。但由于矢量图体积小、可任意缩放，被广泛应用在动画制作和广告设计中。

1.1.3 分辨率

位图图像的清晰度和其本身的分辨率有直接关系。分辨率是指每单位长度内所包含的像素数量，通常以“像素/英寸”为单位。单位长度内的像素数量越大，分辨率越高，图像的输出品质也就越好。常用的分辨率有3种，分别介绍如下。

图像分辨率

指位图图像中每英寸内像素的数量，常用ppi表示。高分辨率的图像比同等打印尺寸的低分辨率的图像包含的像素更多，因此像素点更小。例如分辨率为72ppi的1英寸×1英寸的图像总共包含5184个像素（72×72=5184），而同样是1英寸×1英寸，分辨率为300ppi的图像总共包含9万个像素。图像采用何种分辨率，最终要以发布媒体来决定，如果图像仅用于在线显示，则分辨率只需匹配典型显示器分辨率（72ppi或96ppi）；如果要将图像用于印刷，若分辨率太低会出现像素化，这时的图像分辨率需要达到300ppi。

显示器分辨率

指显示器每单位长度所能显示的像素或点的数目，以每英寸含有多少点来计算，常用dpi表示。显示器分辨率由显示器的大小、显示器像素的设定和显卡的性能决定。一般计算机显示器的分辨率为72dpi。

打印机分辨率

指打印机每英寸产生的墨点数量，常用dpi表示。多数桌面激光打印机的分辨率为600dpi，而照排机的分辨率为1200dpi或更高。大多数喷墨打印机的分辨率约为300~720dpi。打印机的分辨率越高，打印输出的效果越好，耗墨也会越多。

1.2 Illustrator的诞生与发展

Adobe Illustrator是Adobe公司推出的矢量图形制作软件，最初是为苹果公司麦金塔计算机而设计开发的，于1987年1月发布，在此之前它只是Adobe内部的字体开发和PostScript编辑软件。Illustrator各版本的发布时间及特点如表1-1所示。

表1-1 Illustrator各版本发布时间及特点

版本	发布时间	特点
1.0	1986年	无缝地与Illustrator一起工作，允许打印
1.1	1987年	该版本包含一个录像带，内容是Adobe创始人约翰·沃尔诺克对软件特征的宣传
2.0	1988年	第一个视窗系统版本
3.0	1989年	注重并加强了文本排版功能，包括“沿曲线排列文本”功能
4.0	1992年	第一次支持预览模式
5.0	1993年	西文中的TrueType文字可以曲线化
5.5	1994年	加强了文字编辑的功能，显示出AI的强大魅力
6.0	1996年	在路径编辑上做了一些改变
7.0	1997年	界面变化太大，是最不受欢迎的版本，开始支持插件
8.0	1998年	新增了“动态混合”“笔刷”“渐变网络”等功能
9.0	2000年	新增了“透明效果”“保存Web格式”“外观”等功能
10.0	2001年	新增了“封套”“符号”“切片”等功能
CS	2002年	全新软件界面
CS2	2003年	新增了“动态描摹”“动态上色”“控制面板”和自定义工作空 间等功能
CS3	2007年	新增了“动态色彩面板”和“与Flash的整合”等功能
CS4	2008年	新增了“斑点画笔工具”“渐变透明效果”“椭圆渐变”“支持多个画板”“显示渐变”等功能
CS5	2010年	可以在透视中实现精准的绘图、创建宽度可变的描边、使用逼真的画笔上色，充分利用与新的Adobe CS Live在线服务的集成
CS6	2012年	可以有更大的内存支持，运算能力更强
CC	2013年	新增了“触控文字工具”“以影像为笔刷”“字体搜寻”“同步设定”“多个档案位置”“CSS 摘取”“同步色彩”“区域和点状文字转换”“用笔刷自动制作角位的样式”“创作时自由转换”等功能
CC 2014 ~ CC 2022	2014年~2022年	软件功能日益强大，逐渐涉及网页设计、UI设计和多媒体制作领域

图1-3所示为Illustrator早期版本的启动界面。

Illustrator 1.1

Illustrator 4.1

Illustrator 7.0

Illustrator CS2

Illustrator CS3

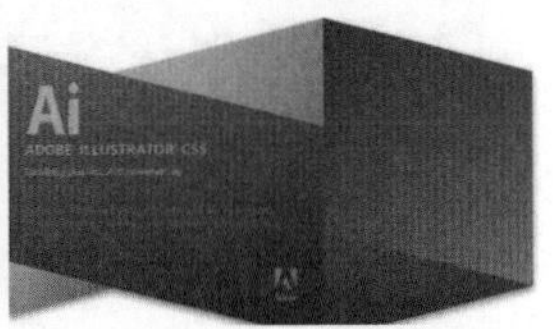

Illustrator CS5

图1-3 Illustrator早期版本的启动界面

1.3 Illustrator的应用领域

作为一款非常实用的矢量图像绘制工具，Adobe Illustrator被广泛应用于印刷出版、海报书籍排版、专业插画绘制、多媒体图像处理和互联网页面制作中。

1.3.1 平面广告设计

平面广告设计是Illustrator应用最广泛的领域，无论是印刷媒体上的精美广告还是街上看到的招贴或海报，这些印刷品都可以使用Illustrator制作完成。图1-4所示为使用Illustrator制作的平面广告作品。

图1-4 使用Illustrator制作的平面广告作品

1.3.2 排版设计

利用Illustrator中的“画板”功能，可以完成具有多页版式的设计工作。通过将图形与文字完美结合，制作出具有创意的版面效果。在编辑过程中，软件具有的图片链接功能，使设计师可以轻松地在Illustrator和Photoshop之间相互切换。图1-5所示为使用Illustrator制作的六折页排版作品。

图1-5 使用Illustrator制作的六折页排版作品

1.3.3 插画设计

使用Illustrator可以轻松绘制各种风格的插画，包括绘制元素复杂冗余的写实风格插画、精致美观的抽象风格插画、传统的油画和水彩风格插画，以及现代潮流风格的插画。图1-6所示为使用Illustrator绘制的插画作品。

图1-6 使用Illustrator绘制的插画作品

1.3.4 UI设计

随着互联网技术的日益成熟，设计师除了可以使用Illustrator完成网页设计，还可以利用它完成移动端App UI的设计与制作。使用符号及编辑功能，为App UI设计提供了强大的技术支持。图1-7所示为使用Illustrator绘制的UI图标效果。

图1-7 使用Illustrator绘制的UI图标效果

1.3.5 Logo设计

Illustrator为矢量绘图软件，使用其绘制的图形可以被随意地放大和缩小，而不会影响绘制图形的显示质量。通过Illustrator提供的众多功能，设计师可以发挥想象，跟随灵感轻松地完成Logo设计。图1-8所示为使用Illustrator绘制的企业Logo。

图1-8 使用Illustrator绘制的企业Logo

1.3.6 包装设计

包装设计中包含平面构成、色彩构成、立体构成和字体设计等诸多内容，是一门综合性较强的设计领域。使用Illustrator中的曲线编辑功能和填充图案功能，可以轻松完成各种产品包装的设计。图1-9所示为使用Illustrator设计的包装设计效果图。

图1-9 使用Illustrator设计的包装设计效果图

1.4 Illustrator CC的安装与启动

在使用Illustrator CC之前，先要安装该软件。安装（或卸载）前应关闭系统中当前运行的Adobe相关程序，Illustrator的安装过程并不复杂，用户只需根据提示信息即可完成操作。

1.4.1 应用案例——安装Illustrator CC

源文件：无

素　材：无

技术要点：掌握【安装】Illustrator CC的方法

扫描查看演示视频

STEP 01 打开浏览器，在地址栏中输入 www.adobe.com/cn，进入 Adobe 官网。单击官网页面顶部的“帮助与支持”菜单，选择“下载并安装”选项，如图 1-10 所示。

STEP 02 在打开的页面中选择 Creative Cloud 选项，如图 1-11 所示。

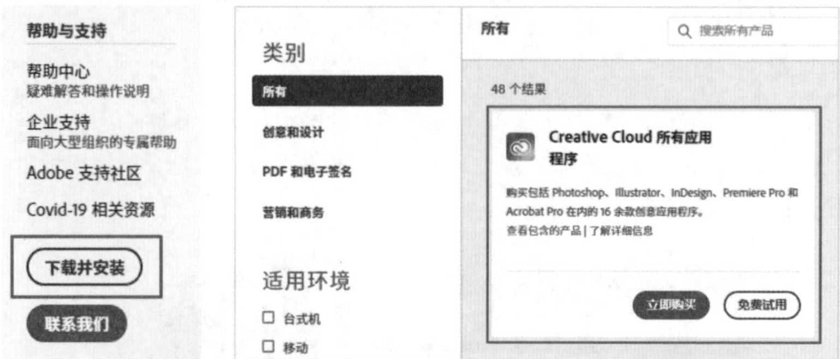

图1-10 选择“下载并安装”选项　　图1-11 选择Creative Cloud选项

STEP 03 下载 Creative_Cloud.exe 文档并安装，完成安装后，在桌面上或“开始”菜单中找到 Adobe Creative Cloud 图标，打开“Creative Cloud Desktop”对话框，如图 1-12 所示。

STEP 04 单击 Illustrator 选项下面的“试用”按钮，稍等片刻即可完成 Illustrator CC 的安装，如图 1-13 所示。在“开始”菜单中选择“Adobe Illustrator CC”命令，启动该软件。

图1-12 “Creative Cloud Desktop”对话框

图1-13 安装完成

第一次启动 Adobe Creative Cloud 时，系统会要求用户输入 Adobe ID 和密码。Adobe ID 是 Adobe 公司提供给用户的 Adobe 账号，使用 Adobe ID 可以登录 Adobe 网站论坛、Adobe 资源中心并对软件进行更新等。在安装界面和软件的欢迎界面，用户可以通过 Adobe ID 购买软件的正式版本。

1.4.2 使用Adobe Creative Cloud Cleaner

如果用户没有采用正确的方式卸载软件，再次安装软件时会提示无法安装软件。用户可以登录Adobe官网下载Adobe Creative Cloud Cleaner工具，清除错误后再次安装。此工具可以删除产品预发布安装的安装记录，并且不影响产品早期版本的安装。

下载Adobe Creative Cloud Cleaner 后双击启动工具，按【E】键，再按【Enter】键，如图1-14所示，确定语言版本。按【Y】键，再按【Enter】键，选择清除版本，如图1-15所示。

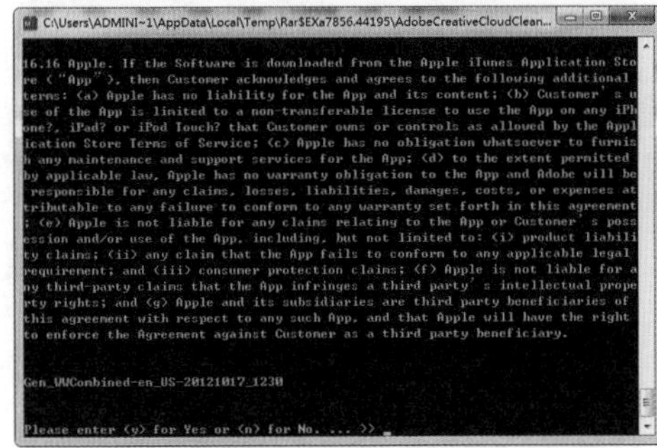

图1-14 确定语言版本

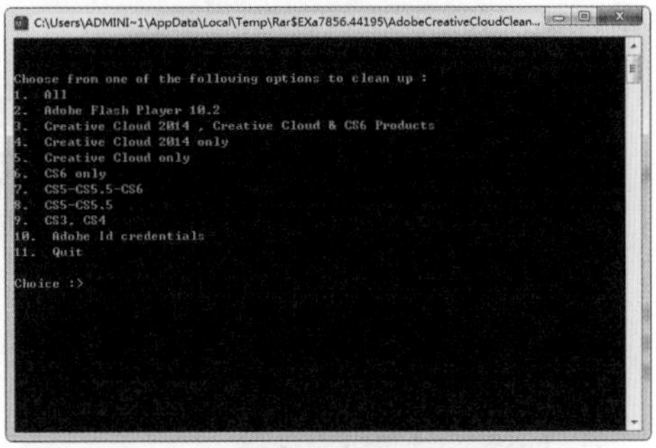

图1-15 选择清除版本

按【1】键，再按【Enter】键，进入如图1-16所示的界面。按【3】键，再按【Enter】键；按【Y】键，再按【Enter】键，稍等片刻即可完成清理操作，如图1-17所示。完成清理操作后重新安装软件即可。

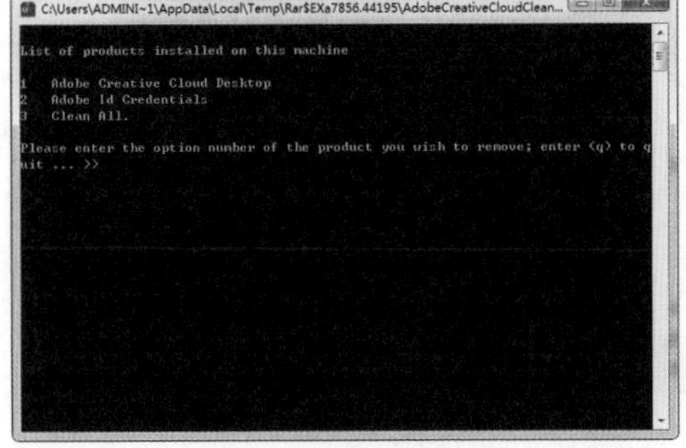

图1-16 选择清除内容

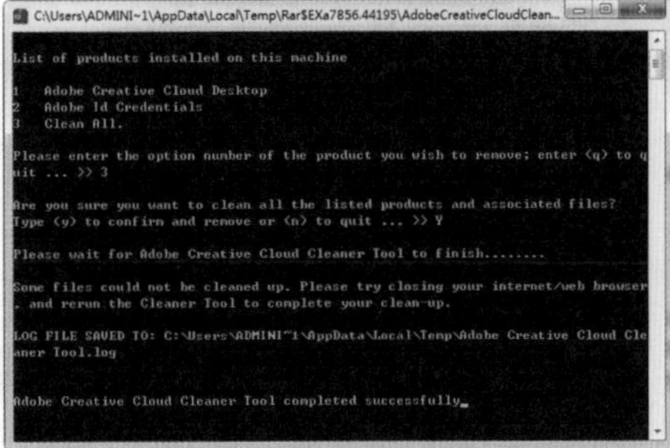

图1-17 完成清理操作

1.4.3 启动Illustrator CC

安装完成后，双击桌面上该软件的快捷方式，或者在“开始”菜单中选择Adobe Illustrator CC 2022的启动程序，即可进入Illustrator CC 2022的启动界面，如图1-18所示。读取完成后，即可进入该软件的主页界面，如图1-19所示。

图1-18 Illustrator CC 2022的启动界面

图1-19 Illustrator的主页界面

1.5 Illustrator CC的操作界面

Illustrator CC的操作界面与以前的版本相比有了很多改进，图像处理区域更加开阔，文档的切换也变得更加快捷。

Illustrator CC的操作界面中包含菜单栏、“控制”面板、标题栏、工具箱、文档窗口、状态栏和面板等，如图1-20所示。

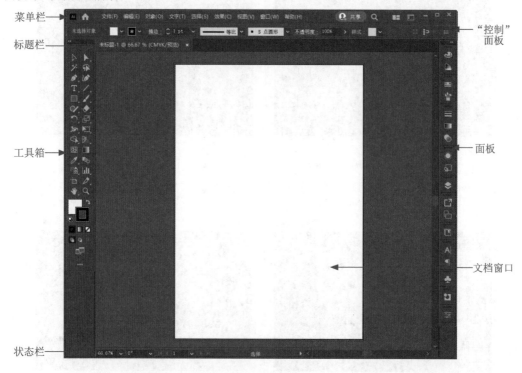

图1-20 Illustrator CC的操作界面

1.5.1 菜单栏

Illustrator CC中包含9个主菜单，如图1-21所示。Illustrator中几乎所有的命令都按照类别排列在这些菜单中，每一个菜单都包含不同的功能和命令，它们是Illustrator的重要组成部分。

图1-21 菜单栏

单击一个菜单名称即可打开该菜单，在菜单中使用分割线区分不同功能的命令，带有❯标记的命令表示其包含扩展菜单，如图1-22所示。

选择菜单中的一个命令即可执行该命令。如果命令后面带有快捷键，如图1-23所示，则按下对应的快捷键即可快速执行该命令。在文档窗口的空白处或任意一个对象上单击鼠标右键，将弹出快捷菜单，如图1-24所示。

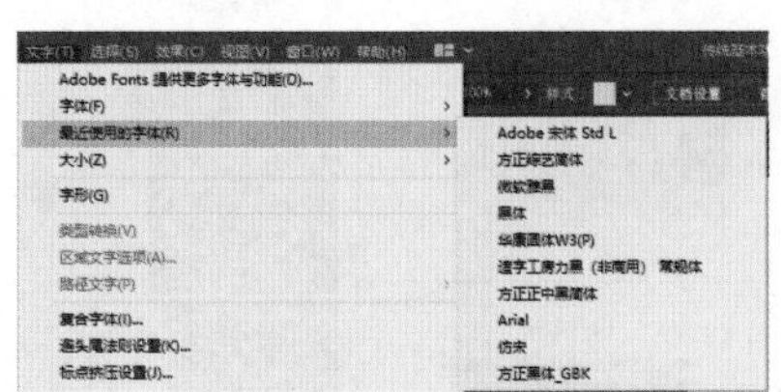

图1-22 打开菜单命令

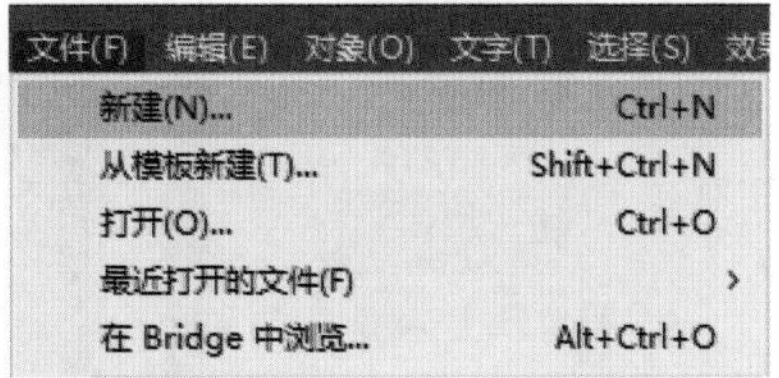

图1-23 命令后面带有快捷键

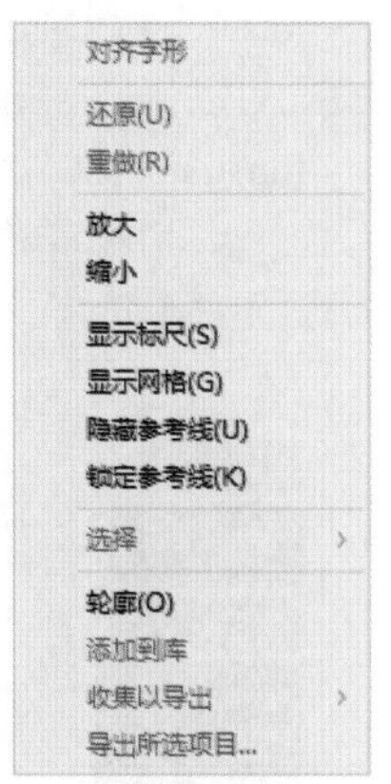

图1-24 快捷菜单

有些命令的名称后面包含一个显示字母的括号，表示另一种使用方式。首先按住【Alt】键，再按主菜单括号中的字母键，即可打开该菜单，再按命令后面括号中的字母键，即可执行该命令。

? 疑问解答 为什么菜单中有些菜单是灰色的?

菜单中的很多命令只针对特殊对象。如果某一个菜单命令显示为灰色，则代表当前选中对象不能执行该命令。例如，选中一个图形对象，则“文字”菜单中的“路径文字”菜单为灰色不可用状态。

1.5.2 “控制”面板

“控制”面板是用来设置工具选项的，根据所选工具的不同，“控制”面板中的内容也不同。例如，使用“矩形工具”绘制图形时，其“控制”面板如图1-25所示；而使用“钢笔工具”绘制图形时，其“控制”面板如图1-26所示。

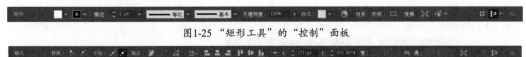

图1-25 “矩形工具”的“控制”面板

图1-26 “钢笔工具”的“控制”面板

执行“窗口”→“控制”命令，可以显示或隐藏“控制”面板。单击“控制”面板最右侧的☰图标，可以在打开的面板中选择将“控制”面板显示在窗口顶部还是窗口底部，如图1-27所示；选择“停放到底部”命令，“控制”面板将显示在软件底部，如图1-28所示。

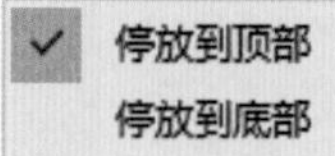

图1-27 选择停放选项

图1-28 “控制”面板显示在软件底部

1.5.3 工具箱

Illustrator CC的工具箱中包含了所有用于创建和编辑图形的工具。单击工具箱左上角的双箭头按钮，可以使工具箱的显示方式在“单排”和“双排”显示之间切换。

Illustrator CC的工具箱中提供了87种工具，其中包含了选择、改变形状、绘制、符号、图表、文字、上色、切片和剪切，以及移动和缩放等9类工具，由于工具过多，一些工具被隐藏起来，工具箱中只显示部分工具，并且按类区分。图1-29所示为Illustrator CC工具箱中的所有工具。

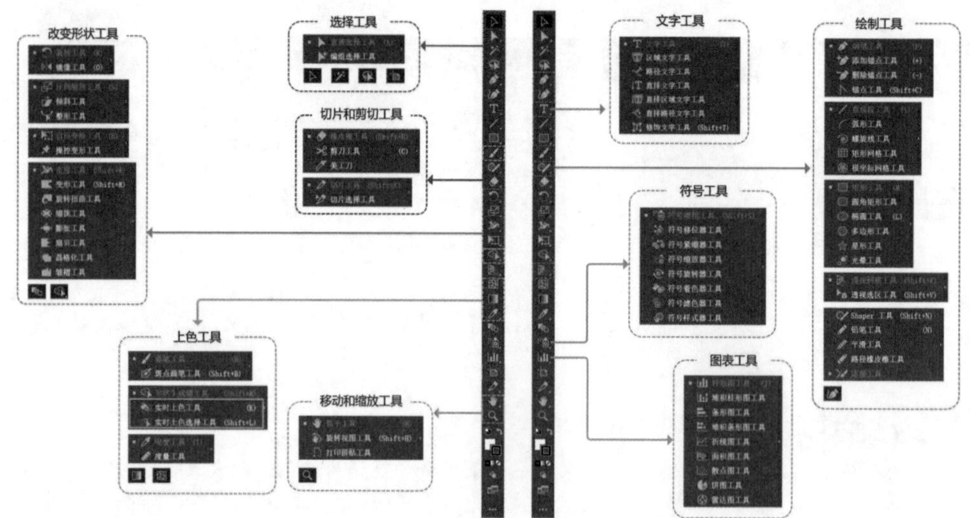

图1-29 工具箱中的9类工具

启动Illustrator CC后，工具箱默认显示在工作界面左侧，将光标移动到工具箱顶部如图1-30所示的位置，按住鼠标左键并拖曳，即可将工具箱移动到窗口的任意位置。

单击工具箱中的一个工具按钮，即可选择该工具。如果工具图标右下角有三角形图标，表示其是一个工具组。在该工具按钮上按住鼠标左键或者单击鼠标右键，即可显示工具组，如图1-31所示；在工具组中移动光标单击想要使用的工具，即可选中该工具。单击工具组右侧如图1-32所示的位置，即可浮动显示该工具组。

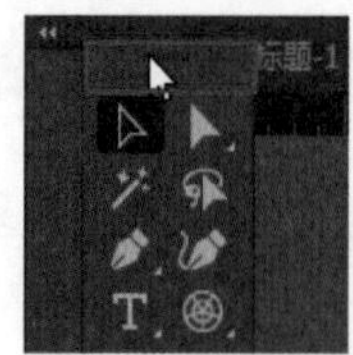

图1-30 移动工具箱

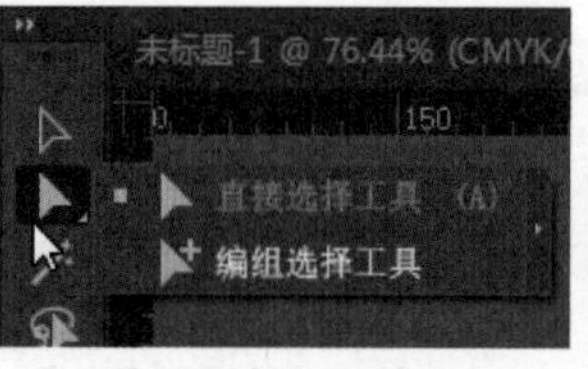

图1-31 使用工具组

图1-32 浮动显示工具组

? 疑问解答 如何快速选择工具?

将光标停留在工具图标上稍等片刻，即可显示关于该工具的名称及快捷键提示。通过按快捷键可以快速选择该工具。按【Shift+ 工具快捷键】组合键，可以依次选择隐藏的工具。按住【Alt】键的同时，在包含隐藏工具的按钮上单击，也可以依次选择隐藏工具。

单击工具箱底部的“编辑工具栏”按钮，可以在打开的面板中选择显示或隐藏“填充描边控件”“着色控件”“绘图模式控件”和“屏幕模式控件”选项，如图1-33所示。

单击弹出面板右上角的图标，可以根据工作难度，在打开的面板中选择使用“基本”工具箱或“高级”工具箱，如图1-34所示。“基本”工具箱中只包含常用的工具，能够帮助用户完成一些最基础的操作。“高级”工具箱中包含更多工具，能实现更复杂的操作。用户也可以根据个人习惯选择“新建工具栏”或“管理工具栏”选项。

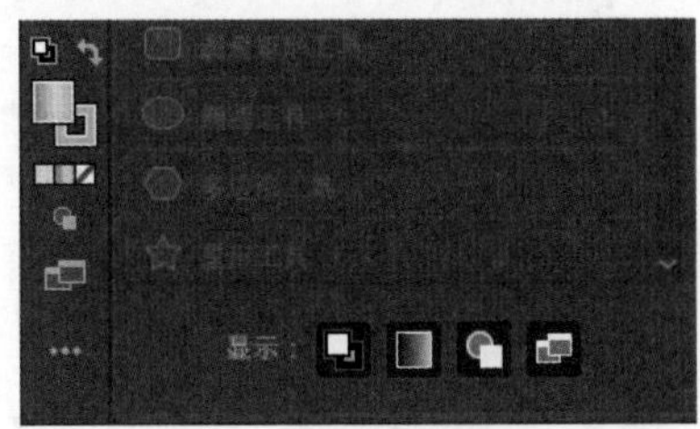

图1-33 编辑工具栏

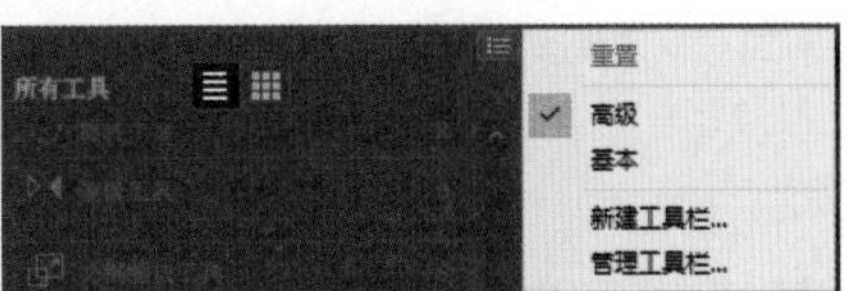

图1-34 选择使用不同的工具箱

1.5.4 面板

Illustrator CC中共包含44个面板，可以在“窗口”菜单中选择需要的面板将其打开，如图1-35所示。默认情况下，面板以选项卡的形式成组出现，显示在窗口的右侧，如图1-36所示。单击“控制”面板最右侧的图标，用户可以在打开的面板中选择快速打开或关闭面板，如图1-37所示。

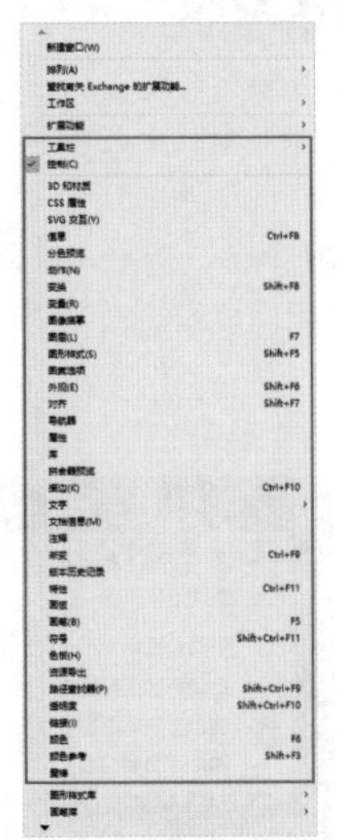

图1-35 面板菜单

图1-36 排列面板　图1-37 快速打开或关闭面板

一般情况下，为了节省操作空间，通常会将多个面板组合在一起，称为面板组。在面板组中单击任意一个面板的名称，即可将该面板设置为当前面板。

单击面板组右上角的双三角按钮，可将面板折叠为图标，如图1-38所示；单击一个图标即可显示相应的面板，如图1-39所示。拖动面板边界可调整面板组的宽度；用户也可以将光标置于面板左下角，当光标变为状态时，拖动鼠标可调整面板大小，如图1-40所示。

图1-38 折叠面板组

图1-39 显示相应的面板

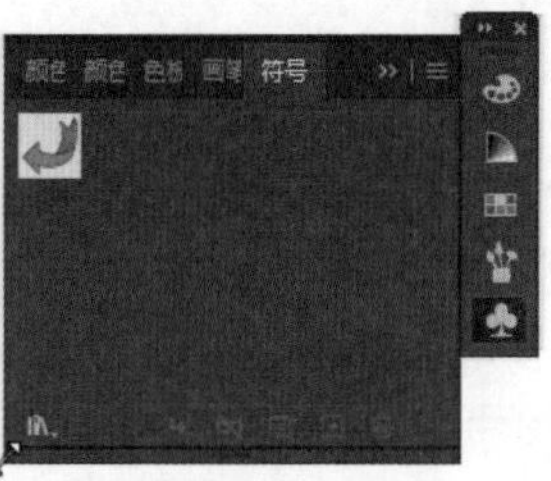
图1-40 调整面板大小

将光标放置在面板名称上，按住鼠标左键并拖曳，将其置于空白处，即可将该面板从面板组中分离出来，成为浮动面板。

将光标放置在任意一个面板名称上，按住鼠标左键将面板拖曳到另一个面板的名称位置，当出现蓝色横条时释放光标，可将其与目标面板组合，如图1-41所示。将光标放置在任一面板名称上，按住鼠标左键将其拖至另一个面板下方，当两个面板的连接处显示为蓝色时释放光标，可以将两个面板链接起来，如图1-42所示。

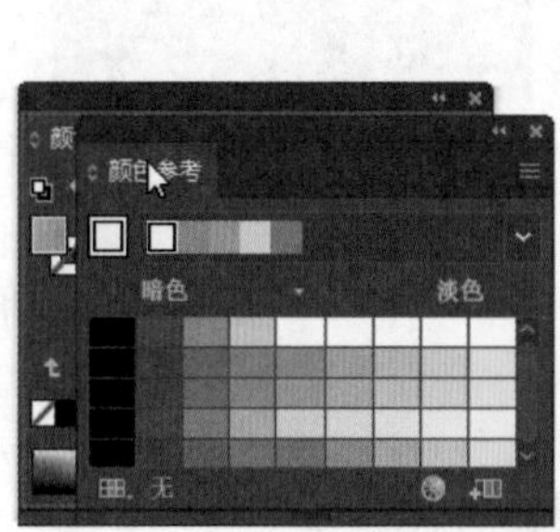

图1-41 组合面板　　图1-42 链接面板

单击任意面板右上角的按钮，都可以打开该面板的面板菜单，如图1-43所示，面板菜单中包含了当前面板的各种命令。

在某一个面板的名称上单击鼠标右键，将显示面板的快捷菜单，选择“关闭”命令，即可关闭该面板，如图1-44所示。选择“关闭选项卡组”命令，即可关闭面板组。对于浮动面板，单击右上角的“关闭”按钮，即可将其关闭。

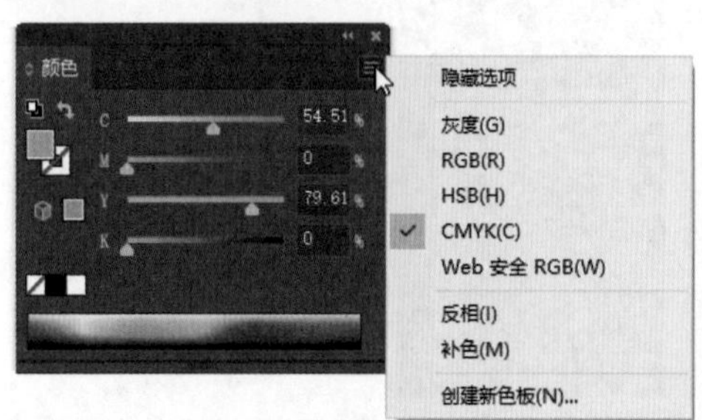

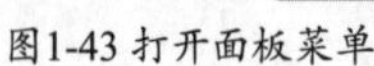
图1-43 打开面板菜单

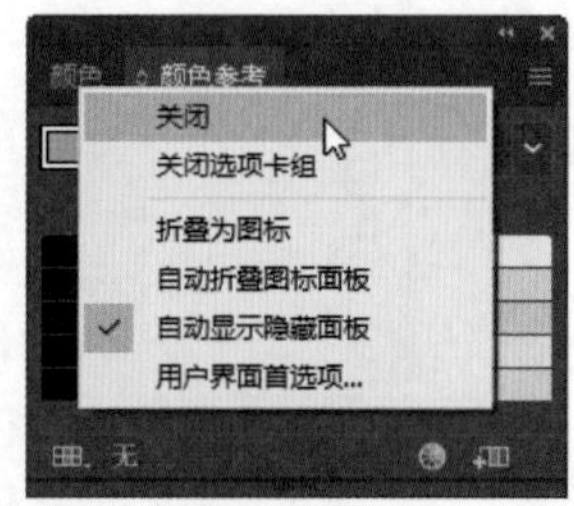

图1-44 关闭面板

? 疑问解答　为什么打开的面板会自动折叠？

执行“编辑”→“首选项”→“用户界面”命令，在弹出的对话框中选择或取消选择“自动折叠图标面板”复选框，则下次启动 Illustrator CC 时就会自动折叠或取消折叠。面板自动折叠对一些能够熟练操作 Illustrator 的用户来说，是一种很方便的设置。

1.5.5 文档窗口

在Illustrator中新建或打开一个图形文档，便会创建一个文档窗口，当同时打开多个文档时，文档窗口就会以选项卡的形式显示，如图1-45所示。

图1-45 以选项卡形式显示图形文档

? 疑问解答 如何在多个文档间快速切换?

除了单击选择文档，也可以使用快捷键选择文档。按【Ctrl+Tab】组合键可以按顺序切换窗口；按【Ctrl+Shift+Tab】组合键则按相反的顺序切换窗口。

单击选项卡上任一个文档的名称，即可将该文档设置为当前操作窗口。按住鼠标左键，向左或右拖动文档的标题栏，可以调整它在选项卡中的顺序。选择一个文档的标题栏，按住鼠标左键从选项卡中拖出，该文档便成为可任意移动位置的浮动窗口，如图1-46所示。

将光标放置在浮动窗口的标题栏上，按住鼠标左键，拖动至"控制"面板下，当出现蓝框时释放光标，该浮动窗口就会出现在选项卡中，如图1-47所示。

图1-46 浮动文档窗口

图1-47 拖动文档的标题栏

拖动文档窗口的一角，可以调整该窗口的大小。如果想要将多个浮动窗口还原到原始位置，可以在标题栏处单击鼠标右键，并在弹出的快捷菜单中选择"全部合并到此处"命令即可，如图1-48所示。

单击标题栏右侧的"关闭"按钮，即可关闭该文档。如果想要关闭所有文档，在标题栏任意位置单击鼠标右键，并在弹出的快捷菜单中选择"关闭全部"命令即可，如图1-49所示。按住【Shift】键的同时单击文档右上角的"关闭"按钮，也可一次性关闭所有文档。

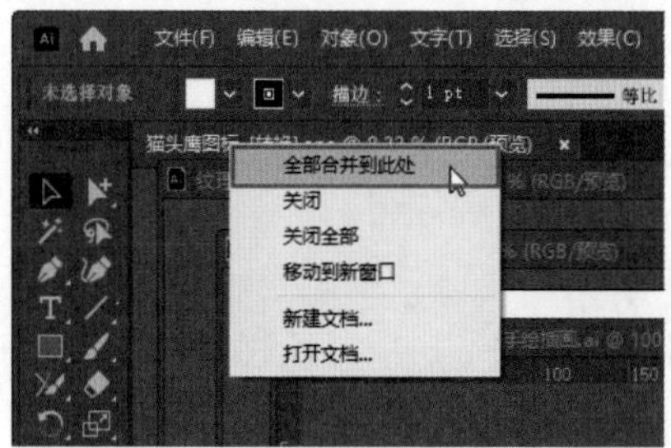

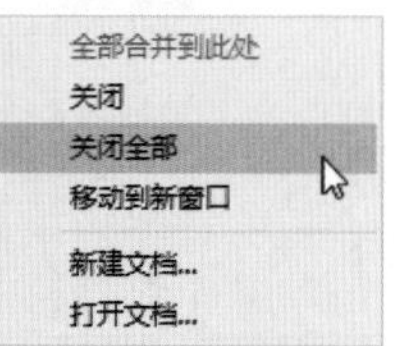

图1-48 选择"全部合并到此处"命令　图1-49 选择"关闭全部"命令

提示 当打开文档数量较多时，标题栏可能无法显示所有文档。此时用户可以单击标题栏右侧的“双箭头”按钮，在打开的菜单列表中选择需要的文档即可。

1.5.6 状态栏

默认情况下，Illustrator中的“状态栏”位于软件界面底部，它可以用来显示缩放比例、画板导航和当前使用工具等信息。单击缩放比例区域，用户可以在打开的列表中选择3.13%～64000%的缩放显示比例或者满画布显示，如图1-50所示。

Illustrator支持在一个文档中同时包含多个画板，用来制作多页文档。当文档中包含多个画板时，可以通过单击画板导航中的按钮，完成查看首项、末项、上一项、下一项及快速查看指定画板等操作，如图1-51所示；单击右侧的三角形按钮，可以选择在状态栏中显示如图1-52所示的内容。

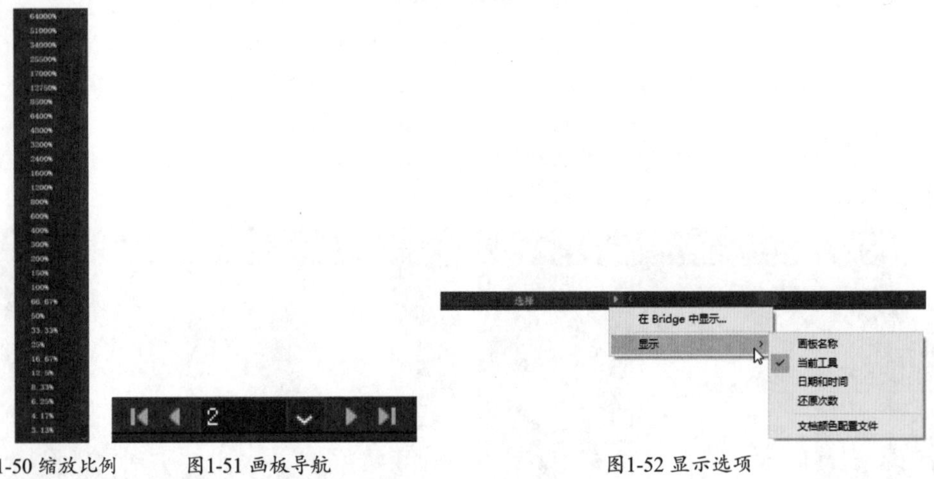

图1-50 缩放比例　　图1-51 画板导航　　图1-52 显示选项

1.6 查看图形

使用Illustrator编辑图形时，经常需要执行放大和缩小对象以及移动对象等操作，以便更好地观察处理效果，所以Illustrator提供了缩放工具、抓手工具、“导航器”面板和多种操作命令，方便用户完成各种查看操作。

1.6.1 使用专家模式

Illustrator根据不同用户的不同制作需求，提供了不同的屏幕显示模式。单击工具箱底部的“更改屏幕模式”按钮，弹出如图1-53所示的屏幕模式菜单，用户可以根据需要选择某一种显示模式。

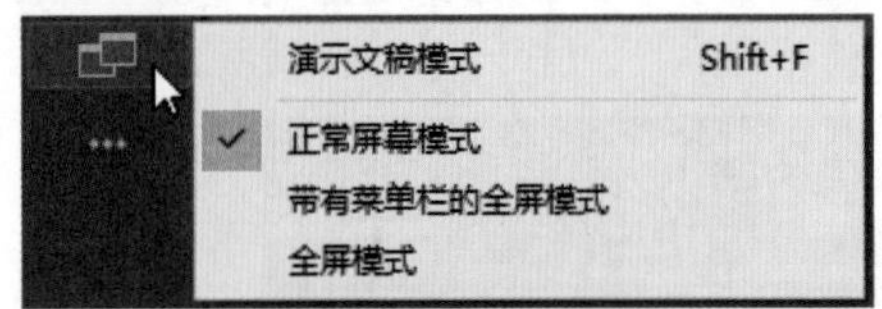

图1-53 屏幕模式菜单

按【F】键可以在“正常屏幕模式”“带有菜单栏的全屏模式”“全屏模式”3种模式之间快速切换。在“全屏模式”下，按【F】键或【Esc】键即可退出全屏模式；按【Tab】键可以隐藏/显示工具箱、面板和“控制”面板。除了“演示文稿模式”，按【Shift+Tab】组合键都可隐藏/显示面板。

1.6.2 在多窗口中查看图像

如果在Illustrator中同时打开了多个文档，为了更好地观察比较，可以执行“窗口”→“排列”命令，打开“排列”子菜单，如图1-54所示。选择其中的任意一个排列命令，用以控制各个文档在窗口中的排列方式。

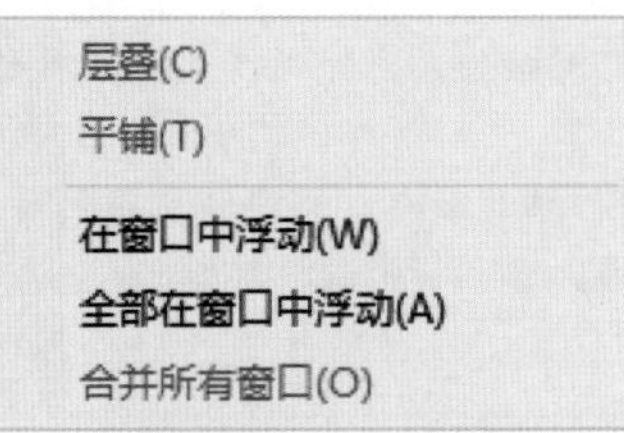

图1-54 “排列”子菜单

1.6.3 使用“缩放工具”

Illustrator提供了“缩放工具”帮助用户完成放大或缩小窗口操作，以便用户更加准确地查看图形。

单击工具箱中的“缩放工具”按钮或按【Z】键，将光标移动到文档窗口中的图形上并单击，即可放大图像；按住【Alt】键的同时在文档窗口中单击，即可缩小图像。

1.6.4 应用案例——放大和缩小窗口

源 文 件：无

素　材：素材\第1章\16401.ai

技术要点：掌握【放大和缩小窗口】的方法

扫描查看演示视频

扫描下载素材

STEP 01 打开文件，执行“视图”→“放大”命令，如图 1-55 所示，可以快速放大窗口。

STEP 02 执行“视图”→“缩小”命令或按【Ctlr+—】组合键，可以快速缩小窗口。

STEP 03 执行“视图”→“画板适合窗口大小”命令或按【Ctrl+0】组合键，如图 1-56 所示，可以在 Illustrator 中最大化显示画板，如图 1-57 所示。

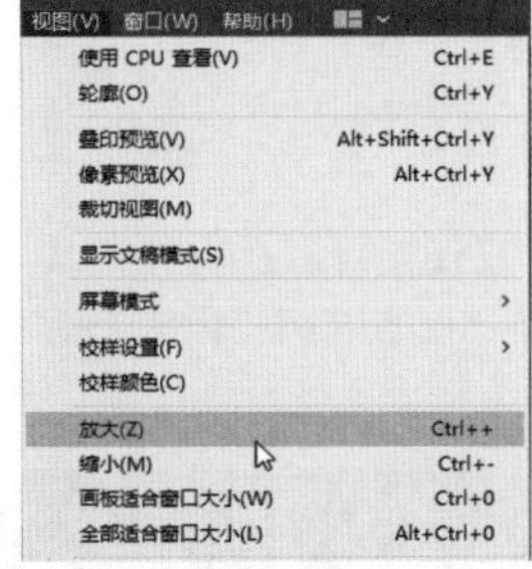

图1-55 选择“放大”命令

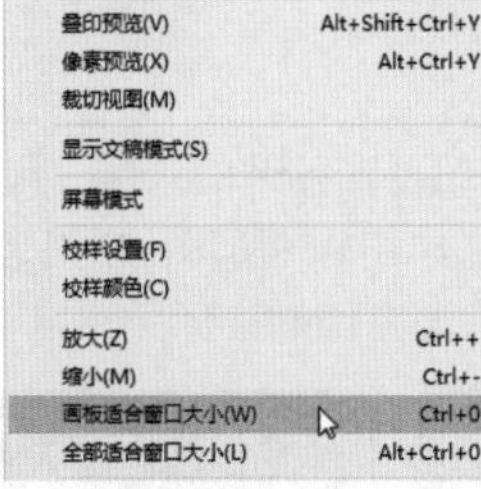

图1-56 执行命令

图1-57 “面板适合窗口大小”效果

使用“缩放工具”或相应快捷键进行放大或缩小操作时，Illustrator 会将选定文档置于视图的中心。如果选定图稿中具有锚点或路径，Illustrator 还会在放大或缩小时将这些锚点或路径置于视图的中心。

1.6.5 使用“抓手工具”

在绘制或编辑图形的过程中，如果图形较大或放大显示图形，窗口无法完全显示时，可以使用“抓手工具”移动画布，以查看图形的不同区域。单击工具箱中的“抓手工具”按钮，在画布中按住鼠标左键并拖曳即可移动画布。

使用“抓手工具”时，按下【Ctrl】键，可快速启用“选择工具”。松开【Ctrl】键，即可继续使用“抓手工具”。

？疑问解答 在绘制过程中如何快速使用“抓手工具”移动图像？

使用 Illustrator 中的任何工具进行操作时，按住键盘上的空格键不放，即可快速启用“抓手工具”进行移动操作；释放空格键，即可继续使用原来的工具进行操作。

提示 双击工具箱中的“抓手工具”按钮，将在窗口中最大化显示图形。双击工具箱中的“缩放工具”按钮，将在窗口中 100% 显示图形。

1.6.6 使用“导航器”面板

执行“窗口”→“导航器”命令，打开“导航器”面板，如图1-58所示。用户可以使用“导航器”面板快速查看文档视图。“导航器”面板中的彩色框（被称为代理查看区域）与文档窗口中当前可查看的区域相对应。

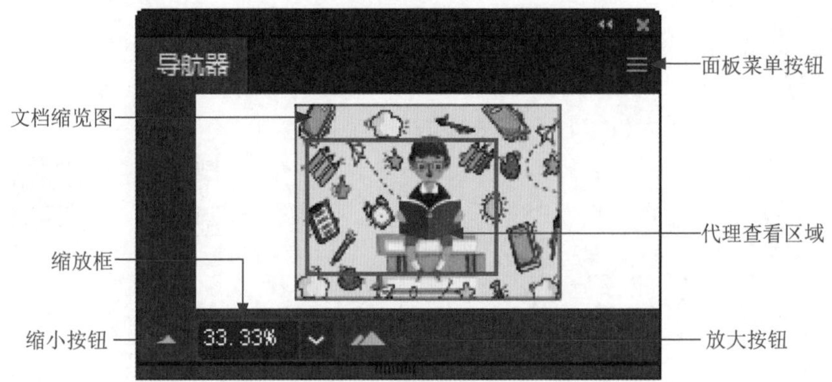

图1-58 “导航器”面板

提示 用户可以使用“导航器”面板缩放文档，也可以移动查看画板。如果用户需要按照一定的缩放比例工作，文档窗口却无法完整显示图像时，可通过该面板查看文档。

单击“导航器”面板右上角的面板菜单按钮，在打开的菜单中选择“仅查看画板内容”命令，“导航器”面板中将只显示画板边界内的内容，如图1-59所示。取消选择“仅查看画板内容”命令，“导航器”面板中将显示画板边界以外的内容，如图1-60所示。

图1-59 只显示画板边界内的内容

图1-60 显示画板边界以外的内容

单击“导航器”面板右上角的面板菜单按钮，在打开的菜单中选择“面板选项”命令，如图1-61所示，弹出“面板选项”对话框，如图1-62所示。用户可以在其中设置“视图框颜色”“假字显示阈值”“将虚线绘制为实线”等参数。

图1-61 选择“面板选项”命令

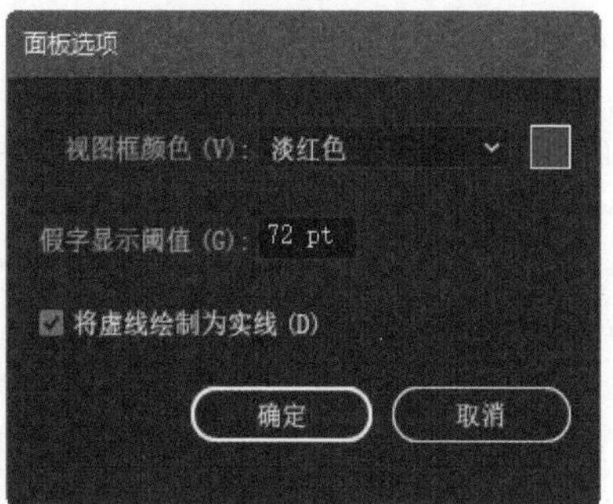

图1-62 “面板选项”对话框

1.6.7 按轮廓预览

默认情况下，Illustrator以彩色模式预览文档，如图1-63所示。在处理较为复杂的文档时，用户可以选择只显示文档轮廓。

执行“视图”→“轮廓”命令或按【Ctrl+Y】组合键，即可以轮廓模式预览文档，如图1-64所示。使用轮廓模式，可以有效减少重绘屏幕的时间，提高制作效率。

图1-63 以彩色模式预览文档

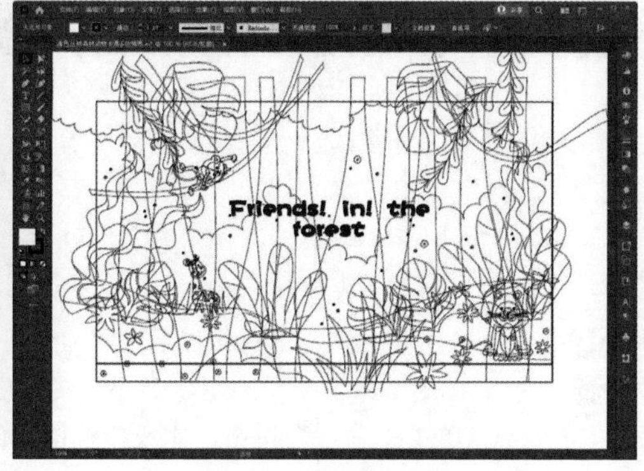

图1-64 以轮廓模式预览文档

当文档以轮廓模式显示时，执行“视图”→“预览”命令或按【Ctrl+Y】组合键，可将轮廓模式切换为彩色模式。

用户可以在分辨率大于2000px的屏幕上，使用GPU预览模式预览文稿。执行“视图”→“使用GPU查看”命令或按【Ctrl+E】组合键，如图1-65所示，即可使用GPU预览模式预览文稿。在GPU预览模式下的轮廓模式中，文档路径会显得更平滑，显示速度也相对较快。再次执行“视图”→“使用CPU查看”命令，即可退出CPU预览模式。

图1-65 选择“使用GPU查看”命令

1.6.8 多个窗口和视图

用户可以同时打开单个文档的多个窗口，使每个窗口具有不同的视图设置。例如，用户可以设置一个高度放大的窗口以对某些图稿中的对象进行特写，并创建另一个稍小的窗口以在页面上布置这些对象。

执行“窗口”→“新建窗口”命令，即可为当前窗口创建一个新窗口，更改排列方式并放大文档后，效果如图1-66所示。

创建多个窗口虽然会方便浏览观察，但过多的窗口也会造成浏览混乱。因此，可以通过创建多个视图的方法替代创建多个窗口的操作。执行“视图”→“新建视图”命令，在弹出的“新建视图”对话框中输入视图的名称，如图1-67所示。单击“确定”按钮，即可完成新建视图操作。

执行“视图”→“编辑视图”命令，弹出“编辑视图”对话框，如图1-68所示。选中一个或多个视图，单击“删除”按钮，即可删除视图。选中一个视图，修改“名称”文本框中的名称，单击“确定”按钮，即可完成为视图重命名的操作。

图1-66 新建一个窗口

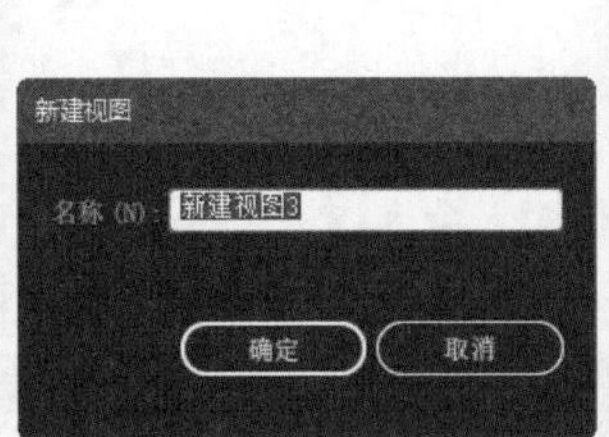

图1-67 “新建视图”对话框

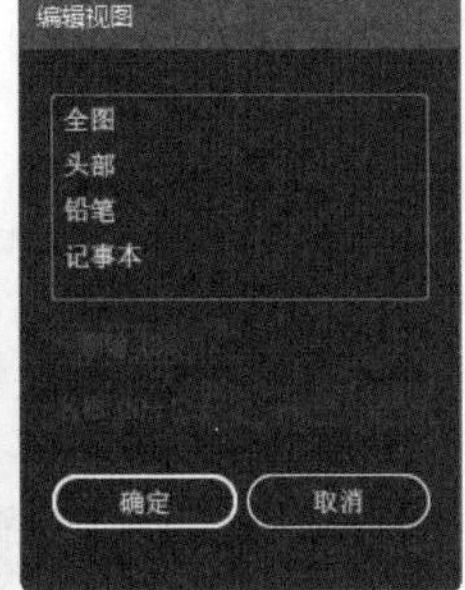

图1-68 “编辑视图”对话框

1.6.9 应用案例——创建和使用多视图

源文件：无

素　材：素材\第1章\16901.ai

技术要点：掌握【多视图】的创建和使用方法

扫描查看演示视频　扫描下载素材

STEP 01 打开一个图形文档，最大化显示文档，效果如图 1-69 所示。

STEP 02 执行“视图”→“新建视图”命令，在弹出的“新建视图”对话框中输入视图的名称，如图 1-70 所示。单击“确定”按钮，完成新视图的创建。

图1-69 最大化显示文档

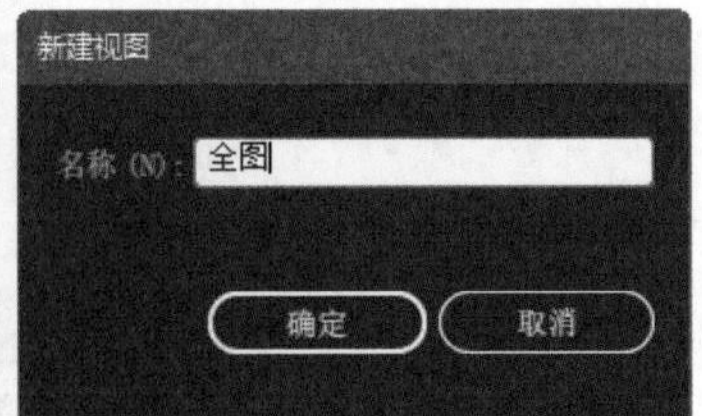

图1-70 “新建视图”对话框

STEP 03 使用“缩放工具”放大文档，效果如图 1-71 所示。执行“视图”→“新建视图”命令，新建一个名为“头部”的新视图。

STEP 04 使用相同的方法创建多个视图，在“视图”菜单底部可以看到所有的新建视图，如图 1-72 所示。执行“视图”→“铅笔”命令，即可快速查看“铅笔”视图。

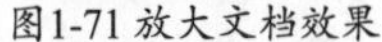

图1-71 放大文档效果

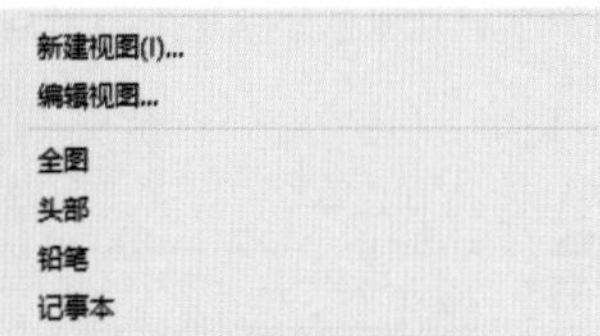

图1-72 查看多个视图

提示 一个文档最多可以创建25个视图，用户可以在不同的窗口中使用不同的视图，还可以将多个视图随文档一起保存。

1.6.10 预览模式

在“视图”菜单中，Illustrator为用户提供了“叠印预览”“像素预览”“裁切视图”3种模式。

“叠印预览”模式提供了“油墨预览”效果，它可以模拟混合、透明和叠印在分色输出中的显示效果。而“像素预览”模式是模拟文档经过栅格化后在Web浏览器中查看时的显示效果。

在“裁切视图”模式下，所有非打印对象都是隐藏状态，包括网格、参考线和延伸到画板边缘外的元素。画板之外的任何对象都将被剪切，如图1-73所示。用户可以在这种屏幕模式下继续创建和编辑图稿。所以，此模式对预览海报、插画或三折页等印刷品非常有用。

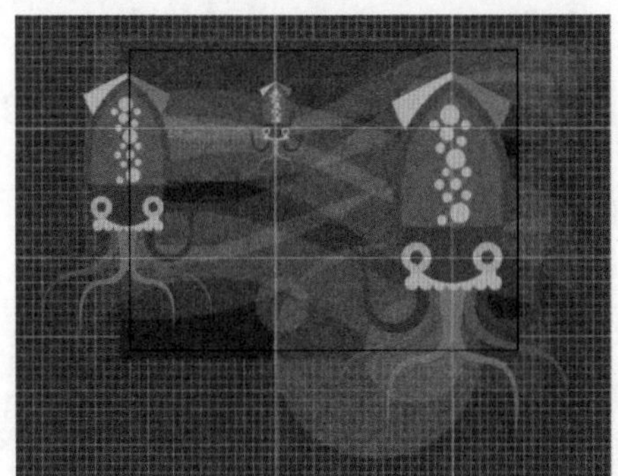

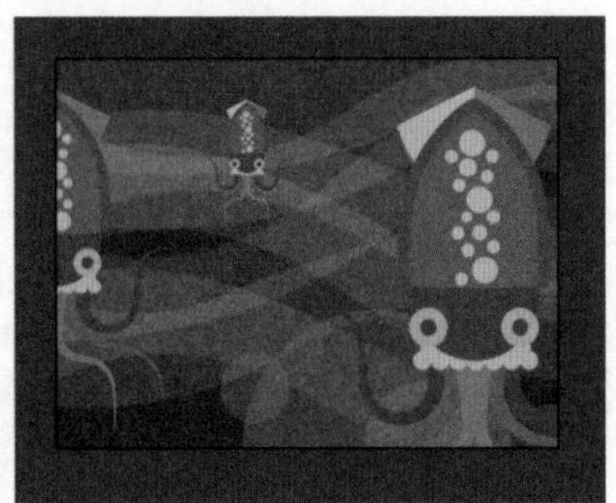

图1-73 “裁切视图”效果

1.7 使用预设工作区

Illustrator的应用领域非常广泛，不同的行业对Illustrator中各项功能的使用频率也不同。针对这种情况，Illustrator提供了几种常用的预设工作区，以供用户选择。

1.7.1 选择预设工作区

执行“窗口”→“工作区”命令，用户可以根据工作内容选择不同的工作区。默认情况下，Illustrator为用户提供了“Web”“上色”“传统基本功能”“基本功能”“打印和校样”“排版规则”“描摹”“版面”和“自动”9种工作区，如图1-74所示。恰当的工作区能够使用户更方便地使用Illustrator的各种功能，提高工作效率。

用户也可以单击菜单栏右侧的选择工作区图标，在打开的下拉菜单中快速选择所需的工作区，如图1-75所示。

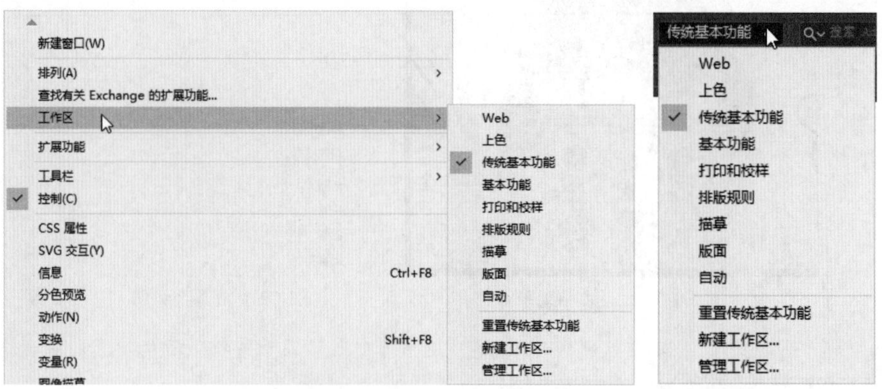

图1-74 选择工作区　　图1-75 快速选择工作区

执行“窗口”→“工作区”→“重置传统基本功能”命令，可将杂乱的工作区恢复为默认的基本功能工作区。执行“窗口”→“工作区”→“新建工作区”命令，可将当前工作区保存为一个新的工作区。执行“窗口”→“工作区”→“管理工作区”命令，将弹出“管理工作区”对话框，用户可以在其中完成重命名、新建和删除工作区等操作。

1.7.2 应用案例——自定义快捷键

源文件：无

素　材：无

技术要点：掌握【自定义快捷键】的方法

扫描查看演示视频

STEP 01 执行“编辑”→“键盘快捷键”命令，弹出“键盘快捷键”对话框。选择“编组选择”选项，按键盘上的任意键，若出现如图1-76所示的设置冲突提示，表示指定快捷键已被使用。再次指定任意键，完成为工具指定快捷键的操作。

STEP 02 选择“菜单命令”选项，在“文件”菜单下选择“新建”选项，单击“清除”按钮，将原有的快捷键删除，再按键盘上的任意组合键，如图1-77所示。

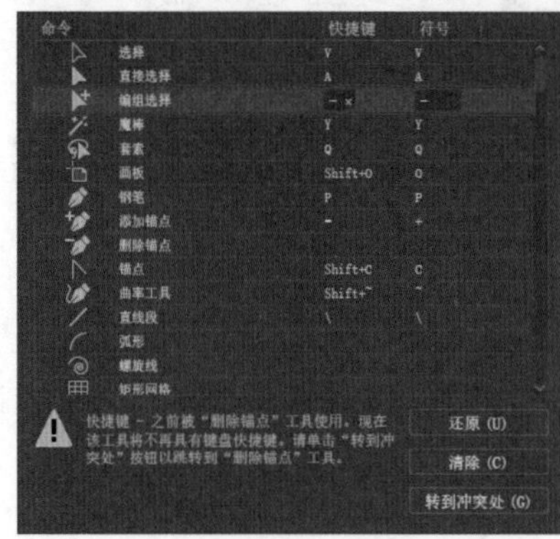

图1-76 为“编组选择”工具设置快捷键　　图1-77 为菜单命令指定快捷键

STEP 03 单击“确定”按钮，弹出“存储键集文件”对话框，输入名称并单击“确定”按钮，如图1-78所示。即可完成为“新建”命令指定快捷键的操作。

STEP 04 打开“键盘快捷键”对话框，在“键集”选项右侧的下拉列表中选择“Illustrator默认值”选项，单击“确定”按钮，可将键盘快捷键恢复到默认设置，如图1-79所示。

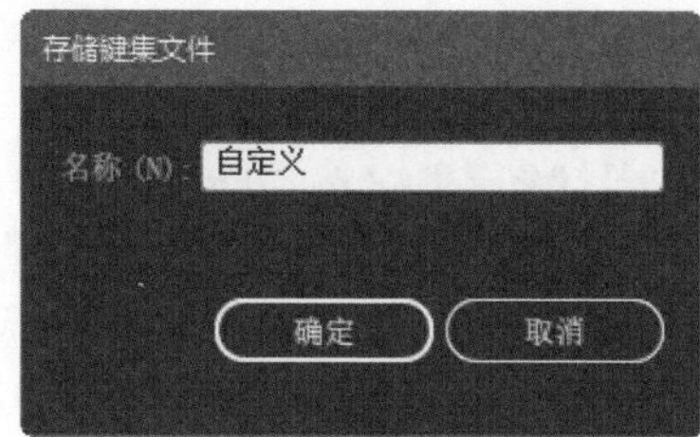

图1-78 “存储键集文件”对话框

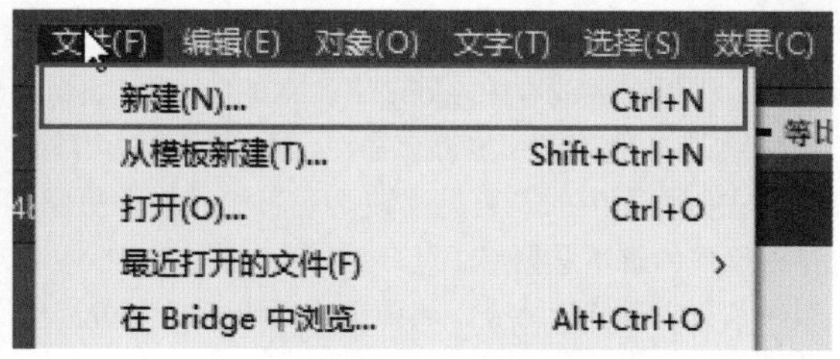

图1-79 将键盘快捷键恢复到默认设置

1.8 使用Adobe帮助资源

在学习Illustrator软件时，使用“帮助”菜单中的命令，能够获得Adobe提供的各种帮助资源和技术支持，如图1-80所示。

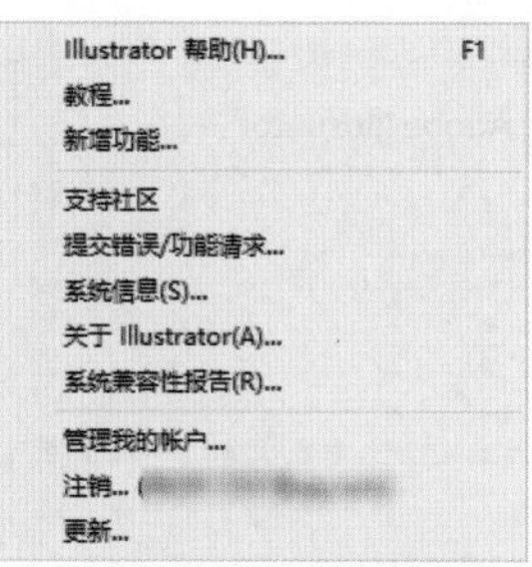

图1-80 “帮助”菜单

- Illustrator帮助：执行该命令，将打开“发现”面板，面板中包含如图1-81所示的选项列表。
- 建议：选择“建议”选项区中的任一选项，可以查看相关工具和功能的使用方法，该选项区将随着用户的当前操作发生改变。
- 浏览：选择“教程”或“新增功能”选项，即可进入到包含对应内容的面板层级中。
- 资源链接：选择“用户指南”、“插件”、“Stock”或“字体”选项，系统将使用默认浏览器打开Adobe官网中的相应网页，并在网页中完成想要执行的操作。
- 教程：执行该命令，将打开“发现”面板，该面板将所有技能教程分为“新手”和“熟练”两类，用户可以根据自己对软件的掌握程度，选择对应的教程内容进行学习，如图1-82所示。
- 新增功能：执行该命令，将打开包含新增功能列表的“发现”面板。选择任一功能选项，即可浏览该功能的使用方法和各项参数，如图1-83所示。

图1-81 帮助列表

图1-82 教程分类

图1-83 获取新增功能

- 支持社区：Illustrator支持中心是服务社区，社区内提供了大量视频教程的链接地址。单击链接地址，可以在线观看由Adobe专家录制的各种Illustrator功能演示视频。
- 提交错误/功能请求：执行该命令，系统将会使用默认浏览器打开一个Adobe Illustrator页面，用户可在该页面中的“意见回馈论坛”和“最近更新的建议”模块中查看软件的错误操作及不同错误操作的解决意见。
- 系统信息：执行该命令，将弹出“系统信息”对话框，如图1-84所示。在其中可查看当前操作系统的各种信息，如显卡、内存及Illustrator版本、占用系统的内存、安装的序列号等。
- 关于Illustrator：执行该命令，会弹出如图1-85所示的启动画面。画面中显示了Illustrator研发小组成员的名单和一些其他与Illustrator有关的信息。
- 系统兼容性报告：执行该命令，将弹出“系统兼容性报告”对话框。如果用户操作时没有发生冲突，对话框显示如图1-86所示的内容；如果用户操作时出现了冲突，可以使用该对话框导出兼容性报告。

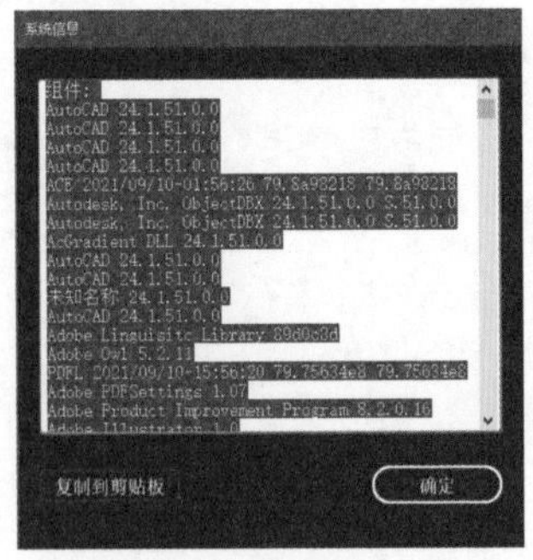

图1-84 “系统信息”对话框

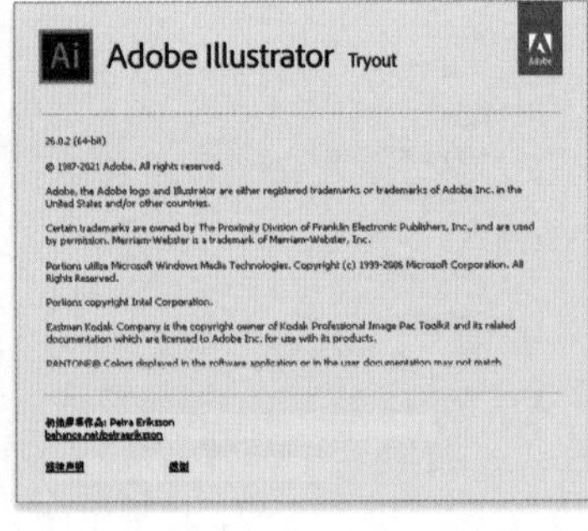

图1-85 Illustrator的启动画面

图1-86 “系统兼容性报告”对话框

- 管理我的账户：执行该命令，将进入个人账户页面。在该页面中，用户可以查看个人资料、我的计划和常见任务等内容。
- 注销：执行该命令，可将当前登录账户注销。注销后，将停用此设备上的所有Adobe应用程序。此应用程序和任何其他打开的Adobe应用程序可能被要求退出。此操作不会卸载任何应用程序。
- 更新：执行该命令，可以从Adobe公司的官方网站上下载最新的Illustrator更新程序。

按【F1】键，也可以打开“发现”面板。该面板还会根据用户的技能和工作情况提供建议，这些建议包括关于如何更快地完成多步骤工作流程的提示和教程。

应用案例——使用“发现”面板

源文件：无
素　材：无
技术要点：掌握【“发现”面板】的使用方法

扫描查看演示视频

STEP 01 执行“帮助”→“Illustrator 帮助”命令，打开“发现”面板，如图 1-87 所示。

STEP 02 选择“教程”选项，出现教程列表。继续连续选择任意教程选项，即可查看视频或图文教程，如图 1-88 所示。

STEP 03 连续单击面板左上角的“返回”按钮，回到“发现”面板的初始界面，选择“新增功能”选项，出现如图 1-89 所示的新增功能列表。

STEP 04 选择任意新增功能选项，即可查看该功能的图文说明，如图 1-90 所示。

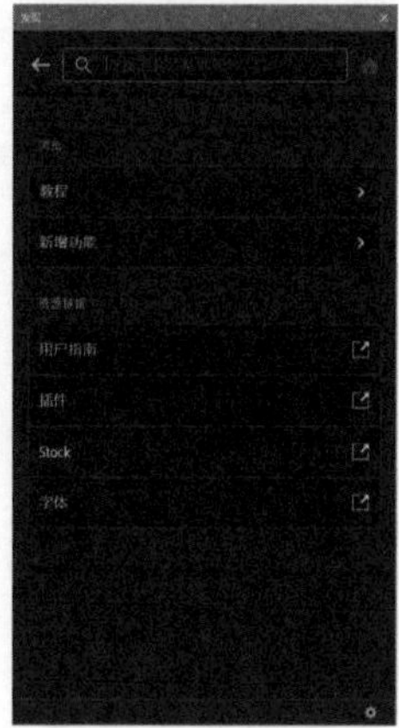

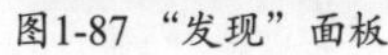
图1-87 “发现”面板

图1-88 视频教程

图1-89 新增功能

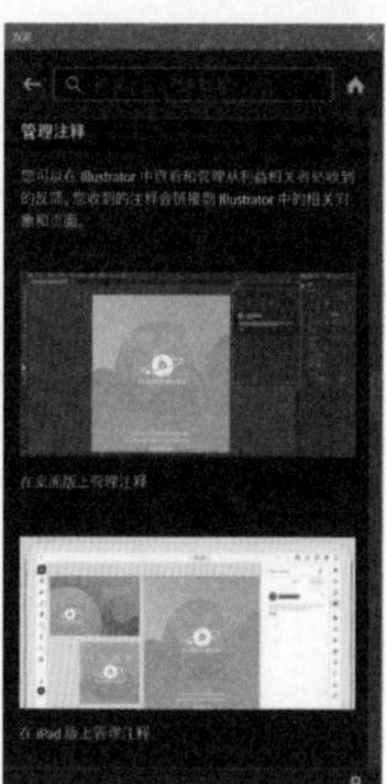

图1-90 图文说明

1.9 解惑答疑

在开始学习Illustrator的各项功能前，首先要了解Illustrator的功能和应用范围，然后根据个人需求有目的地学习，才能事半功倍。

1.9.1 Illustrator的同类软件

在矢量绘图软件中，Illustrator的地位毋庸置疑，但是在不同的领域中也有很多优秀的同类软件。Adobe Photoshop位图处理软件、Adobe InDesign矢量排版软件与Illustrator配合使用，可以完成排版、UI设计、广告设计和绘制插画等工作。

Adobe InDesign是一款专业的排版软件，主要用来编排页码较多的文件。此外，Corel公司的CorelDRAW集图像处理和版式设计于一身，也是很优秀的绘图软件。

1.9.2 如何获得Illustrator CC软件

Adobe公司在其官方网站（www.adobe.com）上提供了全套的Illustrator CC软件试用版的下载，用户可以登录网站有选择地进行下载。但是试用版只允许用户使用7天，7天后需要付费购买才能继续正常使用。

1.10 总结扩展

Illustrator是一款矢量绘图软件，主要用于处理矢量图像，被广泛应用于很多行业，与Photoshop等软件综合运用，可以完成复杂的平面设计、网页设计和影视编辑等工作。

1.10.1 本章小结

本章主要讲解了Illustrator CC的应用领域、软件的安装与启动、操作界面的组成、查看图形的方法和技巧，以及使用预设工作区等内容。通过本章的学习，读者应初步了解Illustrator软件的基础知识，为后面章节的学习打下扎实的基础。

1.10.2 扩展练习——卸载Illustrator CC

源文件：无

素　材：无

技术要点：掌握【卸载】Illustrator CC的方法

扫描查看演示视频

当用户不需要Illustrator CC时可将其卸载，释放计算机的内存空间，提高运行速度。卸载

Illustrator CC的方法与它的安装步骤基本一致，用户需要在云端软件中进行Illustrator的卸载操作，如图1-91所示。

图1-91 卸载Illustrator CC 的操作方法

读书笔记

第2章 Illustrator CC的优化与辅助功能

本章主要讲解Illustrator CC系统设置与优化的方法。通过本章的学习，读者应掌握优化个人工作环境的方法和技巧，并能够根据系统提示解决一些常见的操作问题。此外，还要了解常用的辅助工具和额外内容，并能应用到实际操作中。

Learning Objectives
学习重点

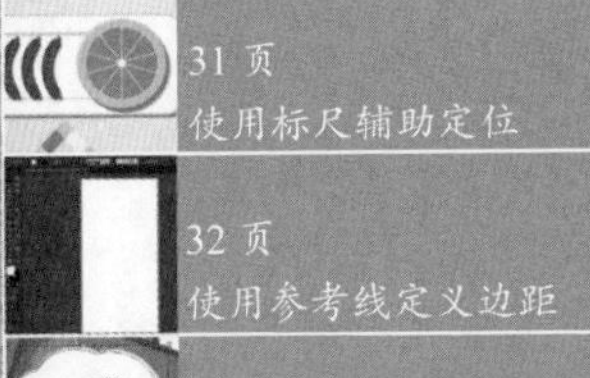

31 页
使用标尺辅助定位

32 页
使用参考线定义边距

33 页
使用智能参考线

2.1 Illustrator CC的系统优化

为了更好地使用Illustrator，首先要了解一些软件本身的设置和优化功能。Illustrator中所有设置的优化命令都保存在“首选项”对话框中。此外，许多程序设置都存储在首选项文件中，包括“常规”、“选择和锚点显示”、“文字”、“性能”以及“增效工具和暂存盘”等命令。

执行“编辑”→“首选项”命令下的任一子菜单命令，如图2-1所示，都会弹出“首选项”对话框。图2-2所示为选择“常规”子菜单命令后弹出的“首选项”对话框。

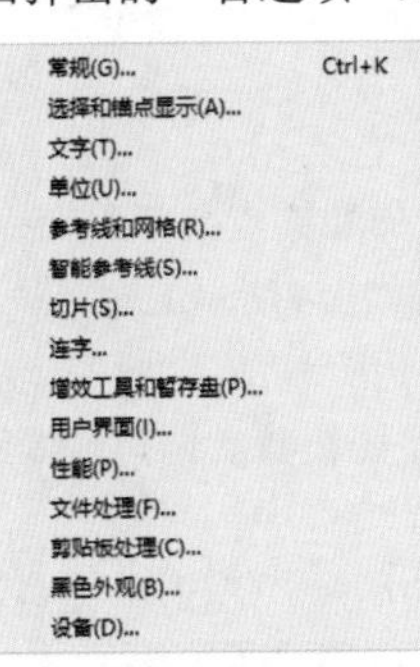

图2-1 执行子菜单命令　　图2-2 “首选项”对话框

在未选中任何对象的情况下，单击“控制”面板上的“首选项”按钮，可以快速打开“首选项”对话框，如图2-3所示。

图2-3 “控制”面板上的“首选项”按钮

提示

Illustrator只有在退出时才会存储首选项。选项后面如果显示一个感叹号图标，则表示当前选项需要重新启动软件后才能生效。

2.1.1 “常规”设置

执行“编辑”→“首选项”→“常规”命令或按【Ctrl+K】组合键，弹出常规“首选项”对话框，对话框的左侧显示首选项的项目列表，右侧显示当前项目的各项参数内容。

选择“未打开任何文档时显示主屏幕”复选框，在Illustrator没有打开文档时，软件界面将显示为如图2-4所示。选择“使用旧版‘新建文档’界面”复选框后，执行“文件”→“新建”命令，将弹出Illustrator CC 2016之前版本的“新建文档”对话框，如图2-5所示。

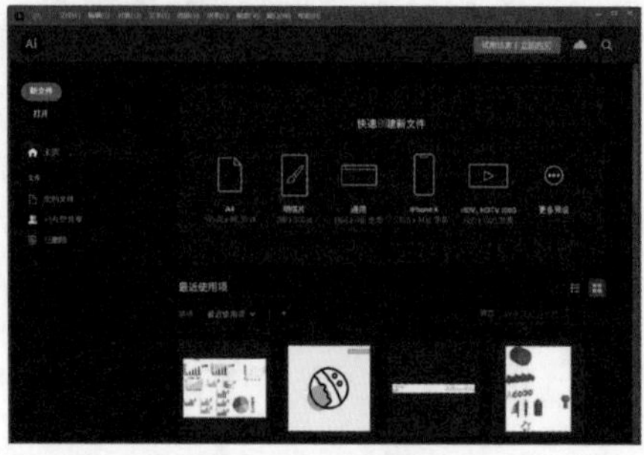

图2-4 显示主屏幕

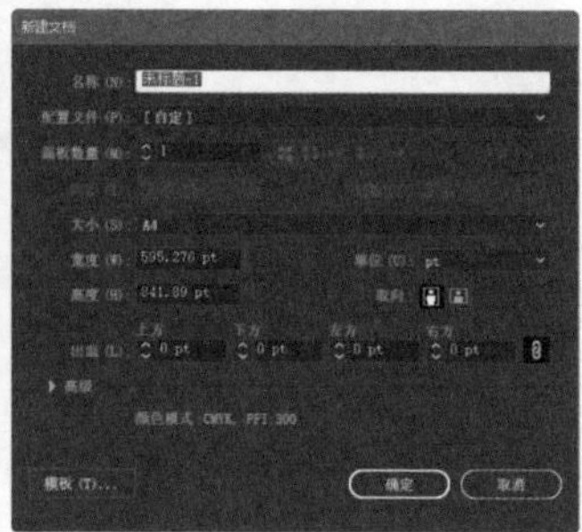

图2-5 旧版“新建文档”界面

单击“重置所有警告对话框”按钮，弹出“Adobe Illustrator”对话框，如图2-6所示。单击“确定”按钮，可以启动所有警告对话框。单击“重置首选项”按钮，可以将“首选项”对话框中的数值恢复为默认数值。

图2-6 “Adobe Illustrator”对话框

用户可以根据自己的实际需求，在“首选项”对话框右侧设置其他“常规”参数。完成后单击“确定”按钮，确认操作。

2.1.2 “选择和锚点显示”设置

执行“编辑”→“首选项”→“选择和锚点显示”命令或者在“首选项”对话框左侧项目列表中选择“选择和锚点显示”选项，弹出如图2-7所示的对话框。

选择“缩放至选区”复选框后，使用“缩放工具”或者其他方式进行放大或缩小操作时，则不再将选定图稿置于视图的中心。如果选定图稿具有锚点或者路径，也不会在放大或缩小时将这些锚点或者路径置于视图的中心。

选择“移动锁定和隐藏的带面板的图稿”复选框后，可以使锁定或隐藏的图稿随画板一同移动；取消选择该复选框后，移动的画板如果包含锁定或隐藏图稿，将会弹出如图2-8所示的警告框。

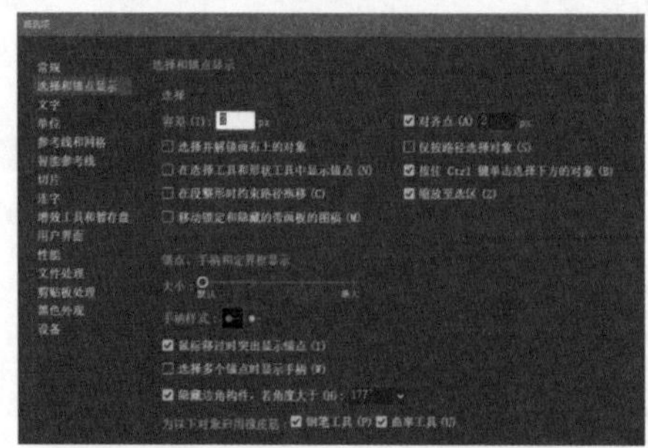

图2-7 选择和锚点显示“首选项”对话框

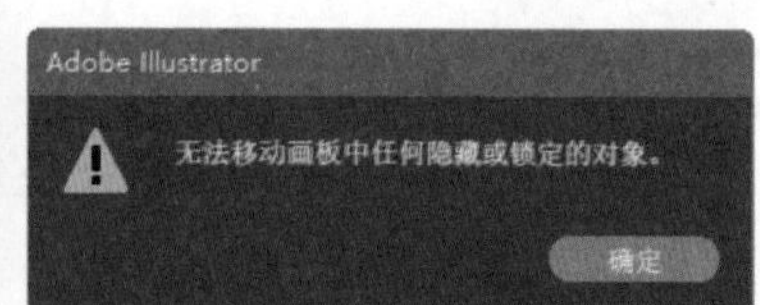

图2-8 警告框

用户可以选择启用“钢笔工具”和“曲率工具”的橡皮筋功能，帮助绘制更加准确的图形效果。用户可以根据自己的实际需求，在“首选项”对话框右侧设置其他“选择和锚点显示”参数。设置完成后单击“确定”按钮，确认操作。

2.1.3 “文字”设置

执行“编辑”→“首选项”→“文字”命令或者在“首选项”对话框左侧项目列表中选择“文字”选项，弹出文字“首选项”对话框，如图2-9所示。用户可以根据自己的实际需求，在对话框右侧设置“文字”参数。设置完成后单击“确定”按钮，确认操作。

2.1.4 “单位”设置

执行“编辑”→“首选项”→“单位”命令或者在“首选项”对话框左侧列表中选择“单位”选项，即可弹出单位“首选项”对话框，如图2-10所示。

用户可以根据自己的实际需求，在“首选项”对话框右侧设置“单位”参数。设置完成后单击“确定”按钮，确认操作。

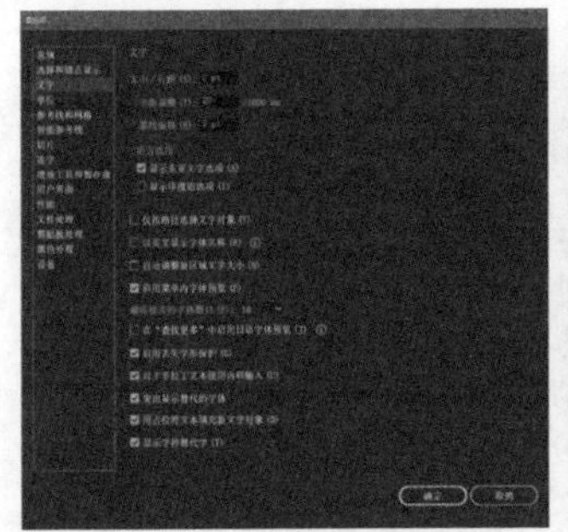

图2-9 文字“首选项”对话框

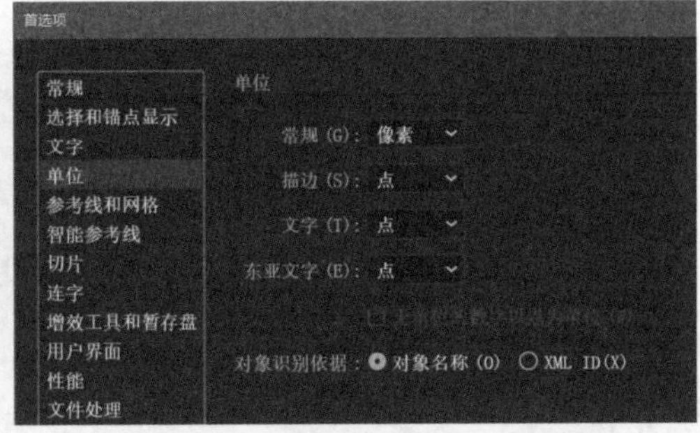

图2-10 单位“首选项”对话框

2.1.5 “参考线和网格”设置

执行“编辑”→“首选项”→“参考线和网格”命令或者在“首选项”对话框左侧项目列表中选择“参考线和网格”选项，弹出参考线和网格“首选项”对话框，如图2-11所示。

用户可以在“颜色”和“样式”下拉列表中为参考线设置不同的颜色和样式；也可以在“颜色”和“样式”下拉列表中为网格设置不同的颜色和样式；还可以在“网格线间隔”文本框和“次分割线”文本框中分别设置网格间隔距离和次分割线数量；选择“网格置后”复选框后，网格将显示在所有对象的底层；选择“显示像素网格”复选框后，将文档放大到600%以上时，即可显示像素网格。

2.1.6 “智能参考线”设置

执行“编辑”→“首选项”→“智能参考线”命令或者在“首选项”对话框左侧项目列表中选择“智能参考线”选项，即可弹出智能参考线“首选项”对话框，如图2-12所示。用户可以根据自己的实际需求，在“首选项”对话框右侧设置“智能参考线”参数。设置完成后单击“确定”按钮，确认操作。

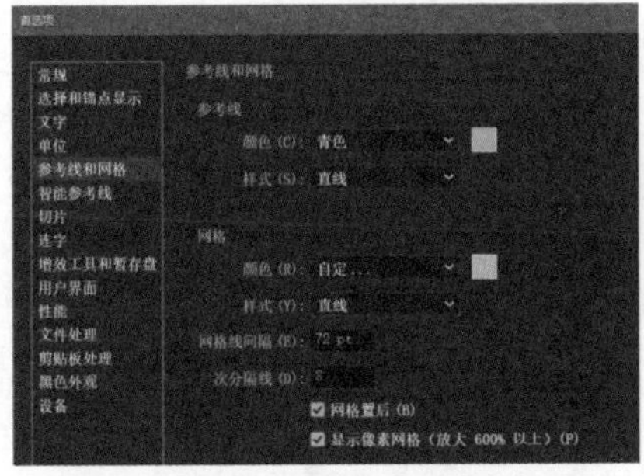

图2-11 参考线和网格“首选项”对话框

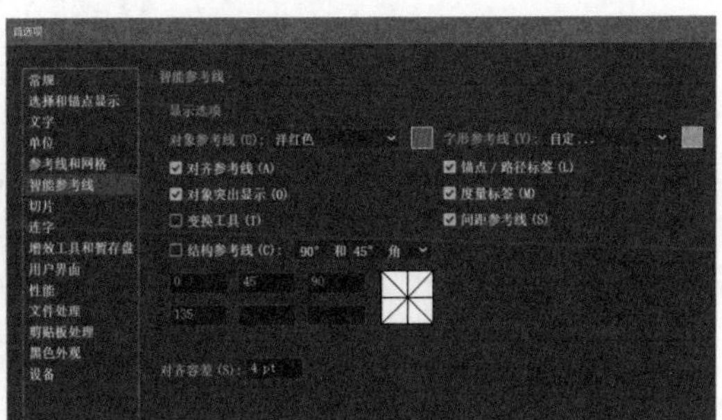

图2-12 智能参考线“首选项”对话框

2.1.7 “切片”设置

执行“编辑”→“首选项”→“切片”命令或者在“首选项”对话框左侧项目列表中选择“切片”选项，即可弹出切片“首选项”对话框，如图2-13所示。选择“显示切片编号”复选框，将会在切片中自动显示文件中切片的编号。而设置“线条颜色”选项可以为切片的线条指定颜色。设置完成后单击“确定”按钮，确认操作。

2.1.8 “连字”设置

执行“编辑”→“首选项”→“连字”命令或者在“首选项”对话框左侧项目列表中选择“连字”选项，弹出连字“首选项”对话框，如图2-14所示。

用户可以根据自己的实际需求，在“首选项”对话框右侧设置“连字”参数。设置完成后单击“确定”按钮，确认操作。

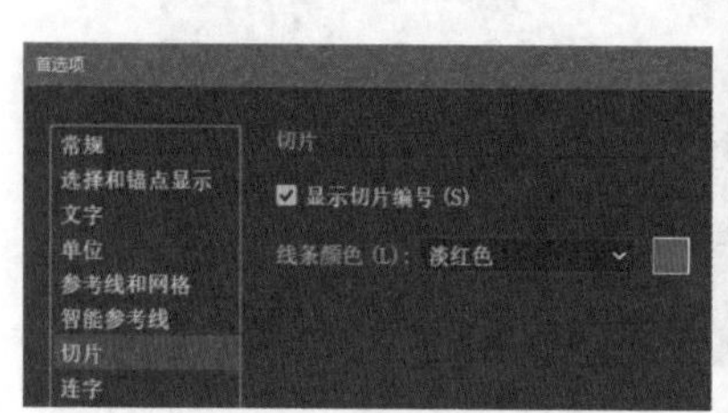

图2-13 切片“首选项”对话框

图2-14 性能“首选项”对话框

2.1.9 “增效工具和暂存盘”设置

执行“编辑”→“首选项”→“增效工具和暂存盘”命令或者在“首选项”对话框左侧项目列表中选择“增效工具和暂存盘”选项，即可弹出增效工具和暂存盘“首选项”对话框，如图2-15所示。

图2-15 增效工具和暂存盘“首选项”对话框

默认情况下，Illustrator的增效工具存放在其软件安装目录中。在“首选项”对话框中，选择“其他增效工具文件夹”复选框后，单击“选取”按钮，可以添加增效工具文件夹的位置。

如果系统没有足够的内存来执行操作，Illustrator 将使用一种专用的虚拟内存技术（又称暂存盘）。默认情况下，Illustrator 将安装了操作系统的硬盘驱动器用作主暂存盘，用户可以根据个人硬盘驱动器的使用情况，设置主要和次要暂存盘。设置完成后单击“确定”按钮，确认操作。

2.1.10 “用户界面”设置

执行“编辑”→“首选项”→“用户界面”命令或者在“首选项”对话框左侧项目列表中选择

“用户界面”选项，弹出用户界面“首选项”对话框，如图2-16所示。

用户可以根据自己的实际需求，在“首选项”对话框右侧设置“用户界面”参数。设置完成后单击“确定”按钮，确认操作。

2.1.11 “性能”设置

执行“编辑”→“首选项”→“性能”命令或者在“首选项”对话框左侧项目列表中选择“性能”选项，弹出性能“首选项”对话框，如图2-17所示。

用户可以根据自己的实际需求，在“首选项”对话框右侧设置“性能”参数。设置完成后单击“确定”按钮，确认操作。

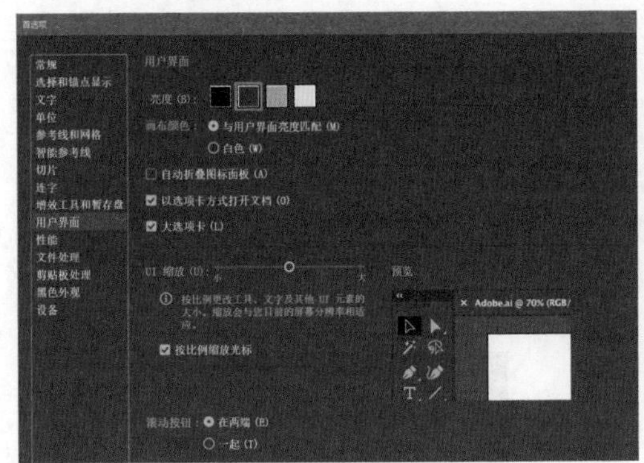

图2-16 用户界面“首选项”对话框

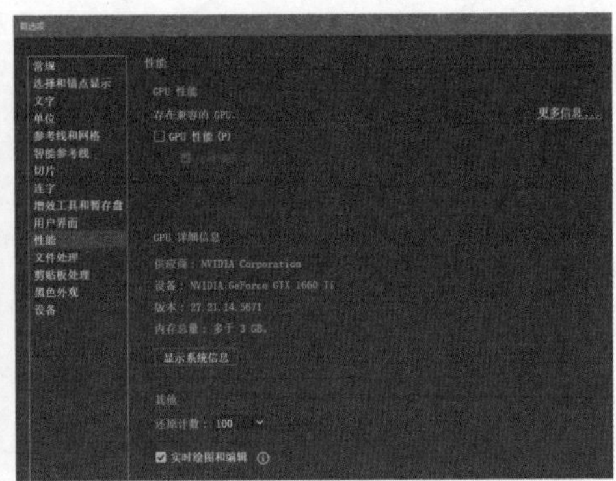

图2-17 性能“首选项”对话框

2.1.12 “剪贴板处理”设置

执行“编辑”→“首选项”→“剪贴板处理”命令或者在“首选项”对话框左侧项目列表中选择“剪贴板处理”选项，即可弹出剪贴板处理“首选项”对话框，如图2-18所示。用户可以根据自己的实际需求，在“首选项”对话框右侧设置“剪贴板”参数。设置完成后单击“确定”按钮，确认操作。

2.1.13 “黑色外观”设置

执行“编辑”→“首选项”→“黑色外观”命令或者在“首选项”对话框的左侧项目列表中选择“黑色外观”选项，即可弹出黑色外观“首选项”对话框，如图2-19所示。用户可以根据自己的实际需求，设置“黑色外观”参数。设置完成后单击“确定”按钮，确认操作。

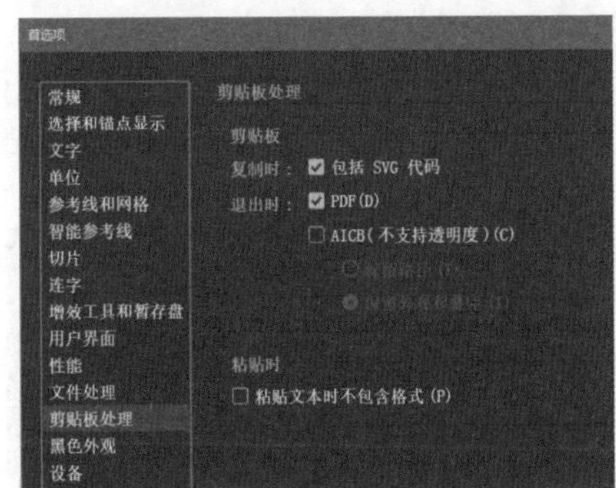

图2-18 剪贴板处理“首选项”对话框

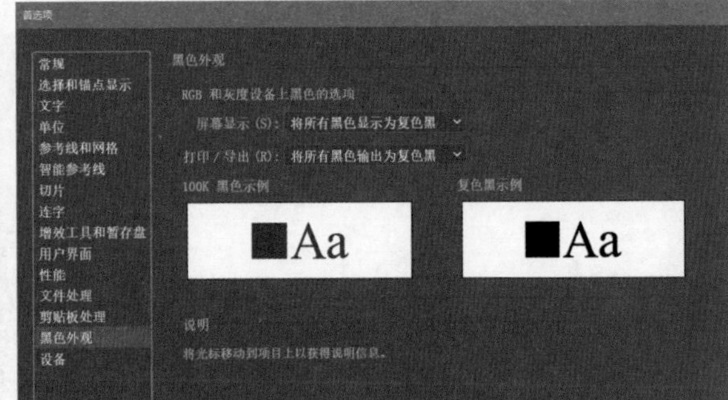

图2-19 黑色外观“首选项”对话框

2.2 使用标尺

标尺可帮助用户准确定位和度量文档窗口或者画板中的对象。Illustrator为文档和画板区域提供了两种标尺类型，包括全局标尺和画板标尺，但是这两种标尺不能同时出现。

- 全局标尺：全局标尺显示在文档窗口的顶部和左侧。默认全局标尺原点位于文档窗口的左上角。
- 画板标尺：画板标尺显示在现用画板的顶部和左侧。默认画板标尺原点位于画板的左上角。

画板标尺与全局标尺的区别在于，如果选择画板标尺，原点将根据活动的画板而变化。此外，不同的画板标尺可以有不同的原点。如果更改画板标尺的原点，填充于画板对象上的图案不受影响。

全局标尺的默认原点位于第一个画板的左上角，画板标尺的默认原点位于各个画板的左上角。

2.2.1 显示/隐藏标尺

执行“视图”→“标尺”→“显示标尺”命令或者按【Ctrl+R】组合键，如图2-20所示，即可在文档窗口的顶部和左侧显示标尺，如图2-21所示。执行“视图”→“标尺”→“隐藏标尺”命令或者按【Ctrl+R】组合键，即可隐藏标尺。

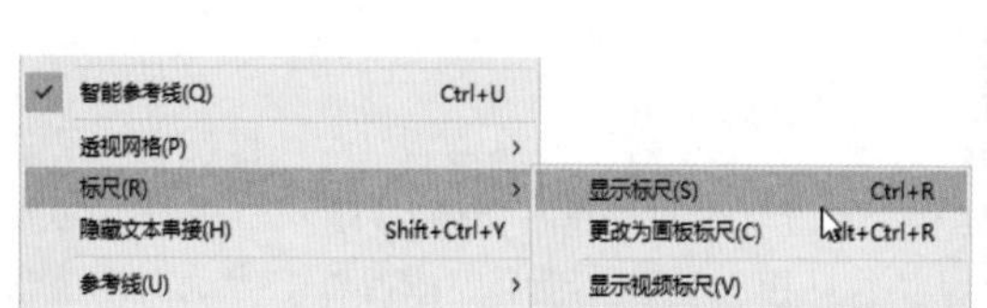

图2-20 选择“显示标尺”命令

图2-21 显示标尺效果

默认情况下，使用“显示标尺”命令创建的标尺为画板标尺。执行“视图”→“标尺”→“更改为全局标尺”命令或者按【Alt+Ctrl+R】组合键，即可将画板标尺转换为全局标尺。

2.2.2 视频标尺

利用Illustrator可以辅助完成一些视频包装工作。使用“视频标尺”可以更好地帮助用户定位对象并优化画面结构。

执行“视图”→“标尺”→“显示视频标尺”命令，如图2-22所示，即可在画板的顶部和左侧显示视频标尺，如图2-23所示。执行“视图”→“标尺”→“隐藏视频标尺”命令，即可隐藏视频标尺。

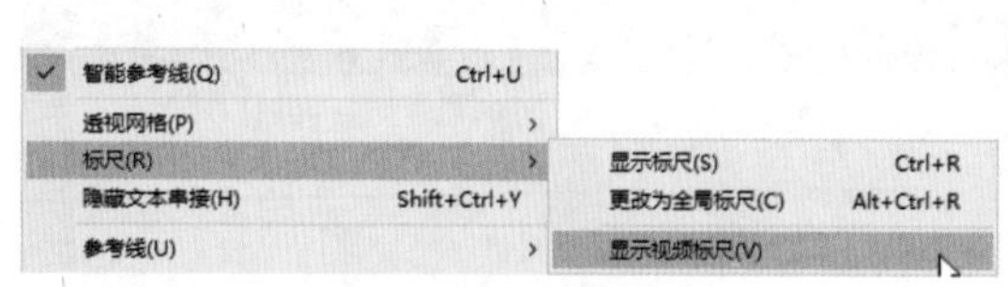

图2-22 选择“显示视频标尺”命令

图2-23 视频标尺效果

2.2.3 应用案例——使用标尺辅助定位

源 文 件：无
素　材：素材\第2章\22301.ai
技术要点：掌握【使用标尺辅助定位】的方法

扫描查看演示视频

扫描下载素材

STEP 01 执行“文件”→“打开”命令，将“素材\第 2 章\22301.ai”文件打开。执行“视图”→“标尺”→“显示标尺”命令，标尺效果如图 2-24 所示。

STEP 02 将光标移动到窗口左上角位置，按住鼠标左键并向下拖曳，调整标尺的原点位置，也就是（0，0）位置。通过标尺可以清楚地看到图形的高度和宽度，如图 2-25 所示。

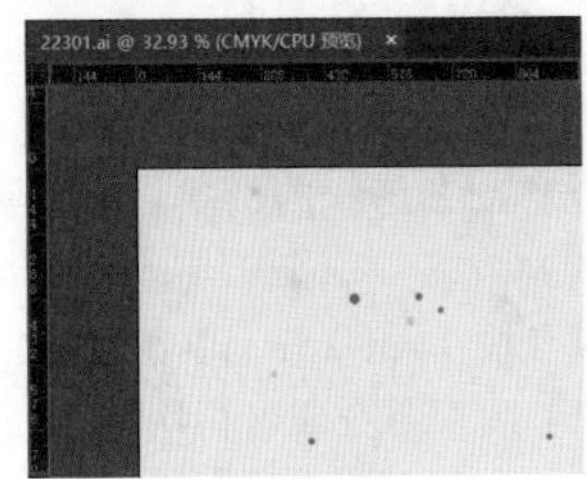

图2-24 标尺效果

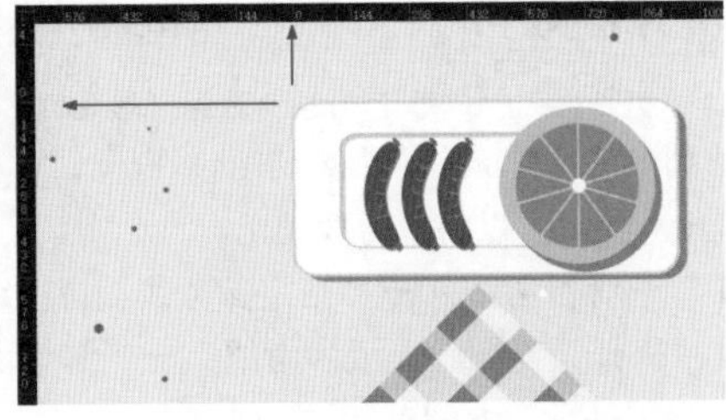

图2-25 调整后的原点位置

STEP 03 双击窗口左上角的标尺位置，即可将原点位置恢复到原始位置，即画板的左上角位置，如图 2-26 所示。

STEP 04 单击工具箱中的“选择工具”按钮，移动图形的位置使其与左上角对齐，能够通过标尺确定图形的尺寸，如图 2-27 所示。

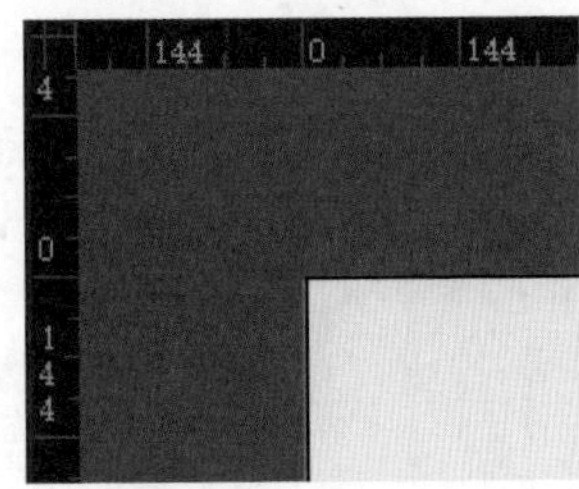

图2-26 恢复原点位置

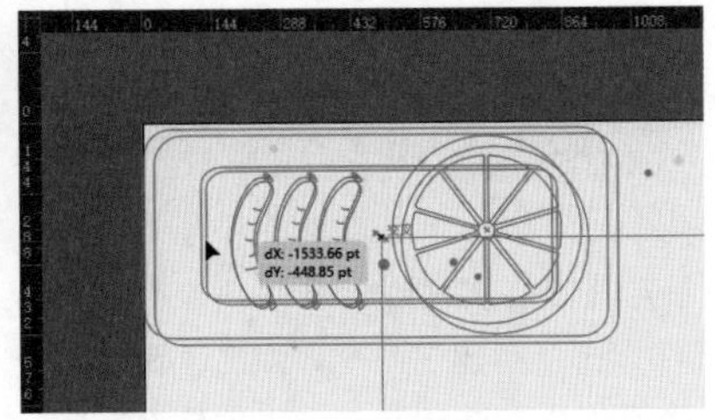

图2-27 移动并对齐图形

? 疑问解答 如何更改标尺的单位?

根据不同的需求，常常需要选择不同的测量单位。在标尺上单击鼠标右键，弹出快捷菜单，选择任意测量单位后，即可完成标尺单位的转换。

2.3 使用参考线

使用参考线可以帮助用户对齐文档中的文本和图形对象。显示标尺后，将光标移动到标尺上，向下或向右拖曳光标即可创建参考线，如图2-28所示。

提示

用户可以创建点和线两种参考线，并且可以自定义参考线的颜色。默认情况下，参考线不会被锁定，用户可以移动、修改、删除或恢复参考线。

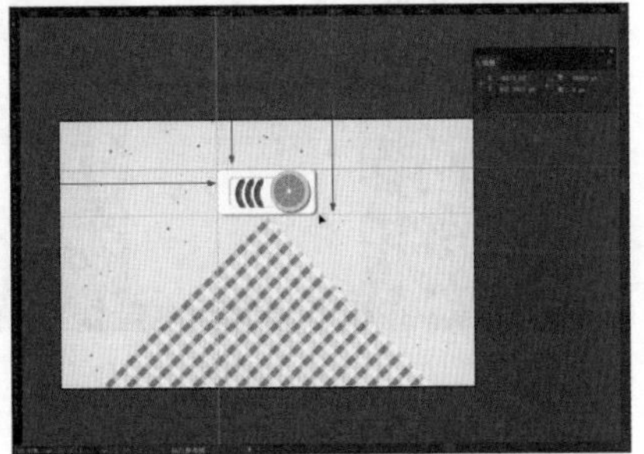

图2-28 拖曳创建参考线

2.3.1 显示/隐藏/锁定/建立/清除参考线

使用“选择工具”拖曳创建参考线后，执行“视图”→“参考线”→“隐藏参考线”命令或者按【Ctrl+;】组合键，如图2-29所示，即可隐藏文档中的参考线。执行“视图”→“参考线”→“显示参考线”命令或者再次按【Ctrl+;】组合键，即可将隐藏的参考线显示出来。

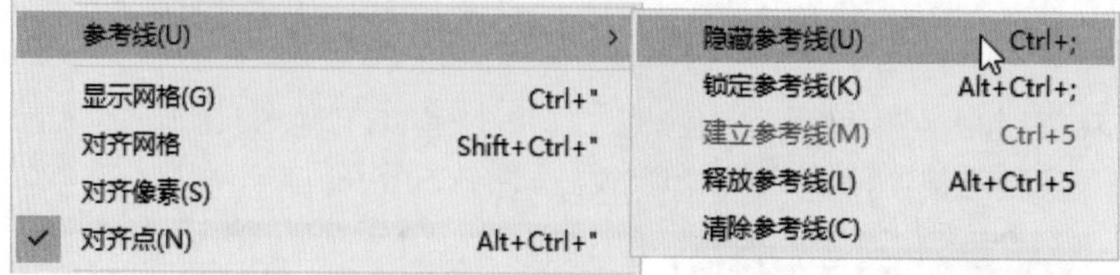

图2-29 选择“隐藏参考线”命令

将光标移动到参考线上，按住鼠标左键并拖曳，可以移动参考线的位置。在实际操作中，为了避免误操作移动参考线，可以将参考线锁定。

执行“视图”→“参考线”→“锁定参考线”命令或者按【Alt+Ctrl+;】组合键，即可锁定文档中所有的参考线。执行“视图”→“参考线”→“解锁参考线”命令或者再次按【Alt+Ctrl+;】组合键，即可解锁参考线。

选中文档中的一条路径，执行“视图”→“参考线”→“建立参考线”命令或者按【Ctrl+5】组合键，默认情况下，路径将被转换为蓝色的参考线。执行“视图”→“参考线”→“释放参考线”命令或者按【Alt+Ctrl+5】组合键，可以将建立的参考线转换为普通路径。

建立参考线后，执行“视图”→“参考线”→“清除参考线”命令，即可删除当前文档中的所有参考线。

2.3.2 应用案例——使用参考线定义边距

源 文 件：源文件\第2章\2-3-2.ai

素　材：无

技术要点：掌握【使用参考线定义边距】的方法

扫描查看演示视频

STEP 01 执行“文件”→“新建”命令，弹出“新建文档”对话框，在顶部选择“图稿和插图”选项，继续选择下方的“明信片”选项，单击“创建”按钮，新建一个文档，如图 2-30 所示。

STEP 02 执行“视图”→“标尺”→“显示标尺”命令，将标尺显示出来。将光标移动到顶部标尺上，按住鼠标左键并向下拖曳，创建距离画板顶部边距为 10mm 的参考线，如图 2-31 所示。

图2-30 新建文档

图2-31 创建横向参考线

STEP 03 使用相同的方法在距离画板底部 10mm 处创建参考线，如图 2-32 所示。将光标移动到左侧标尺上，按住鼠标左键并向右拖曳，创建距离画板左侧边距为 10mm 的参考线，如图 2-33 所示。

STEP 04 使用相同的方法，创建距离画板右侧边距为 10mm 的参考线，效果如图 2-34 所示。

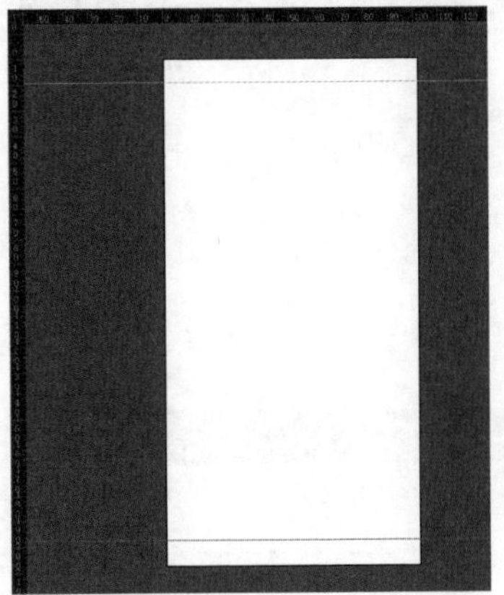

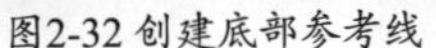

图2-32 创建底部参考线

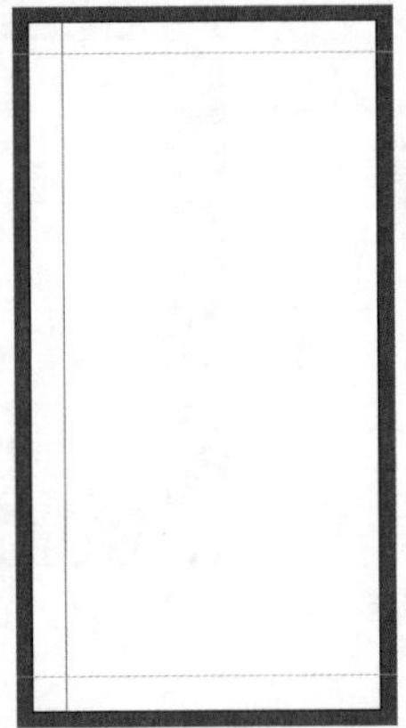

图2-33 创建左侧参考线

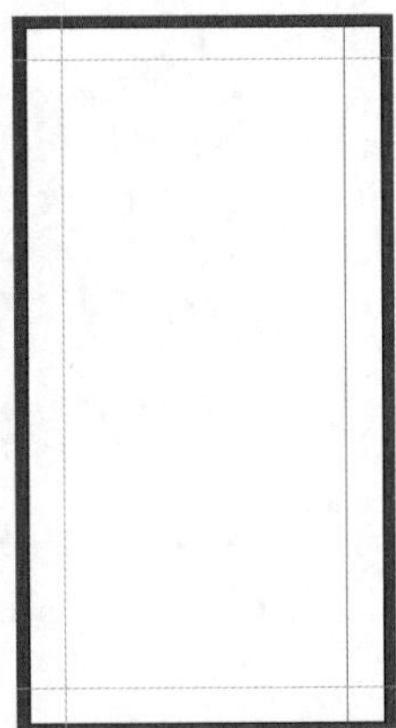

图2-34 创建右侧参考线

2.3.3 使用智能参考线

智能参考线是创建或操作对象或画板时显示的临时对齐参考线。通过对齐坐标位置和显示偏移值，智能参考线可以帮助用户参照其他对象或画板来对齐、编辑和变换对象或画板。

执行“视图”→“智能参考线”命令或者按【Ctrl+U】组合键，可以打开或者关闭智能参考线。

提示

如果用户选中“对齐网格”或“像素预览”选项，在操作时将无法使用智能参考线。

2.3.4 应用案例——使用智能参考线

源 文 件：源文件\第2章\2-3-4.ai

素　材：素材\第2章\23401.ai

技术要点：掌握【智能参考线】的使用方法

扫描查看演示视频

扫描下载素材

STEP 01 执行“文件”→“打开”命令，将“素材\第 2 章\23401.ai”文件打开。执行“视图”→“显示”→“智能参考线”命令，打开智能参考线。

STEP 02 单击工具箱中的“选择工具”按钮，选中画板右侧的面包片并向盘子中心拖曳，智能参考线效果如图 2-35 所示。释放鼠标，效果如图 2-36 所示。

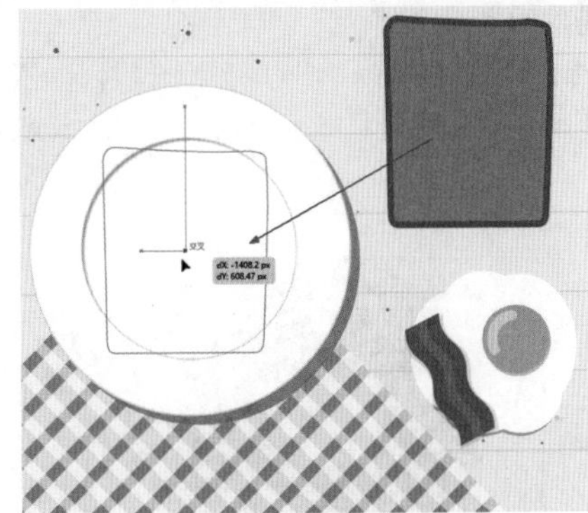

图2-35 显示智能参考线

图2-36 拖曳效果

STEP 03 选择画板左侧的面包片并向盘子中心拖曳，智能参考线效果如图 2-37 所示。

STEP 04 使用相同的方法，拖曳画板右侧的鸡蛋图形，完成效果如图 2-38 所示。

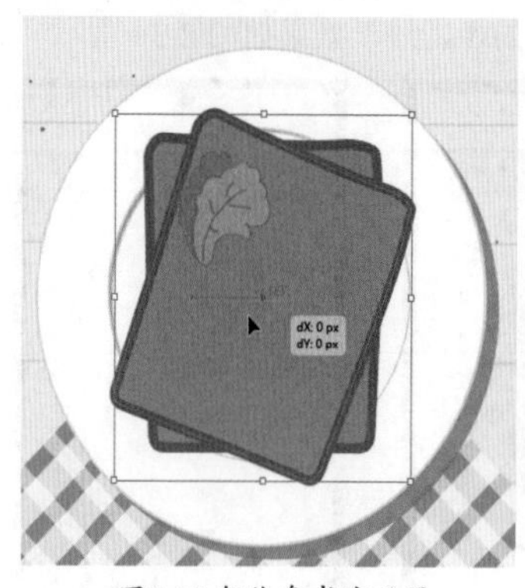

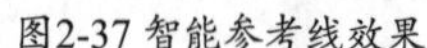
图2-37 智能参考线效果

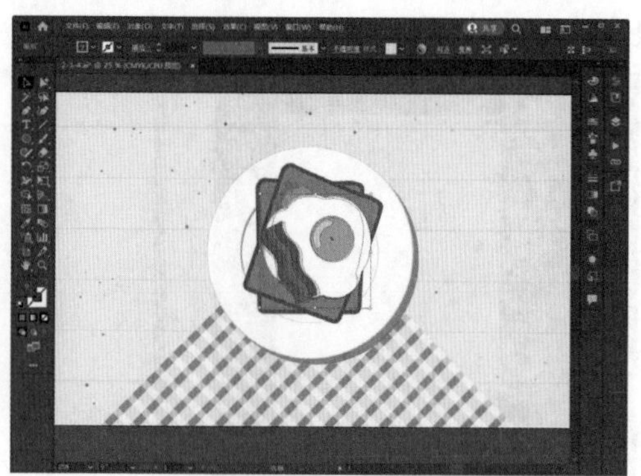

图2-38 完成效果

2.4 网格与对齐

默认情况下，网格显示在文档窗口所有对象的底层，而且它不能被打印。使用网格可以帮助用户完成定位和对齐元素的操作。

执行“视图”→“显示网格”命令或者按【Ctrl+”】组合键，如图2-39所示，即可显示网格，如图2-40所示。执行“视图”→“隐藏网格”命令或者再次按【Ctrl+”】组合键，即可将网格隐藏。

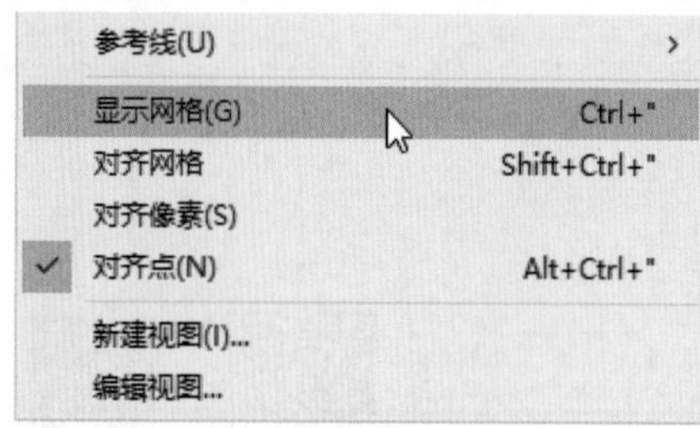

图2-39 选择“显示网格”命令

图2-40 显示网格

网格的颜色、样式、网格线间隔和子网格的数量都可以在参考线和网格“首选项”对话框中进行设置。请参考 2.1.5 节中讲解的内容。

Illustrator中提供了很多辅助功能来帮助用户工作。用户在操作过程中，可以使用“对齐网格”“对齐像素”“对齐点”等命令，进行更为精确的操作。

执行“视图”→“对齐”→“对齐网格”命令或者按【Shift+Ctrl+”】组合键，如图2-41所示，移动对象时，对象将自动对齐网格线，如图2-42所示。对齐网格只能吸附在网格的边或点上；当对象的边界在网格线的2个像素之内时，将对齐到点。

图2-41 “对齐网格”命令

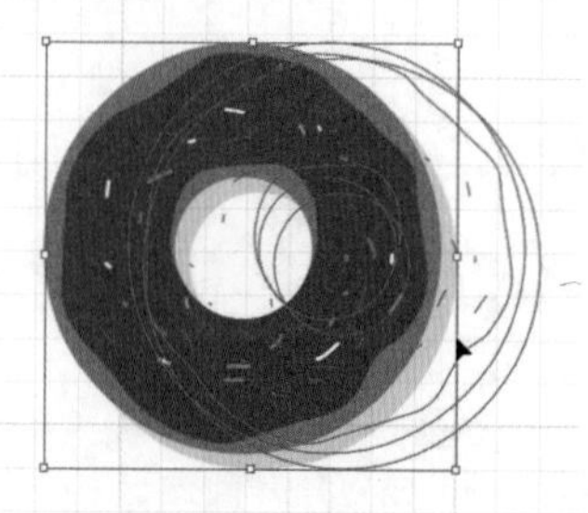

图2-42 对齐网格线

对齐像素是针对像素预览使用的，用户可以在印刷前通过像素预览快速查看构图效果。如果作品不用于印刷，则可以忽略该功能。

执行“视图”→“像素预览”命令或者按【Alt+Ctrl+Y】组合键，进入“像素预览”模式，如图2-43所示。执行“视图”→“对齐”→“对齐像素”命令，即可启用对齐像素功能，如图2-44所示。

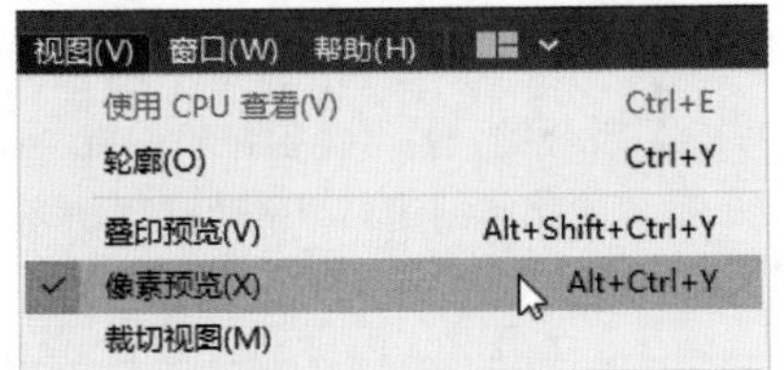

图2-43 选择“像素预览”命令

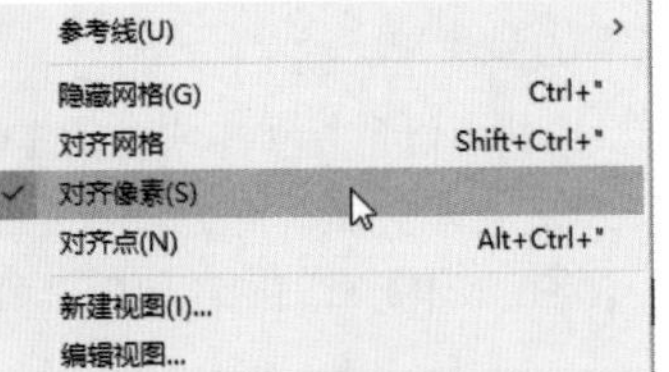

图2-44 选择“对齐像素”命令

在“像素预览”模式下，开启“对齐像素”的图形比没有开启“对齐像素”的图形的边缘更加平直、清晰。

执行“视图”→“对齐点”命令或者按【Alt+Ctrl+”】组合键，即可启用对齐点功能。“对齐点”功能包含在“智能参考线”功能中，开启该功能，操作时将自动吸附到某个点上。

2.5 使用插件管理器

Adobe公司的系列产品中很多软件都能够使用外部插件，而为了方便管理这些插件，Adobe公司推出了一款专门针对插件管理的小软件——Adobe Extension Manager。

随着Illustrator CC的发布，该软件也升级为Adobe Extension Manager CC。用户可在Adobe Creative Cloud中安装该软件，如图2-45所示。安装完成后单击“打开”按钮，Adobe Extension Manager CC软件界面如图2-46所示。

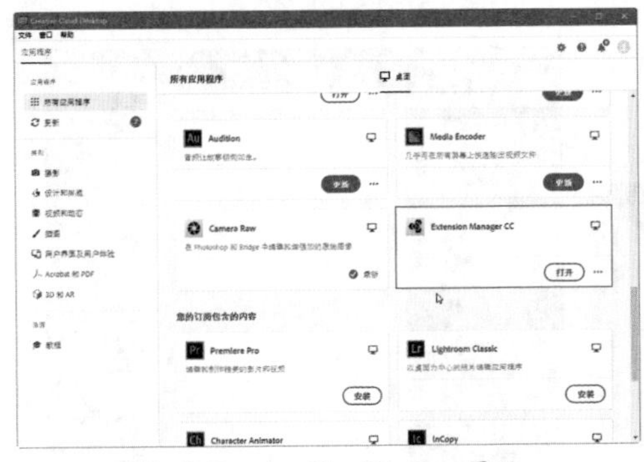

图2-45 Creative Cloud Desktop界面

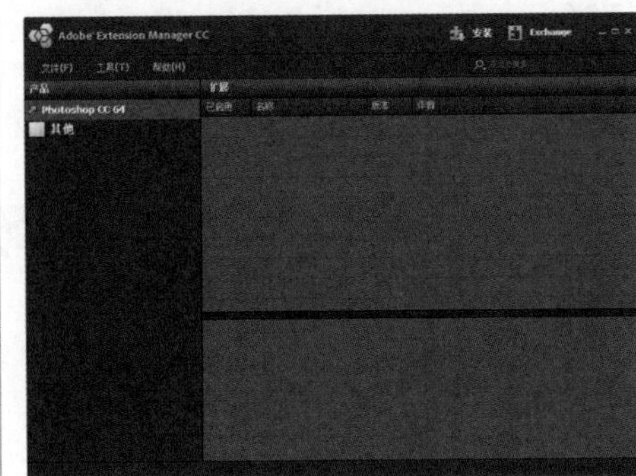

图2-46 Adobe Extension Manager CC界面

Adobe Extension Manager CC 仅支持 ZXP 格式的插件文件，且不同版本的插件支持的软件版本也不同。也就是说，低版本的插件不能在高版本的软件上使用。

2.6 解惑答疑

开始使用Illustrator前，首先要熟悉软件的系统设置和各种优化操作，只有这样才能在之后的操作中更加方便、快捷地使用该软件。

2.6.1 提高Illustrator的工作效率

Illustrator在运行时会占用大量的系统资源，所以用户在使用Illustrator时，尽量不要打开其他占用资源较多的程序。同时在增效工具和暂存盘“首选项”对话框中为Illustrator指定较高的内存占有率，将“暂存盘”指定给除C盘以外的其他所有盘符，用以提高Illustrator的工作效率。另外，定期清理历史记录也是一个很好的习惯。

2.6.2 创建精准的参考线

执行“窗口”→“信息”命令或者按【Ctrl+F8】组合键，打开“信息”面板，在创建参考线时，可以通过观察“信息”面板中“X”和“Y”的数值变化，创建更加精准的参考线。在未锁定参考线的前提下，按住【Alt】键的同时使用“选择工具”拖曳参考线，可将其进行复制。

2.7 总结扩展

本章针对优化Illustrator CC的工作环境进行了详细介绍。使用首选项中的各项命令可以对Illustrator中的各项内容进行优化设置，包括软件内存、暂存盘、参考线、网格和单位等。学习标尺、参考线和网格的使用方法和技巧，加深对Illustrator的了解，可以为学习更加复杂的操作打下基础。

2.7.1 本章小结

本章讲解了Illustrator CC的首选项设置和各种辅助功能的使用。通过本章的学习，读者需要了解使用辅助功能的方法和技巧，同时要掌握如何通过设置首选项中的各项参数以获得更好的工作环境。

2.7.2 扩展练习——创建iOS系统UI布局

源 文 件：源文件\第2章\2-7-2.ai

素　材：无

技术要点：掌握【iOS系统UI布局】的创建方法

扫描查看演示视频

完成本章内容的学习后，接下来通过创建一个带有iOS系统UI布局的文件，测验一下Illustrator CC辅助功能的学习效果，同时加深对所学知识的理解，案例效果如图2-47所示。

图2-47 案例效果

第3章 Illustrator CC的基本操作

Learning Objectives
学习重点

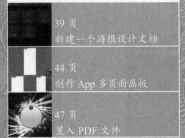

要真正掌握和使用一款图像处理软件，首先要从软件的基本操作开始学习，再逐步深入掌握该软件的各项功能。本章将介绍Illustrator CC的一些基本操作，如新建、打开、存储、置入文件，使用画板和导出文件等操作，帮助用户更好地掌握和使用该软件。

3.1 使用主页

主页是Illustrator CC启动后首先展示给用户的界面，如图3-1所示。用户可以在主页中完成新建文件、打开文件、查看新增功能和最近使用项等操作。选择左侧的"学习"选项，将进入官方指定的教程界面，如图3-2所示。

图3-1 主页界面

图3-2 "学习"界面

用户在使用Illustrator操作时，可以随时通过单击"控制"面板最左侧的主页图标，返回主页界面，如图3-3所示。此时主页界面左上角显示为一个Ai图标，单击该图标，可以立即返回文档的操作界面，如图3-4所示。

图3-3 返回主页

图3-4 返回文档操作界面

3.2 新建和设置文档

在开始绘画之前，首先要准备好画纸。同理，在使用Illustrator绘制图形之前，也应该先创建画板。

3.2.1 新建文档

启动Illustrator CC软件后，执行“文件”→“新建”命令或按【Ctrl+N】组合键，弹出“新建文档”对话框，如图3-5所示。

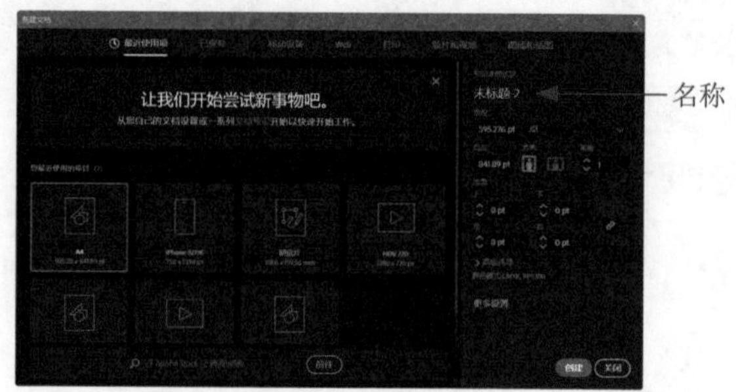

图3-5 “新建文档”对话框

“新建文档”对话框分为左右两部分，左侧为最近使用项和不同行业的模板文件尺寸，右侧为预设详细信息。使用Illustrator CC提供的预设功能，可以很容易地创建常用尺寸的文件，减少不必要的麻烦，提高工作效率。

完成文档的创建后，用户可以执行“视图”菜单下的命令随时更改预览模式。

在“新建文档”对话框中设置好参数后，单击“创建”按钮，完成新建文档的操作，如图3-6所示。单击“新建文档”对话框中的“更多设置”按钮，将弹出“更多设置”对话框，如图3-7所示。

图3-6 新建的文档

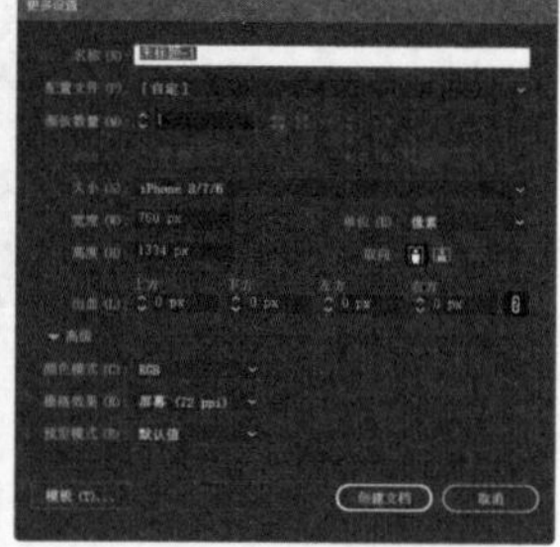

图3-7 “更多设置”对话框

用户可以在“更多设置”对话框中设置多个画板的排列方式、间距和列数，如图3-8所示。单击“更多设置”对话框左下角的“模板”按钮或者执行“文件”→“从模板新建”命令，弹出“从模板新建”对话框，如图3-9所示。选择想要使用的外部模板文件，单击“创建”按钮，即可通过模板新建文件。

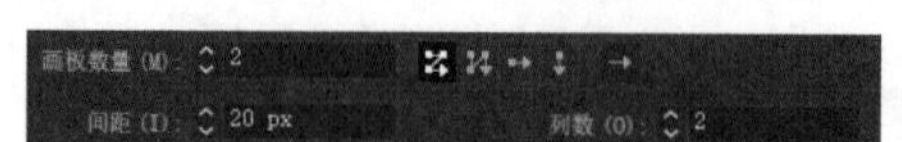

图3-8 设置画板的各项参数

图3-9 “从模板新建”对话框

3.2.2 应用案例——新建一个海报设计文档

源 文 件：无

素　材：无

技术要点：掌握【海报设计文档】的创建方法

扫描查看演示视频

STEP 01 执行“文件”→“新建”命令，弹出“新建文档”对话框，如图 3-10 所示。

STEP 02 选择“图稿和插图”选项，单击模板列表中的“海报”模板，如图 3-11 所示。

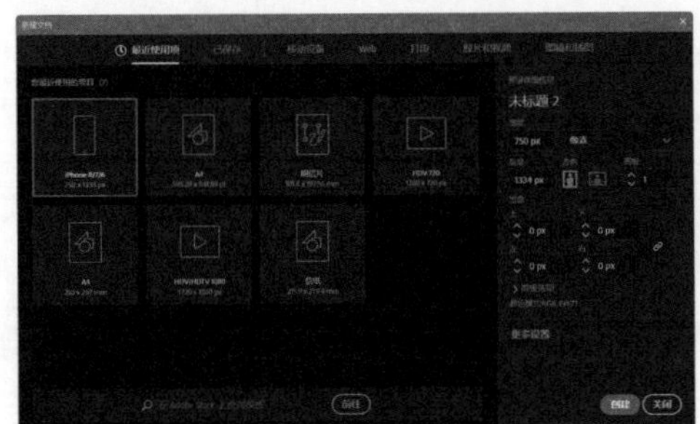

图3-10 “新建文档”对话框

图3-11 选择模板

STEP 03 在右侧顶部文本框中设置文档名称为“海报”，如图 3-12 所示。

STEP 04 单击对话框底部的“创建”按钮，完成海报设计文档的创建，如图 3-13 所示。

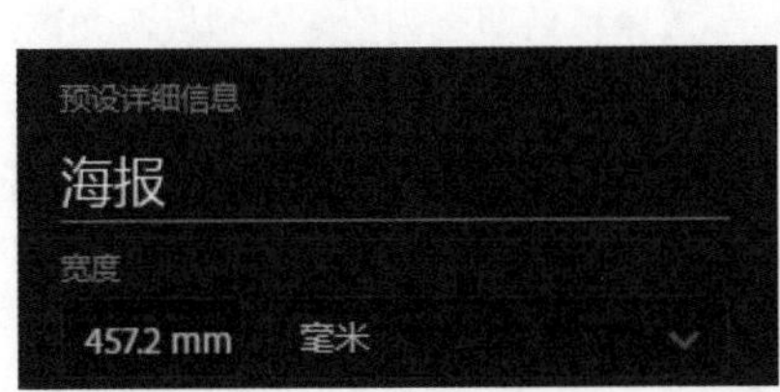

图3-12 修改文档名称

图3-13 新建海报设计文档

提示

如果用户想使用旧版的“新建”对话框，可以打开“首选项”对话框，选择“常规”选项卡中的“使用旧版‘新建文件’界面”复选框。

3.2.3 设置文档

新建文档后，用户可以通过执行“文件”→“文档设置”命令，在弹出的“文档设置”对话框中修改文档的各项参数，如图3-14所示。

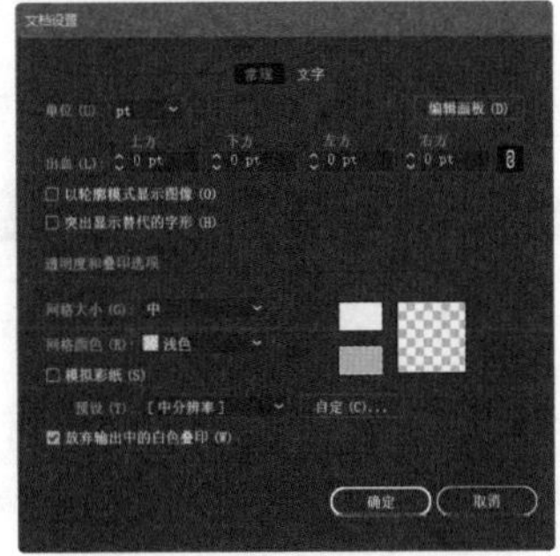

图3-14 “文档设置”对话框

用户可以在“文档设置”对话框中设置当前文档的单位、出血、网格的大小和颜色等参数；也可以选择“以轮廓模式显示图像”和“突出显示替代的字形”复选框，让文档内容换一种显示方式；单击右上角的“编辑画板”按钮，可以通过拖曳的方式调整画板的大小。

提示 通过“模拟彩纸”设置的画板底色，只在屏幕上显示，其作用是方便用户观察绘图效果，实际画板上并不存在这个颜色。导出图片时，“模拟彩纸”显示的颜色将不会被导出。如果导出图片时需要底色，可以通过绘制矩形色块的方式为图稿设置底色。

3.3 使用画板

画板是一个区域，包含图稿的可打印或可导出区域，可以帮助用户简化其设计过程。对于不同尺寸的画板来说，用户可以在该区域内摆放适合的设计。用户在创建画板时，可以在各种预设尺寸中选取自己想要的画板尺寸，也可以通过输入宽高值来创建自定画板。

提示 用户可以在创建文档时指定文档的画板数，并且在处理文档的过程中，可以随时添加和删除画板数量。Illustrator 允许在一个文档中最多创建1000个画板，具体数量取决于画板的大小。

3.3.1 创建和选择画板

执行“文件”→“新建”命令，弹出“新建文档”对话框，在“画板”文本框中输入具体数值，如图3-15所示，为新建文档设置画板数量。

如果想在一个已经包含画板的文档中新建画板，可以单击工具箱中的“画板工具”按钮，再将光标移动到工作区域内，按住鼠标左键并拖曳，释放鼠标后即可创建一个画板，如图3-16所示。按住【Alt】键的同时使用“画板工具”向任意方向拖曳画板，可以完成复制画板的操作。

图3-15 设置画板数量

图3-16 创建画板

当工具箱中的“画板工具”为选中状态时，“控制”面板中将显示与“画板”有关的参数，如图3-17所示。

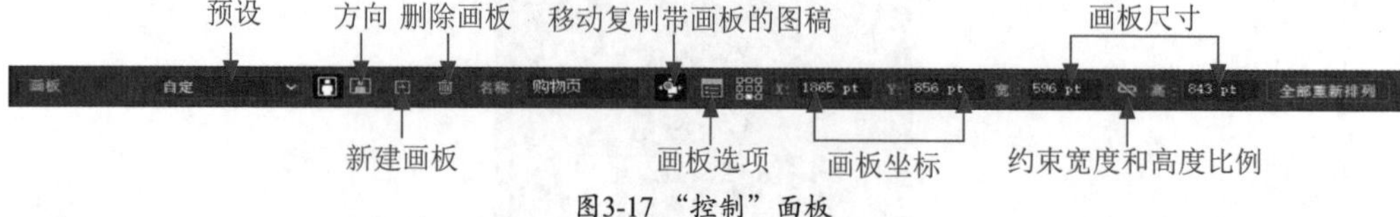

图3-17 “控制”面板

Illustrator CC将常用的画板尺寸存储为预设，供用户快速选择使用。创建画板后，单击“控制”面板左侧的“预设”按钮，在打开的预设下拉列表框中选择任一预设画板尺寸，可将当前画板尺寸转换为选中的预设画板尺寸，如图3-18所示。

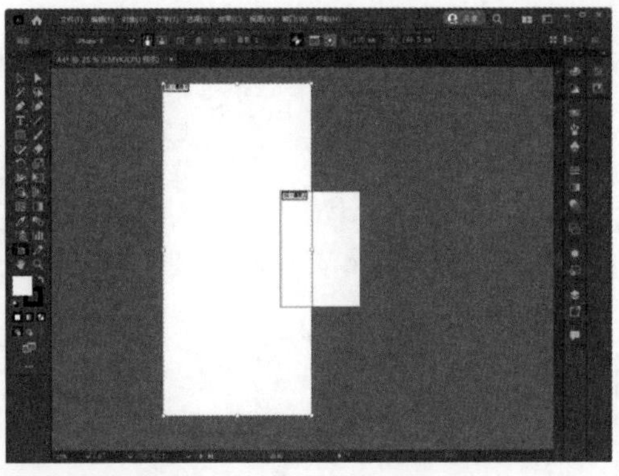

图3-18 使用画板预设

按【Ctrl+A】组合键或者按住【Shift】键的同时依次单击工作区域中的画板，可选择多个画板。按住【Shift】键的同时使用鼠标左键创建选框，也可同时选中被框选的多个画板。

3.3.2 查看画板

每个画板都由实线定界，表示最大可打印区域。执行“视图”→“隐藏画板”命令，即可将画板边界隐藏。使用“画板工具”单击画板、使用其他工具单击画板或者在画板上绘画，可将画板变为活动状态。在图3-19中，左侧画板为现用画板，右侧画板为非现用画板。

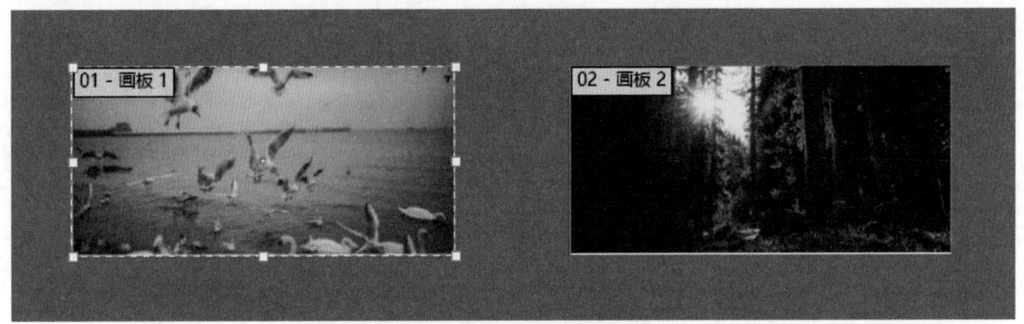

图3-19 现用画板和非现用画板

画布是指在将图稿的元素移动到画板上之前，可以在其中创建、编辑和存储这些元素的空间。放置在画布上的对象在屏幕上是可见的，但不能将它们打印出来。简单来说，画布是画板外部的区域，可以扩展到220英寸正方形窗口的边缘，如图3-20所示。

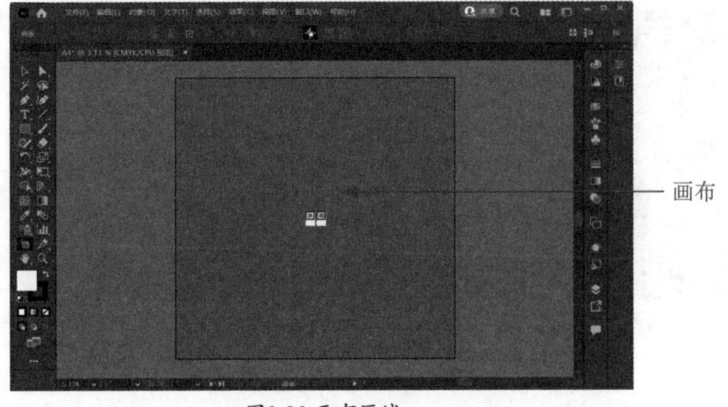

图3-20 画布区域

? 疑问解答 画布与画板的区别

画布与画板在操作方法上略有不同。一个文档中只能存在一个画布，但却可以同时存在多个画板，且每个画板都是独立存在的，可以进行不同的编辑操作。

在底部状态栏的“画板导航”选项中，显示了当前选中画板的编号，如图3-21所示。单击“画板导航”按钮，在打开的画板编号列表框中选择任意编号，该画板将快速居中并缩放到适合屏幕大小，如图3-22所示。

图3-21 显示画板编号

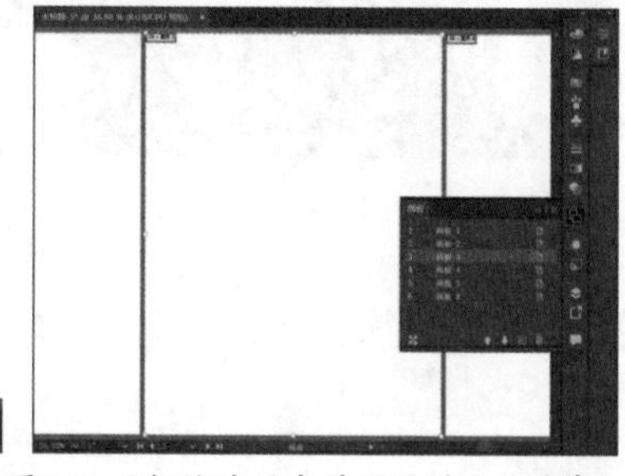

图3-22 画板快速居中并缩放到适合屏幕大小

执行“视图”→“显示打印拼贴”命令，画板边缘显示打印拼贴，此时可以查看与画板相关的页面边界，如图3-23所示。当打印拼贴开启时，将由窗口最外边缘和页面可打印区域之间的实线和虚线来表示可打印和非打印区域，如图3-24所示。

图3-23 查看页面边界

图3-24 可打印和非打印区域

3.3.3 删除画板

选中或者单击“画板”面板中想要删除的画板，按【Delete】键或者单击“画板”面板底部的“删除画板”按钮，即可删除选中的画板，如图3-25所示。也可以在选中画板后，单击“画板”面板右上角的☰图标，在打开的下拉菜单中选择“删除画板”命令，即可删除选中的画板，如图3-26所示。

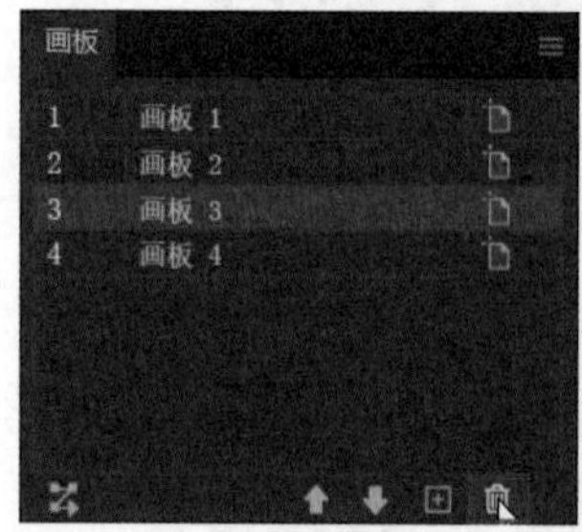

图3-25 单击“删除画板”按钮

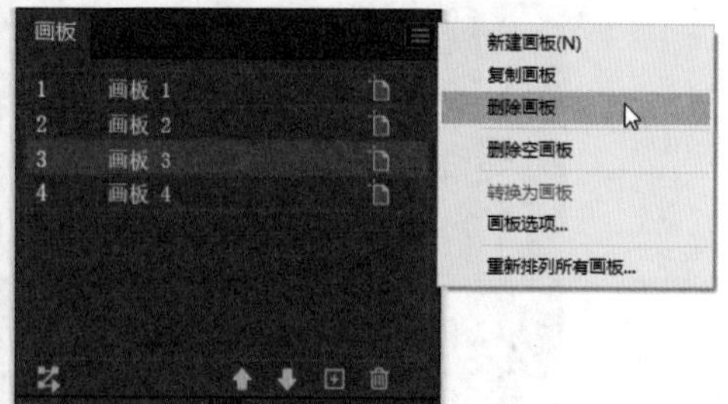

图3-26 选择“删除画板”命令

3.3.4 使用“画板”面板

执行“窗口”→“画板”命令，打开“画板”面板，如图3-27所示。单击画板名称即可激活当前画板，使用该功能可以在不同画板之间快速切换。双击画板名称，输入新的名称后，可以完成重命名画板的操作。

在“画板”面板中，单击画板名称后面的图标，可以打开“画板选项”对话框。单击面板中的“上移”按钮，选中的画板将会向上移动一层；单击“下移”按钮，选中的画板将会向下移动一层；单击“新建画板”按钮，将在选中的画板下方新建一个画板。

单击“重新排列所有画板”按钮，弹出“重新排列所有画板”对话框，如图3-28所示，用户可在其中设置画板的版面、版面顺序、列数和间距等参数。

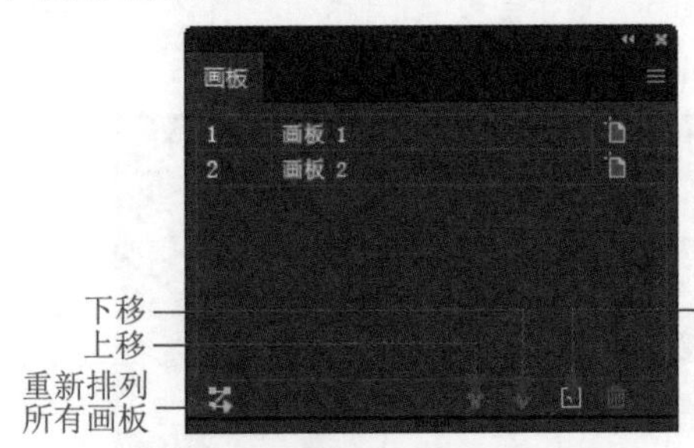

图3-27 “画板”面板

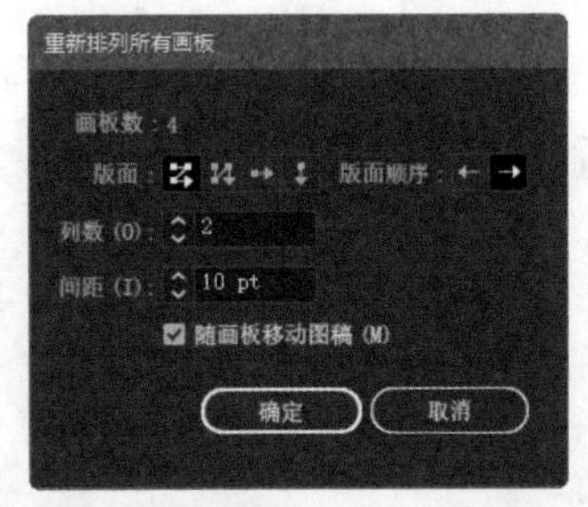

图3-28 “重新排列所有画板”对话框

Illustrator为用户提供了4种画板排列方式，分别是按行设置网格、按列设置网格、按行排列

和按列排列。选择任意排列方式后，通过设置行数和间距，可以实现更丰富的画板排版布局。

单击“版面顺序”中的按钮，将画板的排列方式更改为从右至左排列，如图3-29所示。单击按钮，将画板的排列方式更改为从左至右排列，如图3-30所示。

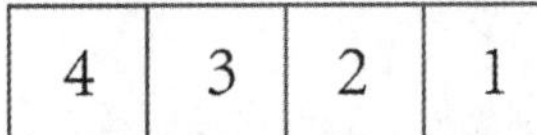

图3-29 从右至左排列画板

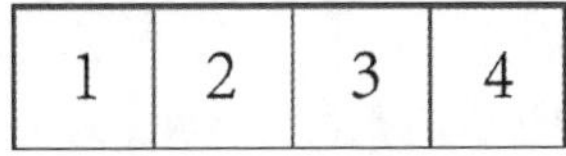

图3-30 从左至右排列画板

> **提示**　用户可以将画板作为裁剪区域使用，以供打印或导出内容。可以使用多个画板来创建各种内容，如多页 PDF、大小或元素不同的打印页面、网站的独立元素、视频故事板，以及组成 Adobe Animate 或 After Effects 中的动画的各个项目等。

3.3.5 设置画板选项

双击工具箱中的“画板工具”按钮或单击“属性”面板中的“画板选项”按钮，将弹出“画板选项”对话框，如图3-31所示。用户可在该对话框中设置画板的各项参数，设置完成后，单击“确定”按钮。

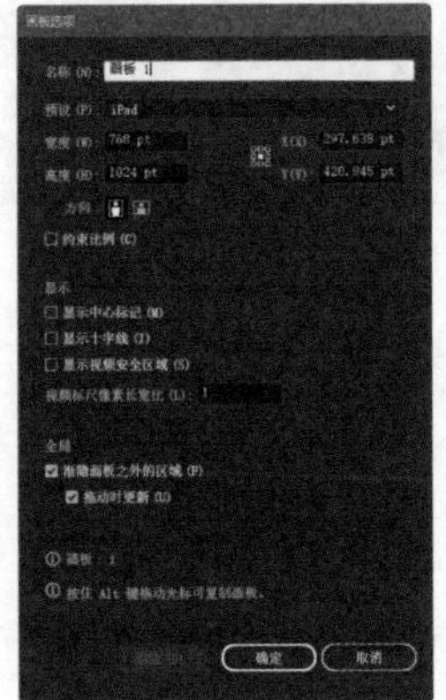

图3-31 “画板选项”对话框

3.3.6 应用案例——制作App多页面画板

源 文 件：无

素　材：无

技术要点：掌握【App多页面画板】的制作方法

扫描查看演示视频

STEP 01 执行“文件”→“新建”命令，在弹出的“新建文档”对话框中选择“移动设备”选项卡下的任一预设，单击“创建”按钮，新建一个文档，新建文档中包含一个画板，如图 3-32 所示。

STEP 02 执行“窗口”→“画板”命令，打开“画板”面板。双击面板中“画板 1”的名称，修改画板名为“首页”。单击“新建画板”按钮，新建一个名为“注册页”的画板，如图 3-33 所示。

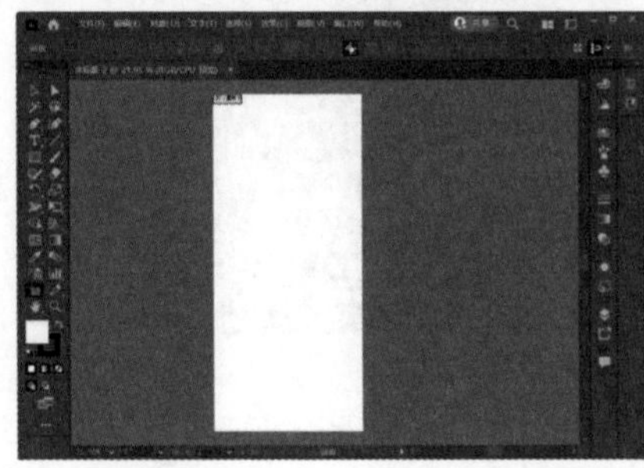

图3-32 新建文档中包含一个画板

图3-33 新建画板

提示　选中想要修改名称的画板，用户可以在“属性”面板的“名称”文本框中修改画板的名称，完成重命名操作。

STEP 03 按住【Alt】键的同时使用“画板工具”拖曳复制画板，修改所复制画板的名称为“新闻页”。执行“编辑”→“复制”命令复制画板，执行“编辑”→“粘贴”命令粘贴画板，修改所复制画板的名称为“购物页”，如图 3-34 所示。

STEP 04 使用“画板工具”拖曳调整画布中画板的位置，选中“新闻页”画板，单击“画板”面板中的“删除画板”按钮或按【Delete】键将其删除，如图 3-35 所示。

图3-34 拖曳复制画板

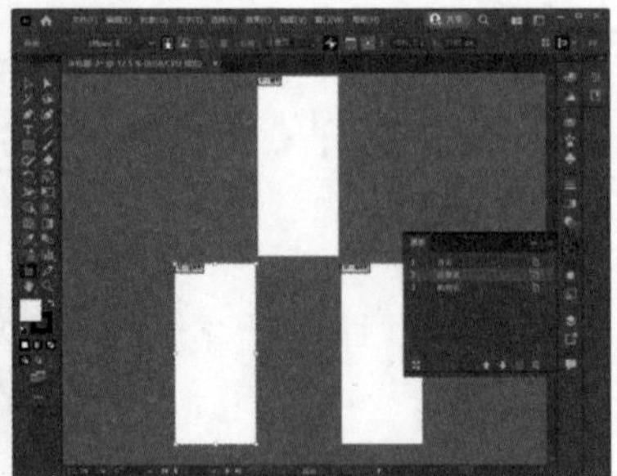

图3-35 删除画板

提示　按【Ctrl+X】组合键，可将画板剪切到设备内存中。如果画板中包含图形元素，剪切画板时，这些元素将一起被剪切到设备内存中。单击“控制”面板中的“移动/复制带画板的图稿”按钮，则画板中的内容将不会与画板共同执行移动、复制或者剪切等操作。

3.4 打开文件

在Illustrator中，用户可以通过执行“打开”命令，打开外部多种格式的图像文件，并对其进行编辑处理。也可以将未完成的Illustrator文件打开，继续进行各种操作处理。

3.4.1 常规的打开方法

启动Illustrator后，单击主页左侧的“打开”按钮、执行“文件”→“打开”命令或按【Ctrl+O】组合键，都可以打开“打开”对话框，如图3-36所示。在“打开”对话框中，选择要打开的文件并单击“打开”按钮，或者直接双击要打开的文件，即可将文件打开，如图3-37所示。

图3-36 “打开”对话框

图3-37 打开文件

? 疑问解答 如何同时打开多个文件?

单击第一个文件，按住【Shift】键并单击想要一起打开的最后一个文件，将同时选中两个文件之间的所有文件，单击“打开”按钮即可打开连续的文件。按住【Ctrl】键并依次单击要打开的不连续文件，再单击“打开”按钮即可打开不连续的文件。

3.4.2 在Bridge中打开文件

执行“文件”→“在Bridge中浏览”命令，启动Bridge软件，如图3-38所示。在Bridge中浏览并选中想要打开的文件，双击该文件即可在Illustrator中打开，如图3-39所示。

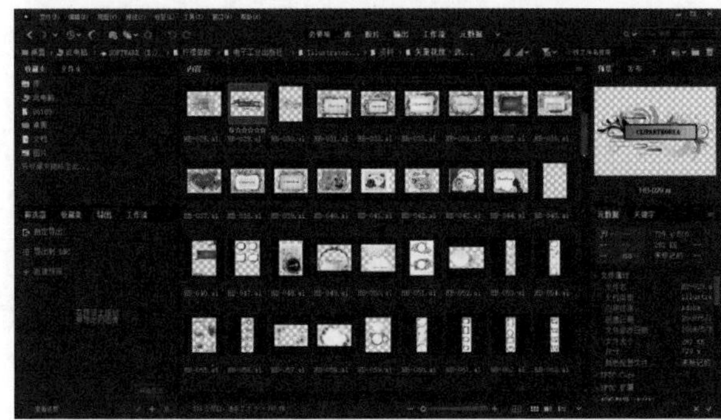

图3-38 启动Brdige软件

图3-39 在Illustrator中打开文件

在 Illustrator 中打开文件的数量是有限的。打开的数量取决于使用的计算机所拥有的内存和磁盘空间的大小；此外，与文件的大小也有密切关系，内存和磁盘空间越大，能打开的文件数目也就越多。

3.4.3 打开最近打开过的文件

在Illustrator中进行了保存文件或打开文件等操作时，在“文件”→“最近打开的文件”子菜单中会显示出用户最近编辑过的20个图像文件，如图3-40所示。利用“最近打开的文件”子菜单中的文件列表，用户可以快速打开最近使用过的任一文件。

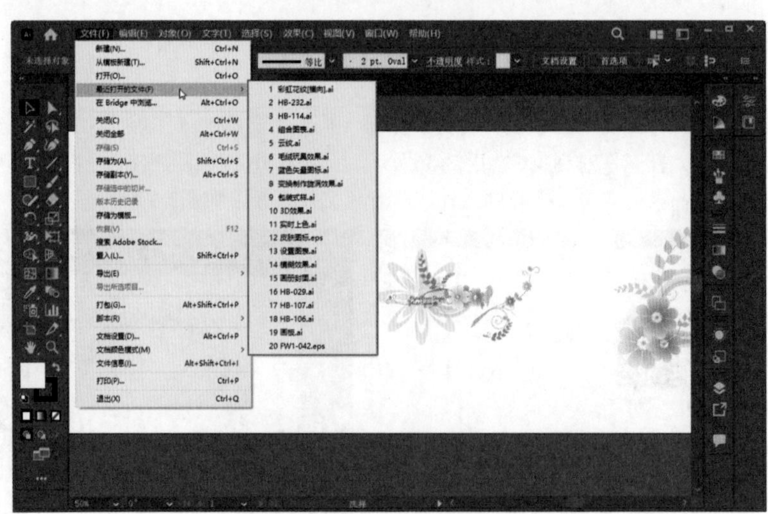

图3-40 显示最近打开过的文件

同时打开多个文件后，所有打开的文件将以选项卡的形式显示在“控制”面板下面，每个选项卡上显示当前文件的名称、显示比例和模式，用户可以通过单击不同的选项卡，选择激活不同的文件。

3.5 置入文件

在Illustrator CC中，用户可以将照片、图像或矢量格式的文件作为智能对象置入到文档中，并对其进行编辑。

3.5.1 “置入”命令

执行“文件”→“置入”命令，弹出“置入”对话框，如图3-41所示。选择要置入的文件后，单击“置入”按钮，在画板中单击或拖曳，即可将文件置入，效果如图3-42所示。

图3-41 “置入”对话框

图3-42 置入文件

置入文件

置入的文件采用的是链接方式，执行“窗口”→“链接”命令，用户可以在“链接”面板中识别、选择、监控和更新文件，如图3-43所示。采用“链接”方式置入画板的文件，不会增加文档的体积大小；移动文件时，要将链接文件一起移动，否则将无法正确显示。

单击“控制”面板中的“嵌入”按钮 嵌入 ，可将链接文件嵌入到Illustrator文档中。嵌入文件会增加文档的体积大小，并且在“链接”面板中嵌入文件后面的“链接”图标将消失，将光标置于链接文件上方，出现已嵌入的提示信息，如图3-44所示。

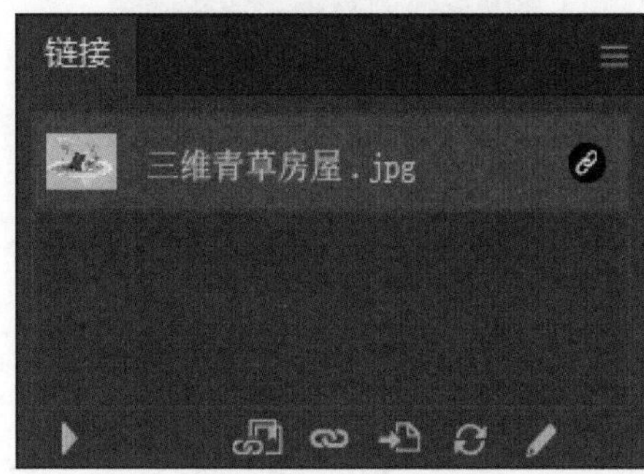

图3-43 “链接”面板

图3-44 嵌入链接文件

单击“链接”面板右上角的按钮，在打开的面板菜单中选择“取消嵌入”命令，弹出“取消嵌入”对话框，为文件重新指定“文件名”和“保存类型”，单击“保存”按钮，即可取消文件的嵌入。取消嵌入时，只能将文件保存为PSD格式或TIF格式。

如果要置入包含多个页面的 PDF 文件，可以选择置入的页面及裁剪图稿的方式。如果要嵌入 PSD 格式文件，可选择转换图层的方式。如果文件中包含图层复合，还可以选择要导入的图像版本。

支持HEIF或WebP格式

在Illustrator CC 中，用户可以打开或置入高效图像格式（HEIF）或者WebP格式文件。

● HEIF格式

HEIF的全称是High Efficiency Image File Format（高效图像文件格式），是一种高效的图片封装格式，通常的文件扩展名为HEIF。HEIF是一种封装格式，一般HEIF格式的图片特指以HEVC（H.265）编码器进行压缩的图像文件。采用更先进、高效的HEVC编码方式，在相同的一张图片上，HEIF格式可以将照片的大小压缩到JPEG格式的50%左右，而在同一部手机上，就可以存储之前2倍的照片数量。

由于封装格式与编码方式的相互独立，赋予了 HEIF 格式更多的功能特性。该格式不仅可以存储静态图像、EXIF、景深信息和透明通道等信息，还可以存储动画甚至视频、音频等，带来了更多的可操作性。

● WebP格式

WebP是一种同时提供有损压缩与无损压缩的图片文件格式，派生自图像编码格式VP8 ，是由Google购买On2 Technologies后发展出来的格式。它可将网页文档有效压缩，同时又不影响图片格式兼容与实际清晰度，进而加快整体网页下载速度。

3.5.2 应用案例——置入PDF文件

源 文 件：源文件\第3章\3-5-2.ai

素　材：素材\第3章\35201.ai和35202.pdf

技术要点：掌握【置入PDF文件】的方法

扫描查看演示视频

扫描下载素材

STEP 01 执行“文件”→“打开”命令，将“素材\第 3 章\35201.ai”文件打开。执行“文件”→“置入”命令，弹出“置入”对话框，如图 3-45 所示。

STEP 02 选择“素材\第 3 章\35202.pdf”文件，并选择“链接”和“显示导入选项”复选框，单击“置入”按钮，弹出“置入 PDF”对话框，如图 3-46 所示。

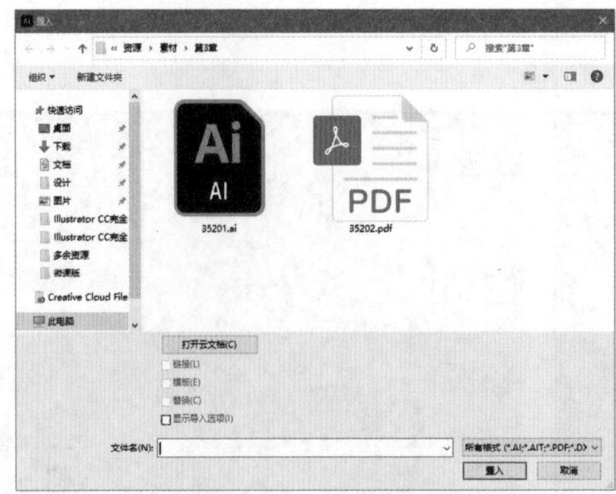

图3-45 “置入”对话框

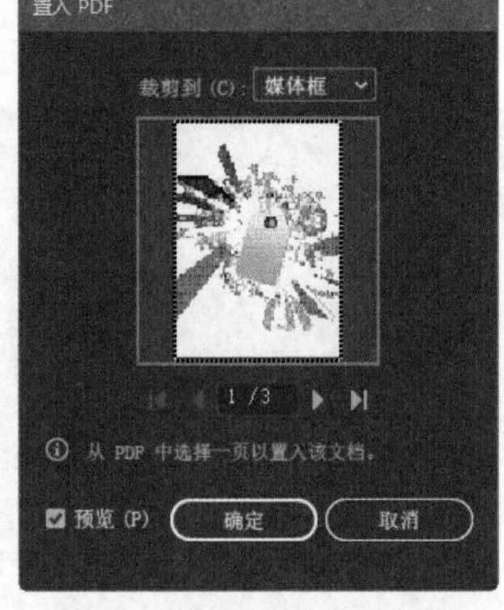

图3-46 “置入PDF”对话框

STEP 03 单击对话框中图像下方的三角形按钮，选择第 3 个画板，单击“确定”按钮，在画板左上角位置单击，即可置入 PDF 文件的一页，效果如图 3-47 所示。

STEP 04 单击“控制”面板中的“嵌入”按钮，将置入文件嵌入文档，效果如图 3-48 所示。执行“文件”→“存储为”命令或按【Shift+Ctrl+S】组合键将文件保存。

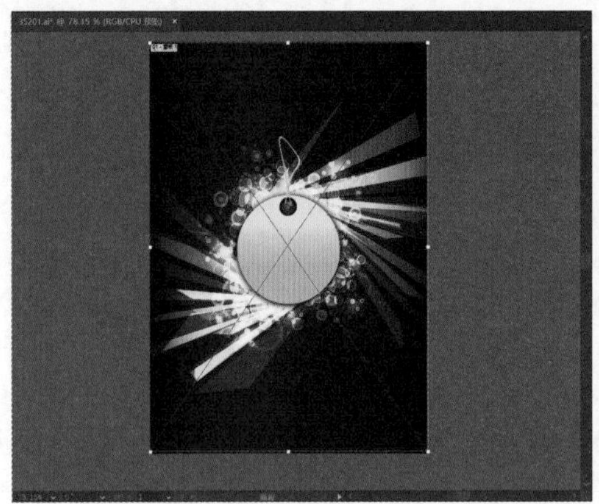

图3-47 置入一页的效果

图3-48 置入效果

3.6 还原与恢复文件

在绘图过程中，通常会出现操作失误或对操作效果不满意的情况，这时可以使用“还原”命令将图像还原到操作前的状态。如果已经执行了多个操作步骤，可以使用“恢复”命令直接将图像恢复到最近保存的状态。

3.6.1 还原和重做文件

执行“编辑”→“还原”命令或者按【Ctrl+Z】组合键，即可撤回最近的一次操作。连续多次执行“还原”命令或者按【Ctrl+Z】组合键，可以逐步撤回之前的操作。

用户在绘图过程中，即使执行了“存储”操作，也可以进行还原操作。但是，如果关闭了该文件又重新打开，将无法再还原。当“还原”命令显示为灰色时，表示当前操作不能“还原”，如图3-49所示。

执行“编辑”→“重做”命令或者按【Shift+Ctrl+Z】组合键，即可再次执行最近一次被还原的操作。连续多次执行“重做”命令或者按【Shift+Ctrl+Z】组合键，可以逐步重做还原的操作，直至最后一次操作，“重做”命令将变为灰色，如图3-50所示。

图3-49 “还原”命令不可用

图3-50 “重做”命令不可用

Illustrator CC 不限制“还原”操作的次数，但是能够还原的次数受计算机内存大小的限制。

3.6.2 恢复文件

执行“文件”→“恢复”命令或按【F12】键，如图3-51所示，可以将文件恢复到上一次存储的版本。关闭文件后再将其重新打开，将无法执行“恢复”操作。

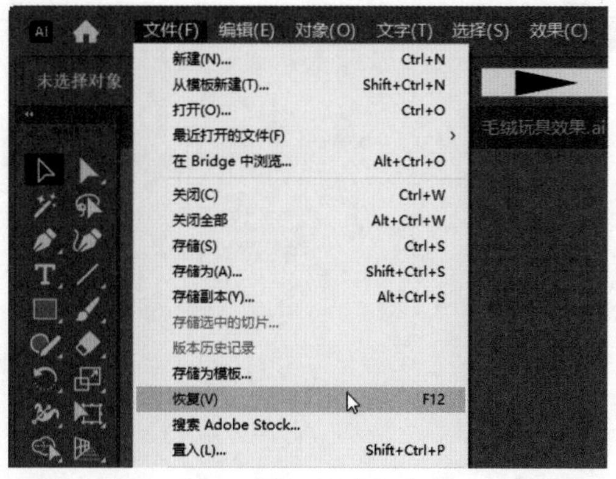

图3-51 选择“恢复”命令

3.7 添加版权信息

在完成的作品中添加一些文件简介，如文件的创作者和创作思路等信息，既能增加文件说明，又能起到保护版权的作用。

执行“文件”→“文件信息”命令，弹出以当前文件名命名的对话框，该对话框中显示了当前文件的版权信息。用户也可以在其中输入文档标题、作者、作者头衔、分级、关键字、版权状态和版权公告等信息，进一步完善文件的版权信息，如图3-52所示。

除了可以输入“基本”信息，还可以查看摄像机数据、原点、IPTC、IPTC扩展、GPS数据、音频数据、Photoshop、DICOM、AEM Properties和原始数据信息。图片原始数据信息如图3-53所示。

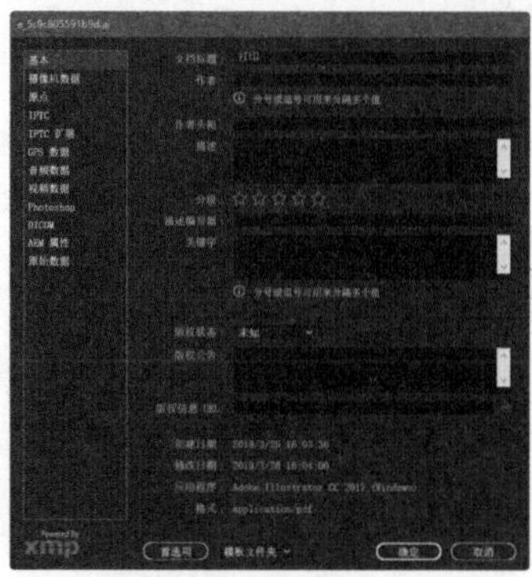

图3-52 图片版权信息

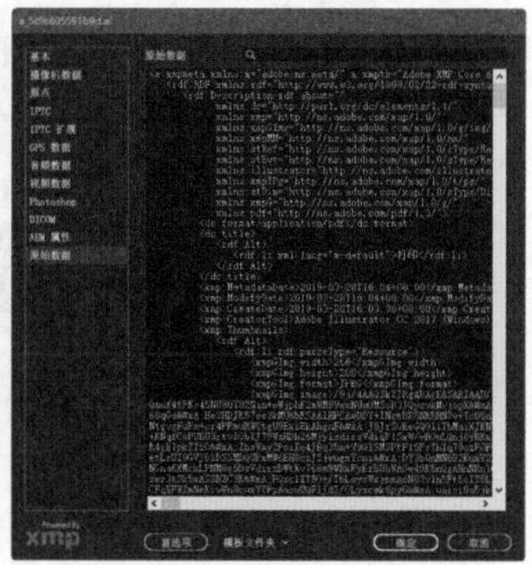

图3-53 图片原始数据信息

3.8 存储文件

无论创建新文件，还是打开以前的文件进行编辑，在操作完成后都需要将其保存，以便之后使用或再次编辑。

3.8.1 使用“存储”和“存储为”命令

在Illustrator中新建文件并完成图形的绘画与编辑后，执行“文件”→“存储”命令或者按【Ctrl+S】组合键，弹出“存储为”对话框，如图3-54所示。设置“文件名”和“保存类型”选项，如图3-55所示。单击“保存”按钮，即可将文件保存。

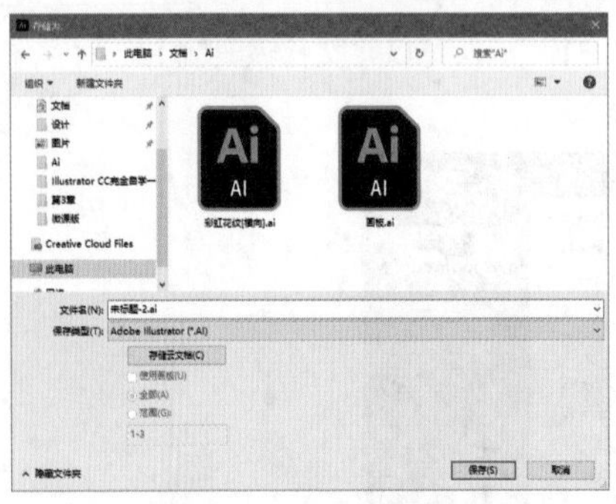

图3-54 “存储为”对话框

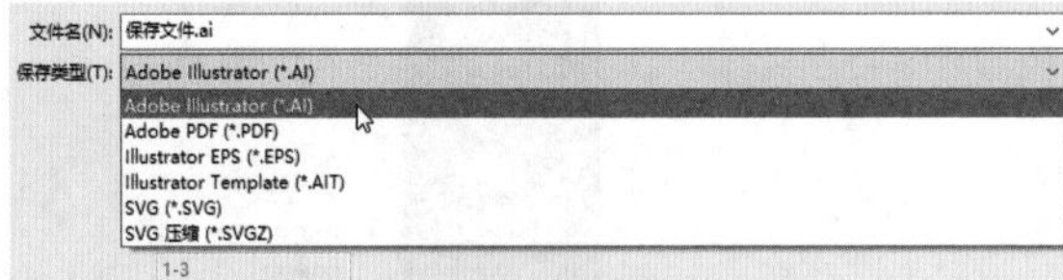

图3-55 设置文件名和保存类型

用户可以在“首选项”对话框中设置 Illustrator 自动保存的时间。尽量避免发生由于忘记保存而造成数据丢失的情况。

在Illustrator中打开文件并编辑完成后，执行“文件”→“存储”命令或者按【Ctrl+S】组合键，文件将以打开文件的名称和类型进行保存；也可以执行“文件”→“存储为”命令或者按【Ctrl+Shift+S】组合键，弹出“存储为”对话框，可以在该对话框中为文件设置新的名称和保存类型，设置完成后单击“保存”按钮，即可将文件存储为一个新文件（原始文件不变）。

? 疑问解答 如何判断图像是否存储完毕?

保存一些图形复杂、尺寸较大的文件时，Illustrator 会在软件界面底部显示存储的进度，以便用户随时查看进度。

3.8.2 存储为副本和模板

执行“文件”→“存储副本”命令，弹出“存储副本”对话框，如图3-56所示，单击“保存”按钮即可完成存储操作。该命令可以基于当前文件保存一个同样的副本，副本文件的名称后面会添加“复制”两个字。

执行“文件”→“存储为模板”命令，弹出“存储为”对话框，选择文件的保存位置，输入文件名，如图3-57所示。单击“保存”按钮，即可将当前文件保存为一个AIT类型的模板文件。

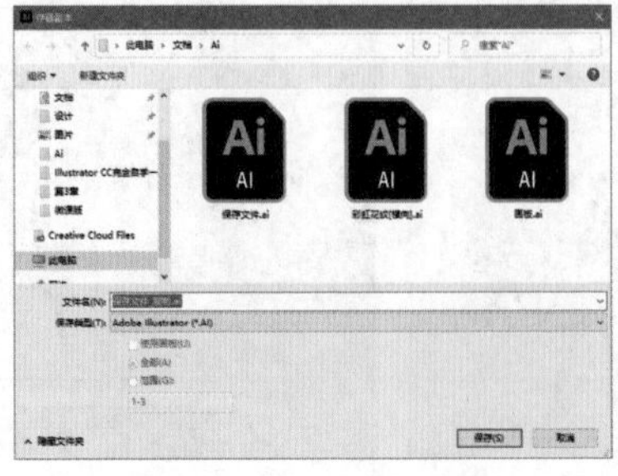

图3-56 “存储副本”对话框

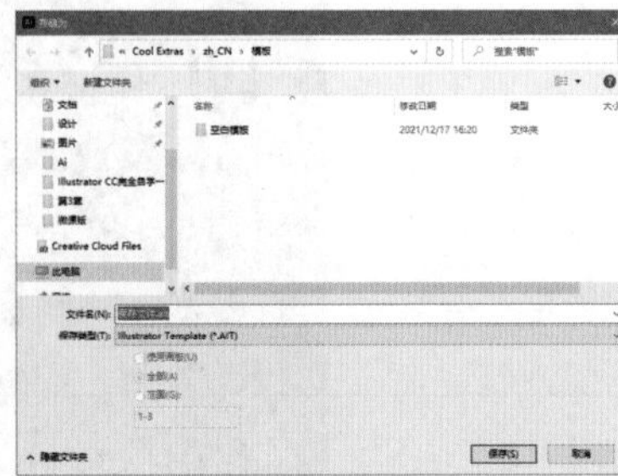

图3-57 “存储为”对话框

3.8.3 存储选中的切片

选中画板中的切片，执行“文件”→“存储选中的切片”命令，弹出“将优化结果存储为”对话框，输入文件名并选择保存类型，如图3-58所示。单击“保存”按钮，即可将切片下的图形存储为单个文件。

切片文件的类型取决于用户在“存储为Web所用格式”对话框中设置的优化文件格式，如图3-59所示。

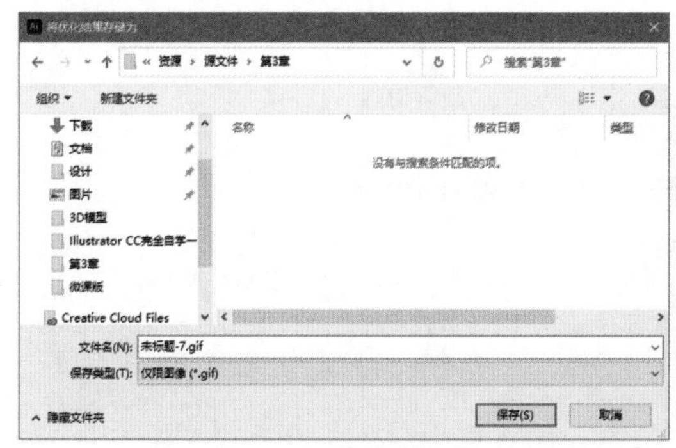

图3-58 “将优化结果存储为”对话框

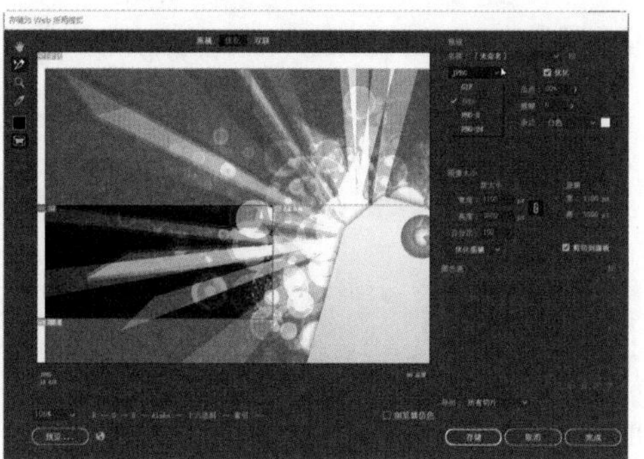

图3-59 “存储为Web所用格式”对话框

3.8.4 了解存储格式

默认情况下，在Illustrator中，用户可以选择将文件保存为AI、PDF、EPS、AIT和SVG5种文件格式，这些格式称为本机格式，因为它们可保留所有Illustrator数据，包括多个画板。用户还能以多种文件格式导出图稿，以便在Illustrator以外使用，这些格式称为非本机格式。

存储文件时选择 PDF 或 SVG 格式后，也必须选择“保留 Illustrator 编辑功能”复选框，才能保留 Illustrator 所有的数据。

- AI格式：AI格式是Illustrator默认保存的文件格式，它能保存Illustrator制作文件的所有信息，且只能使用Illustrator打开编辑，一般用作备份文件。
- PDF格式：PDF格式是由Adobe公司推出的主要用于网上出版的文件格式，可包含矢量图形、位图图像及多页信息，并支持超链接。由于具有良好的信息保存功能和传输能力，PDF格式已成为网络传输的重要文件格式。
- EPS格式：EPS是为了在打印机上输出图像而开发的文件格式，几乎所有的图形、图表和页面排版程序都支持该模式。EPS格式可以同时包含矢量图形和位图图像，支持RGB、CMYK、位图、双色调、灰度、索引和Lab模式，但不支持Alpha通道。它的最大优点是可以在排版软件中以低分辨率预览，而在打印时以高分辨率输出，做到工作效率与图像输出质量两不误。
- AIT格式：AIT格式是Illustrator的模板文件。
- SVG格式：SVG 格式是一种可产生高质量交互式Web图形的矢量格式。SVG格式有两种版本：SVG和压缩SVG（SVGZ）。SVGZ可将文件大小减小50%～80%，但是不能使用文本编辑器编辑SVGZ文件。

? 疑问解答 哪种图片格式支持透底效果?

在广告制作、动画制作或视频编辑时，常常需要使用透底的图像。在众多图片格式中，只有 PNG、GIF、TIF 和 TGA 支持透底。

提示

在 Illustrator CC 中，用户可以将文档存储为云文档，然后再利用云文档功能得到其他用户对文档的注释，从而管理文档。用户还可以利用云文档功能处理链接的 PSD Creative Cloud 文件。

3.9 导出文件

为了不同的使用目的，可以通过执行“文件”→“导出”命令，在子菜单中选择相应的命令，将文件导出为不同的文件类型，如图3-60所示。

导出为多种屏幕所用格式...	Alt+Ctrl+E
导出为...	
存储为 Web 所用格式（旧版）...	Alt+Shift+Ctrl+S

图3-60 “导出”子菜单

3.9.1 使用“导出为多种屏幕所用格式”命令

执行“文件”→“导出”→“导出为多种屏幕所用格式”命令或者按【Alt+Ctrl+E】组合键，弹出“导出为多种屏幕所用格式”对话框，如图3-61所示。

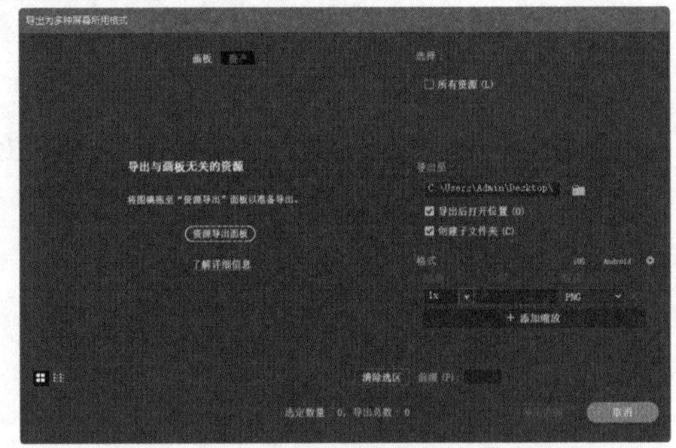

图3-61 “导出为多种屏幕所用格式”对话框

画布

在对话框左侧顶部选择“画板”选项卡，将显示当前文档中包含的所有画板，如图3-62所示。如果画板数量过多，用户可以通过单击左下角的“小缩览图视图”按钮，使用小缩览图显示画板，如图3-63所示。单击“清除选区”按钮，即可取消选择所有画板。

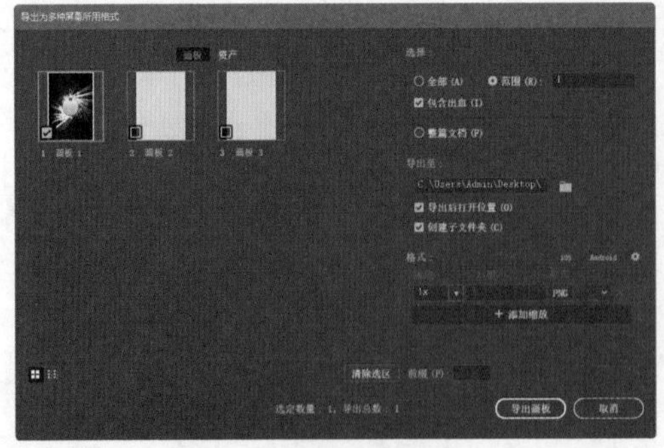

图3-62 “画板”选项卡

图3-63 小缩览图显示效果

用户可以在右侧的“选择”选项区中选择导出“全部”画板或者导出个别画板；选择“包含出血”复选框，导出画板时将包含出血；选择“整篇文档”单选按钮，将整个文档导出为一个文件，如图3-64所示。

用户可以在“导出至”选项区中设置导出文件的位置；选择“导出后打开位置”复选框，将在导出操作完成后，自动打开导出位置文件夹；选择“创建子文件夹”复选框，将为缩放的倍率文件创建文件夹，如图3-65所示。

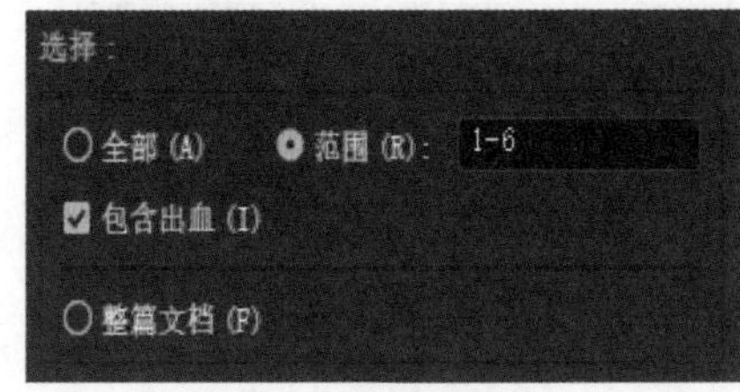

图3-64 “选择”选项区

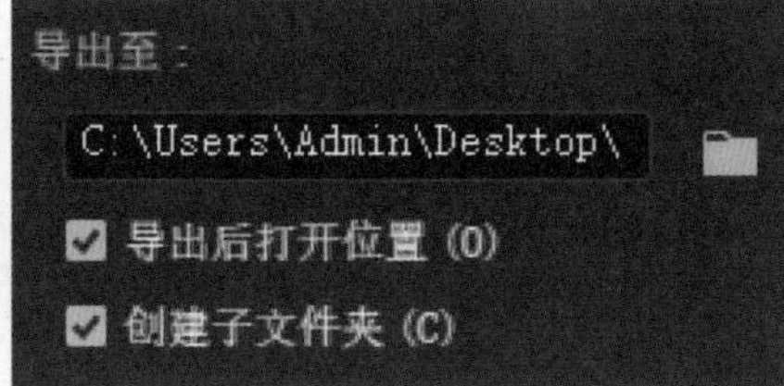

图3-65 “导出至”选项区

用户可以在“格式”选项区中设置导出对象的“缩放”“后缀”“格式”等参数，如图3-66所示；用户还可以在“缩放”下拉列表框中为导出对象设置不同的缩放比例、尺寸和分辨率，如图3-67所示。

图3-66 “格式”选项区

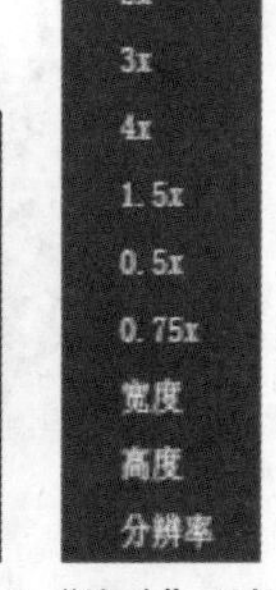

图3-67 “缩放”下拉列表框

默认情况下，导出的对象以画板名称或对象的名称命名，用户可以通过在“后缀”文本框中输入内容，为导出对象名字的结尾处添加文本，如图3-68所示。

用户可以在“格式”下拉列表框中选择一种导出格式，Illustrator提供了4种格式供用户选择，如图3-69所示。

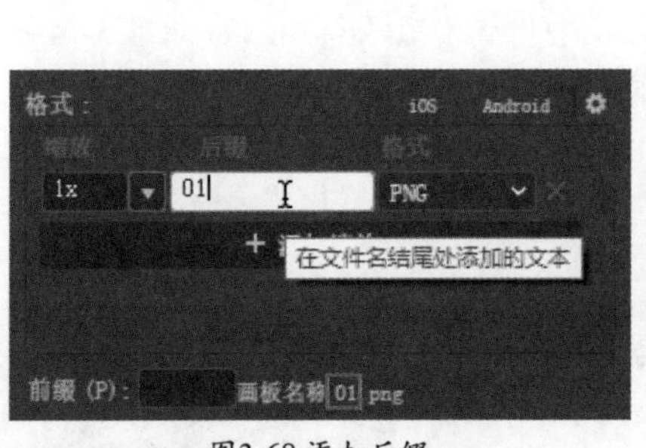

图3-68 添加后缀

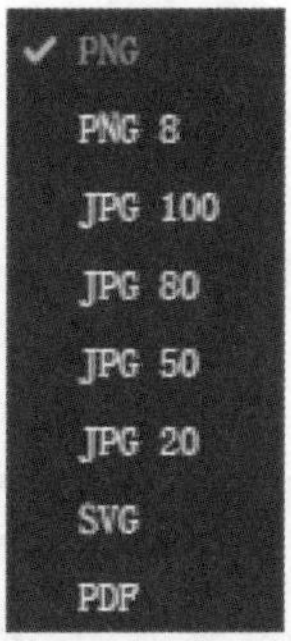

PNG
PNG 8
JPG 100
JPG 80
JPG 50
JPG 20
SVG
PDF

图3-69 导出格式

单击“格式”选项右侧的⚙图标，弹出“格式设置”对话框，如图3-70所示，用户可以按照需求设置每一种格式的参数。设置完成后，单击“存储设置”按钮，关闭“格式设置”对话框，此时“格式”下拉列表框中的格式将使用新设置的参数。

单击“添加缩放”按钮，如图3-71所示，即可为导出对象添加其他缩放比例或文件格式。当包含两种以上的缩放比例时，单击✕按钮，即可删除当前缩放比例。

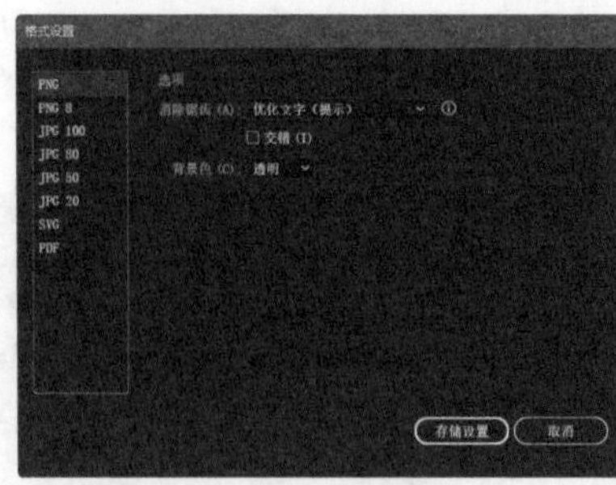

图3-70 “格式设置”对话框

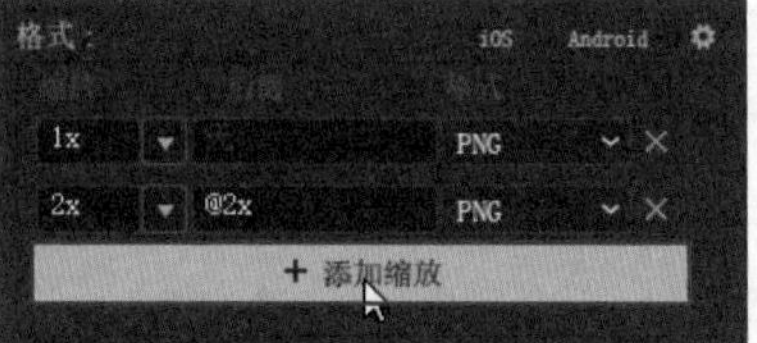

图3-71 添加缩放比例或文件格式

用户可以在“前缀”文本框中输入文本，在导出对象文件名前添加文本，如图3-72所示。如果“前缀”文本框为空白，表示不添加任何前缀。

如果要导出移动UI对象，可以分别单击“格式”选择右侧的iOS按钮或者Android按钮，选择使用iOS设备预设或者Android设备预设，如图3-73所示。

图3-72 添加前缀

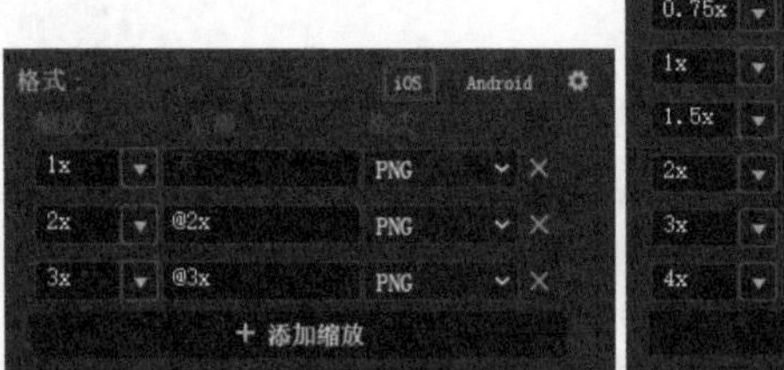

图3-73 iOS设备预设和Android设备预设

> **提示** iOS系统只需要输出3种倍率就可以满足所有设备的适配；Android系统的设备种类较多，一般需要输出6种不同倍率的图像。

确定对话框底部的“选定数量”和“导出总数”选项的数值正确无误后，单击“导出画板”按钮，完成将当前选中画板导出的操作。

资产

执行“窗口”→“资源导出”命令，打开“资源导出”面板，如图3-74所示。选中文档中需要导出的元素并将其拖曳到“资源导出”面板中，如图3-75所示。

单击面板底部的按钮，弹出“导出为多种屏幕所用格式”对话框，选择“资产”选项卡，然后选择要导出的元素，如图3-76所示。其他参数设置与导出“画板”相同。按照需要设置完成后，单击“导出资源”按钮，即可将选中的元素导出。

图3-74 “资源导出”面板

图3-75 导出元素

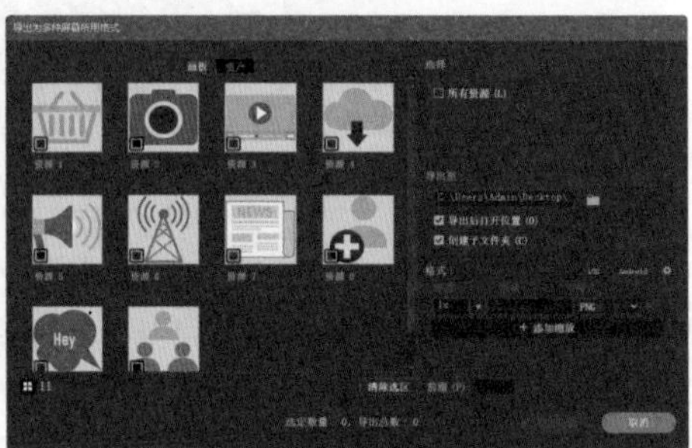

图3-76 “资产”选项卡

“导出为多种屏幕所用格式”工作流程是一种全新的方式，可以通过一步操作生成不同大小和文件格式的资源。使用快速导出功能可以更加简单、快捷地生成图像作品（图标、徽标、图像和模型等），常用来导出Web UI和移动UI设计元素。

选中要导出的对象，执行“文件”→“导出所选项目”命令，或者单击鼠标右键，在弹出的快捷菜单中选择“导出所选项目”命令，如图3-77所示。弹出“导出为多种屏幕所用格式”对话框，设置好各项参数后，如图3-78所示，单击“导出资源”按钮，即可完成导出操作。

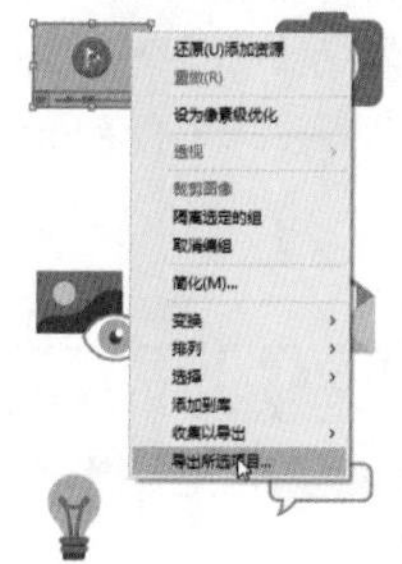

图3-77 导出所选项目

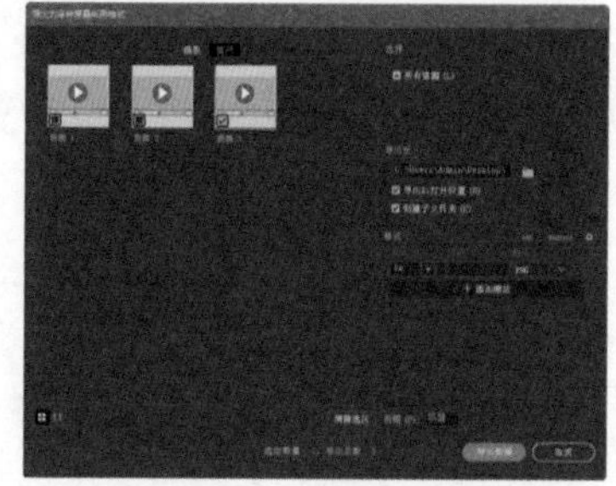

图3-78 “导出为多种屏幕所用格式”对话框

使用“选择工具”在画板中选中多个对象，单击鼠标右键，在弹出的快捷菜单中选择“收集以导出”→“作为单个资源”命令，所选对象将以整体的形式被添加到“资源导出”面板中，所有选中对象将被导出为一个资源，如图3-79所示。

选择“收集以导出”→“作为多个资源”命令，所选对象将被分别单独添加到“资源导出”面板中，每个对象将被导出为单个对象，如图3-80所示。

选中画板中的多个对象，单击“资源导出”面板中的“从选区生成单个资源”按钮，将所有选中的对象生成一个单独资源，如图3-81所示。单击“从选区生成多个资源”按钮，将所有选中的对象相对应地生成多个资源，如图3-82所示。

图3-79 导出为一个资源

图3-80 导出为多个资源

图3-81 生成单个资源

图3-82 生成多个资源

3.9.2 使用“导出为”命令

执行“文件”→“导出”→“导出为”命令，弹出“导出”对话框，如图3-83所示。用户可以在“保存类型”下拉列表框中选择文件格式，Illustrator为用户提供了15种文件格式，如图3-84所示。选择任意一种格式，单击“导出”按钮，即可将文件导出为该格式。

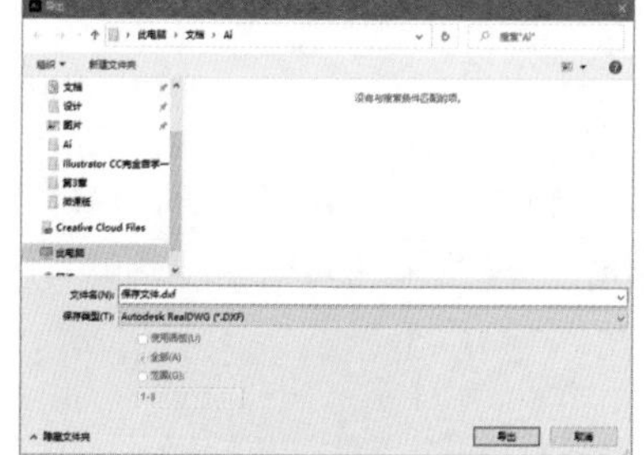

图3-83 “导出”对话框

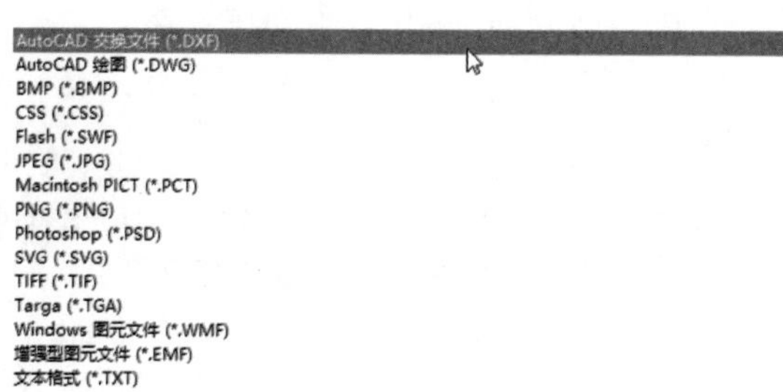

图3-84 导出文件格式

DWG/DXF

DWG格式是用于存储AutoCAD中创建的矢量图形的标准文件格式。DXF是用于导出 AutoCAD绘图或从其他应用程序导入绘图的绘图交换格式。

默认情况下，Illustrator 文档中的白色描边或填色在导出为 DWG 格式时将变为黑色描边或填色；而 Illustrator 中的黑色描边或填色在导出为 DWG 时将变为白色描边或填色。

BMP

标准Windows图像格式。用户可以指定颜色模型、分辨率和消除锯齿设置用于栅格化图稿，以及格式和位深度用于确定图像可包含的颜色总数（或灰色阴影数）。对于使用Windows格式的4位和8位图像，还可以指定RLE压缩。

CSS

样式表文件格式。使用Illustrator设计制作网页时，可以将选中对象导出为CSS文件，供后期网页开发参考使用。

SWF

基于矢量的图形格式，用于交互动画Web图形。用户可以将文档导出为SWF格式以便在动画制作中使用。也可以使用“存储为Web所用格式（旧版）”命令将图像存储为SWF文件，并可以将文本导出为Flash动态文本或输入文本。

JPEG

常用于存储照片。JPEG格式保留了图像中的所有颜色信息，但通过有选择地扔掉数据来压缩文件大小。JPEG是在因特网上显示图像的标准格式。

PCT

与Mac OS图形和页面布局应用程序结合使用，以便在应用程序间传输图像。PCT格式在压缩包含大面积纯色区域的图像时特别有效。

PNG

用于无损压缩和因特网上的图像显示。与GIF格式不同，PNG格式支持24位图像并产生无锯齿状边缘的背景透明度。

PSD

标准Photoshop格式。如果文档中包含不能导出为Photoshop格式的数据，Illustrator可通过合并文档中的图层或栅格化图稿，保留图稿的外观。图层、子图层、复合形状和可编辑文本将无法在Photoshop文件中存储，即使选择了相应的导出选项。

SVG

SVG是一种开放标准的矢量图形语言，可以设计制作高分辨率的因特网图形页面。用户可以直接用代码来描绘图像，可以用任何文字处理工具打开SVG图像，通过改变部分代码来使图像具有交互功能，并可以随时插入到HTML中通过浏览器来观看。

TIFF（标记图像文件格式）

用于在应用程序和计算机平台间交换文件。TIFF是一种灵活的位图图像格式，绝大多数绘图、图像编辑和页面排版应用程序都支持这种格式。大部分扫描仪都可生成TIFF文件。

Targa（TGA）

设计以在使用Truevision视频板的系统上使用。可以指定颜色模型、分辨率和消除锯齿设置用于栅格化图稿，以及位深度用于确定图像可包含的颜色总数（或灰色阴影数）。

Windows图元文件（WMF）

16位Windows应用程序的中间交换格式。几乎所有的Windows绘图和排版程序都支持WMF格式。但是，它支持有限的矢量图形，在可行的情况下应以EMF格式代替WMF格式。

增强型图元文件（EMF）

被广泛用作导出矢量图形数据的交换格式。Illustrator将图稿导出为EMF格式时可栅格化一些矢量数据。

文本格式（TXT）

用于将插图中的文本导出到文本文件。

3.9.3 使用“存储为Web所用格式（旧版）”命令

执行“文件”→“导出”→“存储为Web所用格式（旧版）”命令或者按【Alt+Shift+S】组合键，弹出“存储为Web所用格式”对话框，如图3-85所示。可在该对话框中设置各项Web参数，完成后单击“存储”按钮，弹出“将优化结果存储为”对话框，设置文件名、保存地址和保存类型等参数，单击“保存”按钮即可完成操作。

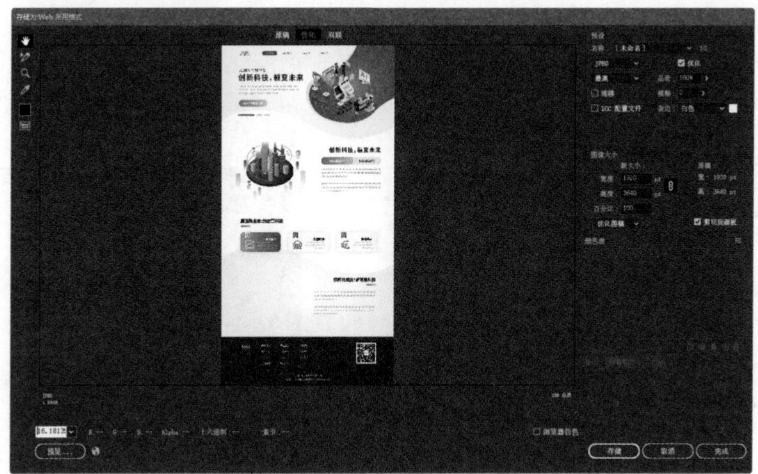

图3-85 “存储为Web所用格式”对话框

3.10 打包

使用“打包”命令可以将文件中使用过的字体（汉语、韩语和日语除外）和链接图形收集起来，实现轻松传送的目的。用户可以根据自己的实际需要选择创建包含Illustrator文档、任何必要的字体、链接图形及打包报告的文件夹。

将文件存储后，执行“文件”→“打包”命令，弹出“打包”对话框，如图3-86所示。设置打包文件保存的“位置”和“文件夹名称”后，在“选项”选项区中选择需要打包的内容，然后单击“打包”按钮，即可将文件中的内容打包存储到指定文件夹中。

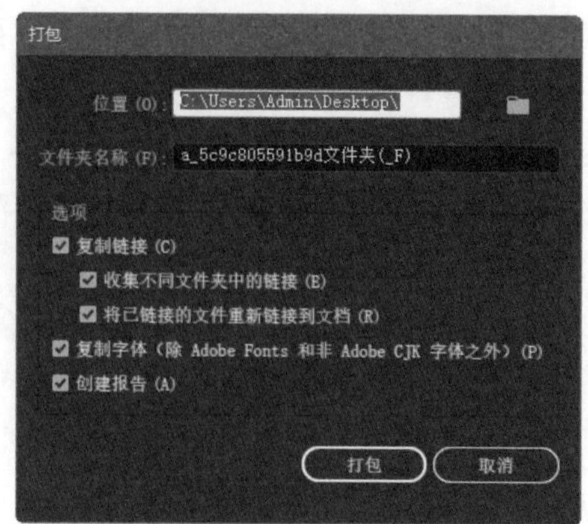

图3-86 “打包”对话框

3.11 关闭文件

在Illustrator中完成文件的编辑后，需要关闭文件以结束当前操作。执行“文件”→“关闭”命令或按【Ctrl+W】组合键，或者单击文档窗口右上角的“关闭”按钮，都可关闭当前文件，如图3-87所示。

如果在Illustrator中同时打开了多个文件，按住【Shift】键的同时单击文档窗口右上角的“关闭”按钮，即可关闭全部文件。

执行“文件”→“退出”命令或按【Ctrl+Q】组合键，如图3-88所示，或者单击Illustrator界面右上角的“关闭”按钮，都可退出Illustrator软件。

在文件标题栏上单击鼠标右键，弹出如图3-89所示的快捷菜单。在该菜单中可以进行“关闭”和“关闭全部”操作。同时还能进行“全部合并到此处”“移动到新窗口”“新建文档”“打开文档”等操作。

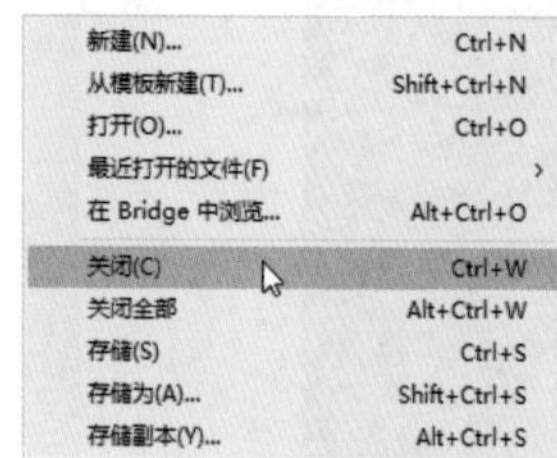

图3-87 选择“关闭”命令

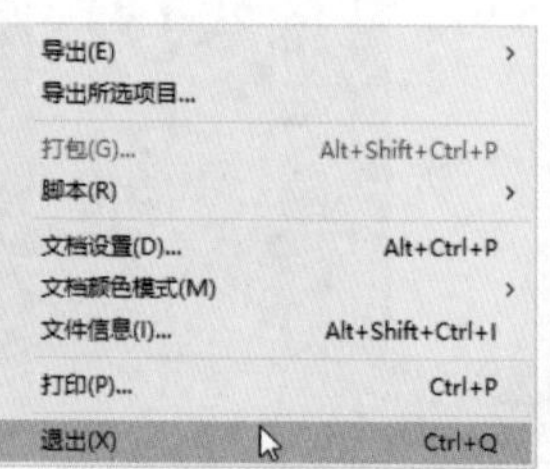

图3-88 选择“退出”命令

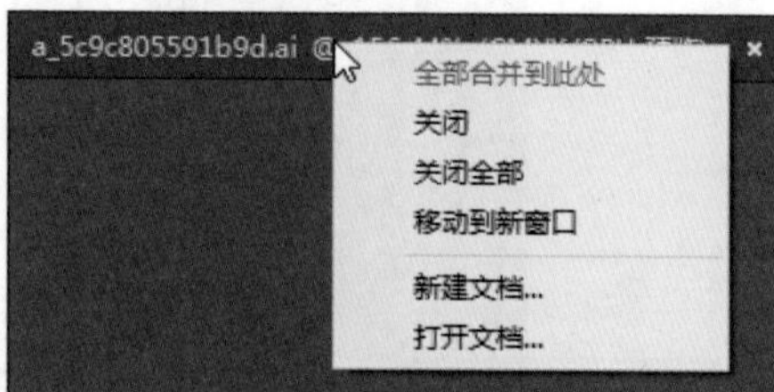

图3-89 快捷菜单

3.12 解惑答疑

熟练掌握Illustrator CC的基本操作，有利于读者后面学习更多的Illustrator绘制技巧，以及Illustrator CC在不同行业的应用方法和技巧。

3.12.1 如何选择不同的颜色模式

Illustrator CC可以新建“移动设备”、Web、“打印”“胶片和视频”“图稿和插图”等类型的文档。如果新建的文档将来需要使用印刷机大量印刷，就需要将文档的“颜色模式”设置为CMYK，以确保获得最佳的印刷效果。其他类型的文档都要选择RGB模式。

在绘制过程中，也可以通过选择“文件”→“文档颜色模式”命令，将CMYK模式文档与RGB模式文档相互转换。

3.12.2 为什么关闭文件再打开后无法还原和恢复

通常情况下，计算机会将软件的各种操作以临时文件的形式保存在内存中。关闭文件后，计算机会删除这些临时文件。

3.13 总结扩展

在开始学习Illustrator CC的各种功能前，首先要掌握软件的基本操作，熟悉软件新建与保存的方法，才能更好地完成各种复杂的绘制操作。

3.13.1 本章小结

本章主要讲解了Illustrator CC的基本操作，包括新建和设置文档、使用画板、打开文件、置入文件、还原与恢复文件、存储文件和导出文件等内容。通过本章的学习，读者应能理解并掌握Illustrator CC的各种基本操作方法和命令。

3.13.2 扩展练习——新建一个A4尺寸文件

源 文 件：无
素　 材：无
技术要点：掌握【A4尺寸文件】的创建方法

扫描查看演示视频

完成本章内容学习后，接下来通过创建一个A4尺寸的文件，对本章知识进行测验并加深对所学知识的理解，创建完成的案例效果如图3-90所示。

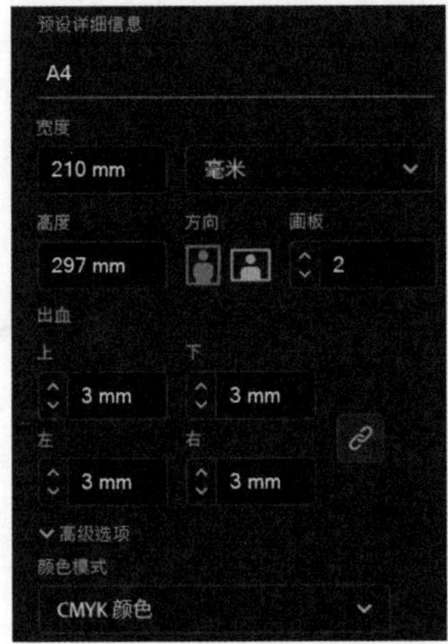

图3-90 案例效果

第4章 绘图的基本操作

Illustrator CC具有强大的图形绘制功能。本章将针对Illustrator CC的基本绘图功能进行讲解，帮助读者理解路径功能的同时，掌握各种绘图工具的使用方法和技巧，以及llustrator CC中编辑图形的方法。

Learning Objectives
学习重点

4.1 认识路径

在使用Illustrator绘制图形之前，先要了解路径的概念。只有掌握了路径的特点和使用方法，才能更方便快捷地在Illustrator中绘制图形，从而设计制作出绚丽多彩、具有丰富艺术感的图形效果。

4.1.1 路径的组成

在Illustrator CC 中，使用绘图工具绘制的图形所产生的线条称为“路径”。一段路径由两个锚点和一条线段组成，如图4-1所示。通过编辑路径的锚点，可以改变路径的形状，如图4-2所示。根据路径的这个特点，可以将路径分为直线路径和曲线路径。

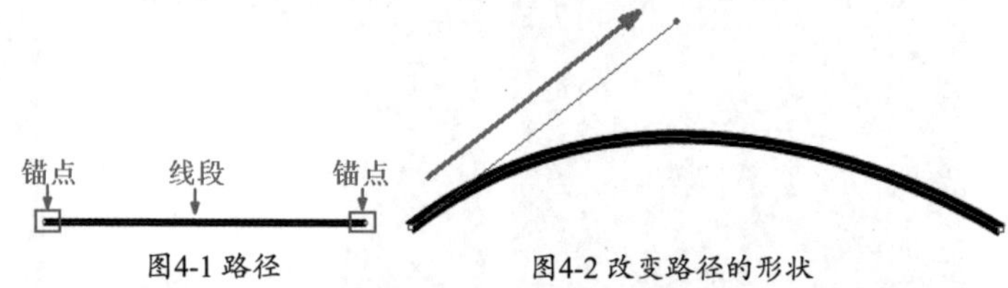

图4-1 路径　　图4-2 改变路径的形状

提示　用户可以使用工具箱中的“选择工具”和“直接选择工具”分别选中绘制的图形，观察路径上锚点的效果。

? 疑问解答　如何在较高分辨率的屏幕上显示锚点、手柄和定界框?

执行“编辑”→“首选项”→“选择和锚点显示”命令，在弹出的“首选项”对话框中，通过调整“锚点、手柄和定界框显示”选项组中的参数，改变锚点、手柄和定界框的显示大小和手柄样式。

使用“直接选择工具”选择曲线路径上的锚点（或选择线段本身），曲线锚点会显示由方向线（终止于方向点）构成的方向手柄，如图4-3所示。方向线的角度和长度决定了曲线段的形状，拖曳移动方向手柄能够改变曲线的形状，如图4-4所示。

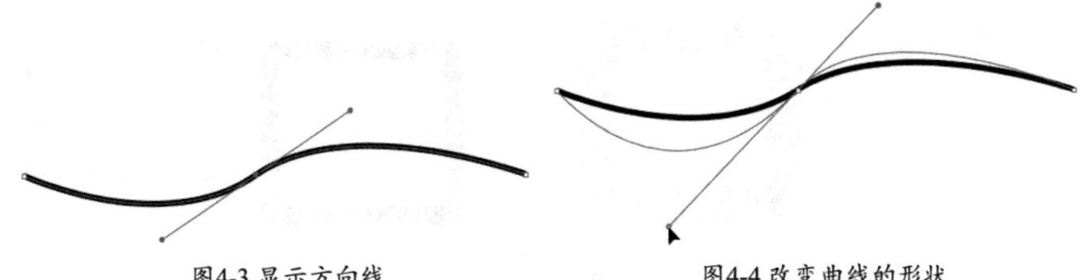

图4-3 显示方向线　　图4-4 改变曲线的形状

方向线始终与锚点的曲线相切（与半径垂直）。方向线的角度决定曲线的斜度，方向线的长度决定曲线的高度或深度。方向线只是帮助用户调整曲线的形状，不会出现在最终的输出文件中。

始终有两条方向线且这两条方向线作为一个直线单元一起移动的锚点被称为平滑点。当在平滑点上移动方向线时，将同时调整该锚点两侧的曲线段，以保持该锚点处的连续曲线，如图4-5所示。

有两条、一条或者没有方向线且每个方向线都可以单独移动的锚点被称为角点。角点方向线通过不同角度来保持拐角。当移动角点上的方向线时，只调整与该方向线位于角点同侧的曲线，如图4-6所示。

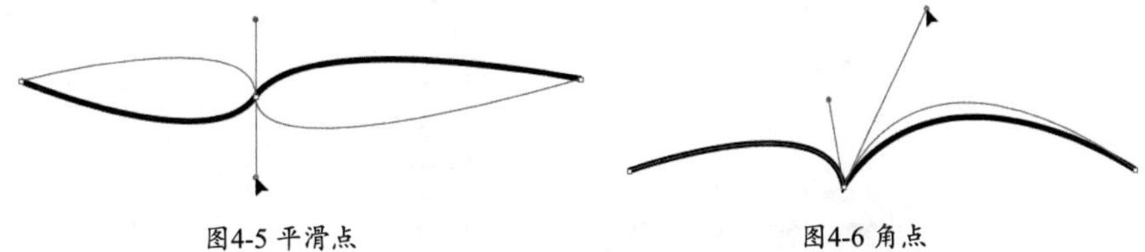

图4-5 平滑点　　图4-6 角点

执行“视图”→“显示边缘”命令或“视图”→“隐藏边缘”命令，或者按【Ctrl+H】组合键，可以显示或者隐藏锚点和方向线。

4.1.2 路径的分类

路径分为开放路径和闭合路径两种。开放路径的起点和终点互不连接，具有两个端点，如图4-7所示。常见的直线、弧线和螺旋线等路径都属于开放路径。

闭合路径是连续的且没有端点存在，如图4-8所示。多边形、椭圆形和矩形等路径都属于闭合路径。

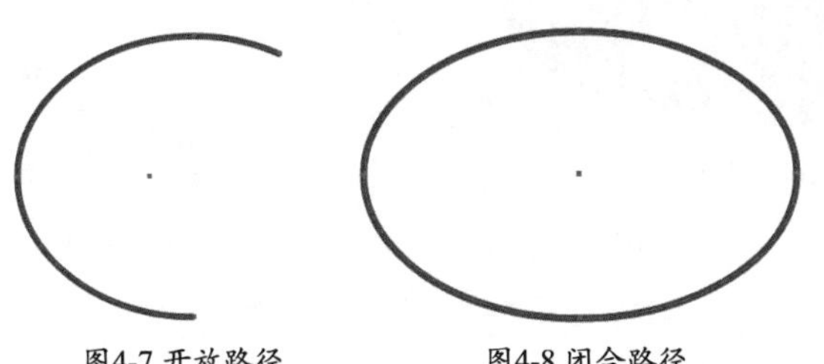

图4-7 开放路径　　图4-8 闭合路径

4.2 绘制像素级优化的图稿

使用Illustrator CC可以创建像素级优化的图稿，选择不同的笔触宽度和对齐选项时，这些图稿在屏幕上会显得明晰锐利。只需单击一次即可将现有对象与像素网格对齐，如图4-9和图4-10所示情况。也可以在绘制新对象时对齐对象，在变换对象时可以保留像素对齐，而不会扭曲图稿。像素对齐适用于对象及其包含的单个路径段和锚点。

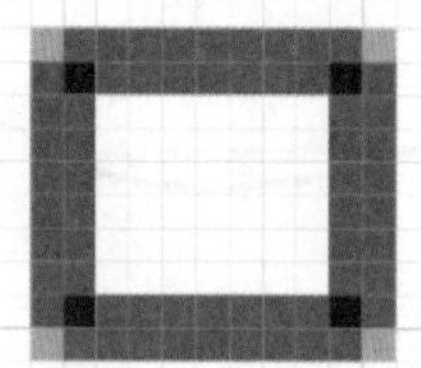

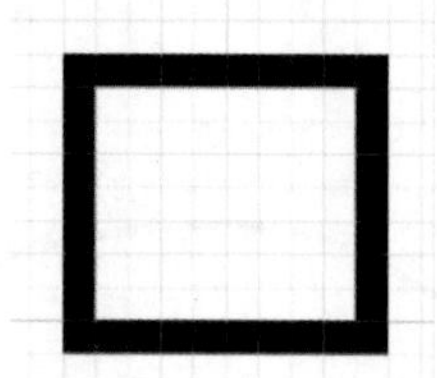

图4-9 对象未与像素网格对齐　图4-10 对象与像素网格对齐

使用“选择工具”选中对象，也可以使用“直接选择工具”选中水平路径段或垂直路径段，单击“控制”面板中的“将选中的图稿与像素网格对齐”按钮或执行“对象”→“设为像素级优化”命令，如图4-11所示。或者在选中对象或路径段上单击鼠标右键，在弹出的快捷菜单中选择“设为像素级优化”命令，如图4-12所示。

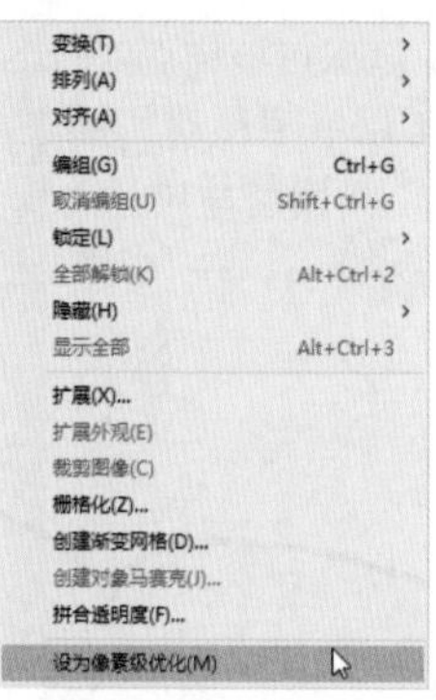

图4-11 选择“设为像素级优化”命令　图4-12 右键快捷菜单

如果选中的对象已经设置了与像素网格对齐，则Illustrator CC会显示提示信息，如图4-13所示。如果选定的图稿无法与像素网格对齐，如图稿中没有垂直路径段或水平路径段，则Illustrator CC也会显示提示信息，如图4-14所示。

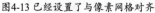

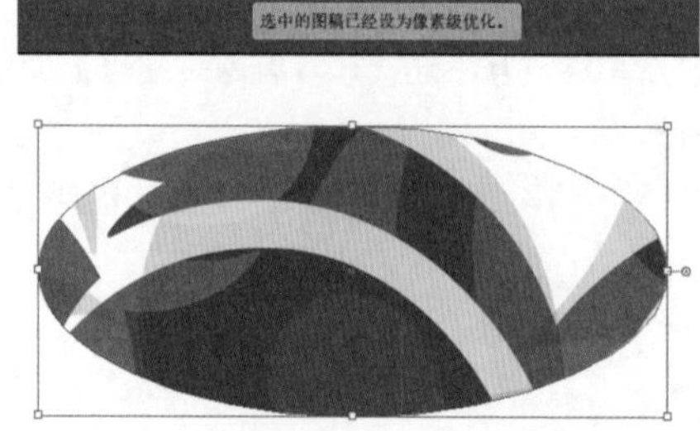

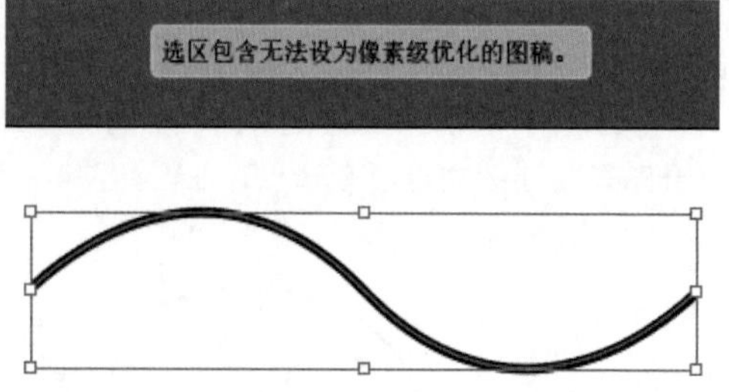

图4-13 已经设置了与像素网格对齐　图4-14 无法设置与像素网格对齐

可以在现有的图稿中选择对象或直线段，并将它们与像素网格对齐。当从其他文档中复制并粘贴不与像素网格对齐的对象时，可以使用此功能。

4.2.1 “对齐像素选项”对话框

创建或变换对象时，单击“控制”面板右侧的“创建和变换时将贴图对齐到像素网格”按钮或执行“视图”→“对齐像素”命令，可确保它们与像素网格对齐，从而精确定位边缘和路径。默认情况下，通过Web和移动文档配置文件创建的文档已启用此选项。

单击“创建和变换时将贴图对齐到像素网格”按钮右侧的图标，弹出“对齐像素选项”对话框，如图4-15所示。用户可在该对话框中设置相关参数，完成后单击“确定”按钮。

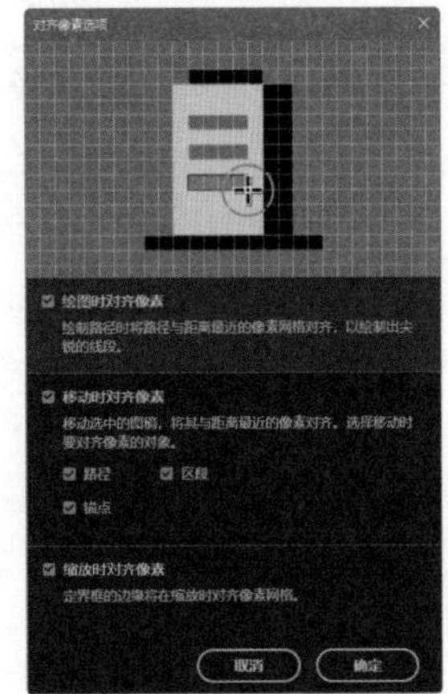

图4-15 “对齐像素选项”对话框

4.2.2 查看像素网格

执行“视图”→“像素预览”命令或者按【Alt+Ctrl+Y】组合键，如图4-16所示。再使用“缩放工具”或者按【Ctrl++】组合键将画板放大到600%以上，即可看到像素网格，如图4-17所示。

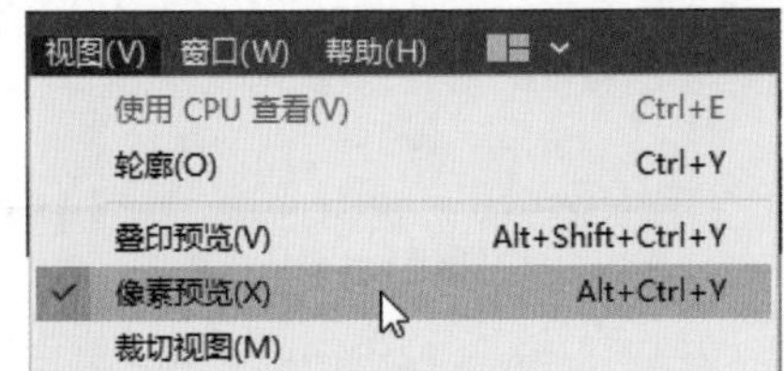

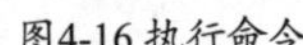
图4-16 执行命令

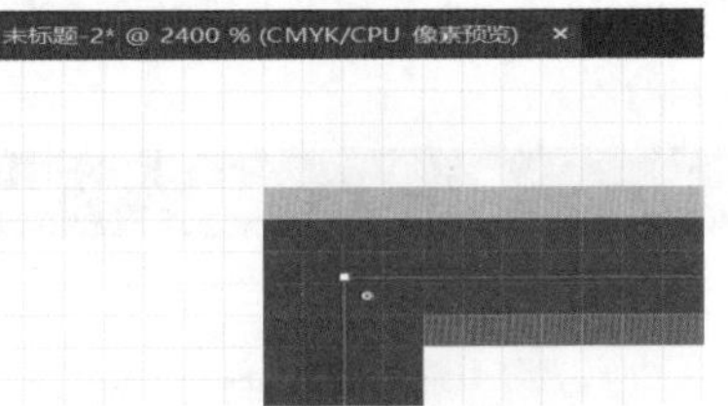

图4-17 查看像素网格

执行“编辑”→“首选项”→“参考线和网格”命令，取消选择面板底部的“显示像素网格（放大600%以上）”复选框。用户将不能在“像素预览”模式下查看像素网格。

4.3 绘图模式

Illustrator CC为用户提供了正常绘图、背面绘图和内部绘图3种绘图模式。用户可以单击工具箱中的相应按钮，选择不同的绘图模式，或者按【Shift+D】组合键在绘图模式间循环切换，如图4-18所示。

“背面绘图”模式允许用户在没有选择画板的情况下，在所选图层上的所有画板背面绘图。如果选择了画板，将直接在所选对象下面绘制新对象，如图4-19所示。

“内部绘图”模式仅在选择单一对象（例如路径、混合路径或文本）时启用。当对象启用“内部绘图”模式后，对象四周将出现虚线开放矩形，内部绘图模式允许用户在选中对象的内部绘图，绘制效果如图4-20所示。

图4-18 绘图模式

图4-19 背面绘图

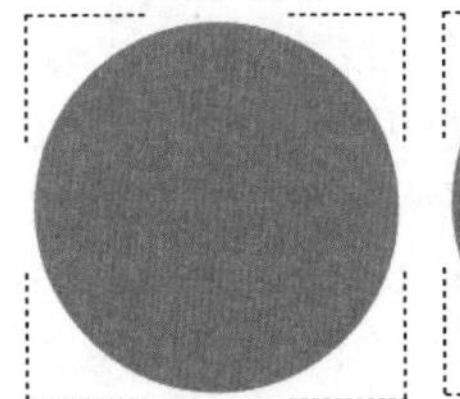

图4-20 “内部绘图”绘制效果

按【Shift+D】组合键可以依次按照正常绘图、背面绘图和内部绘图的顺序切换绘图模式。

4.4 使用绘图工具

Illustrator CC为用户提供了多种绘图工具，帮助用户完成各种图形的绘制。接下来逐一进行介绍。

4.4.1 直线段工具

单击工具箱中的“直线段工具”按钮或按键盘上的【\】键，在画板中按住鼠标左键并拖曳，如图4-21所示，释放鼠标即可在画板中绘制出一条直线，如图4-22所示。

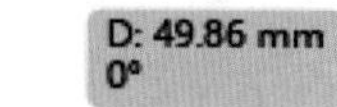

图4-21 拖曳绘制直线段　　图4-22 绘制直线段效果

用户可以在“控制”面板中设置直线段的颜色和描边宽度，如图4-23所示。设置完成后的直线段效果如图4-24所示。

图4-23 设置直线段的颜色和描边宽度　　图4-24 直线段效果

绘制直线段的同时按住【Shift】键，即可绘制出45°整数倍角度的直线段。绘制时按住空格键，可以平移绘制直线段的位置。按住【Alt】键的同时绘制直线段，将以开始位置为中心点向两侧延伸绘制。

按住【~】键并使用“直线段工具”拖曳鼠标，可以绘制多条直线段，如图4-25所示。使用“直线段工具”在画板中单击或双击工具箱中的“直线段工具”按钮，将弹出“直线段工具选项”对话框，如图4-26所示。在对话框中设置参数，单击“确定”按钮完成绘制。

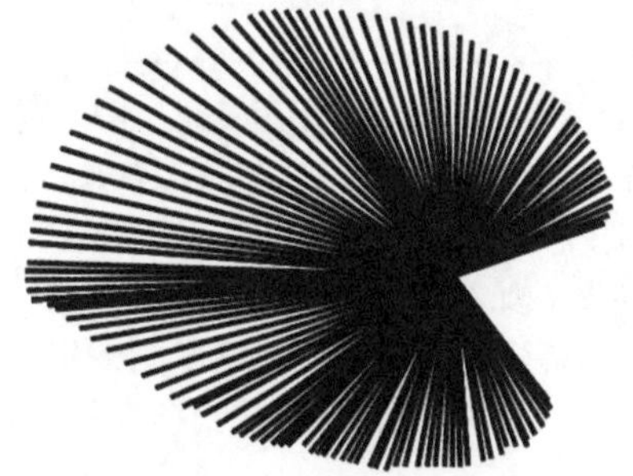

图4-25 绘制多条直线段　　图4-26 “直线段工具选项”对话框

执行“窗口”→“变换”命令或按【Shift+F8】组合键，打开“变换”面板，如图4-27所示。通过修改“直线属性”下的“直线长度”和“直线角度”选项，控制直线段的效果。

执行“窗口”→“属性”命令，打开“属性”面板，单击“属性”面板中“变换”选项组右下角的“更多选项”按钮，如图4-28所示。或单击“控制”面板中的“形状属性”选项，如图4-29所示，即可打开相应的参数面板，用户也可以通过修改面板中的选项参数控制直线段效果。以上操作也适用于其他绘图工具，由于篇幅所限，后面将不再提及。

图4-27 “变换”面板

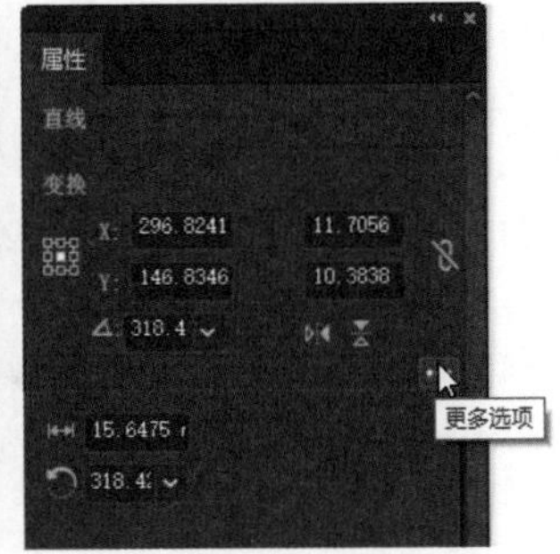
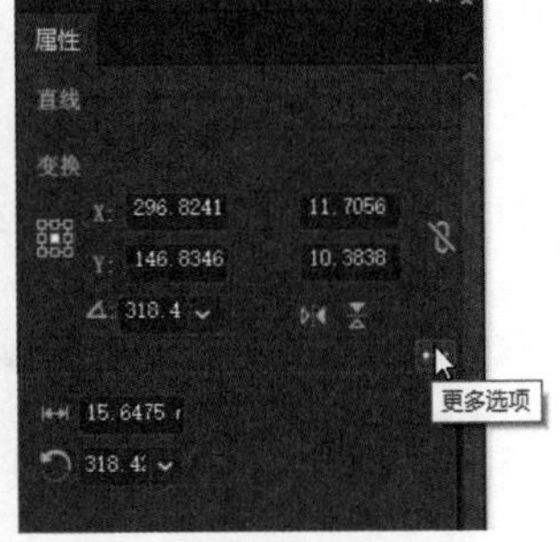

图4-28 “属性”面板

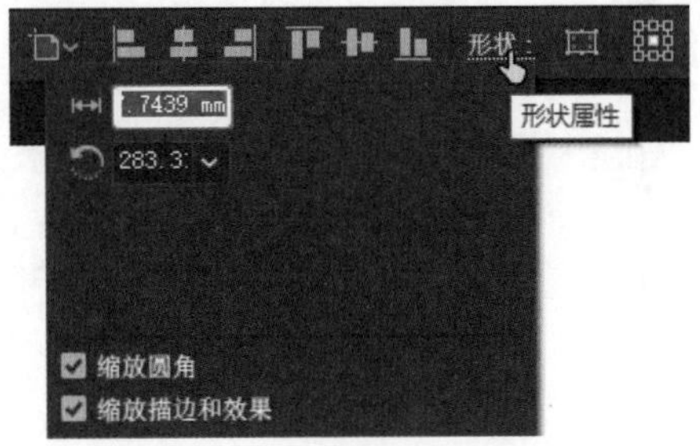

图4-29 “形状属性”选项

4.4.2 应用案例——绘制铅笔图形

源 文 件：源文件\第4章\4-4-2.ai

素　材：无

技术要点：掌握【铅笔图形】的绘制方法

扫描查看演示视频

STEP 01 新建一个 Illustrator 文件。使用“直线段工具”在画板中创建一条直线段。在“控制”面板中设置填色为 RGB（70、180、255），描边宽度为 20pt，如图 4-30 所示。

STEP 02 按住【Alt】键并使用“选择工具”拖曳复制一条直线段，修改填色为 RGB（70、141、255），再次复制直线段并修改填色为 RGB（35、96、255），如图 4-31 所示。

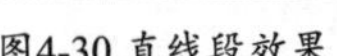
图4-30 直线段效果

图4-31 完成笔杆的绘制

STEP 03 使用“多边形工具”在画板中绘制一个半径为 20px、边数为 3 的三角形，修改其填色为 RGB（160、100、7），如图 4-32 所示。

STEP 04 使用“选择工具”调整三角形的角度和大小，继续使用相同的方法，绘制一个三角形，效果如图 4-33 所示。

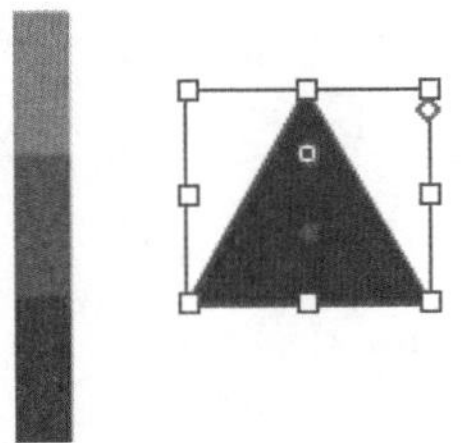
图4-32 绘制三角形

图4-33 铅笔效果

4.4.3 弧形工具

单击工具箱中的“弧形工具”按钮，在画板中单击并拖曳鼠标，如图4-34所示。当到达想要终止弧线的位置时，释放鼠标，即可在画板中绘制出一个弧形，如图4-35所示。

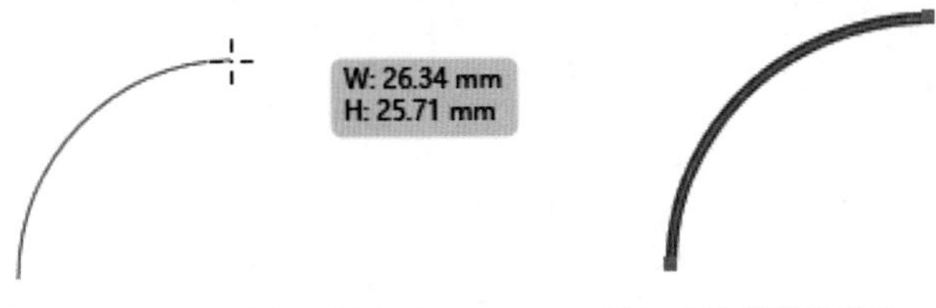

图4-34 拖曳绘制弧形　　图4-35 绘制弧形效果

提示　使用“弧形工具”绘制弧形时，可以通过按键盘上的【↑】键或【↓】键调整弧线的弧度或方向。在释放鼠标之前，按住【Shift】键可以绘制垂直方向或水平方向长度比例相等的弧形。

在绘制弧形时，按【F】键可以改变弧线的方向，按【C】键可以封闭绘制的弧形，如图4-36所示。

使用“弧形工具”在画板上任意位置单击或双击工具箱中的“弧形工具”按钮，将弹出“弧线段工具选项”对话框，如图4-37所示。单击参考点定位器上的一个顶点以确定绘制弧线的参考点。在对话框中设置相应的参数，单击“确定”按钮后即可绘制一段弧形。

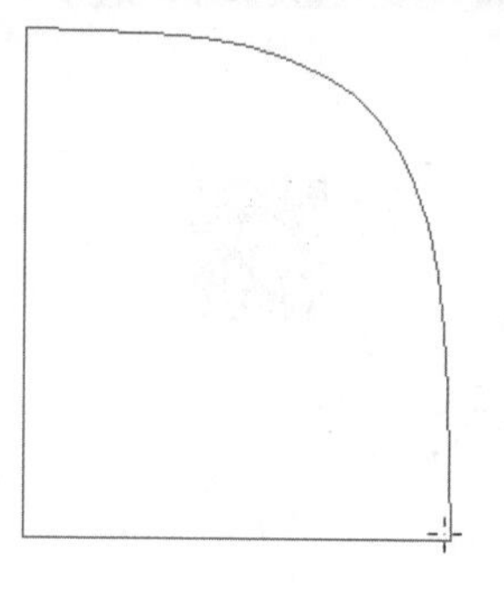

图4-36 封闭绘制的弧线

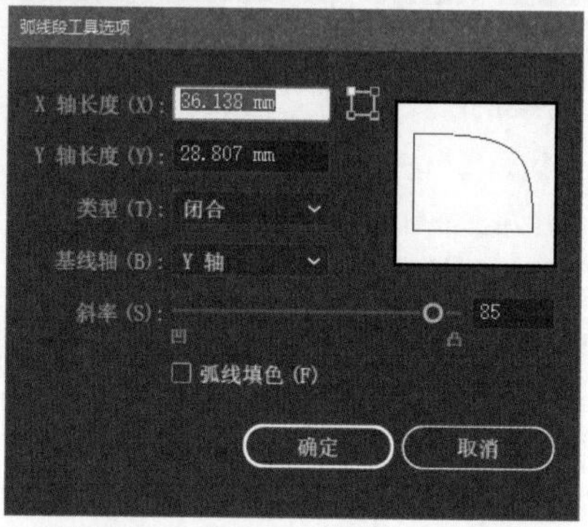

图4-37 “弧线段工具选项”对话框

4.4.4 螺旋线工具

单击工具箱中的“螺旋线工具”按钮，在画板中单击并拖曳鼠标，如图4-38所示。当到达合适的大小和位置时，释放鼠标，即可在画板中绘制出一个螺旋线。

使用“螺旋线工具”在画板上单击，将弹出“螺旋线”对话框，如图4-39所示。在对话框中设置相应的参数，单击“确定”按钮后即可创建一个指定尺寸的螺旋线，如图4-40所示。

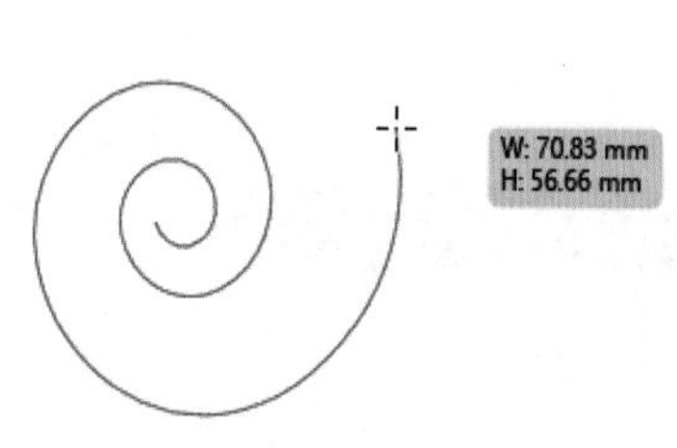

图4-38 拖曳绘制螺旋线

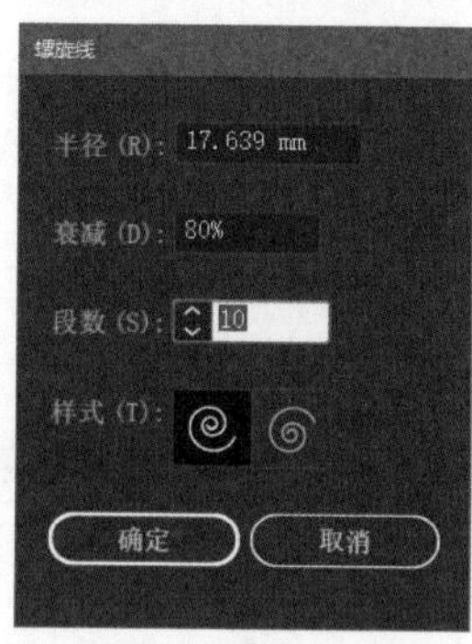

图4-39 “螺旋线”对话框

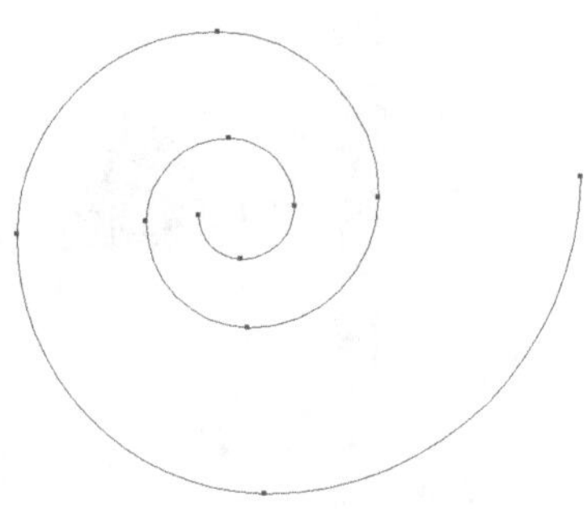

图4-40 螺旋线效果

提示　使用“螺旋线工具”绘制螺旋线时，可以通过按键盘上的【↑】键或【↓】键调整螺旋线的段数。在释放鼠标之前，按住【Shift】键可以绘制长度比例相等的螺旋线。

4.4.5 矩形网格工具

单击工具箱中的“矩形网格工具”按钮，在画板中单击并拖曳鼠标，如图4-41所示。到达合适的大小和位置时，释放鼠标，即可在画板中绘制一个矩形网格。

使用“矩形网格工具”在画板中单击或双击工具箱中的“矩形网格工具”按钮，将弹出如图4-42

所示的对话框。单击参考点定位器上的一个顶点后，再设置其余选项，单击“确定”按钮，即可创建一个指定尺寸的矩形网格，如图4-43所示。

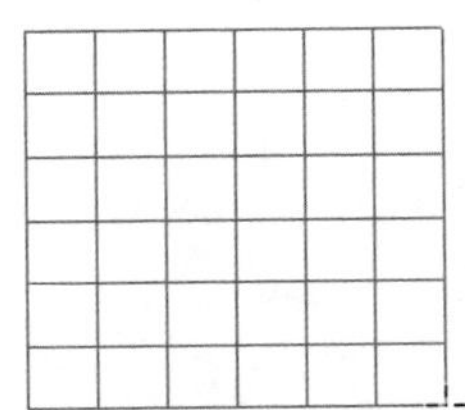

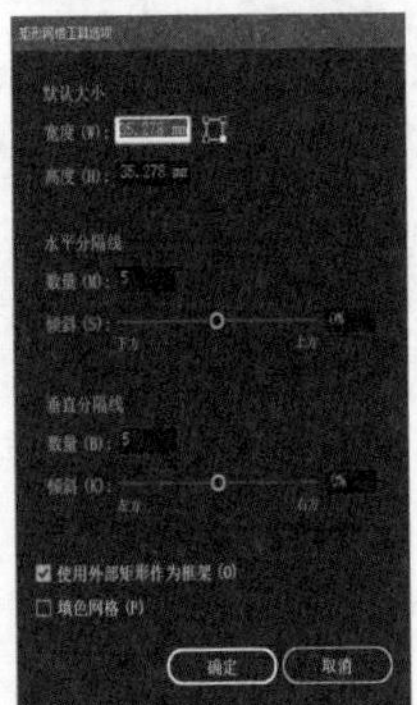

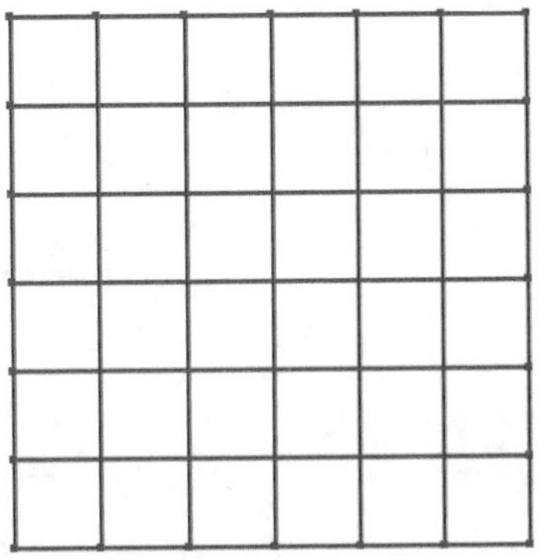

图4-41 拖曳绘制矩形网格　图4-42 “矩形网格工具选项”对话框　图4-43 创建指定尺寸的矩形网格

提示

使用“矩形网格工具”绘制矩形网格时，可以通过按键盘上的方向键调整网格分割线在水平和垂直方向上的数量。在释放鼠标之前，按住【Shift】键可以绘制长度比例相等的矩形网格。

4.4.6 极坐标网格工具

单击工具箱中的“极坐标网格工具”按钮，在画板中单击并拖曳鼠标，如图4-44所示。当达到合适的大小和位置时，释放鼠标，即可在画板中绘制出一个极坐标网格。

使用“极坐标网格工具”在画板中单击或双击工具箱中的“极坐标网格工具”按钮，弹出如图4-45所示的对话框。单击参考点定位器上的一个顶点后，在对话框中设置相应的参数，单击“确定”按钮，即可在画板上创建一个指定参数的极坐标网格，如图4-46所示。

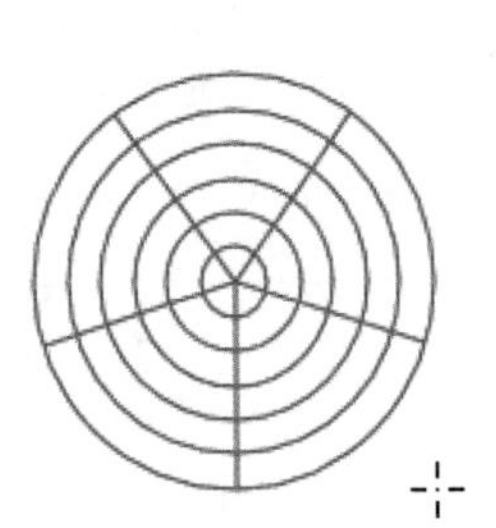

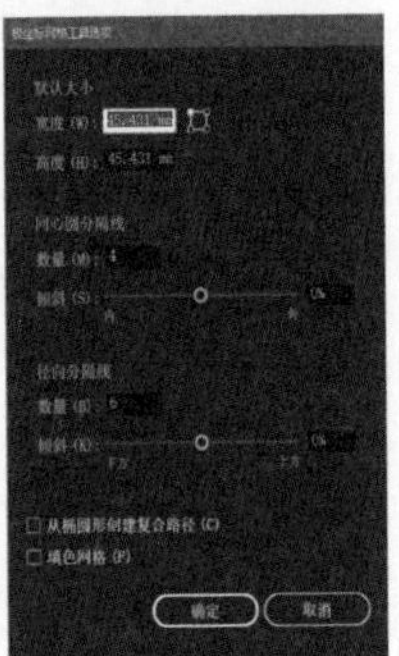

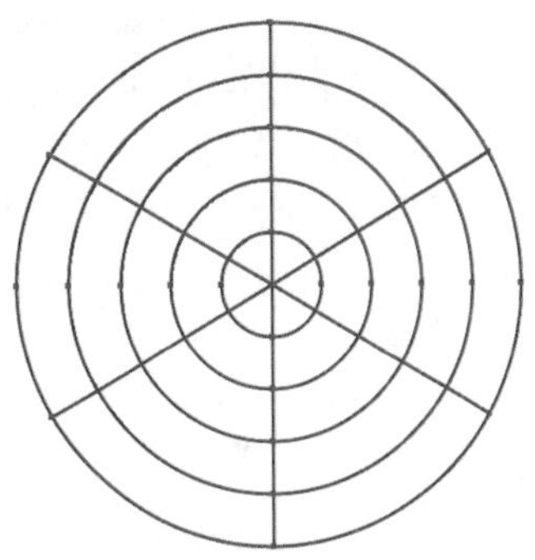

图4-44 拖曳绘制极坐标网格　图4-45 “极坐标网格工具选项对话框　图4-46 创建指定尺寸的极坐标网格

提示

使用“极坐标网格工具”绘制极坐标网格时，可以通过按键盘上的方向键调整极坐标网格的同心圆数量和分割线数量。在释放鼠标之前，按住【Shift】键可以绘制长度比例相等的极坐标网格。

4.4.7 矩形工具和圆角矩形工具

单击工具箱中的“矩形工具”按钮或者按【M】键，在画板中单击并向对角线方向拖曳鼠标，如图4-47所示。达到所需大小后释放鼠标，即可完成矩形的绘制。

使用“矩形工具”在画板上任意位置单击，将弹出“矩形”对话框，如图4-48所示。在对话框中输入“宽度”和“高度”数值后，单击“确定”按钮，即可在画板中创建一个指定尺寸的矩形，如图4-49所示。

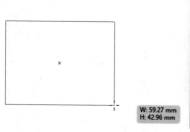

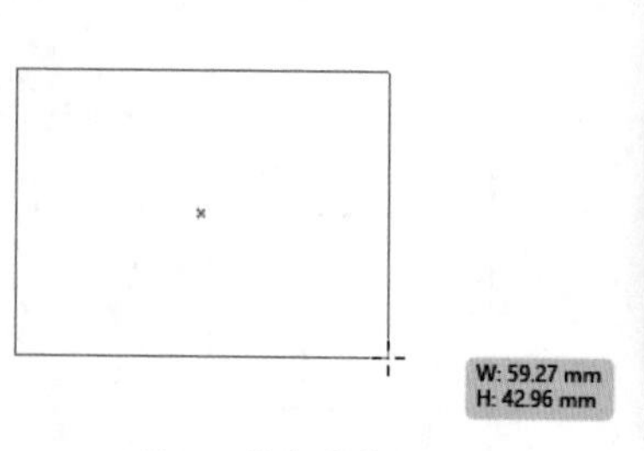

图4-47 拖曳绘制矩形

图4-48 “矩形”对话框

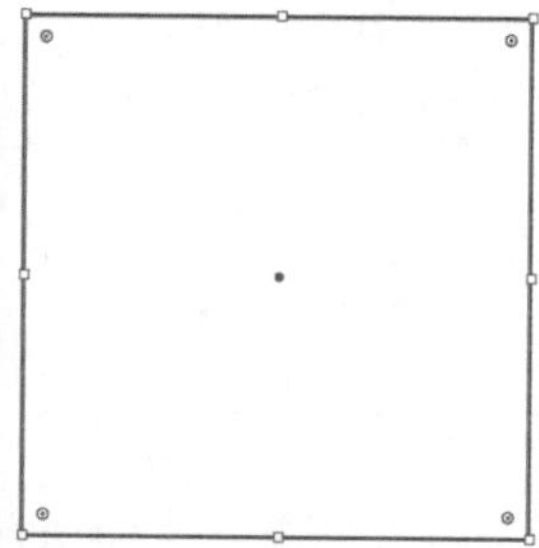

图4-49 创建指定尺寸的矩形

使用“矩形工具”绘制时矩形，按住【Shift】键可以绘制正方形图形。激活“矩形”对话框中的“约束宽度和高度比例”按钮，单击“确定”按钮，也可以创建正方形图形。

将光标移动到矩形图像边角内的控制点上，按住鼠标左键并拖曳，此时光标右侧显示边角的度数，如图4-50所示。达到所需角度后释放鼠标，即可将矩形图像调整为圆角矩形，如图4-51所示。

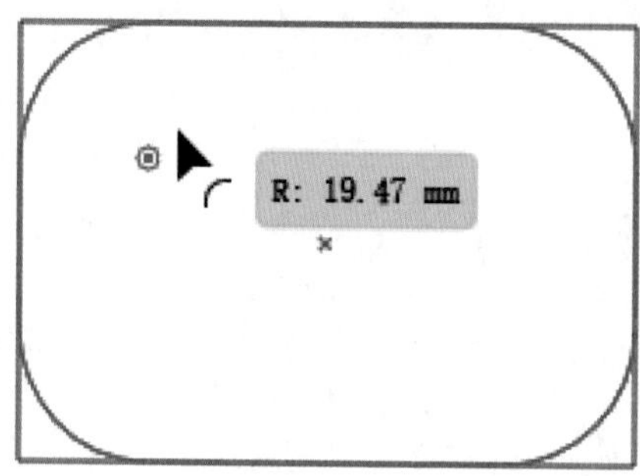

图4-50 拖曳调整矩形顶点

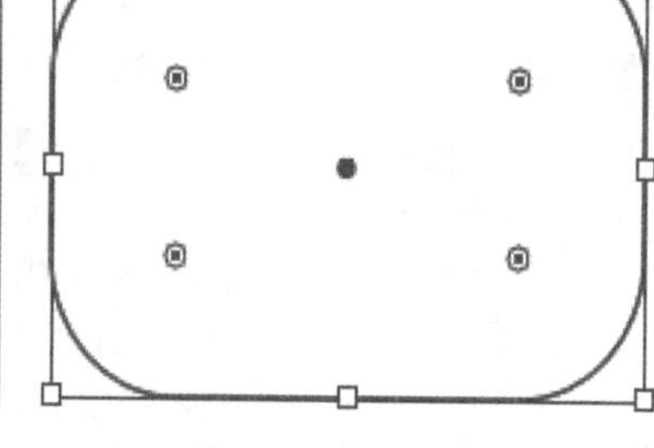

图4-51 圆角矩形图形

单击工具箱中的“圆角矩形工具”按钮，将光标移动到画板中，按住鼠标左键并向对角线方向拖曳，如图4-52所示。达到所需大小后，释放鼠标左键，即可完成圆角矩形的绘制，如图4-53所示。拖曳圆角矩形顶点内部的控制点，可以调整圆角矩形的圆角值。

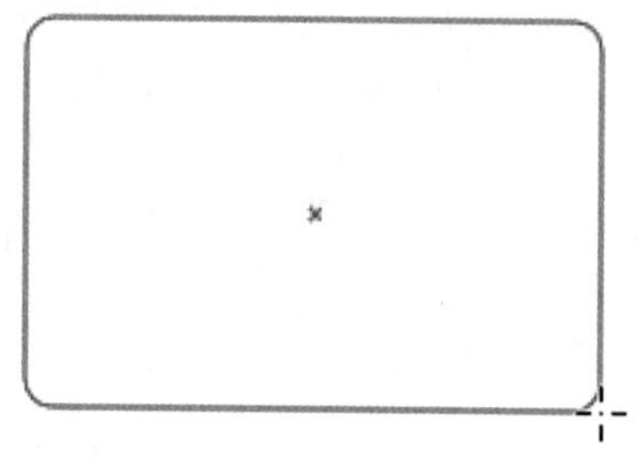

W: 89.34 mm
H: 54.98 mm
R: 4.23 mm

图4-52 拖曳绘制圆角矩形

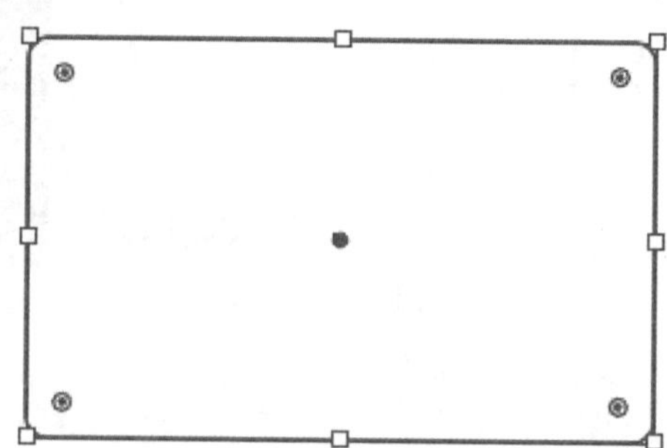

图4-53 圆角矩形绘制效果

可在常规“首选项”对话框中设置圆角矩形的默认圆角半径值。绘制圆角矩形时，按键盘上的【↑】键或【↓】键可以调整圆角半径值，按【→】键可以创建方形圆角，按【←】键可以调整圆角的圆度。

用户可以在“变换”面板中设置矩形和圆角矩形的宽度、高度和角度，如图4-54所示。取消激活“链接圆角半径值”按钮，可以分别设置矩形和圆角矩形4个顶点的圆角半径值，从而获得更丰富的图形效果，如图4-55所示。

图4-54 设置宽度、高度和角度

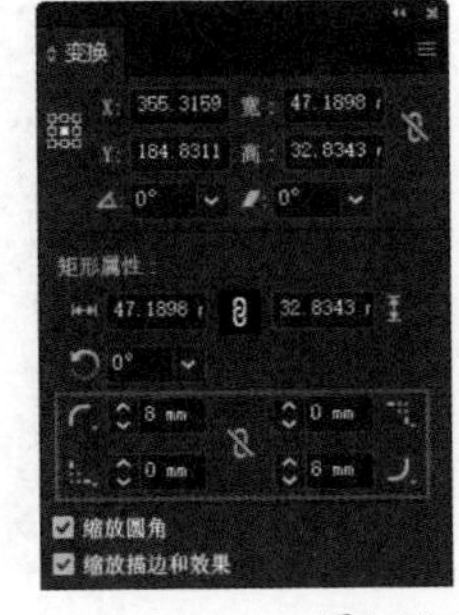

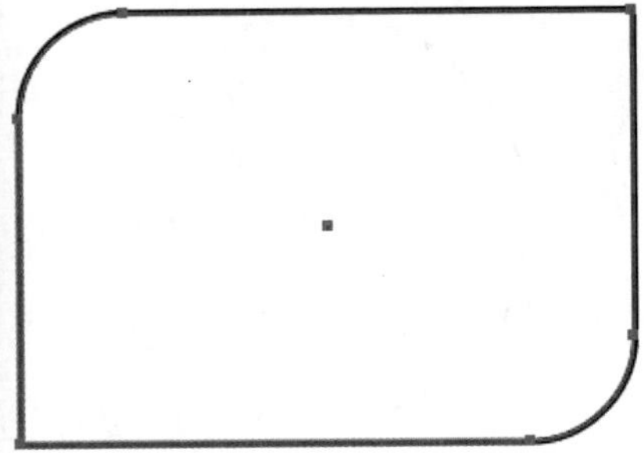

图4-55 分别设置圆角半径值效果

4.4.8 椭圆工具

单击工具箱中的“椭圆工具”按钮 或者按【L】键，将光标移动到画板中，按住鼠标左键并拖曳，如图4-56所示。达到所需大小后，释放鼠标，即可完成椭圆图形的绘制。

使用“椭圆工具”在画板上任意位置单击，将弹出“椭圆”对话框，如图4-57所示。分别输入“宽度”和“高度”数值后，单击“确定”按钮，即可创建一个指定尺寸的椭圆。用户可在“变换”面板中设置椭圆图形的宽度、高度和椭圆角度，如图4-58所示。

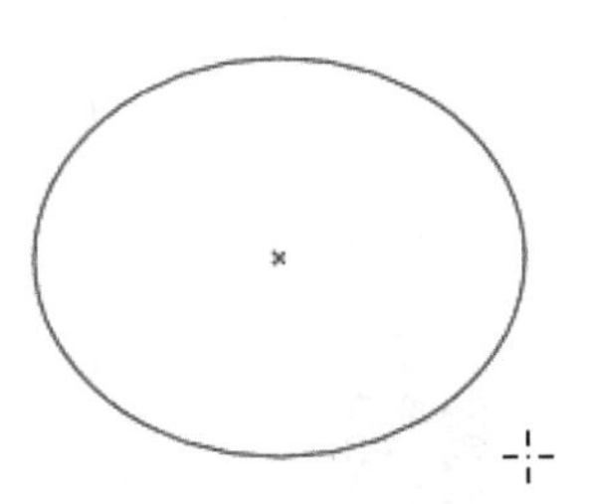

图4-56 拖曳绘制椭圆图形

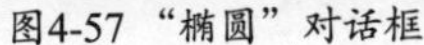

图4-57 “椭圆”对话框

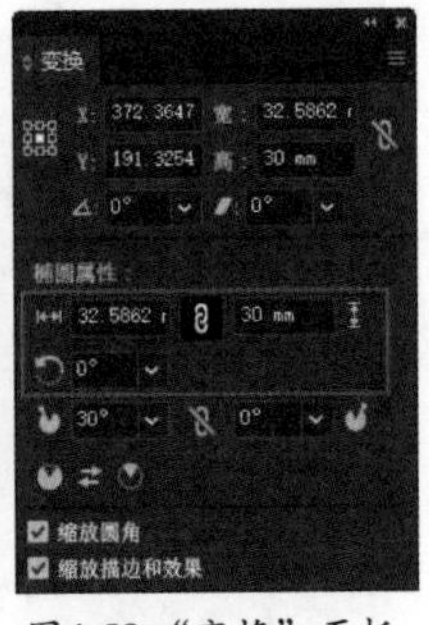

图4-58 “变换”面板

使用“椭圆工具”绘制椭圆时，按住【Shift】键可以绘制正圆图形。激活“椭圆”对话框中的“约束宽度和高度比例”按钮，单击“确定”按钮，也可以创建正圆图形。

选中绘制的椭圆图形，将光标移动到定界框右侧的控制点上，如图4-59所示。按住鼠标左键并向上下方向拖曳，释放鼠标后可将椭圆调整为饼状图，效果如图4-60所示。

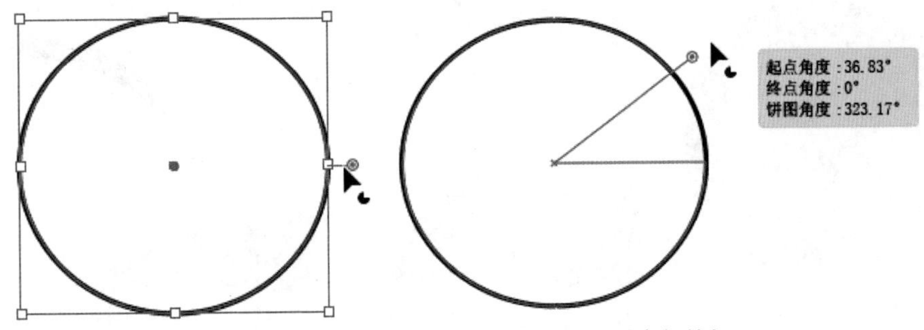

图4-59 移动光标位置

图4-60 拖曳控制点

饼状图包括两条控制轴，分别控制饼图的起点角度和终点角度，如图4-61所示。除了可以通过拖曳控制点调整饼图角度，也可以在“变换”面板中输入数值，准确定义饼图起点和终点的角度，如图4-62所示。

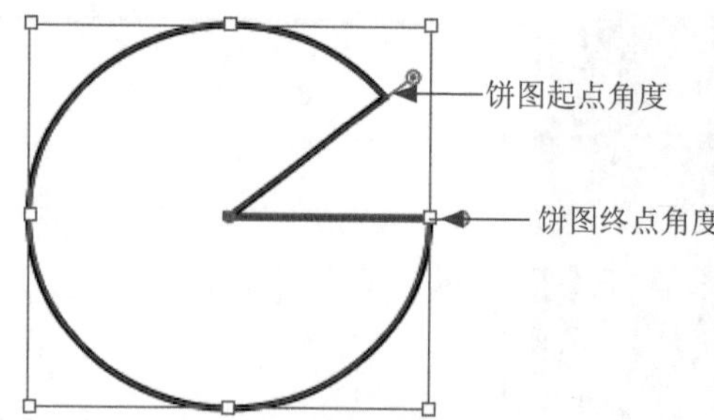

图4-61 调整饼状图后的效果

图4-62 “变换”面板

单击“变换”面板中的“约束饼图角度”按钮，将其功能激活。再使用“变换”面板修改饼图角度值时，饼图起点和终点之间的角度差异将保持不变，如图4-63所示。

单击“变换”面板中的“反转饼图”按钮，可快速互换饼图起点和终点的角度值。使用此功能可以生成“切片”图形，如图4-64所示。

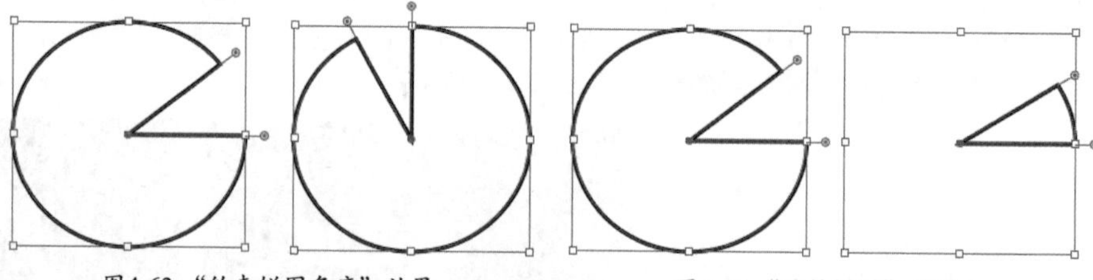

图4-63 “约束饼图角度”效果　　图4-64 “反转饼图”效果

4.4.9 应用案例——使用椭圆工具绘制红樱桃

源 文 件：源文件\第4章\4-4-9.ai

素　材：无

技术要点：掌握使用椭圆工具【绘制红樱桃】的方法

扫描查看演示视频

STEP 01 新建一个Illustrator文件。使用“椭圆工具”在画板中绘制一个填色为RGB（255、0、0）的圆形，继续使用“椭圆工具”绘制一个填色为RGB（255、95、95）的圆形，再使用“椭圆工具”绘制一个白色圆形，如图4-65所示。

STEP 02 使用“弧形工具”在画板中绘制一段黑色的弧形，在“控制”面板中设置“描边”的画笔类型为“5点扁平”，弧线效果如图4-66所示。

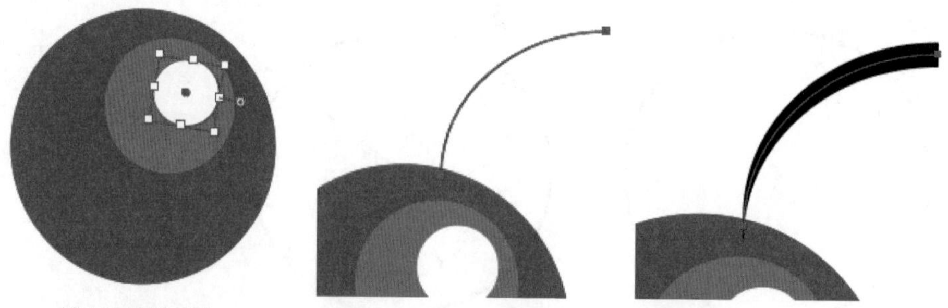

图4-65 绘制圆形　　图4-66 绘制一段弧形

STEP 03 使用“椭圆工具”绘制一个填色为RGB（50、150、0）的椭圆，单击工具箱中的“锚点工具”按钮，将光标移动到椭圆的一个顶点上并单击，如图4-67所示。

STEP 04 使用“选择工具”旋转椭圆并调整到合适位置，再使用“弧线工具”绘制一条弧线，完成樱桃的绘制，效果如图4-68所示。

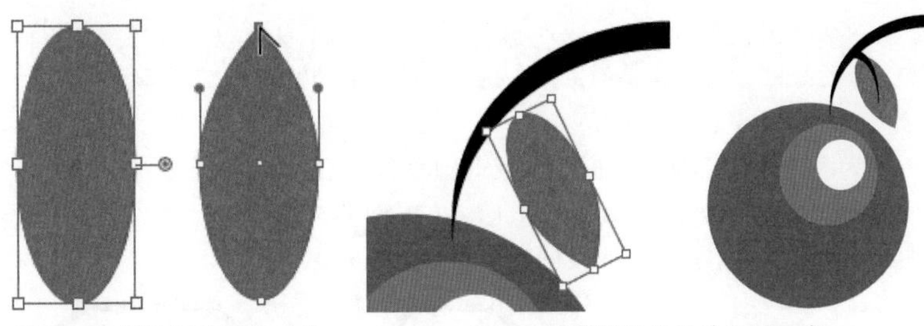

图4-67 绘制椭圆并转换顶点　　图4-68 调整椭圆位置并绘制弧线

4.4.10 多边形工具

单击工具箱中的“多边形工具”按钮，将光标移动到画板中单击并拖曳鼠标，如图4-69所示。达到所需大小后释放鼠标，完成多边形图形的绘制。将光标置于多边形图形内部的控制点上，单击并向内侧拖曳鼠标，可调整多边形图形的圆角半径，如图4-70所示。

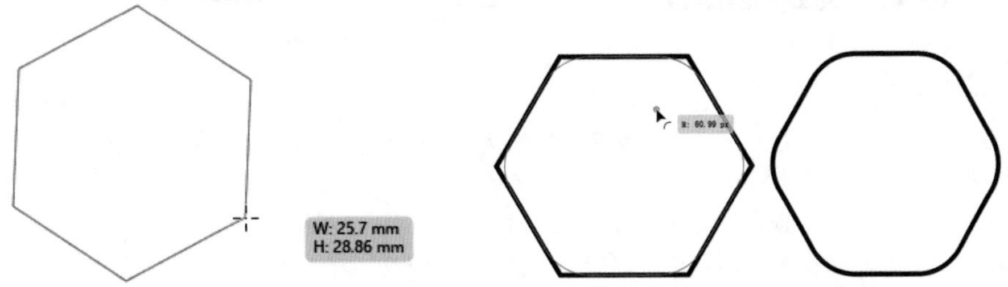

图4-69 拖曳绘制多边形　　图4-70 拖曳调整圆角半径

单击工具箱中的“直接选择工具”按钮，单击路径上的任意锚点将其选中，如图4-71所示。将光标置于旁边的控制点上，按住鼠标左键并拖曳，即可将当前选中锚点转换为圆角锚点，如图4-72所示。同时选中多个锚点，拖曳调整边角效果，如图4-73所示。

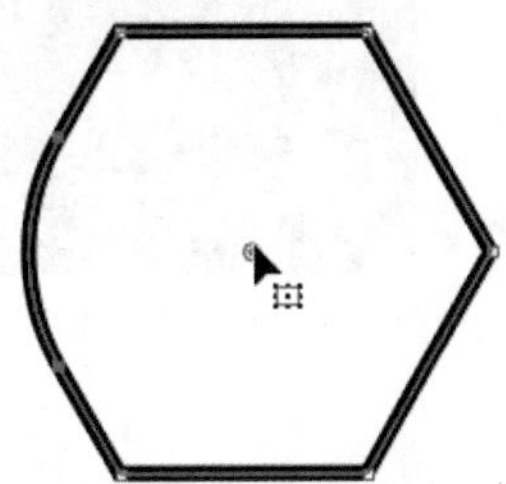

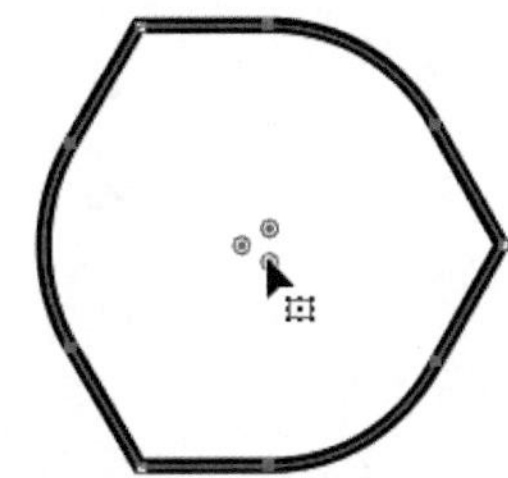

图4-71 选中单个锚点　　图4-72 拖曳调整单个锚点　　图4-73 同时调整多个锚点

使用“多边形工具”在画板上单击，将弹出“多边形”对话框，如图4-74所示。输入具体参数后，单击“确定”按钮，创建指定尺寸和边数的多边形。绘制完成后，用户可以在“变换”面板中修改多边形的各项属性，如图4-75所示。

图4-74 “多边形”对话框　　图4-75 “变换”面板

使用“多边形工具”绘制多边形时，按住【Shift】键可以绘制正多边形图形；绘制多边形的过程中，按键盘上的【↑】键或【↓】键可以修改多边形的边数。

Illustrator CC为多边形图形提供了圆角、反向圆角和倒角3种边角类型，用户可以在选中多边形图形后，单击“变换”面板中“圆角半径”文本框前面的图标，在打开的面板中选择想要使用的边角类型，如图4-76所示。图4-77所示为反向圆角和倒角效果。

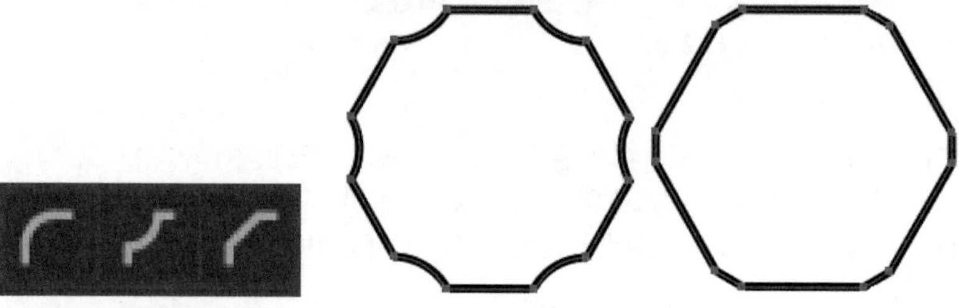

图4-76 选择边角类型　　图4-77 反向圆角和倒角效果

4.4.11 星形工具

单击工具箱中的“星形工具”按钮，将光标置于画板中，按住鼠标左键并拖曳，如图4-78所示。达到所需大小后，释放鼠标即可完成星形的绘制。

使用“星形工具”在画板上任意位置单击，弹出“星形”对话框，如图4-79所示。输入“半径1”“半径 2”“角点数”参数后，单击“确定”按钮，即可创建一个指定尺寸和角数的星形图形，如图4-80所示。

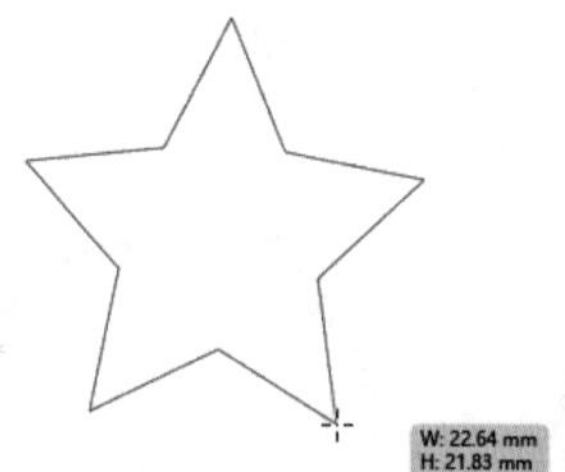

图4-78 拖曳绘制星形

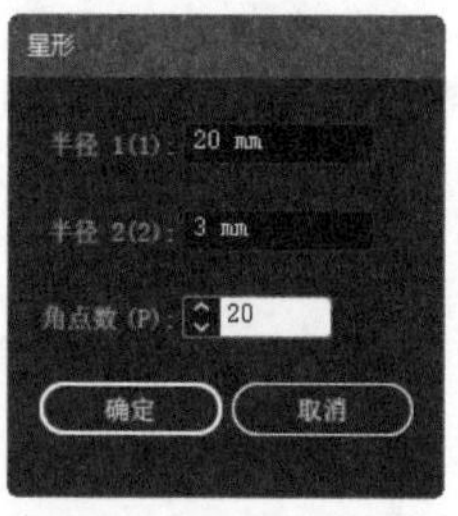

图4-79 “星形”对话框

图4-80 绘制星形效果

使用“星形工具”绘制星形时，按住【Shift】键可以绘制正星形图形；按键盘上的【↑】键或【↓】键可以增加或减少星形的角点数。

使用“星形工具”创建星形图形，如图4-81所示。单击工具箱中的“直接选择工具”按钮，将光标置于多边形内部的任一控制点上，按住鼠标左键并向内侧拖曳，可以将多边形的边角调整为圆角，如图4-82所示。

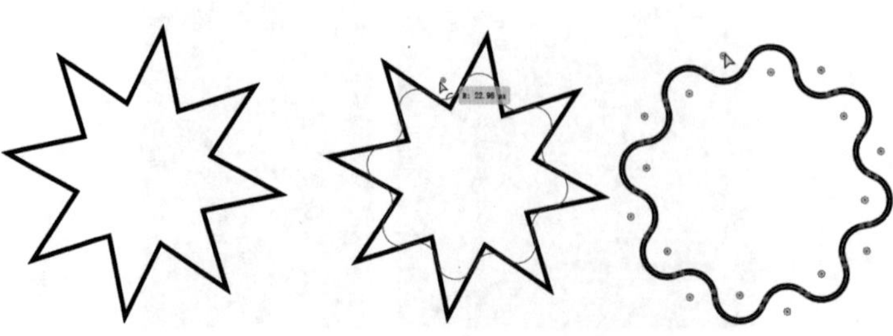

图4-81 创建星形　　图4-82 拖曳调整锚点

使用“直接选择工具”选择任一锚点，将光标移动到锚点旁边的控制点（图形外侧）上，按住鼠标左键并向外侧拖曳，即可将当前选中锚点转换为圆角锚点，如图4-83所示。用户也可以同时选中多个锚点，拖曳调整边角效果，如图4-84所示。

图4-83 拖曳调整一个锚点

图4-84 拖曳调整多个锚点

4.4.12 应用案例——绘制卡通星形图标

源 文 件：源文件\第4章\4-4-12.ai

素　　材：无

技术要点：掌握【卡通星形图标】的绘制方法

扫描查看演示视频

STEP 01 新建一个2000px×2000px的Illustrator文件。使用“星形工具”在画板上创建一个500px×300px、角点数为5的星形，设置填色为RGB（247、232、47），描边色为RGB（106、57、6），使用“直接选择工具”将边角调整为圆形，如图4-85所示。

STEP 02 使用“椭圆工具”在星形上绘制一个填色为RGB（0、105、52）的正圆，按住【Alt】键的同时使用“选择工具”向右侧拖曳复制一个圆形，如图4-86所示。

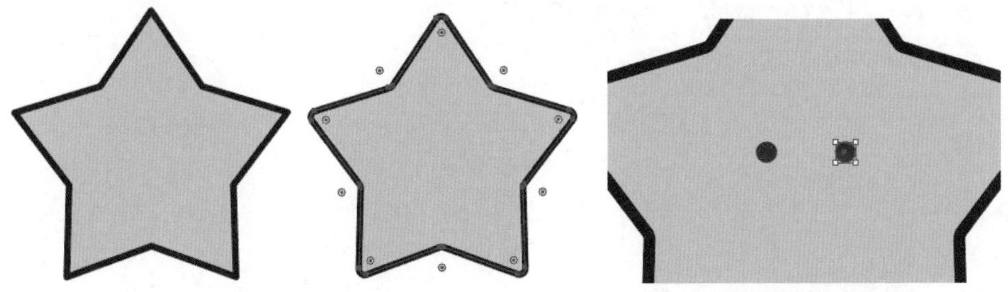

图4-85 创建星形

图4-86 绘制圆形并复制

STEP 03 使用“椭圆工具”绘制并复制一个填色为RGB（255、159、63）的椭圆，使用“直线工具”绘制一条描边颜色为RGB（0、105、52）的直线，再使用“整形工具”拖曳调整直线效果，如图4-87所示。

STEP 04 使用“选择工具”复制多个星形图标并调整大小，通过修改星形的填充颜色，完成多个星形图标的绘制，效果如图4-88所示。

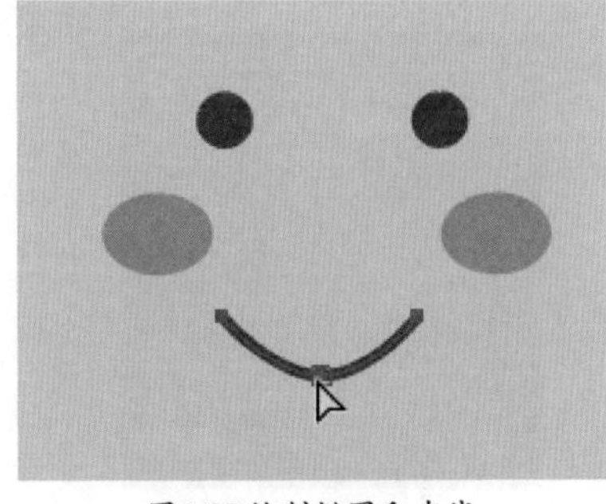

图4-87 绘制椭圆和直线

图4-88 复制并修改填充颜色

4.4.13 光晕工具

使用“光晕工具”可以创建具有明亮的中心、光晕和射线及光环的光晕对象。单击工具箱中的“星形工具”按钮，将光标置于画板中，按住【Alt】键的同时在希望出现光晕中心手柄的位置处单击，即可创建光晕，如图4-89所示。

将光标移动到画板中，按住鼠标左键并拖曳，如图4-90所示。达到所需大小后释放鼠标，效果如图4-91所示。

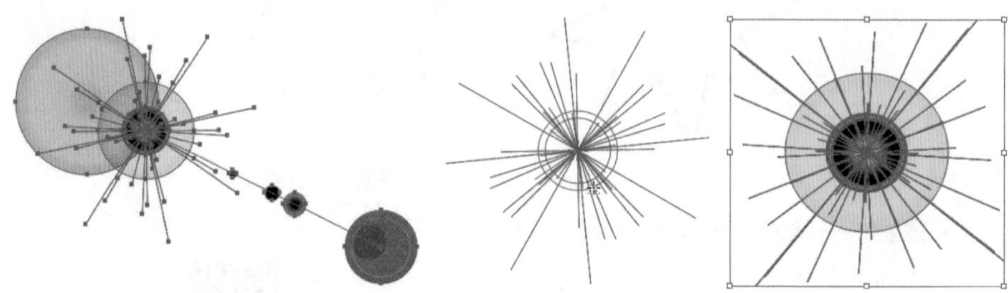

图4-89 快速创建光晕　　图4-90 拖曳绘制光晕　　图4-91 创建光晕图形

将光标移动到其他位置并单击，即可完成光晕的绘制，绘制完成的光晕包括中央手柄、末端手柄、射线（为清晰起见显示为黑色）、光晕和光环，如图4-92所示。

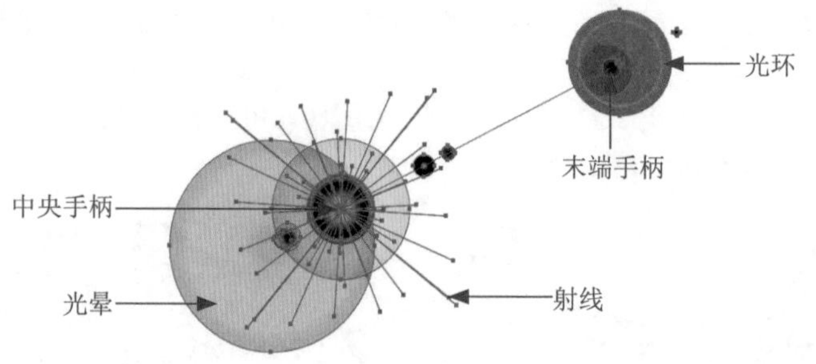

图4-92 光晕组件

使用“光晕工具”绘制光晕时，按住【Shift】键可以将射线限制在设置角度；按键盘上的【↑】键或【↓】键可以添加或减去射线；按住【Ctrl】键可以保持光晕中心位置不变。

使用“光晕工具”在画板上单击，弹出“光晕工具选项”对话框，如图4-93所示。设置居中、光晕、射线和环形等各项参数，单击“确定”按钮，即可创建一个光晕。

选中光晕图形，双击工具箱中的“光晕工具”按钮，弹出“光晕工具选项”对话框，在该对话框中重新设置光晕的各项参数，完成后按住【Alt】键，将“取消”按钮变为“重置”按钮，单击“重置”按钮，即可重置光晕参数，如图4-94所示。

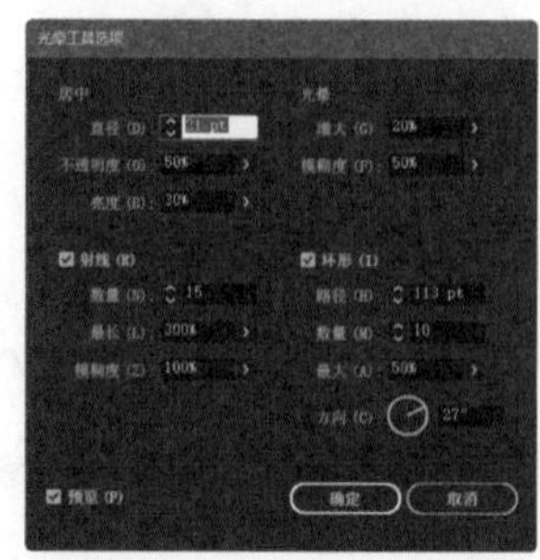

图4-93 “光晕工具选项”对话框

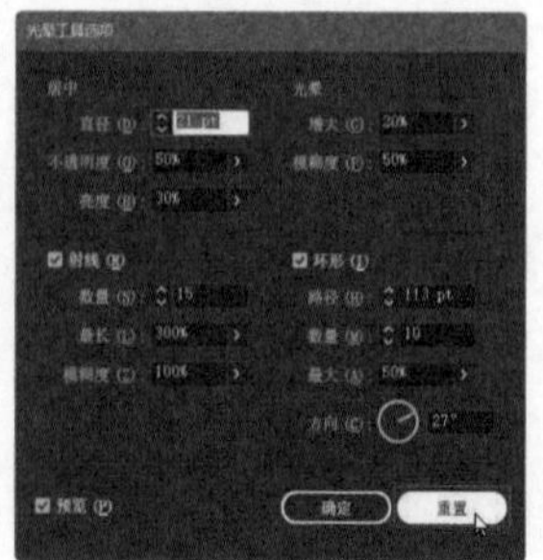

图4-94 重置光晕参数

选中光晕图形，单击工具箱中的“光晕工具”按钮，将光标置于光晕的中心手柄或末端手柄位置，按住鼠标左键并拖曳，可以更改光晕的长度和方向，如图4-95所示。

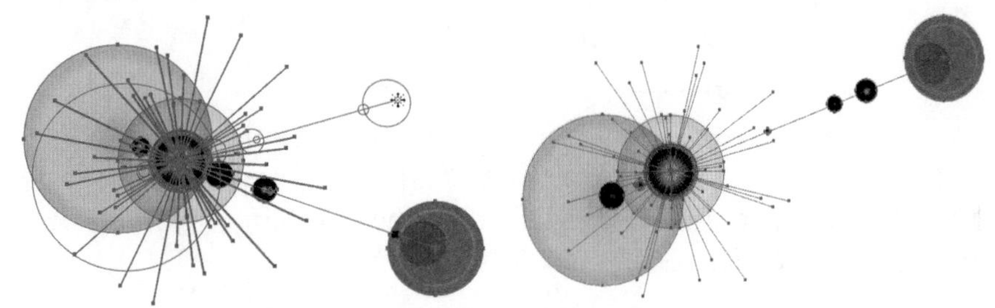

图4-95 拖曳更改光晕的长度和方向

选中光晕图形，执行“对象”→“扩展”命令，弹出“扩展”对话框，如图4-96所示。指定扩展内容后，单击“确定”按钮，将光晕扩展为可以编辑的元素。再执行“对象”→“取消编组”命令，即可对光晕组件进行编辑，如图4-97所示。

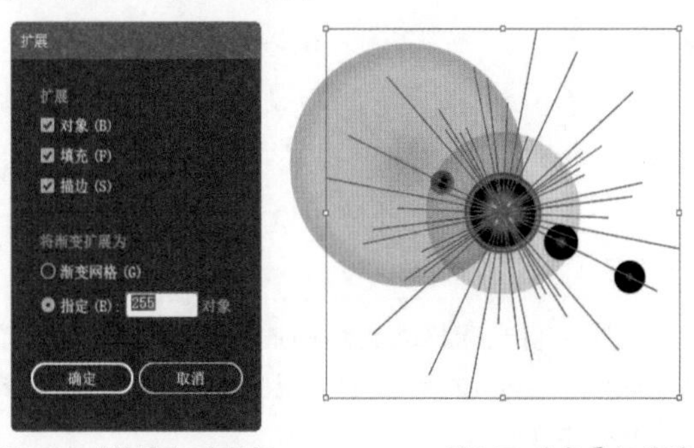

图4-96 “扩展”对话框　　图4-97 对光晕组件进行编辑

4.5 使用钢笔工具、曲率工具和铅笔工具

在Illustrator中，用户可以使用“钢笔工具”“曲率工具”“铅笔工具”等工具创建各种自定义路径。

4.5.1 钢笔工具

使用“钢笔工具”可以创建直线和曲线两种路径。

绘制直线路径

单击工具箱中的“钢笔工具”按钮，将光标置于绘制路径的起点处并单击，确定第一个锚点（不要拖曳），如图4-98所示。将光标移动到希望路径结束的位置，再次单击创建一个锚点，完成一段直线路径的创建，如图4-99所示。在创建结束锚点前，按住【Shift】键，可以将路径的角度限制为45°的倍数。

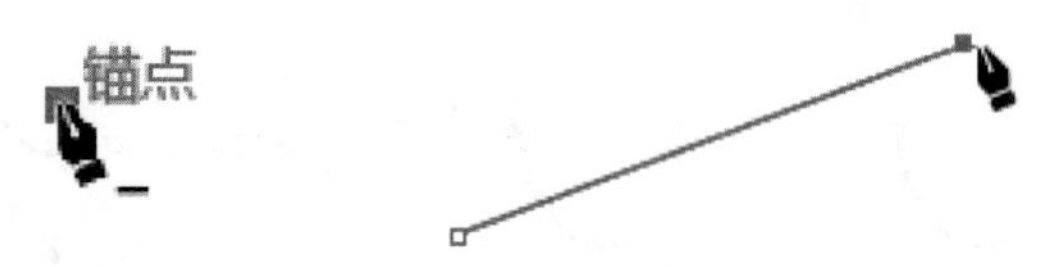

图4-98 确定第一个锚点　　图4-99 确定结束锚点

再次移动光标位置并单击可以继续创建路径，最后添加的锚点总显示为实心方形，表示已被选中，如图4-100所示。当添加更多锚点时，以前定义的锚点将变成空心并被“取消选择”，如图4-101所示。

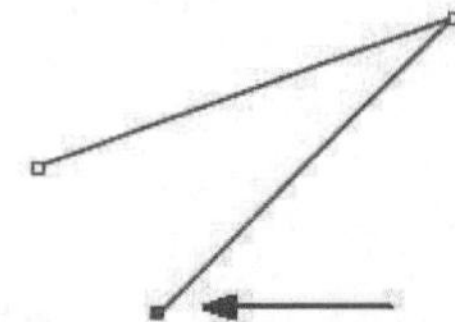
图4-100 最后添加的锚点

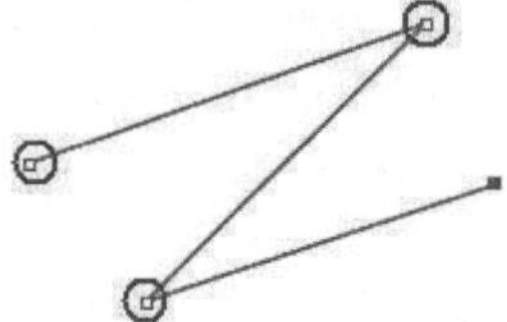
图4-101 以前定义的锚点

将光标置于第一个锚点上，光标变为状态时，单击即可创建闭合路径，如图4-102所示。按住【Ctrl】键并在路径之外的位置单击，即可创建开放路径，如图4-103所示。使用其他工具、执行“选择”→“取消选择”命令或按【Enter】键，也可创建开放路径。

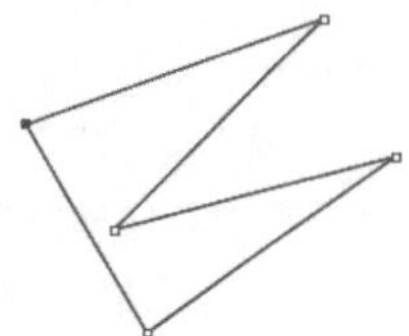
图4-102 创建闭合路径

图4-103 创建开放路径

使用“钢笔工具”创建锚点时，在不释放鼠标左键的前提下，按住空格键可以移动当前锚点的位置；释放鼠标后，按住【Ctrl】键的同时可以拖曳移动路径上的任意锚点位置。

绘制曲线路径

单击工具箱中的“钢笔工具”按钮，将光标移动到绘制曲线路径的起点位置，单击并拖曳鼠标，设置曲线路径的斜度，如图4-104所示。将光标移动到希望曲线路径结束的位置，按住鼠标左键并拖曳，即可完成曲线路径的创建，如图4-105所示。

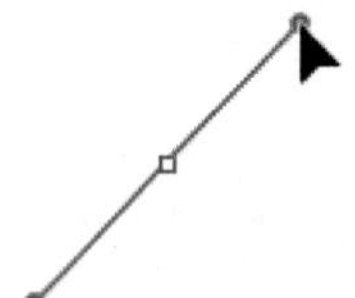
图4-104 设置曲线路径的斜度

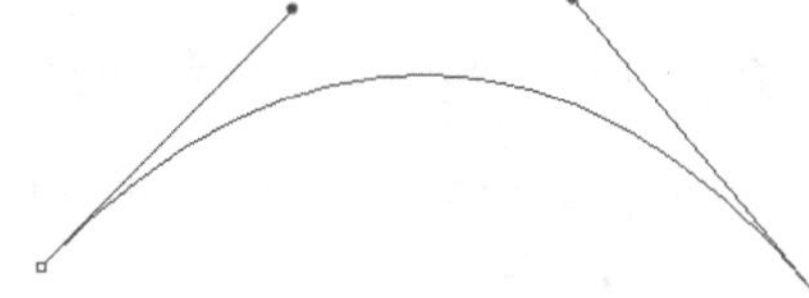
图4-105 创建曲线路径

通常将方向线向计划绘制的下一个锚点延长约三分之一的距离；按住【Shift】键的同时可以将绘制角度限制为45°的倍数。

向前一条方向线的相反方向拖曳光标，即可创建“C”形曲线，如图4-106所示。向前一条方向线相同的方向拖曳光标，即可创建“S”形曲线，如图4-107所示。

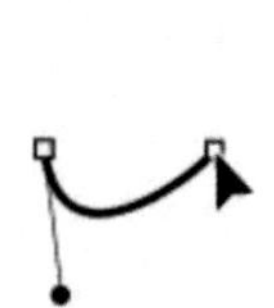
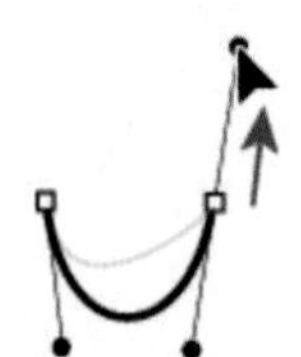

图4-106 创建“C”形曲线

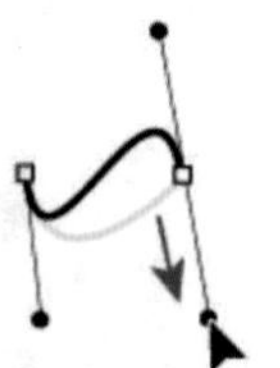
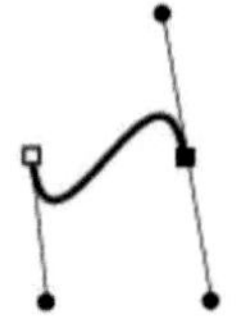
图4-107 创建“S”形曲线

继续在不同的位置单击并拖曳鼠标，创建一系列曲线路径，如图4-108所示。将光标置于第一个锚点上，当光标变成状态时，单击即可创建闭合的曲线路径，如图4-109所示。

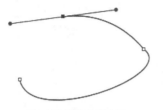

图4-108 创建曲线路径　　图4-109 创建闭合的曲线路径

应将锚点放置在每条曲线的开头和结尾，而不是曲线的顶点。按住【Alt】键并单击锚点，可删除一条方向线。

绘制有曲线的直线路径

使用“钢笔工具”依次单击两个位置创建直线路径。将光标移动到连接曲线的锚点上，当光标变为状态时，按住鼠标左键拖曳出方向线，如图4-110所示。将光标置于下一个锚点位置处，单击即可完成一段曲线路径的绘制，如图4-111所示。

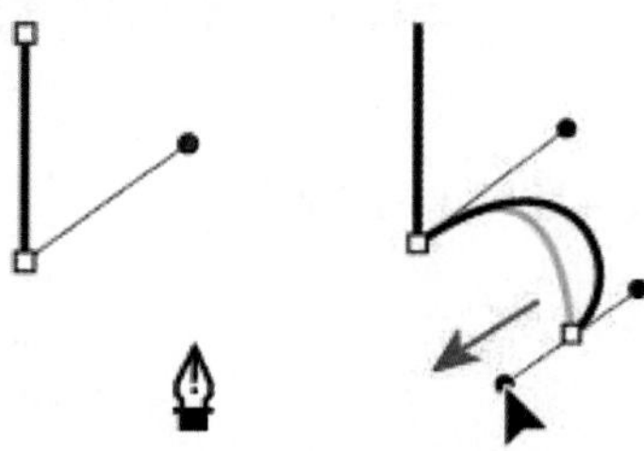

图4-110 拖曳出方向线　　图4-111 绘制一段曲线路径

绘制有直线的曲线路径

使用“钢笔工具”在画板中单击并拖曳创建一个曲线锚点，移动光标至另一位置后单击并拖曳鼠标，即可创建曲线路径，如图4-112所示。将光标置于连接直线的锚点上，当光标变为状态时，单击锚点将其转换为直线锚点，如图4-113所示。移动光标，单击即可创建直线路径，如图4-114所示。

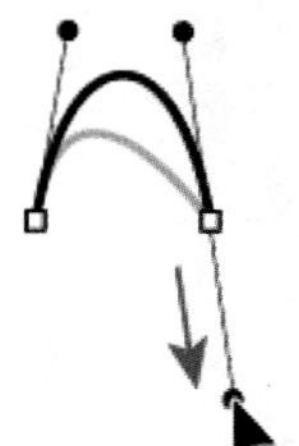

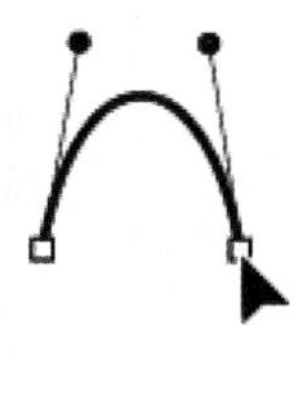

图4-112 绘制曲线路径　　图4-113 转换为直线锚点　　图4-114 绘制直线路径

默认情况下，使用“钢笔工具”绘制路径时会显示“橡皮筋预览”。用户可以通过执行“编辑”→“首选项”→“选择和锚点显示”命令，选择启用或者关闭“橡皮筋预览”功能。

4.5.2 曲率工具

“曲率工具”可简化路径的创建操作，使绘图变得简单、直观。使用此工具，用户可以创建、切换、编辑、添加或删除平滑点或角点，简单来说就是，无须在不同的工具之间来回切换即可快速、准确地处理路径。

单击工具箱中的“曲率工具”按钮或者按【Shift+~】组合键，在画板上连续单击创建两个锚点，橡皮筋预览如图4-115所示。将光标置于某一位置，单击即可创建平滑锚点，如图4-116所示。双击曲线路径最后一个锚点，将光标移动到另一个位置，再次单击即可创建直线路径，如图4-117所示。

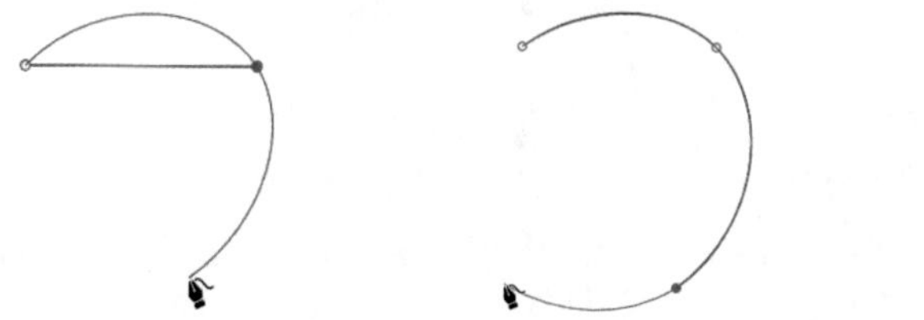

图4-115 查看“橡皮筋预览”　　图4-116 创建曲线路径

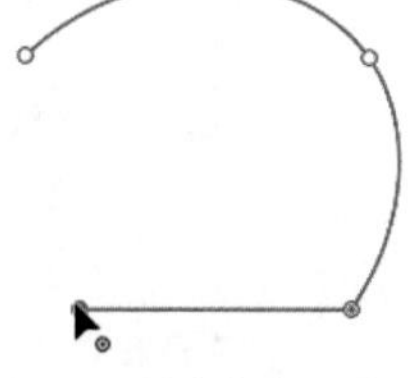

图4-117 创建直线锚点

使用“曲率工具”绘制路径时，按住【Alt】键的同时单击路径，可向路径添加锚点；双击锚点可以使其在平滑点和角点之间切换；拖曳锚点可将其移动；选中锚点后按【Delete】键，可将其删除；按【Esc】键可停止绘制。

? 疑问解答　如何接着一条开放路径继续绘制?

将光标移动到断开路径的一端锚点上，单击即可与该路径创建连接，将光标移动到其他位置并单击，即可继续绘制。

4.5.3 应用案例——使用曲率工具绘制小鸟图形

源 文 件：源文件\第4章\4-5-3.ai

素　　材：无

技术要点：掌握【小鸟图形】的绘制方法

扫描查看演示视频

STEP 01 新建一个 1366px×768px 的 Illustrator 文件。使用“圆角矩形工具”在画板上拖曳绘制一个圆角矩形，拖曳矩形内角的控制点，将矩形调整为圆角矩形。使用“曲率工具”在画板上依次单击，创建路径效果如图 4-118 所示。

STEP 02 选中两条路径，再使用“形状生成器工具”在图形上拖曳，如图 4-119 所示。

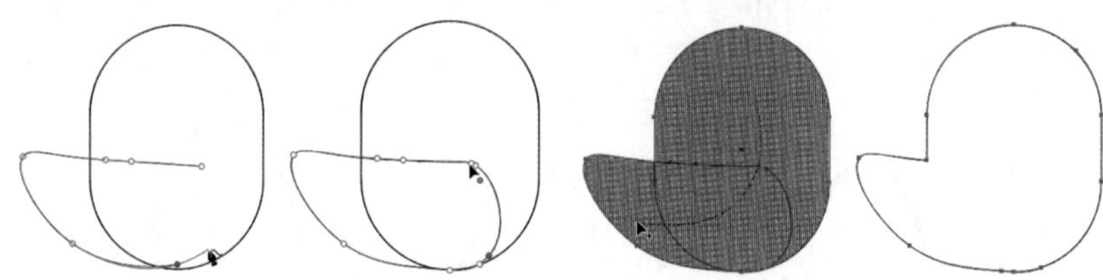

图4-118 绘制路径　　图4-119 封闭路径

STEP 03 再次使用“曲率工具”绘制小鸟的翅膀、嘴巴等图形，效果如图 4-120 所示。使用“直线工具”在画板中绘制一条直线，如图 4-121 所示。

STEP 04 使用“曲率工具”绘制小鸟的眼睛，选中小鸟的翅膀，按【Ctrl+C】组合键，再按【Ctrl+V】组合键，缩放调整到如图 4-122 所示的位置，完成小鸟图形的绘制。

图4-120 绘制小鸟的翅膀和嘴巴

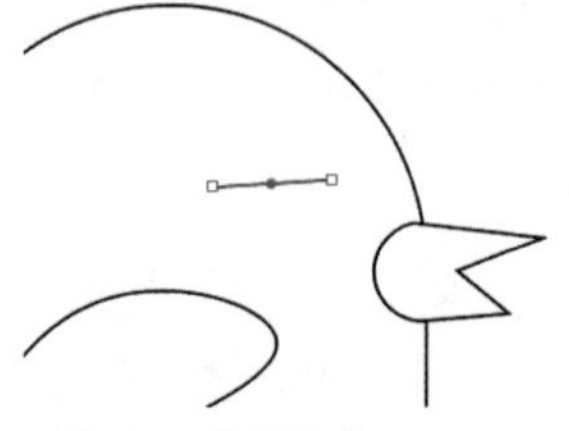

图4-121 绘制直线

图4-122 复制并粘贴翅膀图形

使用“曲率工具”绘制图形时，将光标移动到锚点上并双击，可将当前锚点在直线锚点和曲线锚点之间转换。双击锚点后再创建的将是直线路径。

4.5.4 铅笔工具

“铅笔工具”可用来绘制开放路径和闭合路径，使用此工具就像用铅笔在纸上绘图一样，对于快速素描或创建手绘外观而言非常有用。

单击工具箱中的“铅笔工具”按钮或者按【N】键，将光标移动到画板中希望路径开始的位置，按住鼠标左键并拖曳即可绘制路径，如图4-123所示。

使用“铅笔工具”绘制图形时，按住【Shift】键将绘制0°、45°或90°的直线路径；按住【Alt】键将绘制不受限制的直线路径，如图4-124所示。

双击工具箱中的“铅笔工具”按钮，弹出“铅笔工具选项”对话框，如图4-125所示。用户可在该对话框中设置相应参数，完成后单击“确定”按钮。

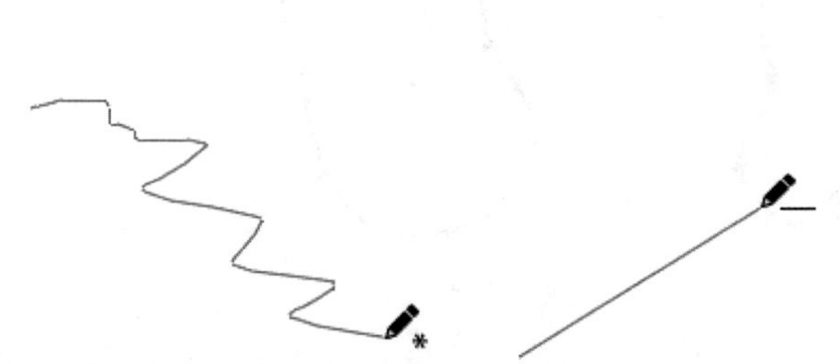

图4-123 拖曳绘制路径　　图4-124 绘制直线路径

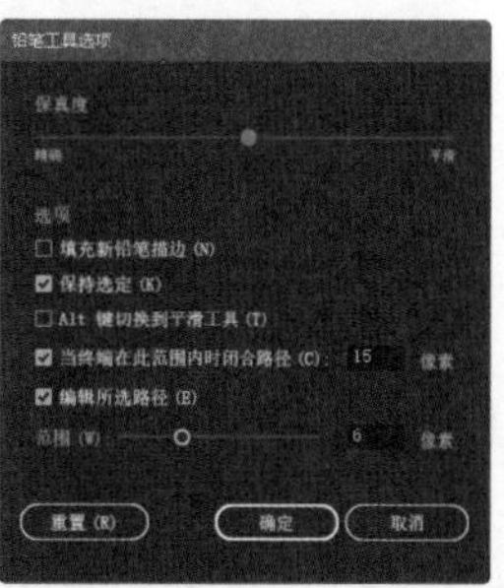

图4-125 “铅笔工具选项”对话框

拖曳过程中，一条线将跟随指针进行移动；绘制完成后，锚点出现在路径上。路径采用当前的描边和填色属性，并且默认情况下处于选中状态。

绘制闭合路径

在绘制过程中，将光标移动到路径开始的位置，“铅笔工具”光标右下角将显示一个圆圈，如图4-126所示。单击鼠标，即可完成封闭路径的创建，如图4-127所示。

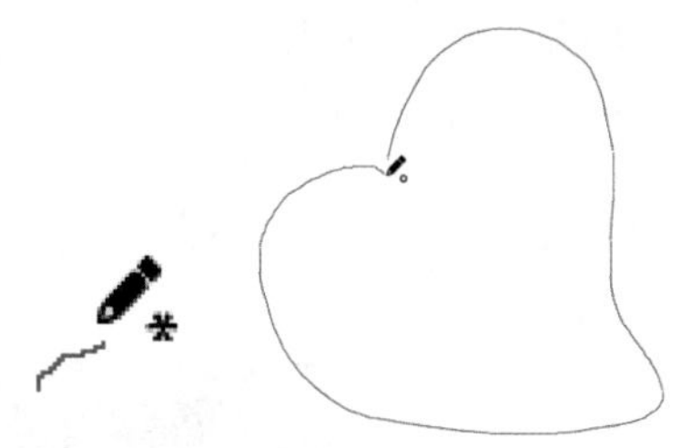

图4-126 右下角显示圆圈

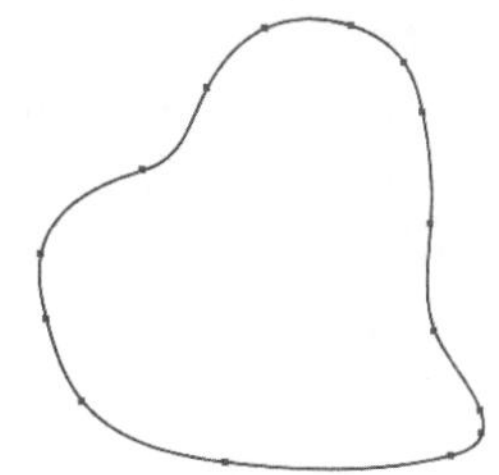

图4-127 创建封闭路径

继续绘制路径

选择现有的路径并保持“铅笔工具”为选中状态，将光标的笔尖位置定位到路径端点，按住鼠标左键并拖曳，即可继续绘制路径。

连接路径

选中两条路径并保持“铅笔工具”为选中状态，将光标定位到希望开始的位置，如图4-128所示。按住鼠标左键并将光标拖曳到另一条路径的端点上，如图4-129所示。释放鼠标，即可完成连接两条路径的操作，效果如图4-130所示。

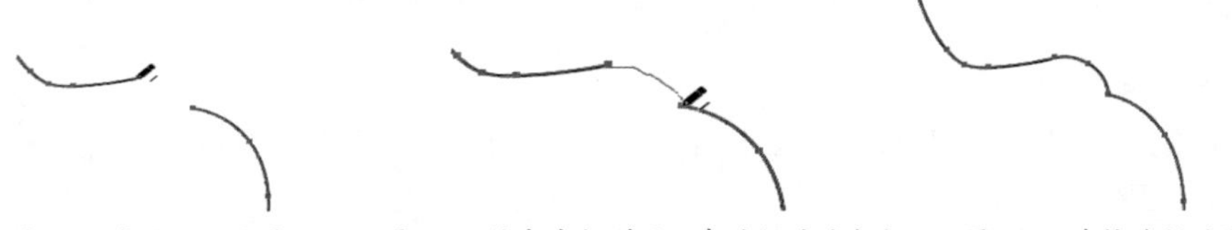

图4-128 定位开始位置　　图4-129 拖曳光标到另一条路径的端点上　　图4-130 连接路径效果

修改路径形状

选择要修改的路径并保持“铅笔工具”为选中状态，将光标置于要修改路径的起始锚点上，按住鼠标左键并拖曳到需要修改路径的结束锚点上，如图4-131所示。释放鼠标，即可改变路径的形状，如图4-132所示。

图4-131 拖曳修改路径形状

图4-132 改变路径形状

使用“铅笔工具”绘制图形时会自动产生锚点，路径绘制完成后可以再次调整。设置的锚点数量由路径的长度和复杂程度，以及“铅笔工具首选项”对话框中的“容差”选项决定。这些设置用于控制“铅笔工具”对鼠标或绘图笔移动的敏感程度。

4.6 简化路径

在编辑具有许多锚点的复杂图稿时，使用“简化路径”功能可以帮助用户删除不必要的锚点，并将复杂图稿生成简单的最佳路径，而不会对原始路径形状进行任何重大更改。

4.6.1 “简化”命令

选择需要简化路径的对象或特定路径区域，执行“对象”→“路径”→“简化”命令，打开如图4-133所示的面板。向左拖曳滑块，即可减少锚点数，向右拖曳滑块，即可增加锚点数。

默认情况下，“自动简化”按钮为激活状态。Illustrator CC自动简化选中的对象或特定路径区域。单击“更多选项”按钮，弹出“简化”对话框，如图4-134所示。用户可在该对话框中设置相应的参数，完成后单击“确定”按钮。

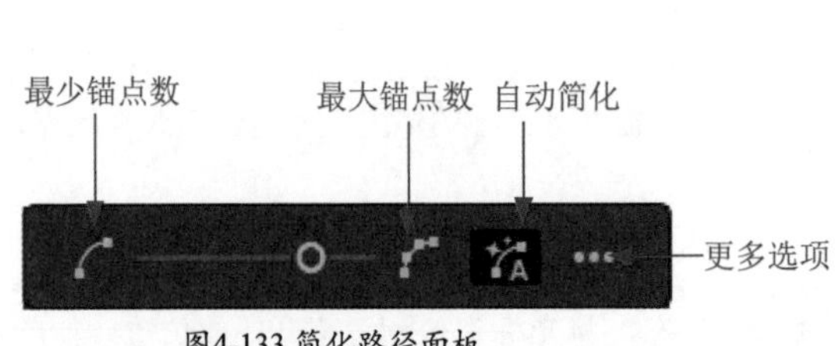

图4-133 简化路径面板

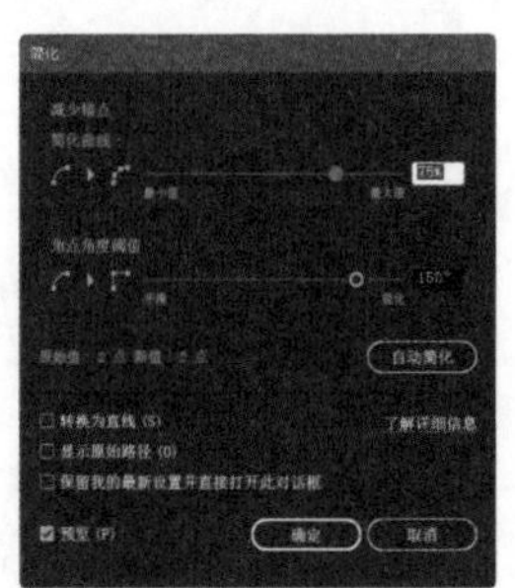

图4-134 “简化”对话框

如果希望在锚点数量较少时快速获得平滑的边角，可以在同步过程中搭配使用“角点角度阈值”滑块和“简化曲线”滑块。

? 疑问解答 想要减少锚点，但不想更改角点，应如何设置？

当临界值大于自动计算的默认阈值（90°）时，角点保持不变。

4.6.2 使用“平滑工具”

删减锚点数量后，可以使用“平滑工具”删除游离点，从而获得更加平滑的路径效果。选中对象或目标路径，如图4-135所示。

单击工具箱中的“平滑工具”按钮，沿着要平滑的路径长度拖曳鼠标，如图4-136所示。直到描边或路径达到所需的平滑度，效果如图4-137所示。

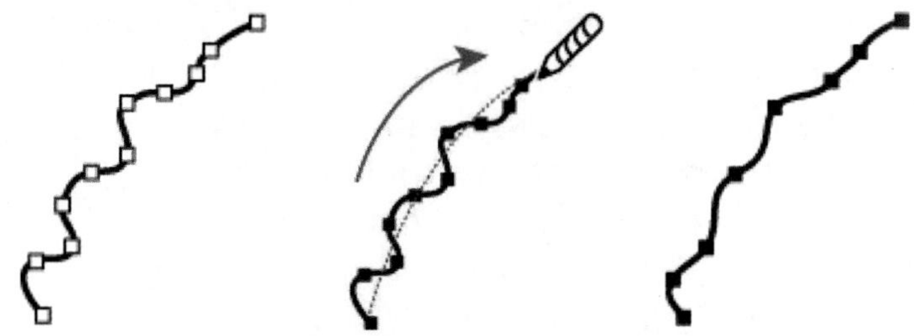

图4-135 选中路径　图4-136 使用“平滑工具”拖曳　图4-137 平滑效果

双击工具箱中的“平滑工具”按钮，弹出“平滑工具选项”对话框，如图4-138所示。用户可在该对话框中设置“保真度”参数，完成后单击“确定”按钮。

图4-138 “平滑工具选项”对话框

保真度的取值范围为0.5～20像素，值越大，路径越平滑，复杂程度越小。保真度的数值必须大于移动距离，Illustrator CC才会向路径添加新的锚点。例如，“保真度”值为2.5，表示小于2.5像素的工具移动将不会生成锚点。

用户也可以在按住【Alt】键的同时使用“锚点工具”单击不平滑路径上锚点的任意一个手柄，使其与反向手柄成对，使路径平滑。

4.7 调整路径段

在Adobe系列应用程序中，编辑路径段的方式基本相似，用户可以随时编辑路径段，但是编辑现有路径段与绘制路径段之间存在一些差异。

4.7.1 移动和删除路径段

单击工具箱中的“直接选择工具”按钮，单击或拖曳选中要调整的路径段，如图4-139所示。按住鼠标左键并拖曳，即可移动路径段的位置，如图4-140所示。

选中要删除的路径段后，按【Backspace】键或【Delete】键，即可删除所选路径段，如图4-141所示。再次按【Backspace】键或【Delete】键，即可删除路径段中的其余部分，如图4-142所示。

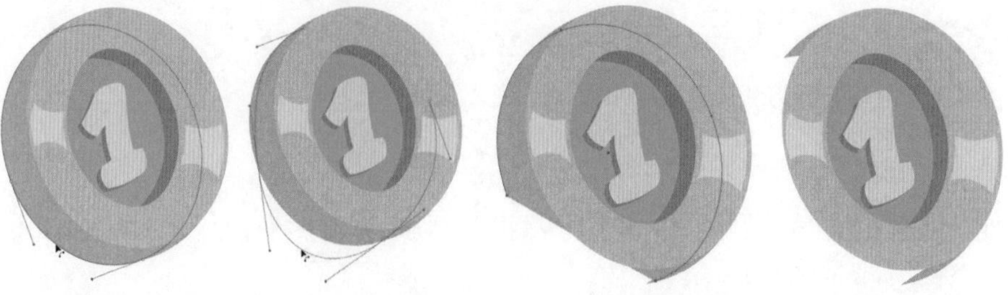

图4-139 选中路径段　图4-140 移动路径位置段　图4-141 删除路径段　图4-142 删除其余部分

4.7.2 调整路径段的位置和形状

使用“直接选择工具”单击或拖曳选中路径段上的一个锚点，按住鼠标左键并拖曳即可调整锚点的位置，按住【Shift】键的同时可以将调整角度限制为45°的倍数。

使用“直接选择工具”选择一条曲线段或曲线段上任一端点上的锚点，如图4-143所示。按住鼠标左键并拖曳，即可调整路径段的位置，如图4-144所示。

如果要调整所选锚点任意一侧的路径形状，拖曳此锚点即可，如图4-145所示。也可以拖曳方向线实现对路径形状的调整，如图4-146所示。

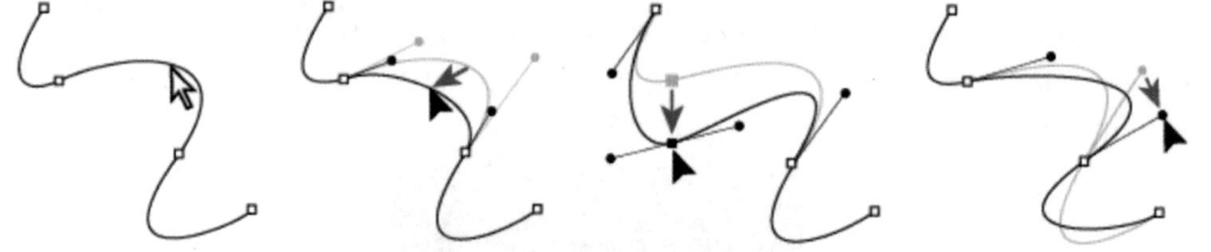

图4-143 选择锚点　图4-144 调整路径段位置　图4-145 调整路径形状　图4-146 拖曳方向线

4.7.3 连接路径

使用“直接选择工具”选中开放路径的两端锚点，如图4-147所示。单击“控制”面板中的“链接所选端点”按钮，即可连接两个锚点，如图4-148所示。

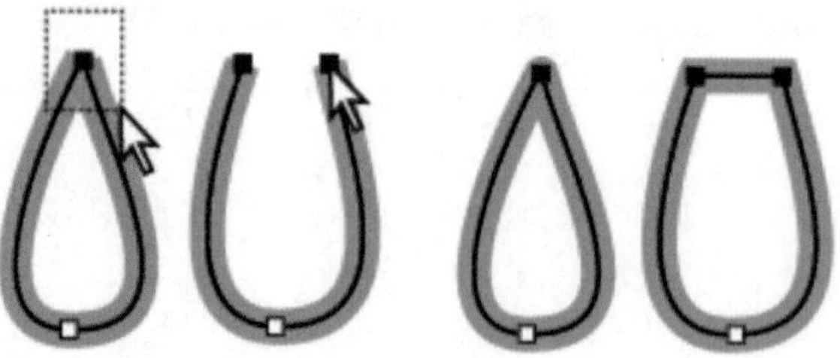

图4-147 选中两端锚点　图4-148 连接两个锚点

Illustrator CC还提供了连接两个或更多开放路径的功能。

使用“选择工具”选择要连接的开放路径，执行“对象”→“路径”→“连接”命令或者按【Ctrl+J】组合键，即可连接开放路径。如果连接路径的锚点未重合，Illustrator CC将添加一个直线段来连接要连接的路径。

连接两个以上的路径时，Illustrator CC首先查找并连接彼此之间端点最近的路径。此过程将重复进行，直至连接完所有路径。如果只选择连接一条路径，它将转换成封闭路径。

无论用户选择锚点连接还是连接整个路径，连接选项都只生成角连接。当锚点重合时，按【Ctrl+Shift+Alt+J】组合键，可以在弹出的“连接”对话框中选择创建边角连接或平衡连接。

4.7.4 使用“整形工具”

使用“整形工具”可以帮助用户延伸路径的一部分而不扭曲其整体形状。

选中整个路径，单击工具箱中的“整形工具”按钮，将光标置于要作为焦点（即拉伸所选路径段的点）的锚点或路径段上方，如图4-149所示。单击并拖曳路径段，移动路径段的同时，将添加一个周围带有方框的锚点到路径段上，如图4-150所示。

图4-149 将光标移动到路径线段上方　　图4-150 移动路径段

4.8 分割与复合路径

在Illustrator CC中绘制复杂图形时，为了获得丰富的图形效果，经常需要对图形进行分割、剪切与复合操作。Illustrator CC提供了多种方法帮助用户完成对图形的剪切、分割和裁切等操作。接下来针对不同的操作方法进行学习。

4.8.1 剪切路径

在Illustrator CC中，可以使用“剪刀工具”“美工刀工具”和“在所选锚点处剪切路径”按钮完成对路径的剪切操作。

剪刀工具

单击工具箱中的“剪刀工具”按钮，在想要剪切的路径位置处单击，即可将一条路径分割为两条路径。剪切完成后，可对两条路径进行任意的编辑操作，如图4-151所示。

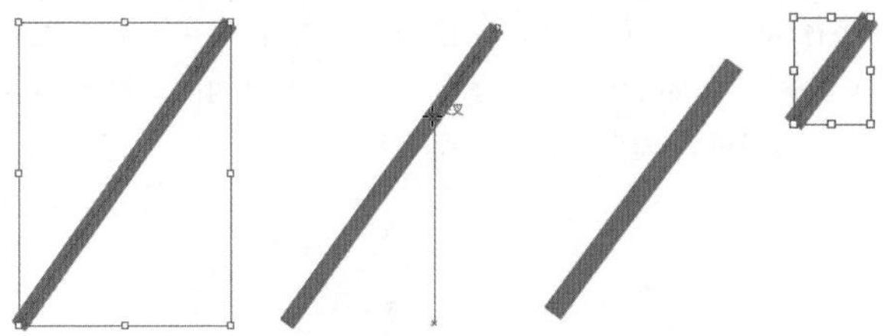

图4-151 剪切开放路径

如果想要将闭合路径剪切为两个开放路径，使用“剪刀工具”在路径上的两个位置处分别单击才能完成分割，如图4-152所示。如果只在闭合路径上的一个位置处单击，将获得一个包含间隙的路径，如图4-153所示。

图4-152 单击两个位置　　图4-153 单击一个位置

使用“剪刀工具”分割路径的过程中，在路径上单击后，新路径上的端点将与原始路径上的端点重合。默认情况下，新路径上的端点位于原始路径端点的上方。

由分割操作生成的任何路径都将继承原始路径的路径设置，除了“描边对齐方式”参数。经过剪切的路径，其“描边对齐方式”会自动重置为“居中”。

美工刀工具

单击工具箱中的“美工刀工具”按钮，在想要剪切的对象位置处单击并向任意方向拖曳鼠标，释放鼠标后被分割对象上出现裁剪描边，如图4-154所示。选中分割后的对象，可对其进行任意的编辑操作，如图4-155所示。

图4-154 使用“美工刀工具”剪切路径　　图4-155 编辑剪切路径

无论是闭合路径还是开放式路径，都可以使用“美工刀工具”完成分割操作，前提是路径必须具有填充色。如果想要切割线段，可以按住【Alt】键的同时拖曳“美工刀工具”完成分割操作。

“在所选锚点处剪切路径”按钮

使用“直接选择工具”选择要分割对象路径上的锚点，单击“控制”面板中的“在所选锚点处剪切路径”按钮，即可完成分割操作。分割完成后，新锚点将出现在原始锚点的顶部，并会选中一个锚点。

当剪切路径为闭合路径并选中一个锚点时，使用“在所选锚点处剪切路径”按钮完成剪切操作后，将获得一个包含间隙的路径，如图4-156所示。当剪切路径为闭合路径且至少选中两个锚点时，剪切后可得到不同数量的开放路径，如图4-157所示。

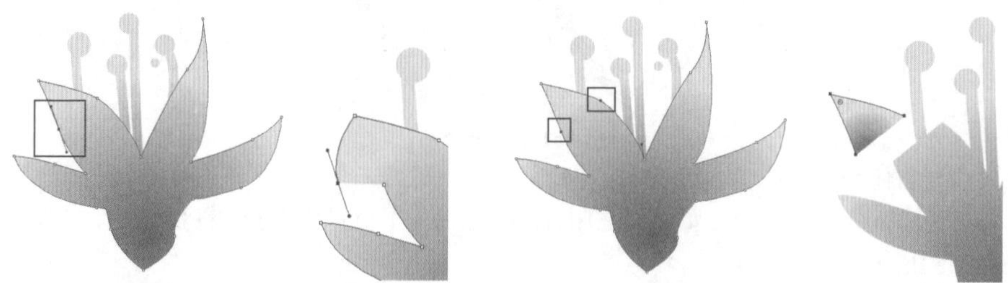

图4-156 包含间隙的路径　　图4-157 开放路径

4.8.2 分割下方对象

在Illustrator CC中，除了使用“剪刀工具”“美工刀工具”和“在所选锚点处剪切路径”按钮，还可以使用“分割下方路径”命令完成对路径的分割操作。

绘制两个图形并将图形位置调整为重叠状态，选中上方的图形对象，如图4-158所示。执行“对象”→“路径”→“分割下方对象”命令，分割效果如图4-159所示。

完成分割操作后，选定的对象将切穿下方对象，同时丢弃原来的所选对象。下方对象将会删除与上方对象中的重叠内容，如图4-160所示。

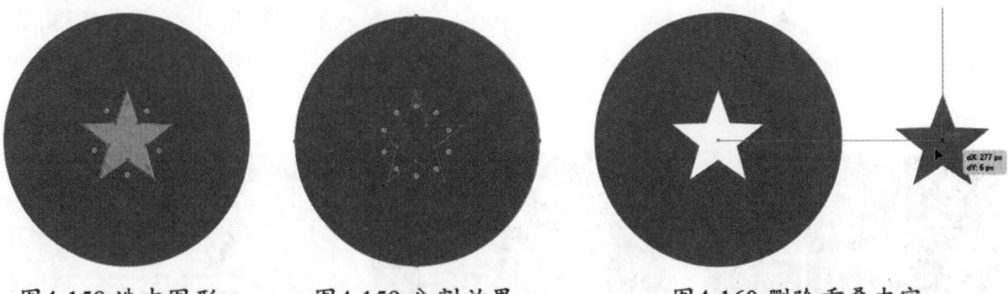

图4-158 选中图形　　图4-159 分割效果　　图4-160 删除重叠内容

4.8.3 分割网格

Illustrator CC中的“分割为网格”命令允许用户将一个或多个对象分割为多个按行和按列排列的矩形对象。

选中一个或多个对象，如图4-161所示。执行“对象”→“路径”→“分割为网格”命令，弹出“分割为网格”对话框，在该对话框中设置参数，如图4-162所示。完成后单击“确定”按钮，得到按规则排列的多个矩形，调整矩形的圆角值，效果如图4-163所示。

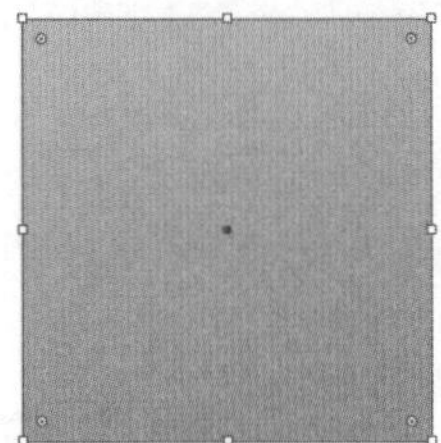

图4-161 选中对象

图4-162 设置参数

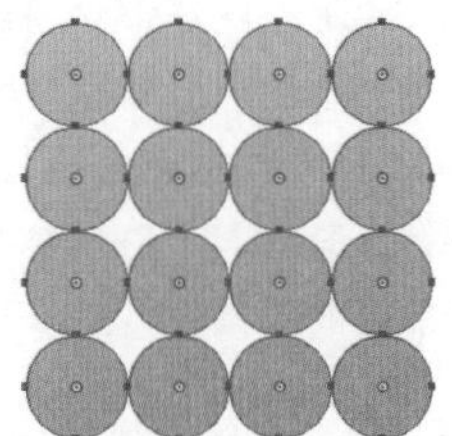

图4-163 调整分割后的矩形的圆角值

如果用户选择分割多个对象，则分割完成后，按规则排列的多个矩形都将应用分割顶层（排列顺序）对象的外观属性。

4.8.4 应用案例——通过分割网格制作照片墙

源 文 件：源文件\第4章\4-8-4.ai

素　材：素材\第4章\48401.jpg

技术要点：掌握【照片墙】的制作方法

扫描查看演示视频

扫描下载素材

STEP 01 新建一个 768px×768px 的 Illustrator 文件。使用“矩形工具”绘制一个与画板大小相同的矩形，如图 4-164 所示。

STEP 02 选中矩形，执行“对象”→“路径”→“分割为网格”命令，弹出“分割为网格”对话框，设置参数如图 4-165 所示。

图4-164 绘制矩形

图4-165 “分割为网格”对话框

STEP 03 单击“确定”按钮，得到如图4-166所示的多个矩形。选中所有被分割的图形，执行“对象”→“复合路径”→“建立”命令，将所有图形转换为复合路径。

STEP 04 执行“文件”→“置入”命令，将“48401.jpg”文件置入到画板中，按【Ctrl+Shift+[】组合键，效果如图4-167所示。拖曳选中图像和复合路径，执行“对象”→“剪切蒙版”→“建立”命令，效果如图4-168所示。

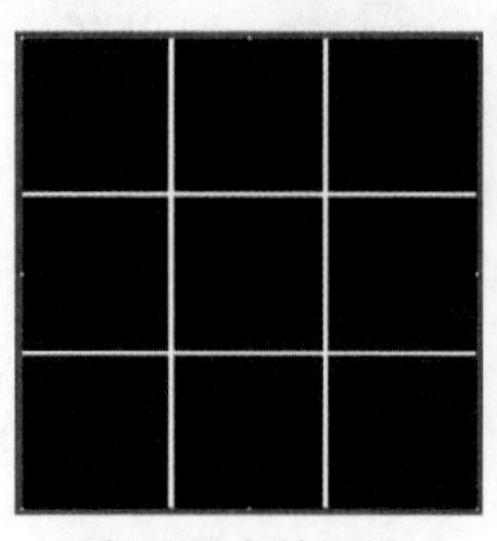

图4-166 分割矩形

图4-167 置入素材图像

图4-168 剪切蒙版效果

4.8.5 创建复合路径

Illustrator CC中的“复合路径”命令可以将两个或两个以上的开放或闭合路径（必须包含填色）组合到一起。将多个路径定义为复合路径后，复合路径中的重叠部分将被挖空，呈现出孔洞，并且路径中的所有对象都将应用堆栈顺序中底层对象的外观属性。

绘制或选中两个或两个以上的开放或闭合路径，将所有对象的摆放位置调整为重叠状态，执行“对象”→“复合路径”→“建立”命令或按【Ctrl+8】组合键，如图4-169所示。图4-170所示为建立复合路径前后的对象效果。

图4-169 执行命令

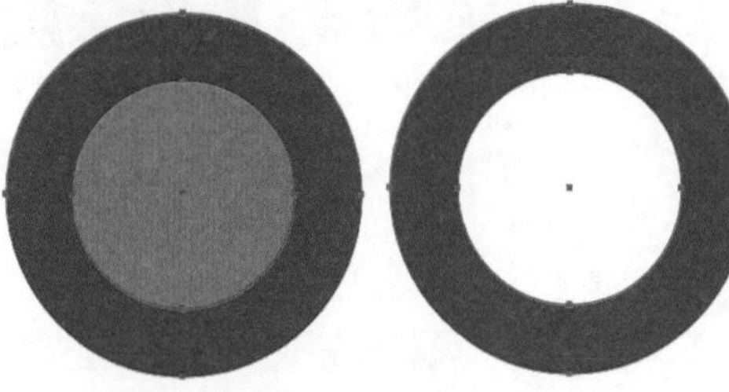

图4-170 建立复合路径前后的对象效果

选中多个对象后单击鼠标右键，在弹出的快捷菜单中选择“建立复合路径”命令，即可对选中对象完成创建复合路径的操作。图4-171所示为建立复合路径前后的对象效果。

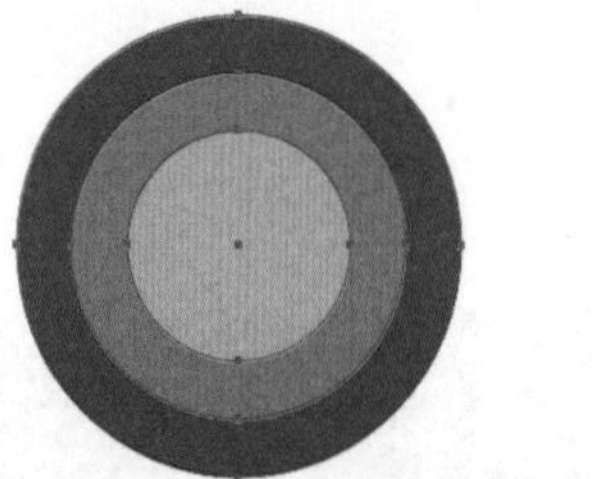

图4-171 建立复合路径前后的对象效果

复合路径与编组类似，作用都是将多个路径组合到一起。组合完成后，用户可将复合路径当作编组对象并对其进行操作。例如，使用“直接选择工具”或“编组选择工具”选择复合路径的一部分，再对其进行形状层面的编辑，如图4-172所示。但是无法更改选中部分的外观属性、图形样式或效果。

由于在“图层”面板中复合路径显示为<复合路径>的整体项，因此无法在“图层”面板中单独处理某一部分，如图4-173所示。

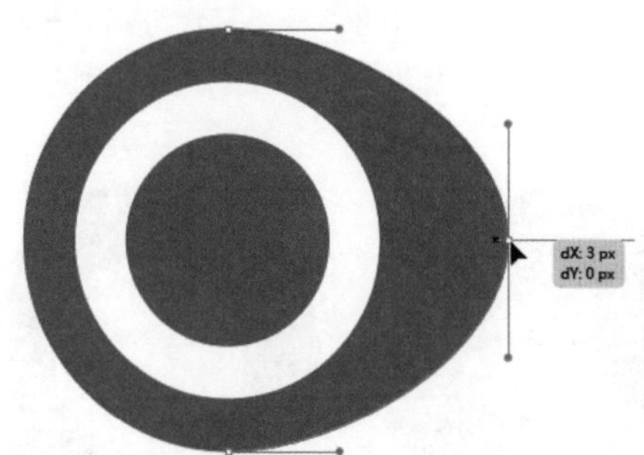

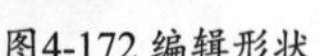

图4-172 编辑形状

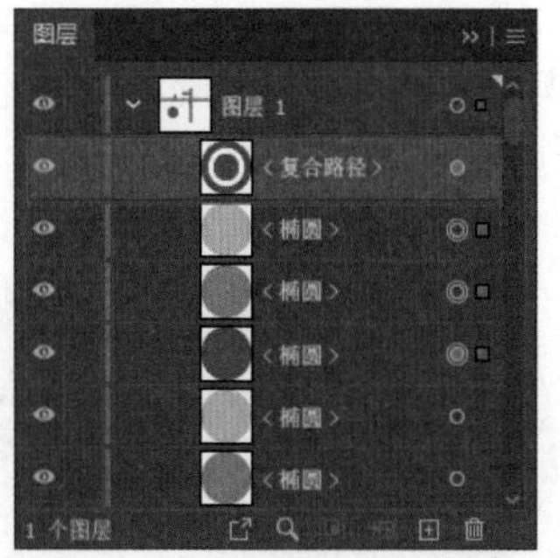

图4-173 “图层”面板中的复合路径

如果想要组合的对象包含文本，需要将其转换为路径，才能创建复合路径。选择文本对象，执行“文字”→“创建轮廓”命令，将文字转换为路径，如图4-174所示。将文字路径和图形全部选中，执行“对象”→“复合路径”→“建立”命令，效果如图4-175所示。

图4-174 将文字转换为路径

图4-175 建立复合路径

如果想要将复合路径恢复为原始对象，需要选中复合路径，再执行“对象”→“复合路径”→“释放”命令或按【Alt+Shift+Ctrl+8】组合键即可。选中复合路径后，单击“属性”面板底部的“释放”按钮，也可以完成释放复合路径的操作。

4.8.6 应用案例——使用复合路径制作色环

源 文 件：源文件\第4章\4-8-6.ai

素　　材：无

技术要点：掌握【色环】的绘制方法

扫描查看演示视频

STEP 01 新建一个 Illustrator 文件。使用“直线段工具”在画板中绘制一条线段，设置描边为红色；按住【Alt】键的同时使用“旋转工具”单击线段底部，弹出“旋转”对话框，如图 4-176 所示。设置“角度”为 51°，单击“复制”按钮。

STEP 02 按【Ctrl+D】组合键，复制 5 条线段，效果如图 4-177 所示。按照红、橙、黄、绿、青、蓝、紫的顺序修改线段的描边颜色，效果如图 4-178 所示。

图4-176 “旋转”对话框

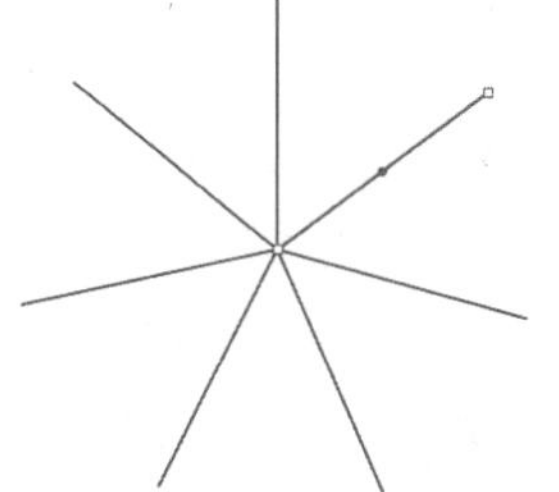

图4-177 复制线段

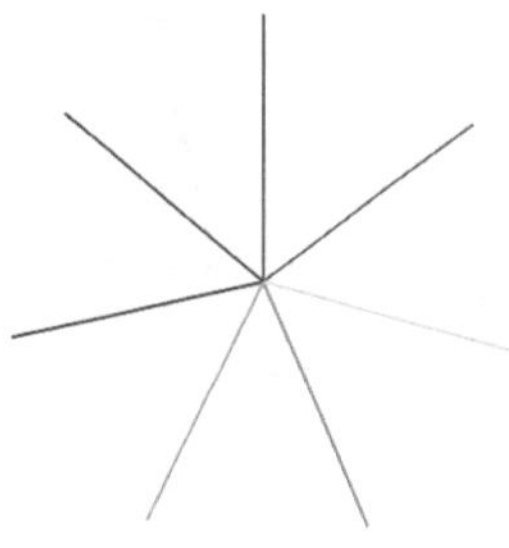

图4-178 设置线段的描边颜色

STEP 03 双击工具箱中的“混合工具”按钮，弹出“混合选项”对话框，设置“间距”为指定的步数（100），单击“确定”按钮；使用“混合工具”逐一单击线段，效果如图 4-179 所示。

STEP 04 使用“椭圆工具”创建两个圆形后将其选中，执行“对象”→“复合路径”→“建立”命令，如图 4-180 所示。拖曳选中复合路径和混合对象，执行“对象”→“剪切蒙版”→“建立”命令，即可得到一个色环图形，如图 4-181 所示。

图4-179 混合效果

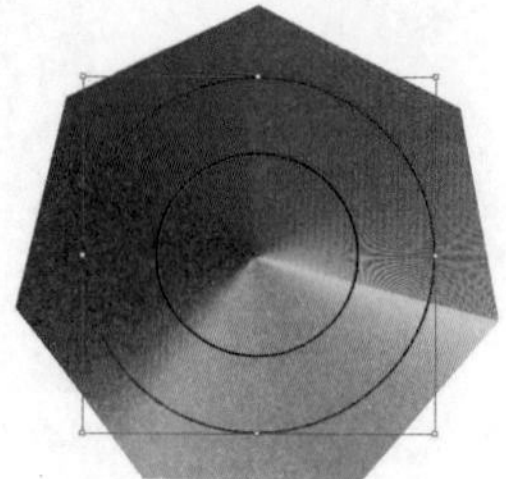

图4-180 创建复合路径

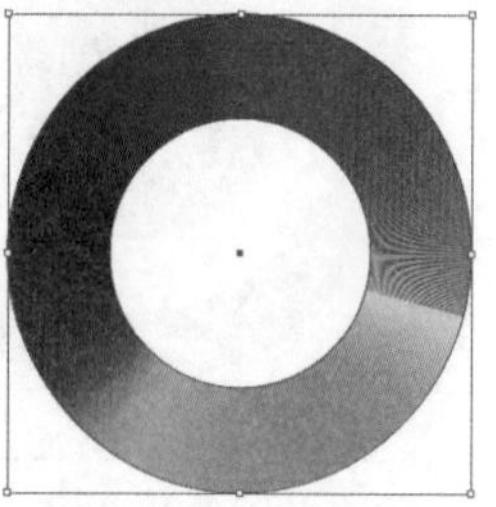

图4-181 色环效果

4.9 创建新形状

在Illustrator CC中，用户可以使用“Shaper工具”和“形状生成器工具”将已有的多个对象创建为新形状。

4.9.1 Shaper工具

使用“Shaper工具”只需绘制和堆积各种形状，再简单地将堆积在一起的形状进行组合、删除或移动，即可创建出复杂而美观的新形状，大大提高了设计师的工作效率。

使用“Shaper工具”绘制形状

单击工具箱中的“Shaper工具”按钮或者按【Shift+N】组合键，在画板上单击并向任意方向拖曳，如图4-182所示。释放鼠标后，用户绘制的线条会转换为标准的几何形状，如图4-183所示。

图4-182 使用“Shaper工具”进行绘制 　　图4-183 转换为几何形状

使用“Shaper工具”能够绘制出线段、矩形、圆形、椭圆、三角形及各种多边形。而且使用“Shaper工具”绘制的形状都是实时的，也就说是使用“该工具”绘制的任何形状都是完全可编辑的。图4-184所示为利用“Shaper工具”绘制的形状。

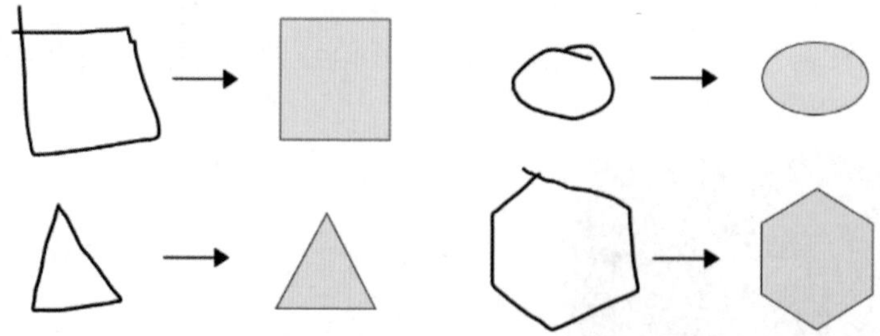

图4-184 利用“Shaper工具”绘制的形状

使用“Shaper工具”创建形状

将多个形状进行重叠摆放，再使用“选择工具”单击画板的空白处，如图4-185所示。保持

“Shaper工具”为选中状态，将光标移至重叠形状上方，重叠形状轮廓以黑色虚线显示时，代表重叠形状可以被合并、删除或切出，如图4-186所示。

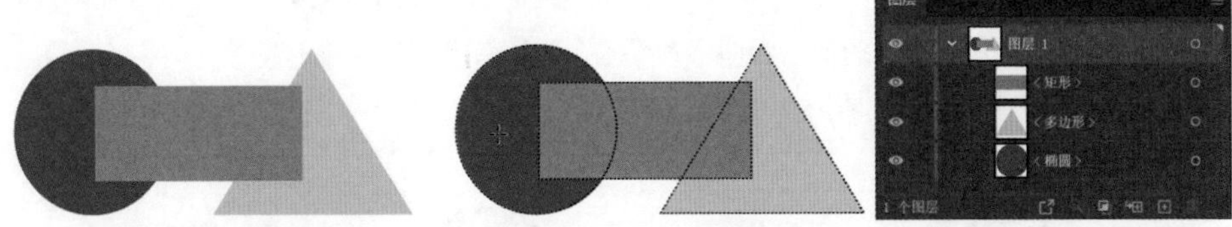

图4-185 重叠摆放形状　　图4-186 可以合并、删除或切出重叠形状

使用“Shaper工具”在需要合并、删除或切出的区域或黑色虚线上单击并拖曳，如图4-187所示。释放鼠标后即可得到想要的新形状，新形状在“图层”面板中显示为Shaper Group，如图4-188所示。

图4-187 涂抹区域　　图4-188 得到新形状

使用“Shaper工具”创建新形状时，如果涂抹是在一个单独的形状内进行，那么该形状区域会被切出，如图4-189所示。如果涂抹是在两个或更多形状的相交区域之间进行，则相交区域会被切出，如图4-190所示。

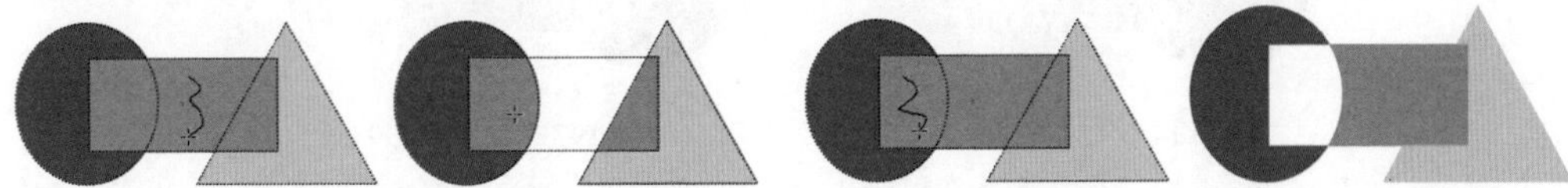

图4-189 切出单独形状　　图4-190 切出相交区域

使用“Shaper工具”从顶层形状的非重叠区域涂抹到重叠区域，顶层形状将被切出，如图4-191所示；而使用“Shaper工具”从顶层形状的重叠区域涂抹到非重叠区域，形状将被合并，且合并区域的填色调整为涂抹原点的颜色，如图4-192所示。

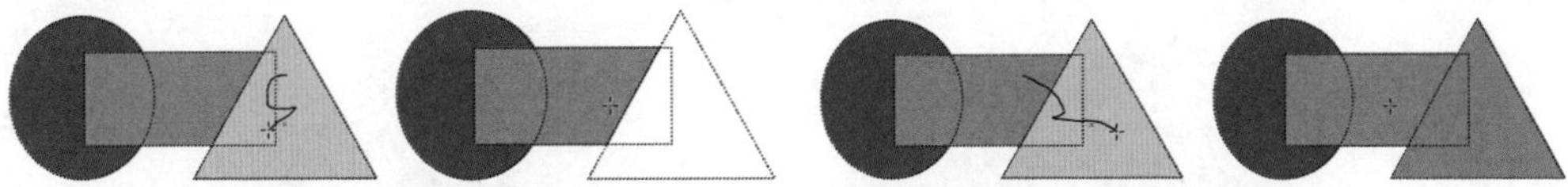

图4-191 切出顶层形状　　图4-192 合并顶层形状

使用“Shaper工具”从底层形状的非重叠区域涂抹到重叠区域，形状将被合并，且合并区域的填色调整为涂抹原点的颜色，如图4-193所示。

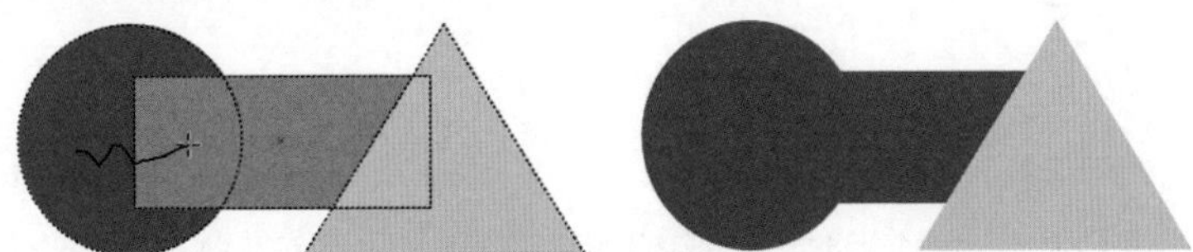

图4-193 合并底层形状

选择Shaper Group 中的形状

Shaper Group中的所有形状均保持可编辑的状态，即使形状的某些部分已被切出或合并也是如

此，当用户想要选择单个的形状或组时，可以执行以下操作。

● 表面选择模式

使用“Shaper工具”单击一个Shaper Group将其选中，此时Shaper Group会显示定界框及向下的箭头构件⊡，代表Shaper Group当前为表面选择模式，如图4-194所示。

在表面选择模式下，单击Shaper Group中的单个形状或整个形状（如果存在单个形状）。被选中的形状显得暗淡，如图4-195所示。此时，用户可以更改选中形状的填色。

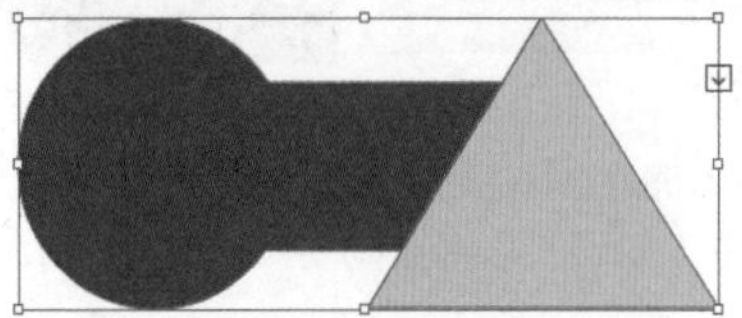

图4-194 表面选择模式

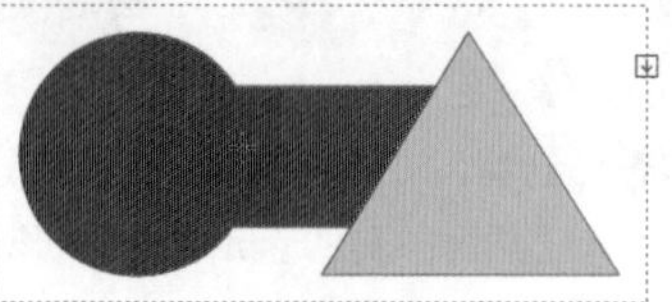

图4-195 选中形状

● 构建模式

选择一个Shaper Group后，单击箭头构件使其方向变为向上⊡状态，此时Shaper Group为构建模式，如图4-196所示。

选择Shaper Group后，双击Shaper Group或者单击形状的描边，不仅可以将Shaper Group调整为构建模式，并且可以选中Shaper Group中的单个形状，如图4-197所示。选择Shaper Group中的任意一个形状后，可以修改该形状的属性或外观。

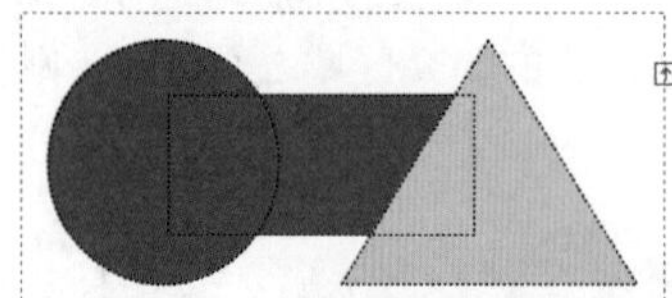

图4-196 构建模式

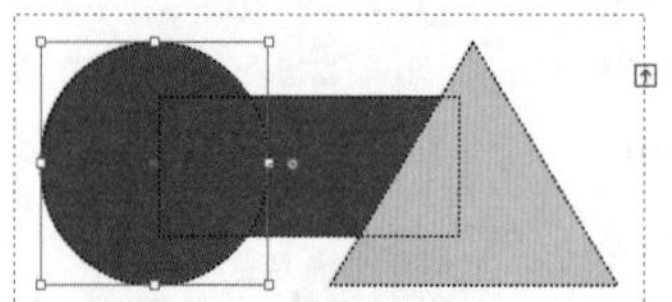

图4-197 选中单个形状

删除Shaper Group中的形状

如果想要删除Shaper Group中的形状，首先需要将Shaper Group调整为构建模式，然后单击想要删除的形状，将形状拖曳到定界框之外，如图4-198所示。释放鼠标后，该形状被移出Shaper Group，如图4-199所示。

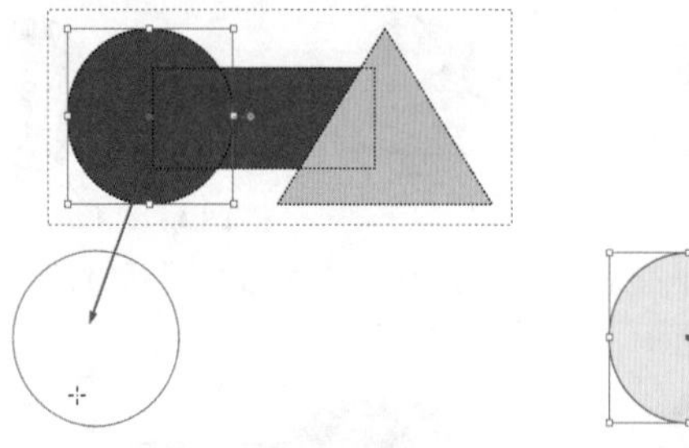

图4-198 拖曳形状

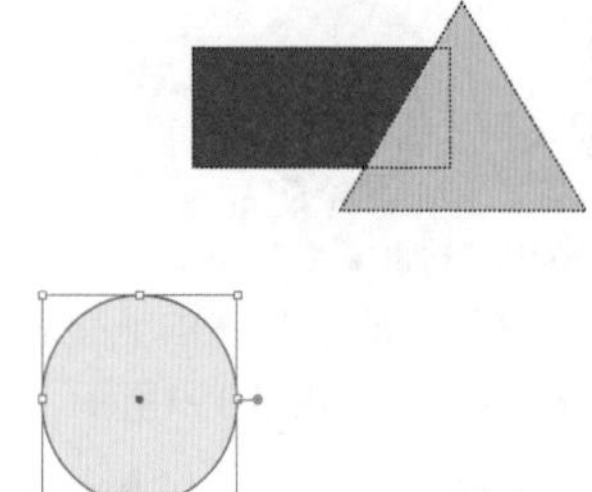

图4-199 删除形状

4.9.2 形状生成器工具

“形状生成器工具”是一个通过合并或擦除简单形状，从而创建复杂形状的交互式工具。因此，利用该工具可以很好地完成简单复合路径的创建。

形状生成器工具

选中两个或两个以上的重叠对象，单击工具箱中的“形状生成器工具”按钮，将光标移至所选对象上，可合并为新形状的选区将高亮显示，如4-200所示。所选对象中拥有多个可合并的选区，光标位于哪个选区该区域就单独高亮显示。默认情况下，该工具处于合并模式，光标显示为状态，此时允许用户合并路径或选区，如图4-201所示。

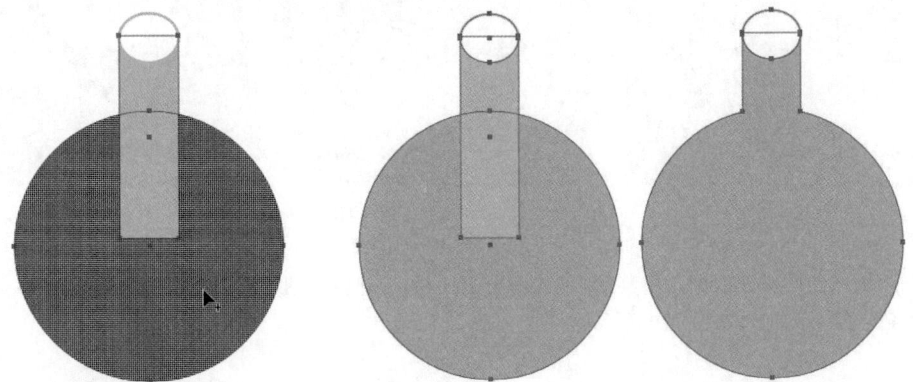

图4-200 高亮显示　　图4-201 合并路径或选区

使用“形状生成器工具”创建新形状时，按住【Alt】键不放可将工具切换到抹除模式，此时光标显示为状态，同时允许用户删除多余的路径或选区，如图4-202所示。

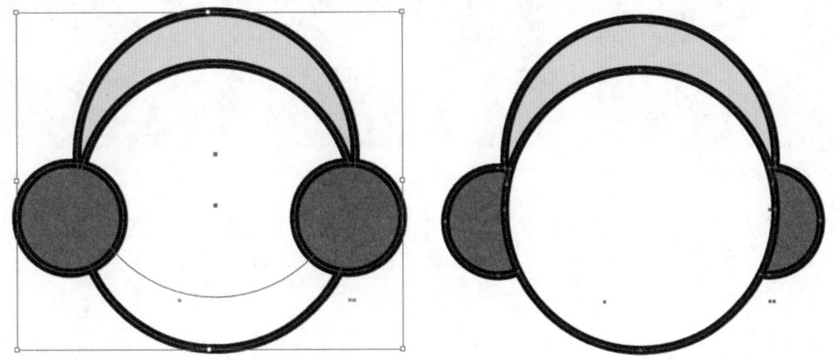

图4-202 删除多余的路径或选区

使用“形状生成器工具”创建形状

创建形状或使用“选择工具”选中多个对象，如图4-203所示。单击工具箱中的“形状生成器工具”按钮或按【Shift+M】组合键，确定想要合并的选区并沿选区拖曳，释放鼠标后选区将合并为一个新形状，如图4-204所示。

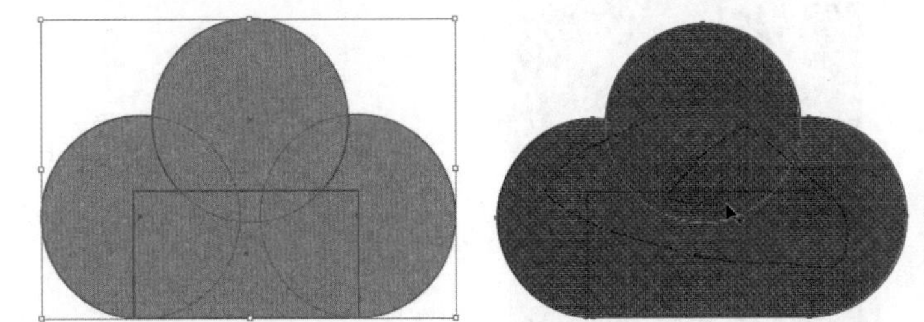

图4-203 创建或选中对象　　图4-204 合并选区

创建形状或使用“选择工具”选中多个对象，如图4-205所示。使用“形状生成器工具”的同时按住【Alt】键不放，将“形状生成器工具”切换到抹除模式。在抹除模式下，沿想要删除的选区拖曳并释放鼠标，即可删除鼠标经过的选区，如图4-206所示。

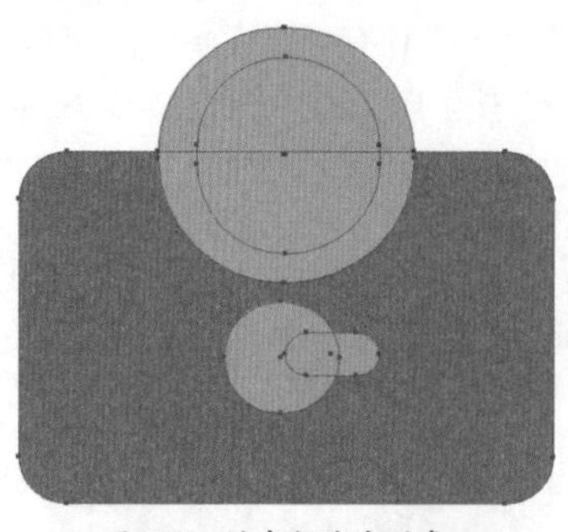

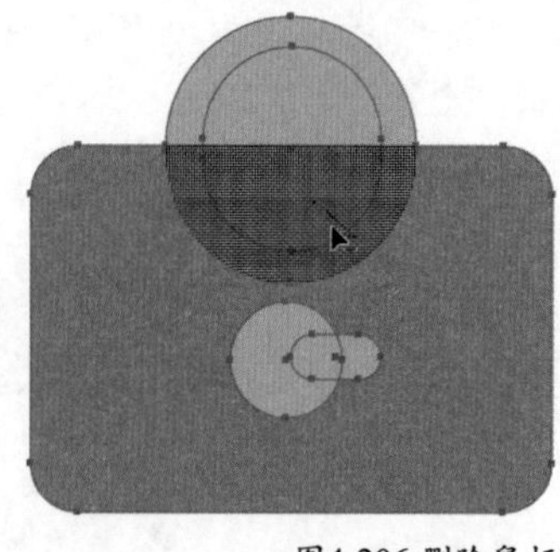

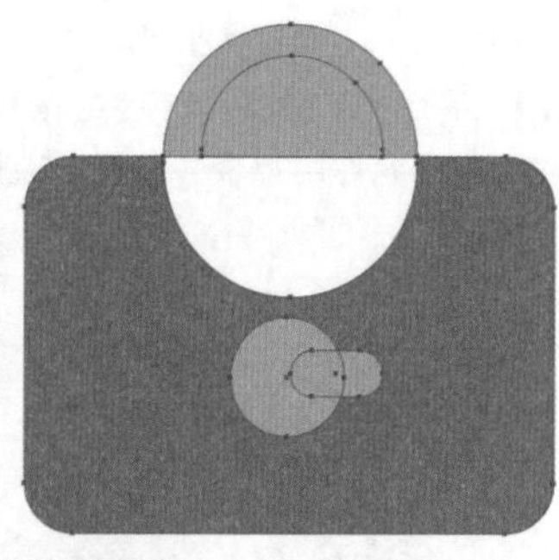

图4-205 创建或选中对象　　　　图4-206 删除鼠标经过的选区

在抹除模式下，如果想要删除的多个选区在对象中的位置不相邻，使用“形状生成器工具”逐一单击不相邻的闭合选区即可将其删除，如图4-207所示。使用“形状生成器工具”可以将多个对象创建为独立的新形状，如图4-208所示。

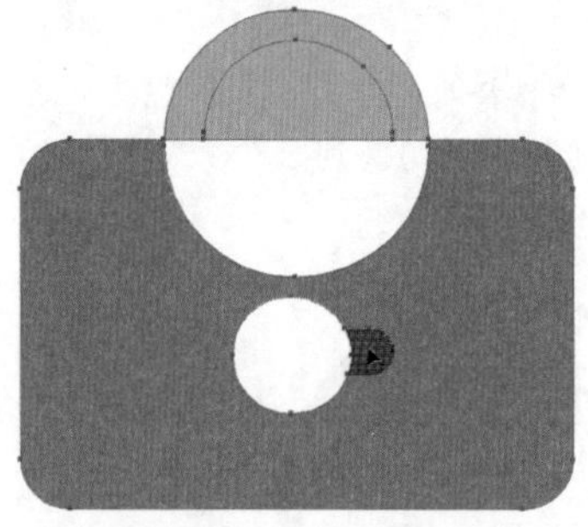

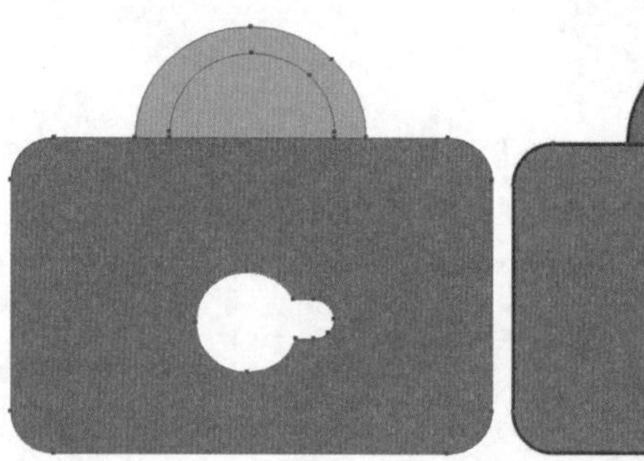

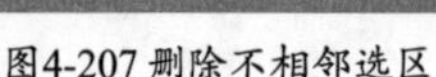

图4-207 删除不相邻选区　　　　图4-208 使用“形状生成器工具”创建新形状

提示

如果要删除的某个选区由多个对象共同构成，则需要将所选中的选区部分从各个对象中逐一删除。在抹除模式下，还可以删除对象或选区的边缘。

形状生成器工具选项

双击工具箱中的“形状生成器工具”按钮，弹出“形状生成器工具选项”对话框，如图4-209所示。用户可在该对话框中设置各项参数，完成后单击“确定”按钮。

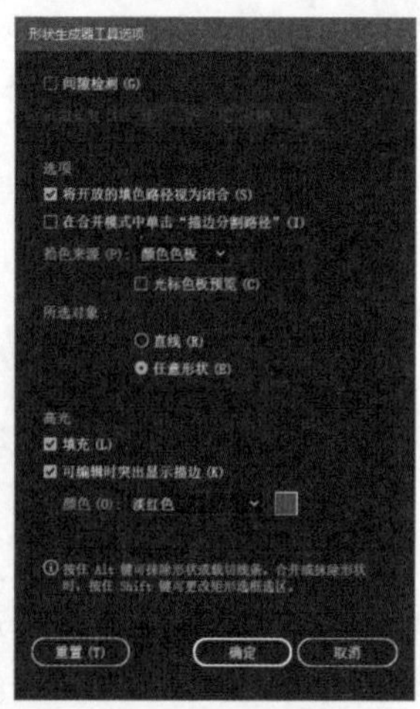

图4-209 “形状生成器工具选项”对话框

4.9.3 应用案例——绘制扁平风格图标

源 文 件：源文件\第4章\4-9-3.ai

素　材：无

技术要点：掌握【扁平风格图标】的绘制方法

STEP 01 新建一个 Illustrator 文件。使用“椭圆工具”在画板上创建 200px×200px、50px×50px 和 125px×125px 的正圆；使用“选择工具”选中大圆和小圆，单击“控制”面板中的“水平居中对齐”和“垂直居中对齐”按钮，效果如图 4-210 所示。

STEP 02 使用“选择工具”选中中等大小的圆形并调整位置，按住【Alt】键的同时拖曳连续复制两个圆形并对齐位置，如图 4-211 所示。

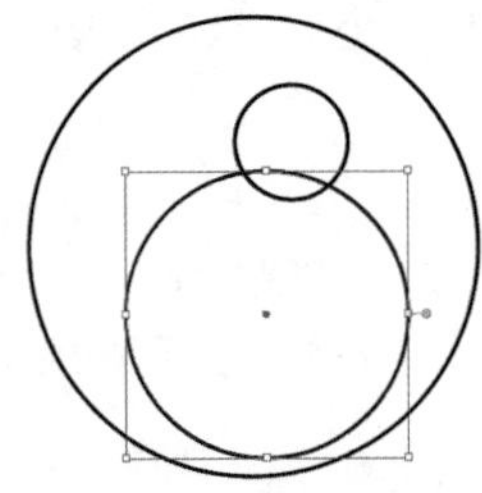
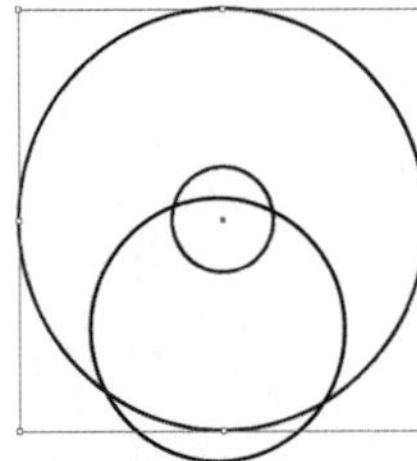

图4-210 绘制圆形并对齐

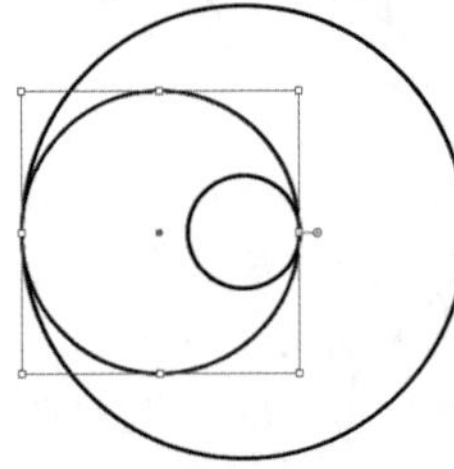
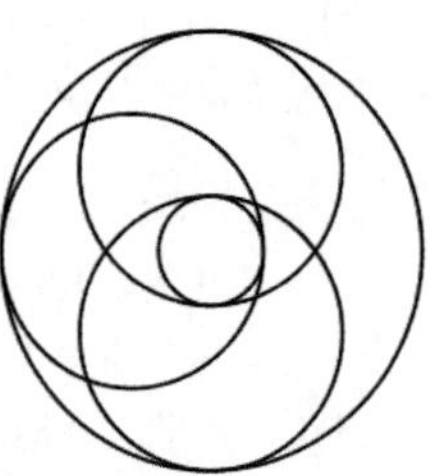

图4-211 调整位置并复制图形

STEP 03 使用“选择工具”拖曳选中全部圆形，单击工具箱中的“形状生成器工具”按钮，连续在圆形中拖曳创建形状，如图 4-212 所示。

STEP 04 再使用“形状生成器工具”拖曳创建形状，完成后使用“选择工具”依次选中图形，为其指定填充色，将描边设置为“无”，效果如图 4-213 所示。

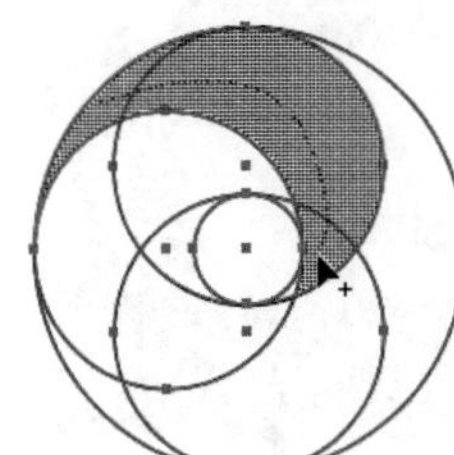
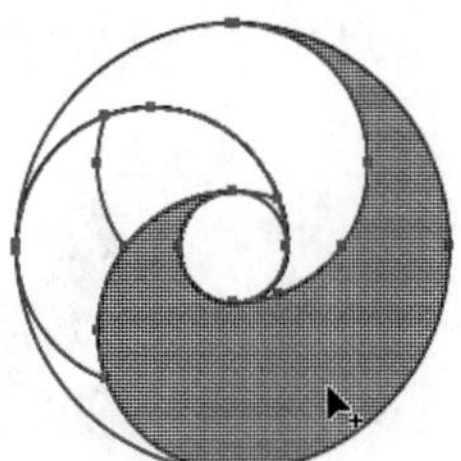

图4-212 使用“形状生成器工具”创建形状

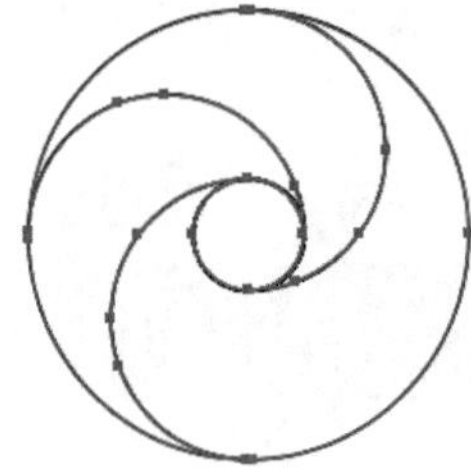

图4-213 设置填充色效果

4.10 解惑答疑

在Illustrator中，通过基本图形创建图形的方式是一种绘图方式，熟练掌握各种绘图工具和基本操作，有利于创作出更多效果丰富的图形。

4.10.1 路径上锚点的数量越多越好，还是越少越好?

在绘制曲线路径时，锚点越多变化越大。而且，过多的锚点会增加路径的调整难度，因此，同样效果的路径，锚点越少越好。

4.10.2 什么是隔离模式

隔离模式可隔离对象，以便用户能够轻松选择和编辑特定对象或对象的某些部分。当隔离模式处于活动状态时，隔离的对象将以全色显示，而图稿的其余部分则会变成灰色，如图4-214所示。隔离对象的名称和位置会显示在隔离模式边框中，而“图层”面板则仅显示隔离的子图层或组中的图稿。退出隔离模式时，其他图层和组将重新显示在“图层”面板中，如图4-215所示。

图4-214 进入隔离模式

图4-215 退出隔离模式

4.11 总结扩展

使用Illustrator CC中的各种绘图工具可以绘制出多种图像效果。通过编辑和优化绘制的路径，可以得到更加丰富的图像效果。

4.11.1 本章小结

本章主要讲解了Illustrator CC的基本绘图功能，包括矢量绘图的基本结构及绘图模式、基本绘图工具、钢笔工具、曲率工具和铅笔工具的使用，简化路径和调整路径段，以及分割与复合路径等编辑路径的方法，帮助读者掌握使用Illustrator CC绘图的方法和技巧。

4.11.2 扩展练习——使用复合路径制作阴阳文字

源 文 件：源文件\第4章\4-11-2.ai

素　材：无

技术要点：掌握【阴阳文字】的制作方法

扫描查看演示视频

完成本章内容学习后，接下来通过设计制作阴阳文字的内容，测验一下学习Illustrator CC绘图基本操作的学习效果，同时加深对所学知识的理解，制作完成的案例效果如图4-216所示。

图4-216 案例效果

读书笔记

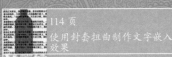

第5章 对象的变换与高级操作

Point

Learning Objectives
学习重点

经过前面章节的学习，用户已经掌握了绘制图形的基本方法和技巧。如果想要制作更为复杂的图形效果，则需要掌握更加复杂的操作方法。本章将对Illustrator CC中对象的一些高级操作进行更深层的讲解，包括变换对象、复制和删除对象、蒙版、使用封套扭曲变形对象、路径查找器、图层和创建新形状等功能。

5.1 使用全局编辑

在实际工作中，常常会将同一个图形应用到作品的不同位置，如企业的Logo总会以不同的尺寸和透明度出现在设计稿的多个位置。如果想修改这种图形，将是一件巨大而烦琐的工作。使用“全局编辑模式”可以同时编辑修改多个对象的副本，而不用逐个进行编辑。

选中要编辑的对象，单击“属性”面板中“启动全局编辑”按钮右侧的“全局编辑选项”按钮，在打开的下拉面板中选择要匹配的部分，如图5-1所示。

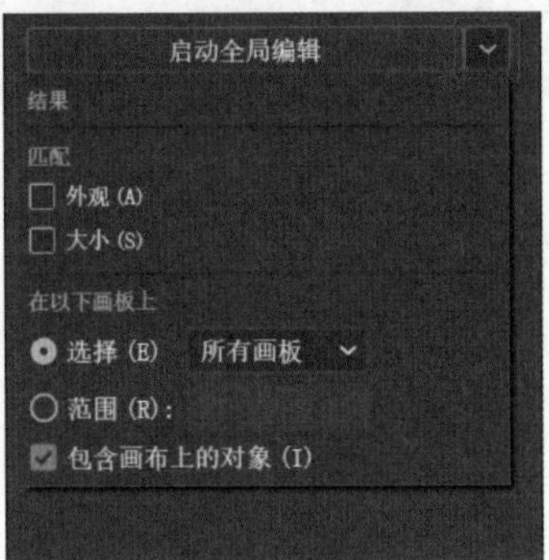

图5-1 “全局编辑选项”下拉面板

提示 在“控制”面板中单击“选择类似的对象”按钮右侧的“全局编辑选项”按钮，也可以在打开的下拉面板中选择类似的内容。执行“选择”→“启动全局编辑”命令，也将进入全局编辑模式。

5.1.1 应用案例——使用“全局编辑”模式编辑画册标志

源文件：源文件\第5章\5-1-1.ai

素　材：素材\第5章\51101.ai

技术要点：掌握【作品中相似元素】的编辑方法

扫描查看演示视频

扫描下载素材

STEP 01 执行“文件”→“打开”命令，将“素材\第5章\51101.ai”

文件打开，选中画板中右侧顶部的 Logo 图形。执行“选择”→“启动全局编辑”命令，如图 5-2 所示。

STEP 02 确认 Logo 图形为选中状态，单击工具箱中的“互换填色和描边”图标，如图 5-3 所示，图像效果如图 5-4 所示。

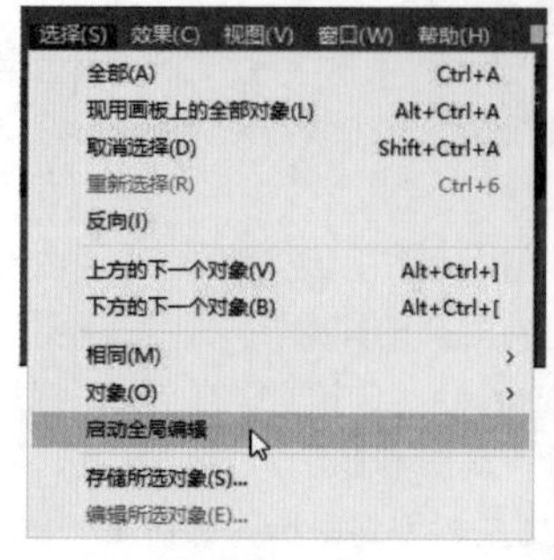

图5-2 执行命令

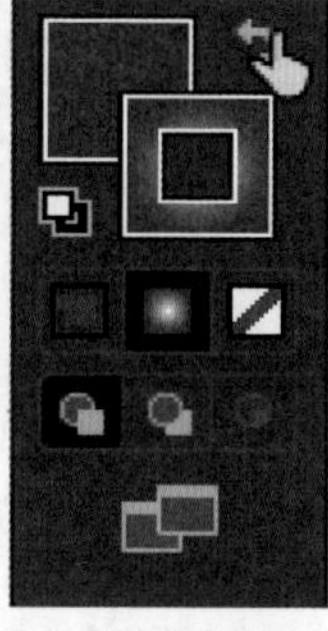

图5-3 互换调色和描边

图5-4 图形效果

STEP 03 在“全局编辑”模式下，画板中的所有 Logo 同时发生了变化，效果如图 5-5 所示。

STEP 04 单击“属性”面板中的“停止全局编辑”按钮，退出全局编辑模式，如图 5-6 所示。

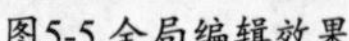

图5-5 全局编辑效果

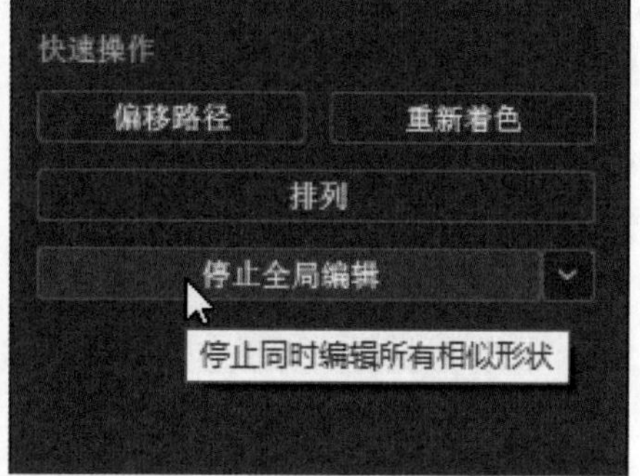

图5-6 停止全局编辑

图像、文本对象、剪切蒙版、链接对象和第三方增效工具不支持全局编辑。而且选择多个对象时，全局编辑不起作用。

5.1.2 全局编辑对象的作用

在“全局编辑”模式下，用户对选定对象所做的任何更改都会根据其大小传播到其他类似对象上。也就是说，如果将所选对象的高度缩减一半，则所有相似对象的高度都会减半。例如，用户所选对象的高度为100点，将其高度降低到50点（减半），则图稿中其他类似对象的高度（如20点）也将减半（即降到10点）。

5.2 变换对象

变换对象是指对对象进行移动、旋转、镜像、缩放和倾斜等操作。可以使用“变换”面板、“对象”→“变换”命令或者专用工具来变换对象，还可以通过拖动选区的定界框来完成变换多种类型的操作。

5.2.1 选择和移动对象

要想修改某个对象，必须先将其与周围的对象区分开。当用户选择某个对象后，即可将其与其他对象区分开。同时，只要选择了对象或者对象的一部分，即可对其进行编辑。

选择对象

单击工具箱中的“选择工具”按钮，单击画板中的对象即可将其选中，选中对象四周将出现一个定界框，如图5-7所示。按住【Shift】键的同时依次单击单个对象，可将这些对象同时选中，如图5-8所示。

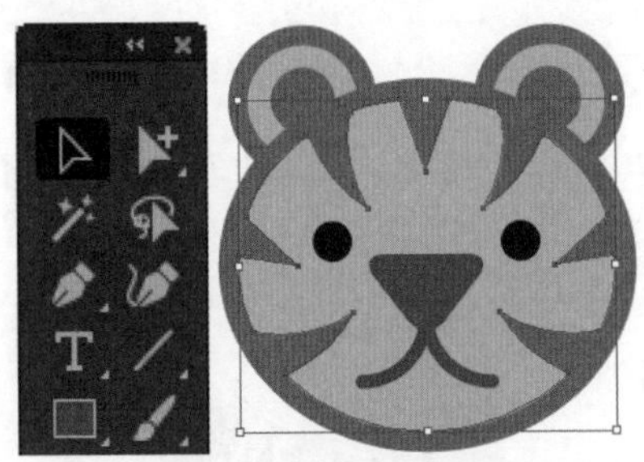
图5-7 单击选中对象

图5-8 选中多个对象

按住鼠标左键不放，使用“选择工具”在画板中拖曳，创建一个如图5-9所示的选框，则选框内的对象都将被选中，如图5-10所示。

图5-9 创建选框

图5-10 选中对象

单击工具箱中的“编组选择工具”按钮，如图5-11所示，将光标移动到编组对象上，单击即可选中组中的单个对象或多个组中的单个组，如图5-12所示。每多单击一次，就会添加层次结构内下一组中的所有对象。

图5-11 单击“编组选择工具”按钮

图5-12 选中组中的单个对象

执行“视图”→“隐藏定界框”命令，可隐藏选中对象的定界框；执行“视图”→“显示定界框”命令，将显示被隐藏的定界框。单击“控制”面板中的“隐藏形状构件”按钮，也可以实现显示或隐藏定界框的操作。执行“对象”→“变化”→“重置定界框”命令，可重置旋转后的定界框。

移动对象

使用“选择工具”选中对象后，按住鼠标左键并拖曳，即可实现移动对象的操作。也可以使用键盘上的方向键移动对象位置，还可以在“控制”面板的X和Y文本框中输入数值，精确移动对象的位置，如图5-13所示。

图5-13 精确移动对象的位置

按一次方向键，对象将向对应的方向移动一个单位。按住【Shift】键的同时再按方向键，将一次向对应的方向移动10个单位。

按住【Shift】键的同时移动对象时，可以限制选中对象在垂直或者水平的方向上移动。在对象上单击鼠标右键，在弹出的快捷菜单中选择“变换”→“移动”命令或者按【Shift+Ctrl+M】组合键，如图5-14所示。弹出“移动”对话框，如图5-15所示。用户可以在其中设置相应的参数，完成后单击“确定”按钮。

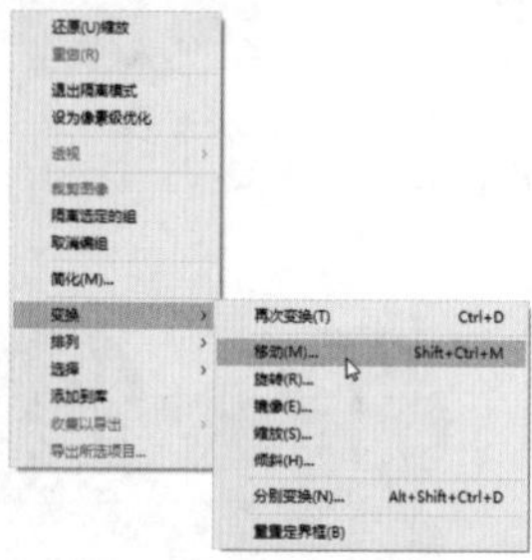

图5-14 选择“移动”命令

图5-15 “移动”对话框

执行“对象”→“变换”→“移动”命令或双击工具箱中的“选择工具”按钮，也可以打开“移动”对话框。

5.2.2 缩放和旋转对象

选中对象后，对象四周出现一个有8个控制点的矩形定界框。用户可以通过调整定界框，实现对对象的缩放和旋转操作。

缩放对象

当“选择工具”处于激活状态时，将光标移动到对象定界框4个边角的任意一个控制点上，光标显示为↗状态，按住鼠标左键并拖曳，即可完成放大或缩小对象的操作，在光标右侧显示缩放对象的宽度和高度，如图5-16所示。

将光标移动到对象垂直定界框中间的任意一个控制点上，光标显示为↔状态，按住鼠标左键并向左或右侧拖曳，即可沿水平方向放大或缩小对象，如图5-17所示。将光标移动到对象水平定界框中间的任意一个控制点上，光标显示为↕状态，按住鼠标左键并向上或下侧拖曳，即可沿垂直方向放大或缩小对象，如图5-18所示。

图5-16 缩放对象

图5-17 沿水平方向放大或缩小对象

图5-18 沿垂直方向放大或缩小对象

按住【Shift】键的同时缩放对象，缩放对象保持原始比例；按住【Alt】键的同时缩放对象，可实现以对象中心点为中心的缩放操作。按住【Shift+Alt】组合键的同时缩放对象，可实现以对象中心点为中心等比例缩放对象的操作。

在对象上单击鼠标右键，弹出快捷菜单，选择“变换”→“缩放”命令，如图5-19所示。弹出“比例缩放”对话框，如图5-20所示，在其中设置参数后单击“确定”按钮。

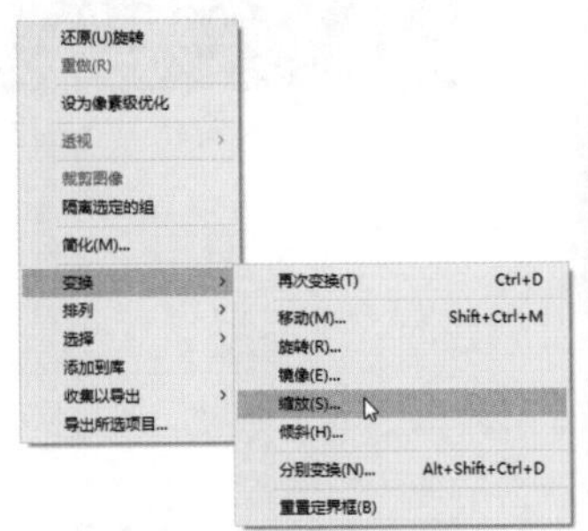

图5-19 选择“缩放”命令

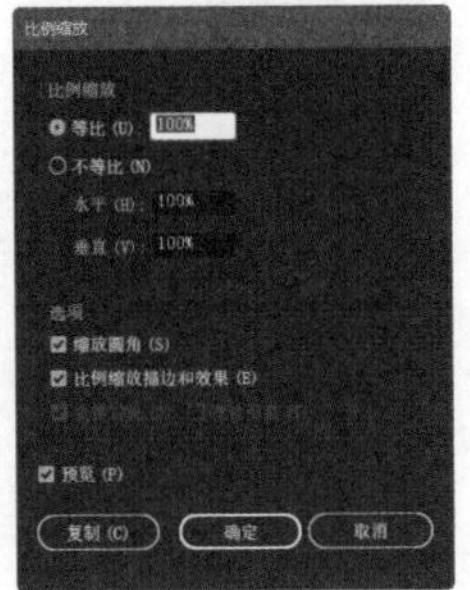

图5-20 “比例缩放”对话框

执行“对象”→“变换”→“缩放”命令或双击工具箱中的“比例缩放工具”按钮，都可以打开“比例缩放”对话框。

使用“比例缩放工具”在选中对象上单击并拖曳，可以实现缩放对象的操作，如图5-21所示。按住【Alt】键的同时在画板上单击，可将缩放中心的位置调整到单击处并弹出“比例缩放”对话框，如图5-22所示。

图5-21 使用“比例缩放工具”缩放对象　　图5-22 调整缩放中心点

旋转对象

将光标置于对象定界框4个边角的任意一个控制点附近，当光标为↷状态时，按住鼠标左键并拖曳，即可实现旋转对象的操作，光标右侧显示对象的旋转角度，如图5-23所示。

按住【Shift】键的同时旋转对象，所选对象将以45°角的倍数进行旋转。

在对象上单击鼠标右键，在弹出的快捷菜单中选择“变换”→“旋转”命令，弹出“旋转”对话框，如图5-24所示。在“角度”文本框中输入旋转角度后，单击“确定”按钮，即可完成旋转对象操作。输入负角度值可顺时针旋转对象，输入正角度值可逆时针旋转对象。单击“复制”按钮，将旋转对象的副本。

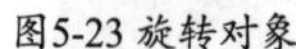

图5-23 旋转对象

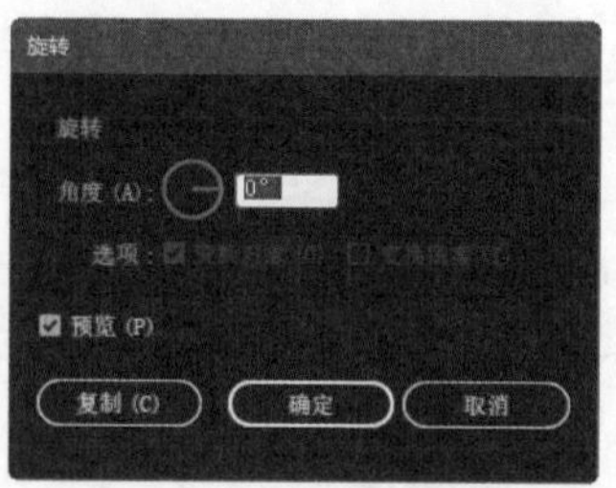

图5-24 “旋转”对话框

提示 执行“对象”→“变换”→“旋转”命令或双击工具箱中的“旋转工具”按钮，也可以打开“旋转”对话框。

单击工具箱中的“旋转工具”按钮，在对象上单击并拖曳，即可实现旋转对象的操作，如图5-25所示。

默认情况下，以对象中心点为中心旋转。按住【Alt】键并在想要作为旋转中心点的位置处单击，即可将单击的位置设置为旋转中心点，同时会弹出“旋转”对话框，如图5-26所示。用户可以根据自己的想法设置参数，完成后单击“复制”“确定”或“取消”按钮。

图5-25 旋转对象　　图5-26 更改旋转中心点

5.2.3 应用案例——旋转复制图形

源 文 件：源文件\第5章\5-2-3.ai

素　　材：素材\第5章\52301.ai

技术要点：掌握【旋转复制图形】的方法

扫描查看演示视频

扫描下载素材

STEP 01 执行“文件”→“打开”命令，将“素材\第5章\52301.ai”文件打开，使用“选择工具”选中如图5-27所示的对象。

STEP 02 单击工具箱中的“旋转工具”按钮，按住【Alt】的同时在圆形中心位置单击，设置中心点，同时弹出“旋转”对话框，设置“角度”为45°。

STEP 03 单击“复制”按钮，旋转复制效果如图5-28所示。多次执行“对象”→“变换”→“再次变换”命令或按【Ctrl+D】组合键，复制多个图形，如图5-29所示。

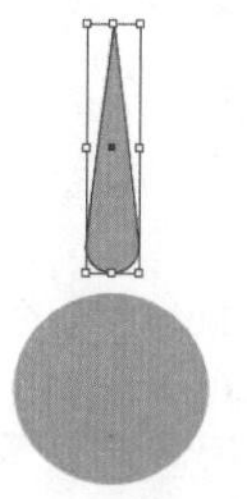

图5-27 选中对象

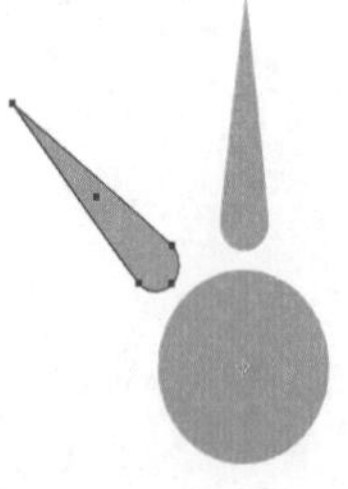

图5-28 旋转复制效果

图5-29 复制多个图形

5.2.4 镜像、倾斜和扭曲对象

在Illustrator中，用户可以对对象进行镜像和倾斜操作，以实现更丰富的绘制效果。

镜像对象

选中对象后单击鼠标右键，在弹出的快捷菜单中选择“变换”→“镜像”命令，弹出“镜像”对话框，如图5-30所示。用户可以在该对话框中设置相应的参数，单击“确定”按钮，即可将对象沿设置好的轴镜像，如图5-31所示；单击“复制”按钮，将沿设置的轴复制一个对象副本，如图5-32所示。

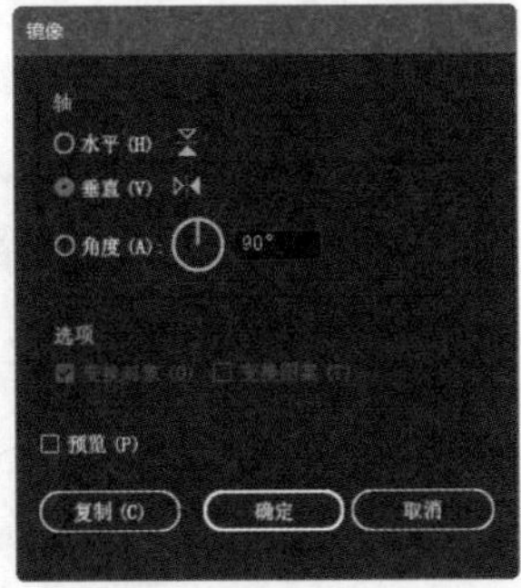

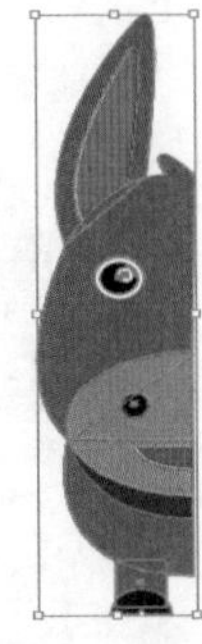

图5-30 “镜像”对话框　图5-31 镜像对象　图5-32 复制对象

单击工具箱中的“镜像工具”按钮，将光标置于任意位置处并单击，即可重新设置镜像中心点的位置，如图5-33所示。再按住鼠标左键并拖曳，即可实现对象在任意角度上的镜像，如图5-34所示。

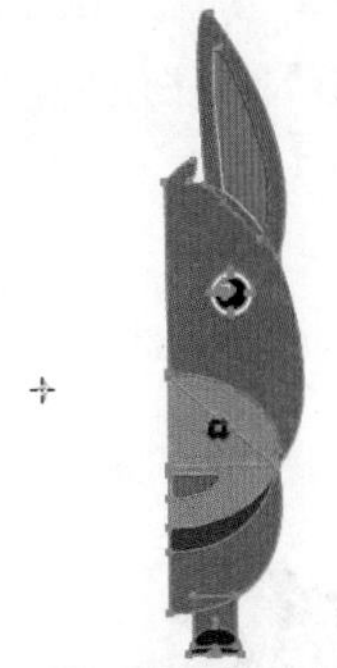

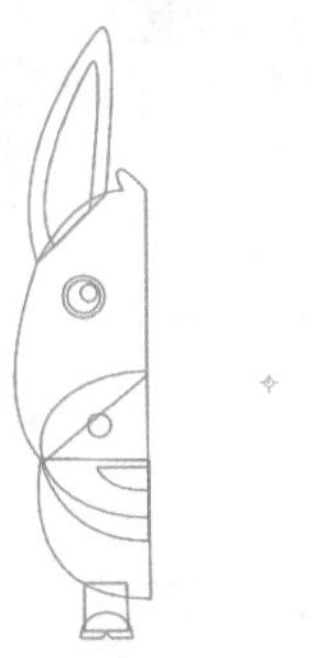

图5-33 重新设置中心点　图5-34 拖曳镜像对象

按住【Alt】键的同时在想要作为镜像轴的位置处单击，即可将单击的位置设置为镜像轴，如图5-35所示。重新设置镜像轴时会弹出“镜像”对话框，设置参数如图5-36所示。单击“复制”按钮，即可完成镜像复制对象的操作，如图5-37所示。

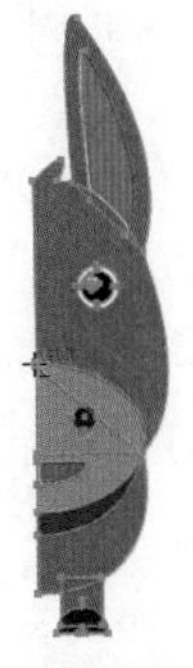

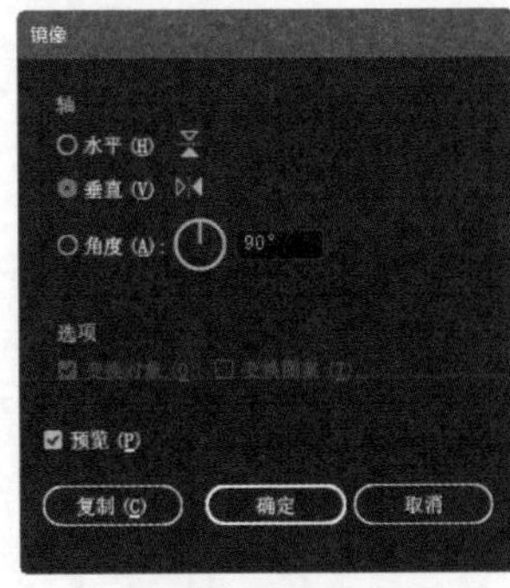

图5-35 设置镜像轴　图5-36 设置参数　图5-37 镜像复制对象的效果

提示 执行“对象”→“变换”→“镜像”命令或双击工具箱中的“镜像工具”按钮，也可以打开“镜像”对话框。

倾斜对象

选中对象后单击鼠标右键，在弹出的快捷菜单中选择“变换”→“倾斜”命令，弹出“倾斜”对话框，如图5-38所示。

在“倾斜”对话框中，输入一个“-359～359”之间的角度值，单击“确定”按钮，即可完成倾斜对象的操作，如图5-39所示；单击“复制”按钮，可以得到一个倾斜的对象副本，如图5-40所示。

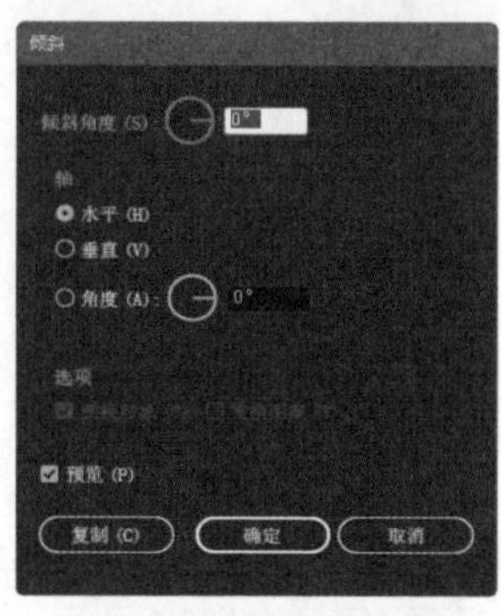

图5-38 “倾斜”对话框

图5-39 倾斜对象

图5-40 复制倾斜副本

单击工具箱中的“倾斜工具”按钮，将光标置于任意位置处，单击即可重新设置倾斜参考点的位置，如图5-41所示。再按住鼠标左键并拖曳，即可实现对象在任意角度上的倾斜，如图5-42所示。

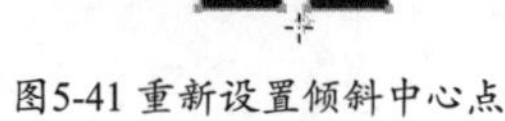

图5-41 重新设置倾斜中心点

图5-42 对象倾斜效果

按住【Alt】键的同时，在画板上想要作为倾斜参考点的位置单击，即可将单击的位置设置为倾斜参考点，同时弹出“倾斜”对话框。用户可在该对话框中设置相应的参数，单击“确定”或“复制”按钮完成倾斜操作。

提示 执行“对象”→“变换”→“倾斜”命令或双击工具箱中的“倾斜工具”按钮，也可以打开“倾斜”对话框。

扭曲对象

选中要扭曲的对象，单击工具箱中的“自由变换工具”按钮，将打开如图5-43所示的工具面板。

当“自由变换”按钮为选中状态时，将光标置于定界框四周的顶点上且光标显示为、或状态，拖曳鼠标的同时按住【Ctrl】键，即可进行扭曲对象的操作，如图5-44所示。扭曲效果如图5-45所示。

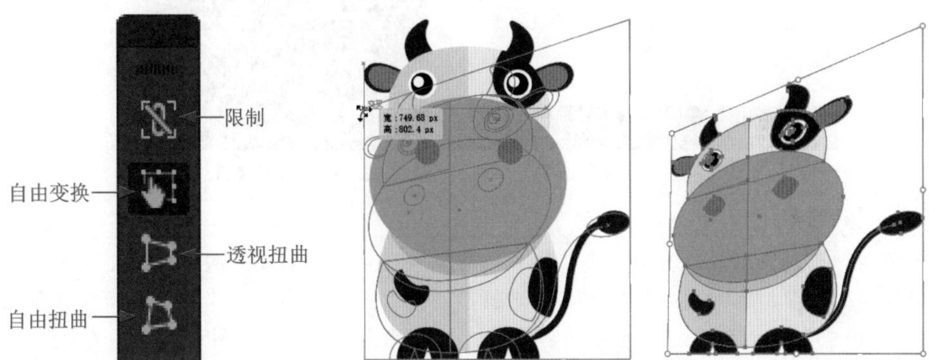

图5-43 “自由变换工具”面板　　图5-44 扭曲对象　　图5-45 扭曲效果

在缩放对象时，按住【Ctrl+Shift+Alt】组合键，即可进行透视扭曲对象的操作，如图5-46所示。透视扭曲效果如图5-47所示。

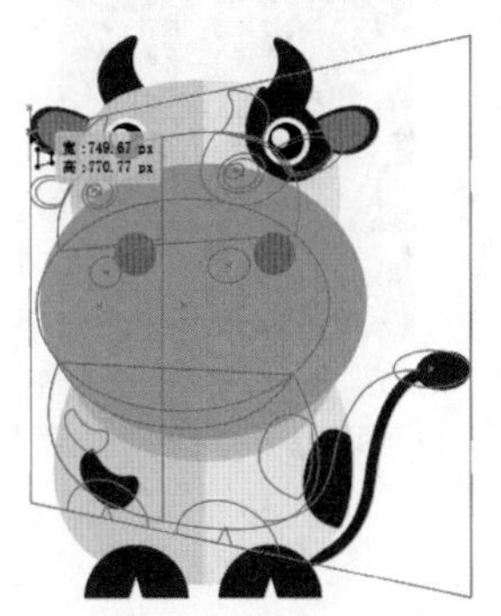

图5-46 透视扭曲操作

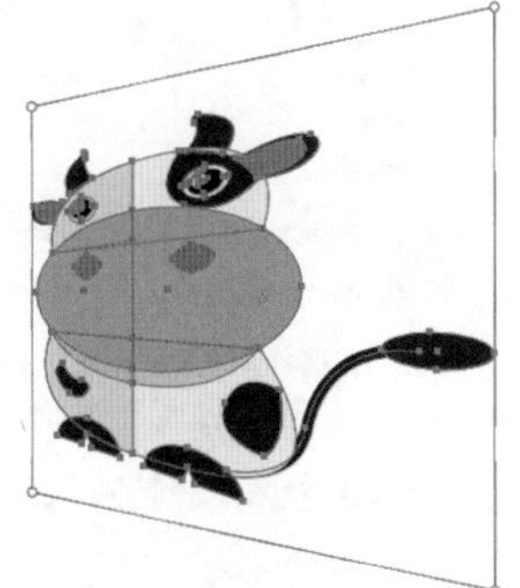

图5-47 透视扭曲效果

5.2.5 使用“变换”面板

执行“窗口”→“变换”命令，或者按【Shift+F8】组合键，都可以打开“变换”面板，如图5-48所示。该面板中显示有关一个或多个选中对象的位置、大小和方向的信息。

通过在文本框中输入数值，可以修改选中对象的各种信息，还可以更改变换参考点，以及锁定对象比例。单击“面板菜单”按钮，将打开一个快捷菜单，如图5-49所示。

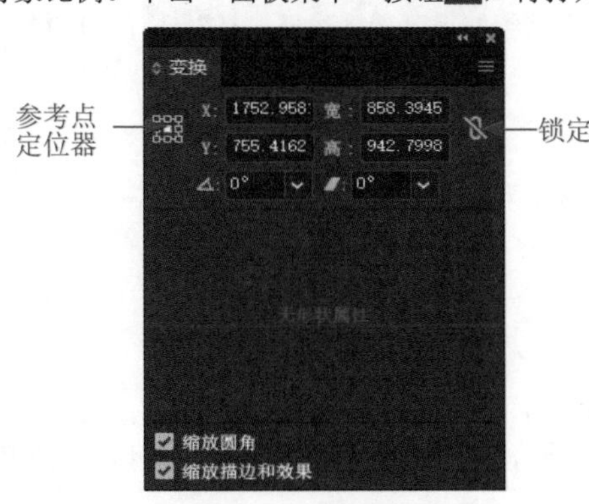

图5-48 “变换”面板

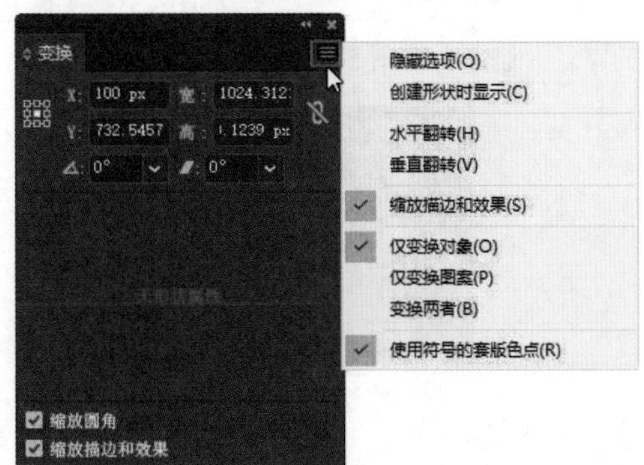

图5-49 “变换”面板的面板菜单

用户可以单击“控制”面板中的“变换”选项，如图5-50所示，在打开的下拉变换面板中设置对象的变换数值，如图5-51所示。

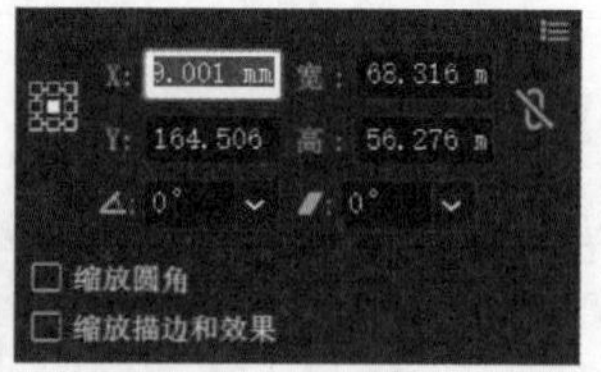

图5-50 “变换”选项　　图5-51 下拉变换面板

5.2.6 分别变换对象

如果想对一个对象同时执行多种变换操作或想分别变换多个对象，应选中一个对象或多个对象后单击鼠标右键，在弹出的快捷菜单中选择“对象”→“变换”→“分别变换”命令或按【Alt+Shift+Ctrl+D】组合键，如图5-52所示，弹出“分别变换”对话框，如图5-53所示。

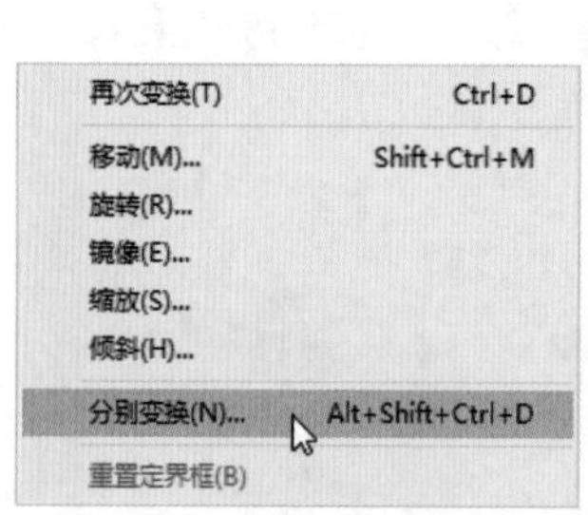

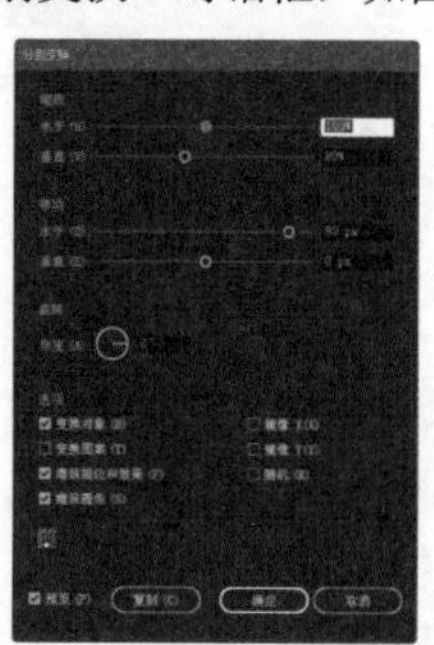

图5-52 选择“分别变换”命令　图5-53 “分别变换”对话框

执行“对象”→“变换”→“分别变换”命令，也可以打开“分别变换”对话框，用户可以在该对话框中完成缩放对象、移动对象和旋转对象等操作。

5.2.7 应用案例——绘制星形彩带图形

源 文 件：源文件\第5章\5-2-7.ai
素　材：无
技术要点：掌握【星形彩带】的绘制方法

扫描查看演示视频

STEP 01 新建一个 Illustrator 文件。使用“星形工具”在画板中绘制一个填色为“无”的五角星，执行“窗口”→“色板库”→“渐变”→“色谱”命令，打开“色谱”面板，为星形的描边指定“色谱”色板，如图 5-54 所示。

STEP 02 使用“直接选择工具”拖曳调整星形为圆角星形，继续使用“直接选择工具”选择星形右上角的路径并删除，如图 5-55 所示。

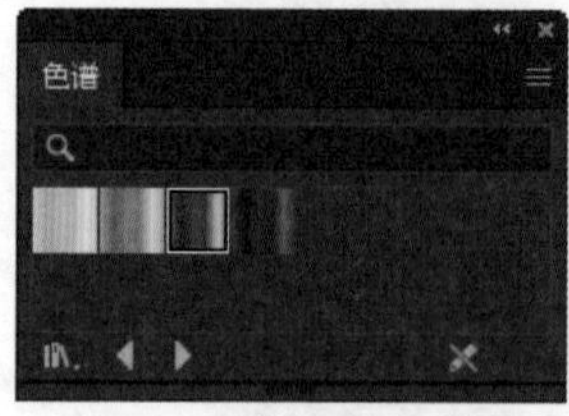

图5-54 打开“色谱”面板

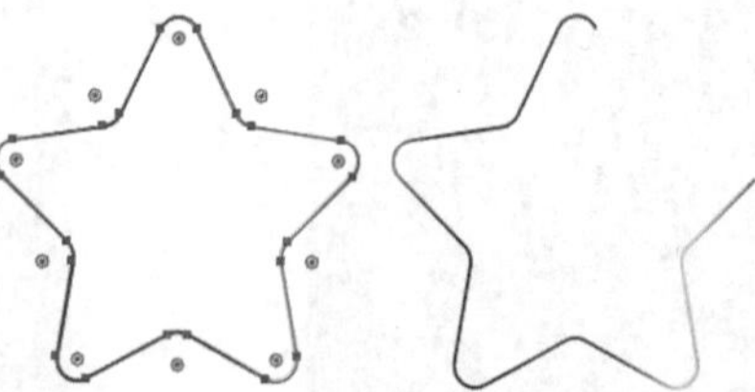

图5-55 调整星形为圆角并删除部分路径

STEP 03 单击鼠标右键，在弹出的快捷菜单中选择“变化”→“分别变换”命令，弹出“分别变换”对话框，设置“旋转角度”为 18°；单击“复制”按钮，效果如图 5-56 所示。

STEP 04 双击工具箱中的“混合工具”按钮，弹出“混合选项”对话框，设置参数如图 5-57 所示。单击“确定”按钮，使用“混合工具”依次单击两条路径，图形效果如图 5-58 所示。

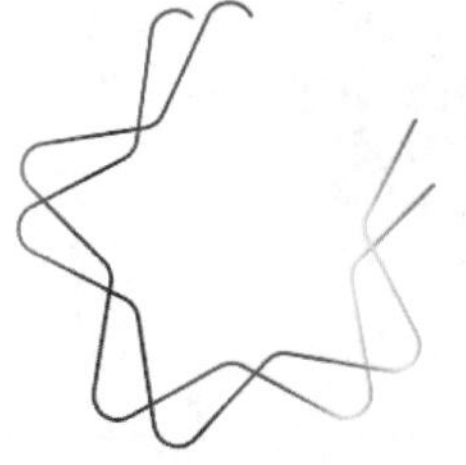
图5-56 复制效果

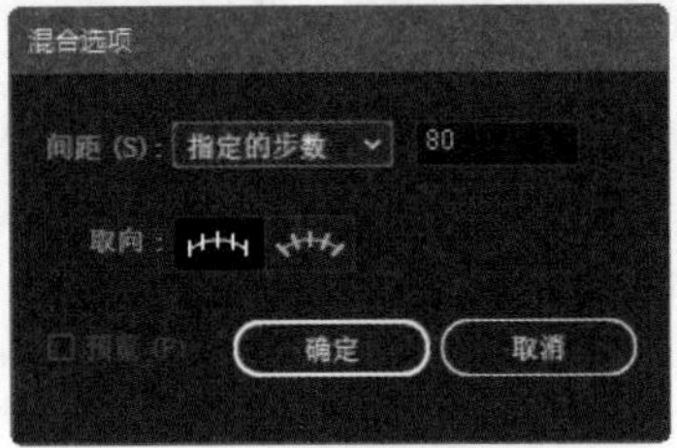

图5-57 设置参数

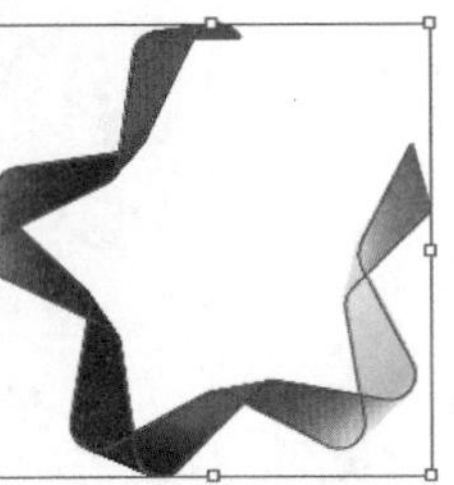
图5-58 图形效果

5.3 复制和删除对象

在Illustrator中，用户可以通过复制和粘贴命令，快速完成多个相同对象的绘制。通过剪切和清除命令，可以删除不需要的对象。

5.3.1 复制和粘贴对象

选中想要复制的对象，执行“编辑”→“复制”命令或者按【Ctrl+C】组合键，如图5-59所示，可将所选对象复制到剪贴板中。执行“编辑”→“粘贴”命令或者按【Ctrl+V】组合键，如图5-60所示，即可将剪贴板中的对象粘贴到画板中。

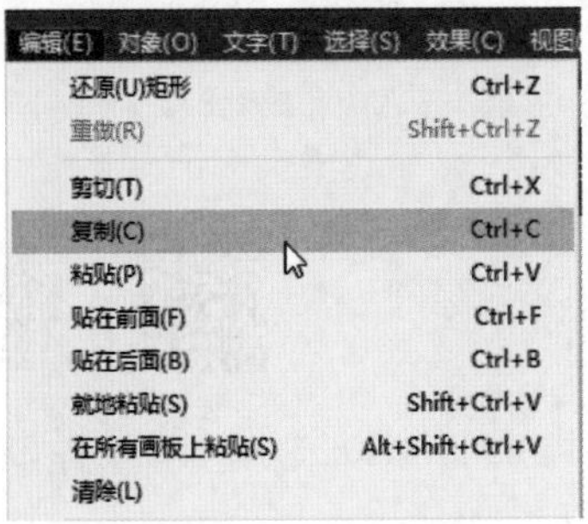

图5-59 选择“复制”命令

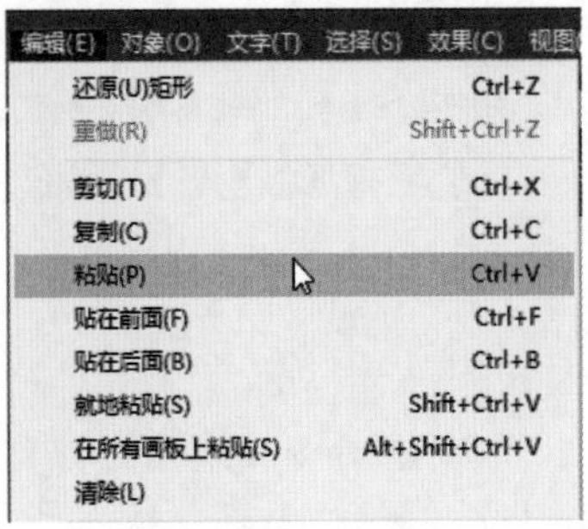

图5-60 选择“粘贴”命令

选中想要复制的对象，按住【Alt】键的同时使用“选择工具”向任意方向拖曳，如图5-61所示。释放鼠标后即可完成快速复制对象的操作，如图5-62所示。

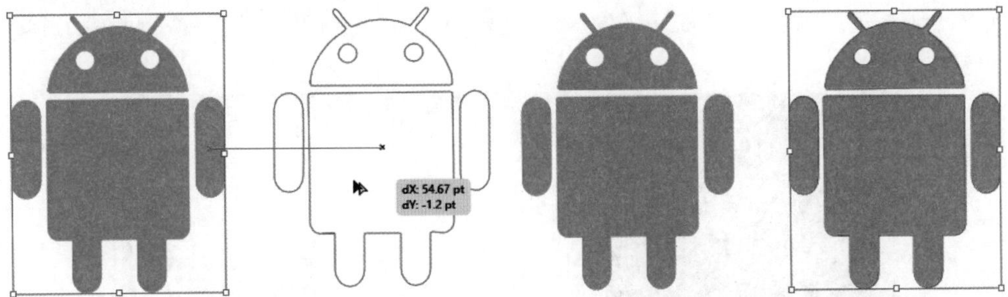

图5-61 拖曳复制对象

图5-62 复制对象效果

执行“编辑”→“贴在前面”命令或者按【Ctrl+F】组合键，可将复制对象粘贴在当前画板中所有对象的最上层，如图5-63所示。执行“编辑”→“贴在后面”命令或者按【Ctrl+B】组合键，可将复制对象粘贴在当前画板中所有对象的最下层，如图5-64所示。

图5-63 贴在前面

图5-64 贴在后面

默认情况下，执行“编辑”→“粘贴”命令，可将剪贴板中的对象粘贴到当前窗口的中心位置。执行“编辑”→“就地粘贴”命令或者按【Shift+Ctrl+V】组合键，如图5-65所示，可将剪贴板中的对象粘贴到其原始位置的前面。

当一个文件中同时包含多个画板时，执行“编辑”→“在所有画板上粘贴”命令，如图5-66所示，可将对象一次性粘贴到文件的所有画板中。

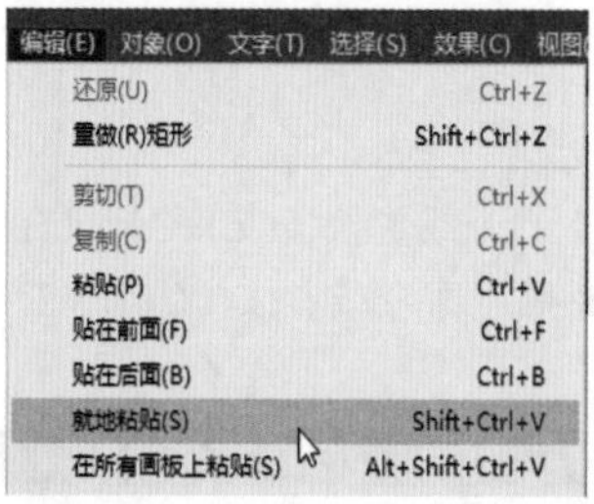

编辑(E) 对象(O) 文字(T) 选择(S) 效果(C) 视图	
还原(U)	Ctrl+Z
重做(R)矩形	Shift+Ctrl+Z
剪切(T)	Ctrl+X
复制(C)	Ctrl+C
粘贴(P)	Ctrl+V
贴在前面(F)	Ctrl+F
贴在后面(B)	Ctrl+B
就地粘贴(S)	Shift+Ctrl+V
在所有画板上粘贴(S)	Alt+Shift+Ctrl+V

编辑(E) 对象(O) 文字(T) 选择(S) 效果(C) 视图	
还原就地粘贴(U)	Ctrl+Z
重做(R)	Shift+Ctrl+Z
剪切(T)	Ctrl+X
复制(C)	Ctrl+C
粘贴(P)	Ctrl+V
贴在前面(F)	Ctrl+F
贴在后面(B)	Ctrl+B
就地粘贴(S)	Shift+Ctrl+V
在所有画板上粘贴(S)	Alt+Shift+Ctrl+V
清除(L)	

图5-65 选择“就地粘贴”命令 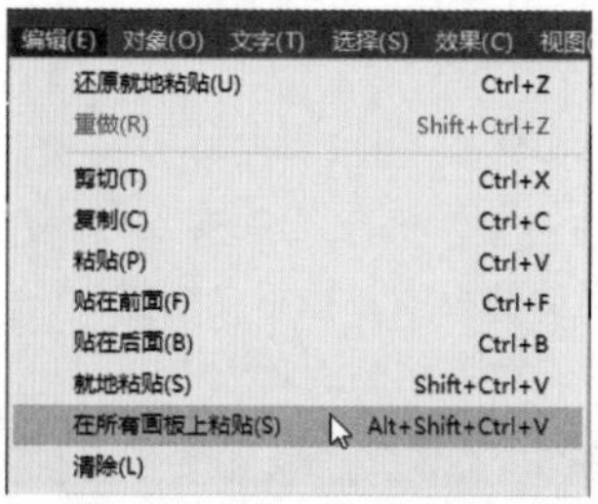 图5-66 选择“在所有画板上粘贴”命令

5.3.2 应用案例——在所有画板上粘贴图形

源 文 件：源文件\第5章\5-3-2.ai

素　材：素材\第5章\53201.ai

技术要点：掌握【在所有画板粘贴图形】的方法

扫描查看演示视频

扫描下载素材

STEP 01 执行“文件”→“新建”命令，在弹出的“新建文档”对话框顶部选择“移动设备”选项，选择“iPhone 8/7/6 Plus”选项，设置“画板”数量为4，如图5-67所示。

STEP 02 单击“创建”按钮，创建一个包含4个画板的文件。执行“文件”→“打开”命令，将“素材\第5章\53201.ai”文件打开，效果如图5-68所示。

STEP 03 使用“选择工具”选中顶部对象，执行“编辑”→“复制”命令。

STEP 04 返回新建文档，执行“编辑”→“在所有画板上粘贴”命令，复制的内容将粘贴到所有的画板中，效果如图5-69所示。

图5-67 设置参数

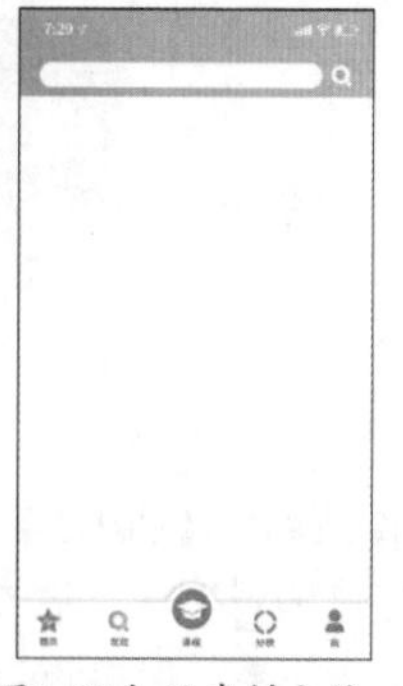

图5-68 打开素材文件

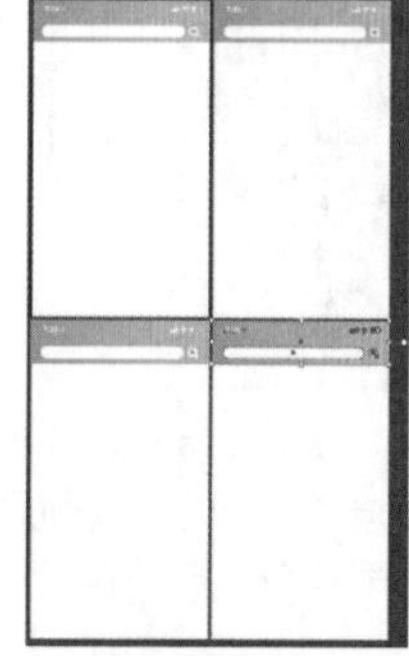

图5-69 粘贴到所有画板后的效果

5.3.3 剪切与清除对象

“复制”命令是将源图像中的选中部分复制到剪贴板中，并不会影响原图。如果想要在复制选中的对象后，将其从原图中删除，可以执行“编辑”→“剪切”命令。

选中对象后，执行“编辑”→“剪切”命令或者按【Ctrl+X】组合键，即可将对象剪切到剪贴板中，如图5-70所示。接下来可以通过粘贴操作，将剪切的对象粘贴到其他文档中。

当用户再次执行“剪切”命令后，上一次保存在剪贴板中的对象将被覆盖。

选中想要删除的对象，执行“编辑”→“清除”命令或者按【Delete】/【Backspace】键，即可将选中的对象删除，如图5-71所示。

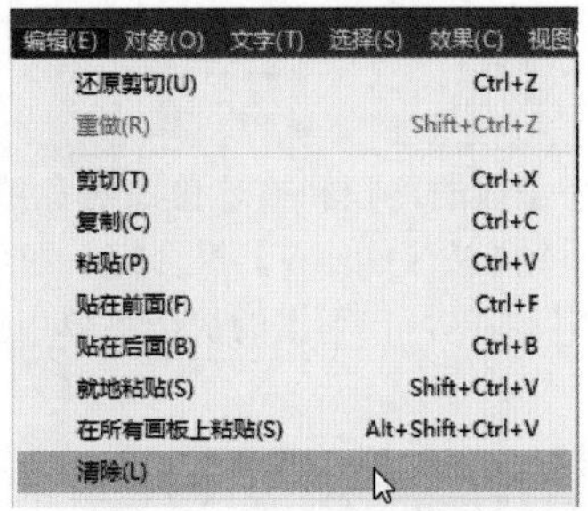

图5-70 选择“剪切”命令　　图5-71 选择“清除”命令

如果想要清除一个图层或多个图层内的所有对象，可以在“图层”面板中选中这些图层，再单击该面板右下角的“删除所选图层”按钮，如图5-72所示。将弹出“Adobe Illustrator”对话框，单击“是”按钮，即可删除当前图层及图层上的所有对象，如图5-73所示。

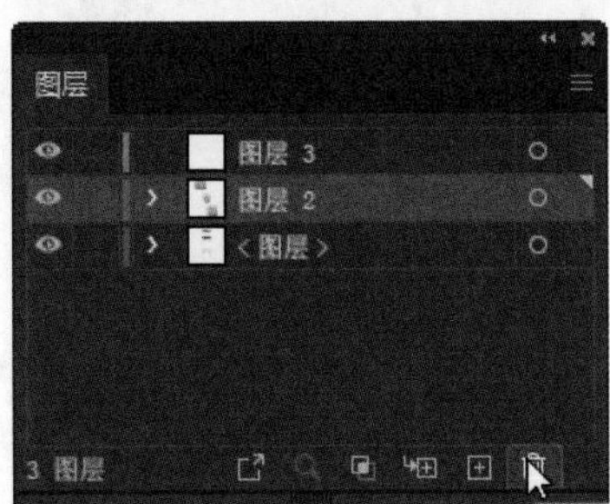

图5-72 单击“删除所选图层”按钮

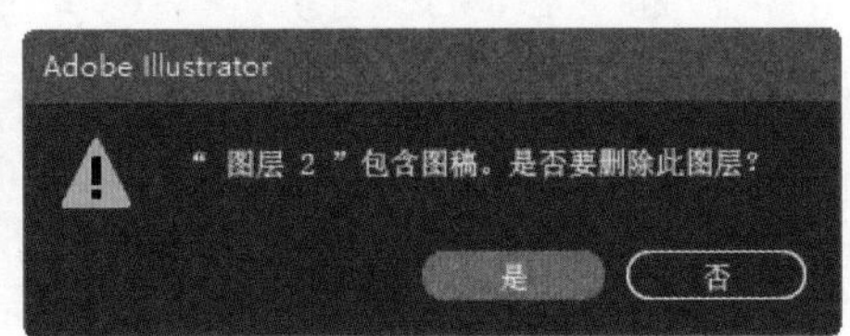

图5-73 单击“是”按钮

5.4 使用蒙版

蒙版是指用于遮挡其形状以外的图形，而蒙版效果则可以控制对象在视图中的显示范围，因此被蒙版对象只有在蒙版形状以内的部分才能打印和显示。在Illustrator CC中，只有一种蒙版类型，即剪切蒙版。

5.4.1 创建剪切蒙版

用户可以通过“剪切蒙版”功能遮盖不需要的多余图形，即在创建剪切蒙版后，只能看到位于蒙版形状内的部分对象。从效果上来说，就是将显示图像剪切为蒙版形状。

在Illustrator CC中，剪切蒙版和被遮盖的对象称为剪切组合，在“图层”面板中显示为<剪切组>，如图5-74所示。只有矢量对象才可被用作剪切蒙版，但是任何图形都可以作为被遮盖对象。

图5-74 “图层”面板中的剪切组

剪切蒙版

选中作为剪切蒙版的路径和被遮盖的对象或图像，如图5-75所示。执行“对象”→“剪切蒙版”→“建立”命令或按【Ctrl+7】组合键，即可创建剪切蒙版，如图5-76所示。也可以在选中对象和图像后单击鼠标右键，在弹出的快捷菜单中选择“建立剪贴蒙版”命令，完成创建剪切蒙版的操作。

图5-75 选中对象或图形

图5-76 建立剪切蒙版

? 疑问解答 对象级剪切组合与图层级剪切组合的区别?

如果创建图层级（被遮盖对象为位图）剪切组合，那么图层顶部的对象会剪切下面的所有对象。对象级（被遮盖对象为矢量对象）剪切组合执行的所有操作（如变换和对齐等操作）都基于剪切蒙版的边界，而不是未遮盖的边界。在创建对象级剪切蒙版后，用户只能使用“图层”面板、“直接选择工具”或“属性”面板底部的“隔离蒙版”按钮来选择剪切的内容。

内部绘图

Illustrator CC为用户提供了3种绘图模式，分别为正常绘图、背面绘图和内部绘图。其中，内部绘图模式的功能与剪切蒙版的功能非常相似。

在“内部绘图”模式下，用户只可以在所选对象的内部绘图，并且只有当用户选择单一路径、混合路径或文本时，“内部绘图”模式才会启用。

如果想要使用“内部绘图”模式创建剪切蒙版，首先需要选中路径用以在其中绘制，再单击工具箱底部的“内部绘图”模式按钮或者按【Shift+D】组合键，切换到“内部绘图”模式，此时选中的路径如图5-77所示。

在“内部绘图”模式下，所选路径将剪切后续绘制的路径，如图5-78所示。再次将绘图模式切换为“正常绘图”模式后，剪切停止。

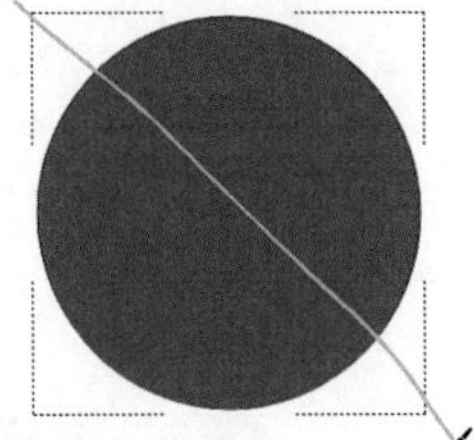

图5-77 切换到“内部绘图”模式

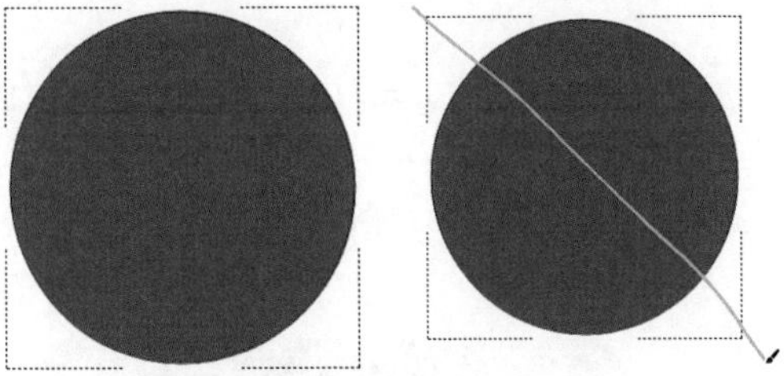

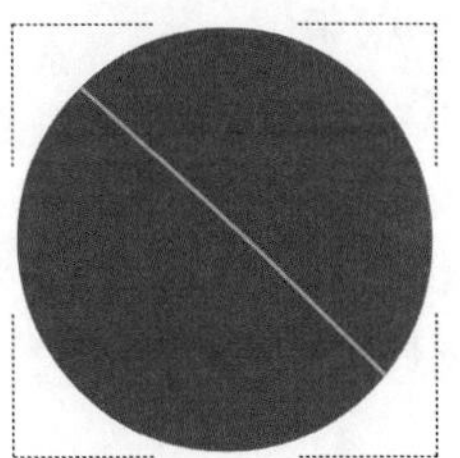

图5-78 剪切路径

5.4.2 应用案例——使用并编辑剪切蒙版

源 文 件：源文件\第5章\5-4-2.ai

素　材：素材\第5章\54201.ai

技术要点：掌握【剪切蒙版】的编辑方法

扫描查看演示视频

扫描下载素材

STEP 01 执行“文件”→“打开”命令，将“素材\第5章\54201.ai”文件打开，选中画板中的剪切组合，执行“对象”→“剪切蒙版”→“编辑内容”命令，使用“选择工具”调整被遮罩对象的大小，如图5-79所示。

STEP 02 被遮罩对象处于选中状态时，执行“对象”→“剪切蒙版”→“编辑蒙版”命令或者使用“直接选择工具”选中蒙版，将剪切蒙版切换为编辑状态，如图5-80所示。

图5-79 调整被遮罩对象的大小

图5-80 将剪切蒙版切换为编辑状态

STEP 03 使用“直接选择工具”“添加锚点工具”“锚点工具”调整蒙版路径，改变剪切蒙版的轮廓、大小、填色和描边等，如图5-81所示。

STEP 04 再次调整剪切蒙版的路径，蒙版效果如图5-82所示。

图5-81 调整蒙版路径

图5-82 蒙版效果

? 疑问解答 如何编辑剪切蒙版？

创建剪切蒙版后，使用“编组选择工具”可以选择并移动剪切路径或被遮盖的图形，使用“直接选择工具”可以调整图形的路径和锚点，也可以将其他对象添加到被蒙版图稿的编组中，从而改变蒙版对象的外观。

5.4.3 释放剪切蒙版

如果想要从剪切蒙版中释放对象，需要选中剪切蒙版，再执行“对象”→“剪切蒙版”→“释放”命令或者按【Alt+Ctrl+7】组合键即可，如图5-83所示。

选中剪切蒙版后，单击鼠标右键，在弹出的快捷菜单中选择“释放剪切蒙版”命令，如图5-84所示，也可以完成释放剪切蒙版的操作。

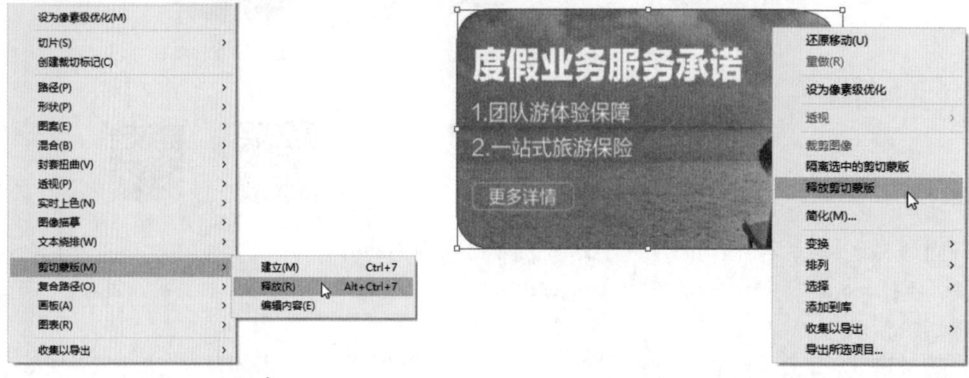

图5-83 执行命令　　　　图5-84 选择“释放剪切蒙版”命令

5.5 使用封套扭曲变形对象

对所选图形应用“封套扭曲”命令，图形可以按照封套的形状而变形，这一特性使封套扭曲成为Illustrator CC中最灵活的变形功能。

5.5.1 创建封套

封套扭曲变形是指将选择的图形放置到某一个形状中，或者使用系统提供的各种扭曲变形效果，再依照形状外观或设定的扭曲效果进行变形。封套扭曲变形可以应用在大部分对象上，包括符号、渐变网格、文字和以嵌入方式置入的图像等。所选对象根据哪个对象进行扭曲，则该对象被称为封套，被扭曲的对象被称为封套内容。

执行“对象”→“封套扭曲”命令，打开如图5-85所示的子菜单，这个子菜单中包含了3种创建封套扭曲变形的方式。

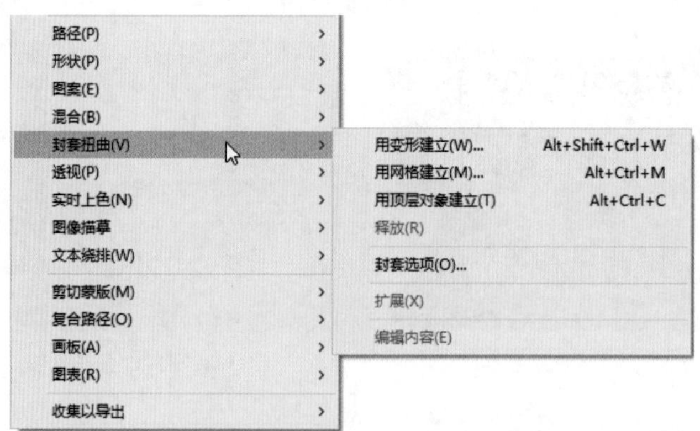

图5-85 “封套扭曲”子菜单

用变形建立

绘制或选择一个对象，执行“对象”→“封套扭曲”→“用变形建立”命令或按者

【Alt+Shift+Ctrl+W】组合键，弹出“变形选项”对话框，如图5-86所示。在该对话框中设置各项参数，单击“确定”按钮，即可完成扭曲变形操作，如图5-87所示。

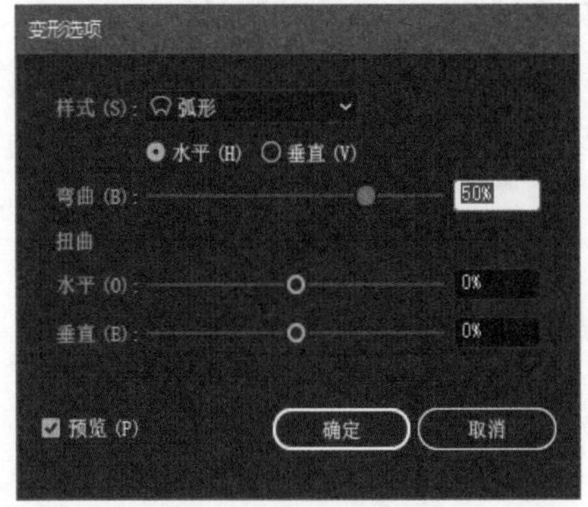

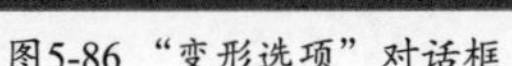

图5-86 “变形选项”对话框

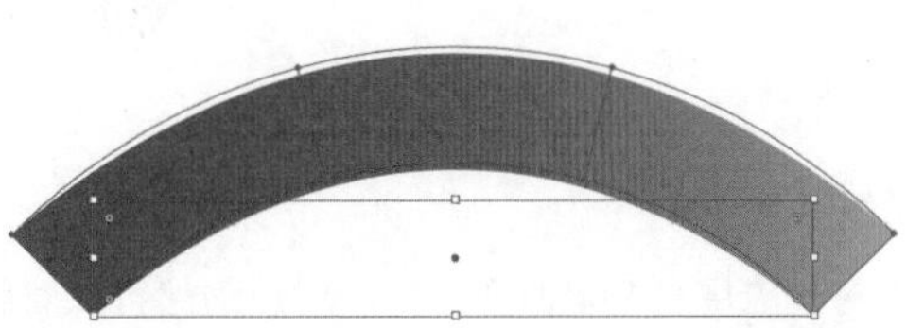

图5-87 变形效果

提示

如果用户想要在设置参数的过程中查看变形效果，可以在“变形选项”对话框中选择“预览”复选框，选中对象会按照当前参数显示扭曲变形效果。

用网格建立

使用“用网格建立”命令将直接在所选对象上建立封套网格，此时，用户可通过自由调整封套网格上的锚点来完成扭曲变形操作。相对于“用变形建立”命令中预设好的各种扭曲样式，这种封套扭曲变形方式更加自由和灵活。

绘制或选择一个对象，执行“对象”→“封套扭曲”→“用网格建立”命令或者按【Alt+Ctrl+M】组合键，弹出“封套网格”对话框，如图5-88所示。在该对话框中为封套网格设置参数，单击“确定”按钮，所选对象上将建立起设定好的封套网格，如图5-89所示。

建立封套网格后，用户可以使用“直接选择工具”和“网格工具”对封套网格上的锚点或方向线进行调整，也可以为封套网格添加锚点，还可以删除封套网格上的锚点。调整锚点或方向线后，对象会随封套网格的改变而改变，如图5-90所示。

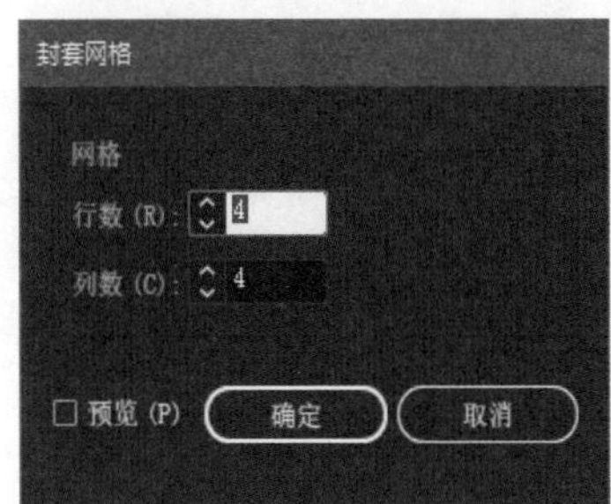

图5-88 “封套网格”对话框

图5-89 封套网格

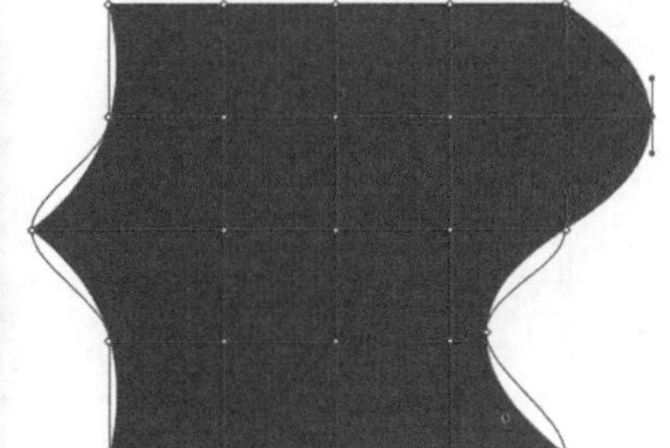

图5-90 调整锚点或方向线

用顶层对象建立

为了使用户充分发挥个人想象力，从而得到自己想要的变形效果，Illustrator CC为用户提供了一种预设变形与网格变形相结合的封套扭曲建立方式。

在想要变形的对象上绘制任意外观的路径，使用“选择工具”同时选中对象和路径，如图5-91所示。执行“对象”→“封套扭曲”→“用顶层对象建立”命令或者按【Alt+Ctrl+C】组合键，被封套变形的对象就会按照绘制的路径轮廓进行变形，如图5-92所示。

图5-91 选中对象和路径

图5-92 变形效果

5.5.2 编辑封套

为对象应用封套扭曲变形后，用户仍然可以对封套的外形和被封套对象进行编辑，从而获得更满意的变形效果。

编辑封套外形

对象应用封套扭曲变形后，如果还想二次编辑封套的外形，可以使用“直接选择工具”和“网格工具”完成操作。

使用“直接选择工具”进行编辑操作，需要单击封套外形将其选中，才能开始编辑操作；使用“网格工具”进行编辑操作，直接将光标移至封套外形上，显示网格后即可对封套外形进行编辑，如图5-93所示。编辑完成后封套效果会随之改变，如图5-94所示。

图5-93 显示网格

图5-94 二次编辑的变形效果

编辑封套内容

完成封套变形后的对象将自动与封套组合在一起。直接选择变形后的对象，只能看到封套外形路径，此时被封套对象的路径处于隐藏状态。

如果想要编辑被封套对象，执行“对象”→“封套扭曲”→“编辑内容”命令，被封套对象转为可见状态，封套外形则被隐藏，如图5-95所示。编辑被封套对象，完成后执行“对象”→“封套扭曲”→“编辑封套”命令，如图5-96所示，回到显示封套外形的状态。

图5-95 显示被封套对象的路径

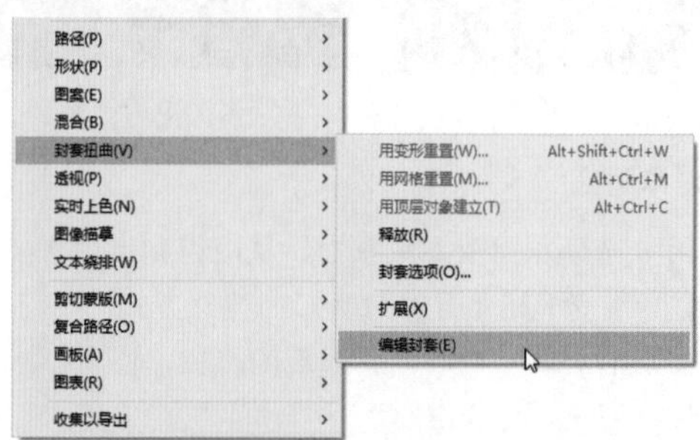

图5-96 选择“编辑封套”命令

当被封套对象为可见状态时，执行“对象”→“封套扭曲”命令，其子菜单中才会出现“编辑封套”命令。

扩展封套变形

如果想要删除封套外形并且想要保留封套变形的效果，执行“对象”→“封套扭曲”→“扩展”命令即可，如图5-97所示。完成后封套变形的效果将会应用到对象上，而封套外形将会被删除，如图5-98所示。

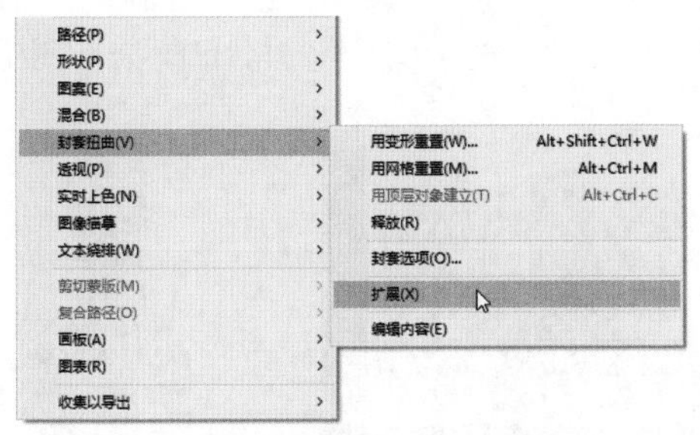

图5-97 选择“扩展”命令

图5-98 扩展封套变形

释放封套变形

如果想要删除封套，执行“对象”→“封套扭曲”→“释放”命令，如图5-99所示。被封套对象恢复到封套变形前的效果，而封套外形将以灰色的路径或网格形式出现在画板中，如图5-100所示。

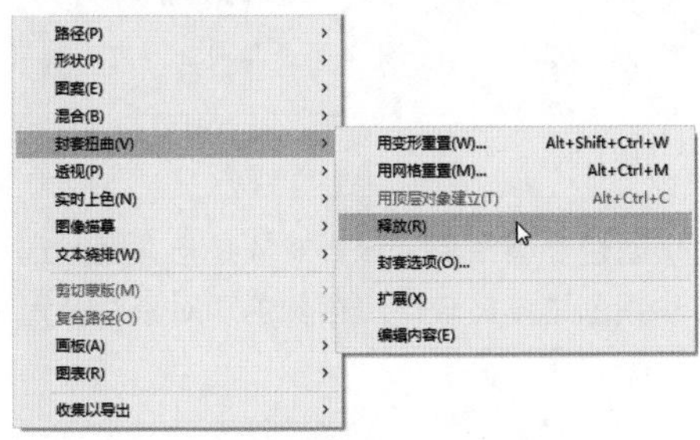

图5-99 选择“释放”命令

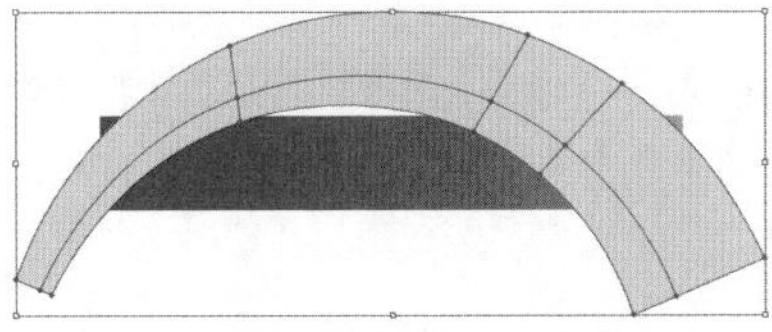

图5-100 释放封套变形

“封套选项”对话框

执行“对象”→“封套扭曲”→“封套选项”命令，弹出“封套选项”对话框，如图5-101所示，在该对话框中可以对封套扭曲变形的各项属性进行设置。

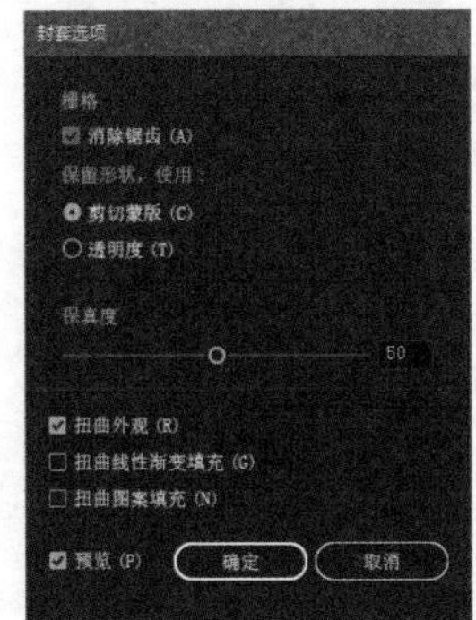

图5-101 “封套选项”对话框

5.5.3 应用案例——使用封套扭曲制作文字嵌入效果

源 文 件：源文件\第5章\5-5-3.ai
素　材：素材\第5章\55301.ai
技术要点：掌握【封套扭曲】的使用方法

扫描查看演示视频

扫描下载素材

STEP 01 执行“文件”→“打开”命令，将“素材\第 5 章\55301.ai”文件打开，效果如图 5-102 所示。

STEP 02 单击工具箱中的“文字工具”按钮，在画板中按住鼠标左键并拖曳，创建文字段落，如图 5-103 所示。

STEP 03 将光标置于文字上方并单击鼠标右键，在弹出的快捷菜单中选择“排列”→“置于底层”命令。

STEP 04 使用“选择工具”拖曳选中文字和图形，执行“对象”→“封套扭曲”→“用顶层对象建立”命令，效果如图 5-104 所示。

图5-102 打开素材文件

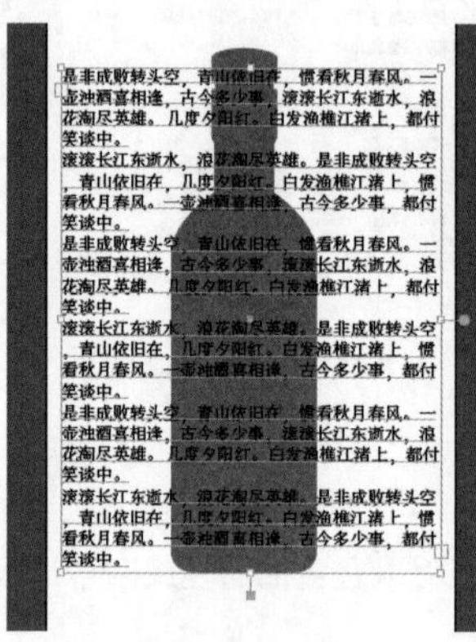
图5-103 创建文本段落

图5-104 封套扭曲嵌入文字效果

5.6 混合对象

在Illustrator CC中，用户可以运用混合对象来创建复杂图形。混合对象是指在两个或两个以上的对象之间平均分布形状、创建平滑的过渡或创建颜色过渡，最终组合颜色和对象，从而形成新的图形。

5.6.1 创建混合

用户可以通过“混合工具”或者“对象”→“混合”→“建立”命令完成混合对象的创建，其本质是在选中的两个或多个对象之间添加一系列的中间对象或颜色。

使用“混合工具”

单击工具箱中的“混合工具”按钮，光标变为状态。将光标置于第1个对象上，当光标变为状态时单击对象的填色或描边，如图5-105所示。将光标置于第2个对象上，当光标变为状态时单击对象的填色或描边，完成混合对象的创建，如图5-106所示。

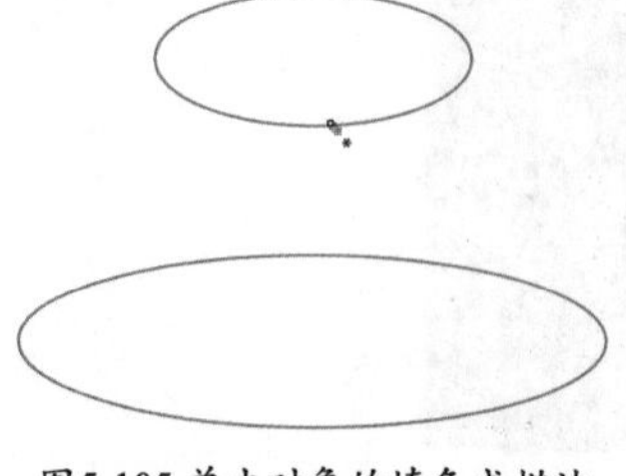
图5-105 单击对象的填色或描边

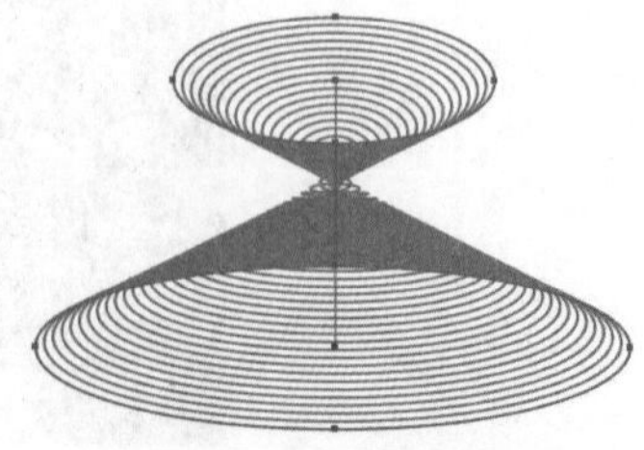
图5-106 创建混合对象

将光标移动到对象的某个锚点上，当光标变为 状态时单击该锚点，如图5-107所示。再将光标移至下一个对象的相应锚点上，当光标变为状态 时单击该锚点，创建一个不包含旋转并且按顺序混合的对象，如图5-108所示。

将光标移至下一个对象后，当光标变为 状态时单击对象的填充或描边，可以创建包含旋转的混合对象，如图5-109所示。

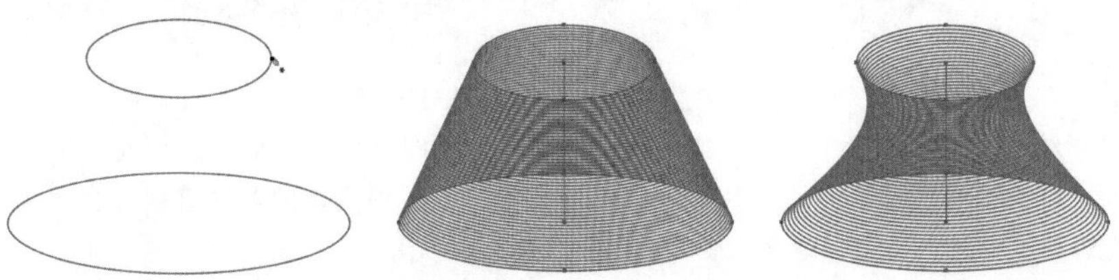

图5-107 单击锚点　　图5-108 不包含旋转的混合对象　　图5-109 包含旋转的混合对象

使用“混合”命令

使用“选择工具”选中两个或两个以上的对象，如图5-110所示。执行“对象”→“混合”→“建立”命令或者按【Alt+Ctrl+B】组合键，释放鼠标后即可完成混合对象的创建，效果如图5-111所示。

图5-110 选中对象

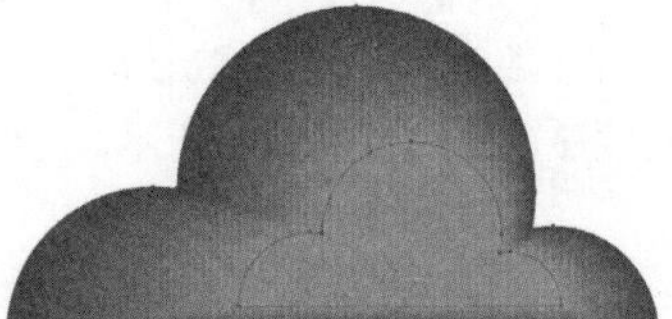

图5-111 混合对象效果

默认情况下，Illustrator CC 会为创建的混合对象计算出所需的最适宜的步骤数。如果要控制步骤数或步骤之间的距离，可以设置混合选项。

5.6.2 混合选项

双击工具箱中的“混合工具”按钮或者执行“对象”→“混合”→“混合选项”命令，弹出“混合选项”对话框。

选中混合对象后，单击“属性”面板中“快速操作”选项组下方的“混合选项”按钮，也会弹出“混合选项”对话框，如图5-112所示。用户可以在该对话框中设置混合选项，单击“确定”按钮完成修改操作。

5.6.3 更改混合对象的轴

混合轴是创建混合对象时各步骤对齐的依据。默认情况下，混合轴在形成之处是一条直线路径，如图5-113所示。

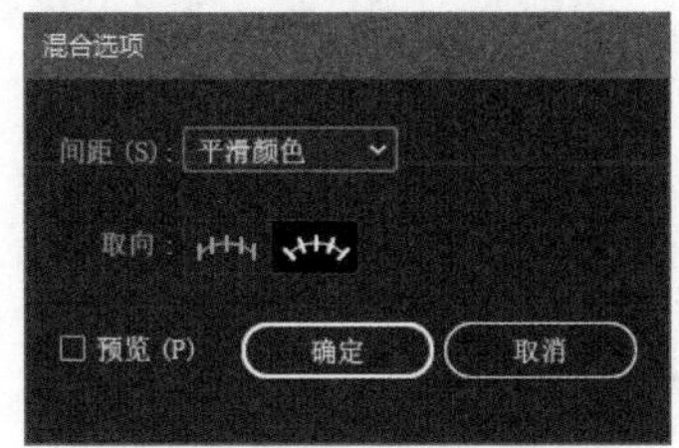

图5-112 “混合选项”对话框

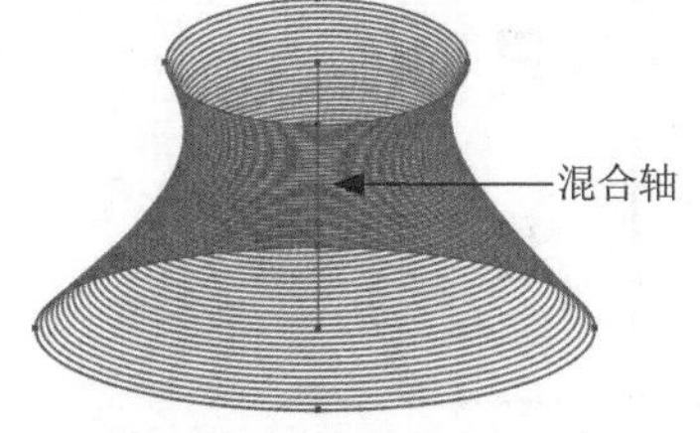

图5-113 混合轴

使用“直接选择工具”拖曳调整混合轴上锚点的位置，或者使用“锚点工具”拖曳调整混合轴的曲率，即可改变混合轴的形状，混合对象的排列方式也随之改变，如图5-114所示。

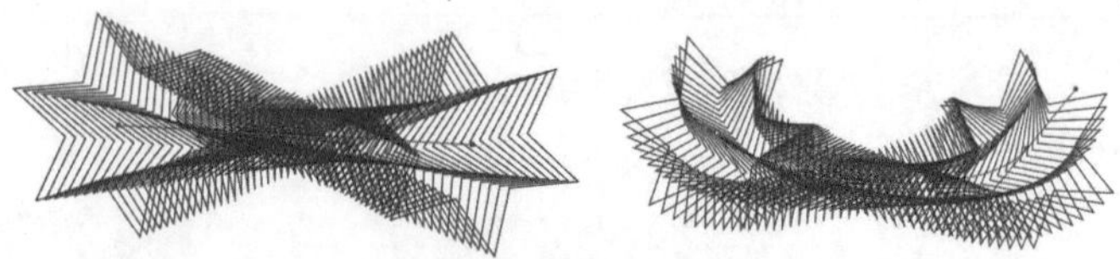

图5-114 调整混合轴的形状

使用任意绘图工具绘制一个对象，作为新的混合轴。同时选中混合轴对象和混合对象，如图5-115所示。执行“对象”→“混合”→“替换混合轴”命令，即可使用新的路径替换混合对象中的原始混合轴，混合对象中的排列方式也随之改变，效果如图5-116所示。

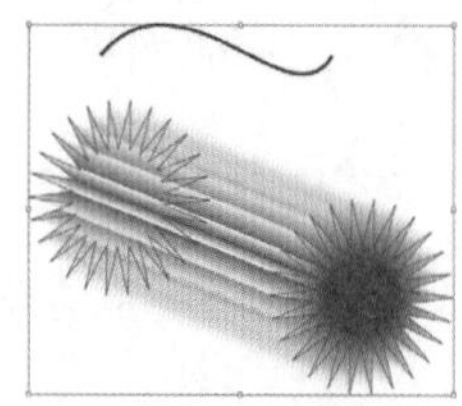

图5-115 选中对象

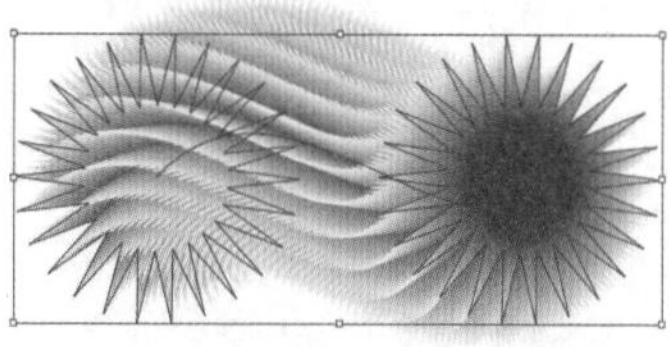

图5-116 替换混合轴效果

使用“选择工具”选中混合对象，执行“对象”→“混合”→“反向混合轴”命令，即可反向混合轴上的排列顺序，效果如图5-117所示。

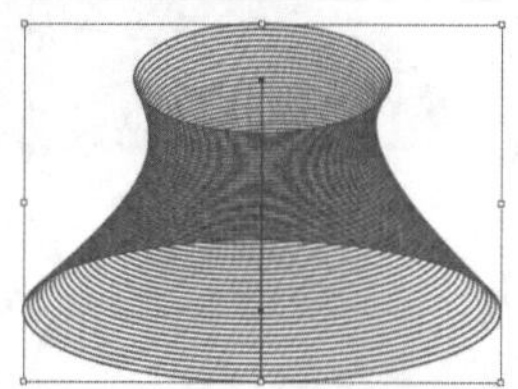

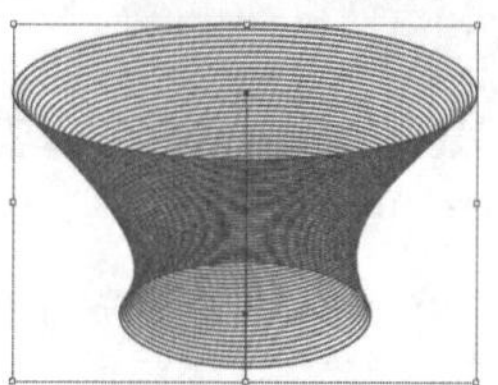

图5-117 反向混合轴效果

5.6.4 应用案例——制作混合轴文字效果

源 文 件：源文件\第5章\5-6-4.ai

素　材：无

技术要点：掌握【混合轴文字】的绘制方法

扫描查看演示视频

STEP 01 新建一个 Illustrator 文件。使用“文字工具”在画板中单击并输入文字，继续使用相同的方法创建文本，效果如图 5-118 所示。

STEP 02 拖曳选中两个文本，执行“文字”→“创建轮廓”命令，设置图像填充色为“无”，描边色分别为洋红色和黄色，效果如图 5-119 所示。双击工具箱中的“混合工具”按钮，弹出“混合选项”对话框，设置参数如图 5-120 所示，单击“确定”按钮。

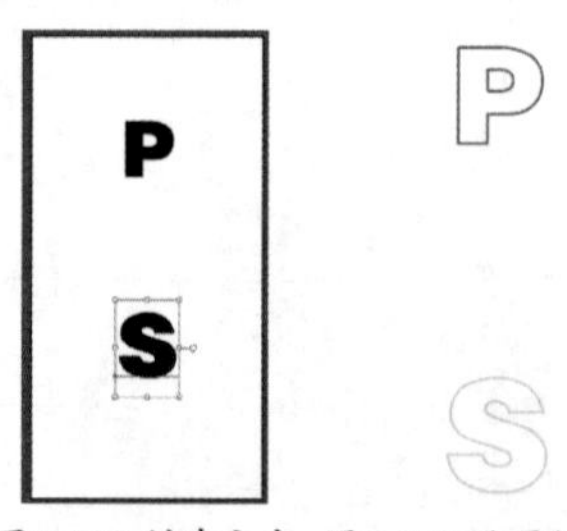

图5-118 创建文本　图5-119 设置描边色

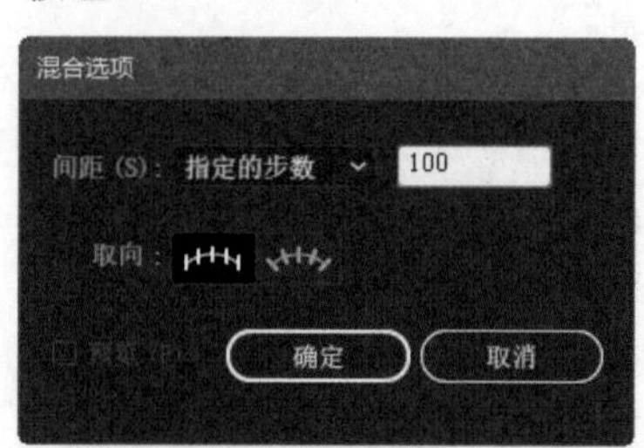

图5-120 设置参数

STEP 03 选中两个图形，按【Alt+Ctrl+B】组合键创建混合，效果如图 5-121 所示。单击工具箱中的“曲率工具”按钮，在画板中绘制一条路径，如图 5-122 所示。

STEP 04 拖曳选中混合对象和路径，执行“对象”→“混合”→“替换混合轴”命令，效果如图 5-123 所示。

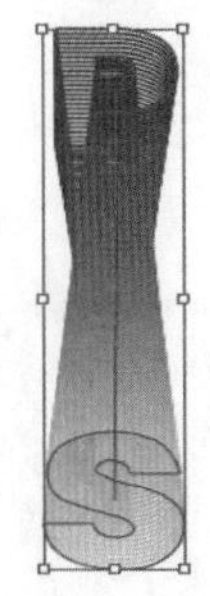
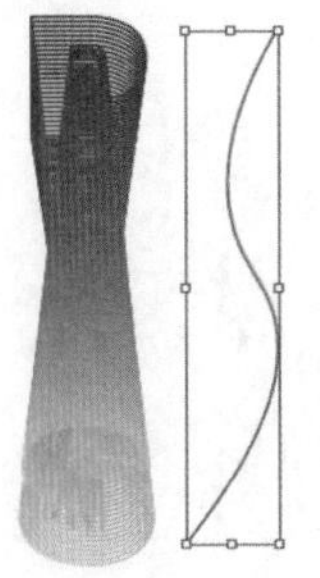
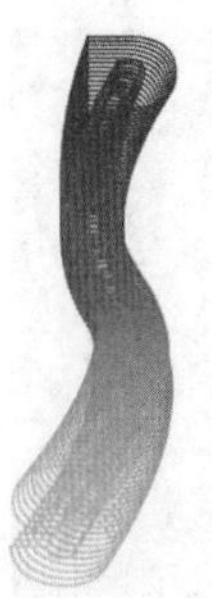

图5-121 混合效果　图5-122 绘制路径　图5-123 替换混合轴效果

5.6.5 反向堆叠混合对象

使用“选择工具”选中混合对象，如图5-124所示。执行“对象”→“混合”→“反向堆叠”命令，混合对象的堆叠内容被从左到右或从前到后调换顺序，效果如图5-125所示。

图5-124 选中混合对象

图5-125 混合对象效果

5.6.6 释放或扩展混合对象

选中混合对象后，执行“对象”→“混合”→“释放”命令或者按【Alt+Shift+Ctrl+B】组合键，即可将选中的混合对象恢复为原始对象，如图5-126所示。

选中混合对象后，执行“对象”→“混合”→“扩展”命令，可将混合对象扩展为由多个单独对象组成的编组对象，如图5-127所示。用户仍然可以对其进行编辑，但是编组对象不再具有混合对象的特性，也无法为其应用任何混合操作。

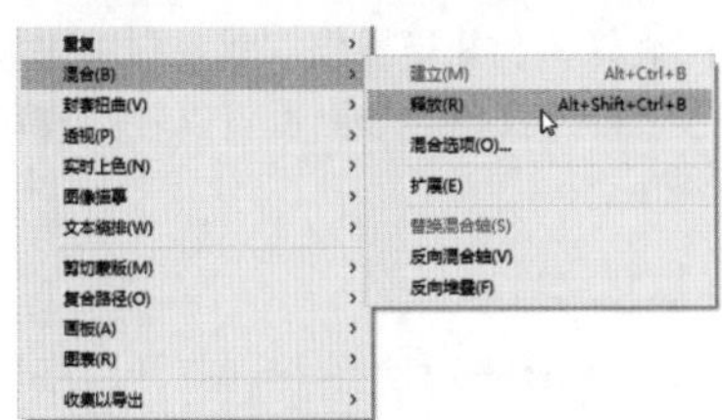

图5-126 选择“释放”命令

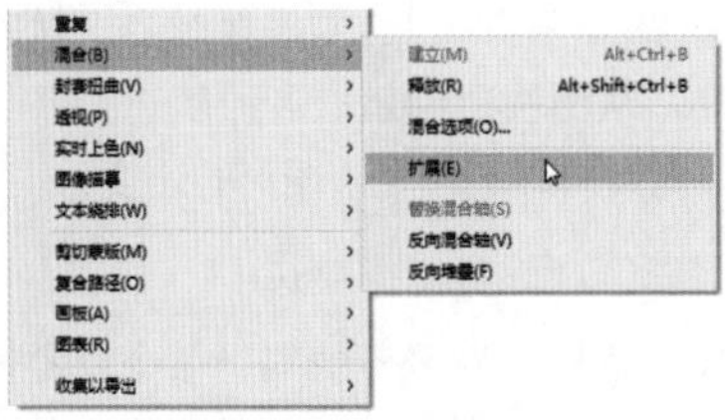

图5-127 选择“扩展”命令

5.6.7 应用案例——绘制盛开的牡丹花

源 文 件：源文件\第5章\5-6-7.ai
素　材：无
技术要点：掌握【牡丹花】的绘制方法

扫描查看演示视频

STEP 01 新建一个 Illustrator 文件。使用“星形工具”在画板中绘制 55mm×25mm、角点数为 26 的星形；双击工具箱中的“渐变工具”按钮，打开“渐变”面板，设置从 RGB（255、21、99）到白色的径向渐变，创建的图形效果如图 5-128 所示。

STEP 02 按住【Alt】键不放，使用“选择工具”将图形向任意方向拖曳复制图形，等比例缩放图形、调整图形的渐变颜色；使用“选择工具”拖曳选中两个图形，单击“控制”面板中的“水平居中对齐”和“垂直居中对齐”按钮，效果如图 5-129 所示。

图5-128 创建图形

图5-129 复制图形并进行调整

STEP 03 执行“对象”→“混合”→“建立”命令，创建的混合对象效果如图 5-130 所示。

STEP 04 执行“效果”→“扭曲和变换”→“扭拧”命令，弹出“扭拧”对话框，设置参数如图 5-131 所示。单击“确定”按钮，图形效果如图 5-132 所示。

图5-130 创建混合对象

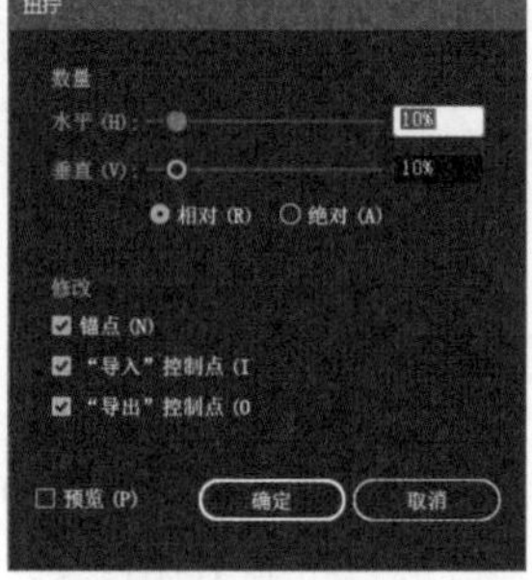

图5-131 设置参数

图5-132 图形效果

5.7 使用“路径查找器”面板

在绘制复杂的图形时，经常需要对多个对象进行裁剪和合并等操作，或者利用图形的重叠部分创建新的图形，从而快速创建出各种复杂图形。使用“路径查找器”面板可以轻松实现各种组合操作，这将大大提高用户制作复杂图形的速度。

5.7.1 了解“路径查找器”面板

执行“窗口”→“路径查找器”命令或者按【Shift+Ctrl+F9】组合键，打开“路径查找器”面板，如图5-133所示。系统根据不同的作用和功能，将面板上的按钮分为了“形状模式”和“路径查找器”两个选项组。必须先选中两个或两个以上的对象，“路径查找器”面板中的按钮才能起到作用，否则将弹出警告框，如图5-134所示。

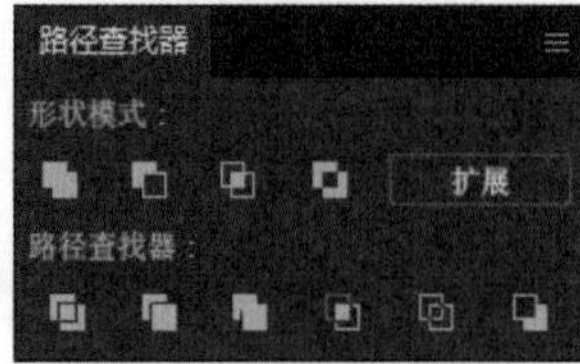

图5-133 “路径查找器”面板

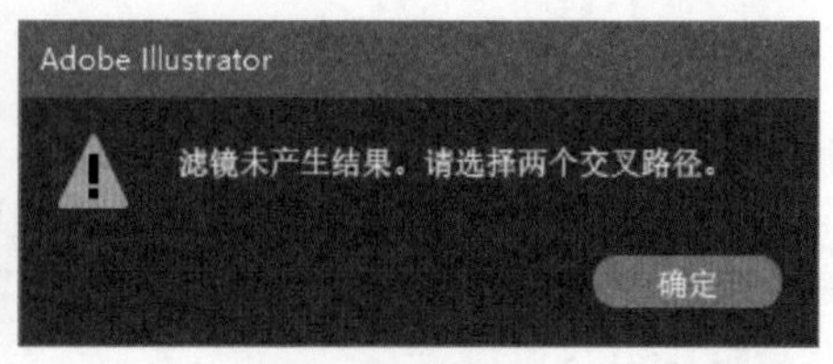

图5-134 警告框

- 形状模式：使用该选项组中的按钮可将两个或多个路径对象组合在一起，这些按钮可以将一些简单的图形组合成新的复杂图形。

选中两个或两个以上的对象，单击“联集”按钮，可以将所选对象合并为一个新的图形，如图5-135所示；单击“减去顶层”按钮，可以使下方对象按照顶层对象的形状进行剪裁，保留不重叠部分的同时删除相交部分，新图形如图5-136所示。

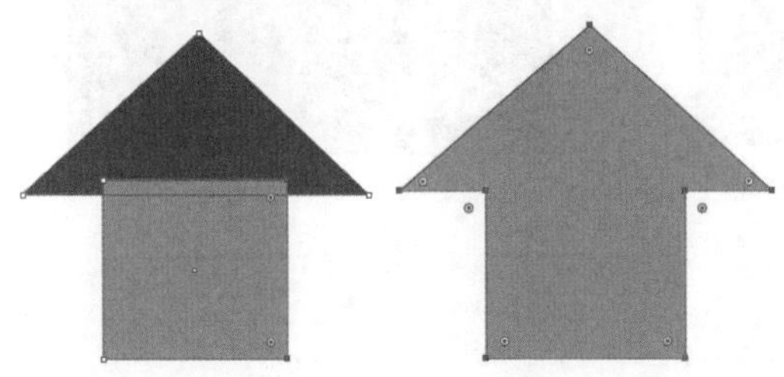

图5-135 “联集”效果

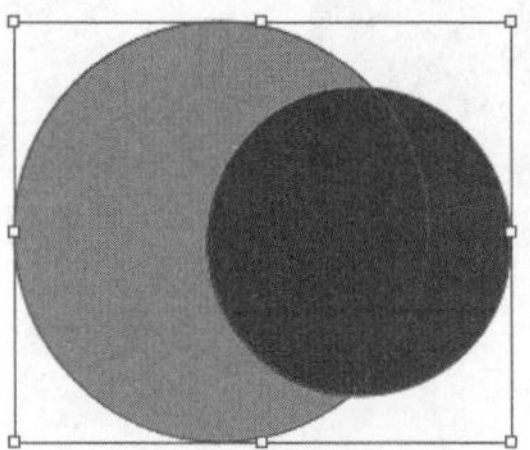

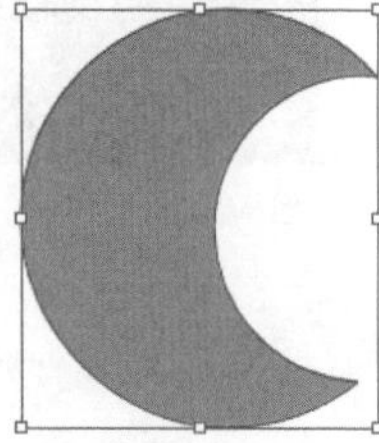

图5-136 “减去顶层”效果

选中两个或两个以上的对象，单击“交集”按钮，所选对象只保留对象之间的重叠部分，未重叠部分将被删除，如图5-137所示；单击“差集”按钮，将删除选中对象之间的重叠部分，而未重叠部分将被保留，如图5-138所示。

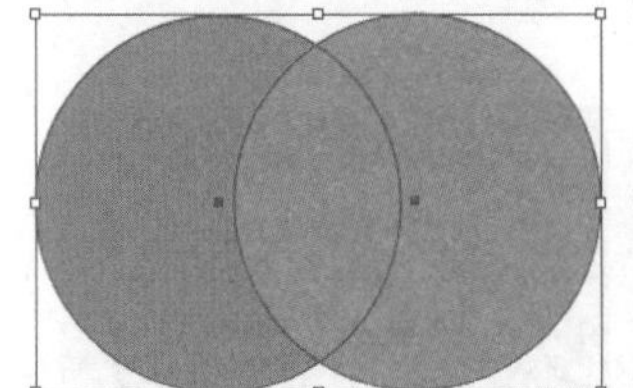

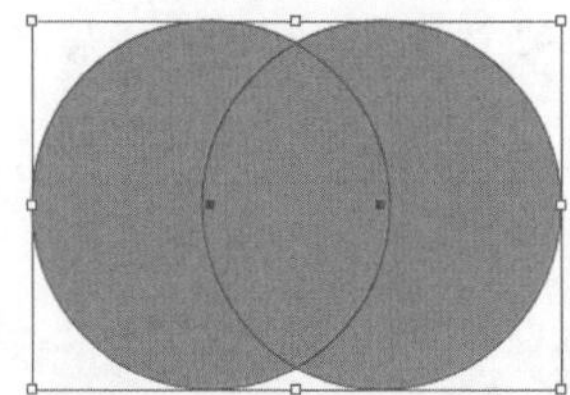

图5-137 “交集”效果

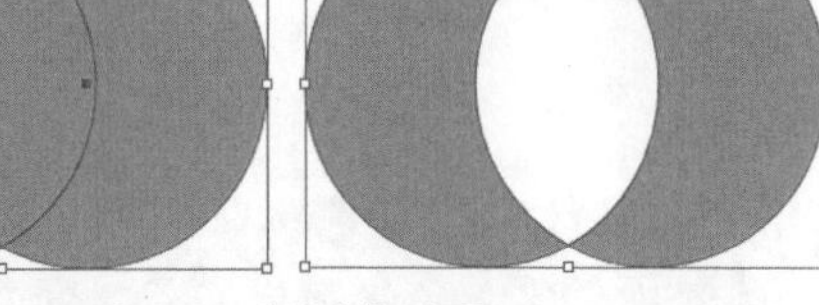

图5-138 “差集”效果

使用“联集”“减去顶层”“交集”“差集”功能组合新图形后，新图形沿用原始对象中顶层对象的填色和描边属性；而单击面板中的“扩展”按钮 扩展 ，可以将新图形扩展为复合路径。

选中两个对象并按住【Alt】键不放，如图5-139所示。单击“路径查找器”面板中“形状模式”选项组下的任意按钮，组合完成的新图形将保留原始路径，如图5-140所示。并且在“图层”面板中显示为“复合形状”图层，如图5-141所示。

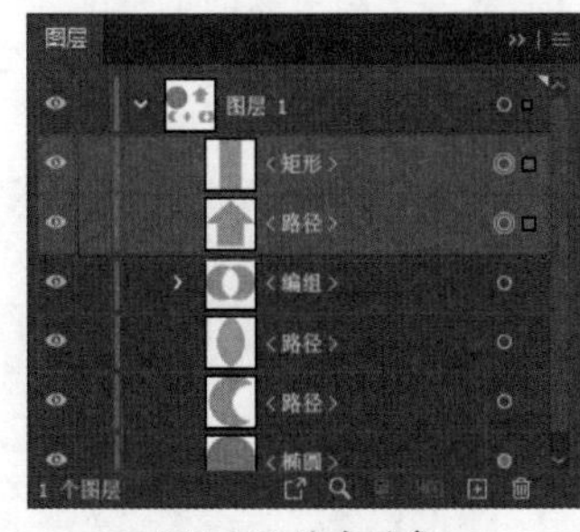

图5-139 选中对象

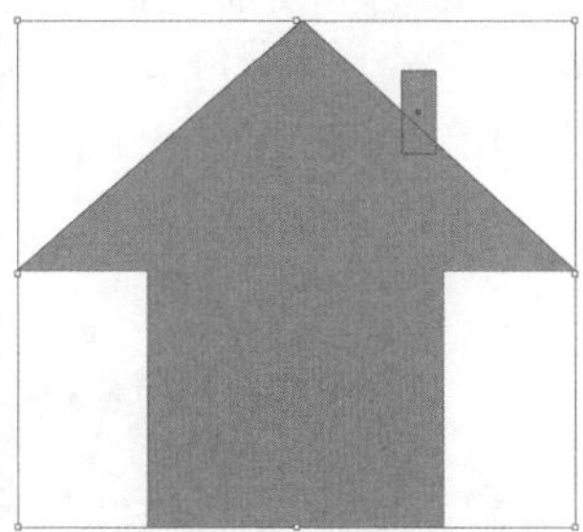

图5-140 组合路径

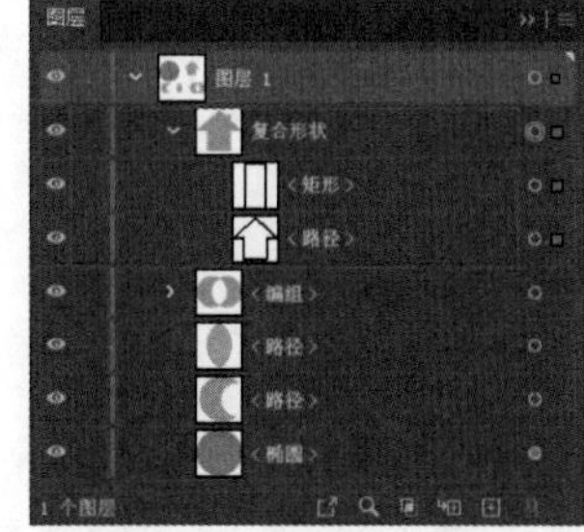

图5-141 “复合形状”图层

提示：复合形状是可编辑的路径，由两个或多个对象组成。由于用户可以精确地操控复合形状中每一个路径的堆栈顺序、位置和外观，所以复合形状简化了复杂形状的创建过程。

此时，“路径查找器”面板中的“扩展”按钮也被激活，如图5-142所示。单击“扩展”按钮，可以将组合在一起的复合形状转化为复合路径，如图5-143所示。复合路径在“图层”面板中显示为单一图层，如图5-144所示。

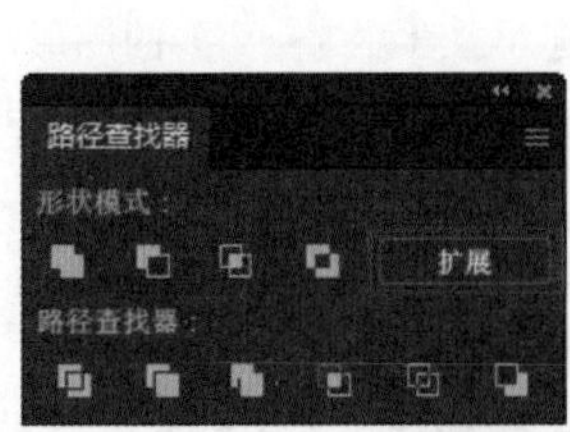

图5-142 “扩展”按钮被激活

图5-143 复合路径

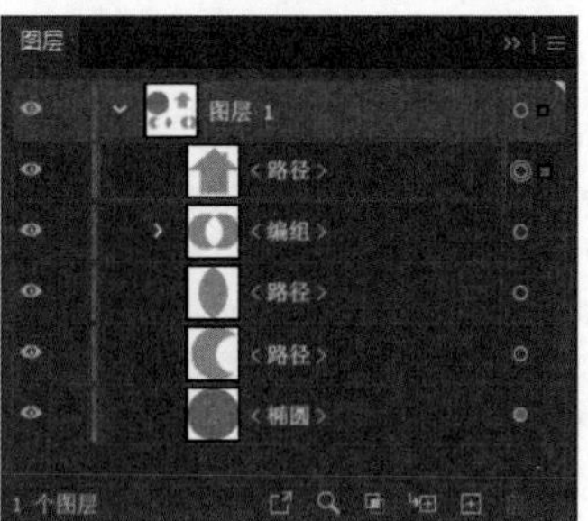

图5-144 单一图层

用户单独使用“路径查找器”面板中的“形状模式”选项组中的功能按钮时，组合完成的路径将直接转化为复合路径。

- 路径查找器：在该选项组中，可以对选中的多个路径进行分割、修边、合并、裁剪、轮廓和减去后方对象操作。执行操作后，新创建的图形将自动编组，按【Shift+Ctrl+G】组合键，编组中的多个图形将独立显示。

选择两个或两个以上的重叠对象，单击“分割”按钮，可以将所选对象分割成多个不同的闭合路径，分割时以相交线为分割依据，如图5-145所示。

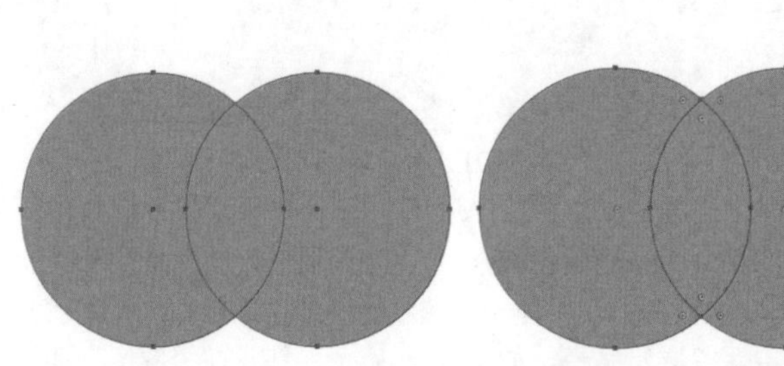

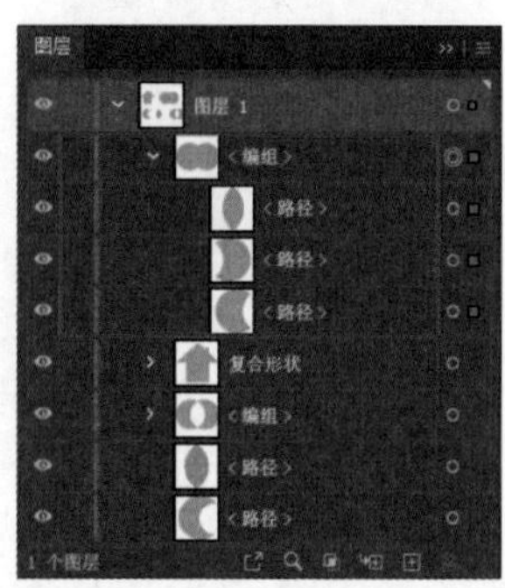

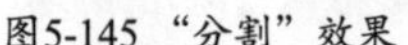
图5-145 “分割”效果

选中重叠对象后，单击“修边”按钮，所选对象中的下方对象与上面对象的重叠部分被删除，上方对象保持不变。所选对象的填色不影响最终切割效果，同时所有对象的“描边”将变成“无”，如图5-146所示。

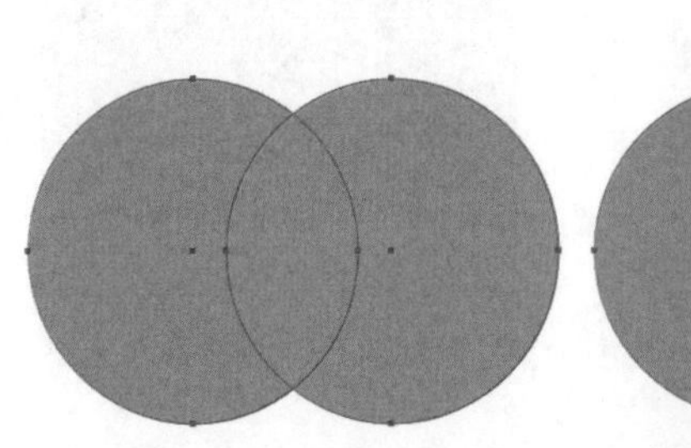

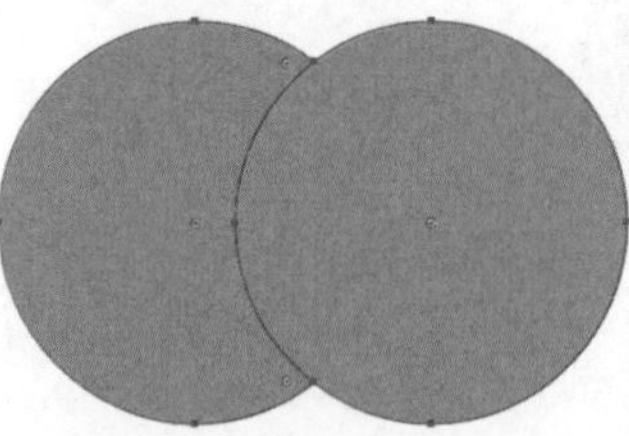

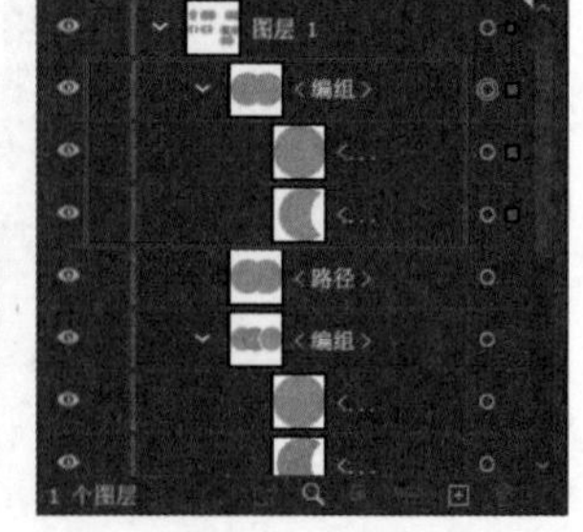

图5-146 “修边”效果

选中重叠对象后，单击“合并”按钮，如果所选对象具有相同的填色，所选对象中的重叠部分被删除且合并为一个整体，如图5-147所示；如果所选对象具有不同的填色，将得到应用“修边”功能的多个路径，且对象的“描边”都变成“无”，如图5-148所示。

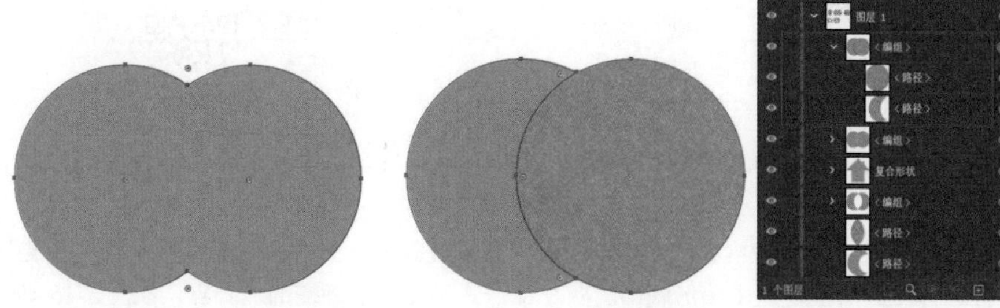

图5-147 相同颜色的“合并”效果　　　　图5-148 不同颜色的“合并”效果

选择两个或两个以上的重叠对象，单击“裁剪”按钮，保留底层对象重叠部分，填色不变且删除描边；删除顶层对象的重叠部分并设置填色和描边为“无”，如图5-149所示。

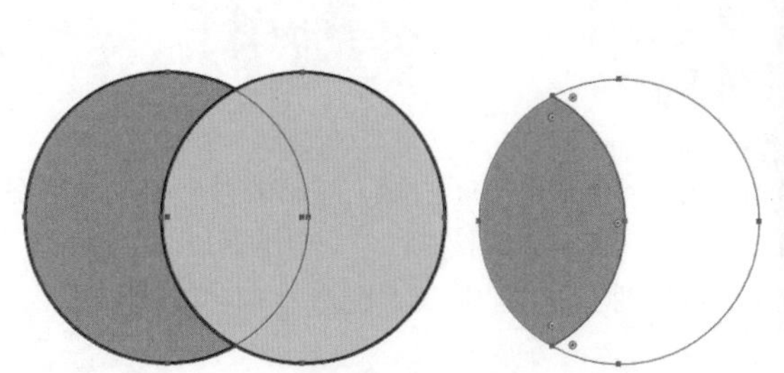

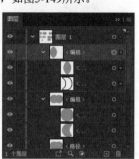

图5-149 “裁剪”效果

选中重叠对象后，单击“轮廓”按钮，按照对象中各个轮廓相交点将所有对象切割为多个独立的开放路径。转换后的路径只显示描边颜色且属性相同，如图5-150所示。

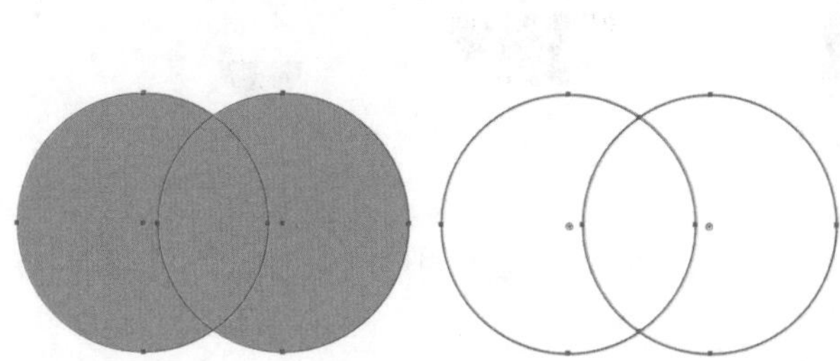

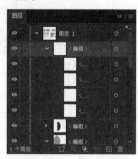

图5-150 “轮廓”效果

选中重叠对象后，单击“减去后方对象”按钮，将从顶层对象中减去底层对象，其余参数不变。完成操作后的路径在“图层”面板中显示为单一图层，如图5-151所示。

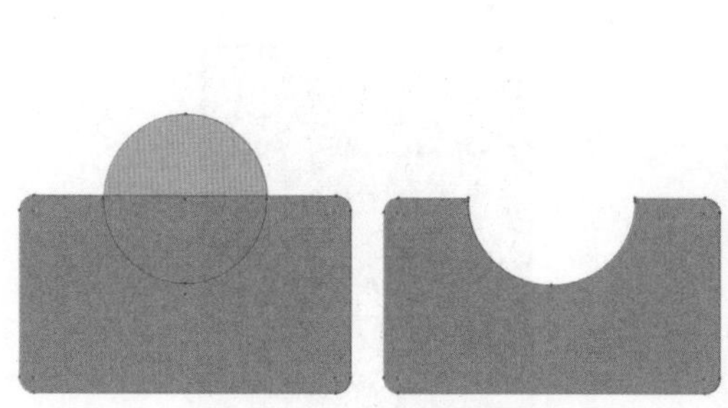

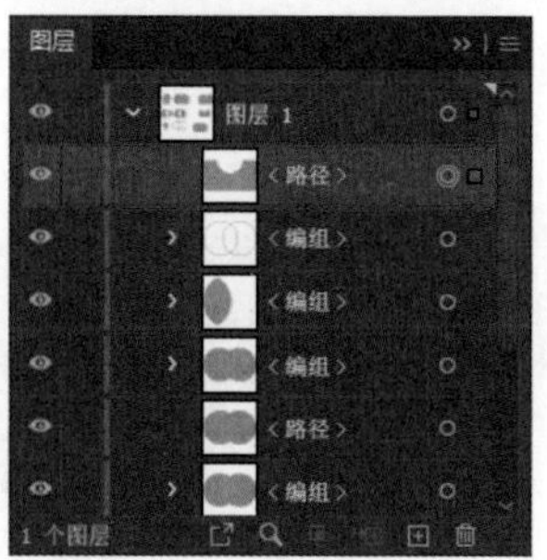

图5-151 “减去后方对象”效果

5.7.2 应用案例——绘制卡通灯泡图形

源 文 件：源文件\第5章\5-7-2.ai

素　材：无

技术要点：掌握【卡通灯泡图形】的绘制方法

扫描查看演示视频

STEP 01 新建一个 Illustrator 文件。使用“椭圆工具”绘制一个填色为 RGB（255、158、0）的椭圆，继续使用“矩形工具”绘制一个矩形，如图 5-152 所示。

STEP 02 使用“选择工具”选中椭圆和矩形，打开“路径查找器”面板，单击面板中的“联集”按钮；使用“直接选择工具”拖曳选中图形底部的两个锚点，拖曳锚点外侧的控制点，如图 5-153 所示。

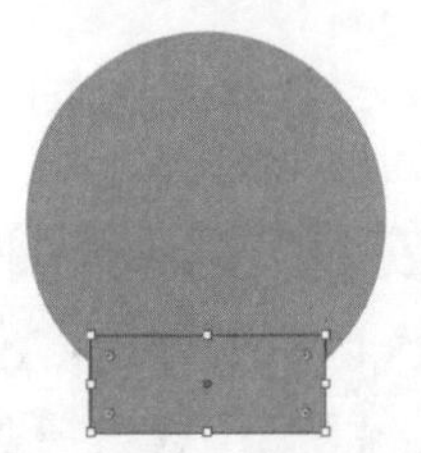

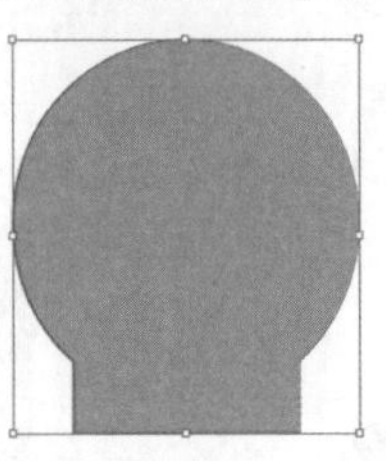

图5-152 绘制椭圆形和矩形

图5-153 联集效果

STEP 03 使用“圆角矩形工具”绘制一个填色为 RGB（180、180、180）的圆角矩形，继续使用“矩形工具”创建一个黑色矩形，如图 5-154 所示。

STEP 04 使用“直接选择工具”拖曳选中底部的两个锚点，拖曳调整为圆角，绘制的卡通灯泡图形效果如图 5-155 所示。

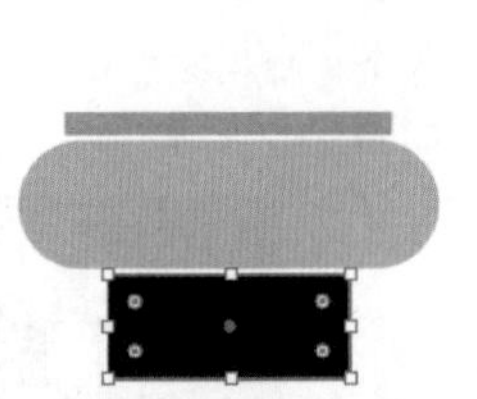

图5-154 绘制圆角矩形和矩形

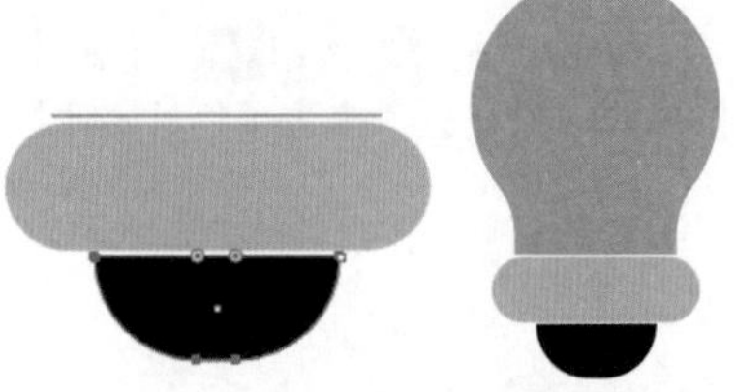

图5-155 灯泡效果

5.7.3 “路径查找器”面板菜单

单击“路径查找器”面板右上角的“面板菜单”按钮，打开面板菜单，如图5-156所示，选择其中的任意命令，可完成相应的操作。

“陷印”命令

“陷印”命令可以很好地弥补印刷机存在的缺陷。选择需要设置陷印的对象，在打开的“路径查找器”面板菜单中选择“陷印”命令，弹出“路径查找器陷印”对话框，如图5-157所示。在该对话框中可按照自己的需要设置各项参数，完成后单击“确定”按钮。

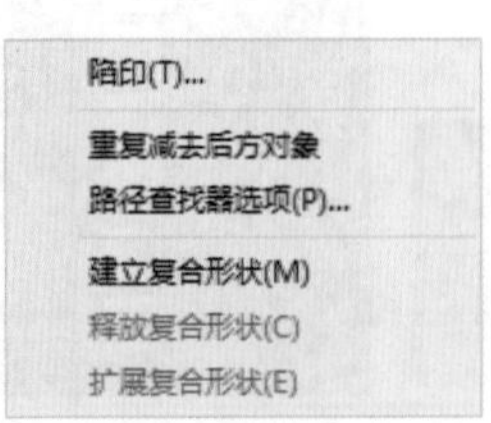

图5-156 面板菜单

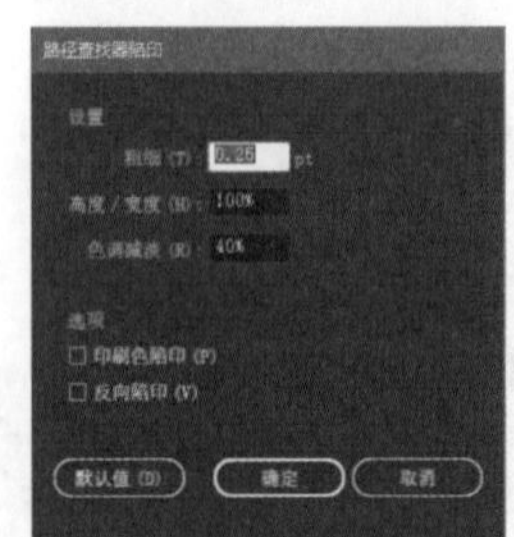

图5-157 “路径查找器陷印”对话框

重复命令

选择面板菜单中的“重复”命令，将会再次执行上一次的操作。每一次的不同操作，都会让该命令的名称发生改变。

例如，对两个对象执行“裁剪”操作，则“路径查找器”面板菜单中“重复”命令名称相应变为“重复裁切”，如图5-158所示。对两个对象执行“减去顶层”操作，那么“路径查找器”面板菜单中的“重复”命令名称相应变为“重复相减”，如图5-159所示。

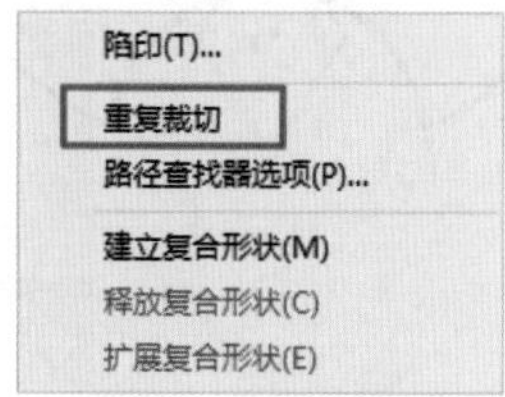

图5-158 重复裁切

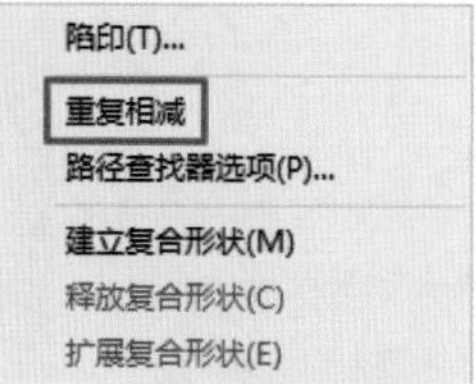

图5-159 重复相减

“路径查找器选项”命令

选择面板菜单中的“路径查找器选项”命令，弹出“路径查找器选项”对话框，如图5-160所示。设置各项参数，完成后单击“确定”按钮。

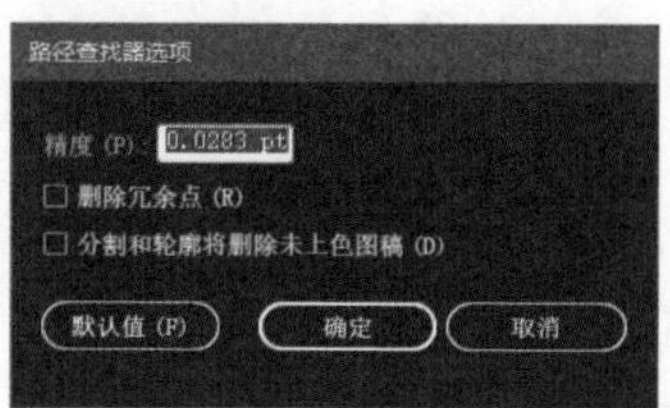

图5-160 “路径查找器选项”对话框

复合形状

创建复合形状后，“路径查找器”面板菜单中的“释放复合路径”和“扩展复合形状”命令将变为可用状态，用户可以根据自己的需要选择相应的命令。

5.7.4 应用案例——绘制蝙蝠侠轮廓

源文件：无

素　材：无

技术要点：掌握【蝙蝠侠轮廓】的绘制方法

扫描查看演示视频

STEP 01 新建一个 Illustrator 文件。使用“椭圆工具”在画板上绘制 4 个正圆，拖曳选中顶部的两个正圆，单击“路径查找器”面板中的“减去顶层”按钮，如图 5-161 所示。

STEP 02 拖曳选中新图形和底部的椭圆，再次单击“减去顶层”按钮；拖曳选中所有图形，单击“联集”按钮，效果如图 5-162 所示。

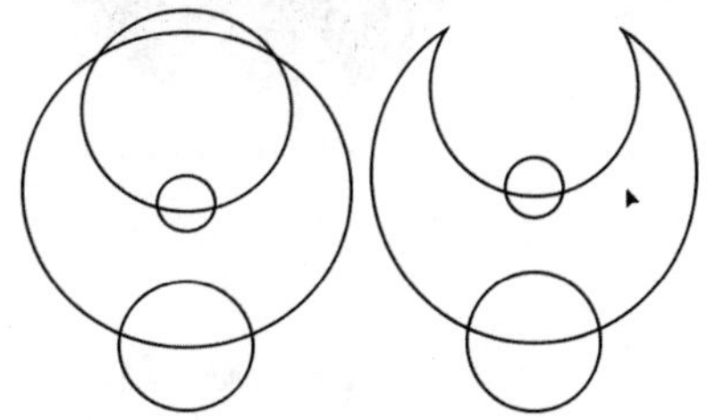
图5-161 绘制椭圆并进行减去顶层操作

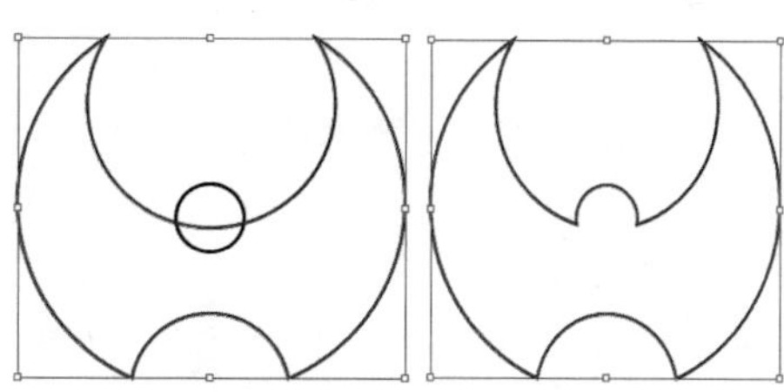
图5-162 减去顶层和联集效果

STEP 03 使用“多边形工具”在画板中创建三角形，并调整大小和位置，拖曳选中 3 个图形，单击“路径查找器”面板中的“减去顶层”按钮，效果如图 5-163 所示。

STEP 04 使用“钢笔工具”绘制一个菱形，选中所有图形，单击“路径查找器”面板中的“联集”按钮，效果如图 5-164 所示。

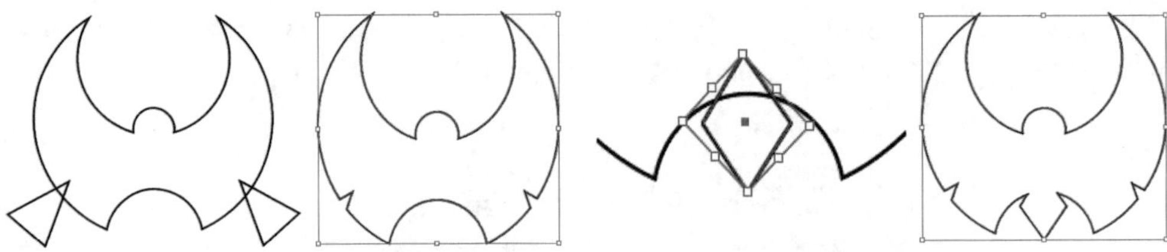

图5-163 减去顶层效果　　图5-164 联集效果

5.7.5 应用案例——制作蝙蝠侠图标

源 文 件：源文件\第5章\5-7-5.ai

素　材：无

技术要点：掌握【蝙蝠侠图标】的制作方法

扫描查看演示视频

STEP 01 在上一案例的基础上，使用“曲率工具”绘制图形，如图 5-165 所示。

STEP 02 使用“镜像工具”移动中心点，按住【Alt】键的同时单击中心点，弹出“镜像”对话框，设置垂直方向为 90°，单击“复制”按钮，效果如图 5-166 所示。选中所有图形，单击“联集”按钮，效果如图 5-167 所示。

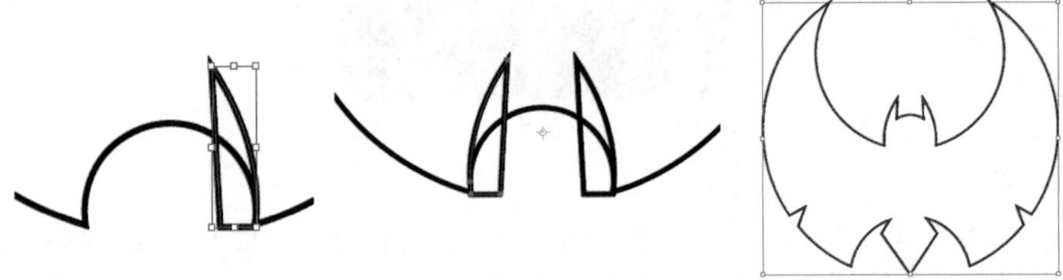

图5-165 绘制图形　　图5-166复制图形　　图5-167 联集效果

STEP 03 使用“椭圆工具”绘制两个椭圆并选中所有图形，单击“减去顶层”按钮，效果如图 5-168 所示。

STEP 04 设置图形的“填色”为 RGB（76、6、11），“描边”为“无”，完成后的蝙蝠侠图标效果如图 5-169 所示。

图5-168 绘制椭圆并减去顶层　　图5-169 图标效果

5.8 使用图层

创建复杂图稿时，由于一个图稿拥有很多对象和组，使得用户想要精确跟踪文档窗口中的所有对象比较困难。尤其一些较小的图形隐藏在大图形下，要想精确选中这些对象，难度很大。Illustrator

CC中的图层功能为用户提供了一种有效方式，用以管理组成图稿的所有对象。

5.8.1 使用“图层”面板

使用“图层”面板可以列出、组织和编辑文档中的对象。默认情况下，每个新建的文档都包含一个图层，而每个创建的对象都位于该图层下。用户也可以创建新的图层，并根据需求调整各个图层的顺序。

执行“窗口”→“图层”命令，打开“图层”面板，如图5-170所示。当面板中的单个图层包含其他对象时，图层名称的左侧显示三角图标。单击三角图标可显示或隐藏该图层的内容。如果图层名称左侧没有三角图标，则表示该图层中没有任何内容。

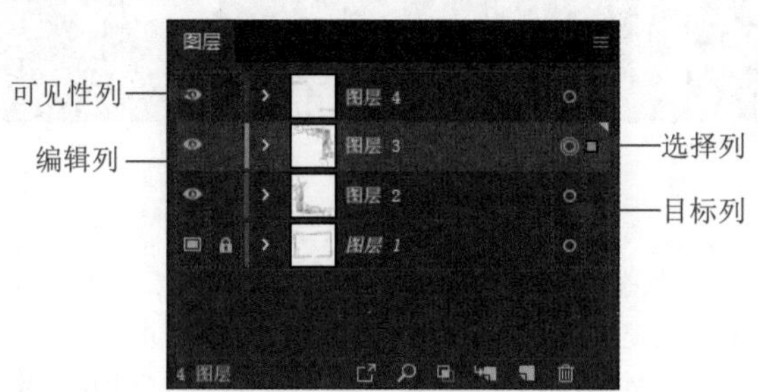

图5-170 “图层”面板

在Illustrator CC中，系统会为“图层”面板中的每个图层指定唯一颜色（最多9种颜色），该颜色显示在图层名称的左侧。选中图层中的一些对象或整个图层后，文档窗口中该对象的定界框、路径、锚点及中心点会显示与此相同的颜色，如图5-171所示。用户可以使用该颜色功能在“图层”面板中快速定位对象的相应图层，并根据需要更改图层颜色。

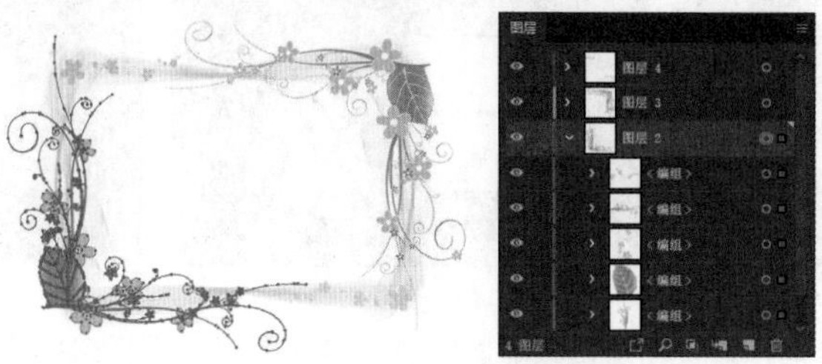

图5-171 选中对象的定界框颜色

“图层”面板选项

打开“图层”面板，单击面板右上角的“面板菜单”按钮，打开如图5-172所示的菜单。选择“面板选项”命令，弹出“图层面板选项”对话框，如图5-173所示。

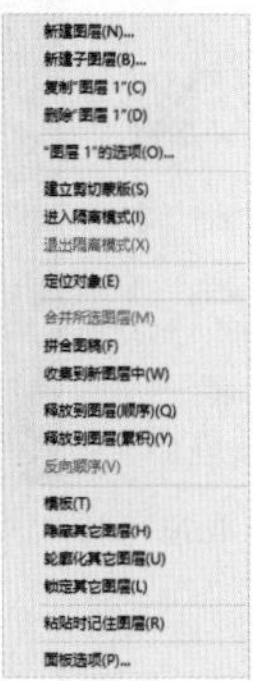

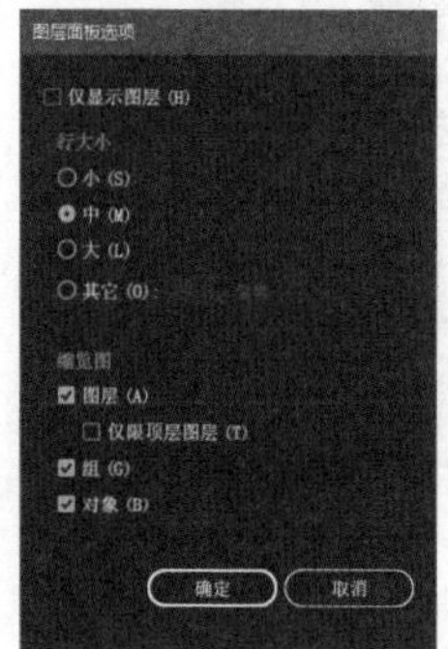

图5-172 打开菜单　图5-173 “图层面板选项”对话框

在该对话框中，选中“小”“中”“大”或“其他”单选按钮，为图层指定行高度。如果选中“其他”单选按钮，可在选项后面的文本框中输入12～100之间的数值。继续在对话框中设置其他选项，单击“确定”按钮完成操作。图5-174所示为具有不同行高的缩览图。

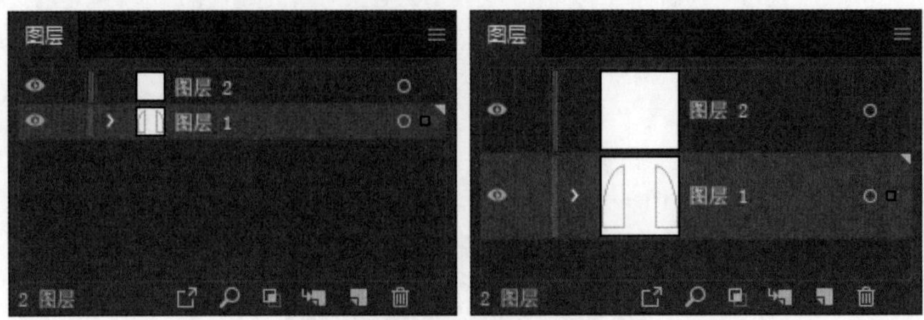

图5-174 具有不同行高的缩览图

图层选项

保持“图层”面板为打开状态，双击图层名称，名称将变为文本框且为选中状态，如图5-175所示。输入指定的名称，单击面板空白处确认重命名操作，如图5-176所示。

选中图层后，双击“图层”面板中的图层缩览图；也可以从“图层”面板菜单中选择“<图层名称>的选项”命令；还可以选择“新建图层”或“新建子图层”命令，都将弹出“图层选项”对话框，如图5-177所示。

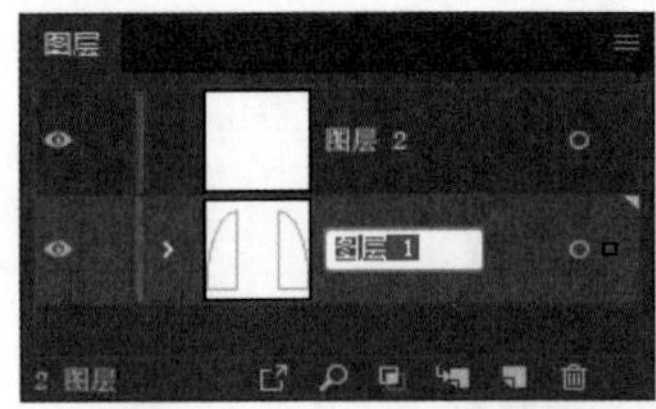

图5-175 选中图层名称

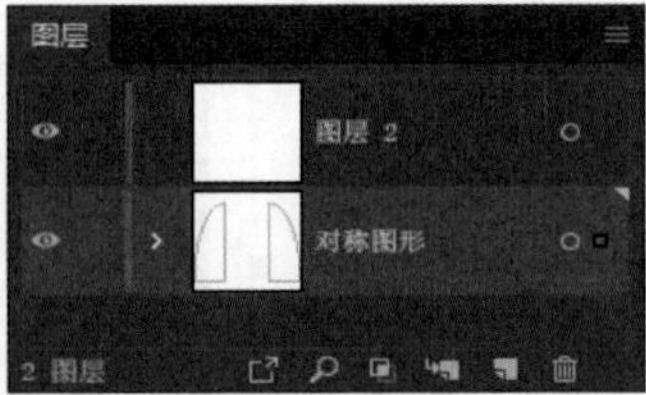

图5-176 重命名操作

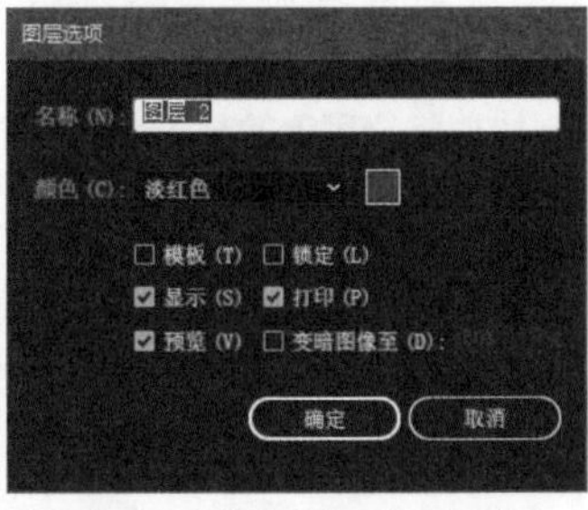

图5-177 “图层选项”对话框

选择“模板”复选框，选中图层由轮廓图层变为模板图层。模板图层默认为锁定状态，且图层名称显示为斜体，如图5-178所示。

选择“预览”复选框，选中图层包含的所有图稿将使用不同颜色显示在画板上；取消选择该复选框，选中图层包含的所有图稿将以黑色轮廓显示在画板中，且图层的可见性图标显示为轮廓样式，如图5-179所示。在对话框中设置相关选项，完成后单击“确定”按钮。

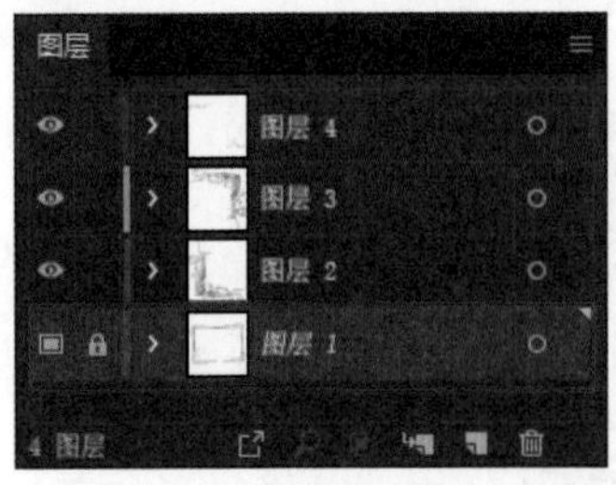

图5-178 模板图层

图5-179 取消选择“预览”复选框

5.8.2 创建图层

在“图层”面板中，单击某个图层将其选中，如图5-180所示。单击面板底部的“创建新图层”

按钮▣，新创建的图层的排列顺序位于该图层上方，如图5-181所示。单击面板底部的“创建新子图层”按钮▣，新创建的图层位于选中图层内部，如图5-182所示。

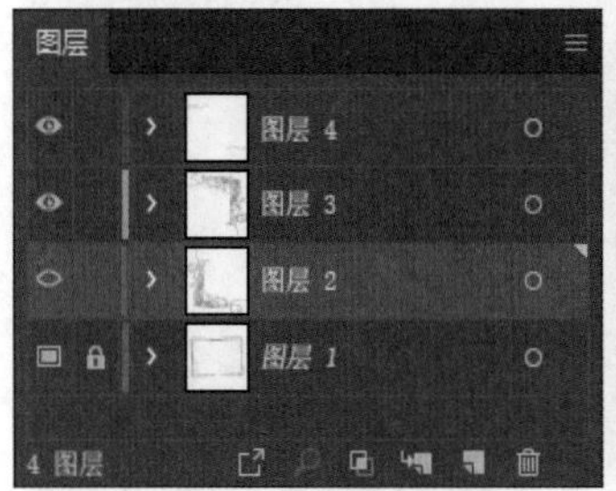

图5-180 选中图层

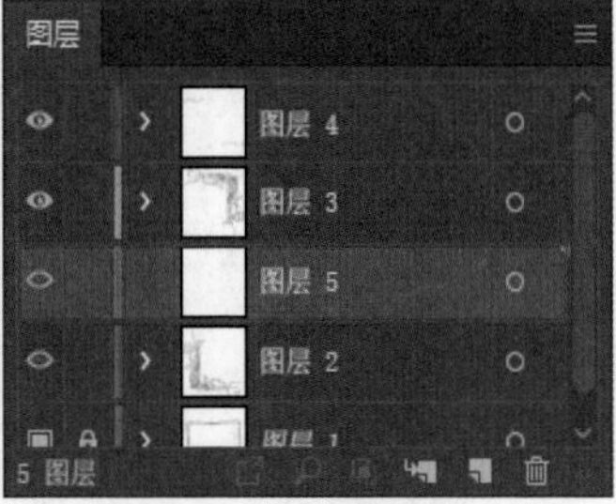

图5-181 创建新图层

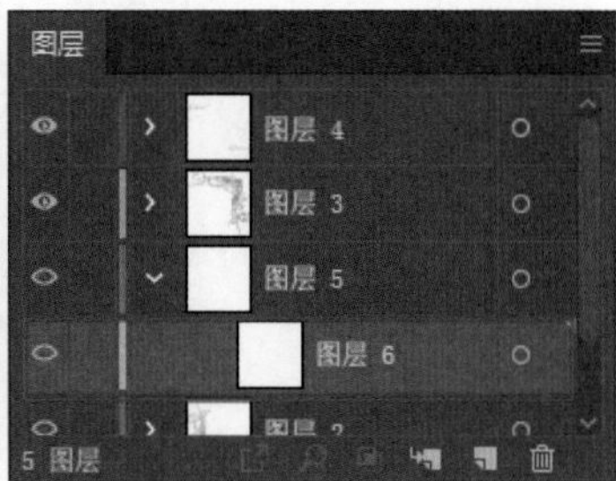

图5-182 创建新子图层

如果用户想要在创建新图层时设置相关选项，应在“图层”面板菜单中选择“新建图层”或“新建子图层”命令。

在“背面绘图”模式下，选中图层时创建图形，新图形所在图层位于所选图层内部的最底层，如图5-183所示。未选中图层时创建图形，新图形所在图层位于上次选中图层的最底层，如图5-184所示。

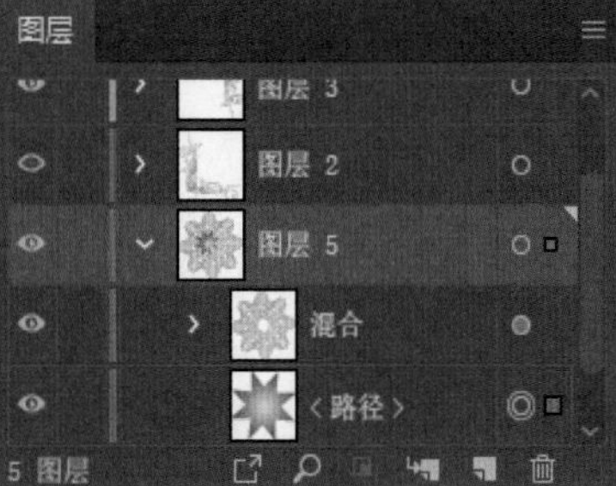

图5-183选中图层时所创建图形的位置

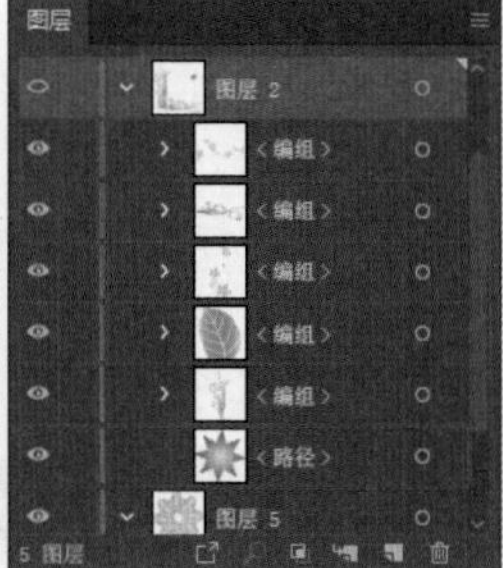

图5-184未选中图层时所创建图形的位置

5.8.3 移动对象到图层

使用“编组选择工具”选中画板中的一个或多个对象，再单击“图层”面板中所需图层将其选中，如图5-185所示。执行“对象”→“排列”→“发送至当前图层”命令，将选中对象移动到当前的选中图层内，如图5-186所示。

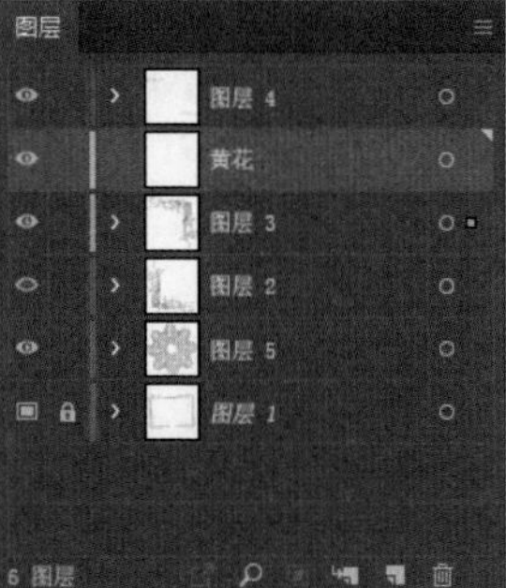

图5-185 选中对象和所需图层

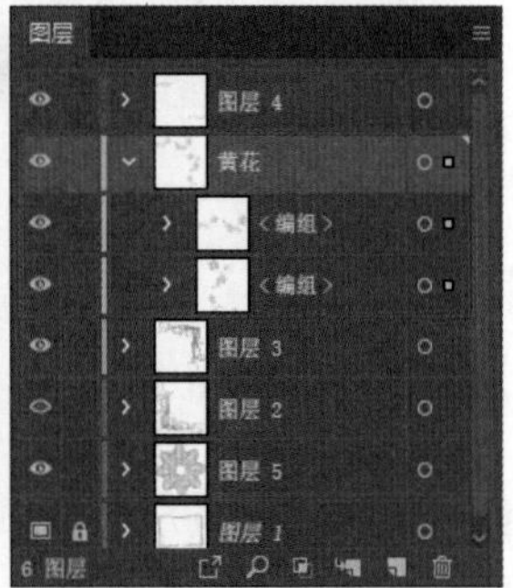

图5-186 移动图层位置

选中一个对象或组，如图5-187所示。在“图层”面板中所选对象或组的图层右侧出现选择颜色框，将选择颜色框拖曳到所需图层上，如图5-188所示。释放鼠标后，所选对象或组移动到所需图层内，如图5-189所示。

图5-187 选中对象或组

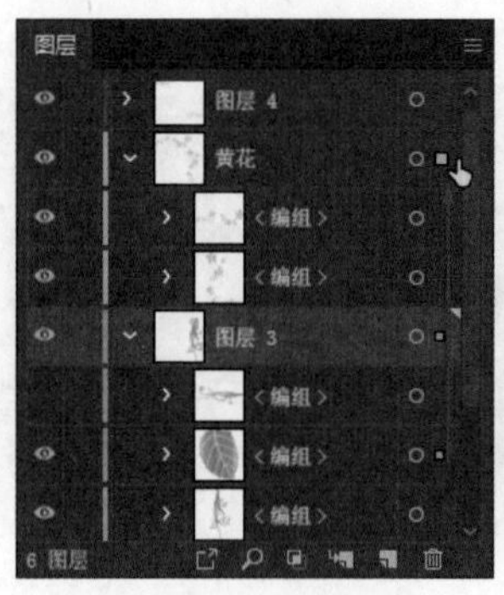

图5-188 拖曳颜色框

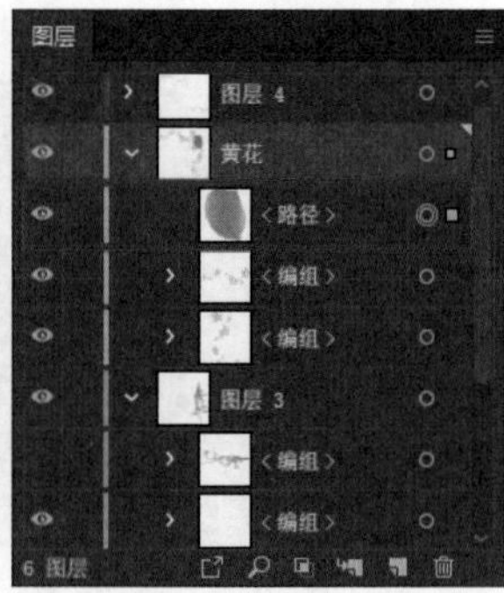

图5-189 移动图层位置

选择对象或图层后，再在“图层”面板菜单中选择“收集到新图层中”命令，可将选中对象或图层移至新建的图层中。

5.8.4 释放项目到图层

利用Illustrator CC中的“释放到图层”命令，可以将选中图层中的所有项目重新分配到各图层中，并根据对象的堆叠顺序在每个图层中构建新的对象。

在“图层”面板中，单击图层或组将其选中，如图5-190所示。从“图层”面板菜单中选择“释放到图层（顺序）”命令，所选图层的每个子图层都将被释放到新的图层中，如图5-191所示。

选择“释放到图层（累积）”命令，则所选图层中的每个子图层将被释放到图层并复制对象，用以创建图层的累积顺序，如图5-192所示。使用该命令，底部对象出现在每个新建的图层中，顶部对象仅出现在最上方的图层中。

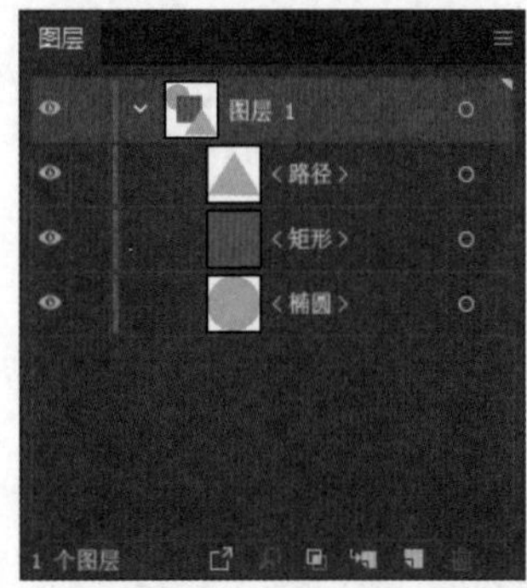

图5-190 选中图层

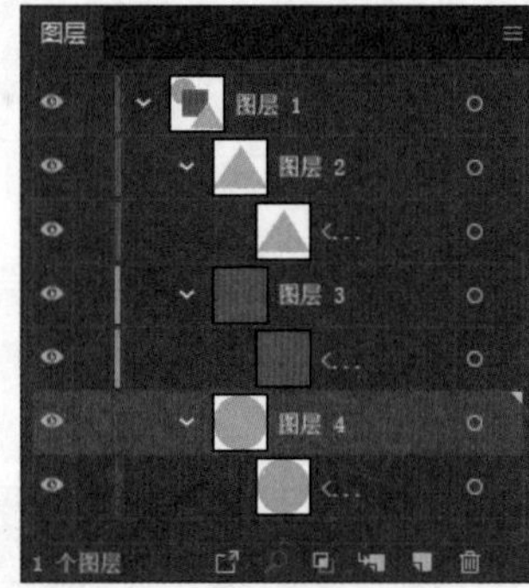

图5-191 释放到图层（顺序）

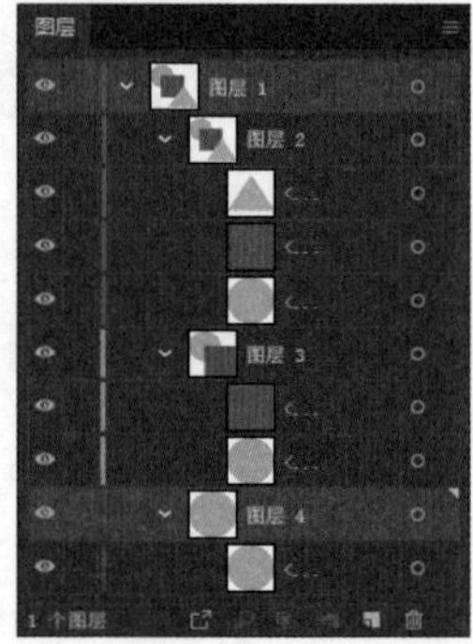

图5-192 释放到图层（累积）

5.8.5 合并图层和组

在Illustrator CC中，图层的合并功能与拼合图层的功能类似，二者都可以将对象、组和子图层合并到同一图层或组中。

按住【Ctrl】键并单击要合并的图层或组名称，或者按住【Shift】键的同时逐个单击图层或组名称，选中单击过的所有图层或组，再在“图层”面板菜单中选择“合并所选图层”命令，图层将被合并到最后选定的图层或组中，如图5-193所示。

在“图层”面板中选中任一图层，再在“图层”面板菜单中选择“拼合图稿”命令，所有图层将被拼合到一个图层中，该图层以选中图层的名称进行命名，如图5-194所示。

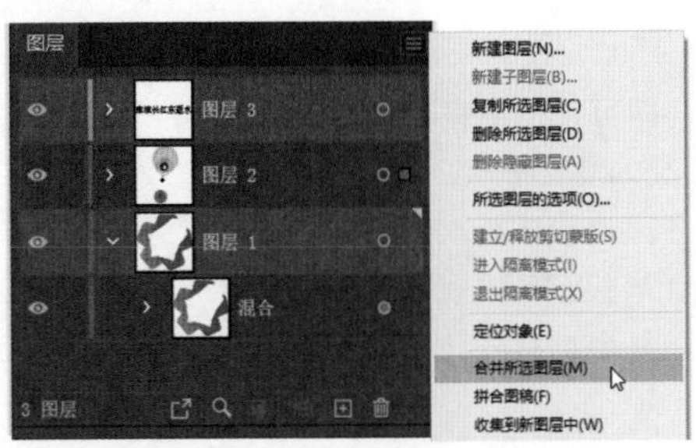

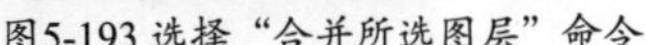
图5-193 选择“合并所选图层”命令

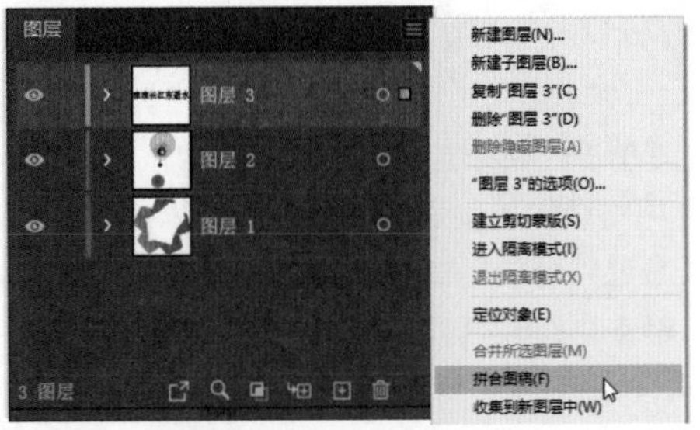

图5-194 选择“拼合图稿”命令

? 疑问解答 合并图层与拼合图层的区别有哪些?

使用合并功能，用户可以选择想要合并的对象、组或图层；而使用拼合功能，会将图稿中的所有可见图层都合并到同一图层中。但是无论使用哪种功能，图稿的堆叠顺序都将保持不变，其他的图层级属性会被删除。

5.8.6 在“图层”面板中定位项目

用户在文档窗口中选择对象或组时，可以使用“图层”面板菜单中的“定位对象”命令，在“图层”面板中快速定位相应的对象或组。

使用“编组选择工具”在画板中单击一个对象将其选中，在“图层”面板菜单中选择“定位对象”命令，“图层”面板中的相应图层变为选中状态；如果选择了多个对象或组，将会定位堆叠顺序中最前面的对象，如图5-195所示。

如果“图层面板选项”对话框中的“仅显示图层”复选框为选中状态，则面板菜单中的“定位对象”命令更改为“定位图层”命令，如图5-196所示。

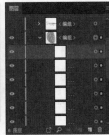

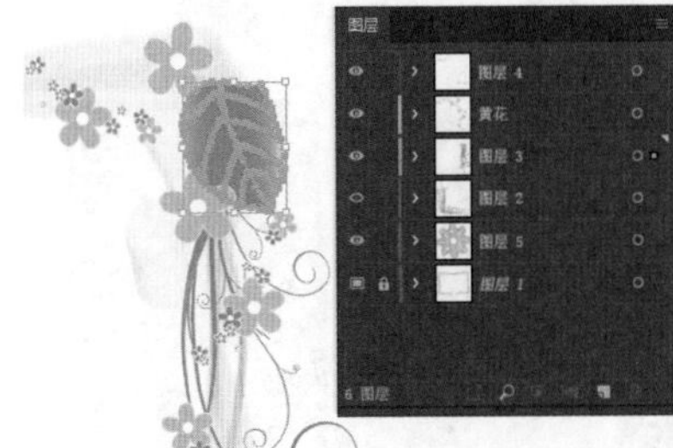

图5-195 定位对象

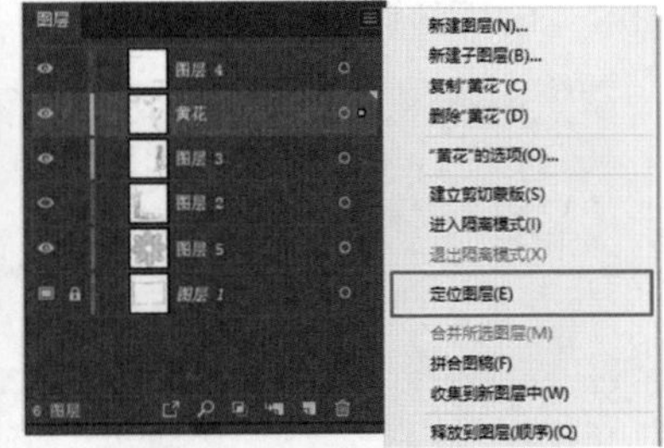

图5-196 “定位图层”命令

选中图层只能与“图层”面板中相同层级上的其他图层合并，该方法同样适用子图层，而对象无法与其他对象合并。

5.9 解惑答疑

熟练掌握Illustrator CC中对象的变换操作，有利于读者制作出更多符合要求的图形，同时有利于读者深刻理解Illustrator CC的绘图技巧。

5.9.1 图层在平面设计中有哪些应用

在平面设计中，可以将同类型的对象放置在一个图层中，便于管理和操作。可以将页面中的所有文字和印刷工艺分别放置在不同的图层中。例如，将专色、UV和烫金等工艺放在一个图层中，将包装设计的辅助线和裁切线放在同一图层中。

5.9.2 复合路径与复合形状有哪些区别

执行“对象”→“复合路径”→“建立”命令，即可将选中路径转换为复合路径。按住【Alt】键的同时单击“路径查找器”面板中的按钮创建的路径为复合形状。

两种路径的效果基本相同，都可以通过双击进入隔离模式再次编辑路径。不同之处在于复合路径可以通过“释放”命令退出复合路径模式。而复合形状一旦生成，就只能通过“还原”命令撤销操作。单击“路径查找器”面板中的“扩展”按钮，复合形状将转换为普通路径，不能再进行隔离编辑。

5.10 总结扩展

通过对对象进行各种变换操作，可以快速创建符合要求的图形。使用蒙版、封套、混合对象和“路径查找器”面板，可用绘制出更复杂的图形。

5.10.1 本章小结

通过本章的学习，用户需要熟练掌握Illustrator CC中对象的高级操作，即创建和编辑复杂图形的一些方法和技巧，包括使用全局编辑、变换对象、复制和删除对象、蒙版的使用方法、使用封套扭曲变形对象、混合对象和使用“路径查找器”面板等功能。

5.10.2 扩展练习——制作立体透视效果

源 文 件：源文件\第5章\5-10-2.ai

素　材：无

技术要点：掌握【立体透视效果】的绘制方法

扫描查看演示视频

完成本章内容学习后，接下来使用“分割为网格”和“混合对象”等功能完成立体透视效果的制作，对本章知识进行测验并加深对所学知识的理解，创建完成的案例效果如图5-197所示。

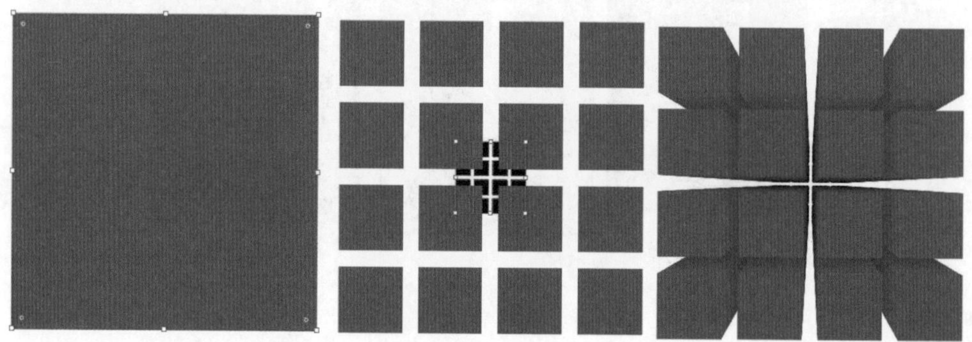

图5-197 案例效果

第6章 色彩的选择与使用

要想使绘制的图形产生好的视觉感受，色彩是必不可少的元素之一。Illustrator CC为用户提供了功能强大的色彩选择和使用工具，帮助用户设计出符合要求的作品，准确传达设计理念。本章将针对Illustrator CC中颜色的选择和使用进行讲解，帮助读者快速掌握颜色的基本概念和使用技巧。

Learning Objectives
学习重点

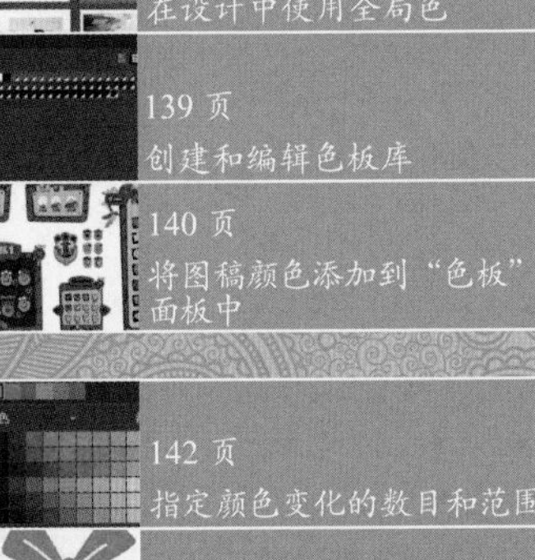

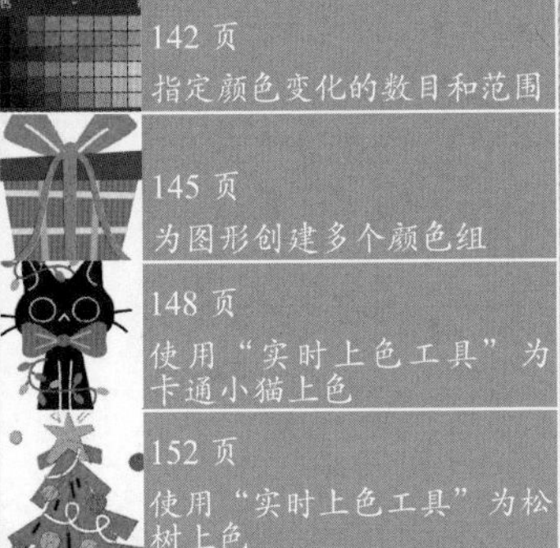

6.1 关于颜色

当对图稿应用颜色时，应该考虑用于发布图稿的最终媒体，以便能够使用正确的颜色模型和颜色定义。下面首先来学习一些颜色的基础知识，为之后的学习奠定基础。

6.1.1 颜色模型

颜色模型用来描述在数字图形中看到和用到的各种颜色。每种颜色模型（如RGB、CMYK或HSB）分别表示用于描述颜色及对颜色进行分类的不同方法。颜色模型用数值来表示可见色谱。色彩空间是另一种形式的颜色模型，它有特定的色域（范围）。

RGB颜色模型

绝大多数可视光谱都可表示为红、绿、蓝（RGB）三色光在不同比例和强度上的混合。如果这些颜色发生重叠，则产生青、洋红和黄。

RGB颜色称为加成色，因为用户通过将R、G和B添加在一起（即所有光线反射回眼睛）可产生白色，如图6-1所示。加成色用于照明光、电视和计算机显示器。例如显示器通过红色、绿色和蓝色的荧光粉发射光线产生颜色。

用户可以使用基于RGB颜色模型的RGB颜色模式处理颜色值。在RGB模式下，每种RGB成分都可使用从0（黑色）～255（白色）的值。例如，亮红色使用R值246、G值20和B值50。3种颜色成分值相等时产生灰色阴影；3种颜色成分值均为255时结果为纯白色；均为0时，结果是纯黑色。

提示：Illustrator 还包括称为 Web 安全的经修改的 RGB 颜色模式，也被称为“网页安全色”，这种模式仅包含适合在 Web 上使用的 RGB 颜色。

CMYK颜色模式

RGB模型由光源产生颜色，而CMYK模型基于纸张上打印油墨的吸收特性。当白色光线照射到半透明的油墨上时，将吸收一部分光谱，没有被吸收的颜色反射回眼睛，产生颜色。

混合青色（C）、洋红色（M）和黄色（Y）色素可通过吸收产生黑色，或通过相减产生所有颜色。因此这些颜色称为减色，如图6-2所示。添加黑色（K）油墨则是为了能够更好地实现阴影密度。将这些油墨混合重现颜色的过程称为四色印刷。

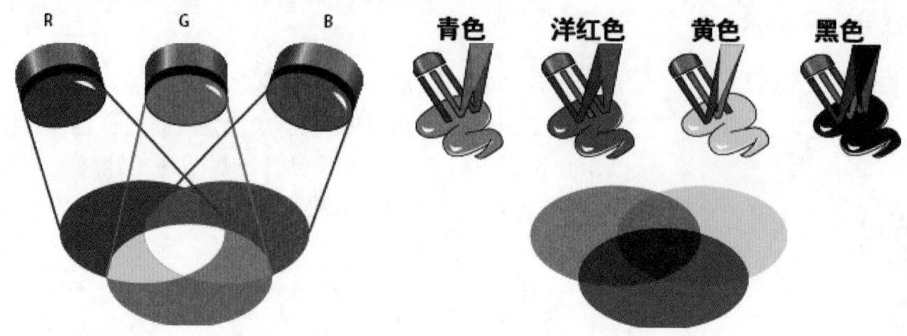

图6-1 加成色　　图6-2 减色

用户可以通过使用基于CMYK颜色模型的CMYK颜色模式处理颜色值。在CMYK模式下，每种CMYK四色油墨可使用从0～100%的值。为最亮颜色指定的印刷色油墨颜色百分比较低，而为较暗颜色指定的百分比较高。例如，亮红色可能包含2%青色、93%洋红、90%黄色和0%黑色。在CMYK对象中，低油墨百分比更接近白色，高油墨百分比更接近黑色。

CMYK 模式也被称为印刷专用色。使用印刷色油墨打印文档时，文档通常要设置为CMYK 模式。

HSB颜色模型

HSB颜色模型以人眼对颜色的感觉为基础，描述了颜色的色相、饱和度和亮度3种基本特性，如图6-3所示。

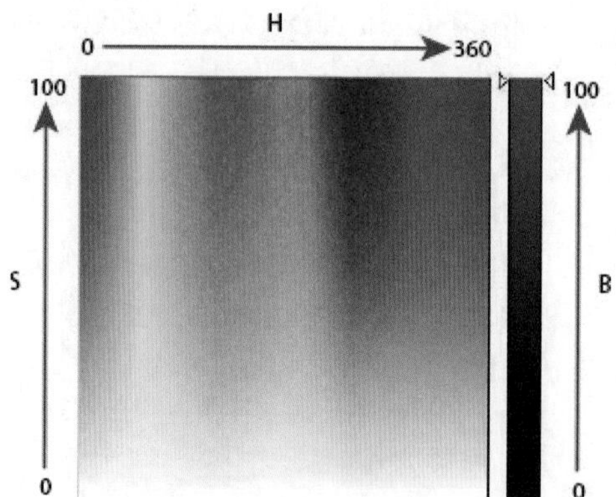

图6-3 HSB颜色模型

- 色相：反射自物体或投射自物体的颜色。在0°～360°的标准色轮上，按位置度量色相。在通常的使用中，色相是指颜色的名称，如红色、橙色或绿色。
- 饱和度：颜色的强度或纯度（也被称为色度）。饱和度表示色相中灰色分量所占的比例，它使用从0%（灰色）～100%（完全饱和）的百分比来度量。在标准色轮上，饱和度从中心到边缘递增。
- 亮度：亮度是指颜色的相对明暗程度，通常使用从0%（黑色）～100%（白色）的百分比来度量。

Lab颜色模式

Lab颜色模型是基于人对颜色的感觉，它是由专门制定各方面光线标准的组织Commission Internationale d'Eclairage（CIE）创建的颜色模型之一。

Lab中的数值描述正常视力的人能够看到的所有颜色。因为Lab描述的是颜色的显示方式，而不是设备（如显示器、桌面打印机或数码相机）生成颜色所需的特定色料的数量，所以Lab被视为与设备无关的颜色模型。色彩管理系统使用Lab作为色标，将颜色从一个色彩空间转换到另一个色彩空间。

在 Illustrator CC 中，可以使用 Lab 颜色模型创建、显示和输出专色色板。但是，不能以 Lab 模式创建文档。

灰度颜色模式

灰度颜色模式使用黑色调表示物体。每个灰度对象都具有从0%（白色）～100%（黑色）的亮度值。使用黑白或灰度扫描仪生成的图像通常以灰度显示，如图6-4所示。

图6-4 灰度

使用灰度颜色模式，还可将彩色图稿转换为高质量的黑白图稿。在这种情况下，Illustrator CC放弃原始图稿中的所有颜色信息；转换对象的灰色级别（阴影）表示原始对象的明度。

将灰度对象转换为 RGB 时，每个对象的颜色值代表对象之前的灰度值。也可以将灰度对象转换为 CMYK 对象。

6.1.2 色彩空间和色域

色彩空间是可见光谱中的颜色范围。色彩空间也可以是另一种形式的颜色模型。Adobe RGB、Apple RGB 和sRGB是基于同一个颜色模型的不同色彩空间示例。

色彩空间包含的颜色范围称为色域。整个工作流程内用到的各种不同设备（如计算机显示器、扫描仪、桌面打印机、印刷机、数码相机）都在不同的色彩空间内运行，它们的色域各不相同，如图6-5所示。某些颜色位于计算机显示器的色域内，但不在喷墨打印机的色域内；某些颜色位于喷墨打印机的色域内，但不在计算机显示器的色域内。无法在设备上生成的颜色被视为超出该设备的色彩空间，该颜色超出色域。

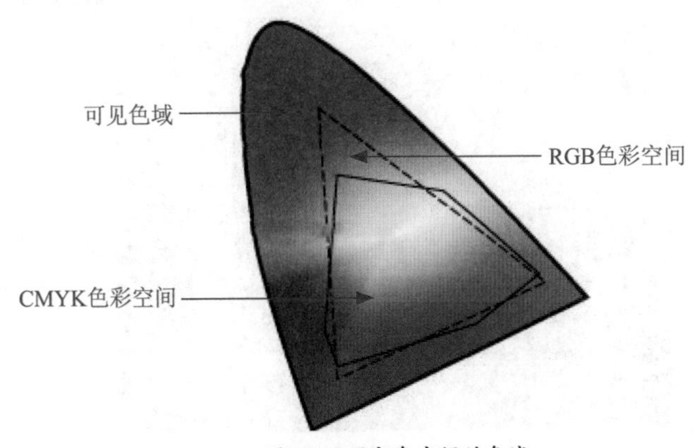

图6-5 不同颜色空间的色域

6.1.3 专色与印刷色

可以将颜色类型指定为专色或印刷色，这两种颜色类型与商业印刷中使用的两种主要的油墨类型相对应。对路径和框架应用颜色时，要先确定使用该图稿的最终媒介，以便使用最合适的颜色模式应用颜色。执行“窗口”→“色板库”→“默认色板”命令，可以看到Illustrator CC为用户提供的针对不用媒介的色板库，如图6-6所示。

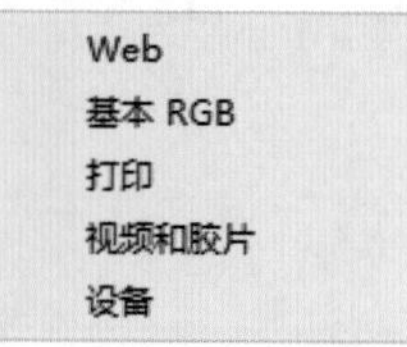

图6-6 针对不同媒介的色板库

使用专色

专色是一种预先混合的特殊油墨，用于替代印刷油墨或为其提供补充，它在印刷时需要使用专门的印版。当指定少量颜色并且颜色准确度很关键时应使用专色。专色油墨能够准确重现印刷色色域以外的颜色。但是，印刷专色的确切外观由印刷商所混合的油墨和所用纸张共同决定，而不是由用户指定的颜色值或色彩管理决定。指定专色值时，用户描述的仅是显示器和彩色打印机的颜色模拟外观（取决于这些设备的色域限制）。

使用印刷色

印刷色是使用4种标准印刷油墨的组合打印的：青色（C）、洋红色（M）、黄色（Y）和黑色（K）。当需要的颜色较多而导致使用单独的专色油墨成本很高或者不可行时（例如，印刷彩色照片时），需要使用印刷色。

6.2 颜色的选择

用户可以使用Illustrator CC中的各种工具、面板和对话框并按要求为图稿选择颜色。例如，如果希望使用公司认可的特定颜色，则可以从公司认可的色板库中选择颜色。如果希望颜色与其他图稿中的颜色匹配，则可以使用吸管或拾色器并输入准确的颜色值。

6.2.1 使用拾色器

拾色器通过选择色域和色谱、定义颜色值或单击色板的方式，选择对象的填色参数或描边参数。双击工具箱底部的填色或描边颜色边框，弹出“拾色器”对话框，如图6-7所示。

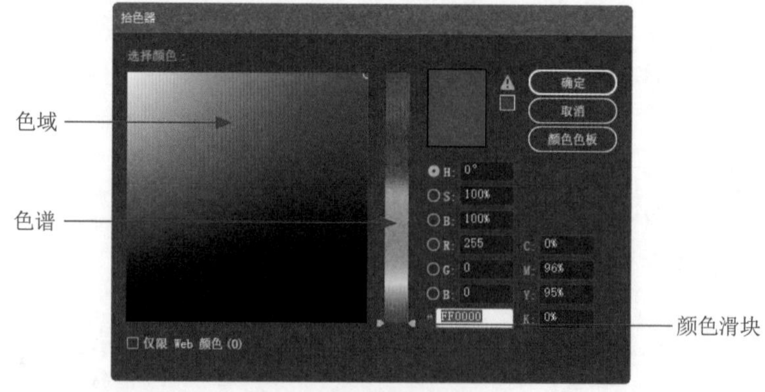

图6-7 “拾色器”对话框

用户可以通过执行下列任一操作来选择颜色。

- 单击或在“拾色器”对话框左侧的色域中拖曳，圆形标记指示色谱中颜色的位置。
- 沿颜色滑块拖动三角形或单击色谱中的任意位置。
- 在对话框中的任一文本框内输入具体的颜色值。
- 单击“颜色色板”按钮，选择一个色板。

双击“颜色”面板或“色板”面板中的填色或描边颜色边框，也可以打开“拾色器”对话框。

6.2.2 使用“颜色”面板

执行“窗口”→“颜色”命令，即可打开“颜色”面板，如图6-8所示。使用“颜色”面板可以将颜色应用于对象的填色和描边，还可以编辑和混合颜色。

“颜色”面板可使用不同颜色模型显示颜色值。默认情况下，“颜色”面板中只显示最常用的选项。用户可以从面板菜单中选择不同的颜色模型，如图6-9所示。

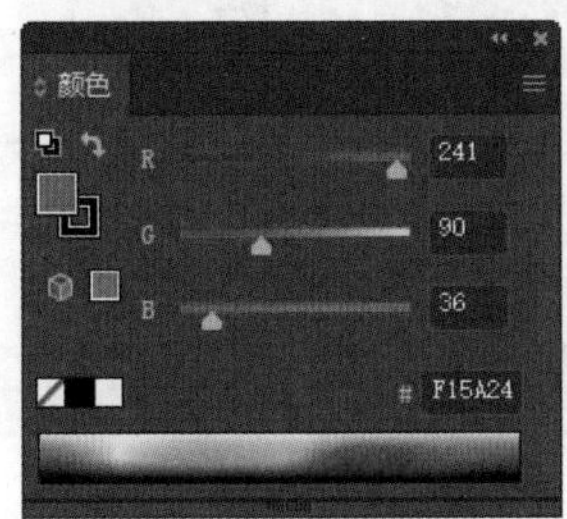

图6-8 “颜色”面板

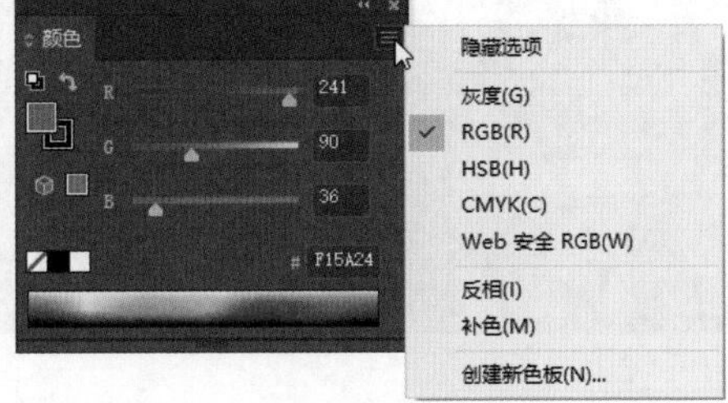

图6-9 选择不同的颜色模型

用户可以从面板菜单中选择“显示选项”或者单击“颜色”面板右上角的双三角形，循环切换“颜色”面板的显示大小，如图6-10所示。

图6-10 切换“颜色”面板的显示大小

从“颜色”面板菜单中选择希望使用的颜色模式只会影响“颜色”面板的显示，并不会更改文档的颜色模式。

用户可以通过执行下列操作中的任一操作选择颜色。

- 拖动或在滑块中单击。
- 按住【Shift】键并拖动颜色滑块，移动与之关联的其他滑块（HSB滑块除外）。这样可保留类似颜色，但色调或强度不同。
- 在任一文本框中输入具体的颜色值。
- 单击面板底部的色谱条。单击颜色条左侧的“无”框，将不选择任何颜色；单击颜色条左上角的白色色板，将选择白色；单击颜色条左上角的黑色色板，将选择黑色。

6.2.3 使用“色板”面板

执行“窗口”→“色板”命令，打开“色板”面板，如图6-11所示。使用该面板可以控制文档的颜色、渐变和图案。色板可以单独出现，也可以成组出现。还可以打开来自其他Illustrator文档和各种颜色系统的色板库。色板库显示在单独的面板中，不与文档一起存储。

"色板"面板和色板库面板包括多种类型的色板，包括印刷色、全局印刷色、专色、渐变、图案、无、套版色和颜色组。接下来重点讲解印刷色、全局印刷色和专色3种色板。

印刷色

印刷色使用4种标准印刷色油墨的组合打印：青色、洋红色、黄色和黑色。默认情况下，Illustrator CC将新色板定义为印刷色。

全局印刷色

当编辑全局色时，图稿中的全局色自动更新。所有专色都是全局色；但是印刷色可以是全局色或局部色。可以根据全局色图标（当面板为列表视图时）或右下角的三角形（当面板为缩略图视图时）标识全局色色板，如图6-12所示。

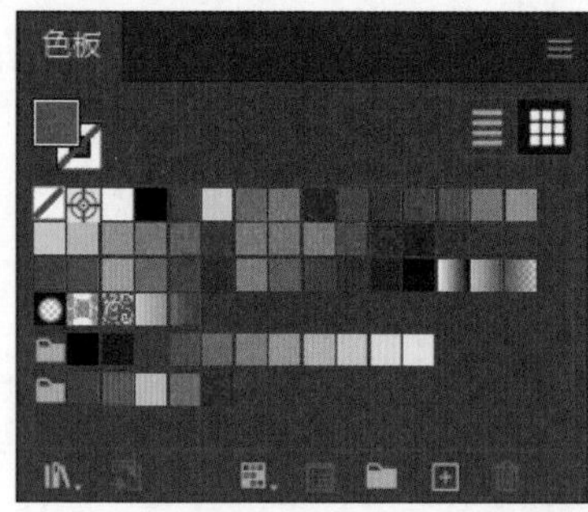

图6-11 "色板"面板

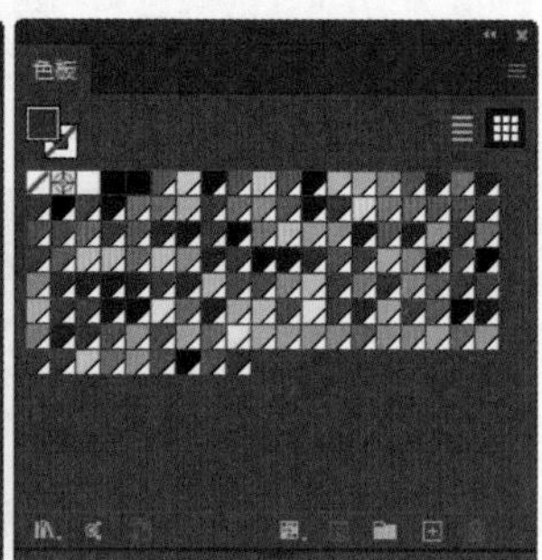

图6-12 全局色色板

专色

专色是预先混合的用于代替或补充CMYK四色油墨的油墨。可以根据专色图标（当面板为列表视图时）或右下角的点（当面板为缩略图视图时）标识专色色板，如图6-13所示。

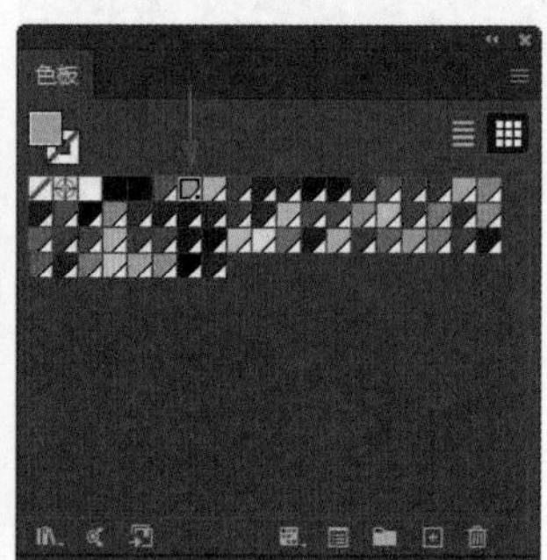

图6-13 专色色板

6.2.4 应用案例——使用和编辑色板

源 文 件：无

素　材：无

技术要点：掌握【使用和编辑色板】的方法

扫描查看演示视频

STEP 01 打开"色板"面板，默认情况下其采用"显示缩览图视图"方式，单击"显示列表视图"按钮，更改显示模式，如图 6-14 所示。

STEP 02 单击"色板"面板底部的"新建颜色组"按钮，在弹出的"新建颜色组"对话框中输入颜色组的名称，如图 6-15 所示。单击"确定"按钮，创建一个颜色组。

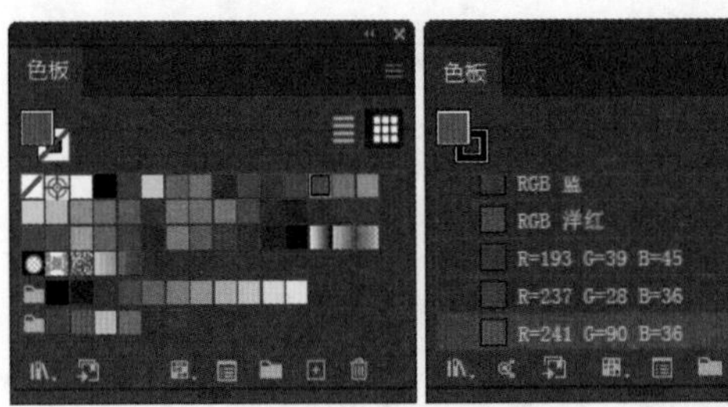

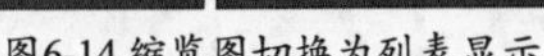
图6-14 缩览图切换为列表显示

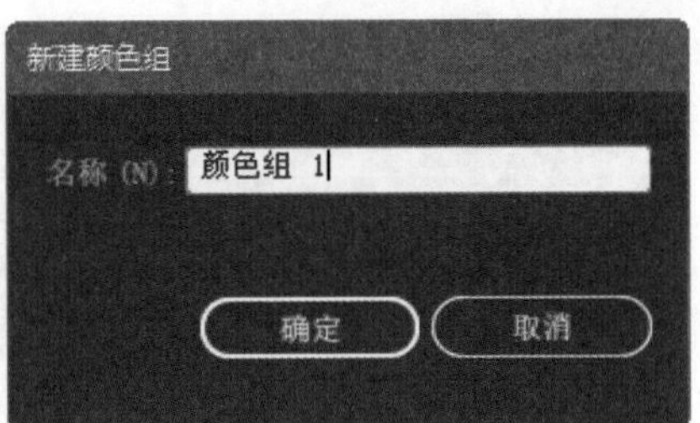

图6-15 输入颜色组名称

用户也可以通过将各个颜色色板拖曳到新建的颜色组文件中，完成新建颜色组的操作。还可以选择需要的颜色，然后再通过单击“新建颜色组”按钮的方法创建颜色组。

STEP 03 选择面板菜单中的“显示查找栏”命令，“色板”面板顶部将出现查找文本框，在文本框中输入色板名称的首字母或多个字母，即可快速找到特定色板，如图 6-16 所示。

STEP 04 选择面板菜单中的“按名称排序”或者“按类型排序”命令，可以对单个色板及颜色组内的色板按照名称或类型重新排序，如图 6-17 所示。将光标移动到想要移动位置的色板上，按住鼠标左键并拖曳，可以将色板拖曳到新位置，如图 6-18 所示。

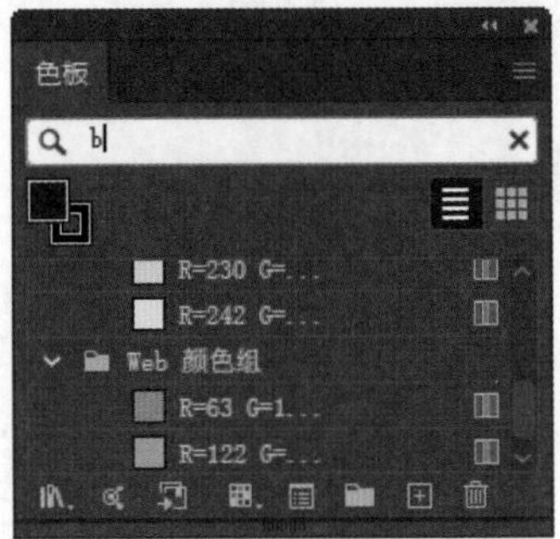

图6-16 查找色板

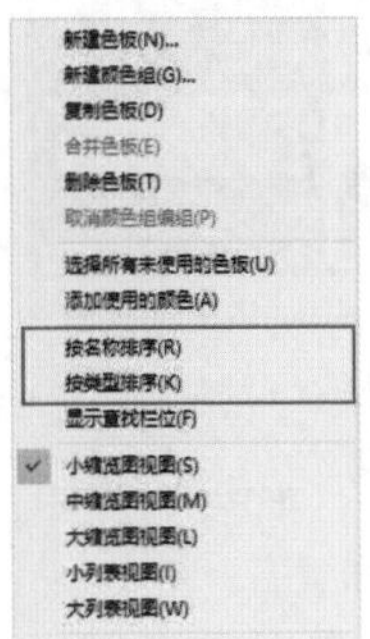

图6-17 排列色板

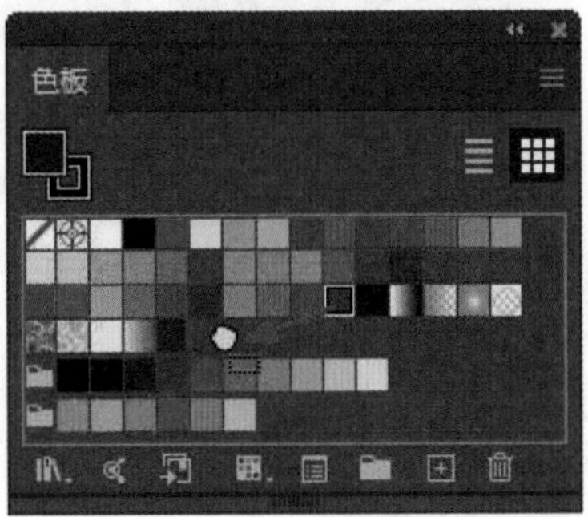

图6-18 拖曳移动色板位置

单击“色板”面板底部的“显示‘色板类型’菜单”按钮，在打开的下拉列表框中选择显示不同类型的色板。

? 疑问解答 如何将“色板”面板限制为仅在文档中使用的颜色？

首先需要在面板菜单中选择“选择所有未使用的色板”命令，然后单击面板底部的“删除色板”按钮，将未使用的色板删除即可。

6.2.5 应用案例——在设计中使用全局色

源 文 件：源文件\第6章\6-2-5.ai

素　 材：素材\第6章\62501.ai

技术要点：掌握【全局色】的使用方法

扫描查看演示视频

扫描下载素材

STEP 01 执行“文件”→“打开”命令，将“素材\第 6 章\62501.ai”文件打开，使用“魔棒工具”将画板中所有使用蓝色为填充色的对象选中，如图 6-19 所示。

STEP 02 打开“色板”面板，单击面板底部的“新建色板”按钮，弹出“新建色板”对话框，选择“全局色”复选框，如图 6-20 所示。单击“确定”按钮，新建一个全局色，“色板”面板如图 6-21 所示。

图6-19 选中所有蓝色填充对象

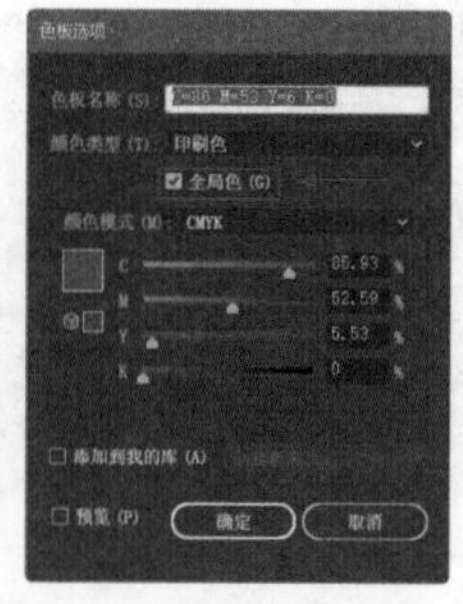

图6-20 “新建色板”对话框

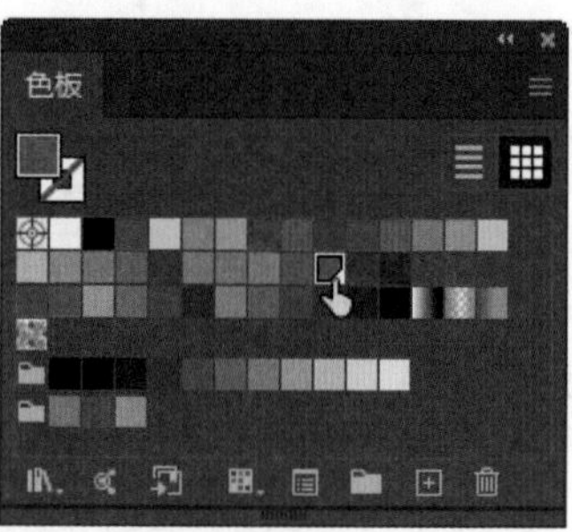

图6-21 新建全局色

STEP 03 双击新建的全局色色板，在弹出的“色板选项”对话框中修改颜色值，完成后单击“确定”按钮，呈现另一种配色方案，如图 6-22 所示。

STEP 04 再次修改全局色，从而获得新的配色方案，如图 6-23 所示。

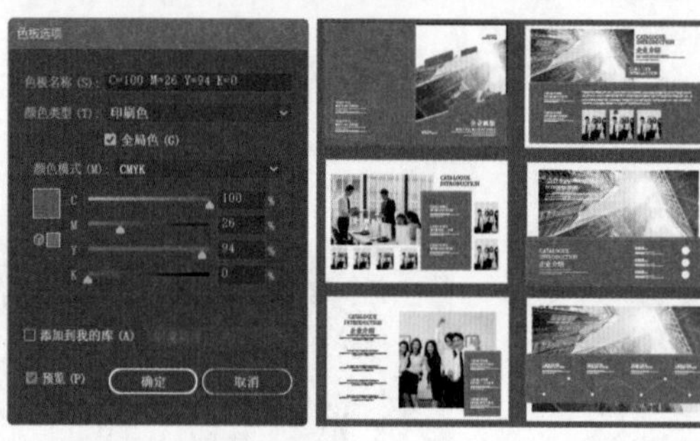

图6-22 另一种配色方案

图6-23 修改全局色获得新的配色方案

6.2.6 使用色板库

色板库是预设颜色的集合，包括油墨库（如PANTONE、HKS、Trumatch、FOCOLTONE、DIC和TOYO）和主题库（如迷彩、自然、希腊和宝石）。

打开一个色板库时，该色板库将显示在新面板中（而不是“色板”面板）。在色板库中选择、排序和查看色板的方式与在“色板”面板中的操作一样。但是不能在“色板库”面板中添加色板、删除色板或编辑色板。

单击“色板”面板底部的“‘色板库’菜单”按钮，如图6-24所示。或者在“色板”面板菜单中选择“打开色板库”→“库名称”命令，如图6-25所示。或者执行“窗口”→“色板库”→“库名称”命令，在打开的子菜单中选择相应的色板库即可，如图6-26所示。

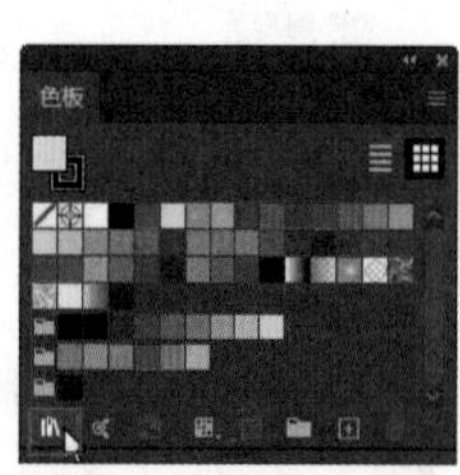

图6-24 单击“‘色板库’菜单”按钮

图6-25 在面板菜单中选择

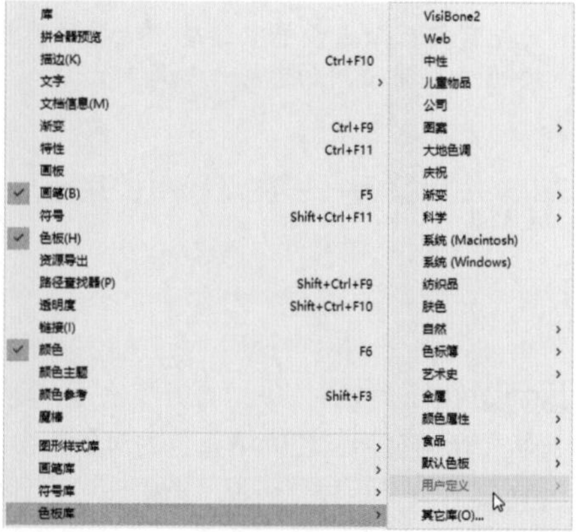

图6-26 菜单命令

用户可以通过以下方法将色板库移动至“色板”面板中。

- 将一个或多个色板从“色板库”面板拖动到“色板”面板中。
- 选择要添加的色板，然后从库的面板菜单中选择“添加到色板”命令。
- 为文档中的对象应用色板。如果色板是一个全局色板或专色色板，则会自动将此色板添加到“色板”面板中。

用户可以在“色板”面板的面板菜单中选择“小缩览图视图”“中缩览图视图”“大缩览图视图”“小列表视图”或“大列表视图”等显示模式。

6.2.7 应用案例——创建和编辑色板库

源 文 件：无

素　材：无

技术要点：掌握【创建和编辑色板库】的方法

扫描查看演示视频

STEP 01 选中“色板”面板中的所有色板，单击“删除色板”按钮，删除选中的色板，如图6-27所示。单击“新建色板”按钮，弹出“新建色板”对话框，如图6-28所示。

STEP 02 单击“确定”按钮，即可将色板添加到“色板”面板中，如图6-29所示。

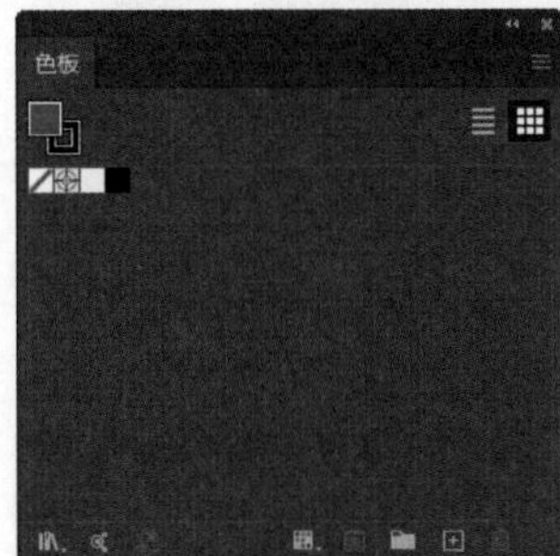

图6-27 删除色板

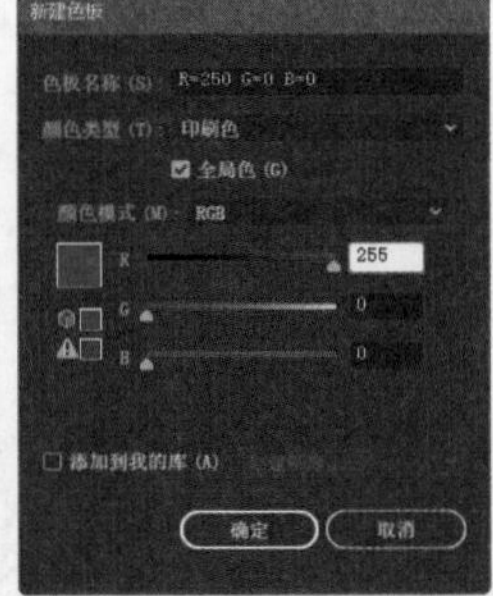

图6-28 “新建色板”对话框

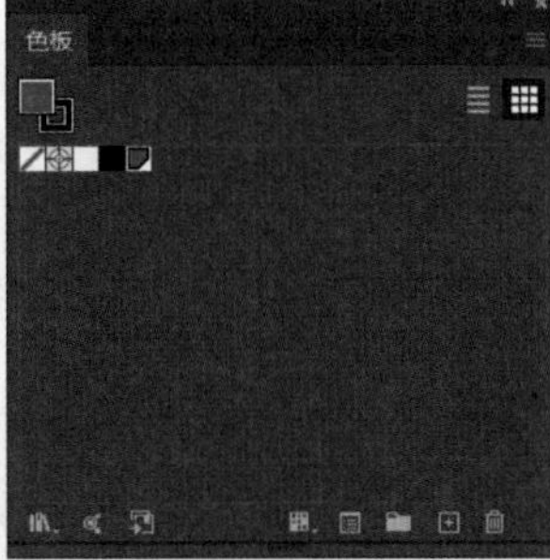

图6-29 添加色板

STEP 03 继续采用相同的方法创建如图6-30所示的色板。在“色板”面板菜单中选择“将色板库存储为AI”命令，在弹出的“另存为”对话框中设置色板库的名称和存储位置，如图6-31所示。

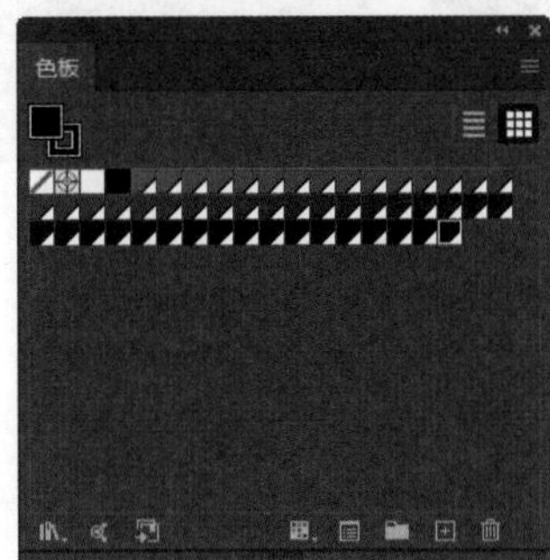

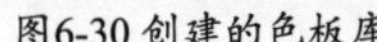

图6-30 创建的色板库

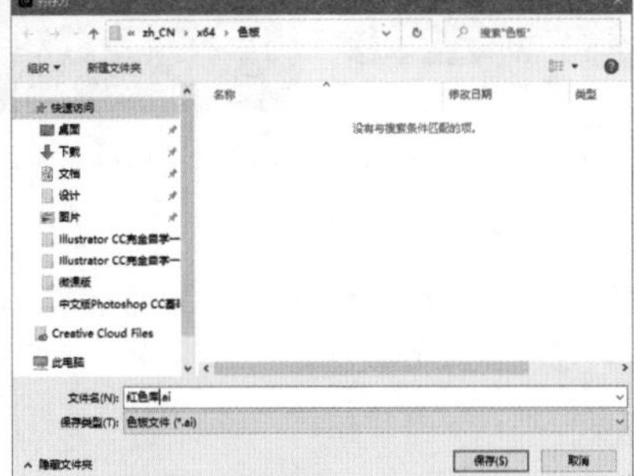

图6-31 “另存为”对话框

STEP 04 单击“保存”按钮，即可完成色板库的创建。执行“文件”→“打开”命令，选择保存的色板库文件，即可将色板库文件打开并再次编辑。

默认情况下，Illustrator CC的色板库文件存储在“C:\Program Files\Adobe\Adobe Illustrator 2020\Presets\zh_CN\色板”文件夹中。

6.2.8 应用案例——将图稿颜色添加到“色板”面板中

源 文 件：无

素　材：素材\第6章\62801.ai

技术要点：掌握【将颜色添加到“色板”面板中】的方法

扫描查看演示视频

扫描下载素材

STEP 01 执行“文件”→“打开”命令，打开“素材\第 6 章\62801.ai”文件，确定未选中任何内容，如图 6-32 所示。

STEP 02 打开“色板”面板，选择面板菜单中的“添加使用的颜色”命令，即可将文件中的所有颜色添加到“色板”面板中，如图 6-33 所示。

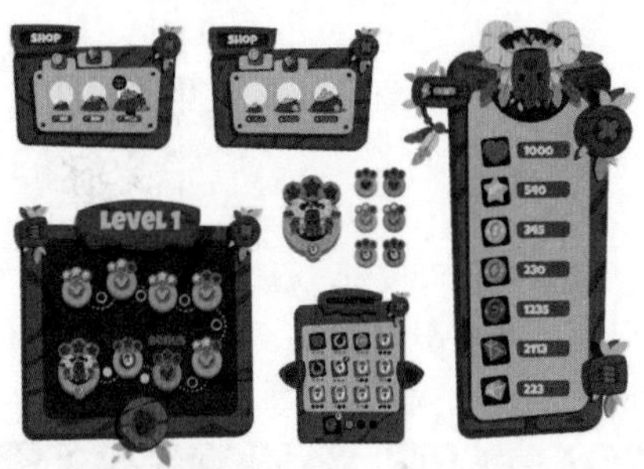
图6-32 打开素材文件

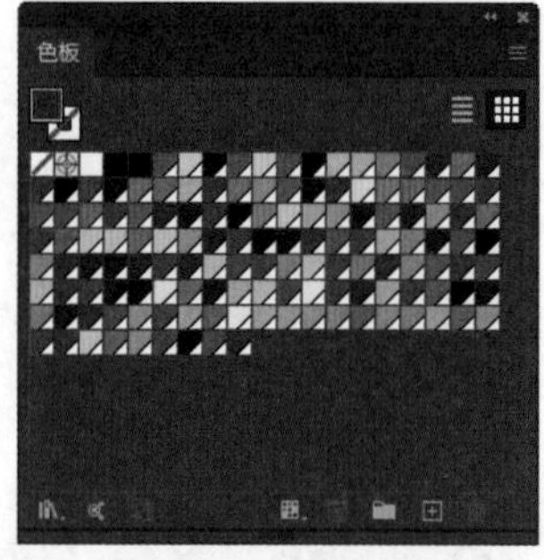

图6-33 添加所有颜色

STEP 03 选择包含要添加到“色板”面板中的颜色的对象，选择面板菜单中的“添加使用的颜色”命令，将选中对象的颜色添加的“色板”面板中，如图 6-34 所示。

STEP 04 选择对象后，单击“新建颜色组”按钮，在弹出的“新建颜色组”对话框中设置参数，单击“确定”按钮，将选中对象的颜色添加到“色板”面板中，如图 6-35 所示。

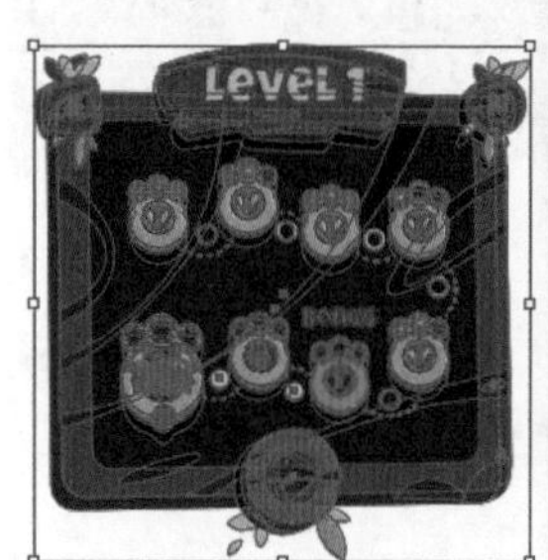
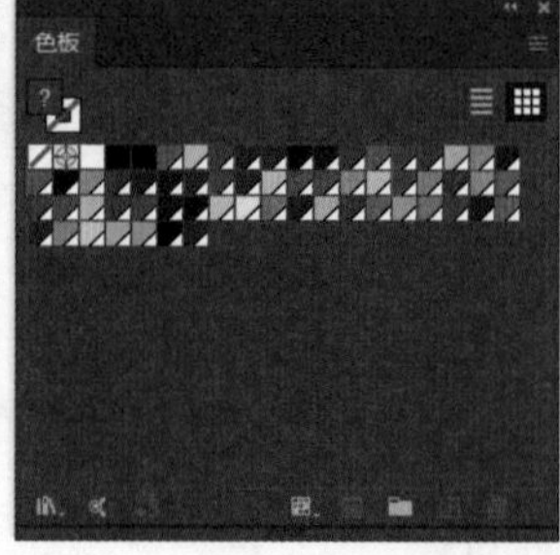

图6-34 添加选中对象的颜色到“色板”面板中

图6-35 添加选中对象的颜色

6.2.9 导入和共享色板

用户可以将另一个文档的色板导入到当前文档中。选择“色板”面板菜单中的“打开色板库”→“其他库”命令，或者执行“窗口”→“色板库”→“其他库”命令，如图6-36所示。在弹出的“打开”对话框中选择包含色板的文件，单击“打开”按钮，即可将文件内的所有颜色导入到“色板库”面板中。

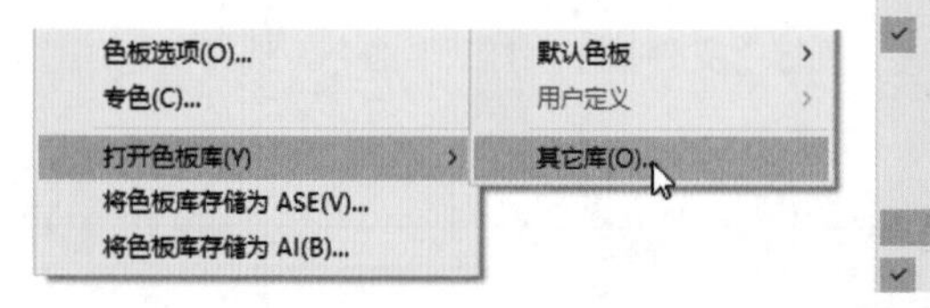

图6-36 打开其他库

如果想要从另一个文档中导入多个色板，可以将包含色板的对象复制并粘贴到当前文档中，导入的色板将显示在“色板”面板中。

? 疑问解答 什么情况下会发生色板冲突?

如果导入的专色色板或全局印刷色色板与文档中已有色板的名称相同但颜色值不同，则会发生色板冲突。对于专色冲突，现有色板的颜色值会被保留而导入的色板会自动与现有色板合并。对于印刷色冲突，会弹出“色板冲突”对话框，还会自动保留现有色板的颜色值。选择“添加色板”选项，通过为冲突的色板名称附加数字完成操作，或选择“合并色板”选项，使用现有色板的颜色值合并色板。

通过存储用于交换的色板库，可以在Photoshop、Illustrator和InDesign中共享用户创建的实色色板。只要同步了颜色设置，颜色在不同应用程序中的显示就会相同。

在“色板”面板中，选择想要共享的印刷色色板和专色色板，单击“色板”面板底部的“将选定色板和颜色组添加到我的当前库”按钮，选中的色板将被添加到“库”面板中，如图6-37所示。

或者选择“色板”面板菜单中的“色板选项”命令，弹出“色板选项”对话框，设置“添加到我的库”参数，如图6-38所示。单击“确定”按钮，也可以将选中的色板添加到“库”面板中。

启动Photoshop，执行“窗口”→“库”命令，即可在打开的“库”面板中看到在Illustraotr中共享的色板，如图6-39所示。

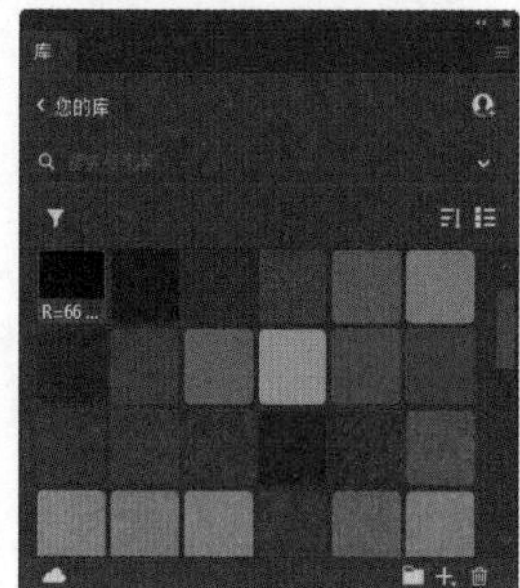

图6-37 “库”面板

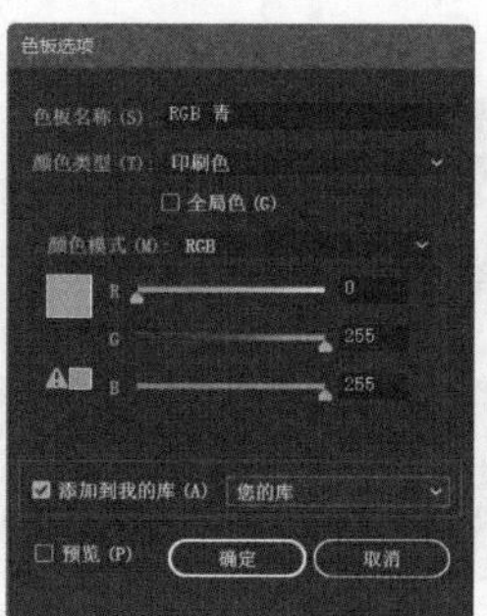

图6-38 “色板选项”对话框

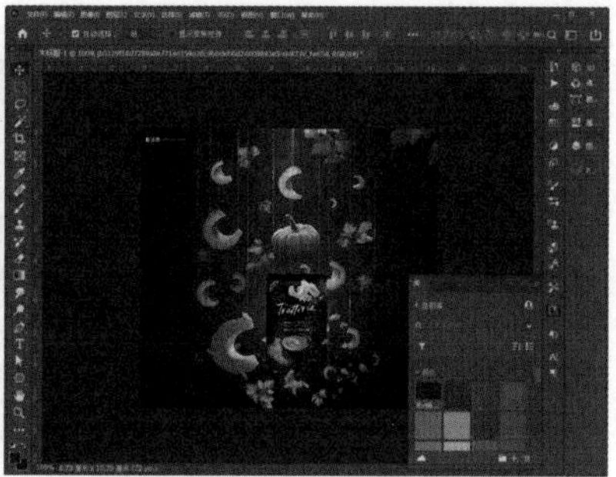

图6-39 在Photoshop中查看共享色板

6.3 使用颜色参考

创建图稿时，可使用“颜色参考”面板作为激发颜色灵感的工具。“颜色参考”面板会基于“工具”面板中的当前颜色为用户提供协调颜色，可以使用这些颜色对图稿进行着色，或者在“重新着色图稿”对话框中对它们进行编辑，也可以将其存储为“色板”面板中的色板或色板组。

可以通过多种方式处理“颜色参考”面板中的生成颜色，包括更改颜色协调规则或调整变化类型（如淡色/暗色、冷色/暖色、亮光/暗光）和显示的变化颜色的数目。

执行“窗口”→“颜色参考”命令，打开“颜色参考”面板，如图6-40所示。默认情况下，“颜色参考”面板采用“显示淡色/暗色”的方式提供建议颜色，用户可以在“颜色参考”面板菜单中选择其他两种建议方式，如图6-41所示。

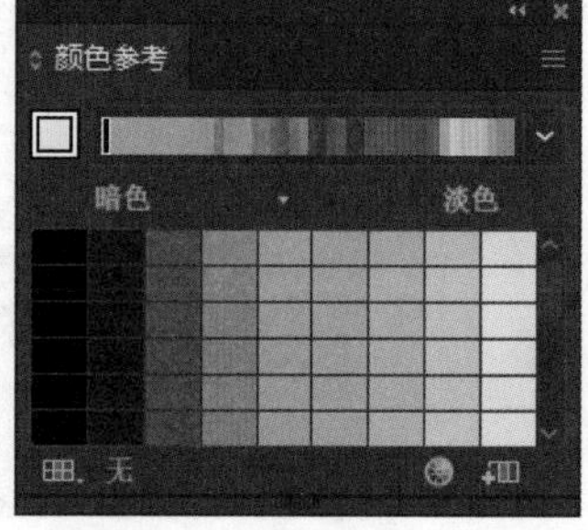

图6-40 “颜色参考”对话框

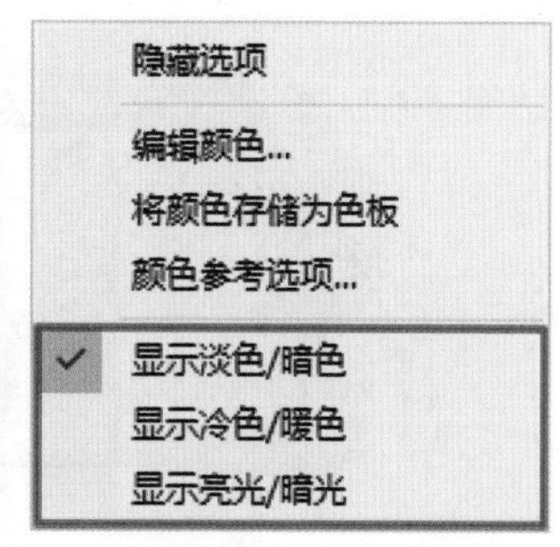

图6-41 选择显示方式

应用案例——指定颜色变化的数目和范围

源 文 件：无

素　材：无

技术要点：掌握【指定颜色变化】的方法

扫描查看演示视频

STEP 01 执行“窗口”→“颜色参考”命令，打开“颜色参考”面板，在面板菜单中选择“颜色参考选项”命令，如图 6-42 所示。

STEP 02 弹出“颜色参考选项”对话框，如图 6-43 所示。

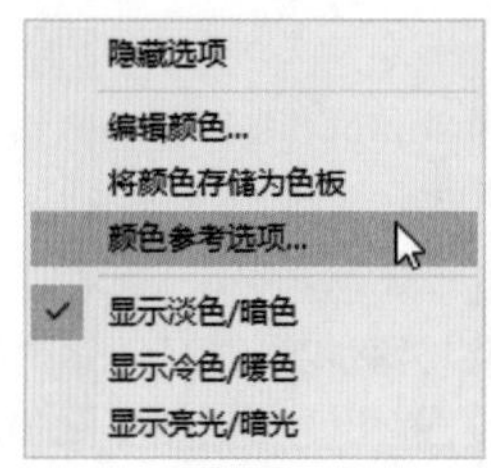

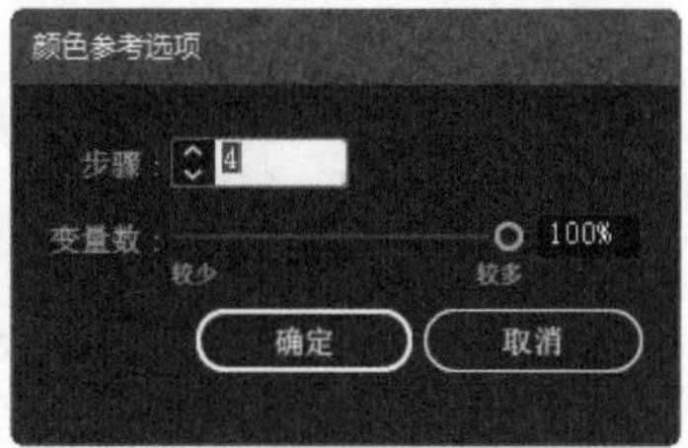

图6-42 选择“颜色参考选项”命令　图6-43 “颜色参考选项”对话框

STEP 03 将“步骤”设置为6，生成颜色组中每种颜色的6种较深的暗色和6种较浅的暗色，如图6-44所示。

STEP 04 向左拖曳“变量数”滑块，可减少变化范围，如图 6-45 所示；向右拖曳“变量数”滑块，可增加变化范围。

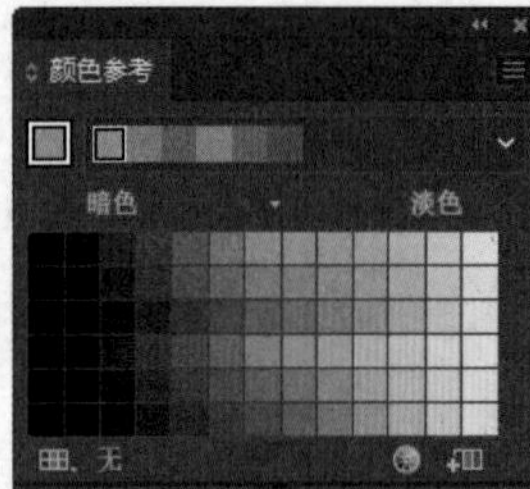

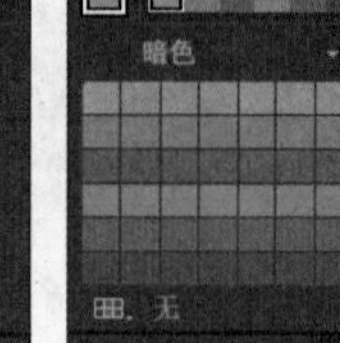

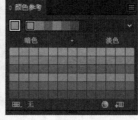

图6-44 6步骤显示效果　图6-45 减少变化范围

6.4 重新着色图稿

运用Illustrator的平衡色轮、精选颜色库或颜色主题拾取器工具，可以方便快捷地创建海量颜色变化。可以尝试不同颜色并选取最适合图稿的颜色，重新着色图稿。

选择图稿，如图6-46所示。单击“控制”面板中的“重新着色图稿”按钮或者执行“编辑”→“编辑颜色”→“重新着色图稿”命令，弹出如图6-47所示的对话框，单击该对话框右下角的“高级选项”按钮，弹出“重新着色图稿”对话框，如图6-48所示。

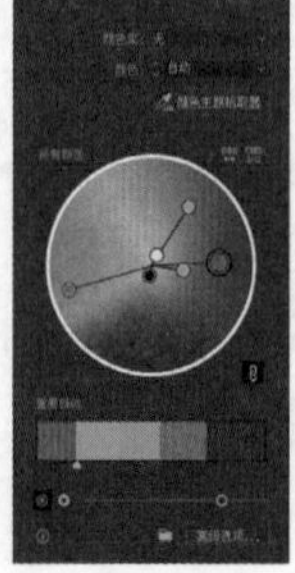

图6-46 选中图稿　图6-47 弹出对话框　图6-48 “重新着色图稿”对话框

选择“编辑”选项卡，“重新着色图稿”对话框显示如图6-49所示。单击对话框右侧的三角形图标，可以隐藏或显示“颜色组”列表框，如图6-50所示；选择左下角的“启动时打开高级‘重新着色图稿’对话框”复选框后，下次应用“重新着色图稿”功能时，将直接打开“重新着色图稿”对话框。

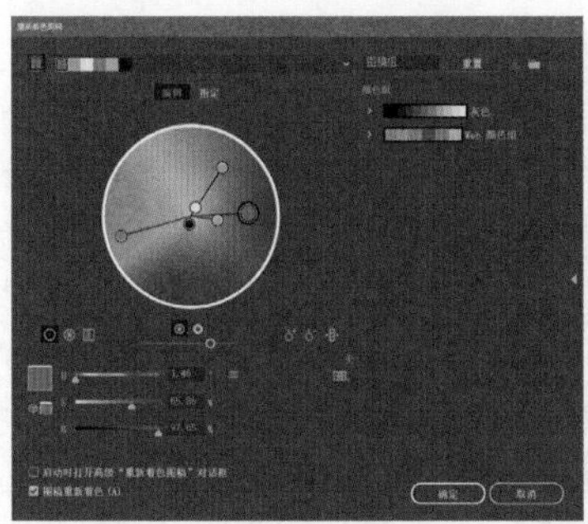
图6-49 “编辑”模式

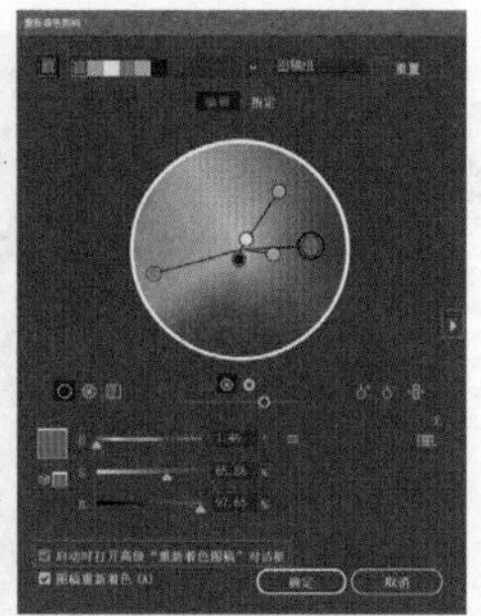
图6-50 隐藏“颜色组”列表框

6.4.1 “编辑”选项卡

在“编辑”选项卡中可以完成创建新颜色组或编辑现有颜色组的操作。单击“协调规则”按钮，在打开的下拉列表框中选择任意选项，进行协调试验，如图6-51所示。也可以通过拖动色轮中的控制点对颜色协调进行试验，如图6-52所示。

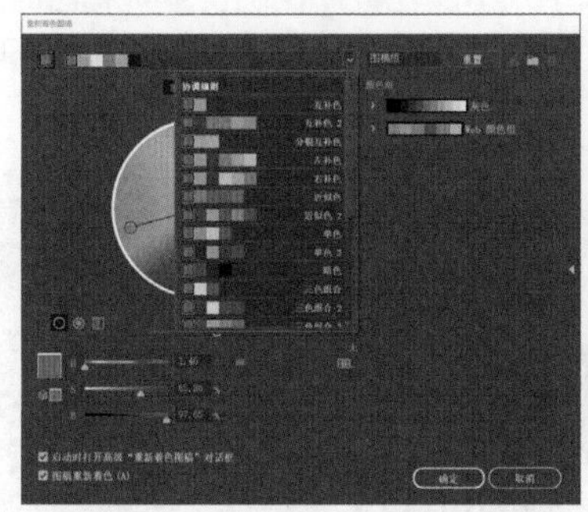
图6-51 “协调规则”下拉列表框

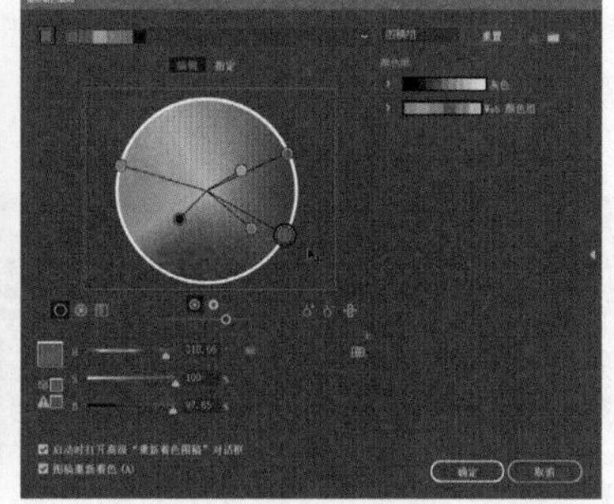
图6-52 拖动色轮

色轮将显示颜色在颜色协调中是如何关联的，同时用户可以在颜色条上查看和处理各个颜色值。此外，还可以调整亮度、添加和删除颜色、存储颜色组，以及预览选定图稿上的颜色。

单击“平滑的色轮”按钮，色轮显示效果如图6-53所示，将在平滑的连续圆形中显示色相、饱和度和亮度。可在圆形色轮上绘制当前颜色组中的每种颜色。此色轮可让用户从多种高精度的颜色中进行选择，由于每个像素代表不同的颜色，所以难以查看单个颜色。

单击“分段的色轮”按钮，将颜色显示为一组分段的颜色片，如图6-54所示。此色轮可让用户轻松查看单个颜色，但是提供的可选择颜色没有连续色轮中提供的多。

单击“颜色条”按钮，仅显示颜色组中的颜色，如图6-55所示。这些颜色显示为可以单独选择和编辑的实色颜色条。通过将颜色条拖放到左侧或右侧，重新组织该显示区域中的颜色。用鼠标右键单击颜色，可以选择将其删除、设为基色、更改其底纹，或者使用拾色器对其进行更改。

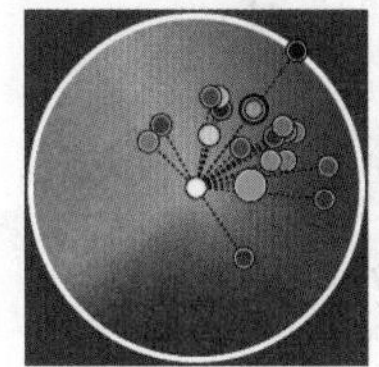
图6-53 平滑的色轮

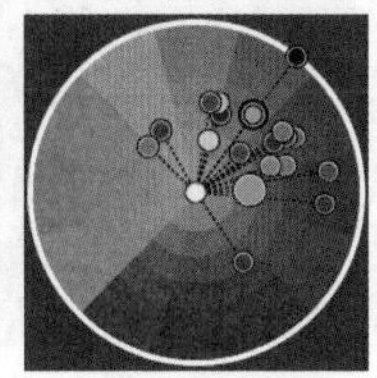
图6-54 分段的色轮

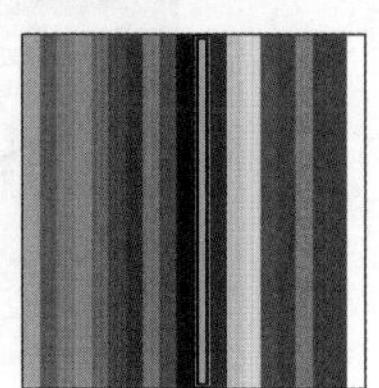
图6-55 颜色条

6.4.2 “指定”选项卡

在选定图稿的情况下，可以在“指定”选项卡中查看和控制颜色组中的颜色如何替换图稿中的原始颜色，如图6-56所示。

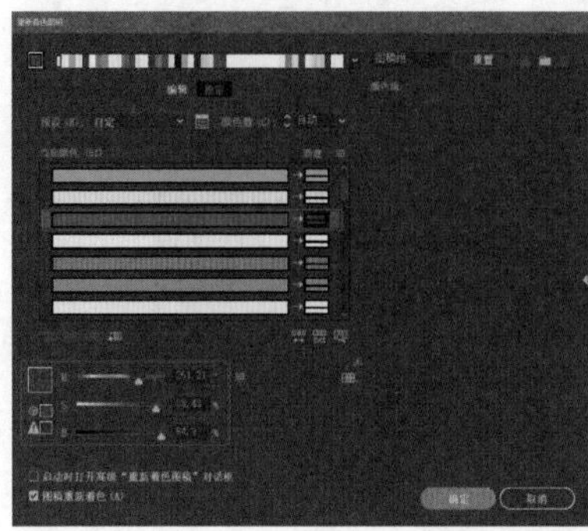

图6-56 替换图稿中的原始颜色

用户可以在“预设”下拉列表框中选择指定重新着色预设，如图6-57所示。选择一种预设后，在弹出的对话框中选择一种颜色库，如图6-58所示。单击“确定”按钮，即可完成指定重新着色预设的操作。

用户可以在“颜色数”选项后面的下拉列表框中选择颜色数，控制在重新着色的图稿中显示的颜色数。单击“减低颜色深度选项”按钮，弹出“减低颜色深度选项”对话框，如图6-59所示。可在该对话框中设置相关参数，完成后单击“确定”按钮。

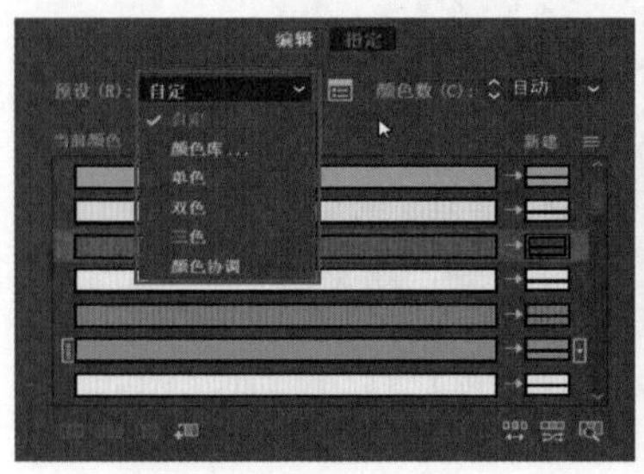

图6-57 “预设”下拉列表框

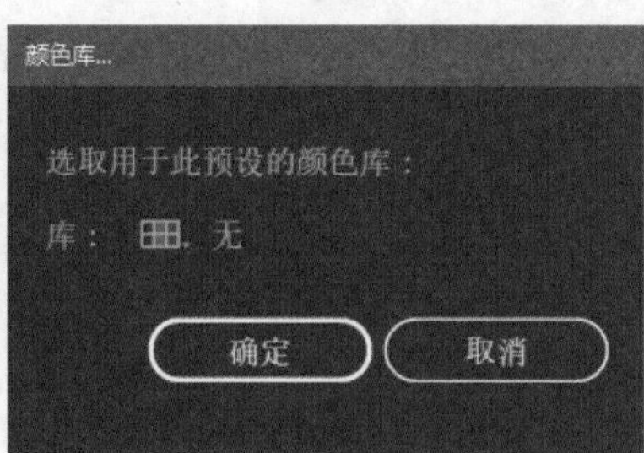

图6-58 选择颜色库

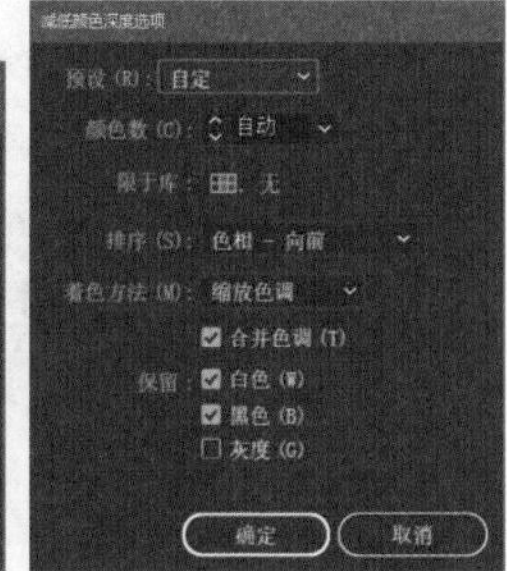

图6-59 “减低颜色深度选项”对话框

6.4.3 创建颜色组

通过在“重新着色图稿”对话框中选择基色和颜色协调规则，可以创建颜色组。创建的颜色组将显示在“颜色组”列表框中，如图6-60所示。

图6-60 “颜色组”列表框

可以使用“颜色组”列表框编辑、删除和创建新的颜色组，进行的所有更改将会反映在“色板”面板中。可以选择并编辑任何颜色组或使用它对选定图稿重新着色。

6.4.4 应用案例——为图形创建多个颜色组

源 文 件：源文件\第6章\6-4-4.ai

素　材：素材\第6章\64401.ai

技术要点：掌握【创建多个颜色组】的方法

扫描查看演示视频

扫描下载素材

STEP 01 打开“素材\第 6 章\64401.ai”文件并选中画板上的对象，打开“重新着色图稿”对话框；单击右上角的“新建颜色组”按钮，双击颜色组名称，修改颜色组名称为“红色方案”，单击“当前颜色”列表框中的第一个颜色，拖曳下方滑块修改其颜色为洋红色，如图 6-61 所示。

STEP 02 继续使用相同的方法修改其他颜色，参数和图形效果如图 6-62 所示。

图6-61 设置颜色参数

图6-62 参数和图形效果

STEP 03 再次单击右上角的“新建颜色组”按钮，新建一个颜色组，并设置名称为“洋红方案”，如图 6-63 所示。

STEP 04 单击“颜色组”列表框中的颜色组，可以随时查看不同的配色效果，如图 6-64 所示。

STEP 05 单击“确定”按钮，新建的颜色组同时显示在“色板”面板中，如图 6-65 所示。

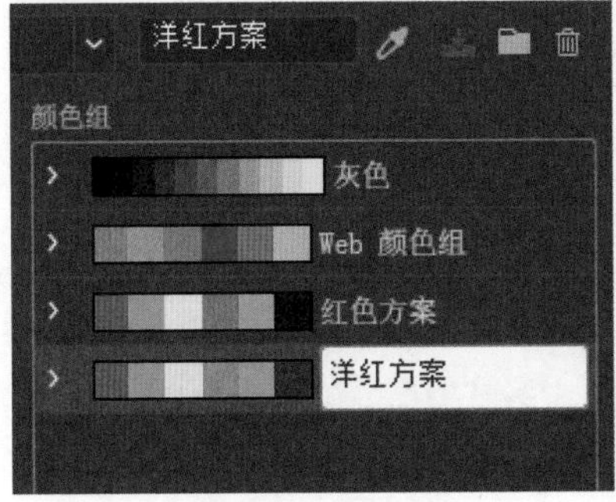

图6-63 新建颜色组

图6-64 查看不同的颜色配色

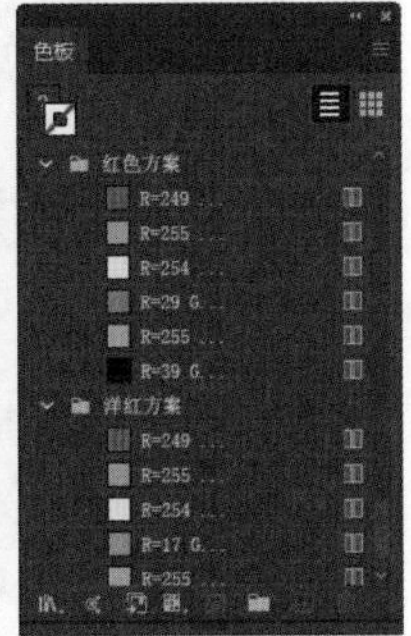

图6-65 “色板”面板

6.5 实时上色

在Illustrator CC中，“实时上色”是一种直接创建彩色图画的方法。采用这种方法为图像上色时，需要上色的全部路径处于同一平面上，且路径将绘画平面按照一定规律分割成几个区域，无论该区域的边界是由单条路径还是多条路径段组成，用户都可以使用Illustrator CC内的所有矢量绘画工具，对其中的任何区域进行上色操作。

这种简单、轻松的上色方法大大缩短了设计师在图画上色阶段花费的时间，从而有效提高工作效率。

6.5.1 创建实时上色组

创建路径对象并想要为对象上色时，首先需要将路径对象转换为“实时上色”组，这个“实时上色组”中的所有路径被看作是在同一个平面的组成部分，此时不必考虑它们的排列顺序和图层。然后直接在这些路径所构成的区域（称为“表面”）上色，也可以给这些区域相交的路径部分（称为“边缘”）上色，还可以使用不同的颜色对每个表面填色或为每条边缘描边。图6-66所示为路径对象使用“实时上色”前后的对比效果。

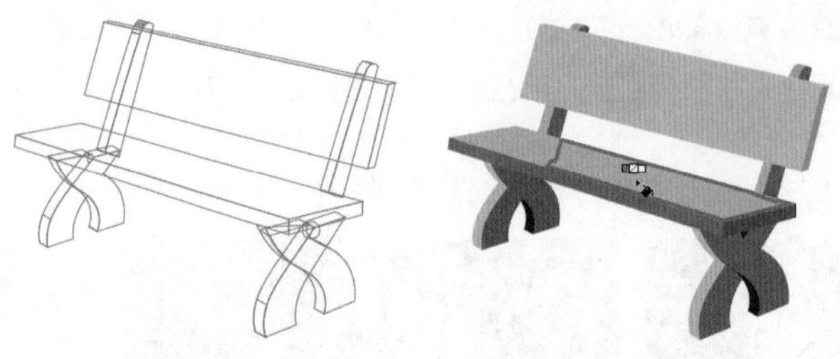

图6-66 路径对象使用“实时上色”前后的对比效果

使用“选择工具”选中需要上色的所有对象，执行“对象”→“实时上色”→“建立”命令或者按【Alt+Ctrl+X】组合键，即可将所有选中对象建立为一个“实时上色组”，如图6-67所示。

选中想要上色的对象，单击工具箱中的“实时上色工具”按钮，将光标移动到选中对象上并单击，在弹出的“Adobe Illustrator”警告框中单击“确定”按钮，即可建立一个“实时上色组”，如图6-68所示。

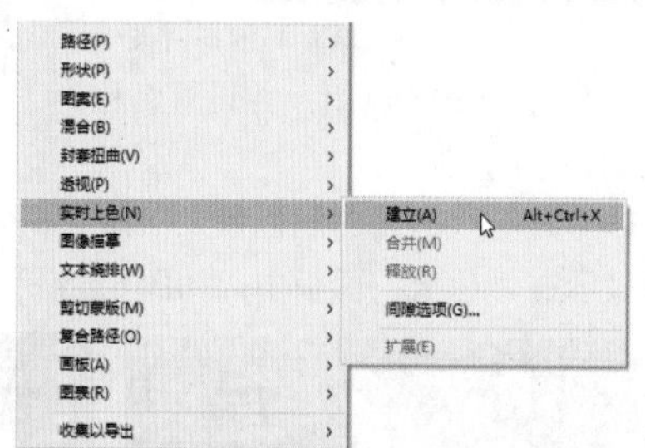

图6-67 使用命令建立“实时上色组”

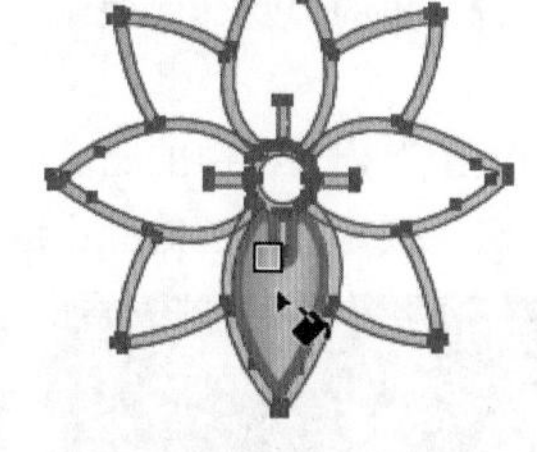

图6-68 使用工具建立“实时上色组”

对象上的某些属性可能会在转换为“实时上色组”的过程中丢失（如透明度和效果），而有些对象（如文字、位图图像和画笔）则无法直接转换为“实时上色组”。

创建“实时上色组”前必须选中想要上色的对象，否则“实时上色”命令将为禁用状态，如图6-69所示。使用“实时上色工具”单击对象时，会弹出“Adobe Illustrator”警告框提示用户选中对象，如图6-70所示。

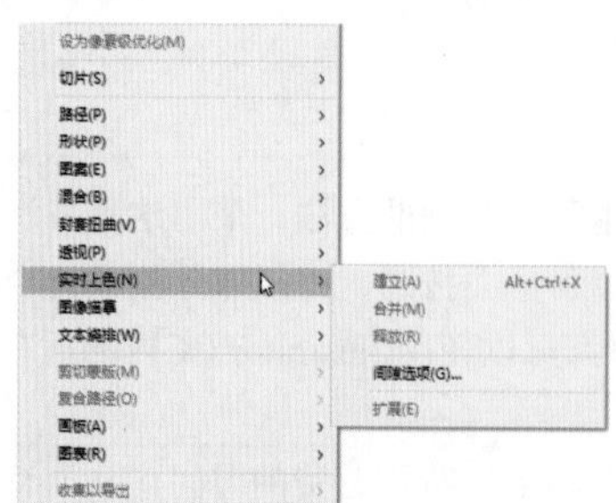

图6-69 命令为禁用状态

图6-70 “Adobe Illustrator”警告框

单击“Abode Illustrator”警告框中的“提示”按钮，弹出“实时上色工具提示#1”对话框，如图6-71所示，读者可根据提示内容完成“实时上色组”的创建。单击对话框底部的“下一项”按钮，弹出“实时上色工具提示#2”对话框，如图6-72所示，读者可根据提示完成实时上色操作。

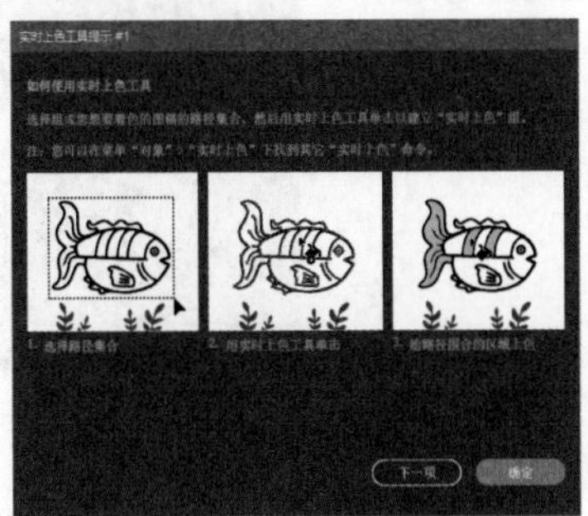

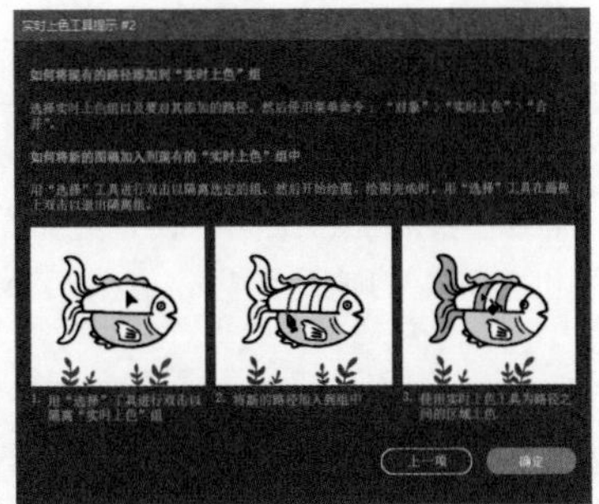

图6-71 “实时上色工具提示#1”对话框 图6-72 “实时上色工具提示#2”对话框

有些对象无法不适合直接转换为“实时上色组”进行上色，如文字、位图图像和画笔等。针对这种情况，可以先将这些对象转换为路径，然后再将路径转换为“实时上色组”。下面分别介绍将这些对象转换为“实时上色组”的处理方法。

文本对象

选中文本对象，如图6-73所示。执行“文字”→“创建轮廓”命令或者按【Shift+Ctrl+O】组合键，将文字转换为路径。使用“实时上色工具”单击对象或执行“对象”→“实时上色”→“建立”命令，创建实时上色组，如图6-74所示。

图6-73 选中文本对象

图6-74 创建实时上色组

位图图像

选中位图图像，执行“对象”→“图像描摹”→“建立并扩展”命令，效果如图6-75所示。使用“实时上色工具”单击对象或者执行“对象”→“实时上色”→“建立”命令，即可创建实时上色组，如图6-76所示。

画笔等其他对象

对于其他对象，可以通过执行“对象”→“扩展外观”命令，如图6-77所示。将对象转换为路径，然后再使用“实时上色工具”单击对象或者执行“对象”→“实时上色”→“建立”命令，即可创建实时上色组。

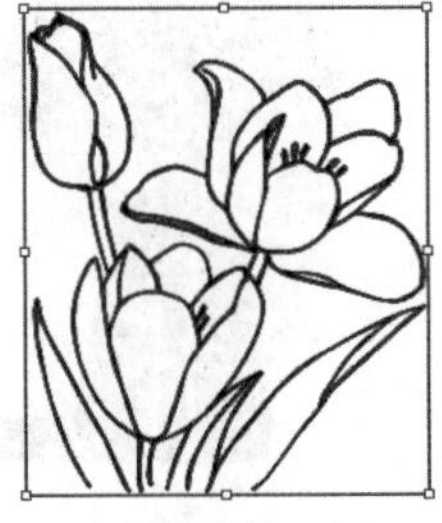

图6-75 建立并扩展位图

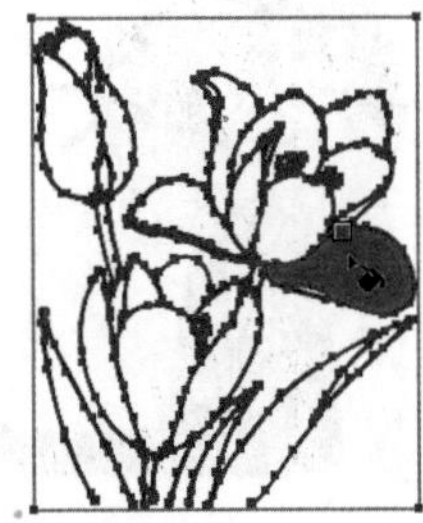

图6-76 建立实时上色组

图6-77 选择“扩展外观”命令

6.5.2 使用“实时上色工具”

将所选对象转换为“实时上色组”并设置自己所需的填色和描边颜色参数后，可以使用“实时上色工具”为“实时上色组”的表面和边缘上色。

开始上色前或上色过程中，双击工具箱中的“实时上色工具”按钮，弹出“实时上色工具选项”对话框，如图6-78所示。在该对话框中为“实时上色工具”设置更加详细的参数，用以增强“实时上色工具”的使用效果，完成后单击“确定”按钮，关闭对话框。

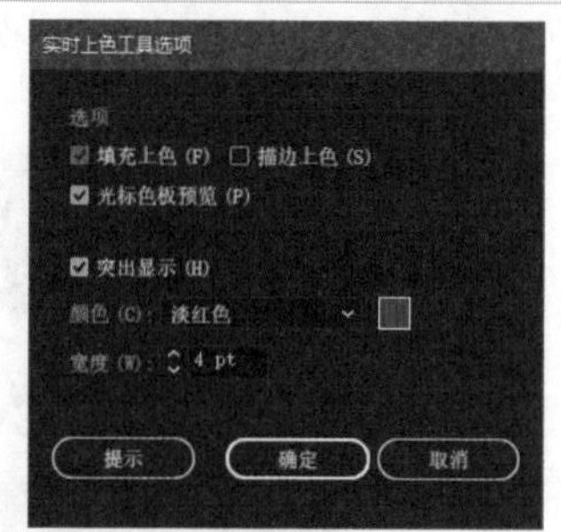

图6-78 “实时上色工具选项”对话框

6.5.3 应用案例——使用“实时上色工具”为卡通小猫上色

源 文 件：源文件\第6章\6-5-3.ai

素　　材：素材\第6章\65301.ai

技术要点：掌握【实时上色工具】的使用方法

扫描查看演示视频

扫描下载素材

STEP 01 执行“文件”→“打开”命令，将“素材 \ 第 6 章 \65301.ai”文件打开，拖曳选中图形，执行“对象”→“实时上色”→“建立”命令，单击“确定”按钮，将图像转换为“实时上色组”，如图 6-79 所示。

STEP 02 设置填色为 RGB（39、39、43），单击工具箱中的“实时上色工具”按钮，将光标移动到实时上色组上，单击为图形填色，效果如图 6-80 所示。

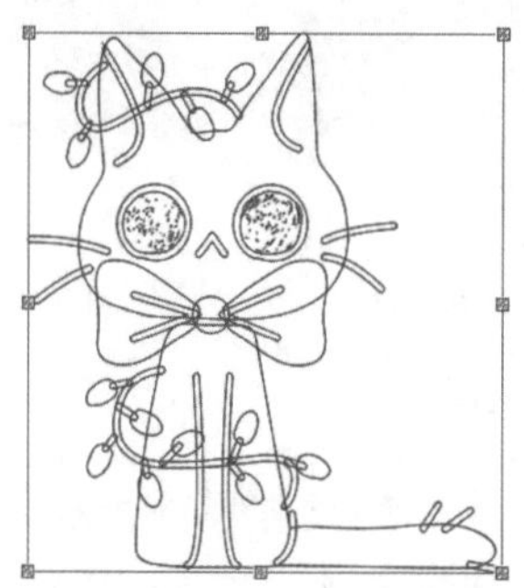

图6-79 转换为“实时上色组”

图6-80 使用黑色填充

STEP 03 设置填充色为RGB（249、89、85），继续使用“实时上色工具”为图形上色，效果如图 6-81 所示。

STEP 04 继续使用相同的方法，使用“实时上色工具”为图形填色，完成后的效果如图 6-82 所示。拖曳选中图形，设置其描边色为“无”，效果如图 6-83 所示。

图6-81 使用红色填充

图6-82 “实时上色工具”填色效果

图6-83 最终效果

6.5.4 编辑实时上色组

创建实时上色组后，仍然可以编辑其中的路径或对象。在编辑过程中，Illustrator CC会自动使用当前实时上色组中的填充和描边参数为修改后的新表面和边缘着色。如果用户对修改后的上色效果不满意，可以使用“实时上色工具”对表面和边缘重新上色。

选择实时上色组中的项目

在Illustrator CC中，使用“实时上色选择工具”可以选择实时上色组中的各个表面和边缘，如图6-84所示；使用“选择工具”可以选择整个实时上色组；使用“直接选择工具”可以选择实时上色组内的路径，如图6-85所示。

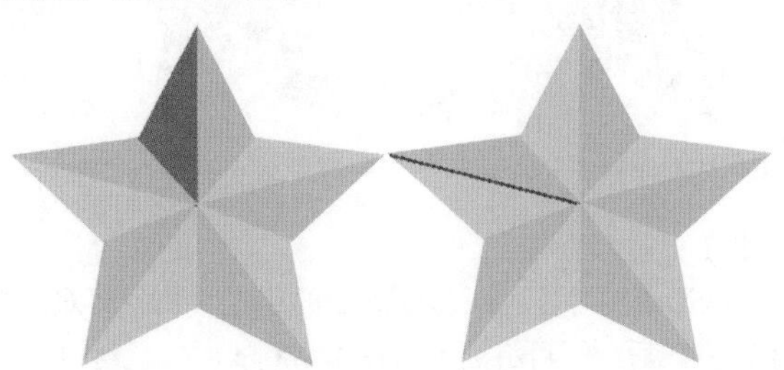

图6-84 选择表面和边缘

图6-85 使用“直接选择工具”选择路径

如果用户想要选择实时上色组中具有相同填充或描边的表面或边缘，可以使用“实时上色选择工具”三击某个表面或边缘，即可选中该实时上色组中的相同内容，如图6-86所示。

也可以单击某个表面或边缘，执行“选择”→“相同”命令，在打开的子菜单中选择“填充颜色”“描边颜色”或“描边粗细”命令，即可完成选中相同内容的操作，如图6-87所示。

图6-86 三击选中相同内容

图6-87 使用命令选中相同的内容

隔离实时上色组

用户在处理复杂文档时，可以通过隔离实时上色组，以便更加轻松、确切地选择自己所需的表面或边缘。使用“选择工具”双击实时上色组，即可隔离实时上色组，如图6-88所示。单击文档窗口左上角的“返回”按钮，可以退出隔离模式，如图6-89所示。

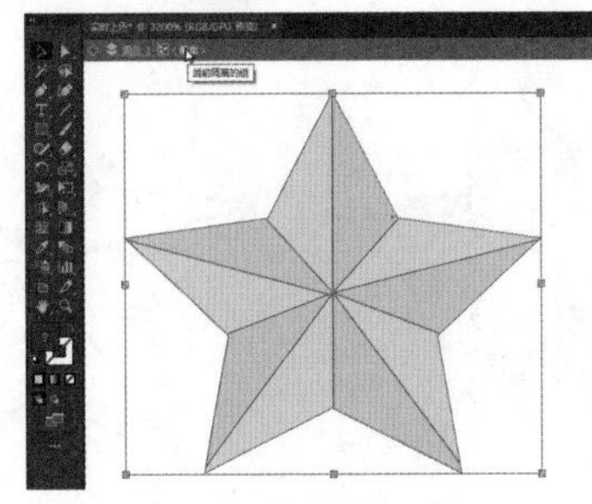

图6-88 隔离实时上色组

图6-89 退出隔离模式

修改实时上色组

一般情况下，修改实时上色组是根据绘制的需求移动或删除选中对象的某些边缘。完成着色的原始实时上色组如图6-90所示。使用“直接选择工具”删除边缘后，会连续填充新扩展的表面，如图6-91所示。如果使用“直接选择工具”调整了边缘的位置，系统同样会用该图形的填色参数为扩展或收缩后的部分进行着色，如图6-92所示。

图6-90 原始着色效果

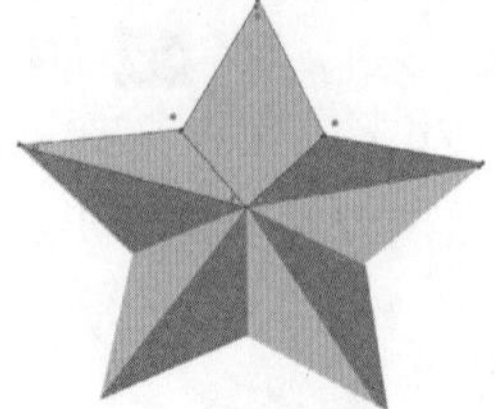

图6-91 删除边缘着色效果

图6-92 移动边缘着色效果

向实时上色组添加路径

要想向实时上色组中添加新路径，可以选中实时上色组和要添加的路径，执行“对象”→“实时上色”→“合并”命令，如图6-93所示。完成后，即可将选中路径添加到实时上色组中。

用户也可以选中实时上色组和需要添加到组中的路径，然后单击“控制”面板中的“合并实时上色”按钮，如图6-94所示。完成后，选中的路径被添加到实时上色组中。用户完成向实时上色组添加路径后，可以对创建的新表面和边缘进行填色和描边操作。

图6-93 “合并”命令

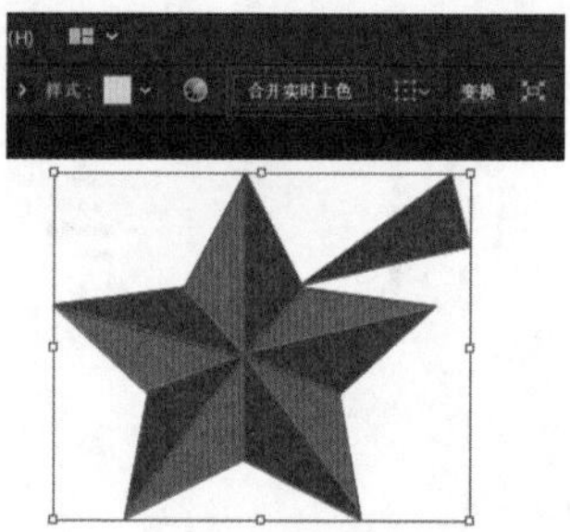

图6-94 单击“合并实时上色”按钮

6.5.5 扩展与释放实时上色组

使用“实时上色”命令中的“扩展”和“释放”子命令，可以将实时上色组中的对象转换为普通路径。

选中实时上色组，执行“对象”→“实时上色”→“扩展”命令或单击“控制”面板中的“扩展”按钮，可以将其扩展为路径组合。完成扩展的路径组合不再具有实时上色组的特点，也不能使用“实时上色工具”为其着色。

使用“释放”命令可以将实时上色组转换为路径对象，并且系统会自动为转换后的路径对象设置填色为“无”、描边为0.5px的黑色描边。选中想要释放的实时上色组，执行“对象”→“实时上色”→“释放”命令，即可完成释放操作，如图6-95所示。

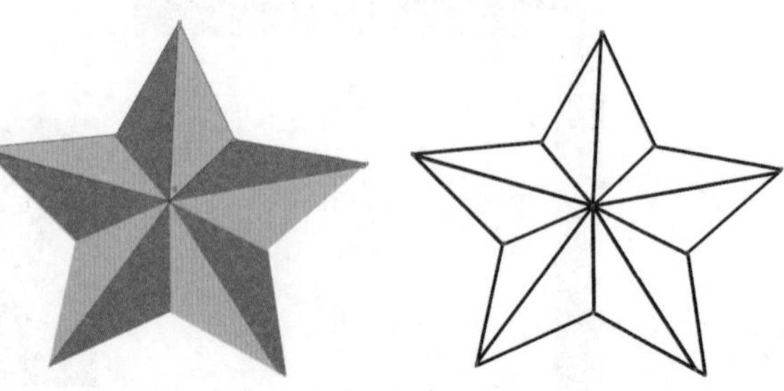

图6-95 释放实时上色组

6.5.6 封闭实时上色组中的间隙

间隙是指路径之间的小空间。使用“实时上色”功能为对象上色时，由于颜色渗透会将不该上色的表面涂上了颜色，这可能是因为图稿中存在一些小间隙。

可以通过创建一条新的路径来封闭间隙，也可以通过编辑现有的路径来封闭间隙，还可以在实时上色组中调整间隙选项以避免颜色渗透。

如果用户想要在Illustrator CC中显示图稿存在的微小间隙，以根据实际情况进行必要的检查和修补，可以执行“视图”→“显示实时上色间隙”命令，如图6-96所示，让这些实时上色组中的间隙突出显示。

执行“对象”→“实时上色”→“间隙选项”命令，弹出“间隙选项”对话框，用户可在其中对检测间隙的条件进行设置，如图6-97所示。

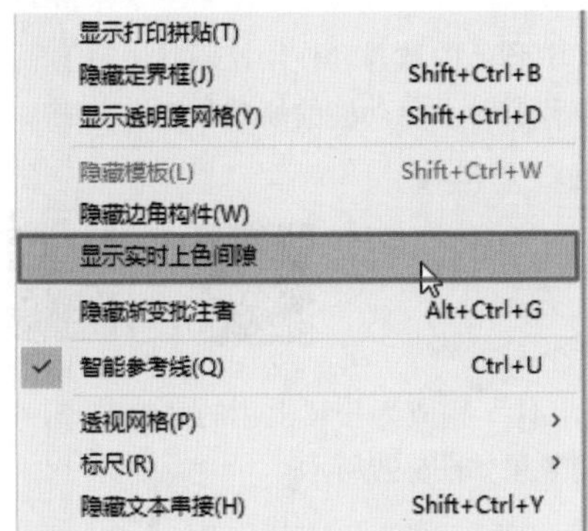

图6-96 选择“显示实时上色间隙”命令

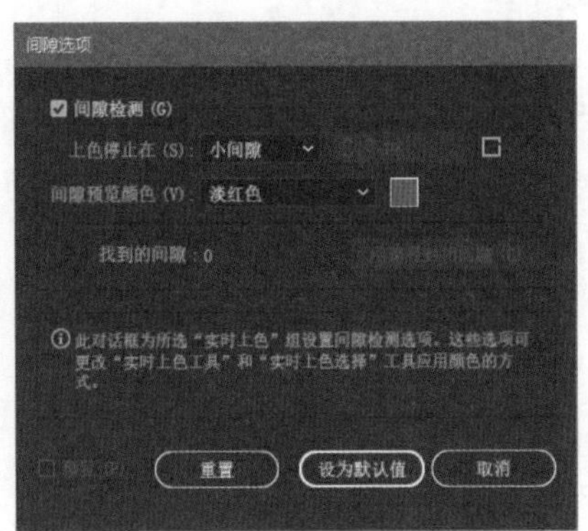

图6-97 “间隙选项”对话框

6.6 解惑答疑

熟练掌握如何在Illustrator CC中创建复杂图形，有利于读者制作出更加美观和丰富的图稿，同时有利于读者之后学习更多的Illustrator CC 绘制技巧。

6.6.1 如何选择正确的颜色模式

在制作需要通过印刷输出的作品时，需要在新建文件时，选择新建CMKY模式的文件，如海报、画册和书籍等。在设计其他类型的作品时，都要将新建文件的颜色模式设置为RGB模式，如UI、网页和视频等。

6.6.2 什么是网页安全色

不同的平台有不同的调色板，不同的浏览器也有自己的调色板，这就意味着对于一幅作品，显示在不同平台的浏览器中的效果可能差别很大。设计制作时如果选择特定的颜色，浏览器会尽量使用本身所用的调色板中最接近的颜色。如果浏览器中没有所选的颜色，就会通过抖动或者混合自身的颜色来尝试重新产生该颜色。

为了解决Web调色板的问题，人们通过了一组在所有浏览器中都类似的Web安全颜色。这些颜色使用了一种颜色模型，在该模型中可以用相应的16制进制值00、33、66、99、CC和FF来表达三原色（RGB）中的每一种。Illustrator CC为用户提供了“Web”面板，即网页安全色色板，如图6-98所示。

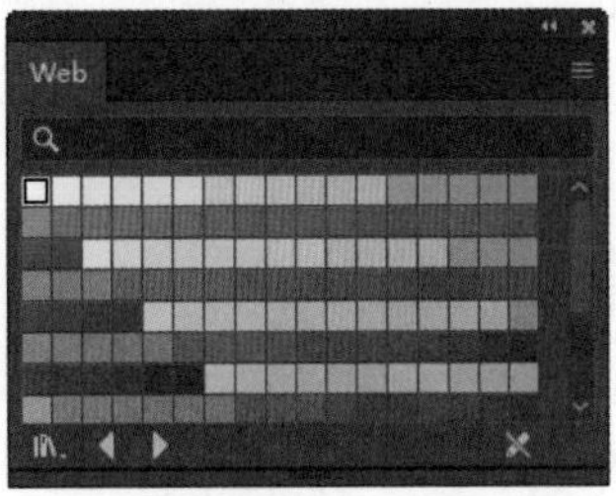

图6-98 “Web”面板

这种基本的Web调色板将作为所有的Web浏览器和平台的标准，它包括了这些16进制值的组合结果。这就意味着，潜在的输出结果包括6种红色调、6种绿色调、6种蓝色调。6×6×6的结果给出了216种特定的颜色，这些颜色可以被安全地应用于所有Web中，而无须担心颜色在不同的应用程序间会发生变化。

6.7 总结扩展

色彩是绘图的基础，掌握色彩的概念和选择方法是掌握使用Illustrator绘图的基础。使用重新着色图稿有利于设计师快速展示多款作品的配色方案，使用实时上色功能可以帮助用户快速完成图稿的上色。

6.7.1 本章小结

本章主要讲解了色彩的相关概念及Illustrator CC中颜色的选择和使用，同时讲解了颜色库和颜色参考的使用方法。此外，还详细讲解了重新着色图稿和实时上色功能的原理和使用方法。

6.7.2 扩展练习——使用“实时上色工具”为松树上色

源 文 件：源文件\第6章\6-7-2.ai

素　材：素材\第6章\67201.ai

技术要点：掌握【为图形上色】的方法

扫描查看演示视频

扫描下载素材

完成本章内容学习后，接下来使用“实时上色工具”完成为松树上色的案例制作，对本章知识进行测验并加深对所学知识的理解，创建完成的案例效果如图6-99所示。

图6-99 案例效果

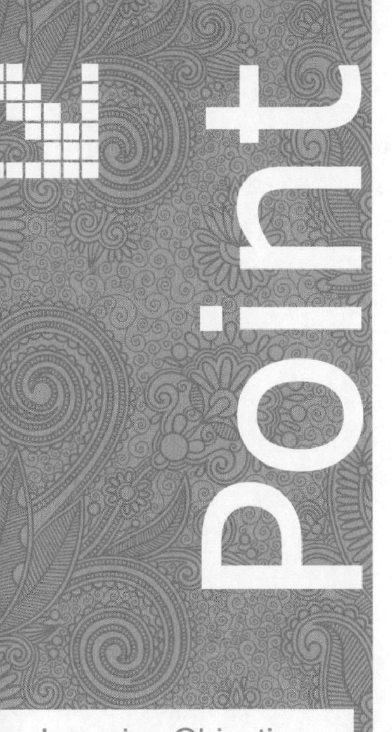

第7章 绘画的基本操作

Learning Objectives
学习重点

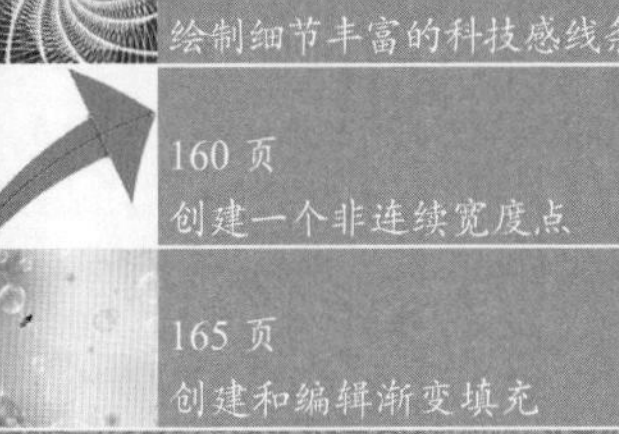

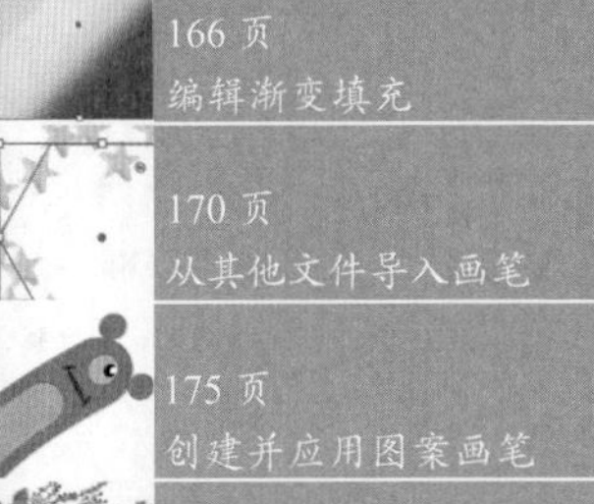

在实际工作中，除了使用Illustrator CC完成各种图形的绘制以外，还会使用Illustrator CC完成各种绘画作品。本章将针对Illustrator CC的各种绘画工具和命令进行讲解，帮助读者掌握使用Illustrator CC绘画的基本操作。

7.1 填色和描边

填色是指对象内部的颜色、图案或渐变，可应用于开放和封闭的对象。描边则是对象和路径的可视轮廓，用户能控制描边的宽度和颜色，也可使用“路径”选项创建虚线描边，还可以使用画笔为风格化描边上色。图7-1所示为工具箱中的填色和描边效果。

只具有填充

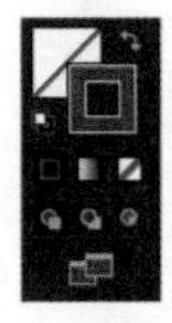

只具有描边

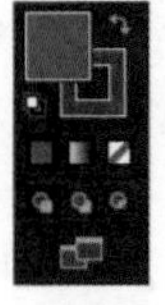

具有填充和描边

图7-1 工具箱中的填充和描边效果

7.1.1 使用填色和描边控件

Illustrator CC在“属性”面板、工具箱、“控制”面板和“颜色”面板中为用户提供了用于设置填色和描边的控件。图7-2所示为工具箱中的填色和描边控件；图7-3所示为“属性”面板中的填色和描边控件。

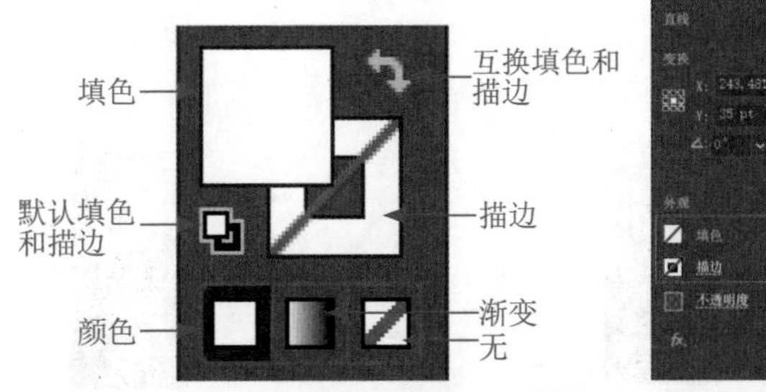

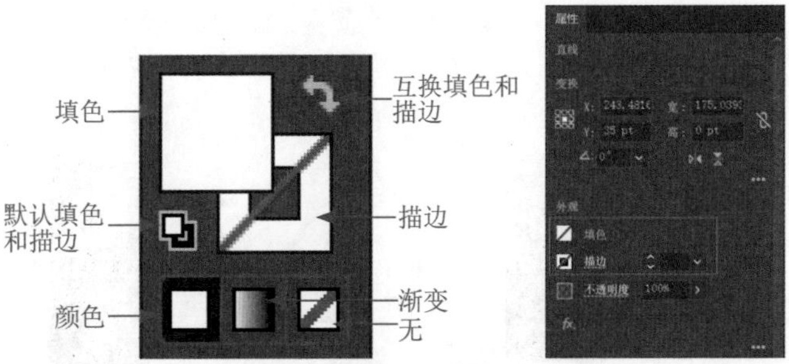

图7-2 工具箱中的填色和描边控件

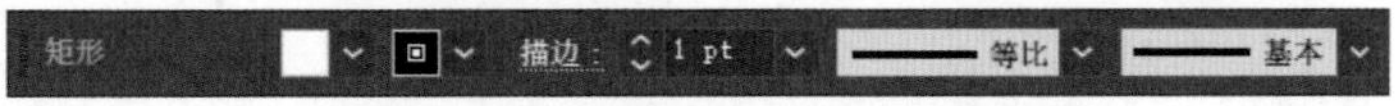

图7-3 “属性”面板中的填色和描边控件

7.1.2 应用填色和描边颜色

使用“选择工具”或“直接选择工具”选中对象，双击工具箱底部的“填色”框，在弹出的“拾色器”对话框中选择一种颜色，如图7-4所示，单击“确定”按钮，即可为对象填充该颜色。

选中对象后，单击“色板”面板、“颜色”面板、“渐变”面板或者色板库中的颜色，也可以将颜色应用到对象上。单击工具箱中的“吸管工具”按钮，将光标移动到想要为对象应用的颜色上，单击即可将该对象的颜色属性应用到选中对象上，如图7-5所示。

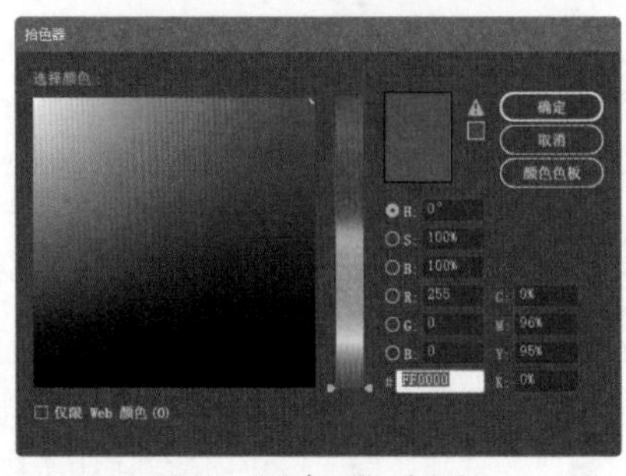

图7-4 “拾色器”对话框

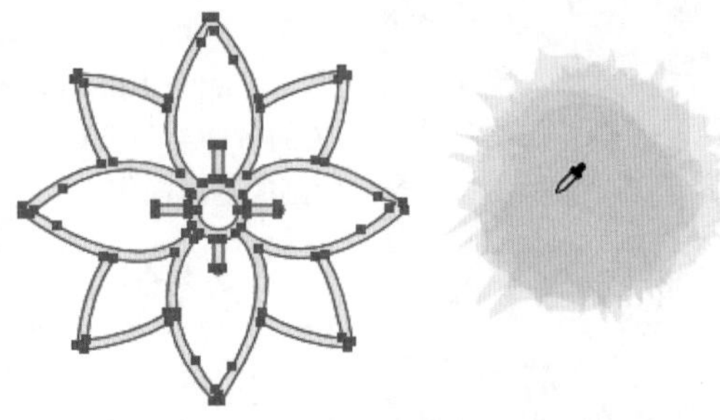
图7-5 “吸管工具”吸取颜色属性

将颜色从“填色”框、“颜色”面板、“渐变”面板或“色板”面板拖曳到对象上，可以快速将颜色应用于未经选择的对象。

选中对象后，双击工具箱底部的“描边”框，如图7-6所示。在弹出的“拾色器”对话框中选择一种颜色，单击“确定”按钮，即可为对象应用描边颜色。用户也可以通过“属性”面板、“颜色”面板或者“控制”面板中的“描边”框为对象添加描边颜色。

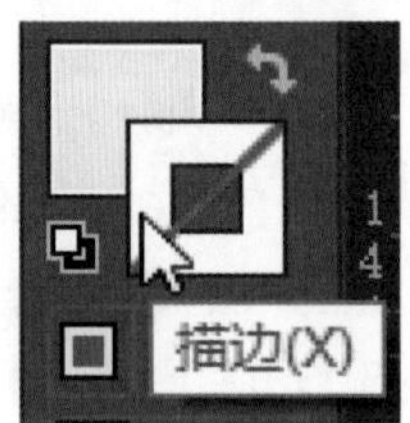

图7-6 双击“描边”框

7.1.3 轮廓化描边

将描边轮廓化后，描边颜色将自动转换为填充颜色。选中对象，如图7-7所示，执行“对象”→“路径”→“轮廓化描边”命令，即可将描边轮廓化，如图7-8所示。轮廓化描边本质上是将路径转换为由两条路径组成的复合路径。

图7-7 选中对象

图7-8 轮廓化描边效果

生成的复合路径会与已填色的对象编组到一起。要修改复合路径，首先要取消该路径与填色的编组，或者使用“编组选择”工具选中该路径。

7.1.4 选择相同填充和描边的对象

选中一个对象，单击“控制”面板中的“选择类似的选项”按钮，然后在打开的下拉列表框中选择希望基于怎样的条件来选择对象，如图7-9所示。

用户可以选择具有相同属性的对象，其中包括填充颜色、描边颜色及描边粗细。

图7-9 “选择类似的选项”下拉列表框

选择所有具有相同填色或描边颜色的对象

首先选择一个具有该填充或描边颜色的对象，或者从“颜色”面板或“色板”面板中选择该颜色。然后执行“选择”→“相同”命令，在打开的子菜单中选择“填充颜色”“描边颜色”或“填充和描边”命令即可，如图7-10所示。

选择所有具有相同描边粗细的对象

首先选择一个具有该描边宽度的对象，或者从“描边”面板中选择该描边宽度。然后执行“选择”→“相同”→“描边粗细”命令即可，如图7-11所示。

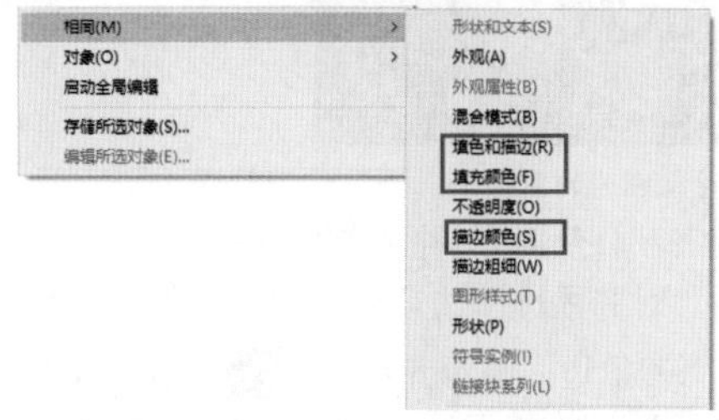

图7-10 选择具有相同填色或描边的对象

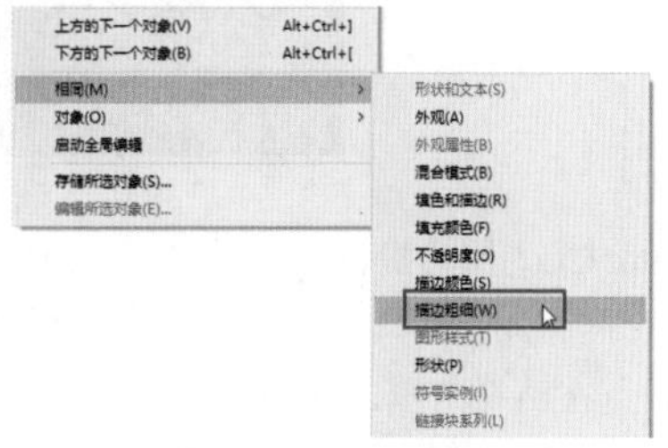

图7-11 选择具有相同描边粗细的对象

通过不同的对象来应用相同的选择选项

如果使用“选择”→“相同”→“填充颜色”命令选择了所有红色对象后，想要搜索所有绿色对象，可以先选择一个新对象，再执行“选择”→“重新选择”命令即可。

基于颜色进行选择时要想考虑对象的颜色色调，执行“编辑”→“首选项”→“常规”命令，在弹出的对话框中选择“选择相同的色调百分比”复选框即可。

? 疑问解答 如何创建多种填色和描边?

使用“外观”面板可以为相同对象创建多种填色和描边。在一个对象上添加多种填色和描边，可以创建出很多令人惊喜的效果。关于“外观”面板的使用请参看本书第12章12.5节中的内容。

7.2 使用“描边”面板

用户可以使用“描边”面板指定线条类型、描边粗细、描边的对齐方式、斜接的限制、箭头、宽度配置文件和线条连接的样式及线条端点。

执行“窗口”→“描边”命令，打开“描边”面板，如图7-12所示。通过该面板可以将描边选项应用于整个对象，也可以使用实时上色组，为对象内的不同边缘应用不同的描边。

在“描边”面板的面板菜单中选择“隐藏选项”命令，可隐藏面板中的选项，如图7-13所示。选择“显示选项”命令，可以将隐藏的选项显示出来。多次单击“描边”面板名称前的图标，可以逐级隐藏面板选项，如图7-14所示。

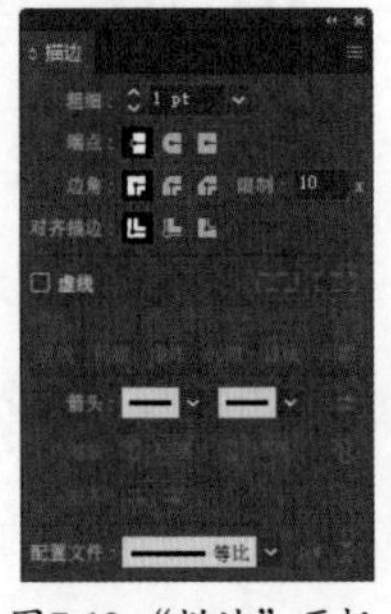

图7-12 “描边”面板

图7-13 隐藏面板中选项

图7-14 逐级隐藏面板选项

7.2.1 描边宽度和对齐方式

选中对象后，用户可以在“描边”面板或“控制”面板的“粗细”文本框中选择一个选项或输入一个数值，设置对象描边的宽度，如图7-15所示。

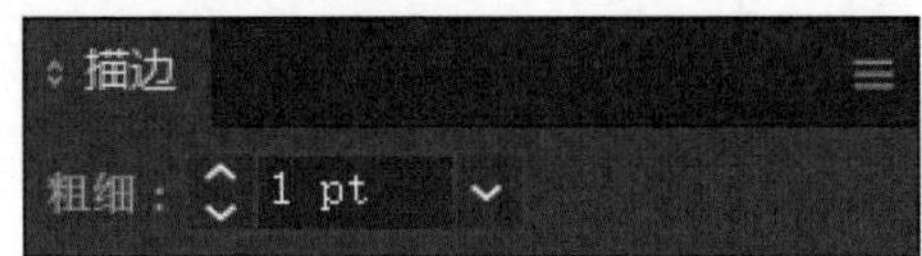

图7-15 设置对象描边的宽度

Illustrator CC为用户提供了居中对齐、内侧对齐和外侧对齐3种路径对齐方式。

选中带有描边的对象，单击“描边”面板中“对齐描边”选项后面的“使描边居中对齐”按钮，描边放置在路径两侧，如图7-16所示；单击“使描边内侧对齐”按钮，描边将放置在路径内侧，如图7-17所示；单击“使描边外侧对齐”按钮，描边将放置在路径外侧，如图7-18所示。

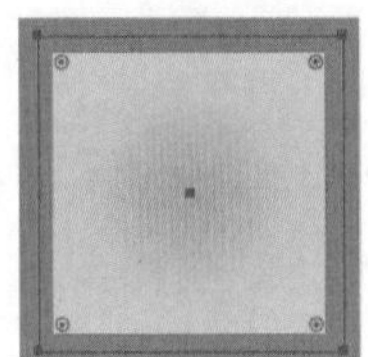

图7-16 描边居中对齐

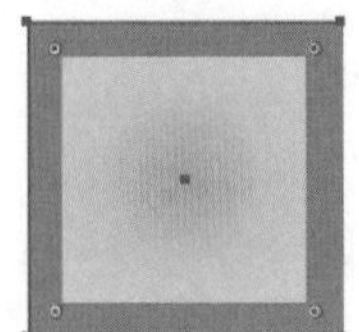

图7-17 描边内侧对齐

图7-18 描边外侧对齐

使用 Illusrator 的最新版本创建 Web 文档时，默认使用“使描边内侧对齐”方式。而使用 Illustrator 早期版本创建图形时，默认使用“使描边居中对齐”方式。

7.2.2 应用案例——使用“描边”面板创建虚线

源 文 件：无

素　　材：无

技术要点：掌握【“描边”面板】的使用方法

扫描查看演示视频

STEP 01 新建一个 Illustrator 文件并绘制一个矩形，为矩形设置描边，在“描边”面板中选择“虚线”复选框，如图 7-19 所示。

STEP 02 默认情况下“描边”面板中的“保留虚线和间隙的精确长度”按钮为激活状态，对象虚线描边效果如图 7-20 所示。

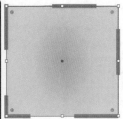

图7-19 选择“虚线”复选框

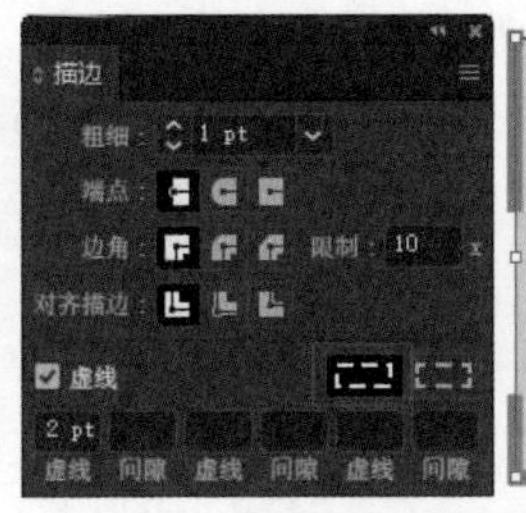
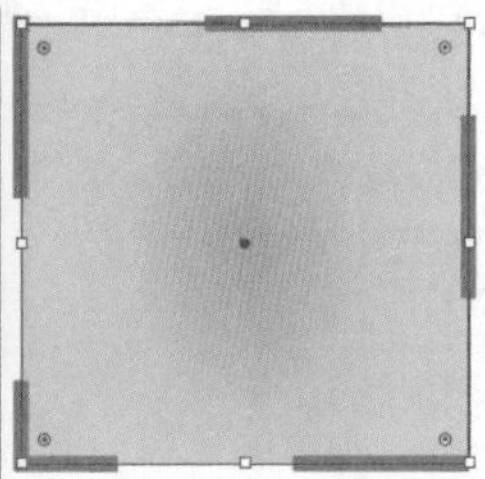
图7-20 虚线描边效果

STEP 03 单击“使虚线与边角和路径终端对齐”按钮，使描边各边角的虚线与路径的尾端保持一致，效果如图 7-21 所示。

STEP 04 在“虚线”文本框和“间隙”文本框中输入数值指定虚线次序，如图 7-22 所示。输入的数字会按次序重复，因此建立图案后，无须填写所有文本框，如图 7-23 所示。

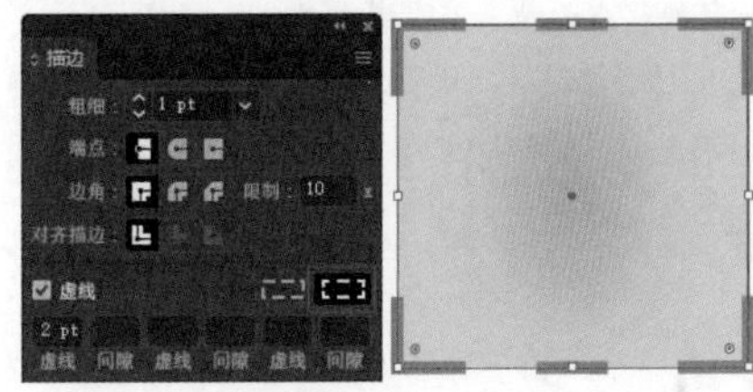
图7-21 使虚线与边角和路径终端对齐

图7-22指定虚线次序

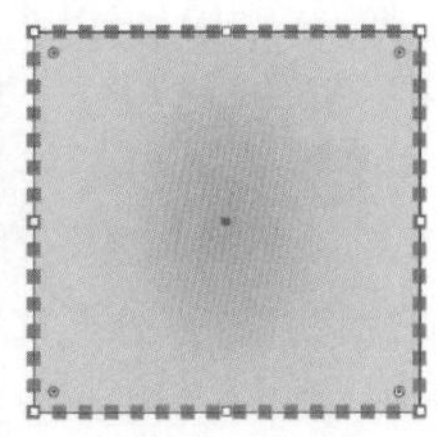
图7-23 重复虚线次序

7.2.3 更改线条的端点和边角

端点是指一条开放线段两端的端点；边角是指直线段改变方向（拐角）的地方，如图7-24所示。在Illustrator中，可以通过改变对象的描边属性来改变线段的端点和边角。

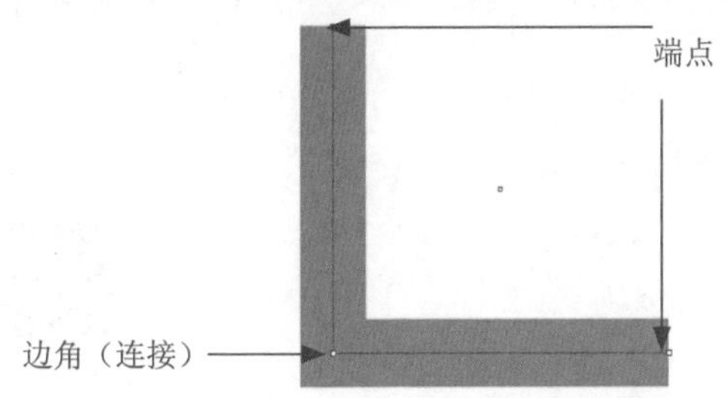

图7-24 线条的端点和边角

选中带有描边的图形或线条，用户可以在“描边”面板中设置端点的类型为平头、圆头和方头，设置边角的类型为斜接、圆角和斜角，如图7-25所示。如果将线条设置为虚线，更改线条端点类型将获得更丰富的描边效果，如图7-26所示。

图7-25 设置端点类型及边角类型

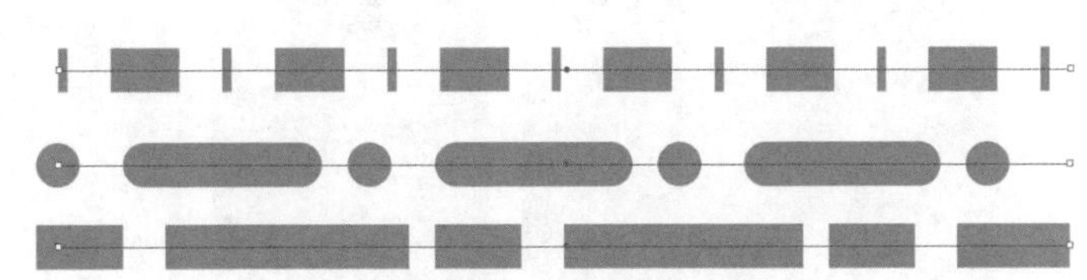
图7-26 为虚线设置端点类型效果

7.2.4 添加和自定义箭头

在Illustrator CC中，可以从“描边”面板中访问箭头并关联控件来调整大小。默认箭头位于“描边”面板的“箭头”下拉列表框中，如图7-27所示。

用户可以分别为路径的起点和终点设置箭头，单击“互换箭头起始处和结束处”按钮，可以交换起点箭头和终点箭头样式，如图7-28所示。

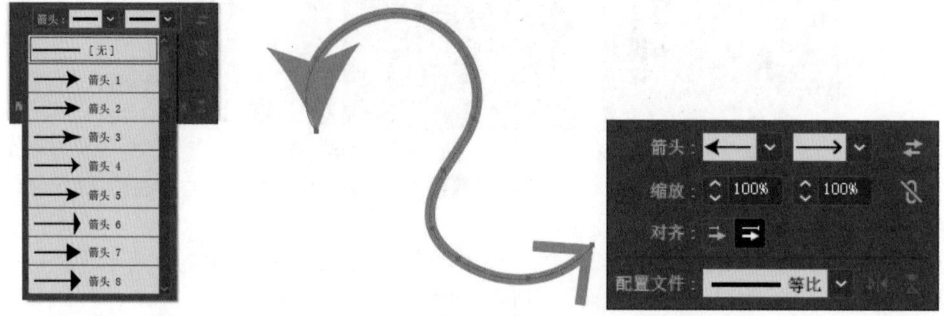

图7-27 “箭头”下拉列表框　　图7-28 交换起点箭头和终点箭头样式

使用“缩放”选项可以重新调整箭头开头和箭头末段的大小。单击“链接箭头起始处和结束处缩放”按钮，当按钮显示为状态时，箭头开始和箭头末尾将同时参与缩放操作。

单击“对齐”选项后的“将箭头提示扩展到路径终点外”按钮，将扩展箭头笔尖超过路径末端，如图7-29所示。单击“将箭头提示放置于路径终点处”按钮，将在路径末端放置箭头笔尖，如图7-30所示。

图7-29 箭头笔尖超过路径末端　图7-30 在路径末端放置箭头笔尖

提示　在“箭头”下拉列表框中选择“无”选项，即可删除对象中添加的箭头。

7.2.5 应用案例——绘制细节丰富的科技感线条

源 文 件：源文件\第7章\7-2-5.ai

素　材：无

技术要点：掌握【科技感线条】的绘制方法

扫描查看演示视频

STEP 01 新建一个 Illustrator 文件。使用“矩形工具”绘制一个填色为 RGB（10、70、160），描边色为“无”，与画板等大的矩形，使用“星形工具”在画板中创建一个如图 7-31 所示的四角星形。

STEP 02 执行“效果”→“扭曲和变化”→“变化”命令，在弹出的“变换效果”对话框中设置各项参数，如图 7-32 所示。单击“确定”按钮，图形效果如图 7-33 所示。

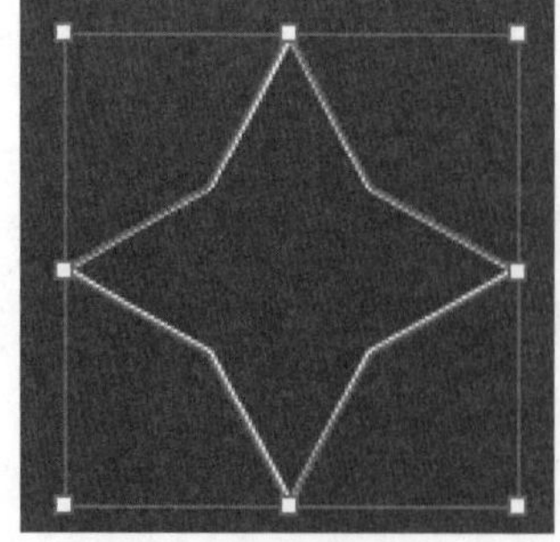

图7-31 绘制四角星形　图7-32 “变换效果”对话框　图7-33 图形效果

STEP 03 拖曳选中所有图形，执行"窗口"→"描边"命令，打开"描边"面板。选择"虚线"复选框，如图 7-34 所示，图形效果如图 7-35 所示。

STEP 04 设置图形的描边色为从 RGB（255、132、46）到 RGB（0、255、190）的线性渐变。拖曳选中所有图形，调整其大小以覆盖整个画板，如图 7-36 所示。

图7-34 "描边"面板

图7-35 图形效果

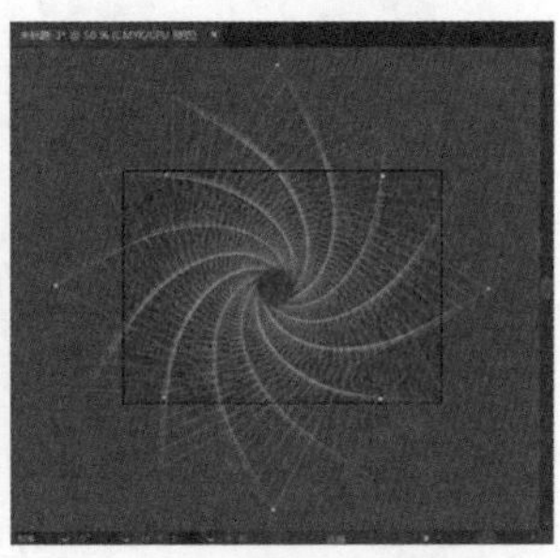

图7-36 缩放图形以覆盖画板

7.3 使用宽度工具

使用"宽度工具"可以创建具有变量宽度的描边，而且可以将变量宽度保存为配置文件，并应用到其他描边。

7.3.1 宽度工具

绘制一个线段，单击工具箱中的"宽度工具"按钮或者按【Shift+W】组合键，将光标移动到描边上，此时路径上将显示一个空心菱形，如图7-37所示。按住鼠标左键并拖曳，即可调整描边的宽度，如图7-38所示。

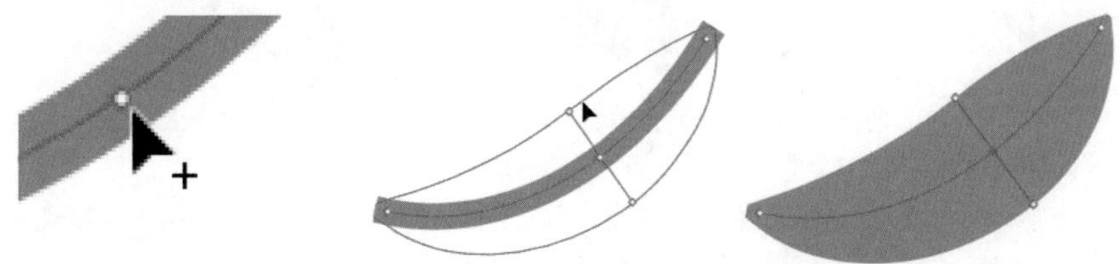

图7-37 空心菱形　　图7-38 拖曳调整描边宽度

继续使用相同的方法添加宽度点并调整描边的宽度，效果如图7-39所示。按住【Alt】键的同时使用"宽度工具"拖曳宽度点，可以复制一个宽度点，如图7-40所示。

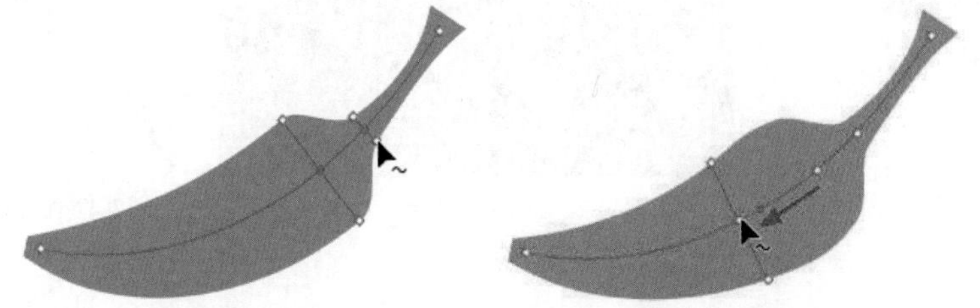

图7-39 调整描边宽度　　图7-40 复制宽度点

当用户使用"宽度工具"创建图形后，执行"扩展外观"操作时，将会自动应用较少的锚点处理扩展形状的外观，如图7-41所示。

使用"宽度工具"双击宽度点，弹出"宽度点数编辑"对话框，如图7-42所示。设置好参数后，单击"确定"按钮，即可创建一个精确的宽度点。如果单击"删除"按钮，将删除当前宽度点。

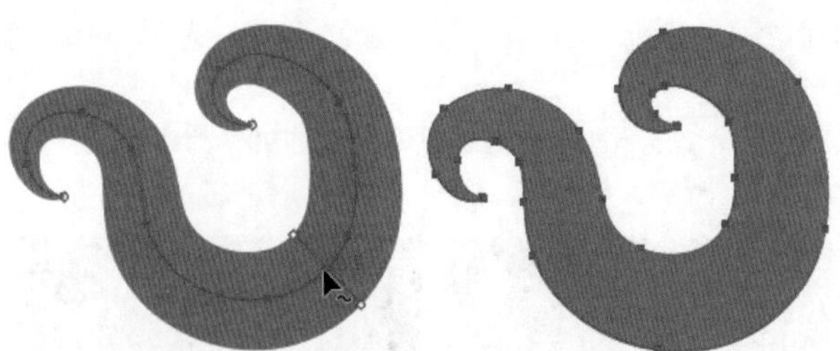
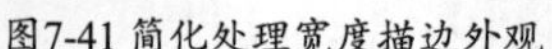

图7-41 简化处理宽度描边外观

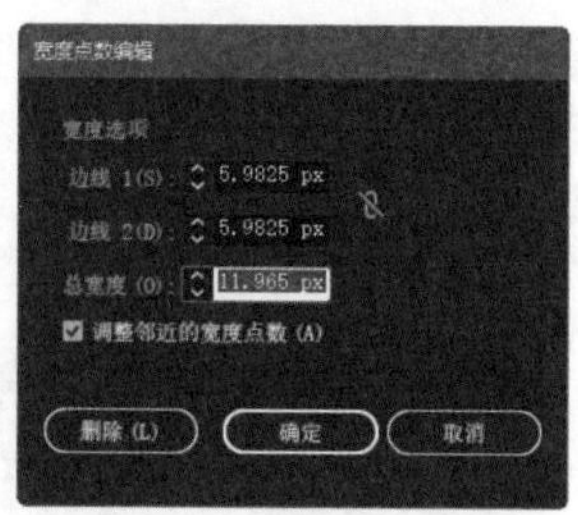

图7-42 “宽度点数编辑”对话框

提示　按住【Shift】键的同时双击宽度点数，将自动选择“调整邻近的宽度点数”复选框。

7.3.2 应用案例——创建一个非连续宽度点

源 文 件：无

素　材：无

技术要点：掌握【非连续宽度点】的创建方法

扫描查看演示视频

STEP 01 新建一个 Illustrator 文件，使用“铅笔工具”在画板中绘制一条路径，使用“宽度工具”创建如图 7-43 所示的两个宽度点。

STEP 02 使用“宽度工具”将下面的宽度点拖曳到上面的宽度点上，如图 7-44 所示。

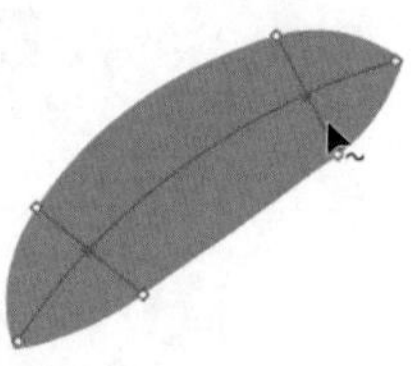

图7-43 绘制路径并创建两个宽度点

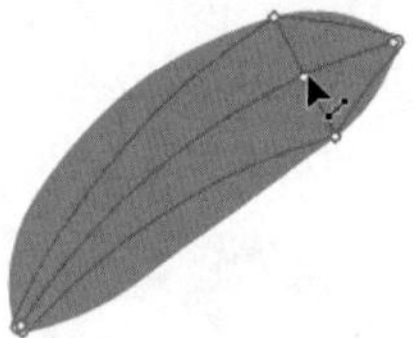

图7-44 拖曳宽度点

STEP 03 释放鼠标左键，创建一个非连续宽度点，效果如图 7-45 所示。

STEP 04 双击该非连续宽度点，弹出“宽度点数编辑”对话框，在对话框中分别为两个宽度点设置数值，如图 7-46 所示。单击“确定”按钮，描边效果如图 7-47 所示。

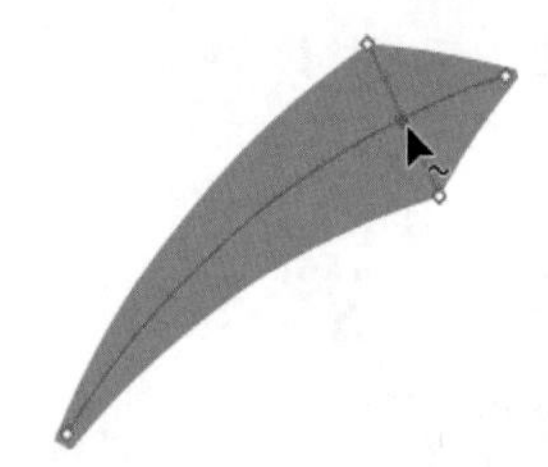

图7-45 两个宽度点重合

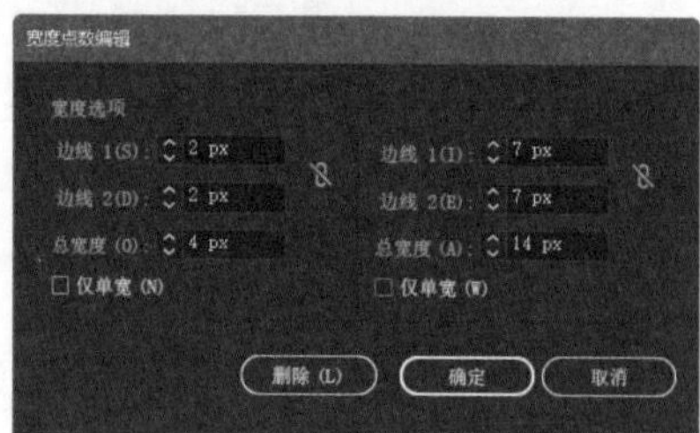

图7-46 “宽度点数编辑”对话框

图7-47 描边效果

提示　执行“对象”→“扩展外观”命令，即可将描边扩展为填充。

7.3.3 保存宽度配置文件

定义了描边宽度后，用户可以使用“描边”面板、“控制”面板或者“属性”面板，保存可变宽度配置文件。

单击“描边”面板底部“配置文件”右侧的下拉按钮，再单击下拉列表框底部的“添加到配置文件”按钮，如图7-48所示。弹出“变量宽度配置文件”对话框，如图7-49所示。输入“配置文件名称”后，单击“确定”按钮，即可将其添加到配置文件，如图7-50所示。

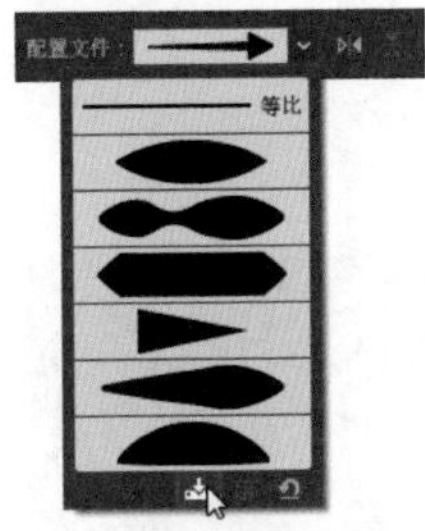

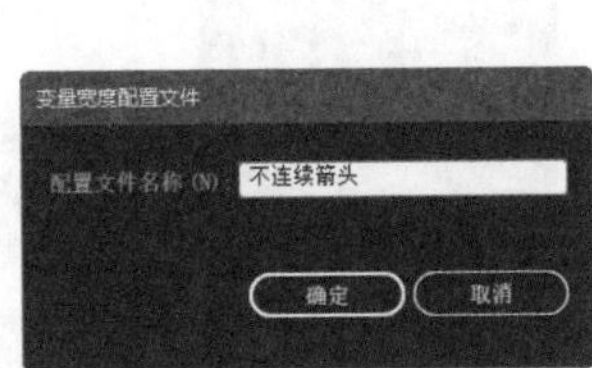

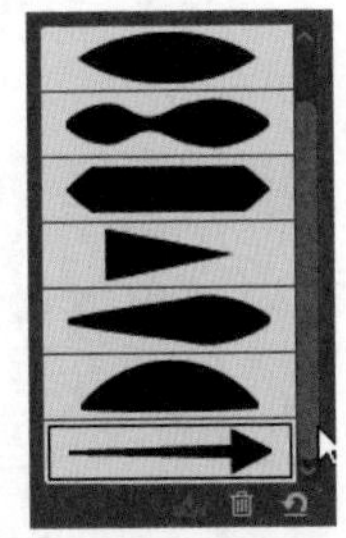

图7-48 “配置文件”下拉列表框　图7-49 “变量宽度配置文件”对话框　图7-50 添加到配置文件

选择下拉列表框中的一个配置文件，单击底部的“删除配置文件”按钮，即可将选中的配置文件删除。单击“重置配置文件”按钮，即可重置下拉列表框。

7.4 渐变填充

渐变是两种或多种颜色之间或同一颜色的不同色调之间的逐渐混和。用户可以利用渐变形成颜色混合，增大矢量对象的体积，以及为图稿添加光亮或阴影效果。在Illustrator CC中，可以创建线性渐变、径向渐变和任意形状渐变3种渐变。

- 线性渐变：此渐变类型使颜色从一点到另一点进行直线形混合，如图7-51所示。
- 径向渐变：此渐变类型使颜色从一点到另一点进行环形混合，如图7-52所示。
- 任意形状渐变：此渐变类型可在某个形状内使色标形成逐渐过渡的混合，可以是有序混合，也可以是随意混合，最终混合效果都很平滑、自然。可以按点和线条两种模式应用任意形状渐变。
  - 点：在色标周围区域添加阴影，如图7-53所示。
  - 线条：在线条周围区域添加阴影，如图7-54所示。

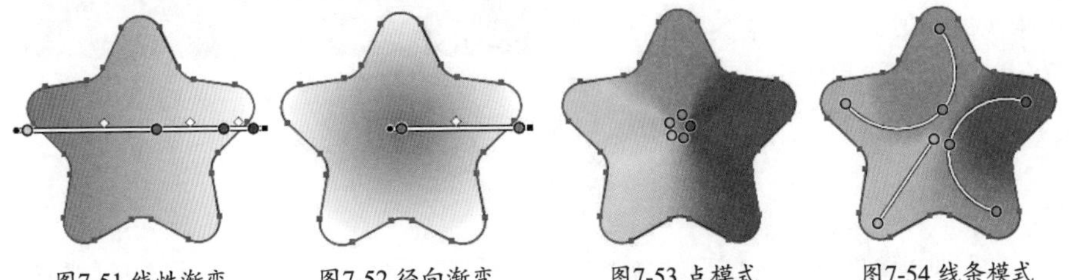

图7-51 线性渐变　图7-52 径向渐变　图7-53 点模式　图7-54 线条模式

线性渐变和径向渐变可应用于对象的填色和描边。任意形状渐变只能应用于对象的填色。

7.4.1 使用渐变工具和“渐变”面板

想要直接在图稿中创建或修改渐变时，可以使用渐变工具。单击工具箱中的“渐变工具”按钮或者按【G】键，“控制”面板中将显示“渐变类型”，如图7-55所示。选择不同的渐变类型，“控制”面板也会显示对应的参数，如图7-56所示。

图7-55 线性渐变类型的“控制”面板　图7-56 任意形状渐变类型的“控制”面板

执行“窗口”→“渐变”命令或者按【Ctrl+F9】组合键，打开“渐变”面板，如图7-57所示，选择不同的渐变类型，“渐变”面板将显示不同的参数，如图7-58所示。

选择“渐变”面板菜单中的“隐藏选项”命令或单击面板名称前的图标，可将“渐变”面板中的选项隐藏，“渐变”面板效果如图7-59所示。再次单击图标或选择“显示选项”命令，即可将“渐变”面板选项显示出来。

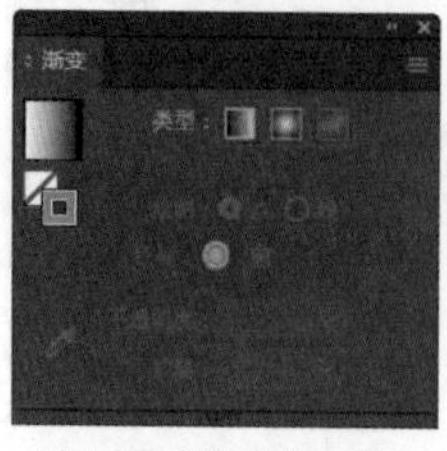

图7-57 “渐变”面板　图7-58 选择渐变类型

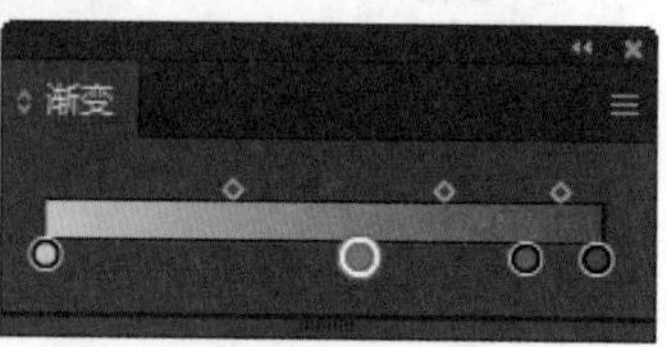

图7-59 隐藏选项

渐变工具和“渐变”面板有很多通用的选项。但是，有些任务只能通过渐变工具或“渐变”面板执行。使用“渐变工具”和“渐变”面板，可以指定多个色标并指定其位置和扩展范围；还可以指定颜色的显示角度、椭圆形渐变的长宽比及每种颜色的不透明度。

提示　用户第一次单击工具箱中的“渐变工具”时，默认情况下会应用白色到黑色渐变。如果以前应用过渐变，则默认情况下会在对象中应用上次使用的渐变。

Illustrator CC提供了一系列可通过“渐变”面板或“色板”面板设置的预定义渐变。选中要填充渐变的对象，单击“渐变”面板中渐变色框右侧的图标，在打开的下拉列表框中选择已存储的渐变填充效果，如图7-60所示。也可以单击“色板”面板中的渐变填充，为对象添加渐变填充效果，如图7-61所示。

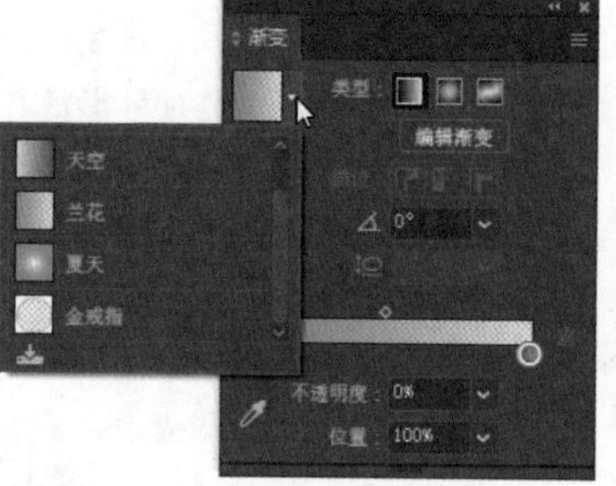

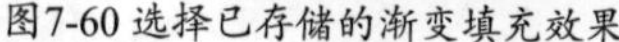

图7-60 选择已存储的渐变填充效果

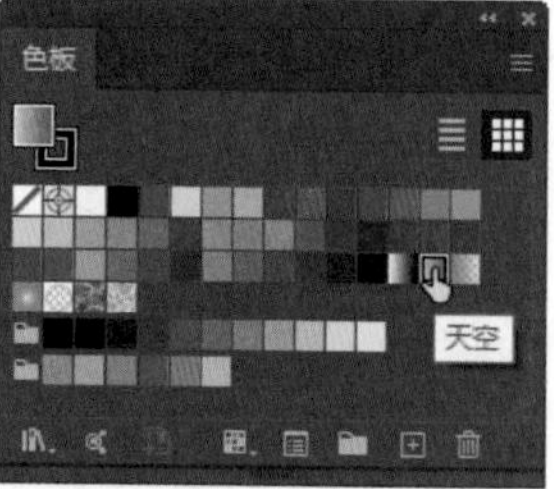

图7-61 “色板”面板

提示　单击“色板”面板底部的“显示色板类型菜单”按钮，在打开的下拉列表框中选择“显示渐变色板”选项，“色板”面板中将仅显示渐变。

在“色板”面板菜单中选择“打开色板库”→“渐变”命令，可在打开的子菜单中选择要应用的渐变，如图7-62所示。图7-63所示为选择了“水果和蔬菜”命令后打开的“水果和素材”渐变面板。

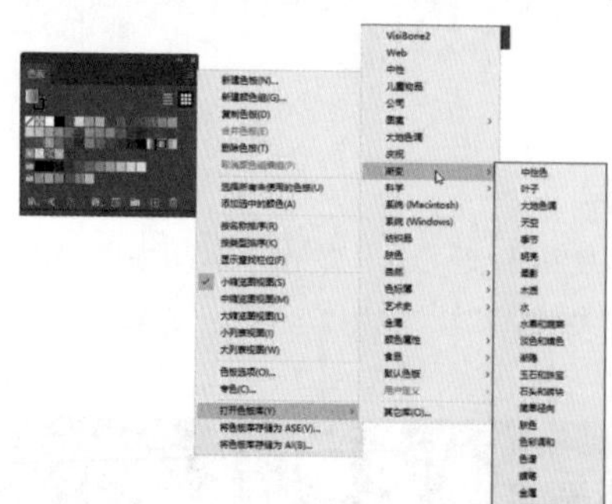

图7-62 打开渐变色板库

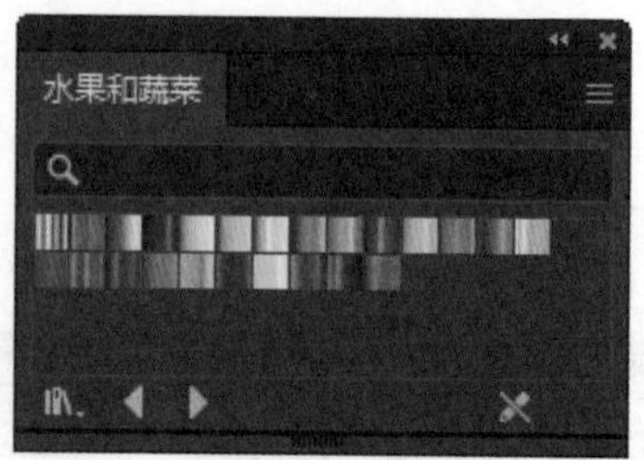

图7-63 “水果和蔬菜”渐变面板

7.4.2 创建和应用渐变

单击工具箱中的“渐变工具”按钮，并且让工具箱中的“填色”框位于前面，然后将光标置于对象上，单击即可为其填充渐变；默认情况下，填充黑白的线性渐变，如图7-64所示。

激活“渐变工具”后，单击“控制”面板或者“渐变”面板中的“径向渐变”按钮，再在未选中的对象上单击，即可为对象填充径向渐变，如图7-65所示。完成渐变填充后，使用“径向渐变”在对象上拖曳，可以改变渐变的方向和范围，如图7-66所示。

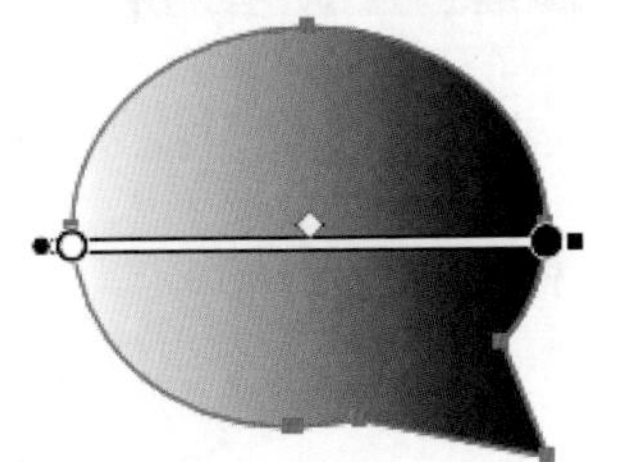

图7-64 填充线性渐变

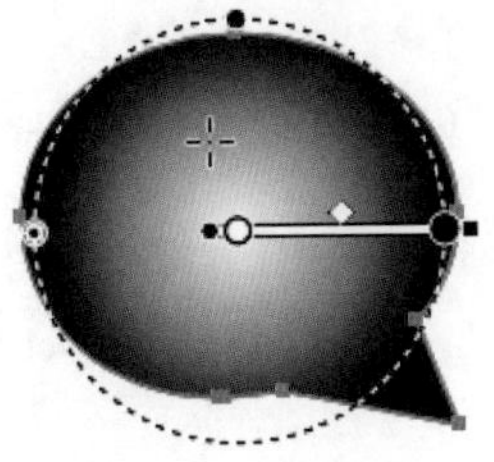

图7-65 填充径向渐变

图7-66 拖曳改变渐变的方向和范围

渐变批注者

创建线性渐变和径向渐变填充后，单击“渐变工具”时，对象中将显示渐变批注者。渐变批注者是一个滑块，该滑块会显示起点、终点、中点，以及起点和终点对应的两个色标，如图7-67所示。

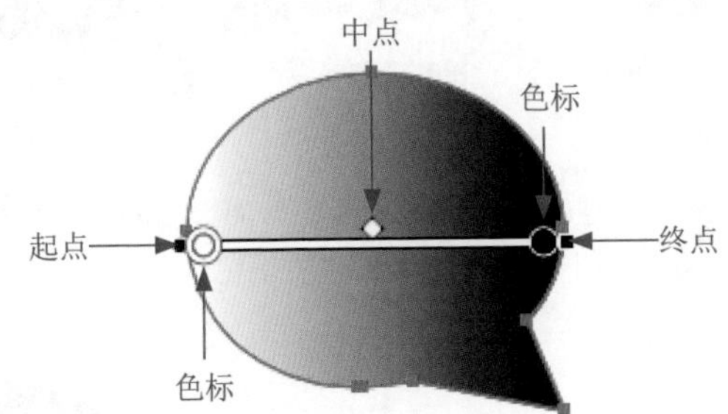

图7-67 渐变批注者

执行“查看”→“隐藏渐变批注者”或“显示渐变批注者”命令，可以隐藏或者显示渐变批注者。在线性渐变和径向渐变的批注者中，拖动渐变批注者起点，可以更改渐变的原点位置，如图7-68所示。拖动渐变批注者终点，可以增大或减小渐变的范围，如图7-69所示。

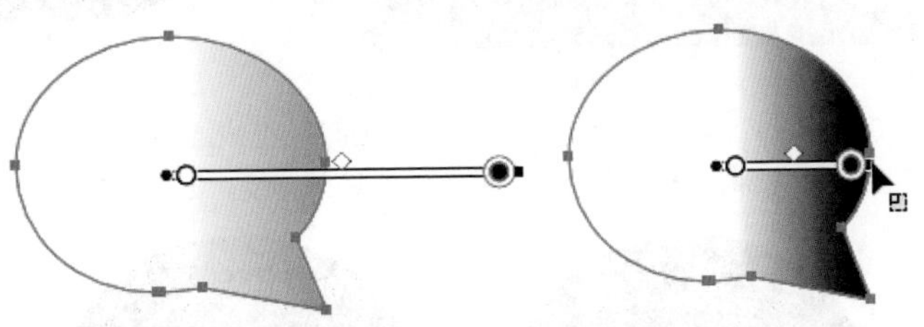

图7-68 更改渐变的原点位置

图7-69 改变渐变的范围

创建“点”形状渐变效果

选择“渐变工具”，单击“控制”面板中的“任意形状渐变”按钮，再在未选中对象上单击，即可为对象添加任意形状的渐变效果。默认情况下，将创建“点”形状的渐变效果，如图7-70所示。继续使用相同的方法，可为对象添加多个点色标，如图7-71所示。

为对象添加“点”形状渐变填充时，可以在“渐变”面板、“属性”面板或者“控制”面板的

"扩展"下拉列表框中设置数值，用来控制渐变的扩展幅度，如图7-72所示。

图7-70 添加点形状的渐变效果

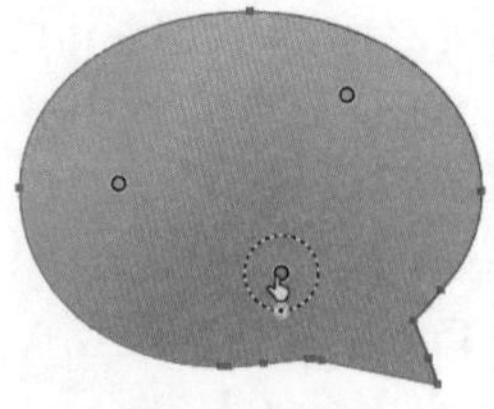
图7-71 添加多个点色标

图7-72 设置扩展幅度

也可以将光标移至色标范围虚线的滑块上，按住鼠标左键并拖曳，可以调整色标扩展幅度，效果如图7-73所示。默认情况下，色标的扩展幅度为0%。

将光标移至色标虚线范围内，按住鼠标左键并拖曳可调整其位置，如图7-74所示。选中色标后，单击"渐变"面板中的"删除色标"按钮或者按【Delete】键，如图7-75所示。即可删除当前色标。

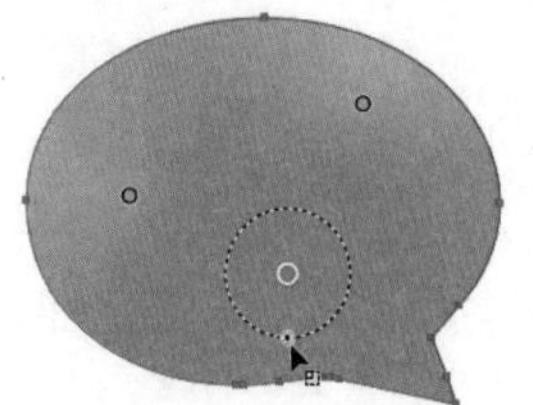
图7-73 拖曳调整色标的幅度

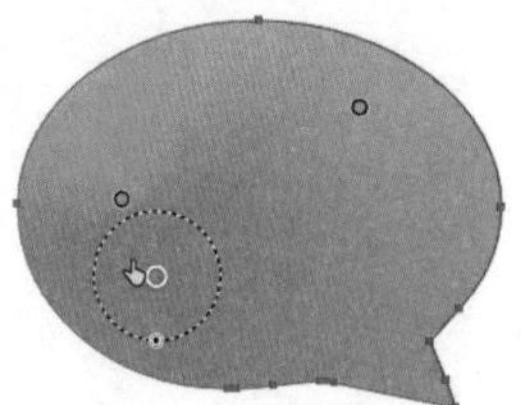
图7-74 移动色标

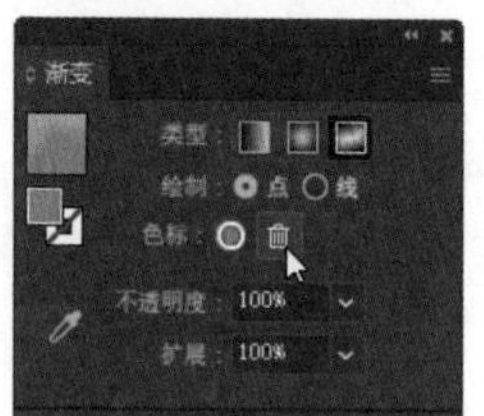

图7-75 删除色标

创建"线"形状渐变效果

激活"渐变工具"后，单击"控制"面板或"渐变"面板中的"任意形状渐变"按钮，选择"线"模式，如图7-76所示。在未选中对象上单击创建一个色标并向另一个位置移动，出现一个提示橡皮筋，如图7-77所示。

图7-76 选择"线"模式

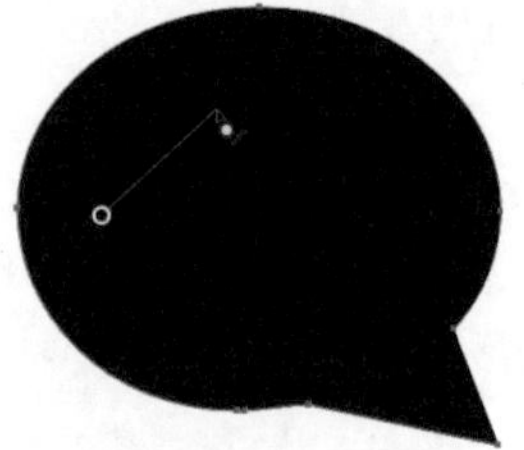
图7-77 创建色标并移动

在移动位置处单击即可创建第二个色标，两个色标之间以直线连接，如图7-78所示。再移动到另一处位置，单击创建第三个色标，此时连接3个色标的线变为曲线，如图7-79所示。

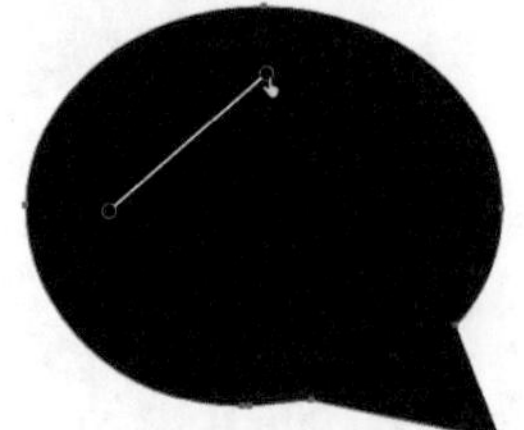
图7-78 创建第二个色标

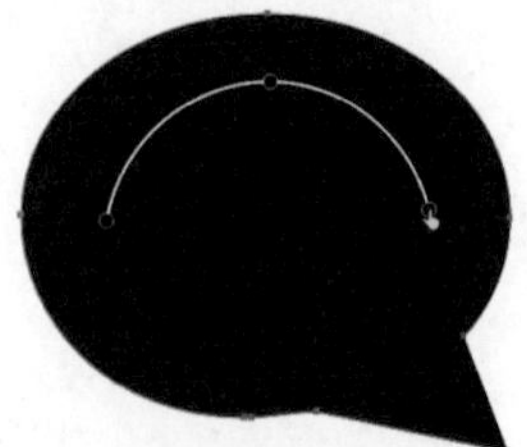
图7-79 创建第三个色标

双击色标，可以在打开的面板中修改色标的颜色，如图7-80所示。使用相同的方法，可以修改所有色标的颜色，如图7-81所示。将光标移至对象区域外，再将其移回到对象中，然后单击任意位置，即可再创建一条单独的直线段，如图7-82所示。

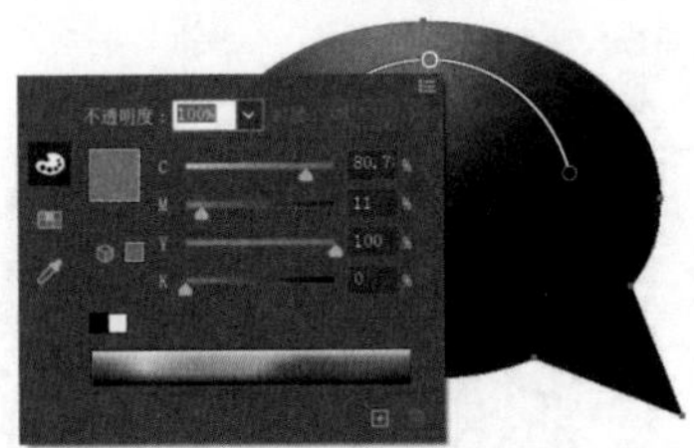

图7-80 修改色标颜色

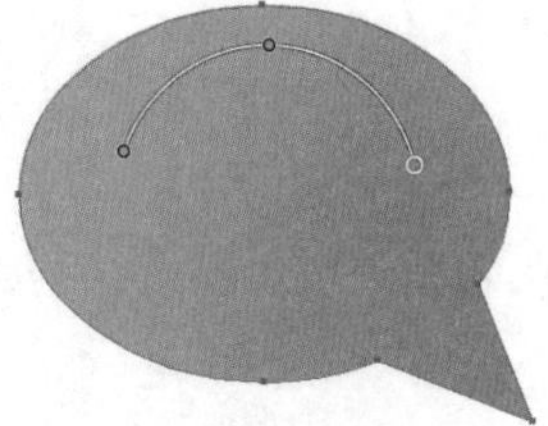

图7-81 修改所有色标颜色

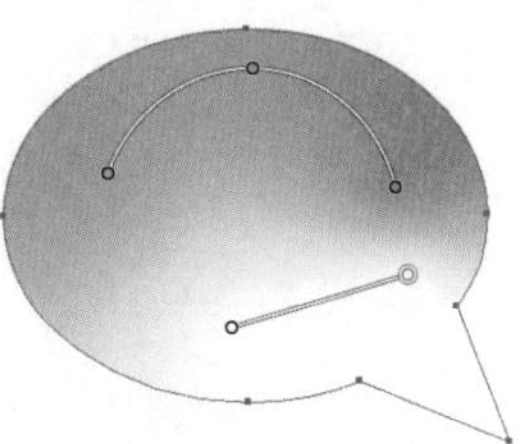

图7-82 创建单独的直线段

在直线段上单击即可添加一个色标，按住鼠标左键并拖曳将直线段调整为曲线，如图7-83所示。单击线段的一段，可继续创建色标，将光标移动到另一条线段的色标上单击，即可将两条线段连接，如图7-84所示。

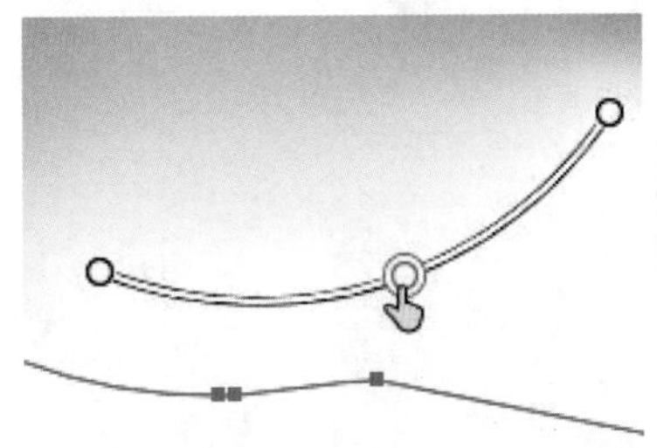

图7-83 在直线段上添加色标并调整

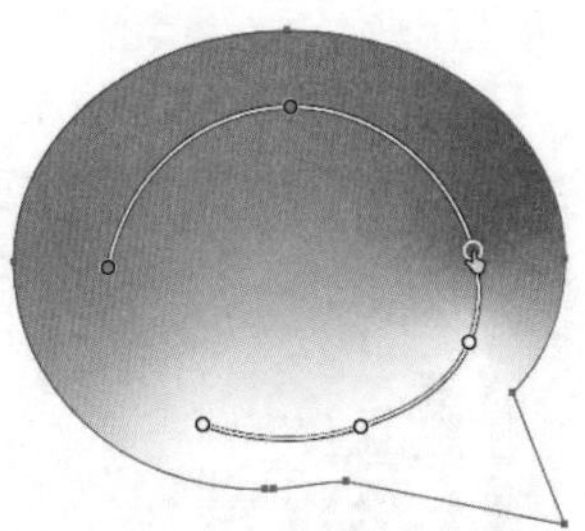

图7-84 连接两条线段

拖动色标可将其放到所需的位置。更改色标位置时，直线段也会相应地缩短或延长，而其他色标的位置保持不变。

7.4.3 编辑修改渐变

选中填充渐变的对象，单击“渐变”面板中的“编辑渐变”按钮，如图7-85所示。也可以激活工具箱中的“渐变工具”，可在“渐变”面板中编辑渐变的各个选项，如色标、颜色、角度、不透明度和位置等，如图7-86所示。

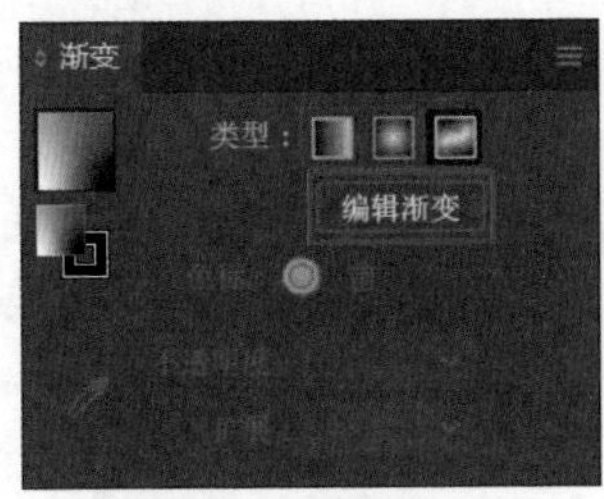

图7-85 “编辑渐变”按钮

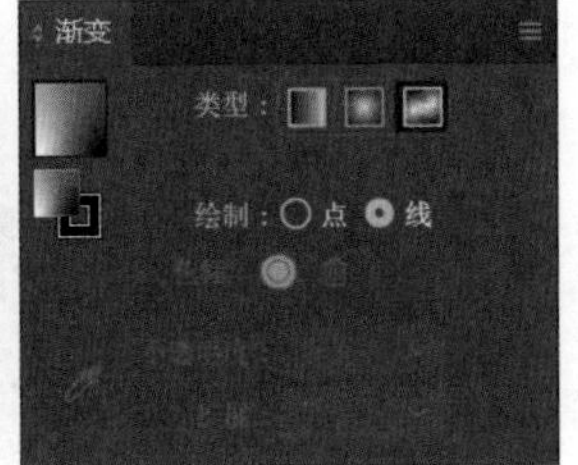

图7-86 编辑渐变的选项

7.4.4 应用案例——创建和编辑渐变填充

源文件：无

素　材：无

技术要点：掌握【创建和编辑渐变填充】的方法

扫描查看演示视频

STEP 01 应用渐变后，将光标移动到渐变批注者上，当光标显示为▷₊状态时，单击即可添加色标。选中一个色标，按住【Alt】键的同时拖曳色标，将复制一个相同颜色的色标，如图 7-87 所示。

STEP 02 双击色标，打开颜色面板，在该面板中选择想要应用的颜色，如图 7-88 所示。当前选定色标选定的颜色将自动应用到下一个色标。

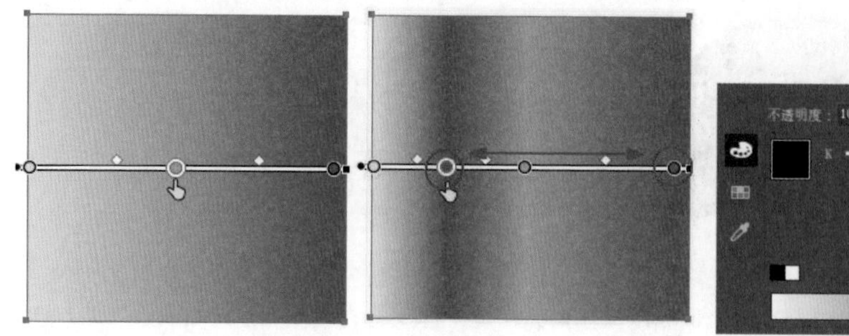

图7-87 添加并复制色标

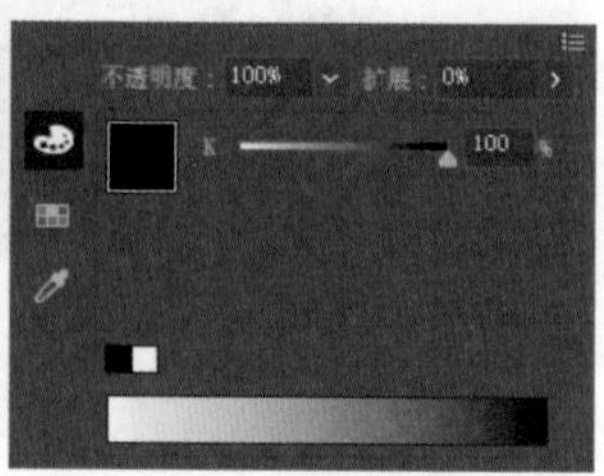

图7-88 颜色面板

STEP 03 可以在选中色标的前提下，单击“色板”面板中的颜色，修改色标的颜色，如图 7-89 所示。

STEP 04 选中色标，单击“渐变”面板中的“拾色器”按钮，可以从画板中选取并应用任何颜色，如图 7-90 所示。按【Esc】键或者【Enter】键，可退出拾色器模式。

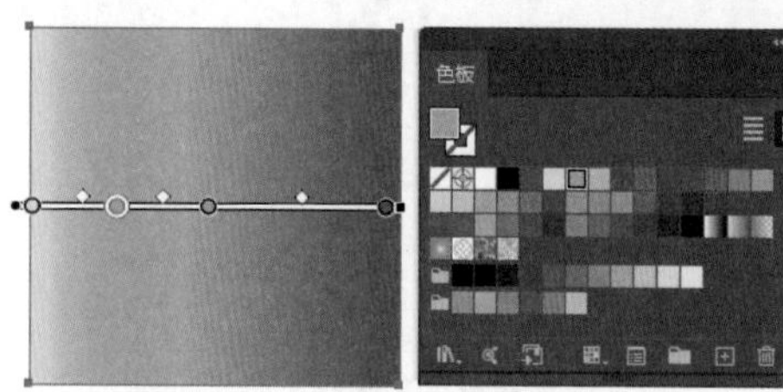

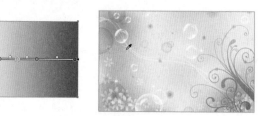

图7-89 使用“色板”面板修改色标颜色

图7-90 从画板中选取并应用颜色

7.4.5 应用案例——编辑渐变填充

源 文 件：无

素　 材：无

技术要点：掌握【编辑渐变填充】的方法

扫描查看演示视频

STEP 01 将光标移至渐变批注者或者“渐变”面板色标上，按住鼠标左键并拖曳，即可改变其位置，如图 7-91 所示。使用相同的方法拖曳中点色标，可改变渐变中点的位置。

STEP 02 将光标移动到渐变批注者终点上方，显示一个旋转光标后，按住鼠标左键并拖曳，可以改变渐变的角度，如图 7-92 所示。也可以在“渐变”面板的“角度”下拉列表框中旋转或输入一个数值，完成旋转渐变效果的操作，如图 7-93 所示。

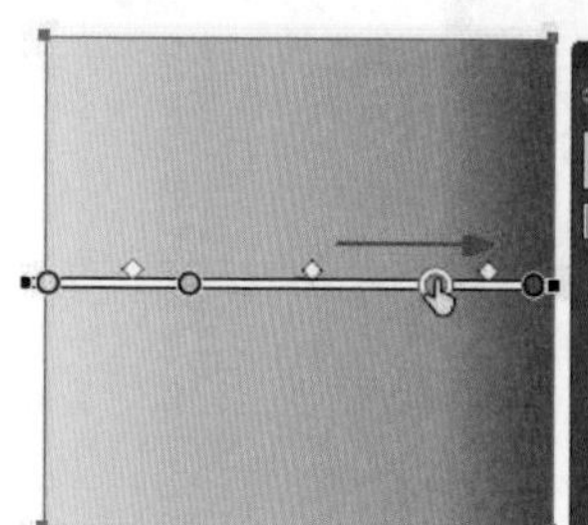

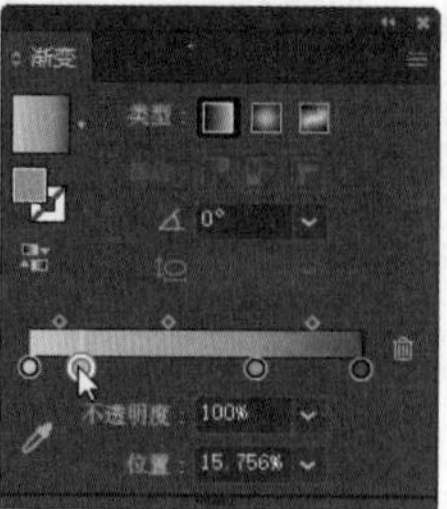

图7-91 修改色标位置

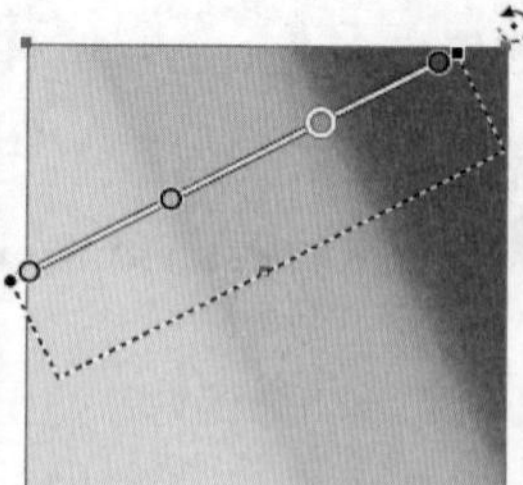

图7-92 旋转渐变批注者

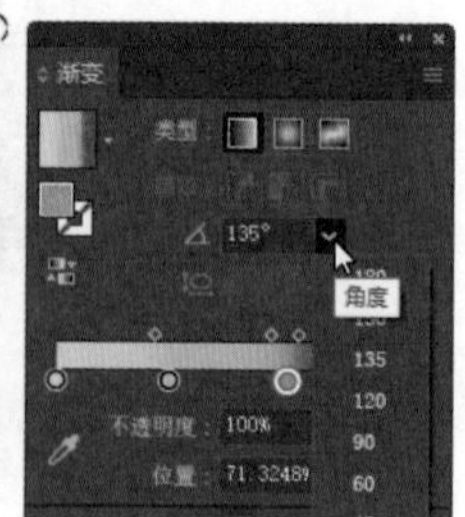

图7-93 输入旋转数值

STEP 03 选中色标后，拖动“控制”面板中的“不透明度”滑块或者在“渐变”面板的“不透明度”文本框中选择或者输入数值，即可更改色标的不透明度，如图 7-94 所示。

STEP 04 单击“渐变”面板中的“反向渐变”按钮，即可反转渐变中的颜色，如图 7-95 所示。

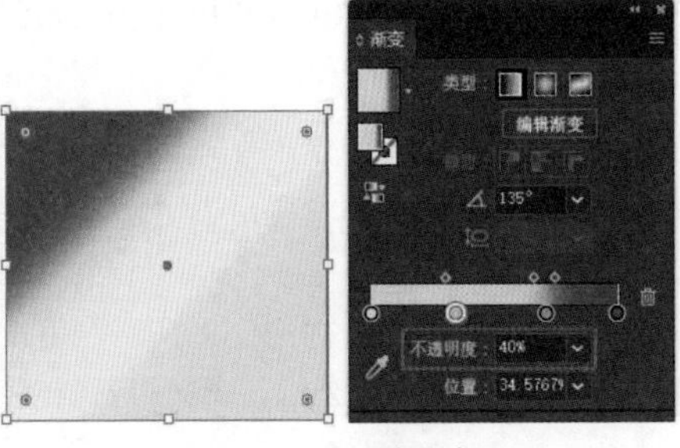

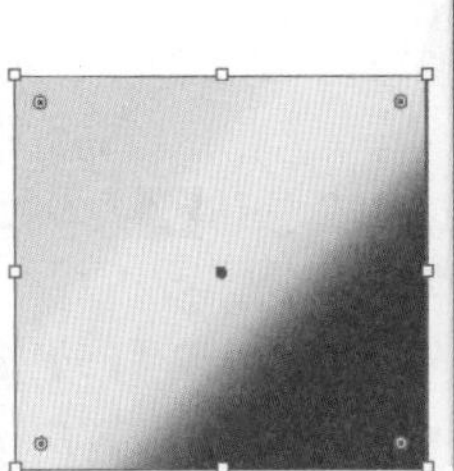
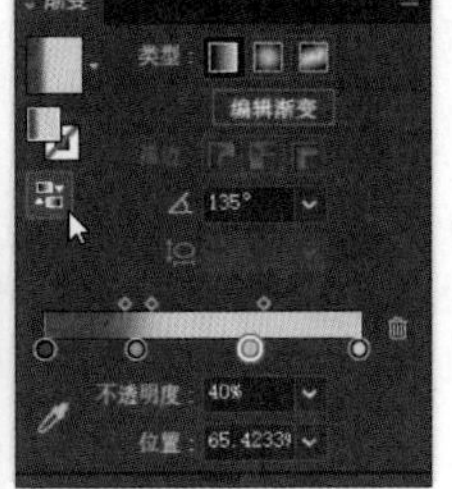

图7-94 更改不透明度　　图7-95 反转渐变颜色

7.4.6 存储渐变预设

用户可以将新建的渐变或修改后的渐变存储到色板中，便于之后使用。单击“渐变”面板中渐变框右侧的■按钮，继续在打开的面板中单击“添加到色板”按钮，即可将当前渐变预设存储到“色板”面板中，如图7-96所示。

用户也可以将“渐变”面板中的渐变框直接拖曳到“色板”面板上，完成存储渐变的操作，如图7-97所示。

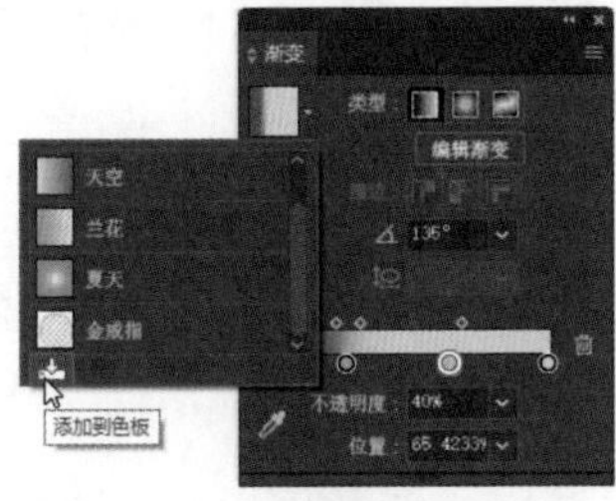

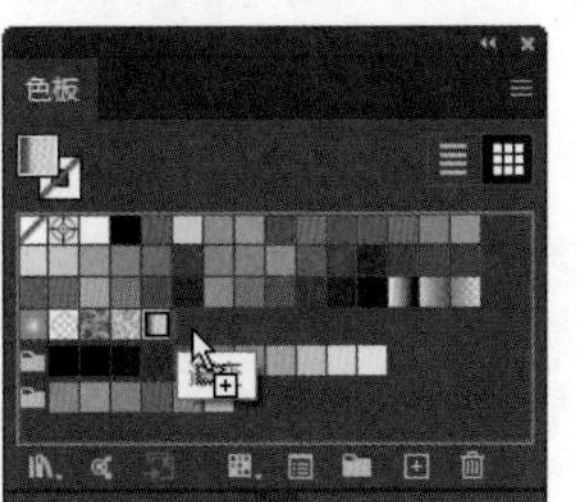

图7-96 添加到色板　　图7-97 拖曳添加渐变

7.4.7 渐变应用与描边

除了可以将渐变应用到对象填色，也可以将线性渐变和径向渐变应用到对象的描边上。选中对象，从“渐变”面板中选择一个渐变效果，单击工具箱底部的描边框或者在“色板”面板、“渐变”面板和“属性”面板中选择描边框。

在“渐变”面板的“描边”选项中，有“在描边内应用渐变”“沿描边应用渐变”“跨描边应用渐变”3种模式供用户选择，如图7-98所示。

图7-98 描边渐变模式

按住【Shift】键的同时依次单击对象或者使用“选择工具”拖曳框选对象后，使用工具箱中的“吸管工具”单击渐变，可将吸取的渐变应用到所选对象上。

7.5 使用画笔工具

使用“画笔工具”可以绘制出丰富多彩的图形效果。利用“画笔”面板可以方便地进行笔触变形和自然笔触路径的切换，使图稿产生类似于手绘的效果，使Illustrator CC在平面设计领域创建艺术作品更加自由灵活。

7.5.1 画笔类型

单击工具箱中的“画笔工具”按钮或者按【B】键，将光标移动到画板上，按住鼠标左键并拖曳，即可使用“画笔工具”开始绘制。

执行“窗口”→“画笔”命令或者按【F5】键，打开“画笔”面板，如图7-99所示。用户可以在该面板中选择不同类型的画笔，Illustrator CC为用户提供了书法、散点、艺术、图案和毛刷5种画笔类型。

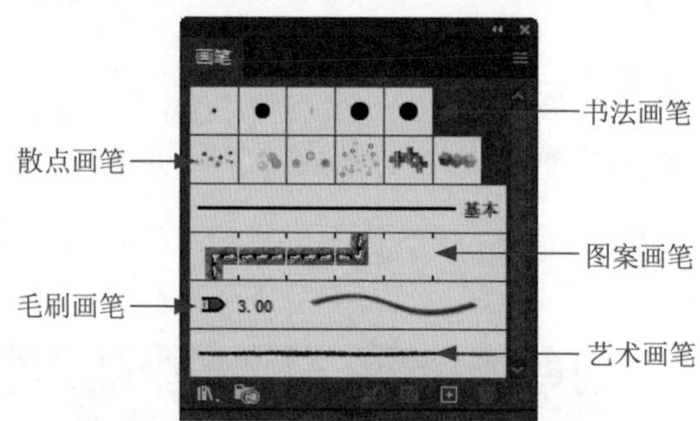

图7-99 “画笔”面板

散点画笔和图案画笔通常可以达到同样的效果。不过，它们之间的一个区别在于，“图案画笔”会完全依循路径，而“散点画笔”则不同。图7-100所示为“图案画笔”中的箭头呈弯曲状，以依循路径。图7-101所示为“散点画笔”中的箭头，保持直线方向。

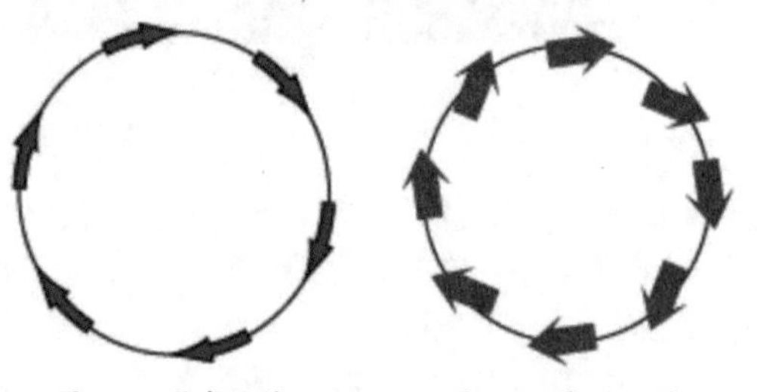

图7-100 图案画笔　　图7-101 散点画笔

7.5.2 画笔工具选项

双击工具箱中的“画笔工具”按钮，弹出“画笔工具选项”对话框，如图7-102所示。用户可以在该对话框中对画笔工具进行更加详细的设置，完成后单击“确定”按钮。

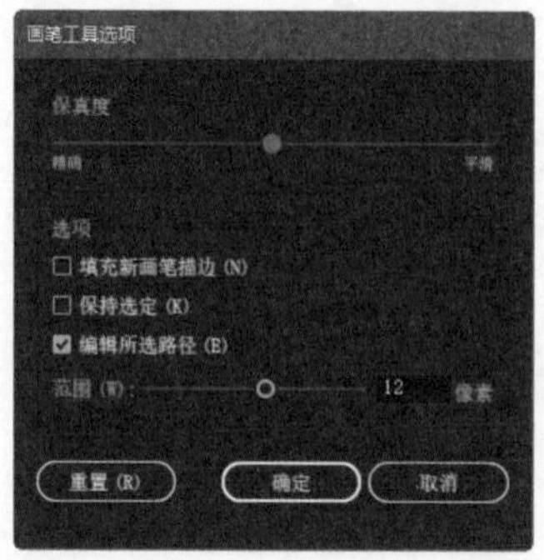

图7-102 “画笔工具选项”对话框

7.5.3 使用“画笔”面板

用户可以在“画笔”面板中查看当前文件中的画笔，如图7-103所示。同时，Illustrator CC也提供了很多画笔库供用户使用。执行“窗口”→“画笔库”命令，在打开的子菜单中有多个画笔库，如图7-104所示。

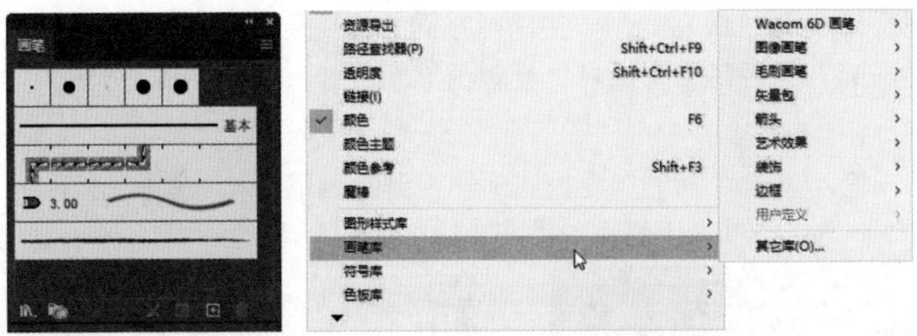

图7-103 “画笔”面板　　图7-104 打开画笔库

单击“画板”面板底部的“画笔库菜单”按钮，用户也可以在打开的下拉列表框中选择想要使用的画笔库，如图7-105所示。图7-106所示为“6d艺术钢笔画笔”画笔库。

可以通过拖曳或者选择画笔库面板菜单中的“添加到画笔”命令，将画笔库面板中的画笔添加到画板中，如图7-107所示。

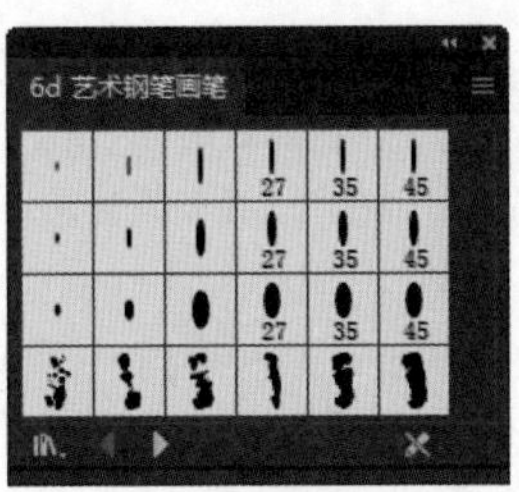

图7-105 画笔库菜单　图7-106 “6d艺术钢笔画笔”画笔库　图7-107 选择“添加到画笔”命令

无论何时从画笔库中选择画笔，都会自动将其添加到“画笔”面板中，如图7-108所示。创建并存储在“画笔”面板中的画笔仅与当前文件相关联，即每个Illustrator文件可以在其“画笔”面板中包含一组不同的画笔。

显示或隐藏画笔类型

用户可以在“画笔”面板菜单中选择显示或隐藏画笔类型，如图7-109所示。选项前面显示✓时，表示该类型笔刷将显示在画笔面板中。

更改画笔视图

用户可以在“画笔”面板菜单中选择“缩览图视图”或者“列表视图”命令，如图7-110所示，使画笔采用缩览图或列表的形式显示在画板中。图7-111所示为列表形式显示效果。

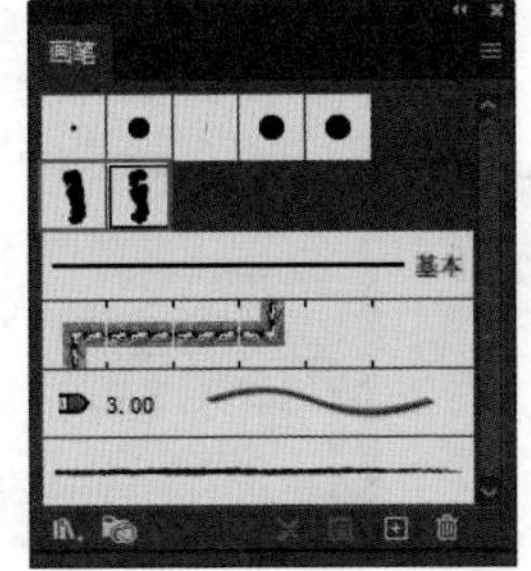

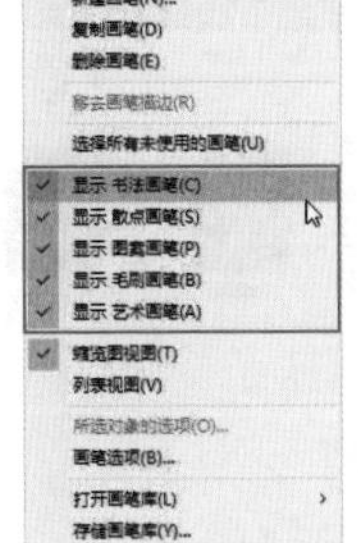

图7-108 添加到“画笔”面板中　图7-109 显示或隐藏画笔类型　图7-110 “画笔”面板菜单

用户可以通过拖动的方式调整画笔在“画笔”面板中的排列顺序，但是只能在同一类别中移动画笔。

复制和删除画笔

将光标移动到想要复制的画笔上，按住鼠标左键并拖曳到“画笔”面板底部的“新建画笔”按钮⊞上，或者在“画笔”面板菜单中选择“复制画笔”命令，即可完成复制画笔的操作，如图7-112所示。

选中要删除的画笔，单击“画笔”面板底部的“删除画笔”按钮🗑，或者在“画笔”面板菜单中选择“删除画笔”命令，即可完成删除画笔的操作，如图7-113所示。

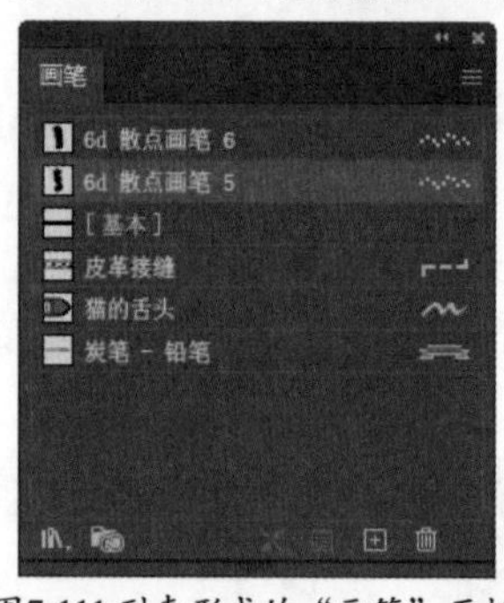

图7-111 列表形式的“画笔”面板

图7-112 复制画笔

图7-113 删除画笔

存储文件前，选择“画笔”面板菜单中的“选择所有未使用的画笔”命令，选中当前文件中所有未使用的画笔，单击“删除画笔”按钮将其全部删除。既可以精简工作内容，又可以减小文件体积。

7.5.4 应用案例——从其他文件导入画笔

源文件：无

素　材：素材\第7章\75401.ai

技术要点：掌握【从其他文件导入画笔】的方法

扫描查看演示视频

扫描下载素材

STEP 01 新建一个 Illustrator 文件。按【F5】键，打开“画笔”面板。

STEP 02 单击“画笔”面板底部的“画笔库菜单”按钮，在打开的下拉列表框中选择“其他库”选项，如图 7-114 所示。

STEP 03 弹出“选择要打开的库”对话框，选择“素材 \ 第 7 章 \75401.ai”文件，如图 7-115 所示。

STEP 04 单击“打开”按钮，即可将素材文件的画笔库导入到新建文件中，以独立画板的形式显示，如图 7-116 所示。

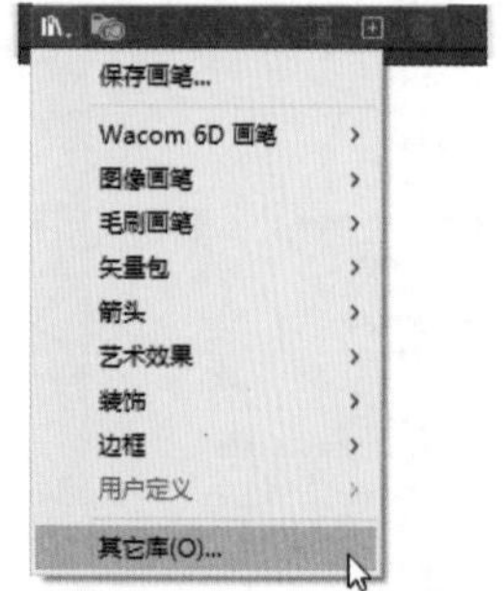

图7-114 选择“其他库”选项

图7-115 选择素材文件

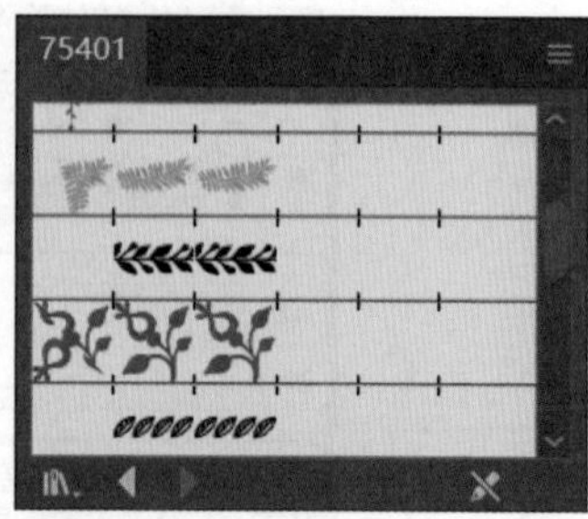

图7-116 导入素材文件中的画笔

7.5.5 应用和删除画笔描边

用户可以将画笔描边应用到使用任何绘图工具创建的路径上。选择路径，如图7-117所示。然后从画笔库、“画笔”面板或者“控制”面板中选择一种画笔，即可将画笔应用到所选路径上，效果如图7-118所示。

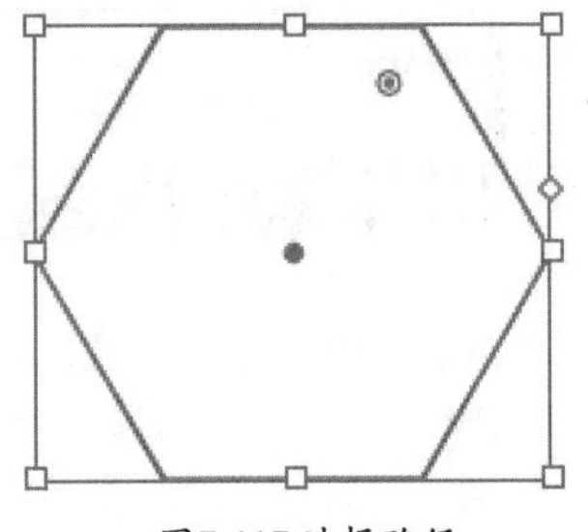

图7-117 选择路径

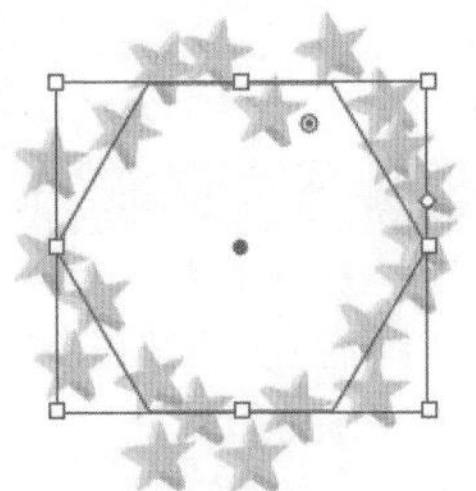

图7-118 将画笔应用到路径上

路径上画笔的大小受路径的宽度影响。按住【Alt】键的同时单击想要应用的画笔，在为路径应用不同画笔的同时，使用带有原始画笔的画笔描边设置。

选择一条使用画笔绘制的路径，单击“画笔”面板中的“移去画笔描边”按钮，如图7-119所示。或者选择“画笔”画板菜单中的“移去画笔描边”命令，如图7-120所示，即可将选中路径上的画笔描边删除。

选中一条用画笔绘制的路径，执行“对象”→“扩展外观”命令，即可将画笔描边转换为轮廓路径，如图7-121所示。“扩展外观”命令会将路径中的组件置入一个组中，组中有一条路径和一个包含画笔轮廓的子组。

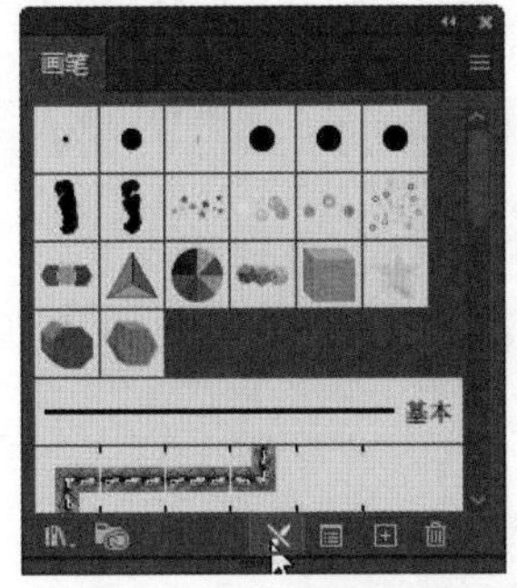

图7-119 单击“移去画笔描边”按钮

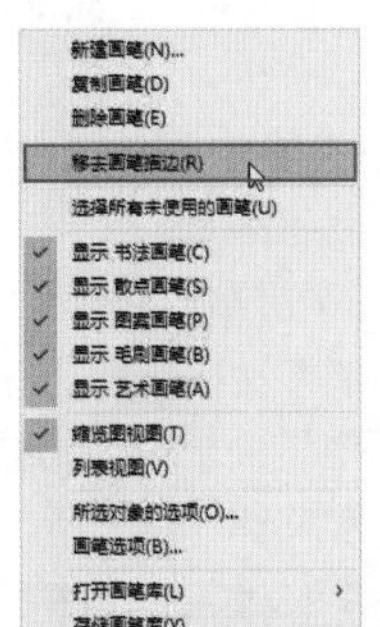

图7-120 选择“移去画笔描边”选项

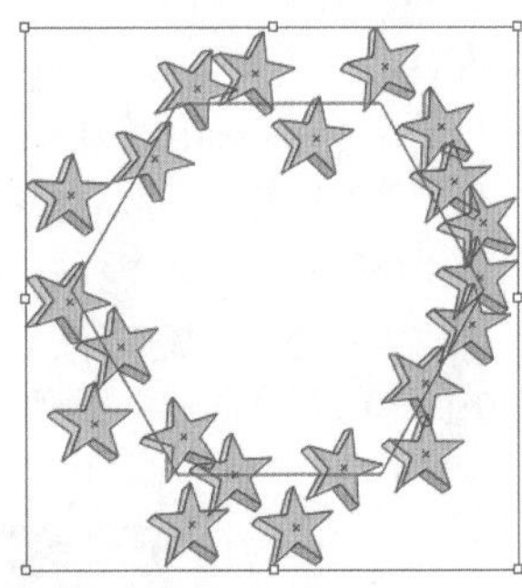

图7-121 扩展外观后的组

用户也可以在未选中路径的情况下，单击“画笔”面板或者“控制”面板中的“基本”画笔，实现删除画笔描边的操作。

7.5.6 应用案例——使用画笔工具绘制横幅

源文件：无

素　材：无

技术要点：掌握【画笔工具】的使用方法

扫描查看演示视频

STEP 01 新建一个 Illustrator 文件，执行“窗口”→“画笔库”→“装饰”→“装饰 _ 横幅和封条”命令，打开“装饰 _ 横幅和封条”画笔库面板，如图 7-122 所示。

STEP 02 选择“装饰 _ 横幅和封条”画笔库面板中的“横幅 8”画笔，如图 7-123 所示。

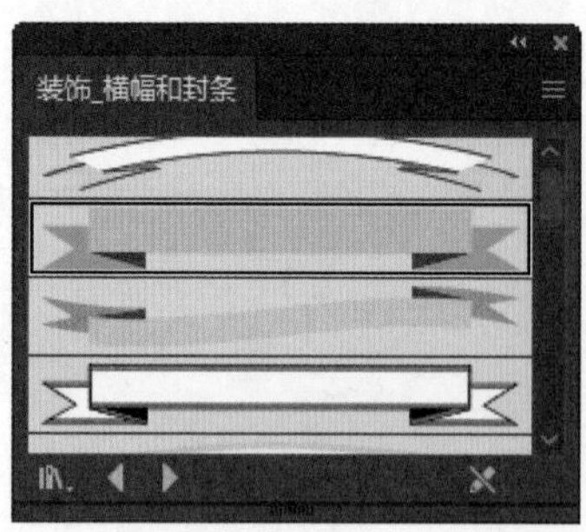

图7-122 “装饰_横幅和封条”画笔库面板

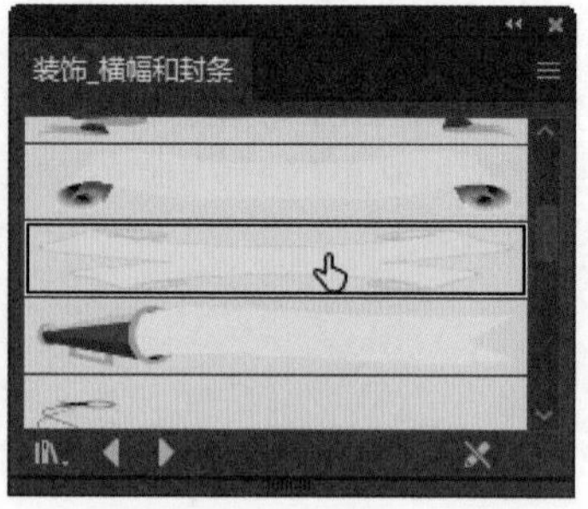

图7-123选择“横幅 8”画笔

STEP 03 单击工具箱中的“画笔工具”按钮，将光标移动到画板上，按住【Shift】键的同时水平拖曳，绘制一条水平路径，如图 7-124 所示。

STEP 04 释放鼠标，为路径应用画笔后的效果如图 7-125 所示。

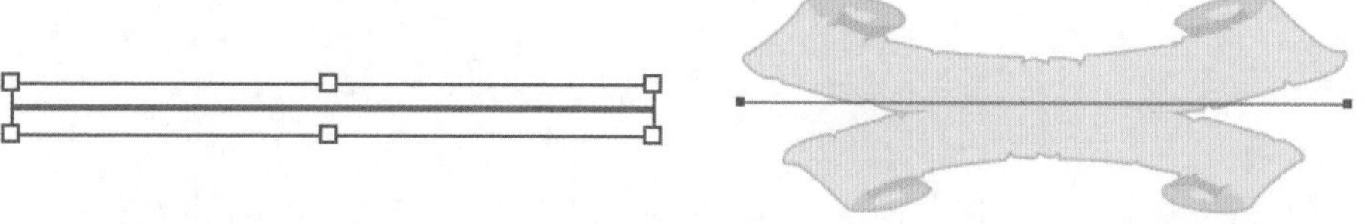

图7-124 绘制水平路径　　图7-125 为路径应用画笔效果

7.5.7 创建和修改画笔

用户可以根据需要创建和自定义书法画笔、散点画笔、艺术画笔、图案画笔和毛刷画笔。如果想要创建散点、艺术和图案画笔，首先需要创建图稿，并且图稿应遵循以下规则。

- 图稿不能包含渐变、混合、其他画笔描边、网格对象、位图图像、图表、置入文件和蒙版等内容。
- 对于艺术画笔和图案画笔，图稿中不能包含文字。如果要实现包含文字的画笔描边效果，需要先创建文字轮廓，然后使用该轮廓创建画笔。
- 对于图案画笔，最多可以创建5种图案拼贴，并需要将拼贴添加到“色板”面板中。

单击“画笔”面板底部的“新建画笔”按钮，弹出“新建画笔”对话框，如图7-126所示。如果选中图稿或者将图稿直接拖曳到“画笔”面板中，则弹出如图7-127所示的“新建画笔”对话框，此时，对话框中的所有画笔类型都为可选状态。

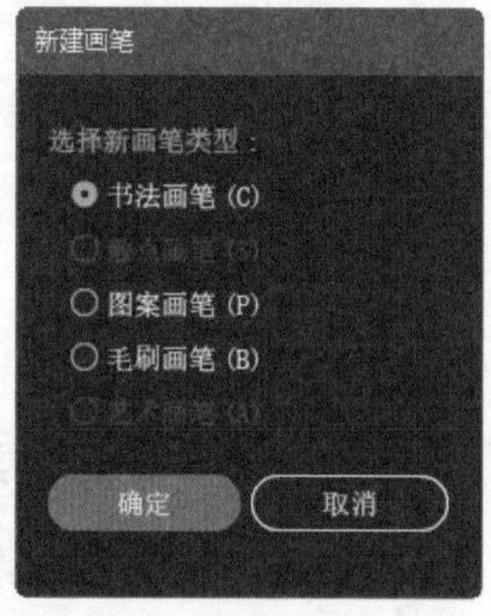

图7-126 “新建画笔”对话框

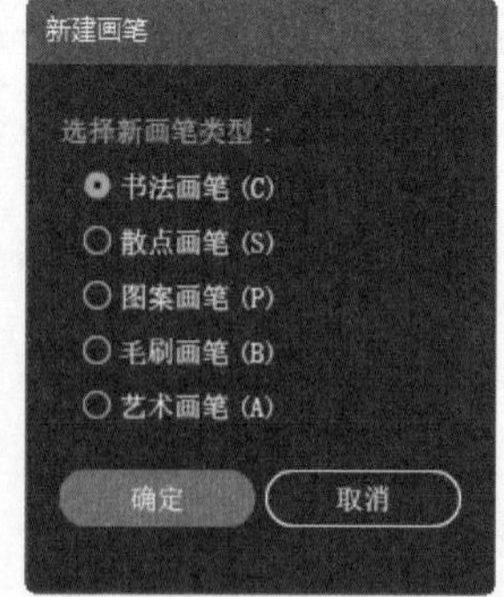

图7-127 所有的画笔类型都可选

创建书法画笔

选择“新建画笔”对话框中的“书法画笔”单选按钮，单击“确定”按钮，弹出“书法画笔选项”对话框，如图7-128所示。在“名称”文本框中输入画笔名称，设置画笔选项后，单击“确定”按钮，完成书法画笔的创建。

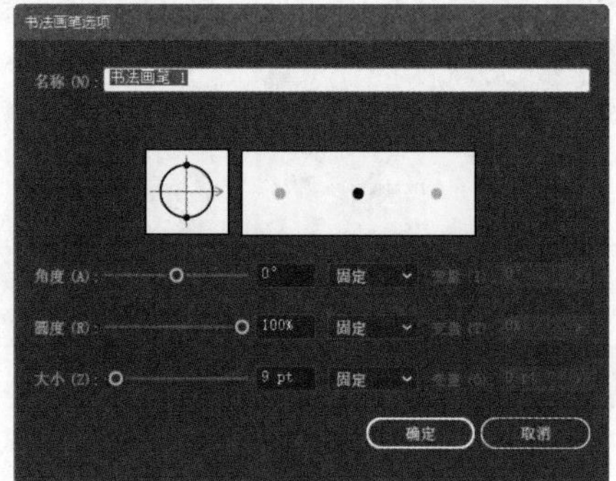

图7-128 “书法画笔选项”对话框

创建散点画笔

选择“新建画笔”对话框中的“散点画笔”单选按钮，单击“确定”按钮，弹出“散点画笔选项”对话框，如图7-129所示。在“名称”文本框中输入画笔名称，设置画笔选项后，单击“确定”按钮，完成散点画笔的创建。

单击“散点画笔选项”对话框中的“提示”按钮，弹出“着色提示”对话框，如图7-130所示。用户可以根据提示内容，完成画笔绘制的着色处理。

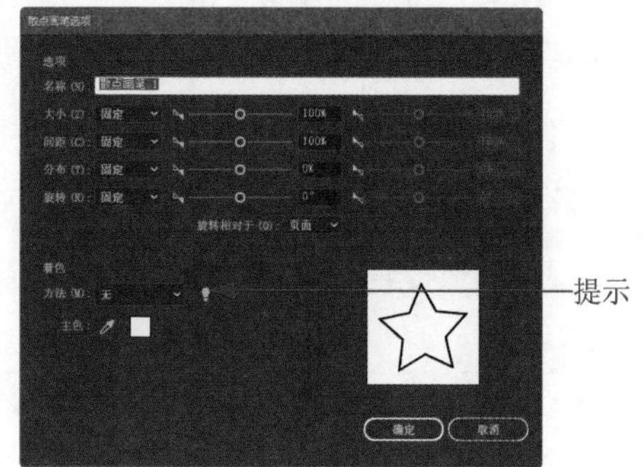

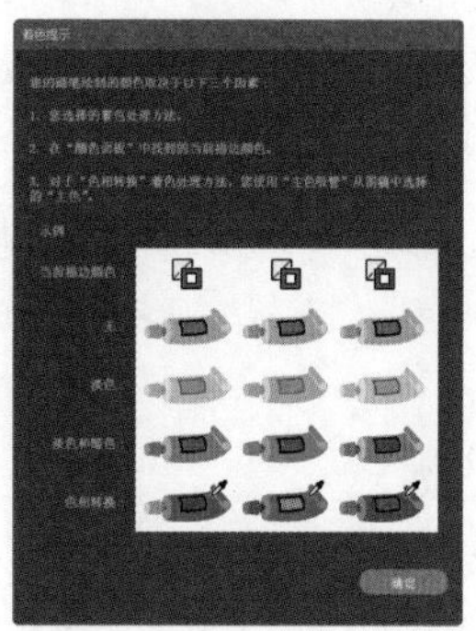

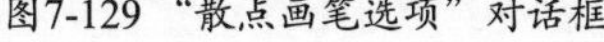

图7-129 “散点画笔选项”对话框　　图7-130 “着色提示”对话框

提示　除了散点画笔，艺术画笔和图案画笔所绘制的颜色也受着色处理方法的影响，参数基本相同，后面的章节中就不再详细讲解了。

创建图案画笔

选择“新建画笔”对话框中的“图案画笔”单选按钮，单击“确定”按钮，弹出“图案画笔选项”对话框，如图7-131所示。在“名称”文本框中输入画笔名称，设置画笔选项后，单击“确定”按钮，完成图案画笔的创建。

创建毛刷画笔

选择“新建画笔”对话框中的“毛刷画笔”单选按钮，单击“确定”按钮，弹出“毛刷画笔选项”对话框，如图7-132所示。在“名称”文本框中输入画笔名称，设置画笔选项后，单击“确定”按钮，完成毛刷画笔的创建。

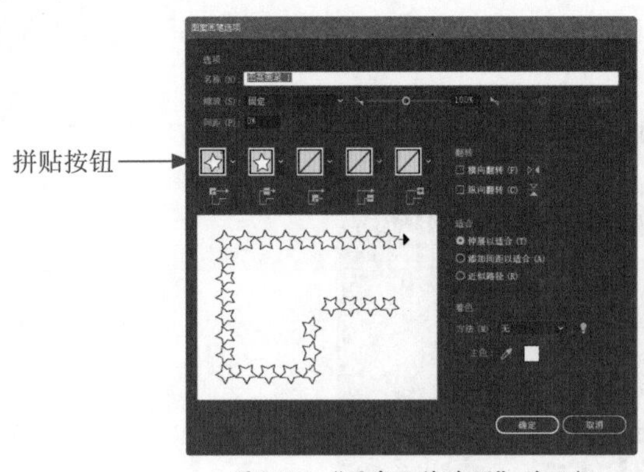

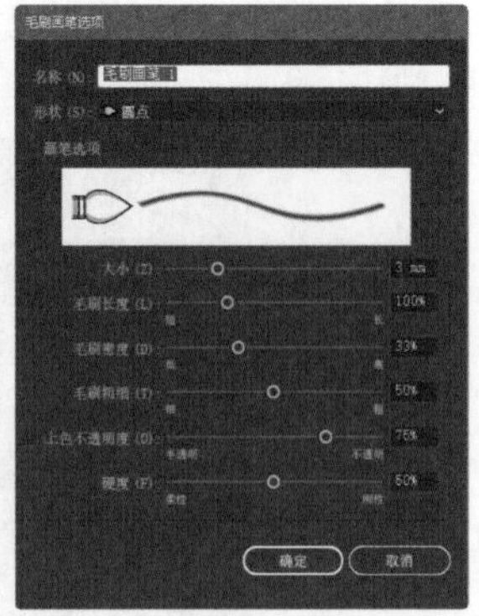

图7-131 “图案画笔选项”对话框　　图7-132 “毛刷画笔选项”对话框

使用毛刷画笔可以创建自然、流畅的画笔描边，模拟使用真实画笔和纸张绘制的效果（如水彩画）。用户可以从预定义库中选择画笔或者从提供的笔尖形状（如圆形、平面形或扇形）创建自己的画笔。还可以设置其他画笔特征，如毛刷长度、硬度和色彩不透明度等。

? 疑问解答 在绘图板中使用毛刷画笔时，Illustrator 如何操作?

Illustrator CC 将对光笔在绘图板上的移动进行交互式跟踪，它将解释在绘制路径的任意一点输入的方向和压力的所有信息。Illustrator CC 可提供光笔 *X* 轴位置、*Y* 轴位置、压力、倾斜、方位和旋转上作为模型的输出。如果所使用的绘图板支持旋转的光笔，还会显示一个模拟实际画笔笔尖的光标批注者。此批注者在使用其他输入设备（如鼠标）时不会出现；使用精确光标时也禁用该批注者。

使用鼠标绘制时，仅记录*X*轴和*Y*轴移动。其他输入保持固定，如倾斜、方位、旋转和压力，从而产生均匀一致的笔触。

如果一个文档中包含的毛刷画笔描边超过 30 个，在打印、存储该文档或拼合该文档的透明度时，将显示一则警告消息。

创建艺术画笔

选择“新建画笔”对话框中的“艺术画笔”单选按钮，单击“确定”按钮，弹出“艺术画笔选项”对话框，如图7-133所示。在“名称”文本框中输入画笔名称，设置画笔选项后，单击“确定”按钮，完成艺术画笔的创建。

可在“画笔缩放选项”中选择“在参考线之间伸展”单选按钮，并且在对话框的预览部分中调整参考线。此类画笔也被成为分段艺术画笔，图7-134所示为分段艺术画笔和非分段艺术画笔的对比效果。

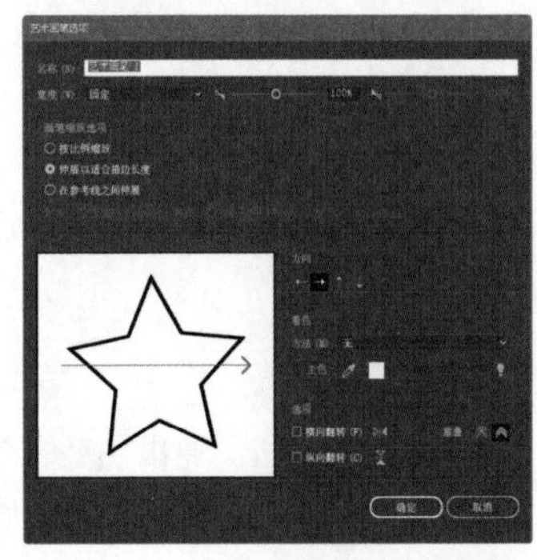

图7-133 “艺术画笔选项”对话框

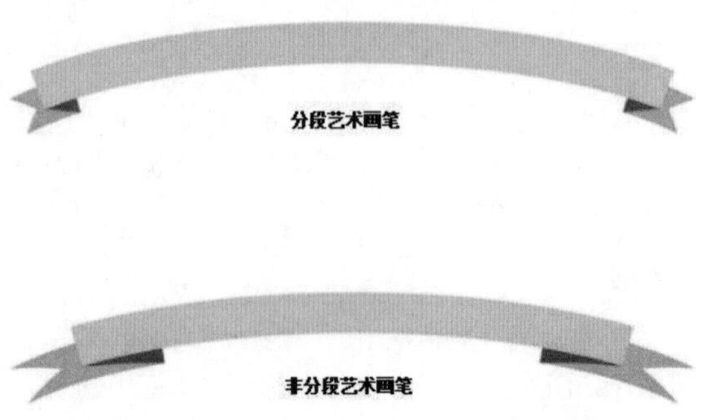

图7-134 分段艺术画笔和非分段艺术画笔的对比效果

7.5.8 应用案例——创建并应用图案画笔

源 文 件：源文件\第7章\7-5-8.ai
素　材：无
技术要点：掌握【创建并应用图案画笔】的方法

扫描查看演示视频

STEP 01 新建一个 Illustrator 文件。使用各种绘图工具绘制一个图形，拖曳选中中间的矩形和两个圆角矩形，单击“路径查找器”对话框中的“分割”按钮，如图 7-135 所示。

STEP 02 执行“对象”→“取消编组”命令，删除多余对象并调整排列顺序，效果如图 7-136 所示；分别将这 3 部分编组，再翻转 270°。

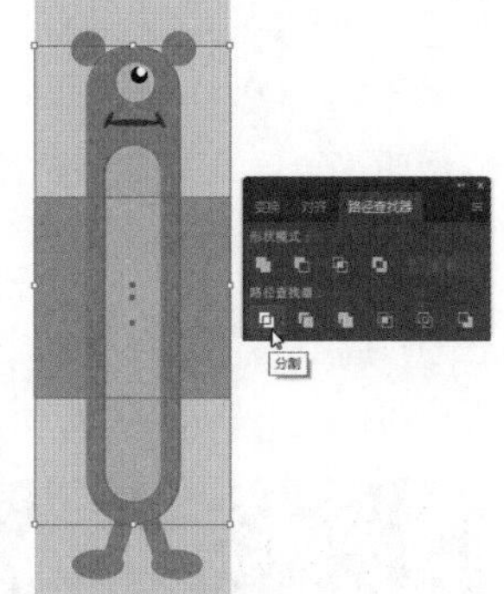

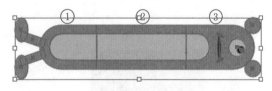

图7-135 绘制图形并分割对象

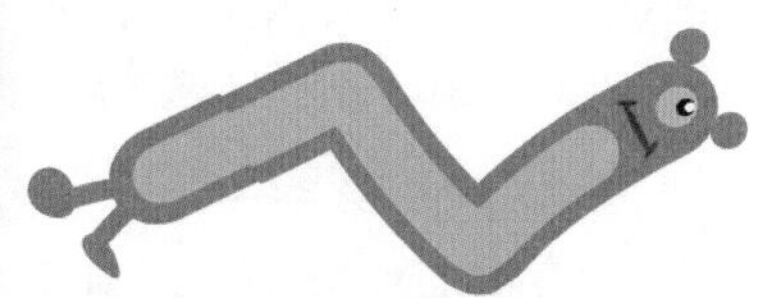

图7-136 删除多余编组对象

STEP 03 分别将 3 个组拖曳到“色板”面板中创建为图案色板，单击“画笔”面板底部的“新建画笔”按钮，弹出“新建画笔”对话框，设置“图案画笔”选项，单击“确定”按钮，弹出“图案画笔选项”对话框，设置对应的图案色板，如图 7-137 所示。

STEP 04 单击“确定”按钮，完成图案画笔的创建。使用“画笔工具”，选择“小怪兽”画笔，在画板中拖曳绘制，效果如图 7-138 所示。

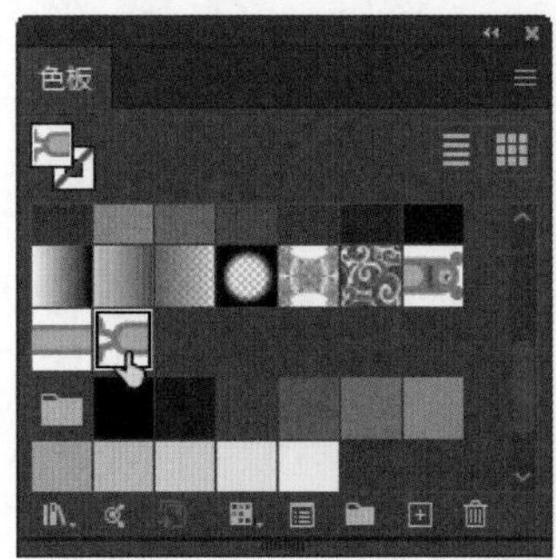

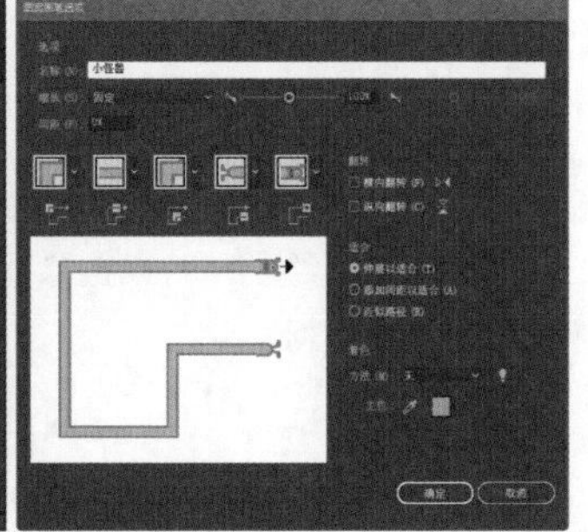

图7-137 设置画笔

图7-138 画笔绘制效果

7.6 使用斑点画笔工具

使用“斑点画笔工具”可绘制有填充颜色、无描边颜色的形状，以便与具有相同颜色的其他形状进行交叉和合并。

单击工具箱中的“斑点画笔工具”按钮，将光标移动到画板中，按住鼠标左键并拖曳，即可使用“斑点画笔工具”绘制有填充、无描边的路径，如图7-139所示。保持相同的填充显示且描边颜色为“无”，继续沿着已经绘制完成的对象绘制，新绘制的图形将与原来的图形合并，如图7-140所示。

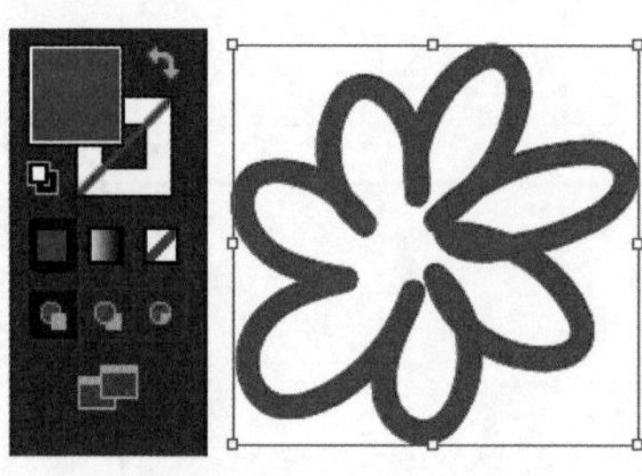

图7-139 有填充、无描边的路径　　图7-140 合并图形效果

提示　使用其他工具创建的图稿，如果需要使用“斑点画笔工具”继续绘制合并路径，需要原图稿不包含描边，还需要将“斑点画笔工具”设置成相同的填充颜色。带有描边的图稿无法合并。

如果要对“斑点画笔工具”应用上色属性（如效果或透明度），需要先激活“斑点画笔工具”，然后在“外观”面板中设置各种属性，即可绘制带有各种上色属性的图稿。图7-141所示为应用了“投影”效果的路径。

双击工具箱中“斑点画笔工具”按钮，弹出“斑点画笔工具选项”对话框，如图7-142所示。用户可在该对话框中为“斑点画笔工具”设置更加详细的参数，完成后单击“确定”按钮。

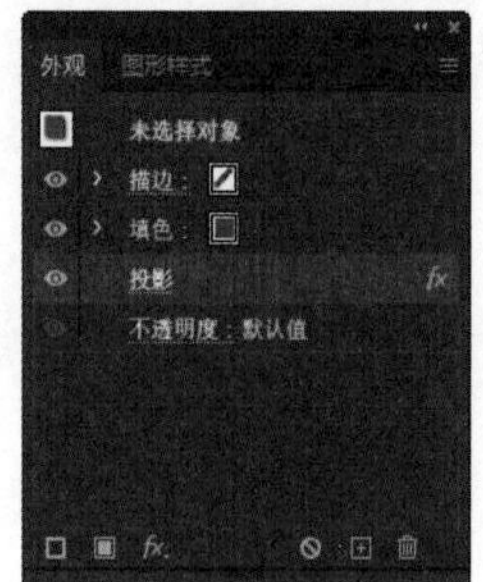

图7-141绘制带有上色属性的路径　　图7-142 “斑点画笔工具选项”对话框

7.7 使用橡皮擦工具

Illustrator CC为用户提供了路径橡皮擦工具和橡皮擦工具两种橡皮擦工具。使用橡皮擦工具可以擦除图稿的一部分。使用路径橡皮擦工具沿路径进行绘制，可以擦除此路径的各个部分。使用橡皮擦工具可以擦除图稿的任何区域，而不管图稿的结构如何。

7.7.1 使用路径橡皮擦工具

选中要擦除的对象，单击工具箱中的“路径橡皮擦工具”按钮，将鼠标移动到对象路径上，按住鼠标左键沿着要擦除的路径拖曳，如图7-143所示。鼠标经过处的路径将被擦除，如图7-144所示。

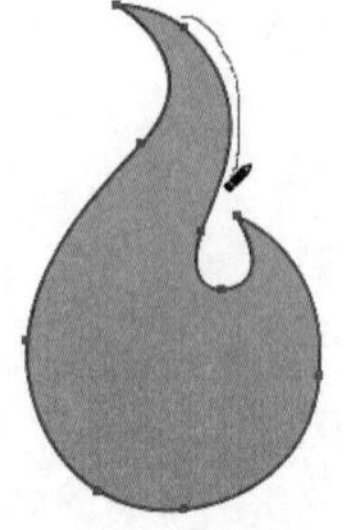

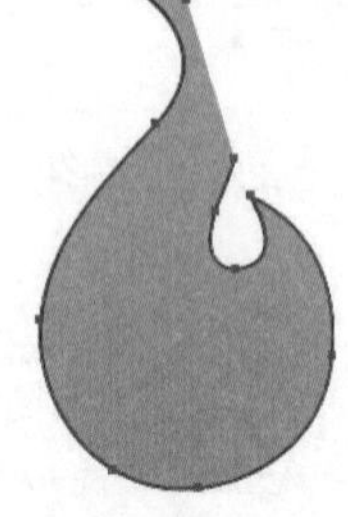

图7-143 沿路径拖曳　　图7-144 擦除路径效果

7.7.2 使用橡皮擦工具

选中要擦除的对象，如果想要擦除画板中的任何对象，需要让所有对象都处于未选定状态。单击工具箱中的“橡皮擦工具”按钮，将光标移动到想要擦除的位置，按住鼠标左键并拖曳，即可擦除涂抹位置的填充和描边，如图7-145所示。

按住【Shift】键并拖曳，将在垂直、水平或者对角线方向限制橡皮擦工具的操作，如图7-146所示。按住【Alt】键的同时并拖曳，将擦除拖曳创建的方形区域中的内容，如图7-147所示。按住【Alt+Shift】组合键的同时并拖曳，将擦除正方形区域中的内容，如图7-148所示。

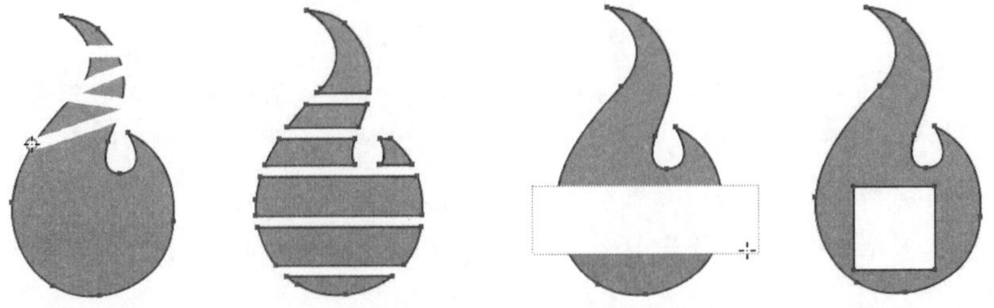

图7-145 擦除涂抹位置　图7-146 限制橡皮擦　图7-147 擦除方形区域　图7-148 擦除正方形区域

7.7.3 橡皮擦工具选项

双击工具箱中的“橡皮擦工具”按钮，弹出“橡皮擦工具选项”对话框，如图7-149所示。用户可在该对话框中为“橡皮檫工具”设置更加详细的参数，完成后单击“确定”按钮。

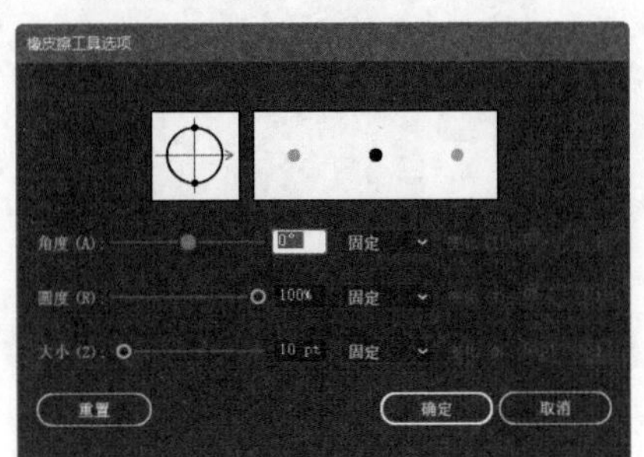

图7-149 “橡皮擦工具选项”对话框

7.8 透明度和混合模式

执行“窗口”→“透明度”命令，打开“透明度”面板，如图7-150所示。使用该面板可为对象指定不透明度和混合模式，创建不透明蒙版，或者使用透明对象的上层部分挖空某个对象的局部。单击面板菜单按钮，打开面板菜单，如图7-151所示。

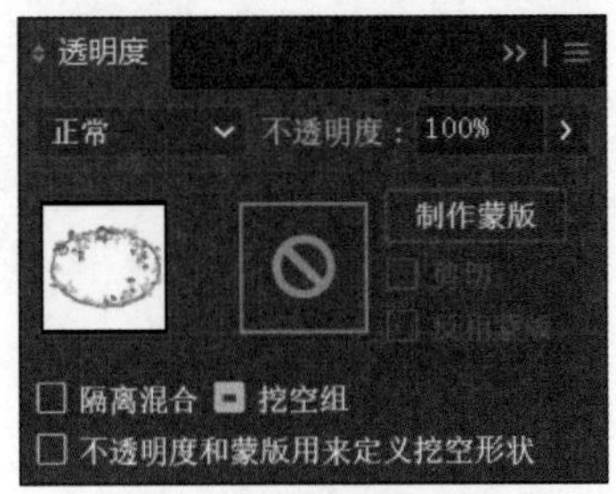

图7-150 “透明度”面板

图7-151 面板菜单

选择“隐藏缩览图”命令，即可隐藏面板中的缩览图，如图7-152所示。再次选择该命令，将显示缩览图。选择“隐藏选项”命令，将隐藏面板底部的选项，如图7-153所示。再次选择该命令，将显示选项。

图7-152 隐藏缩览图

图7-153 隐藏选项

执行“视图”→“显示透明度网格”命令，将使用透明网格显示画板背景，有利于观察图稿中的透明区域。用户也可以更改画板的颜色，用来模拟图稿在彩色纸上的打印效果。

7.8.1 更改图稿不透明度

用户可以更改单个对象、一个组或者图层中所有对象的不透明度，也可以针对一个对象的填充或描边的不透明度进行更改。

选择一个对象或组，如图7-154所示，或者选择“图层”面板中的一个图层，拖动“透明度”面板中的“不透明度”滑块或者在“不透明度”文本框中输入数值，如图7-155所示，即可完成不透明度的更改，效果如图7-156所示。

图7-154 选择对象或组

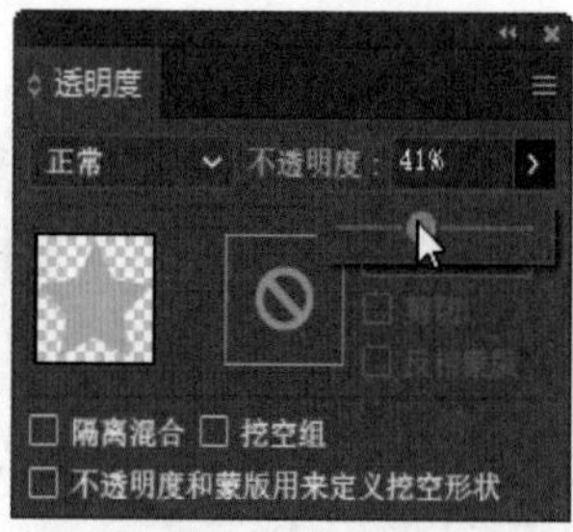

图7-155 拖曳“不透明度”滑块

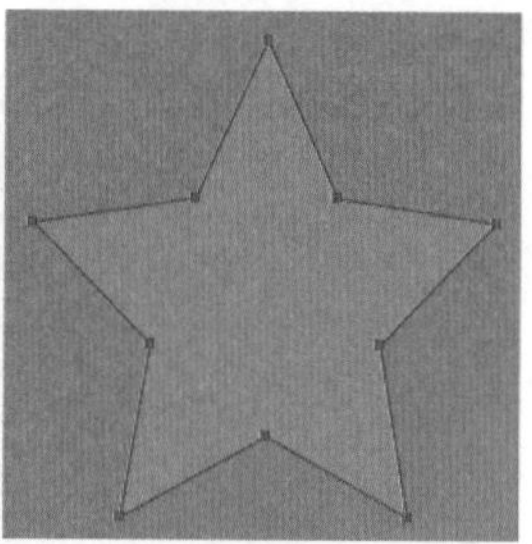
图7-156 修改不透明度效果

如果选择一个图层中的多个单个对象并改变其不透明度设置，则选中对象重叠区域的透明度会相对于其他对象发生改变，同时会显示出累积的不透明度，如图7-157所示。

如果定位一个图层或组，然后改变其不透明度，则图层或组中的所有对象都被视为单一对象来处理。只有位于图层或组外面的对象及其下方的对象可以通过透明对象显示出来，如图7-158所示。如果某个对象被移入此图层或组中，它就会具有此图层或组的不透明度设置，而如果某一对象被移出，则其不透明度设置也将被去掉，不再保留。

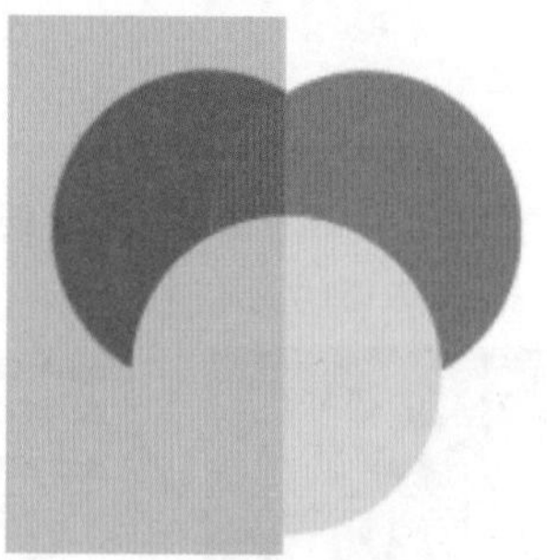
图7-157 设置单个对象不透明度

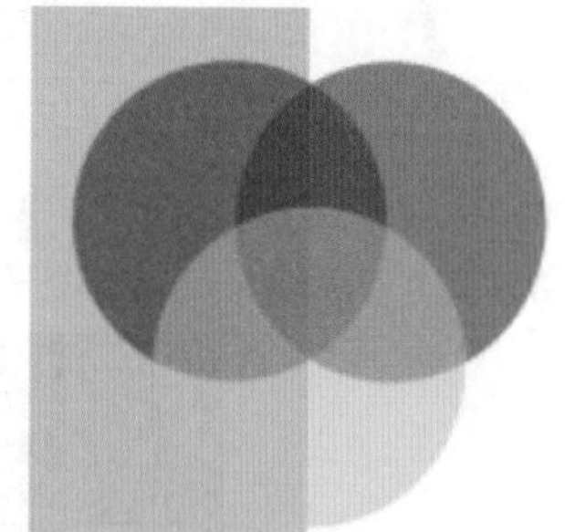
图7-158 设置图层不透明度

7.8.2 创建透明度挖空组

通过设置透明挖空组，可以使组中设置了不透明度的元素不能透过彼此显示。选择多个对象，单击鼠标右键，在弹出的快捷菜单中选择“编组”命令，即可将选中的对象编组，效果如图7-159所示。在“透明度”面板中选择“挖空组”复选框，对象组效果如图7-160所示。

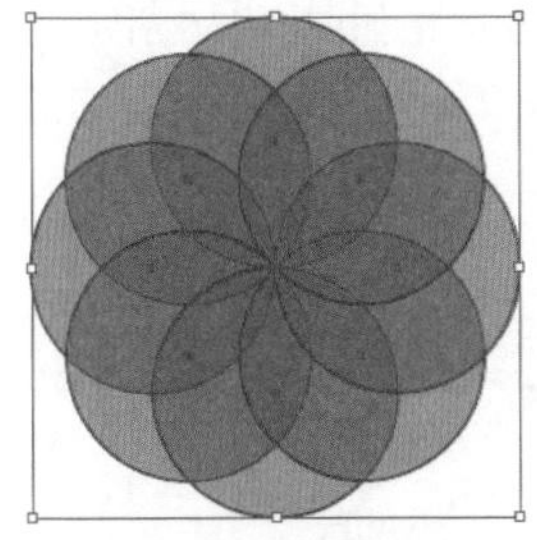

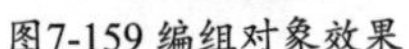

图7-159 编组对象效果

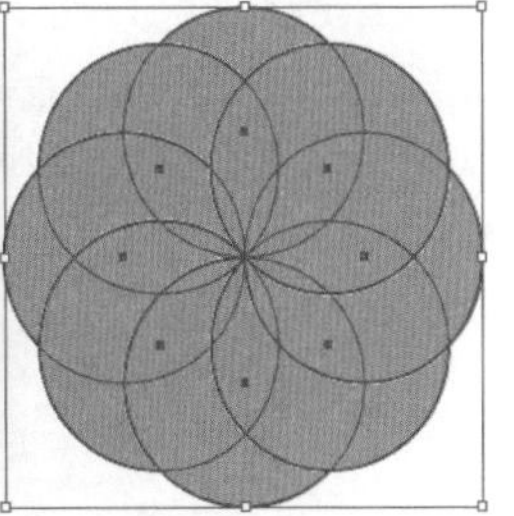

图7-160 选择“挖空组”复选框后的效果

? 疑问解答 选择“挖空组”复选框时，将循环切换以下 3 种状态：

打开（选中标记）、关闭（无标记）和中性（带有贯穿直线的方块）。想要编组图稿，又不想与涉及的图层或组所决定的挖空行为产生冲突时，可以使用“中性”选项。想确保透明对象的图层或组彼此不会挖空时，可以使用“关闭”选项。

7.8.3 使用不透明蒙版

可以使用不透明蒙版和蒙版对象来更改图稿的透明度。可以透过不透明蒙版（也称为被蒙版的图稿）提供的形状来显示其他对象。

蒙版对象定义了透明区域和透明度，可以将任何图形或栅格图像作为蒙版对象。Illustrator CC使用蒙版对象中颜色的等效灰度来表示蒙版中的不透明度。如果不透明蒙版为白色，则会完全显示图稿。如果不透明蒙版为黑色，则会隐藏图稿。蒙版中的灰阶会导致图稿中出现不同程度的透明度。

选择至少两个对象或组，如图7-161所示。再选择“透明度”面板菜单中的“建立不透明蒙版”命令，最上方的选中对象或组将被用作蒙版，效果如图7-162所示。

图7-161 选择对象

图7-162 建立不透明蒙版效果

7.8.4 应用案例——创建与转化不透明蒙版

源 文 件：源文件\第7章\7-8-4.ai

素　材：素材\第7章\78401.ai

技术要点：掌握【创建与转化不透明蒙版】的方法

扫描查看演示视频

扫描下载素材

STEP 01 打开“素材\第 7 章\78401.ai”文件，选中一个对象或组，如图 7-163 所示。双击“透明度”面板中缩览图右侧的蒙版位置，创建一个空蒙版，如图 7-164 所示。

STEP 02 单击工具箱中的“画笔工具”按钮，设置描边颜色为白色，在“画笔”面板中选择 Scroll Pen 笔刷，如图 7-165 所示。

图7-163 选中对象

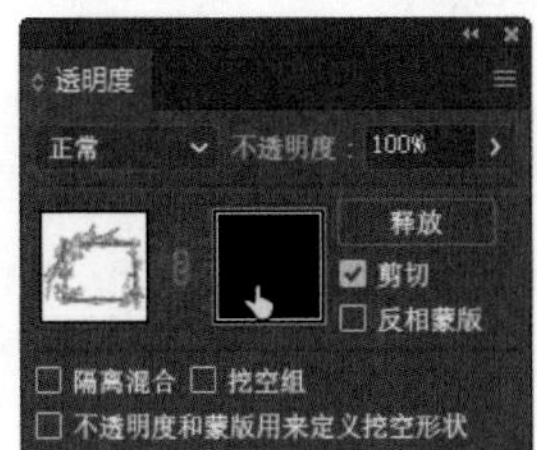

图7-164 创建空蒙版

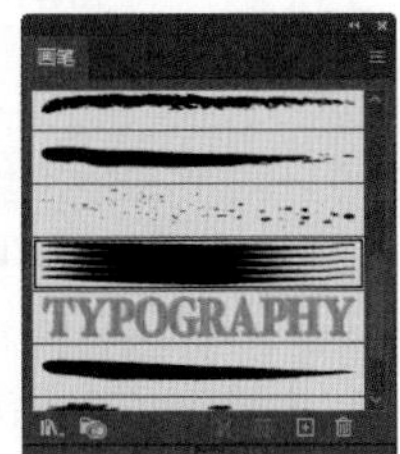

图7-165 选择画笔

STEP 03 设置“描边”宽度为4pt，使用“画笔工具”在画板上绘制，效果如图7-166所示。

STEP 04 取消选择“剪切”复选框，选择“反相蒙版”复选框，效果如图7-167所示。单击“透明度”面板中被蒙版图稿的缩览图，即可退出蒙版编辑模式。

图7-166 剪切蒙版效果　　图7-167 反相蒙版效果

“剪切”选项会将蒙版背景设置为黑色。因此，用来创建不透明蒙版且已选择“剪切”复选框的黑色对象，如黑色文字，将不可见。使用其他颜色或取消选择“剪切”复选框，则使对象可见。

7.8.5 编辑蒙版对象

用户可以编辑蒙版对象以更改蒙版的形状或透明度。单击“透明度”面板中蒙版对象的缩览图，即可进入蒙版编辑状态。此时可以使用任何Illustrator CC编辑工具和方法编辑蒙版。

按住【Alt】键的同时单击蒙版缩览图，将隐藏文档窗口中除蒙版对象外的其他图稿。单击“透明度”面板中被蒙版的图稿缩览图，即可退出蒙版编辑模式。

取消链接或重新链接不透明蒙版

创建不透明蒙版后，蒙版与被蒙版对象默认为链接状态，“透明度”面板中的链接图标为选中状态，如图7-168所示。此时移动蒙版，被蒙版图稿将一起被操作。

单击链接按钮或在面板菜单中选择“取消链接不透明蒙版”命令，将取消蒙版和被蒙版图稿的链接关系，即可分别对两者进行操作，如图7-169所示。再次单击链接按钮或者在面板菜单中选择“链接不透明蒙版”命令，即可重新链接不透明蒙版。

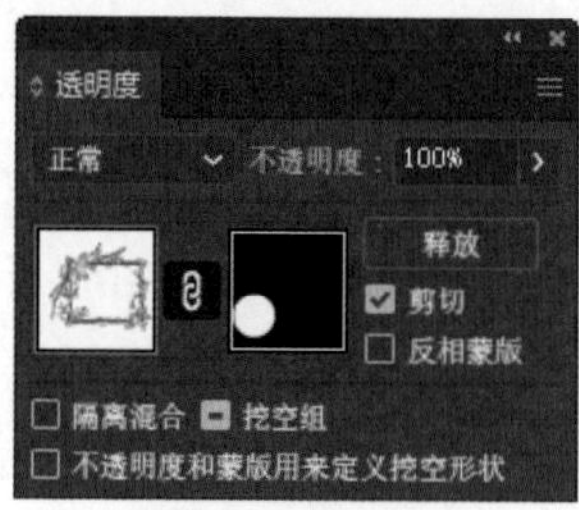

图7-168 链接状态

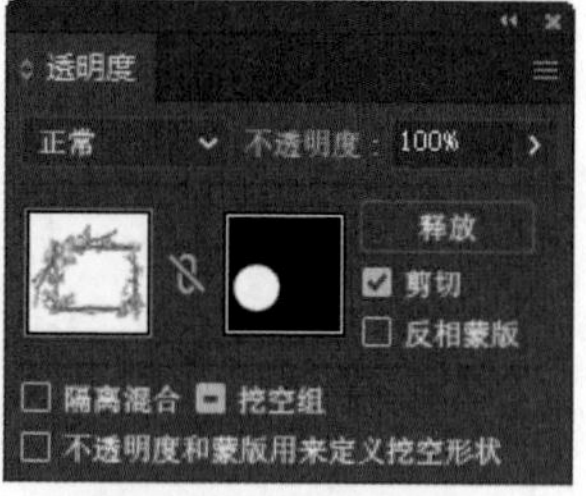

图7-169 未链接状态

停用或重新激活不透明蒙版

停用蒙版可以删除它所创建的透明度。按住【Shift】键的同时，单击“透明度”面板中蒙版对象的缩览图，或者选择面板菜单中的“停用不透明蒙版”命令，即可停用不透明蒙版，“透明度”面板中的蒙版缩览图上会显示一个红色的×符号，如图7-170所示。

按住【Shift】键的同时再次单击蒙版对象的缩览图，或者选择面板菜单中的“启用不透明蒙版”命令，即可重新激活不透明蒙版，如图7-171所示。

图7-170 停用不透明蒙版

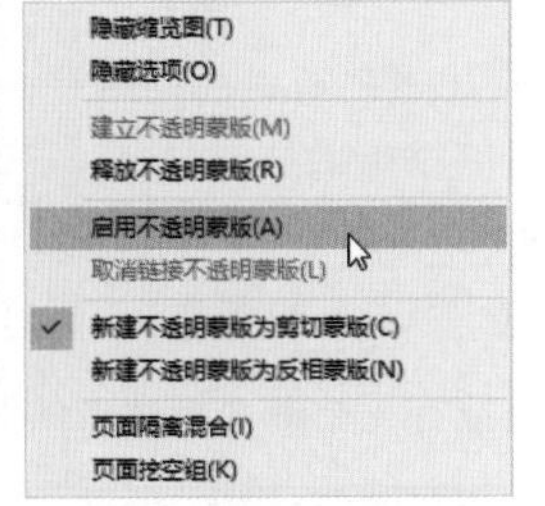

图7-171 重新激活不透明蒙版

删除不透明蒙版

单击“透明度”面板中的“释放”按钮或者选择面板菜单中的“释放不透明蒙版”命令，即可删除不透明蒙版，如图7-172所示。蒙版对象将重新出现在蒙版的对象上方。

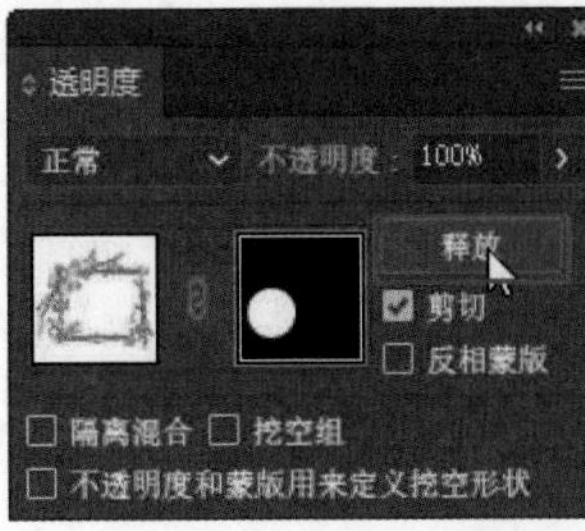

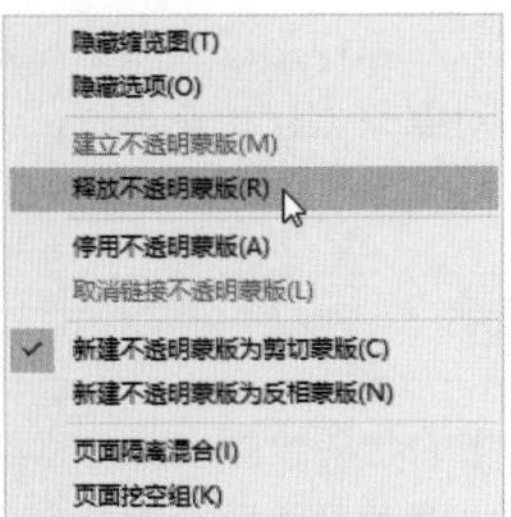

图7-172 删除不透明蒙版

7.8.6 关于混合模式

使用混合模式可以通过不同的方法将对象颜色与底层对象的颜色混合。将一种混合模式应用于某一对象时，在此对象的图层或组下方的任何对象上都可以看到混合模式的效果。

位于底部的图稿通常被称为基色；选定对象、组或图层的颜色被称为混合色；混合后得到的颜色被称为结果色。

Illustrator CC为用户提供了16种混合模式，用户可以在“透明度”面板的混合模式下拉列表框中选择使用，如图7-173所示。

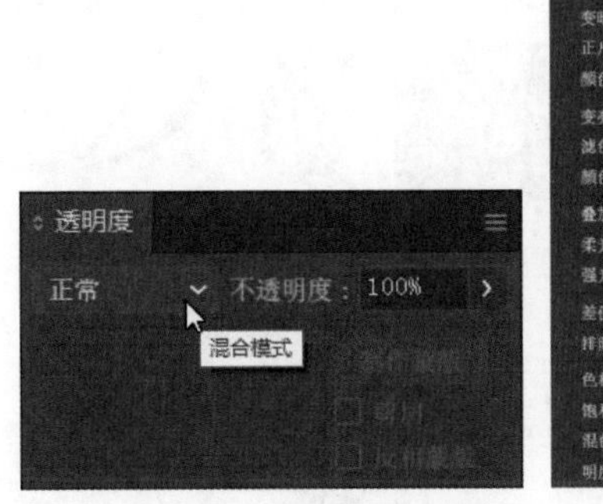

图7-173 16种混合模式

“差值”“排除”“色相”“饱和度”“颜色”和“明度”模式都不能与专色混合。为了获得较好的混合效果，不要使用100%的黑色，这是因为100%的黑色会挖空下方图层中的颜色。如果必须使用黑色，建议使用CMYK（100 100 100 100）的复色黑。

7.9 解惑答疑

Illustrator具有丰富的绘画工具和命令，掌握这些功能可以帮助读者更深层次地理解绘画的方法和技巧，全面掌握Illustrator CC的各项功能。

7.9.1 如何跨多个对象应用一个渐变

要为多个对象应用带有一个渐变批注者的渐变，需要首先选中所有想要应用渐变的对象，单击工具箱中的“渐变工具”按钮，在画板中想要开始渐变的任何位置单击，按住鼠标左键并拖曳到结束渐变的位置即可，随后可以调整对象的渐变滑块。

7.9.2 如何控制使用透明度来定义挖空形状

使用“不透明度和蒙版用来定义挖空形状”选项可创建与对象不透明度成比例的挖空效果。在接近100%不透明度的蒙版区域中，挖空效果较强；在具有较低不透明度的区域中，挖空效果较弱。例如，如果使用渐变蒙版对象作为挖空对象，则会逐渐挖空底层对象，就好像它被渐变遮住一样。用户可以使用矢量和栅格对象来创建挖空形状，该技巧对于未使用“正常”模式而是使用混合模式的对象而言最为有用。

7.10 总结扩展

使用Illustrator CC中的各种绘画工具可以绘制出精美的图画效果。通过设置对象的透明度和混合模式，可以获得多层次、多角度的图画效果。

7.10.1 本章小结

本章主要讲解了Illustrator CC的基本绘画功能，包括Illustrator CC中绘画的基本功能和工具、填色和描边、“描边”画板、渐变填充、画笔工具、透明度和混合模式的使用方法和技巧，帮助读者快速掌握Illustrator CC的各种绘画技能。

7.10.2 扩展练习——创建花纹图案画笔

源 文 件：源文件\第7章\7-10-2.ai
素　　材：素材\第7章\71021.ai
技术要点：掌握【花纹图案画笔】的创建方法

扫描查看演示视频

扫描下载素材

完成本章内容学习后，接下来使用“色板”面板和“图案画笔选项”对话框等完成花纹图案画笔的制作，对本章知识进行测验并加深对所学知识的理解，创建完成的案例效果如图7-174所示。

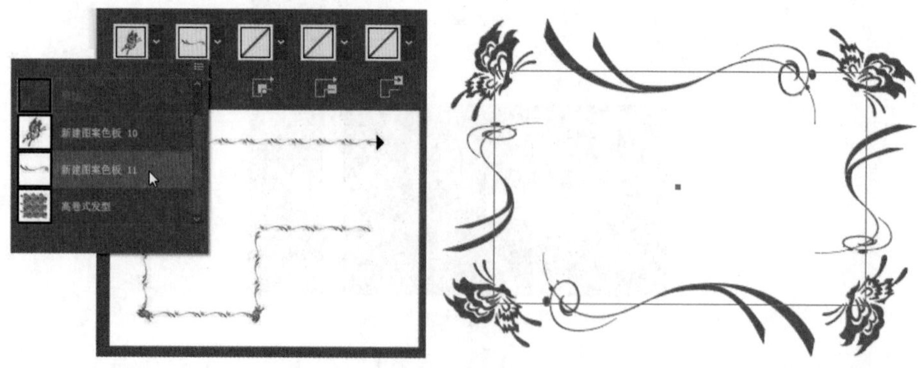

图7-174 案例效果

第8章 绘图的高级操作

用户除了可以使用Illustrator的绘画功能完成各种绘画作品，还可以通过图像描摹将位图直接转化为矢量图，使用网格对象绘制效果逼真的画稿，通过创建并应用图案和符号绘制大量相同图形。本章将针对图像描摹、网格对象、图案、符号、操控变形工具和液化变形工具等进行讲解，帮助读者进一步掌握Illustrator的绘画技能。

8.1 图像描摹

使用“图像描摹”功能，可以将栅格图像（JPEG、PNG、PSD等）转换为矢量图稿。例如，使用“图像描摹”可以将已在纸面上画出的铅笔素描图像转换为矢量图稿。用户可以从一系列描摹预设中选择一种预设来快速获得所需的结果。

8.1.1 描摹图像

在Illustrator CC文档中打开或置入一张位图，效果如图8-1所示。执行“对象”→“图像描摹”→“建立”命令或者单击“控制”面板中的“图像描摹”按钮，如图8-2所示。

图8-1 打开或置入一张位图

图8-2 执行命令或单击“图像描摹”按钮

嵌入 编辑原稿 图像描摹

图8-2 执行命令或单击“图像描摹”按钮（续）

提示

用户可以通过单击“属性”面板中的“图像描摹”按钮，快速完成图像描摹操作。

Learning Objectives
学习重点

默认情况下，Illustrator CC会将图像转换为黑白描摹，效果如图8-3所示。用户可以在“控制”面板的“图像描摹”按钮右侧单击“描摹预设”按钮，或者执行“窗口”→“图像描摹”命令，在打开的“图像描摹”面板中单击“预设”下拉按钮，在打开的下拉列表框中选择一个预设，如图8-4所示。

图8-3 黑白描摹效果

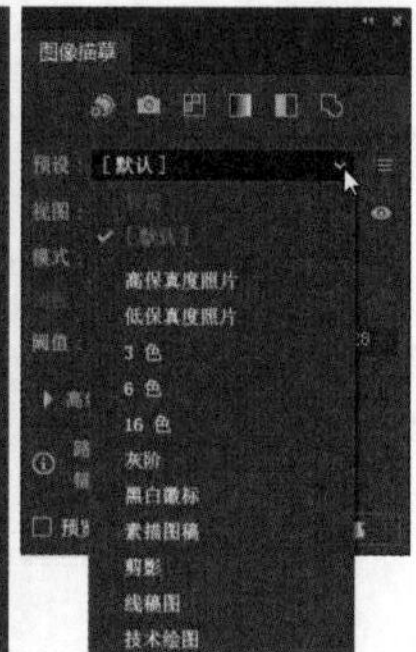

图8-4 描摹预设

提示：图像描摹的速度受置入图像的分辨率的影响。分辨率越高的图像描摹速度越慢。在“图像描摹”面板中选择“预览”复选框，可以方便查看修改后的效果。

选中描摹后的对象，执行“对象”→“扩展”命令，可以将描摹对象转换为路径，如图8-5所示。此时，用户可以手动编辑矢量图稿，如图8-6所示。

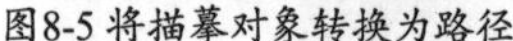

图8-5 将描摹对象转换为路径

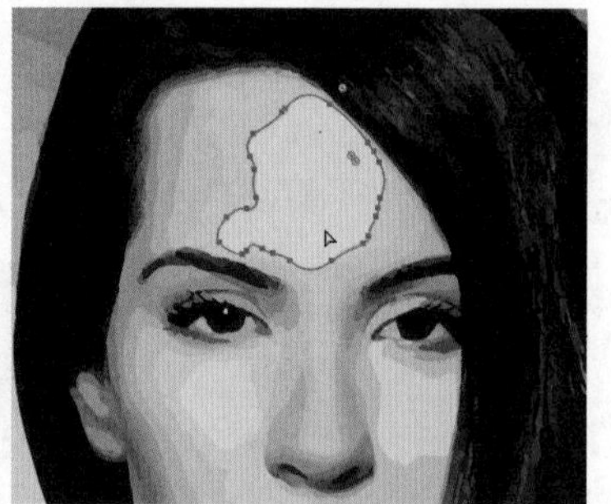

图8-6 手动编辑矢量图稿

8.1.2 “图像描摹”面板

选择描摹后的对象，“图像描摹”面板中的选项变为可用状态，如图8-7所示。该面板的顶部包括一些基本选项；单击“高级”选项左侧的三角形可显示更多选项，如图8-8所示。

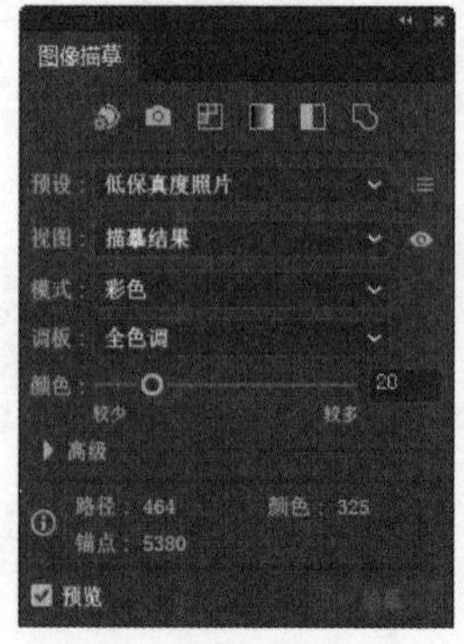

图8-7 “图像描摹”面板

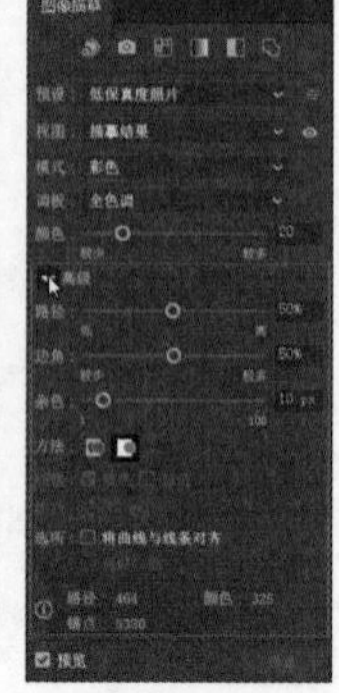

图8-8 显示更多选项

8.1.3 应用案例——使用图像描摹制作头像徽章

源 文 件：源文件\第8章\8-1-3.ai
素　材：素材\第8章\81301.jpg
技术要点：掌握【图像描摹】的使用方法

扫描查看演示视频

扫描下载素材

STEP 01 新建一个 Illustrator 文件。执行“文件”→“置入”命令，将“素材\第 8 章\81301.jpg”文件置入到画板中。单击“属性”面板底部的“图像描摹”按钮，在打开的下拉列表框中选择“黑白徽标”选项，描摹效果如图 8-9 所示。

STEP 02 选中对象，执行“对象”→“扩展”命令，弹出“扩展”对话框，单击“确定”按钮，如图 8-10 所示。使用“魔棒工具”单击图像上的白色区域，按【Delete】键将选中的白色删除，效果如图 8-11 所示。

图8-9 描摹效果

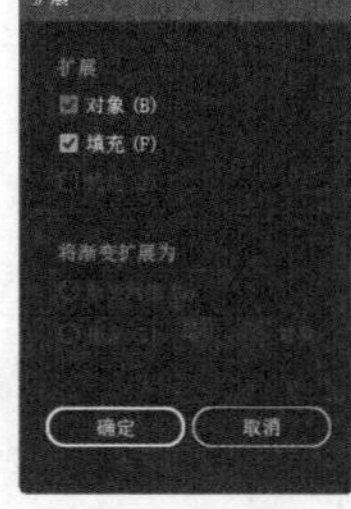

图8-10 “扩展”对话框

图8-11 图像效果

STEP 03 使用“椭圆工具”在画板中绘制一个圆形，拖曳选中所有图形，执行“对象”→“剪切蒙版”→“建立”命令，效果如图 8-12 所示。在“颜色”面板的面板菜单中选择“RGB（R）”命令，修改图形颜色为洋红色，效果如图 8-13 所示。

STEP 04 双击剪切蒙版图像，为原型设置描边色，效果如图 8-14 所示。

图8-12 建立剪切蒙版

图8-13 修改填充色

图8-14 设置描边色

8.1.4 存储预设

用户可以将设置的描摹参数保存为预设，以供以后再次使用。单击“图像描摹”面板“预设”选项后面的☰图标，在打开的下拉列表框中选择“存储为新预设”选项，如图8-15所示。将弹出“存储图像描摹预设”对话框，设置预设“名称”为“人像，如图8-16所示。单击“确定”按钮，存储的预设将出现在“预设”下拉列表框中，如图8-17所示。

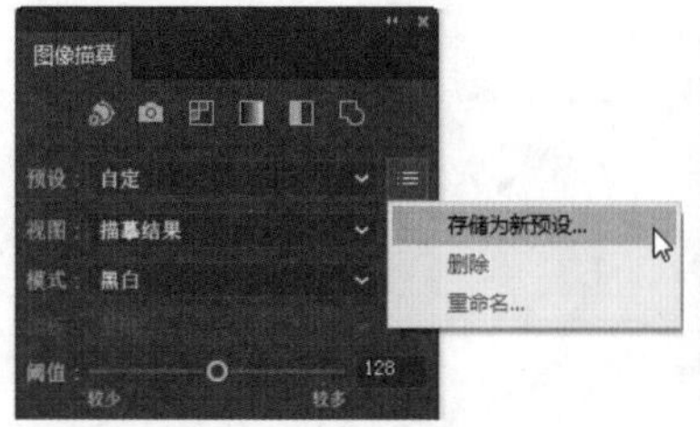

图8-15 选择“存储为新预设”选项

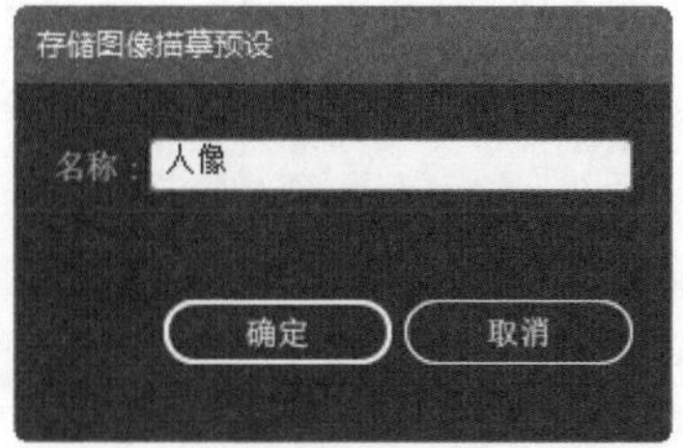

图8-16 “存储图像描摹预设”对话框

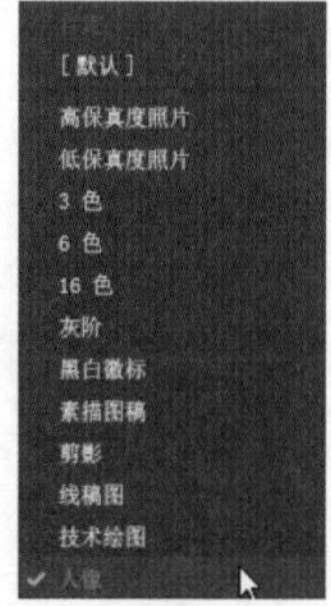

图8-17 “预设”下拉列表框

8.1.5 编辑和释放描摹对象

当描摹结果达到预期后，可以将描摹对象转换为路径，以便像处理其他矢量图稿一样处理描摹结果。转换描摹对象为路径后，不能再调整描摹选项。

选择完成的描摹对象，单击“控制”面板或者“属性”面板中的“扩展”按钮，或者执行“对象”→“图像描摹”→“扩展”命令，如图8-18所示，即可将描摹对象扩展为路径。

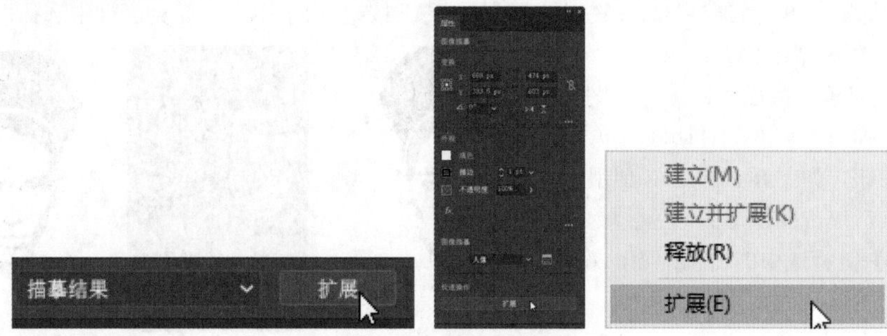

图8-18 扩展描摹对象

扩展后的路径将组合在一起，执行“对象”→“取消编组”命令或者单击“属性”面板中的“取消编组”按钮，即可将路径组合分离为单个路径。

描摹的路径通常比较复杂，存在很多多余的锚点，可以通过执行“对象”→“路径”→“简化”命令，删除多余的锚点，简化路径，未简化路径与简化路径对比效果如图8-19所示。关于简化路径的使用，请参看下一节内容。

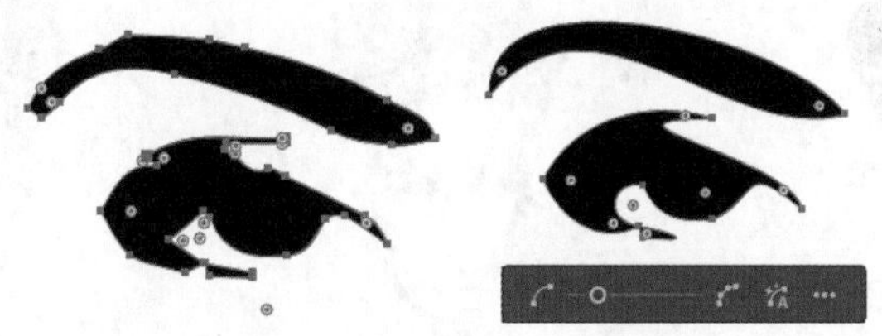

图8-19 未简化路径与简化路径对比效果

如果想要为描摹对象上色，可以执行“对象”→“实时上色”→“建立”命令，将对象转换为实时上色组。关于实时上色组的使用，请参考本书第6章6.5节的相关内容。

执行“对象”→“图像描摹”→“释放”命令，如图8-20所示。可以放弃描摹操作，将图像还原为最初置入的效果。

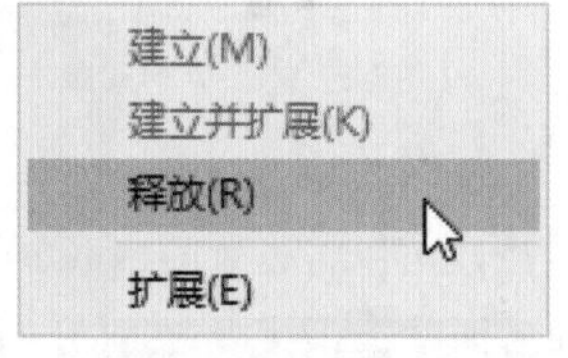

图8-20 选择“释放”命令

8.2 使用网格对象

网格对象是一种多色对象，其上的颜色可以沿不同方向顺畅分布且从一点平滑过渡到另一点，如图8-21所示。

创建网格对象时，将会有多条线（称为网格线）交叉穿过对象，这为处理对象上的颜色过渡提供了一种简便方法。通过移动和编辑网格线上的点，可以更改颜色的变化强度，或者更改对象上的着色区域范围。

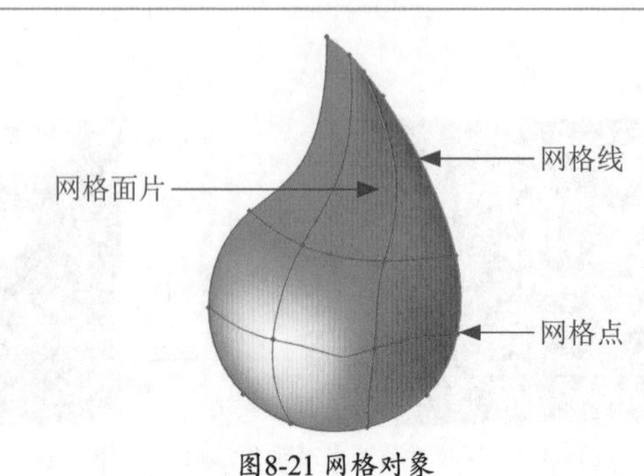

图8-21 网格对象

在两条网格线相交处有一种特殊的锚点，称为网格点。网格点以菱形显示，且具有锚点的所有属性，只是增加了接收颜色的功能。可以添加、删除和编辑网格点，或更改与每个网格点相关联的颜色。

8.2.1 创建网格对象

用户可以基于矢量对象（复合路径和文本对象除外）来创建网格对象。用户无法通过链接的图像来创建网格对象。

使用“网格工具”创建网格对象

在画板中创建一个黑色矩形，再使用“选择工具”单击画板空白处。单击工具箱中的“网格工具”按钮，单击填色颜色框，为该网格点选择填充颜色。将光标移动到需要创建网格的对象上，单击即可创建一个网格点，如图8-22所示。将光标移动到对象的其他位置单击，继续添加其他网格点，如图8-23所示。

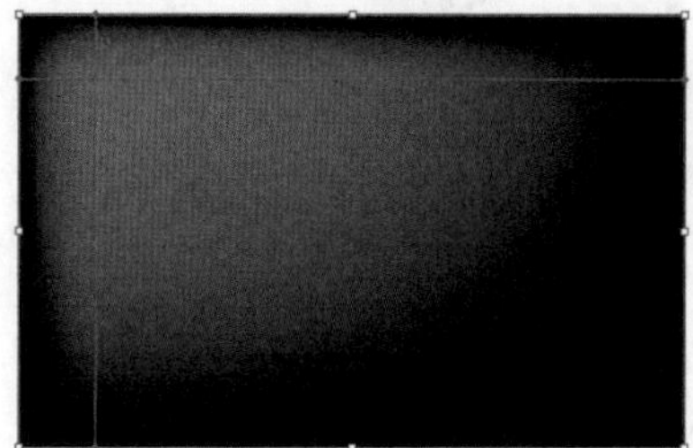

图8-22 创建网格点

图8-23 继续添加网格点

按住【Shift】键的同时单击，可添加网格点而不改变当前的填充颜色。如果对象为选中状态，应该添加完网格点后，再改变网格点的颜色。

使用命令创建网格对象

选择要创建为网格对象的对象，执行“对象”→“创建渐变网格”命令，如图8-24所示。弹出“创建渐变网格”对话框，如图8-25所示。设置各项参数后，单击“确定”按钮，即可完成渐变网格的创建。

用户也可以将渐变填充对象转换为网格对象，继续对其进行编辑。选择渐变填充对象，执行“对象”→“扩展”命令，在弹出的“扩展”对话框中选择“渐变网格”单选按钮，如图8-26所示。单击“确定”按钮，即可将渐变填充对象转换为渐变网格对象，如图8-27所示。

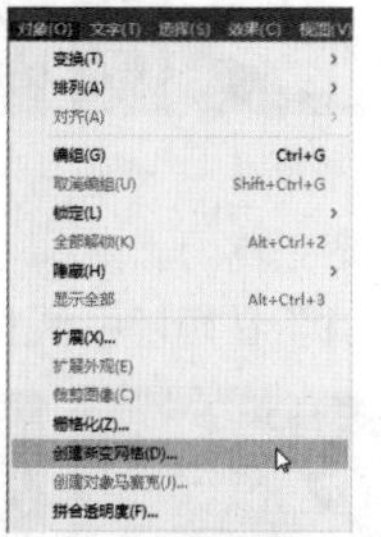

图8-24 选择“创建渐变网格”命令

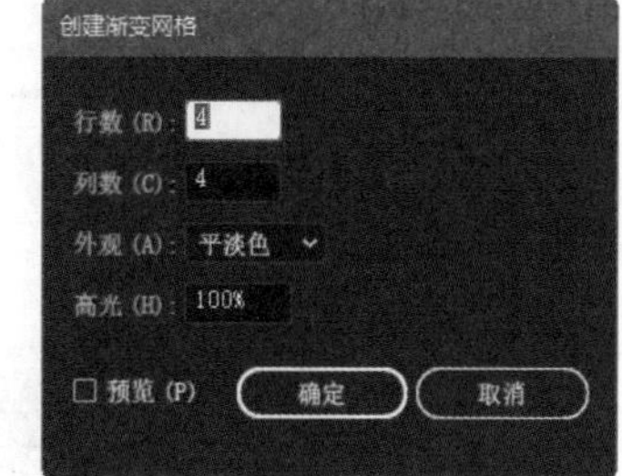

图8-25 “创建渐变网格”对话框

为了提高性能、加快重新绘制速度，尽量将网格对象设置为最小。复杂的网格对象会大大降低系统性能。因此，最好创建若干小而简单的网格对象，而不要创建单个复杂的网格对象。

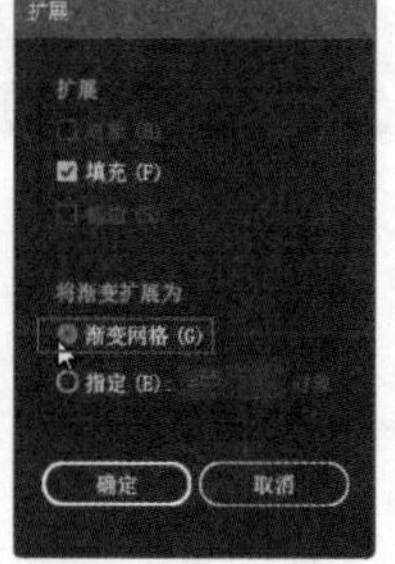

图8-26 “扩展”对话框

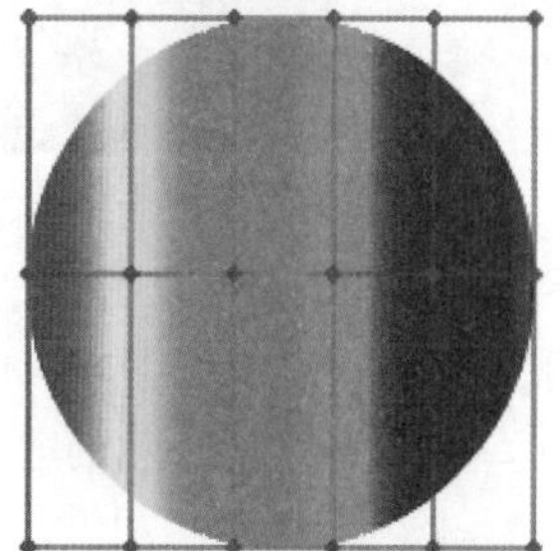

图8-27 将渐变填充对象转换为渐变网格对象

8.2.2 应用案例——使用网格工具绘制渐变图标

源 文 件：源文件\第8章\8-2-2.ai
素　材：无
技术要点：掌握使用【网格工具绘制渐变图标】的方法

扫描查看演示视频

STEP 01 新建一个 Illustrator 文件。使用“矩形工具”在画板中绘制一个与画板等大的矩形，并设置填色为 RGB（25、38、74），描边为“无”。选中矩形，按【Ctrl+2】组合键锁定对象。使用“椭圆工具”在画板中绘制一个填充色为白色，描边为“无”的圆形，如图 8-28 所示。

STEP 02 单击工具箱中的“变形工具”按钮，将光标移动到圆形上并拖曳，使用“平滑工具”简化路径，效果如图 8-29 所示。

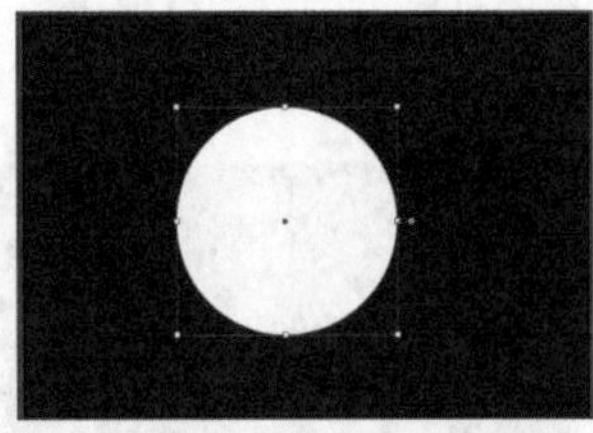
图8-28 绘制圆形

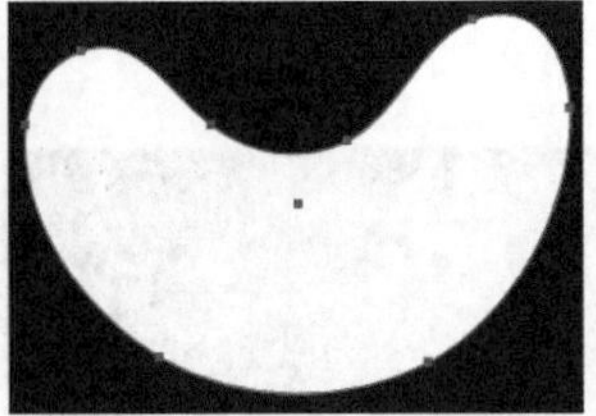
图8-29 平滑图形路径

STEP 03 使用“网格工具”在图形上单击，创建如图 8-30 所示的网格。使用“套索工具”拖曳选中图形左侧边缘的锚点，修改填充色为 RGB（250、200、30）。继续选中中间的锚点，并设置填充色为 RGB（255、45、145）。继续使用相同的方法，为其他锚点设置填充色，效果如图 8-31 所示。

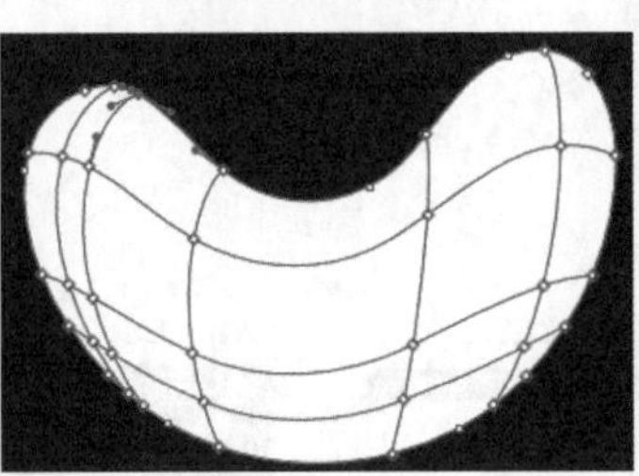
图8-30 创建网格

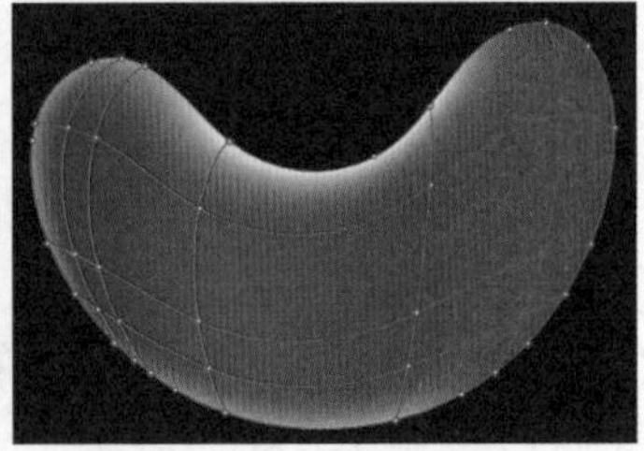
图8-31 为锚点设置填充色

STEP 04 使用“椭圆工具”绘制一个填充色为“无”，描边为白色的圆形，并使用“变形工具”调整形状如图 8-32 所示。使用“文本工具”在画板中单击并输入文字，效果如图 8-33 所示。

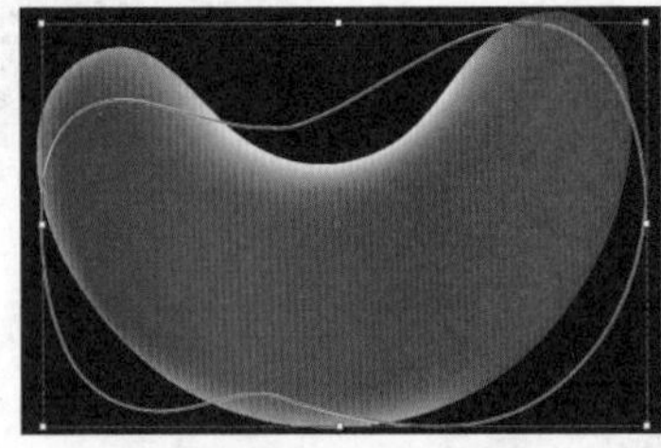
图8-32 调整圆形效果

图8-33 输入文字

8.2.3 编辑网格对象

用户可以使用多种方法编辑网格对象，完成添加、删除和移动网格点，更改网格点、网格面片的颜色，以及设置渐变网格的透明度等操作。

添加网格点

单击工具箱中的“网格工具”按钮，为其选择填充颜色后，在网格对象上的任意位置单击，即可添加一个网格点。

删除网格点

按住【Alt】键的同时，使用“网格工具”单击网格点，即可将该网格点删除。

移动网格点

使用“网格工具”或者“直接选择工具”，将光标移动到想要移动的锚点上，单击并拖曳即可移动网格点位置。按住【Shift】键的同时移动网格点，可将该网格点始终保持在网格线上，避免移动网格点造成网格发生扭曲，如图8-34所示。

更改网格点或网格面片的颜色

选择网格对象，将“颜色”面板或“色板”面板中的颜色拖到该点或面片上，即可更改网格点或网格面片的颜色。也可以先取消选择所有对象，选择一种填充颜色，然后选择网格对象，使用“吸管工具”将填充颜色应用到网格点或网格面片上，如图8-35所示。

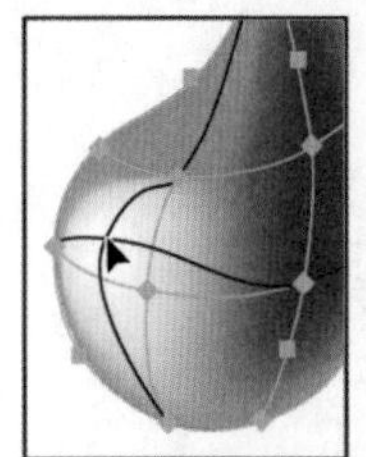
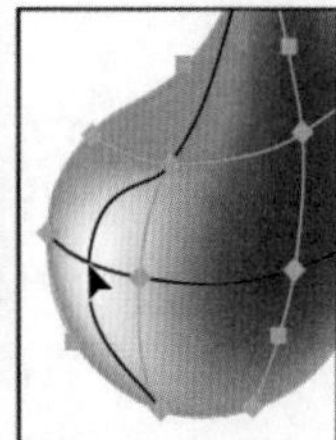

图8-34 将网格点在网格线上移动

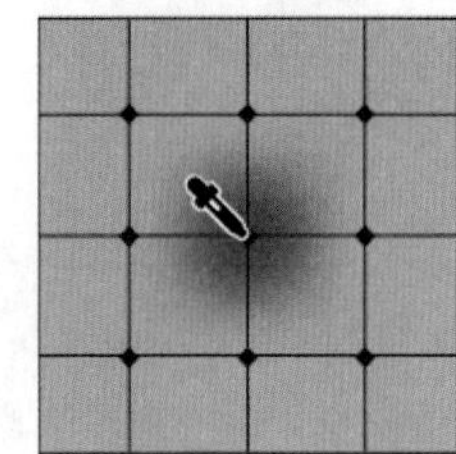
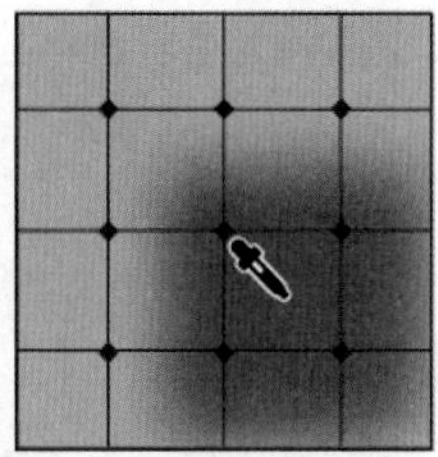

图8-35 使用“吸管工具”将颜色应用到网格点或网格面片上

还可以使用“直接选择工具”选中网格点，然后通过“色板”面板、“颜色”面板或“拾色器”面板更改网格点的颜色。

设置渐变网格的透明度

用户可以为渐变网格设置不透明度以达到透明效果，还可以为整个网格对象或者单个网格点指定不透明度值。

使用“直接选择工具”选择渐变网格中的一个网格点，如图8-36所示。拖曳“透明度”面板中的“不透明度”文本框滑块，设置其不透明度为0%，如图8-37所示。渐变网格透明效果如图8-38所示。

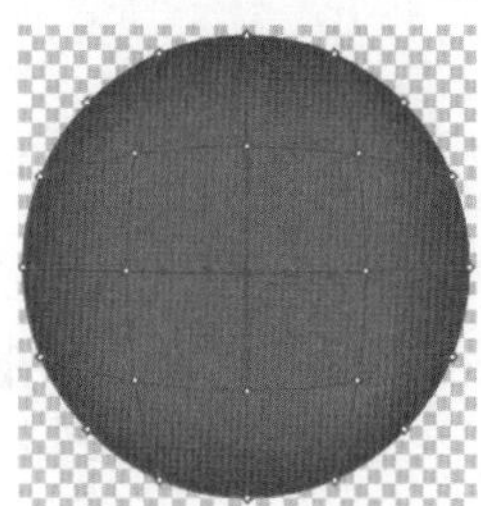
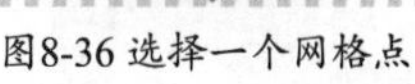

图8-36 选择一个网格点

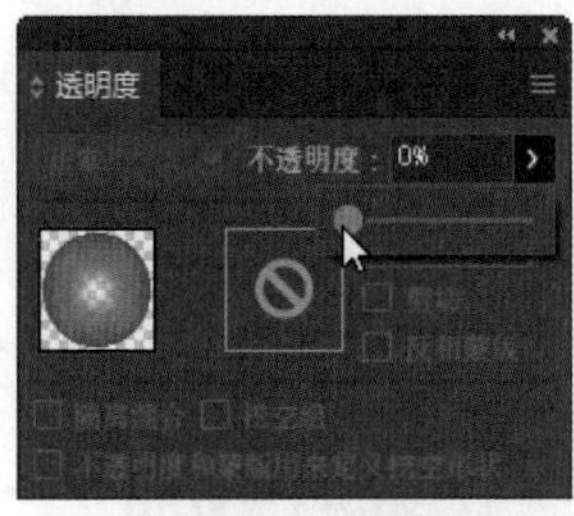

图8-37 设置不透明度为0%

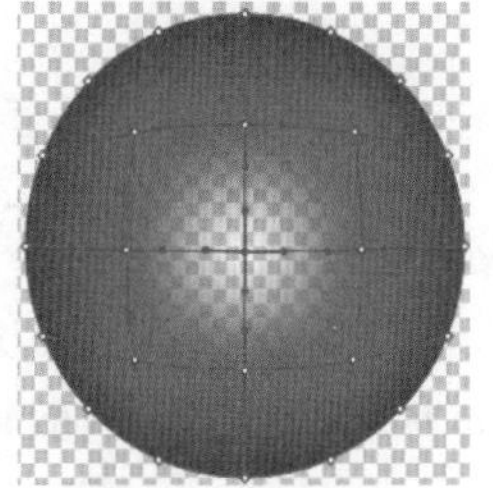

图8-38 渐变网格透明效果

8.2.4 应用案例——使用网格工具绘制花朵

源 文 件：源文件\第8章\8-2-4.ai

素　材：无

技术要点：掌握【网格工具】的使用方法

扫描查看演示视频

STEP 01 新建一个 Illustrator 文件。使用“椭圆工具”在画板中绘制一个填色为 RGB（195、190、223）的椭圆形，使用“变形工具”拖曳调整椭圆形的轮廓，效果如图 8-39 所示。

STEP 02 执行“对象”→“创建渐变网格”命令，在弹出的“创建渐变网格”对话框中设置各项参数，如图 8-40 所示。单击“确定”按钮，使用“套索工具”拖曳选中底部锚点，设置填充色为 RGB（237、241、241），效果如图 8-41 所示。

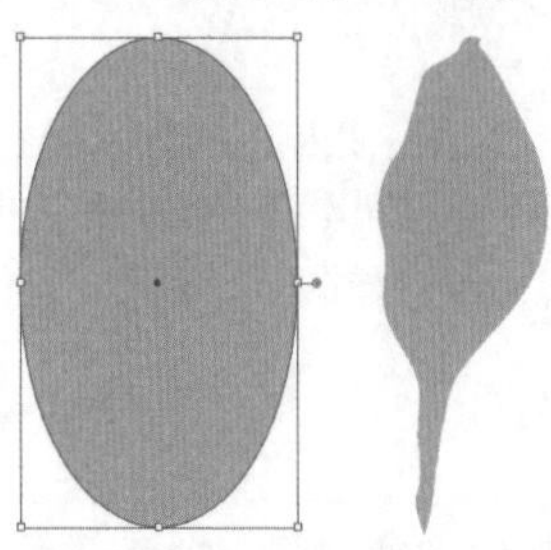

图8-39 绘制并调整椭圆轮廓

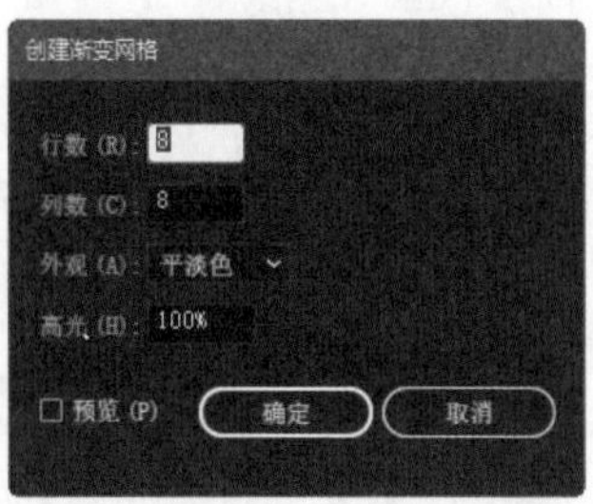

图8-40 “创建渐变网格”对话框

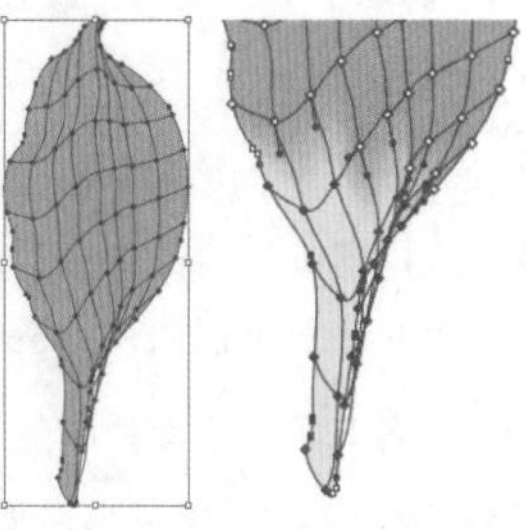

图8-41 设置底部锚点的填充色

STEP 03 拖曳选中左上角的的锚点，设置其填充色为 RGB（165、165、225），效果如图 8-42 所示。继续使用相同的方法，拖曳选中图形其他位置的锚点并设置填充色，效果如图 8-43 所示。使用“直接选择工具”拖曳调整锚点，效果如图 8-44 所示。

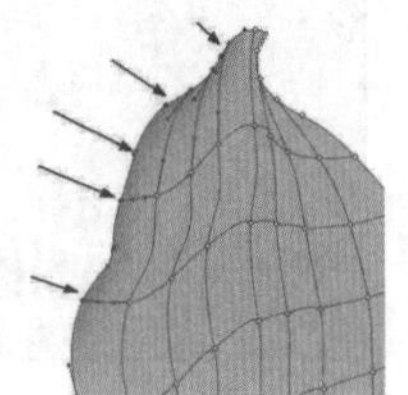

图8-42 选中锚点并设置填充色

图8-43 设置其他锚点的填充色

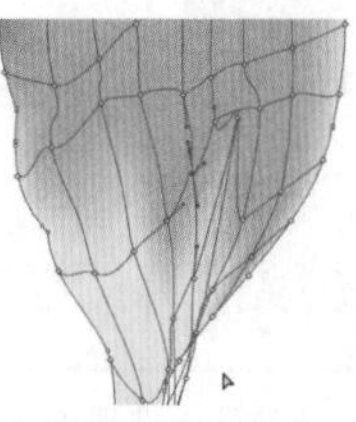

图8-44 调整锚点位置

STEP 04 使用“直线工具”在画板中绘制一条直线，如图 8-45 所示。设置其画笔为“5 点扁平”，描边宽度为 10pt，效果如图 8-46 所示。执行“对象”→“扩展外观”命令，效果如图 8-47 所示。继续使用相同的方法，完成如图 8-48 所示图形的绘制。

图8-45 绘制直线

图8-46 设置画笔后的效果

图8-47 扩展外观 图8-48 绘制其他图形

STEP 05 拖曳选中绘制的图形，按【Ctrl+G】组合键，将图形编组。在“透明度”面板中修改“不透明度”为 37%，“混合模式”为“正片叠底”，如图 8-49 所示。移动图形至如图 8-50 所示的位置，拖曳选中所有图形并编组，完成一个花瓣的制作。

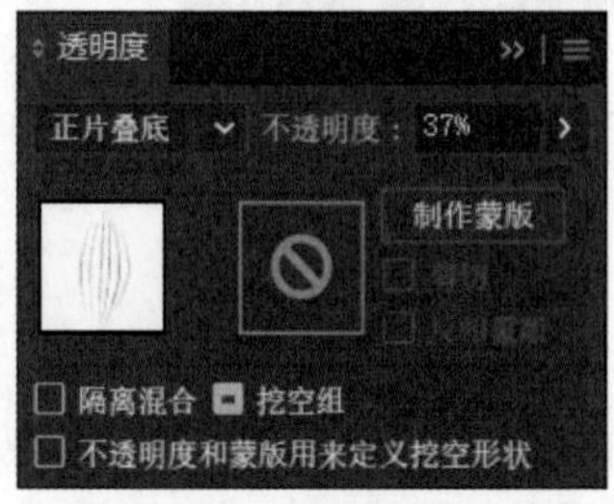

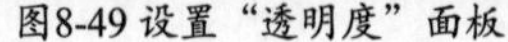

图8-49 设置“透明度”面板

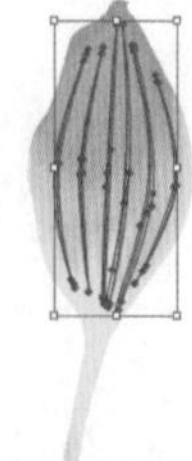

图8-50 花瓣效果

STEP 06 继续使用相同的方法，绘制其他花瓣效果，如图 8-51 所示。

图8-51 绘制其他花瓣效果

STEP 07 使用“移动工具”调整图形的位置和角度，并将所有图形编组，效果如图 8-52 所示。继续使用相同的方法绘制花径，效果如图 8-53 所示。

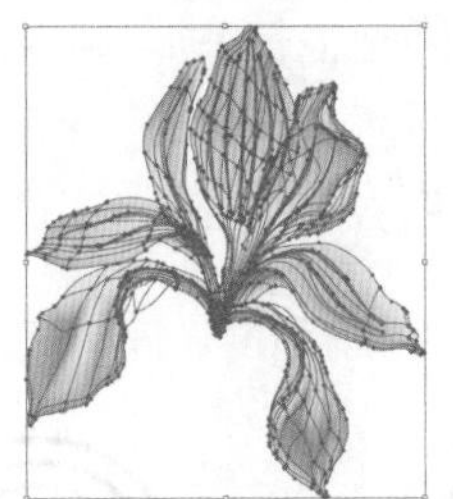

图8-52 组合花瓣效果

图8-53 绘制花径效果

8.3 创建与编辑图案

Illustrator CC为用户提供了很多图案，用户可以通过“色板”面板查看或使用这些图案，如图8-54所示。用户也可以自定现有图案或者使用任何Illustrator工具从头开始设计图案。

选中想要应用图案的对象，如图8-55所示。单击“色板”面板中的图案，即可将图案应用到对象上，如图8-56所示。

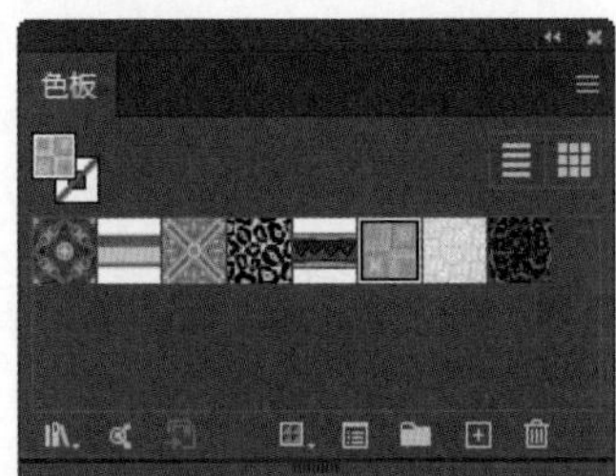

图8-54 “色板”面板中的图案

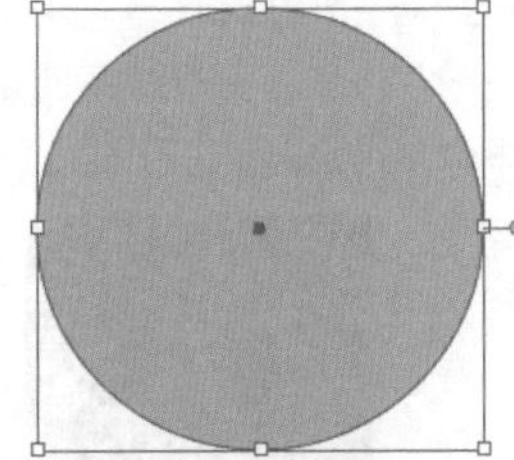

图8-55 选择对象

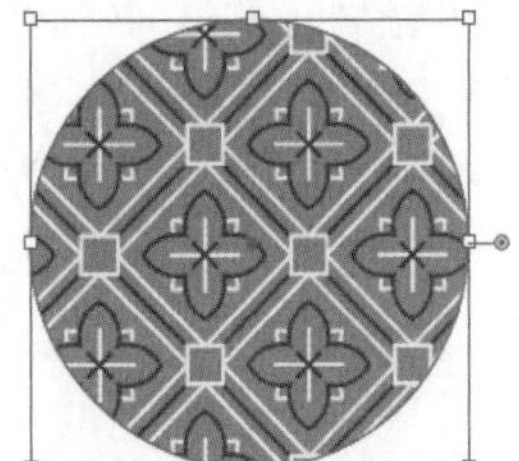

图8-56 应用图案效果

8.3.1 创建图案

选择想要创建为图案的对象，执行“对象”→“图案”→“建立”命令，如图8-57所示。打开“图案选项”面板，如图8-58所示。在其中设置各项参数，完成图案的创建。

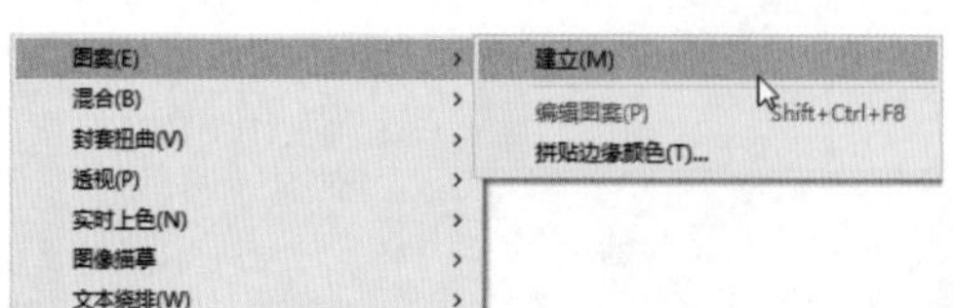

图8-57 选择“建立”命令

图8-58 “图案选项”面板

按住键盘上【Shift】键的同时并单击，可添加网格点而不改变当前的填充颜色。如果对象为选中状态，应该添加完网格点后，再改变网格点的颜色。

8.3.2 应用案例——通过定义图案制作鱼纹图形

源 文 件：源文件\第8章\8-3-2.ai

素　材：无

技术要点：掌握【定义图案】的方法

扫描查看演示视频

STEP 01 新建一个 Illustrator 文件。使用“椭圆工具”绘制一个黑色圆形。按【Ctrl+C】组合键复制对象，按【Ctrl+F】组合键粘贴到前面。执行“对象”→“混合”→“混合选项”命令，在弹出的“混合选项”对话框中设置参数，如图 8-59 所示。

STEP 02 单击“确定”按钮，拖曳选中两个圆形，执行“对象”→“混合”→“建立”命令，效果如图 8-60 所示。执行“对象”→“扩展”命令，弹出“扩展”对话框，单击“确定”按钮，扩展混合对象，并按【Shift+Ctrl+G】组合键取消编组。按住【Alt】键的同时拖曳复制两个圆形，如图 8-61 所示。

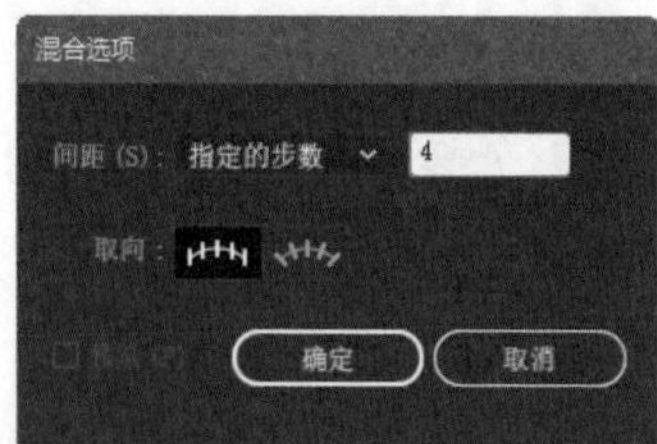

图8-59 “混合选项”对话框

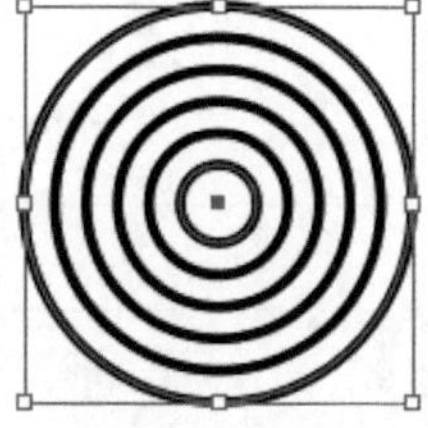

图8-60 混合效果

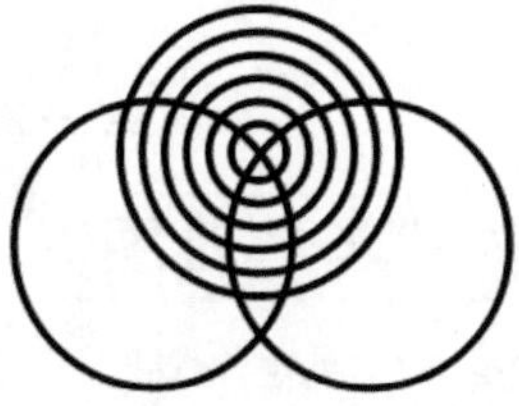

图8-61 复制圆形

STEP 03 拖曳选中所有图形，单击“路径查找器”面板中的“分割”按钮，按【Shift+Ctrl+G】组合键取消编组，使用“直接选择工具”选中多余的图形，按【Delete】键将其删除，图形效果如图 8-62 所示。

STEP 04 选中绘制的图形，执行“对象”→“图案”→“建立”命令，在打开的“图案选项”面板中设置参数，如图 8-63 所示。单击“完成”按钮，完成图案的创建。选中并删除画板中的图形。使用“矩形工具”绘制一个矩形，单击“画板”面板中新建的图案画板，填充效果如图 8-64 所示。

图8-62 图形效果

图8-63 “图案选项”面板

图8-64 图案填充效果

8.3.3 编辑图案

双击“色板”面板中想要编辑的图案或者选择包含想要编辑图案的对象，执行“对象”→“图案”→“编辑图案”命令，如图8-65所示。可以在打开的“图案选项”面板中完成编辑图案的操作，完成后单击文档窗口左上角的“完成”按钮。

“色板”面板中的图案变为修改后的图像效果，如图8-66所示。也就是说，如果编辑了某个图案，则该图案的定义将在“色板”面板中更新。

图8-65 选择“编辑图案”命令

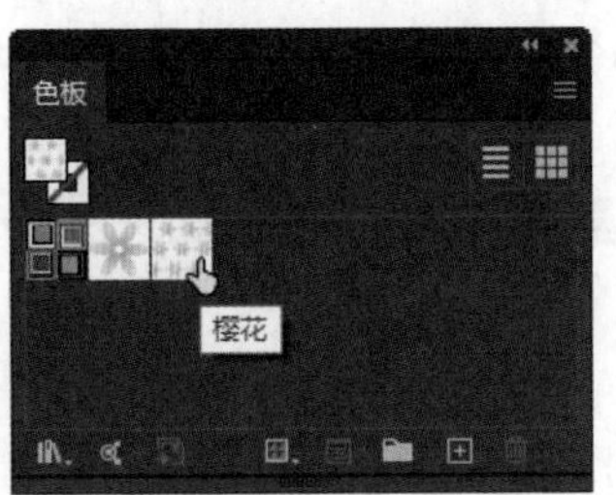

图8-66 “色板”面板

8.4 使用符号

符号是在文档中可重复使用的图稿对象。例如，创建一个星星符号，可将该符号的实例多次添加到图稿中，而无须实际多次绘制复杂图稿。每个符号实例都链接到“符号”面板中的符号或符号库。同时，使用符号可以节省制作时间并显著减少文件大小。

8.4.1 创建符号

符号可以在Illustrator CC文档中重复使用，当图稿中需要多次使用同一个图形对象时，使用符号可以节省创作时间，并能够减少文档的大小。此外，符号还支持SWF和SVG格式输出，在创建动画时也非常有用。

Illustrator CC可以创建动态符号和静态符号两种类型的符号。静态符号即符号及其所有实例在一个图稿内始终保持一致。动态符号功能允许在其实例中使用外观覆盖，同时完整保留它与主符号的关系，使符号变得更加强大。

? 疑问解答 如何区分静态符号和动态符号?

静态符号与动态符号在画板中的实例没有明显区别，只是在“符号”面板中，动态符号的图标右下角会显示一个+号，静态符号则没有。

使用“符号”面板置入符号

执行“窗口”→“符号”命令，打开“符号”面板，如图8-67所示。将光标置于面板中的符号上，单击并拖曳将其移动到画板中，即可置入相应的符号，如图8-68所示。

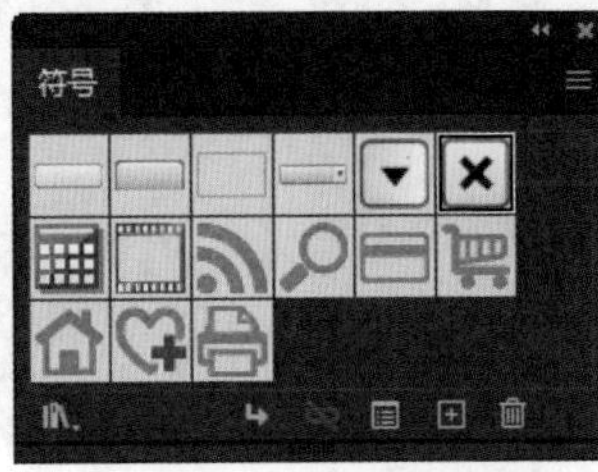

图8-67 “符号”面板

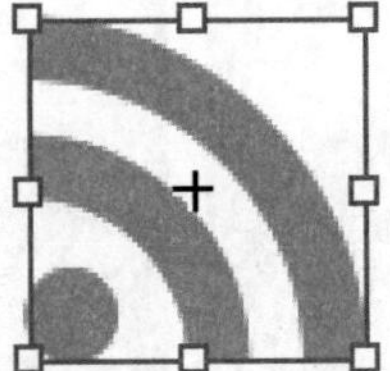

图8-68 拖曳置入符号

选中“符号”面板中的符号，单击面板底部的“置入符号实例”按钮，也可以将选中的符号置入画板中，如图8-69所示。单击“符号”面板右上角的面板菜单按钮，在打开的面板菜单中选择“放置符号实例”命令，即可将选中符号放置到画板中，如图8-70所示。

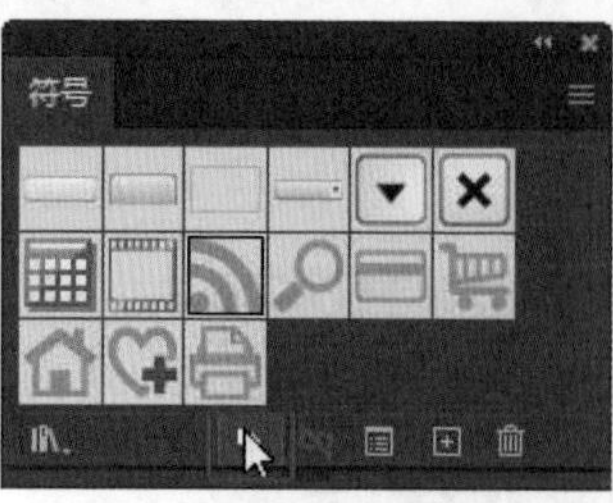

图8-69 置入符号实例

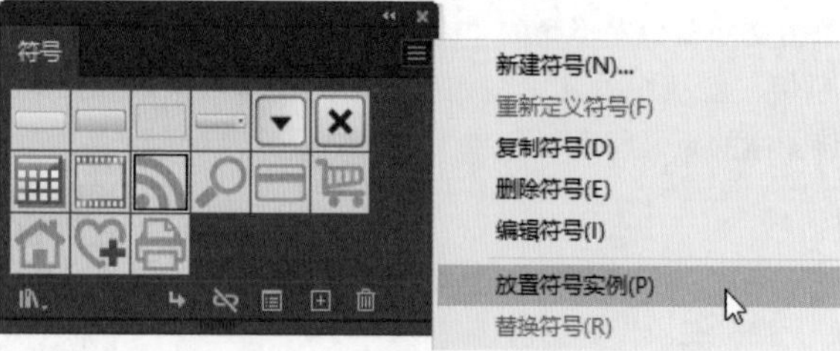

图8-70 选择“放置符号实例”命令

编辑符号

双击“符号”面板中的任意符号，进入符号编辑模式，修改画板中符号的颜色，效果如图8-71所示。单击文档顶部“退出符号编辑模式”按钮，画板上所有关联符号的颜色都会发生变化，效果如图8-72所示。

图8-71 编辑符号　图8-72 所有关联符号都发生了变化

用户可以在“符号”面板菜单中选择缩览图视图、小列表视图和大列表视图3种符号显示方式，如图8-73所示。选择“缩览图视图”命令，将显示符号缩览图；选择“小列表视图”命令，将显示带有小缩览图的命名符号列表，如图8-74所示，选择“大列表视图”命令，将显示带有大缩览图的命名符号列表，如图8-75所示。

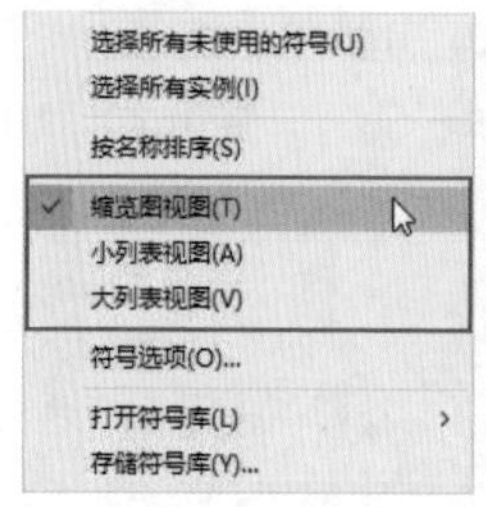

图8-73 3种符号显示方式

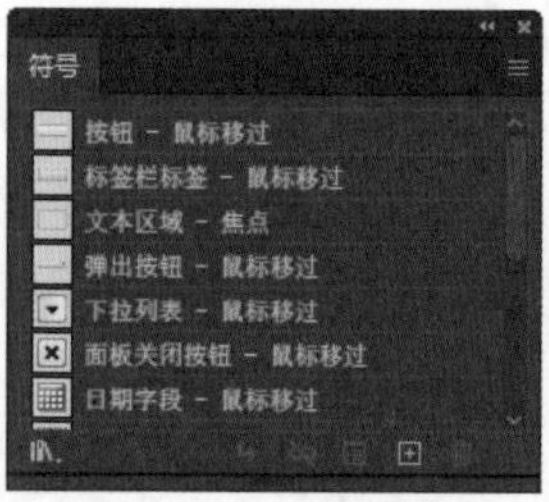

图8-74 小列表视图

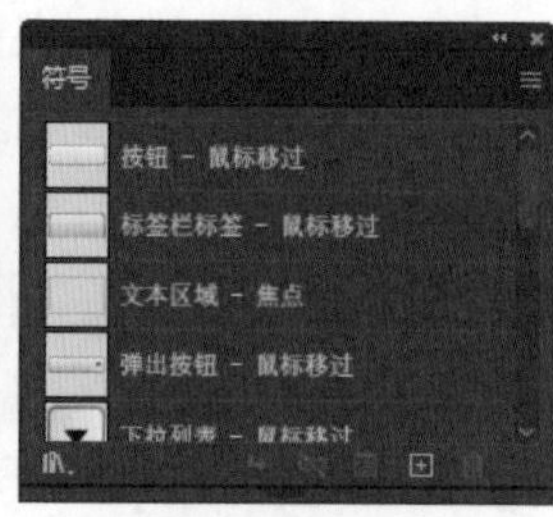

图8-75 大列表视图

选中任一符号，按住鼠标左键并拖曳，当有一条蓝色的线出现在所需位置时，如图8-76所示。释放鼠标左键，即可移动符号至面板中的位置，如图8-77所示。也可以在面板菜单中选择“按名称排列”命令，使符号按字母顺序进行排列，效果如图8-78所示。

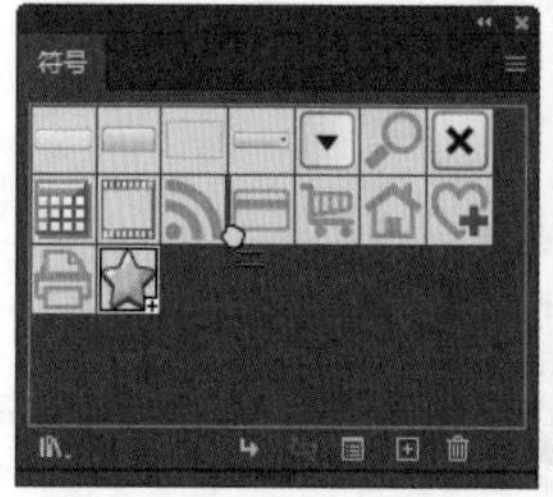

图8-76 拖曳移动符号

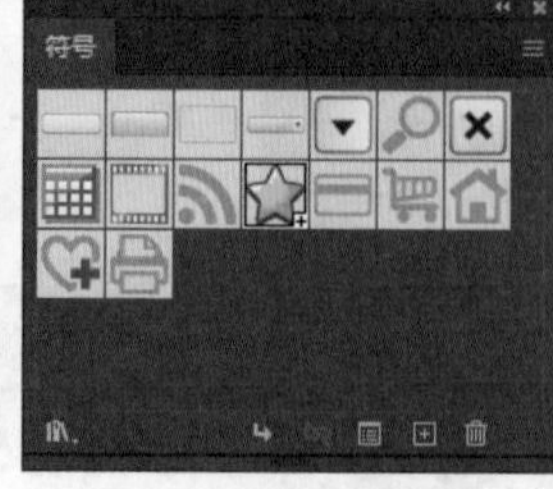

图8-77 移动符号效果

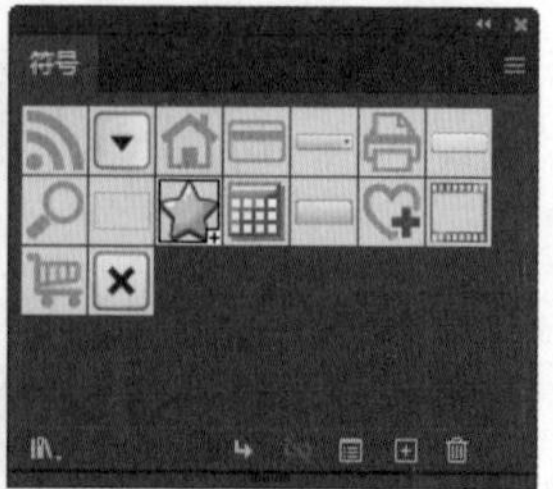

图8-78 按名称排列

选中面板中的任一符号，在面板菜单中选择“复制符号”命令或者将符号拖曳到“新建符号”按钮上，即可创建一个符号副本。

使用“符号喷枪工具”创建符号

选中“符号”面板中的“添加收藏夹”符号，如图8-79所示。单击工具箱中的“符号喷枪工具”按钮，在画板中单击即可创建一个符号，如图8-80所示。多次单击可创建多个符号，如图8-81所示。

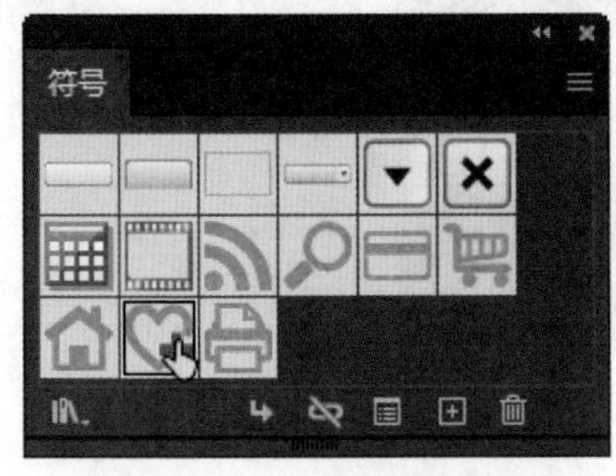

图8-79 选中“添加收藏夹”符号

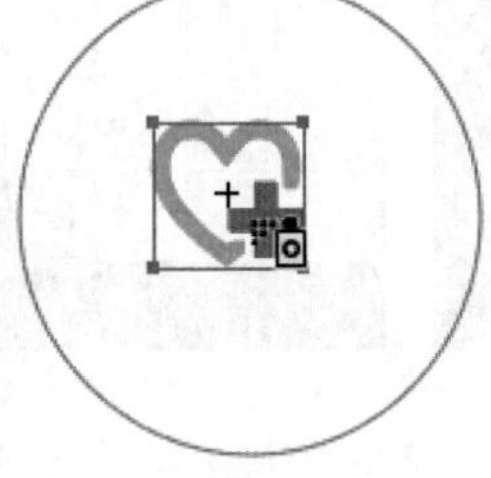

图8-80 创建符号

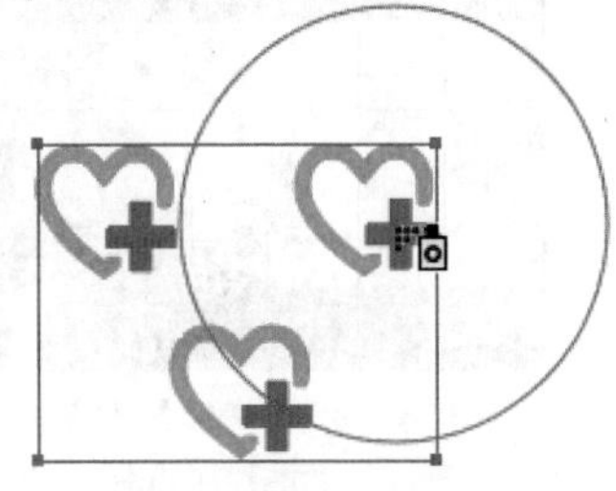

图8-81 创建多个符号

选中“符号”面板中的其他符号，继续在画板中单击创建符号。使用“符号喷枪工具”创建的符号会自动编组，称为符号集或符号组，如图8-82所示。用户也可以使用“符号喷枪工具”在画板中拖曳创建符号组，效果如图8-83所示。

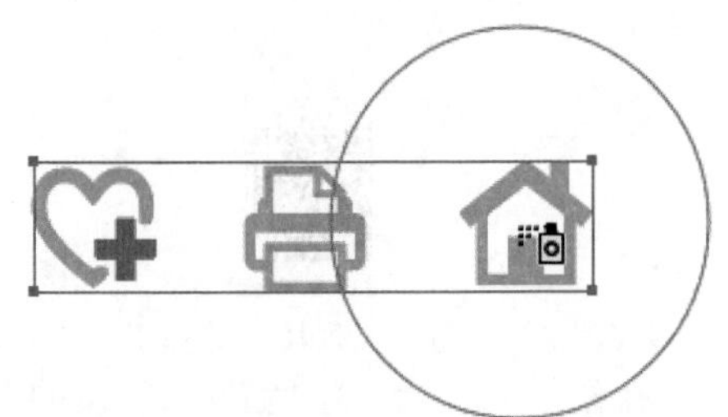

图8-82 创建符号组

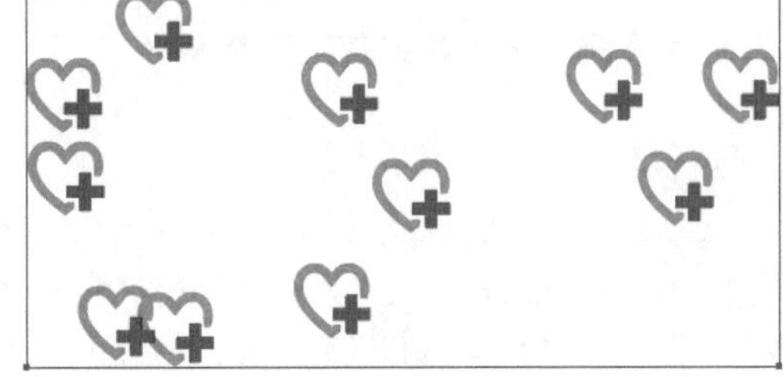

图8-83 拖曳创建符号组

? 疑问解答 如何删除符号组中的符号?

按住【Alt】键，使用“符号喷枪工具”在想要删除的符号实例上单击或拖动，即可将其删除。

使用“新建符号”创建符号

Illustrator CC允许用户将绘制的图稿转换为符号。选择要用作符号的图稿，如图8-84所示。单击“符号”面板底部的“新建符号”按钮，如图8-85所示。弹出“符号选项”对话框，如图8-86所示。

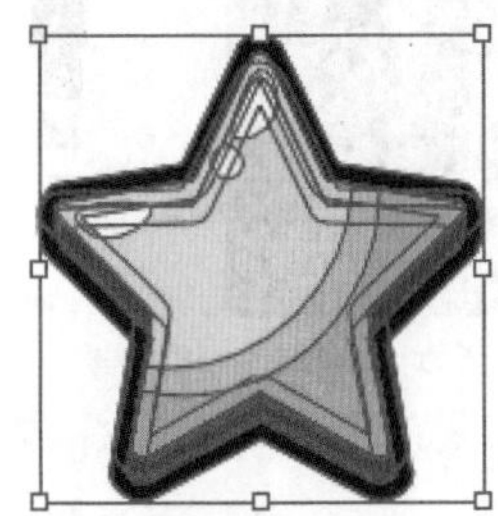

图8-84 选中图稿

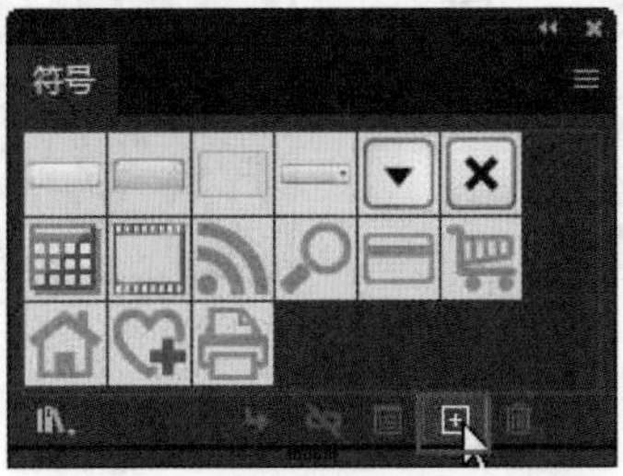

图8-85 单击“新建符号”按钮

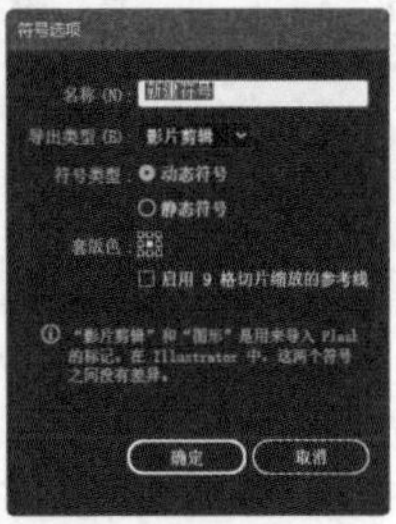

图8-86 “符号选项”对话框

在对话框中设置符号名称和类型后，单击“确定”按钮，即可完成新建符号的操作，新建的符号将显示在“符号”面板最后一格的位置，如图8-87所示。

选中并拖曳画板中的图稿到“符号”面板中或选择面板菜单中的“新建符号”命令，也可以完成将图稿转换为符号的操作，如图8-88所示。

图8-87 新建符号效果

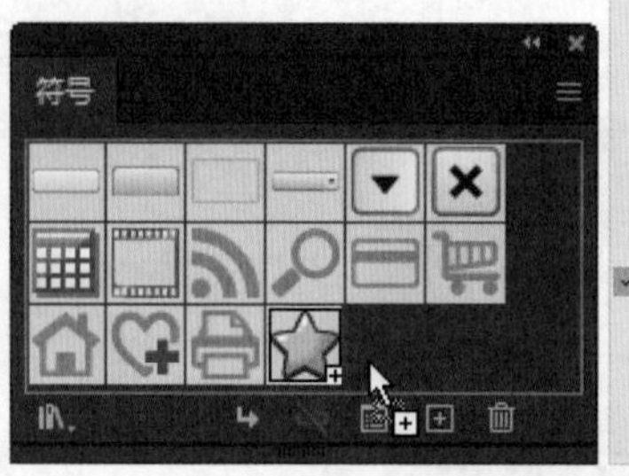

图8-88 新建符号操作

选中“符号”面板中的任一符号，单击面板底部的“符号选项”按钮或者选择面板菜单中的“符号选项”命令，用户可以在弹出的“符号选项”对话框中重新设置符号的各项参数。

默认情况下，选定的图稿会变成新符号的实例。如果不希望图稿变成实例，可以在创建新符号的同时按住【Shift】键。如果不想在创建新符号时打开“符号选项”对话框，可以在创建符号的同时按住【Alt】键。

8.4.2 应用案例——创建并使用动态符号

源 文 件：源文件\第8章\8-4-2.ai

素　材：无

技术要点：掌握【创建并使用动态符号】的方法

扫描查看演示视频

STEP 01 新建一个 Illustrator 文件，在画板中绘制一个 60px×60px 的正方形，使用“选择工具”将其拖曳到“符号”面板中，弹出“符号选项”对话框，单击“确定”按钮，“符号”面板如图 8-89 所示。按住【Alt】键的同时向上拖曳复制一个正方形，修改其大小为 6px×6px，排列其位置到最顶层，再次向下拖曳复制小正方形并排列其位置到最底层，如图 8-90 所示。

STEP 02 执行“对象”→“混合”→“建立”命令，创建混合，双击“混合工具”按钮，在弹出的“混合选项”对话框中设置参数，如图 8-91 所示。单击“确定”按钮，效果如图 8-92 所示。

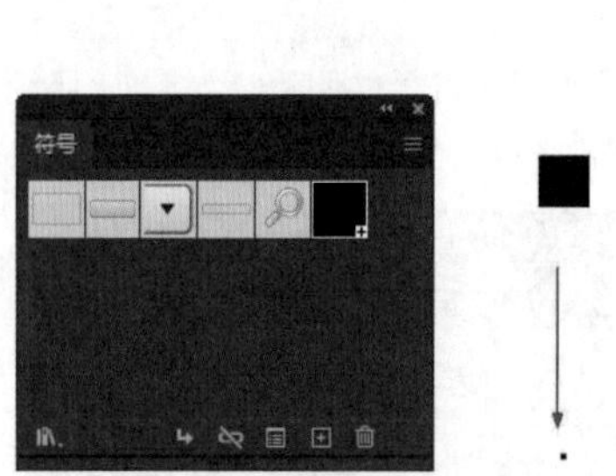

图8-89 “符号”面板　图8-90 复制图形

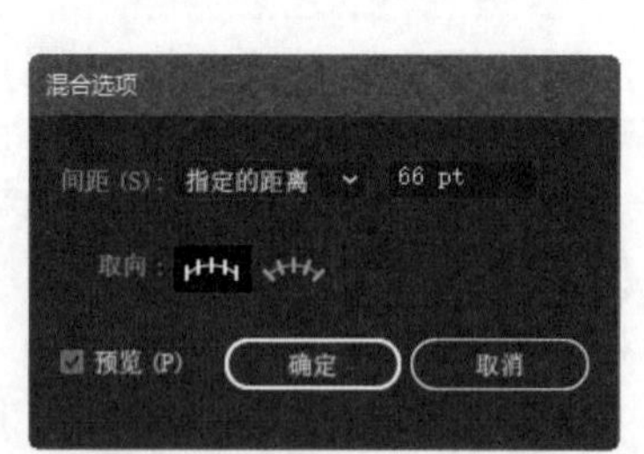

图8-91 “混合选项”对话框　图8-92 混合效果

STEP 03 按住【Alt】键并拖曳复制图形，双击进入复制图形隔离模式，修改中间最大的矩形大小为 6px×6px，退出隔离模式，拖曳复制一个，效果如图 8-93 所示。

STEP 04 选中所有图形，执行“对象”→“混合”→“扩展”命令。将左侧图形排列到顶部，将右侧图形排列到底部。选中所有对象，执行“对象”→“混合”→“建立”命令；双击“符号”面板中新建的符号，修改颜色和边角效果如图 8-94 所示。退出符号编辑模式，效果如图 8-95 所示。

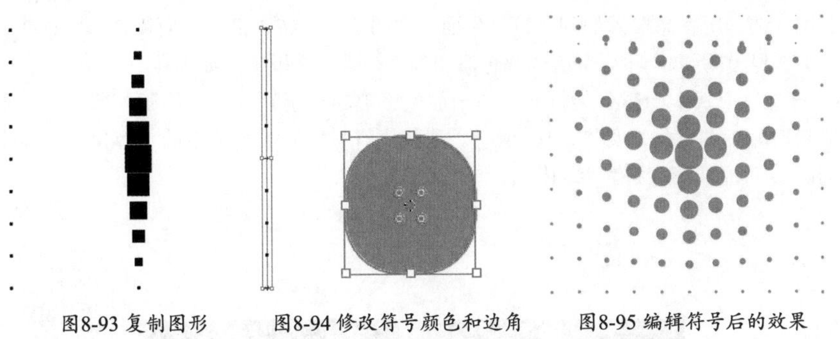

图8-93 复制图形　　图8-94 修改符号颜色和边角　　图8-95 编辑符号后的效果

8.4.3 使用符号库

符号库是预设符号的集合，默认情况下，Illustrator CC为用户提供了28种符号库。执行“窗口”→“符号库”命令，打开了菜单，如图8-96所示。选择任一符号库将其打开，符号库将显示在一个新面板上，如图8-97所示。

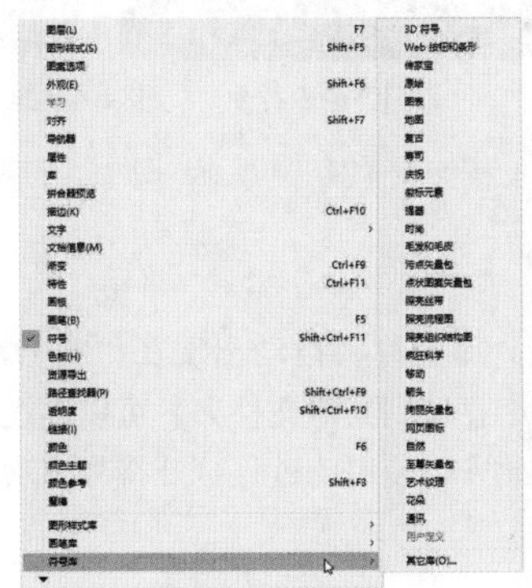

图8-96 执行命令

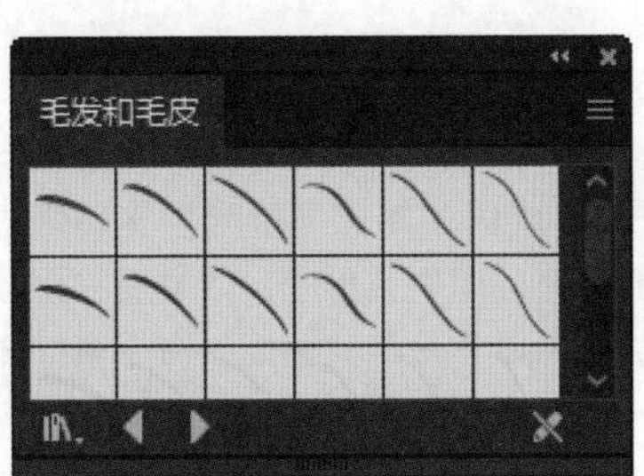

图8-97 符号库显示在新面板上

打开符号库

用户也可以单击“符号”面板右下角的“符号库菜单”按钮，如图8-98所示。或者在“符号”面板菜单中选择“打开符号库”命令，如图8-99所示。在打开的子菜单中选择一种符号库将其打开。如果希望打开的符号库在软件启动时自动打开，可以在面板菜单中选择“保持”命令，如图8-100所示。

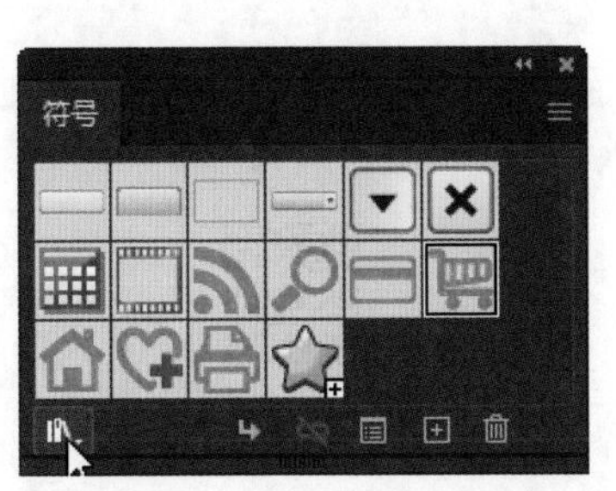

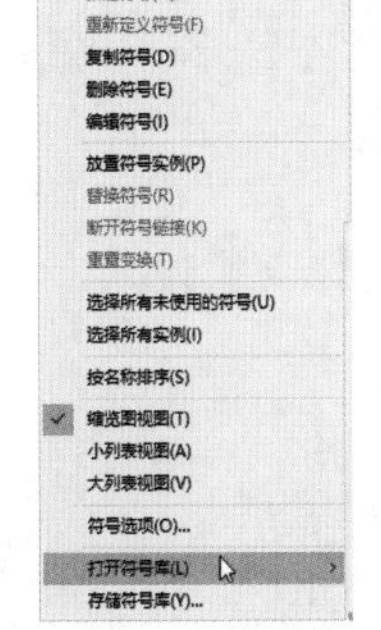

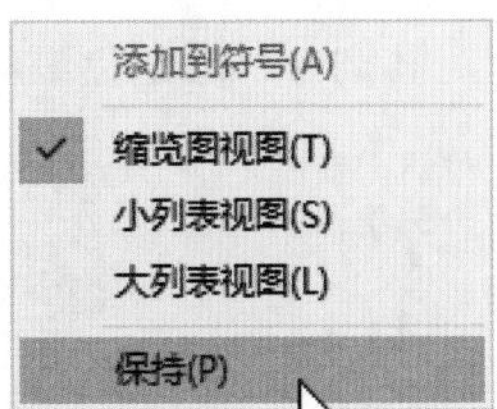

图8-98 “符号库菜单”按钮　图8-99 选择“打开符号库”命令　图8-100 选择“保持”命令

创建符号库

单击任一符号库中的符号，Illustrator CC会将此符号自动添加到当前文档的“符号”面板中。按住【Shift】键，选择所有想要添加到“符号”面板中的符号，在“符号”面板菜单中选择“添加到符号”命令，如图8-101所示，即可将所选符号添加到“符号”面板中，如图8-102所示。

选中“符号”面板中不需要的符号，单击面板底部的“删除符号”按钮，即可删除不需要的符号，完成精简符号库的操作，如图8-103所示。选择“符号”面板菜单中的“存储符号库”命令，如图8-104所示，即可完成存储符号库的操作。

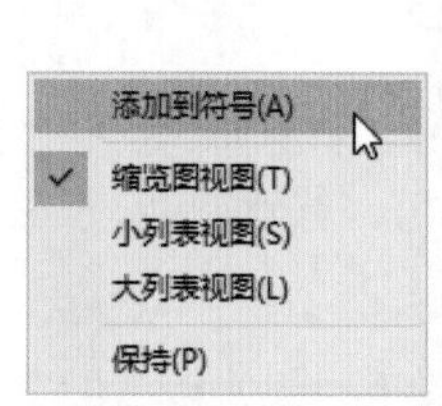

图8-101 选择“添加到符号”命令

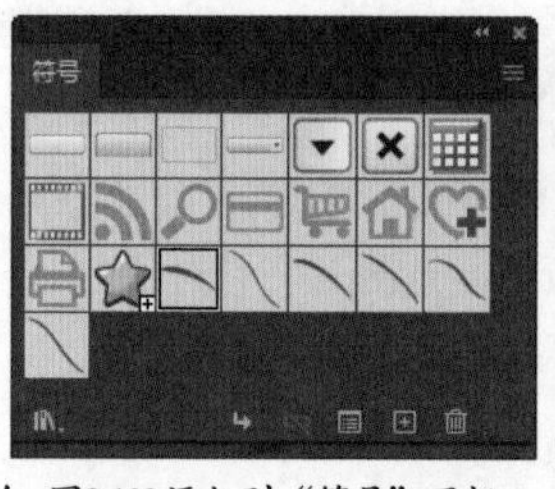

图8-102 添加到“符号”面板

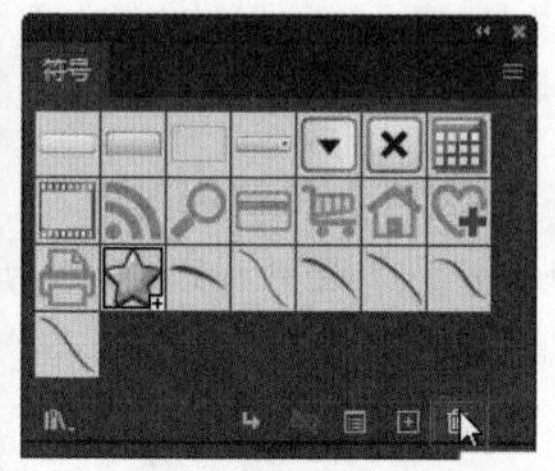

图8-103 删除符号

图8-104 选择“存储符号库”命令

提示

选择“符号”面板菜单中的“选择所有未使用的符号”命令，即可选中文档中所有没有使用的符号。

存储的新符号库默认存储在“符号”文件夹中。库名称将自动出现在“符号库”的“用户定义”子菜单和“打开符号库”菜单中。如果要将符号库存储到其他文件夹，可以通过从“符号”面板菜单中选择“打开符号库”→“其他库”命令来打开此库。使用此过程打开符号库后，此符号库将和其他库一起显示在“符号库”子菜单中。

导入符号库

用户可以在一个新文档中导入其他文档中的符号库。执行“窗口”→“符号库”→“其他库”或者从“符号”面板菜单中选择“打开符号库”→“其他库”命令，弹出“选择要打开的库”对话框，如图8-105所示。

选择要从中导入符号的文件，单击“打开”按钮，即可将符号导入，导入的符号将显示在“符号库”面板中（不是“符号”面板）。

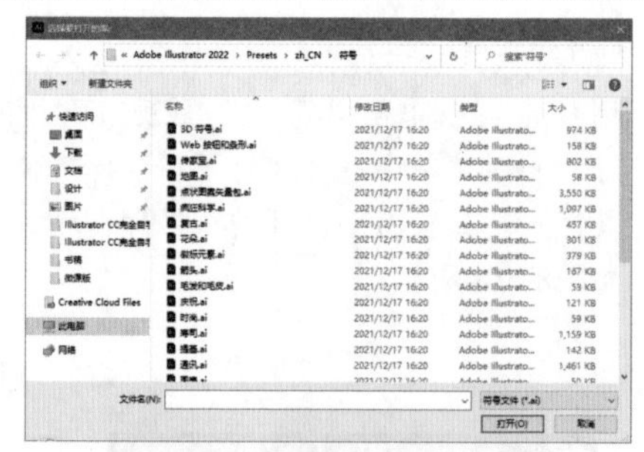

图8-105 “选择要打开的库”对话框

8.4.4 应用案例——通过创建符号制作下雪效果

源 文 件：源文件\第8章\8-4-4.ai

素　材：无

技术要点：掌握【符号组】的使用方法

扫描查看演示视频

STEP 01 新建一个Illustrator文件。使用“矩形工具”绘制一个填色为RGB（0、123、183）的矩形，其大小与画板等大。使用“星形工具”在画板中绘制一个六角星形状，如图 8-106 所示。

STEP 02 执行“效果”→“扭曲和变换”→“波纹效果”命令，在弹出的“波纹效果”对话框中设置参数，如图 8-107 所示。单击“确定”按钮，图形效果如图 8-108 所示。

图8-106 绘制六角星形状

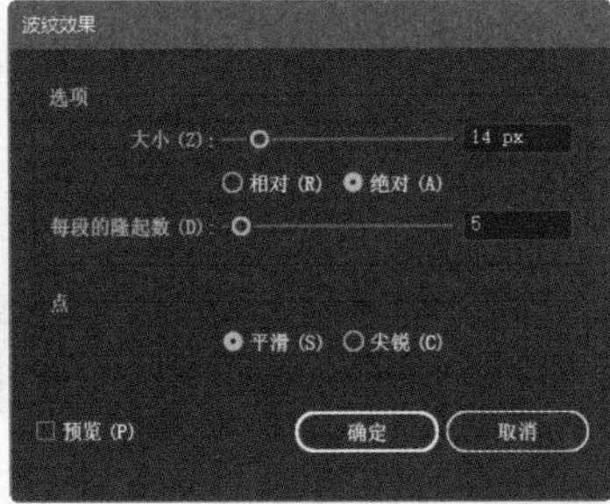

图8-107 “波纹效果”对话框

图8-108 图形效果

STEP 03 执行“窗口”→“符号”命令，使用“选择工具”将雪花拖曳到“符号”面板中，在弹出的“符号选项”对话框中设置参数，如图 8-109 所示。单击“确定”按钮，完成“符号”的创建。

STEP 04 将画板中的图形选中并删除。使用“符号喷枪工具”在画板中拖曳，创建符号组。使用“符号缩放器工具”放大或缩小符号，调整雪花的层次感，如图 8-110 所示。使用“符号位移器工具”调整符号的分布；使用“符号滤色器工具”在符号上单击，完成半透明效果。选中符号组，在“透明度”面板中修改其透明度，选中矩形背景，修改其填色为径向渐变，完成后的最终效果如图 8-111 所示。

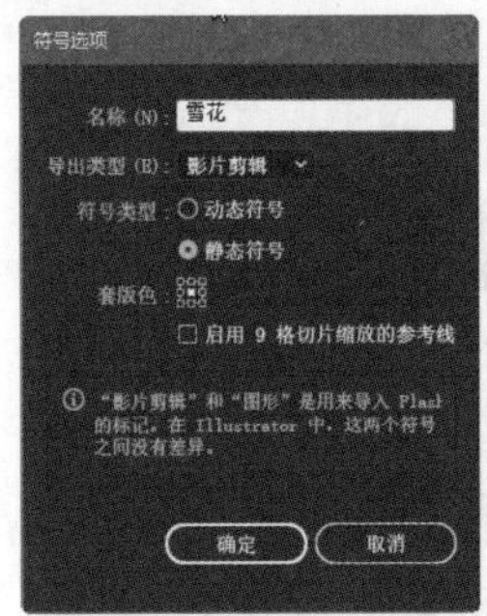

图8-109 “符号选项”对话框

图8-110 创建符号组并调整

图8-111 最终效果

8.4.5 编辑符号实例

用户可以对符号实例进行断开符号链接、重新定义符号、替换符号、重置变换和选择所有实例等操作。

断开符号链接

选中画板中的符号实例，单击“符号”面板底部的“断开符号链接”按钮或者在面板菜单中选择“断开符号链接”命令，如图8-112所示。取消符号实例与“符号”面板中符号样本的链接关系后，符号实例将变成可编辑状态的图形组，如图8-113所示。

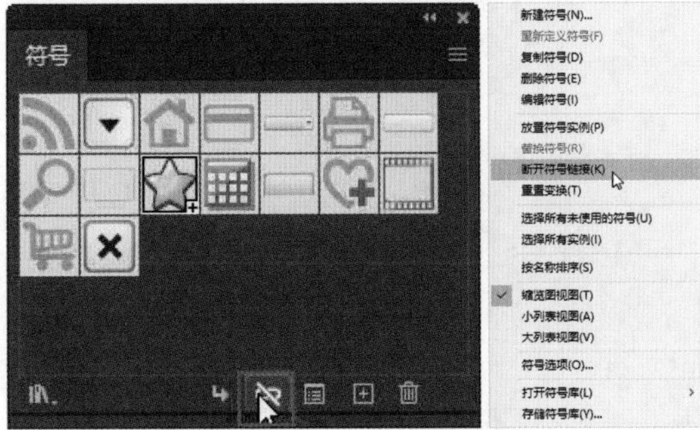

图8-112 断开符号链接

图8-113 可编辑状态的图形组

重新定义符号

用户可以对断开链接的符号实例进行编辑，如图8-114所示。选择面板菜单中的“重新定义符号”命令，即可重新定义“符号”面板中的符号，如图8-115所示。重新定义符号后，所有现有的符号实例将采用新定义。

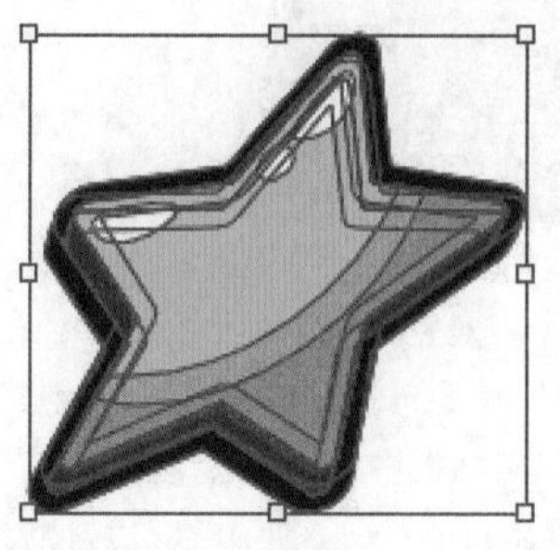

图8-114 编辑断开链接的符号实例

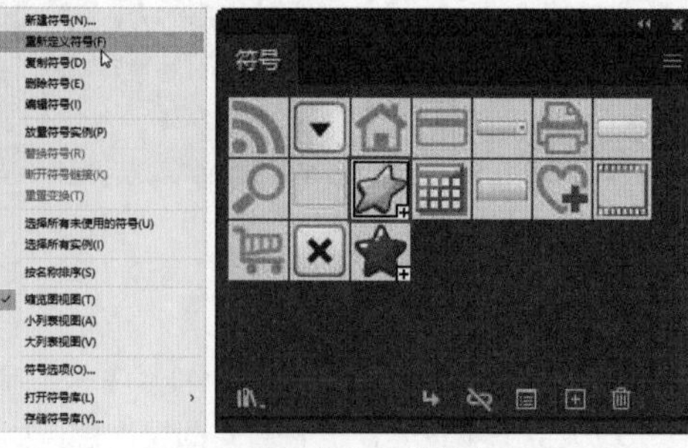

图8-115 重新定义符号效果

替换符号

选中画板中的一个符号实例，再选择“符号”面板中的另一个符号，选择面板菜单中的“替换符号”命令，如图8-116所示。即可将画板中的符号替换为“符号”面板中的符号，如图8-117所示。

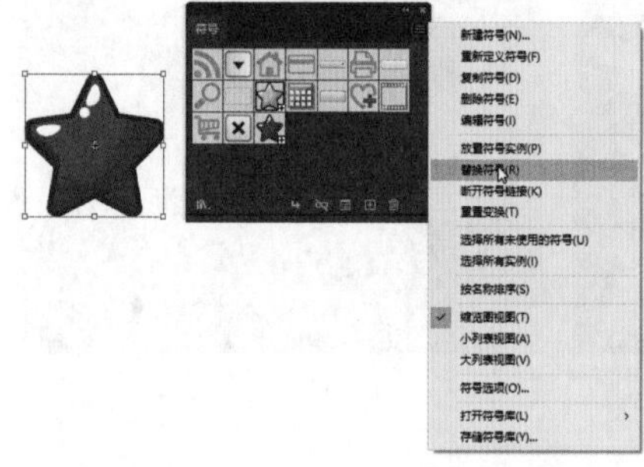

图8-116 选择“替换符号”命令

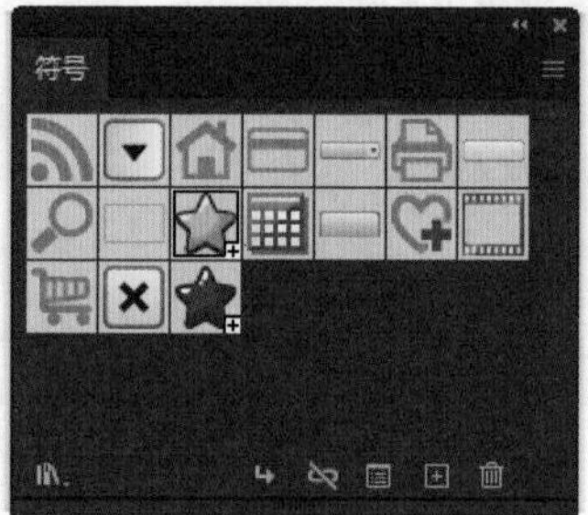

图8-117 替换符号效果

重置变换

选择面板菜单中的“重置变换”命令，如图8-118所示，可将画板中应用了变换操作的符号实例恢复到符号的最初状态。

选择所有实例

选择“选择所有实例”命令，如图8-119所示，可快速选中当前画板中的所有符号实例。

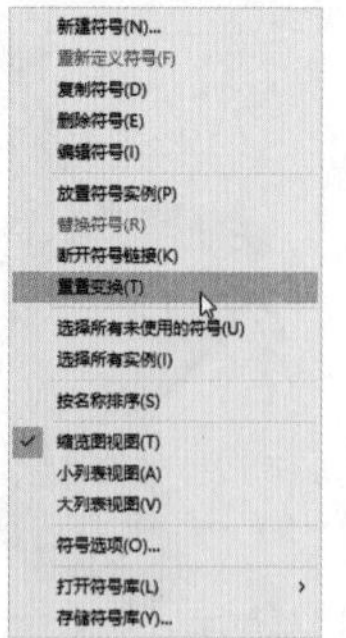

图8-118 选择“重置变换”命令

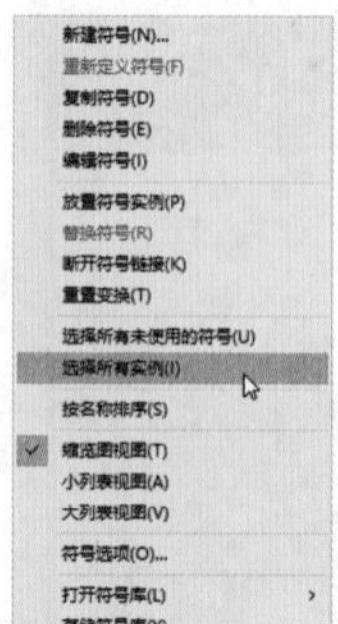

图8-119 选择“选择所有实例”命令

8.4.6 编辑符号组

使用“符号喷枪工具”在画板中拖曳，即可创建符号组。然后使用“符号位移器工具”“符号紧缩器工具”“符号缩放器工具”“符号旋转器工具”“符号着色器工具”“符号滤色器工具”“符号样式器工具”可以修改符号组中的多个符号实例。

虽然可以对单个符号实例使用符号工具，但将符号工具用于符号组时最有效。在处理单个符号实例时，利用针对常规对象使用的工具和命令可以轻松完成大部分任务。

单击工具箱中的“符号喷枪工具”按钮，选择“自然”符号库中的“草地 4”，如图8-120所示。将光标移动到画板中，按住鼠标左键并拖曳，创建如图8-121所示的符号组。

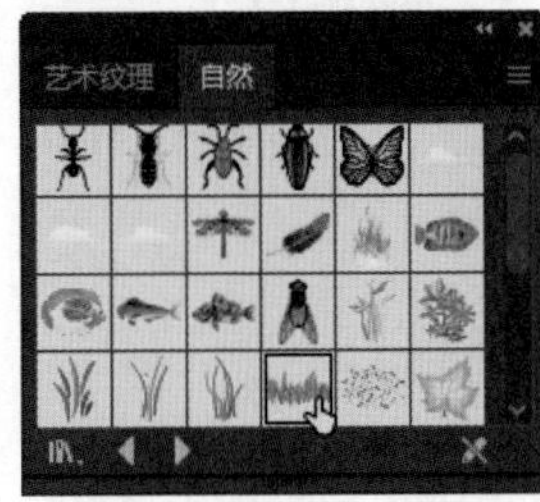

图8-120 “自然”符号库

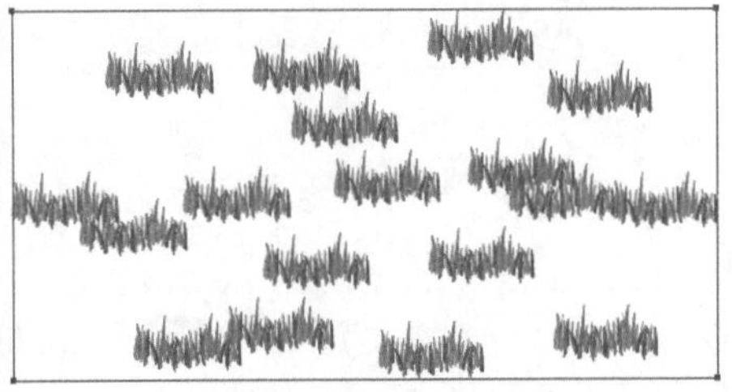

图8-121 创建草地符号组

更改符号实例的堆叠顺序

单击工具箱中的“符号位移器工具”按钮，将光标置于符号组上，单击并向希望符号实例移动的方向拖曳，如图8-122所示。按住【Shift】键的同时单击符号实例，可将该实例向前移动一层；按住【Alt+Shift】组合键的同时单击符号实例，可将该实例向后移动一层，如图8-123所示。

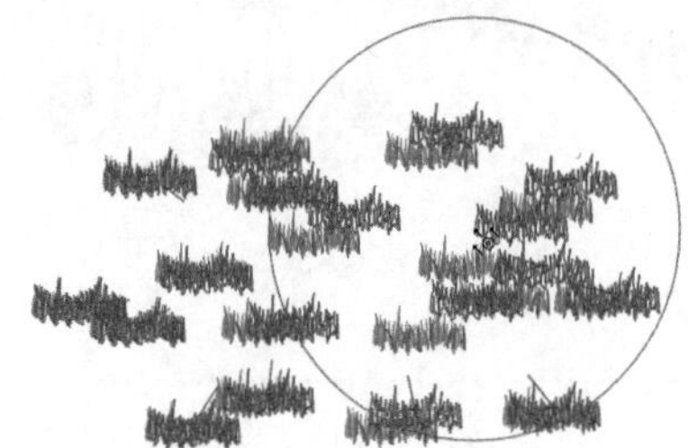

图8-122 拖曳移动符号实例的位置

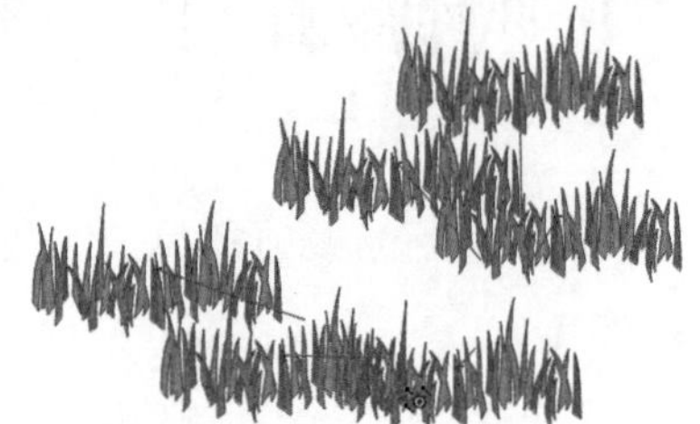

图8-123 调整符号实例的堆叠顺序

集中或分散符号实例

单击工具箱中的“符号紧缩器工具”按钮，将光标置于符号组上，单击或拖动希望聚集符号实例的区域，即可集中符号实例，如图8-124所示。按住【Alt】键的同时单击或拖动希望符号实例相互远离的区域，即可分散符号实例，如图8-125所示。

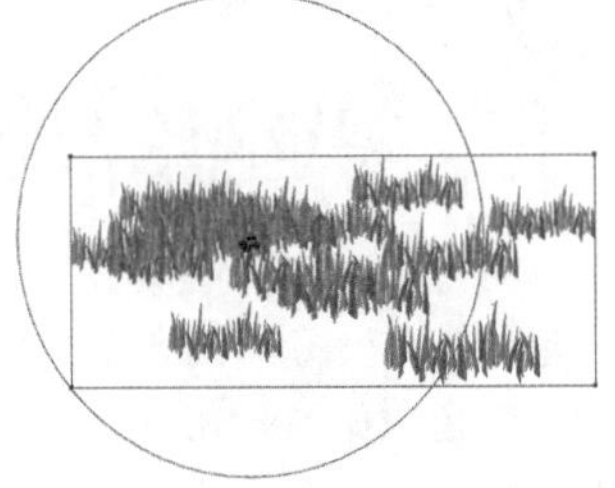

图8-124 集中符号实例

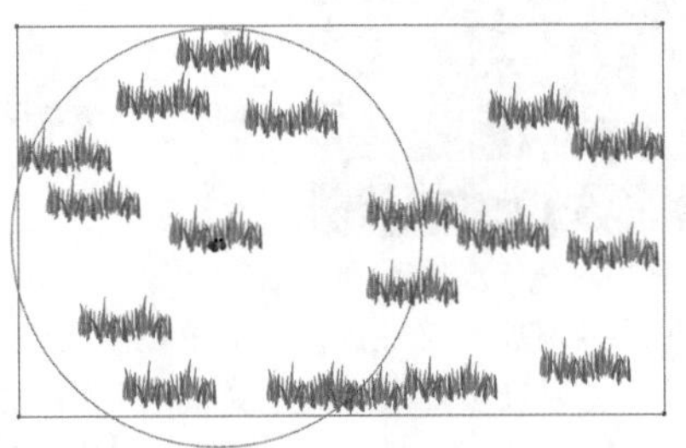

图8-125 分散符号实例

调整符号实例的大小

单击工具箱中的“符号缩放器工具”按钮，将光标置于符号组上，单击或拖动即可放大符号实例，如图8-126所示。按住【Alt】键的同时单击或拖动，即可缩小符号实例，如图8-127所示。按住【Shift】键的同时单击或拖动，在缩放符号实例时将保持缩放比例。

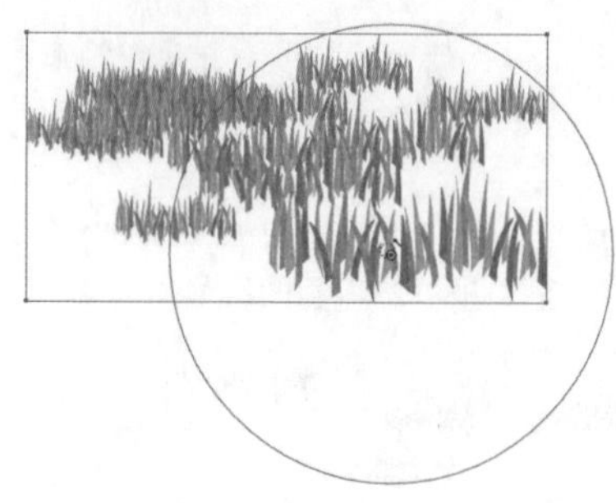

图8-126 放大符号实例

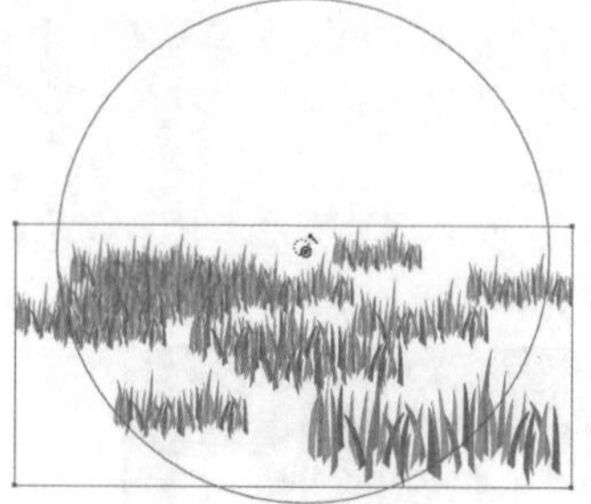

图8-127 缩小符号实例

旋转符号实例

单击工具箱中的“符号旋转器工具”按钮，将光标置于符号组上，单击或向希望符号实例朝向的方向拖动鼠标，如图8-128所示。释放鼠标即可得到旋转的实例效果，如图8-129所示。

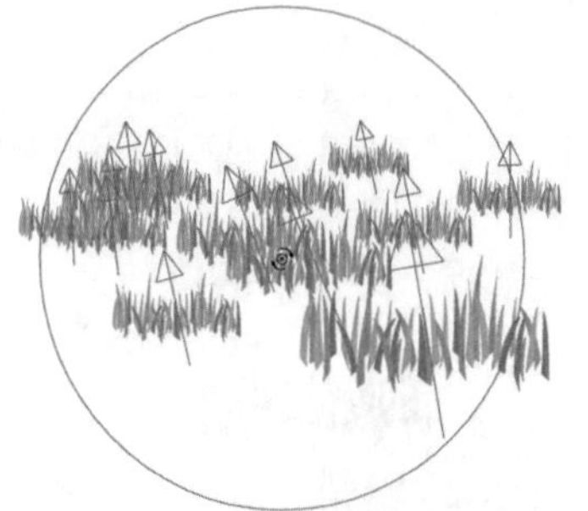

图8-128 拖动希望符号实例朝向的方向

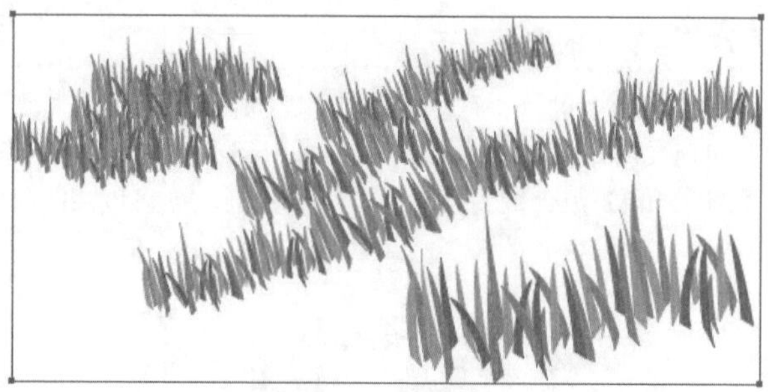

图8-129 旋转符号实例效果

为符号实例着色

执行“窗口”→“颜色”命令，打开“颜色”面板，选择要用作上色颜色的填充颜色，如图8-130所示。单击工具箱中的“符号着色器工具”按钮，将光标置于符号组上，单击或拖动希望着色的符号实例，即可为符号实例着色，如图8-131所示。

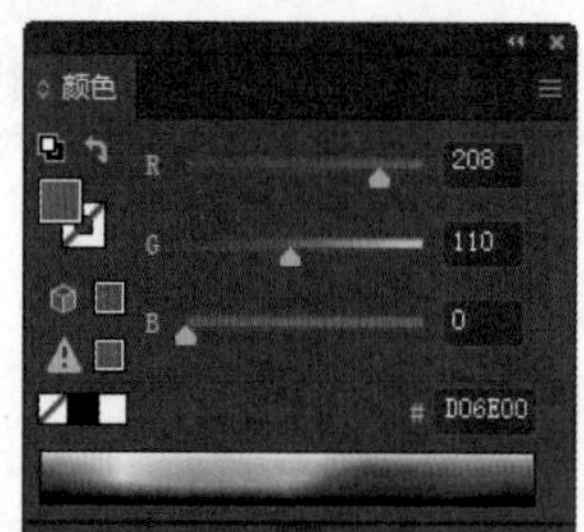

图8-130 选择填充颜色

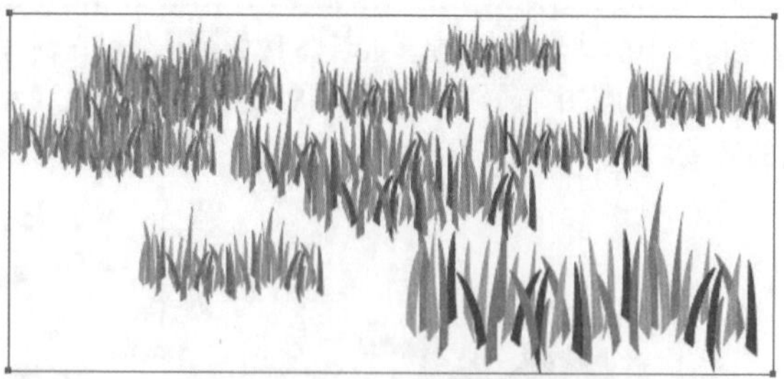

图8-131 为符号实例着色后的效果

随着上色量逐渐增加，符号实例的颜色逐渐更改为上色颜色，如图8-132所示。按住【Alt】键的同时单击或拖动，将以极少量进行着色并显示更多原始符号颜色，如图8-133所示。按住【Shift】键的同时单击或拖动，将以之前染色实例的色调强度为符号实例着色。

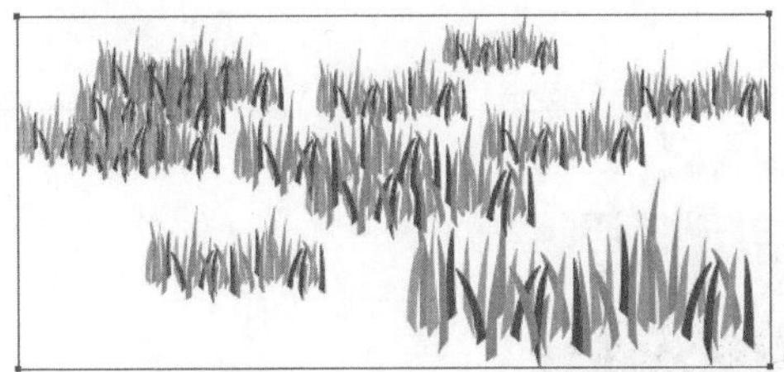

图8-132 逐渐更改为上色颜色

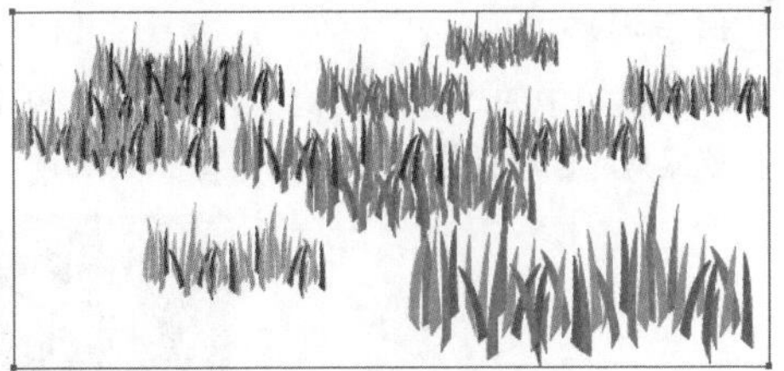

图8-133 逐渐减少着色量

对符号实例着色将趋于用淡色更改色调，同时保留原始明度。此方法使用原始颜色的明度和上色颜色的色相生成颜色。因此，具有极高或极低明度的颜色改变很少；黑色或白色对象完全无变化。

调整符号实例的透明度

单击工具箱中的“符号滤色器工具”按钮，将光标置于符号组上，单击或拖动将降低符号透明度，如图8-134所示。按住【Alt】键的同时单击或拖动，将提高符号透明度，如图8-135所示。

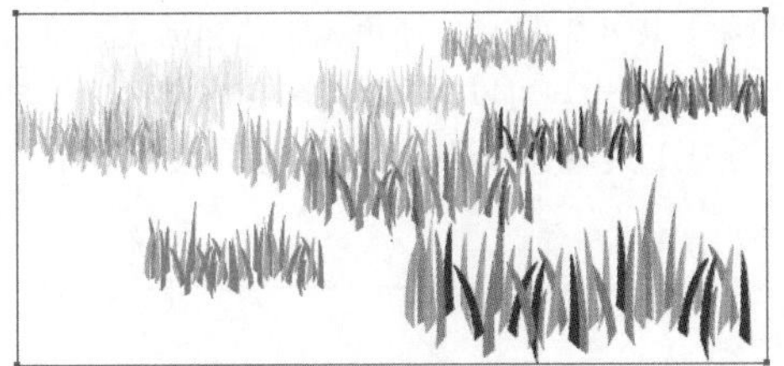

图8-134 降低符号透明度

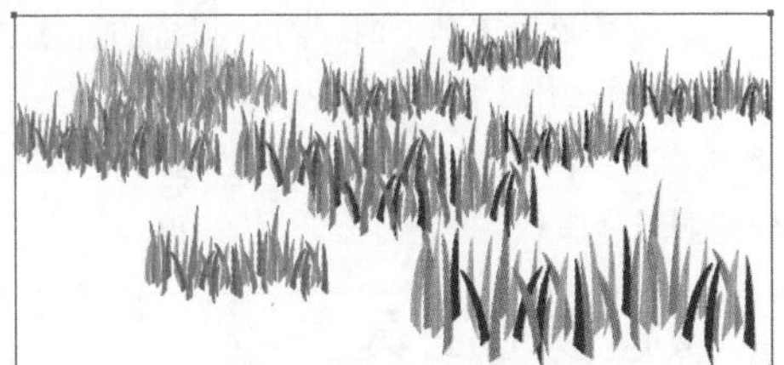

图8-135 提高符号透明度

将图形样式应用到符号实例

单击工具箱中的“符号样式器工具”按钮，执行“窗口”→“图形样式”命令，在打开的“图形样式”面板中选择一个样式，如图8-136所示。将光标置于符号组上，单击或拖动即可将样式应用到符号实例上，如图8-137所示。

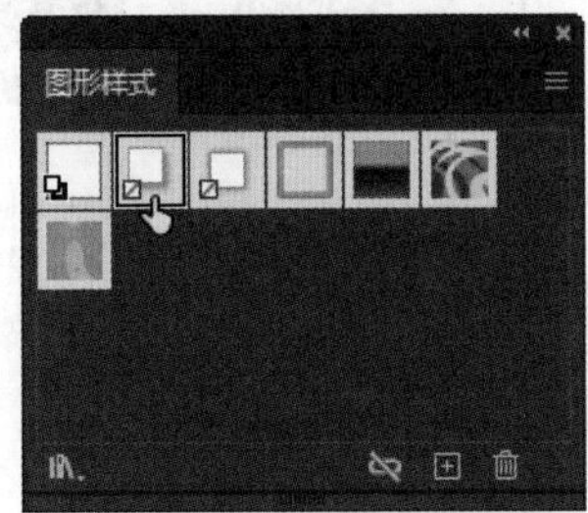

图8-136 选择一个图形样式

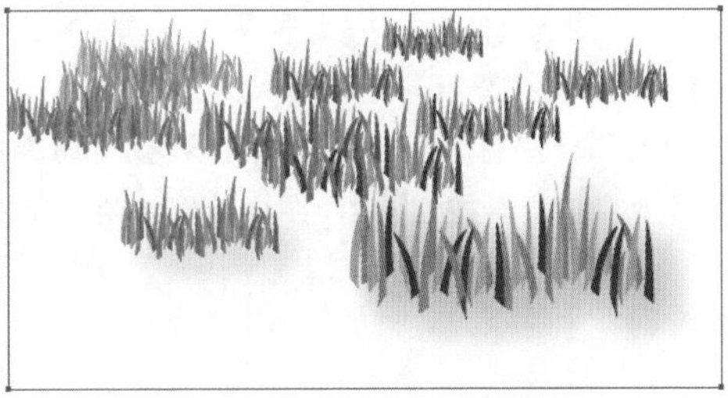

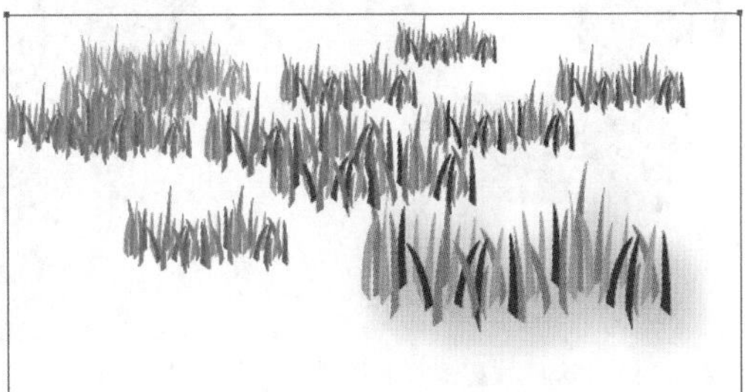

图8-137 添加样式到符号实例

按住【Alt】键的同时单击或拖动，将减少样式数量，并显示更多原始的、无样式的符号，如图8-138所示。按住【Shift】键的同时并单击，可保持以前设置样式的实例的样式强度。

如果选择样式的同时选择了非符号工具，则样式将立即应用于整个所选符号实例组。

图8-138 减少样式数量

8.4.7 符号工具选项

双击工具箱中的“符号喷枪工具”按钮，弹出“符号工具选项”对话框，如图8-139所示。双击其他符号工具，也将弹出对应的“符号工具选项”对话框。

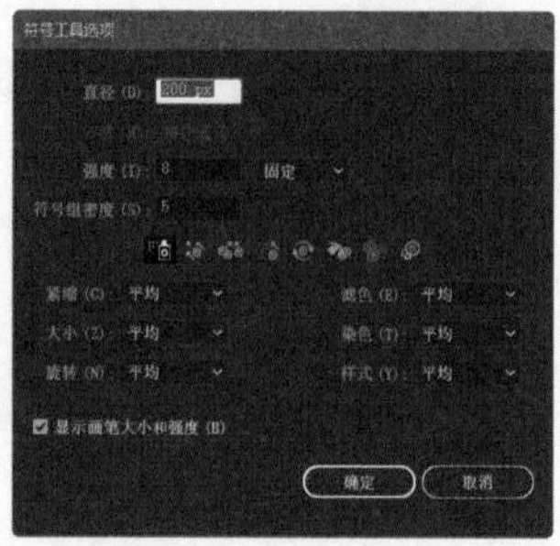

图8-139 “符号工具选项”对话框

直径、强度和密度等常规选项位于该对话框顶部，工具选项则位于该对话框底部。单击对话框中的工具图标，即可切换到另外一个工具选项。

选中“符号喷枪工具”时，符号喷枪的选项（紧缩、大小、旋转、滤色、染色和样式）显示在面板底部，这些选项用于控制新符号实例添加到符号组的方式。用户可以选择平均和用户定义两种方式。

选择“显示画笔大小和强度”复选框，在使用符号工具调整符号实例时，会显示符号工具画笔的大小和调整强度。

8.5 操控变形工具

使用操控变形功能，可以扭转和扭曲图稿的某些部分，使变换看起来更自然。用户可以使用Illustrator CC中的操控变形工具添加、移动和旋转点，以便将图稿平滑地转换到不同的位置或者变换成不同的姿态。

应用案例——操控变形小狗的姿势

源 文 件：源文件\第8章\8-5-1.ai

素　材：素材\第8章\85101.ai

技术要点：掌握【操控变形工具】的使用方法

扫描查看演示视频

扫描下载素材

STEP 01 执行“文件”→“打开”命令，将“素材\第8章\85101.ai”文件打开。选中图形，单击工具箱中的“操控变形工具”按钮，图形效果如图8-140所示。

STEP 02 将光标移动到左侧狗耳朵的点上，按住鼠标左键并拖曳，调整图形的形状，如图8-141所示。继续拖曳调整右侧耳朵的点，效果如图8-142所示。

图8-140 激活操控变形工具

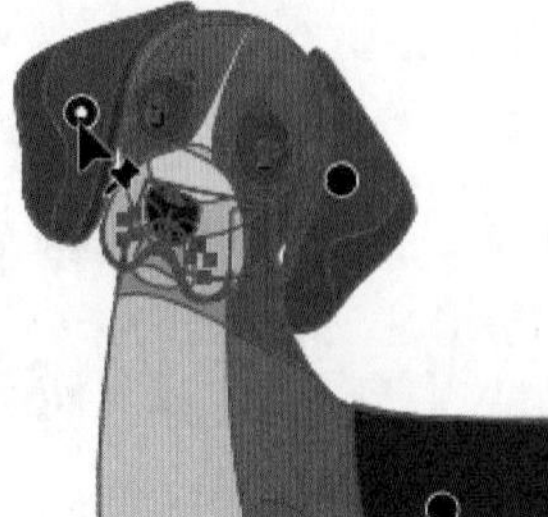

图8-141 拖曳调整点

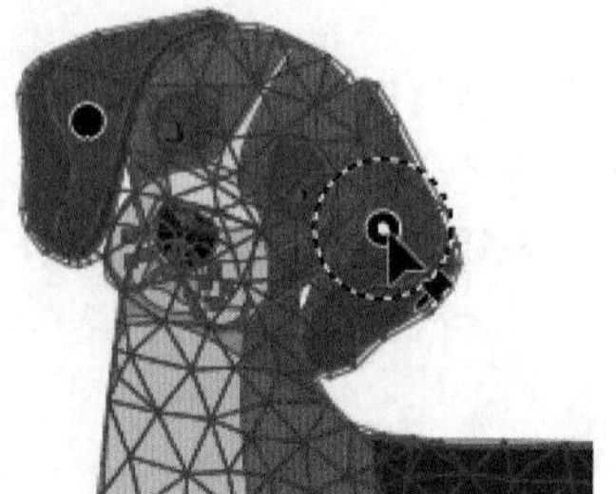

图8-142 继续拖曳调整点

STEP 03 单击狗躯干上的点，按【Delete】键将其删除，如图8-143所示。

STEP 04 将光标移动到狗躯干的尾部，单击添加一个点，拖曳调整狗的姿势，如图 8-144 所示。继续拖曳其他点，调整狗的姿势，效果如图 8-145 所示。

图8-143 删除点

图8-144 添加并拖曳点

图8-145 调整效果

8.6 液化变形工具

Illustrator CC中的液化变形工具组与Photoshop中的“液化”滤镜的功能相似。使用液化变形工具可以更加灵活、自由地对图形对象进行各种变形操作，使用户的绘图过程变得更加方便、快捷且充满创意。

液化变形工具组包括“变形工具”“旋转扭曲工具”“缩拢工具”“膨胀工具”“扇贝工具”“晶格化工具”和“皱褶工具”，如图8-146所示。

图8-146 液化变形工具组

选中任一工具后，在画板中的图形上拖曳即可对其进行变形操作，变形效果集中在画笔的中心区域，并且会随着光标在某个区域中的重复拖曳而得到增强。但是不能将液化工具用于链接文件，以及包含文本、图形或符号的对象。

8.6.1 变形工具

“变形工具”采用涂抹推动方向的方式对对象进行变形处理。选中一个对象，单击工具箱中的“变形工具”按钮，在图形上向左拖曳，拖曳时对象外观会出现蓝色预览框，通过预览框可以看到变形之后的效果，达到满意效果后释放鼠标，即可完成变形操作，效果如图8-147所示。

按住【Alt】键不放并从上到下拖曳光标，可以缩小画笔笔触的垂直范围；而从左到右拖曳光标，则可以缩小画笔笔触的水平范围；想要扩大画笔笔触范围，反向拖曳光标即可。

再次使用“变形工具”在图形上向右拖曳，效果如图8-148所示。调整画笔笔触大小后，继续在图形上拖曳完成变形效果，如图8-149所示。

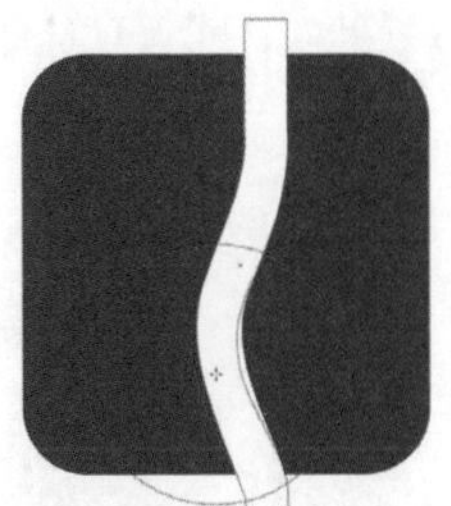
图8-147 向左拖曳

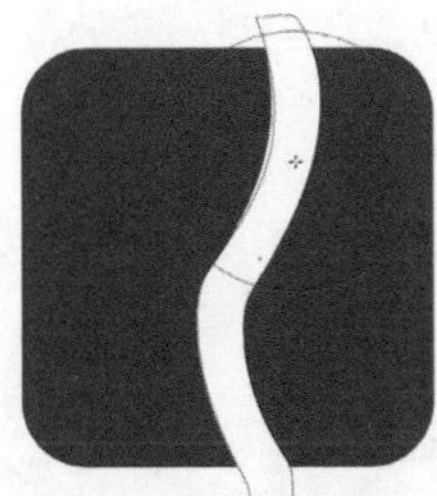
图8-148 向右拖曳

图8-149 变形效果

双击工具箱中的“变形工具”按钮，弹出“变形工具选项”对话框，如图8-150所示。用户可在该对话框中设置变形的相关选项，完成后单击“确定”按钮。

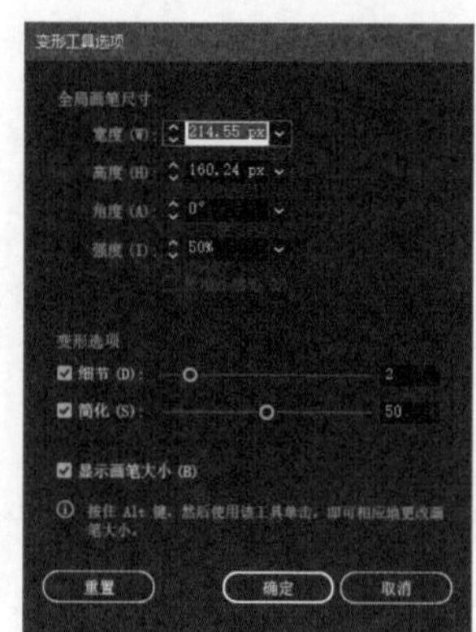

图8-150 “变形工具选项”对话框

8.6.2 旋转扭曲工具

“旋转扭曲工具”可以使对象产生旋转扭曲的变形效果。选中一个对象，单击工具箱中的“旋转扭曲工具”按钮，在图形上连续单击、长按或拖曳鼠标，选中对象将产生相应的旋转扭曲效果，如图8-151所示。

双击工具箱中的“旋转扭曲工具”按钮，弹出“旋转扭曲工具选项”对话框，如图8-152所示。该对话框中的参数设置与“变形工具选项”对话框中的相同，用户可以参照“变形工具选项”对话框中各选项的功能进行设置。

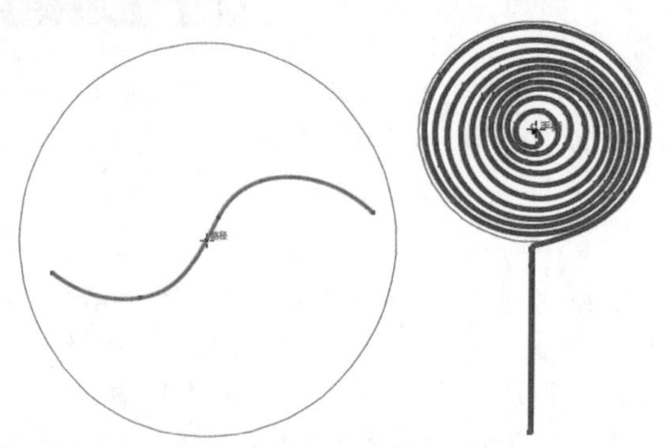

图8-151 单击和长按的旋转扭曲效果

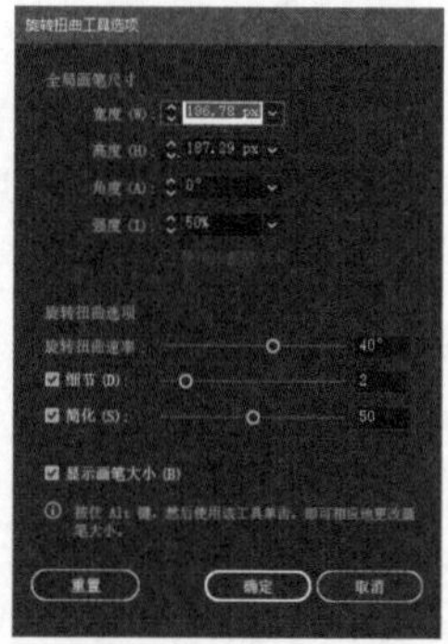

图8-152 “旋转扭曲工具选项”对话框

8.6.3 缩拢工具

“缩拢工具”主要针对所选对象进行向内收缩挤压的变形操作。单击工具箱中的“缩拢工具”按钮，在图形上单击或向内拖曳，当达到满意的变形效果后，释放鼠标即可完成变形操作，如图8-153所示。

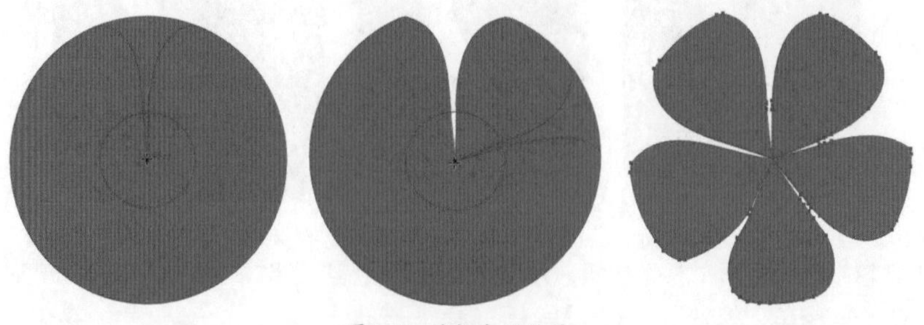

图8-153 缩拢变形效果

双击工具箱中的“缩拢工具”按钮，弹出“缩拢工具选项”对话框，该对话框中的参数设置与“变形工具选项”对话框中的相似，这里不再赘述。

8.6.4 膨胀工具

“膨胀工具”的作用与“缩拢工具”的作用恰好相反，其主要是针对所选对象进行向外扩张膨胀的变形操作。

单击工具箱中的“膨胀工具”按钮，在画板中的对象上单击或向外拖曳，如图8-154所示。释放鼠标即可完成膨胀变形操作，效果如图8-155所示。

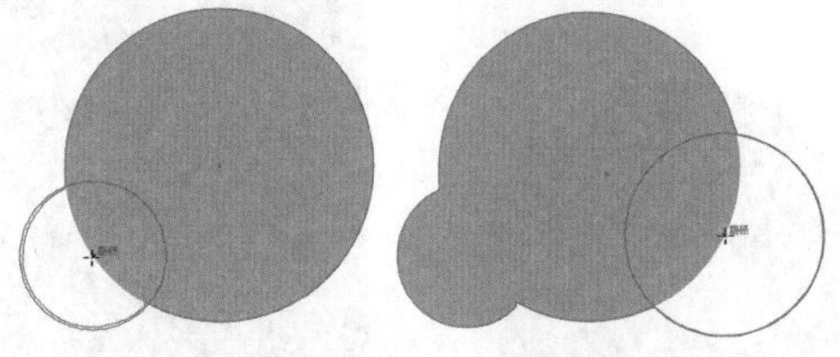

图8-154 变形操作

图8-155 膨胀变形效果

双击工具箱中的“膨胀工具”按钮，弹出“膨胀工具选项”对话框，该对话框中的参数设置与“缩拢工具”相同，这里不再赘述。

8.6.5 应用案例——使用膨胀工具制作梦幻水母

源文件：源文件\第8章\8-6-5.ai

素　材：无

技术要点：掌握【膨胀工具】的使用方法

扫描查看演示视频

STEP 01 新建一个 Illustrator 文件，使用“直线段工具”在画板中绘制一条直线。执行“效果”→“扭曲和变换”→“变换”命令，在弹出的“变换效果”对话框中设置参数，如图 8-156 所示。单击“确定”按钮，完成变换效果。

STEP 02 执行“对象”→“扩展外观”命令，将变换对象扩展为路径。单击工具箱中的“膨胀工具”按钮，将光标移动到图形上并单击，效果如图 8-157 所示。

STEP 03 修改描边色和描边宽度，效果如图 8-158 所示。

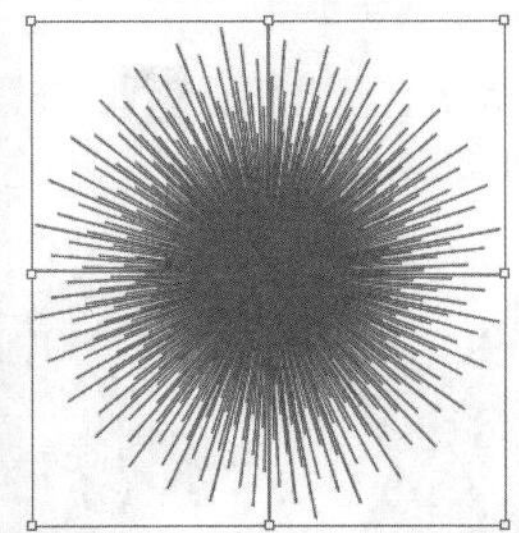

图8-156 “变换效果”对话框

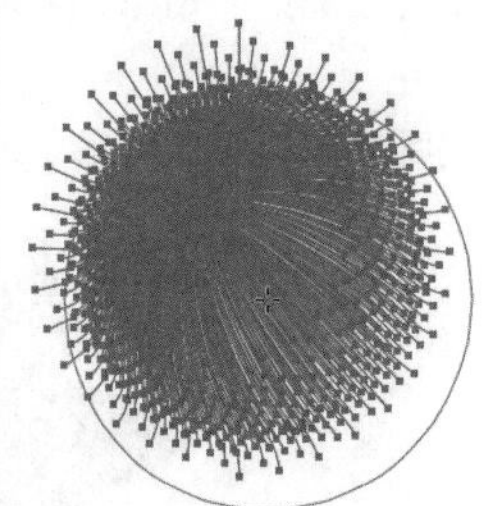

图8-157 扩展对象后的膨胀效果

STEP 04 在“描边”面板中为线条添加箭头效果，最终效果如图 8-159 所示。

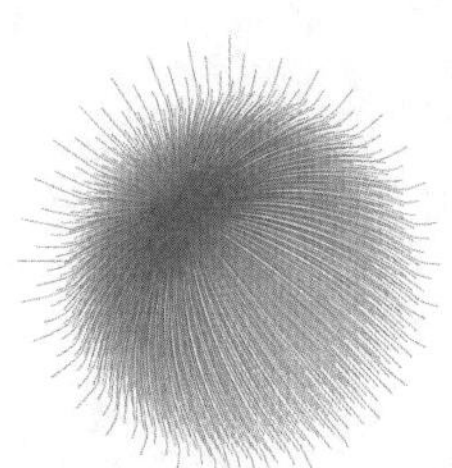

图8-158 设置描边色和描边宽度

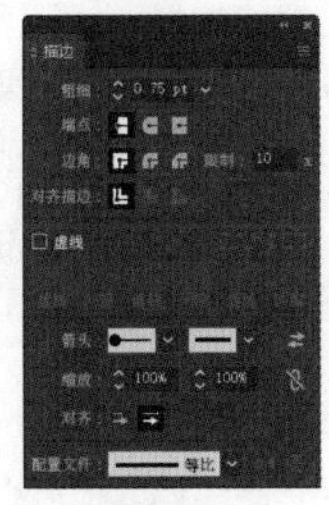

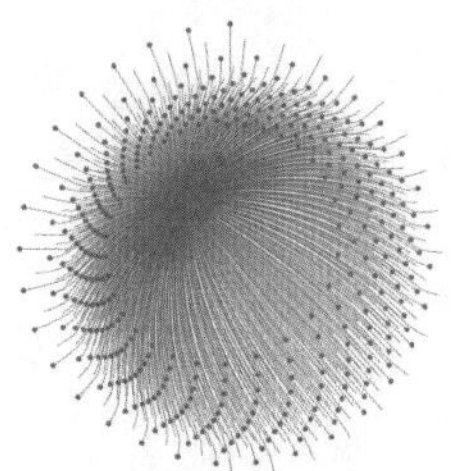

图8-159 最终效果

8.6.6 扇贝工具

“扇贝工具”是对图形进行扇形扭曲的曲线变形操作，变形完成后生成细小的皱褶状，并使图形效果向某一原点聚集。

单击工具箱中的“扇贝工具”按钮，拖曳选中对象时，选中对象上会产生类似扇子或贝壳形状的变形效果，如图8-160所示。

双击工具箱中的“扇贝工具”按钮，弹出“扇贝工具选项”对话框，如图8-161所示。用户可在该对话框中设置相关选项，完成后单击“确定”按钮。

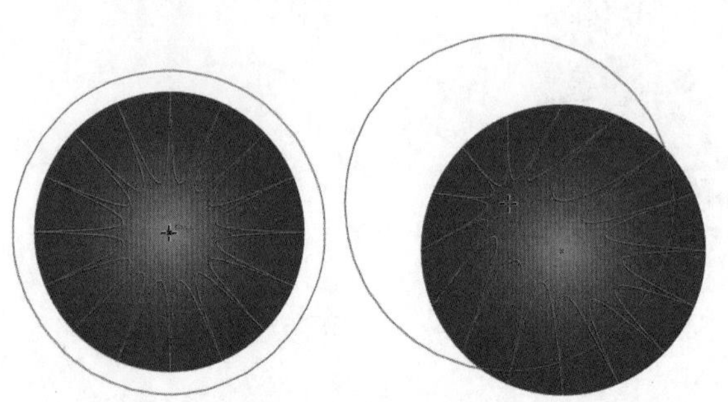

图8-160 扇贝变形效果

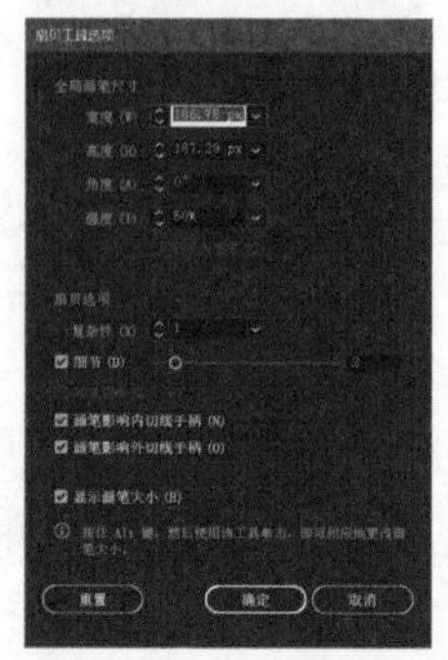
图8-161 “扇贝工具选项”对话框

提示　为对象进行扇贝变形时，至少要选择“画笔影响锚点”“画笔影响内切线手柄”或“画笔影响外切线手柄”中的一个复选框，最多只允许选择两个复选框。

8.6.7 晶格化工具

“晶格化工具”的使用方法与“扇贝工具”相同，产生的变形效果也与“扇贝工具”相似，使用该工具可以使对象产生类似锯齿形状的变形效果。

“晶格化工具”是根据结晶形状而使图形产生放射式的变形效果，而“扇贝工具”是根据三角形而使图形产生扇形扭曲的变形效果。

单击工具箱中的“晶格化工具”按钮，在画板中的对象上单击、长按或拖曳鼠标，释放鼠标后完成变形效果的制作，如图8-162所示。

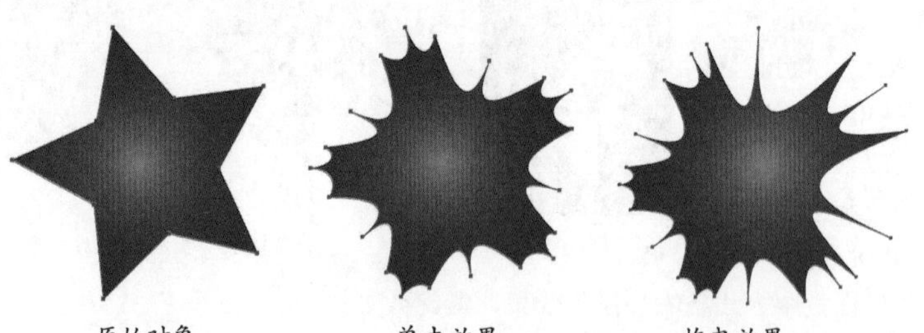

图8-162 “晶格化工具”变形效果

提示　双击工具箱中的“晶格化工具”按钮，弹出“晶格化工具选项”对话框，该对话框中的参数设置与“扇贝工具选项”对话框中的相同，此处不再赘述。

8.6.8 褶皱工具

“褶皱工具”的设置和使用方法与“扇贝工具”相同，可用于产生类似皱纹或者折叠纹效果，从而使图形产生抖动的局部碎化变形效果。单击工具箱中的“褶皱工具”按钮，在画板中的对象上单击、长按或拖曳鼠标，释放鼠标后完成褶皱效果的绘制，效果如图8-163所示。

双击“褶皱工具”按钮，弹出“皱褶工具选项”对话框，如图8-164所示。用户可在该对话框中设置相关选项，完成后单击“确定”按钮。

滚滚长江东逝水

滚滚长江东逝水

图8-163 褶皱效果

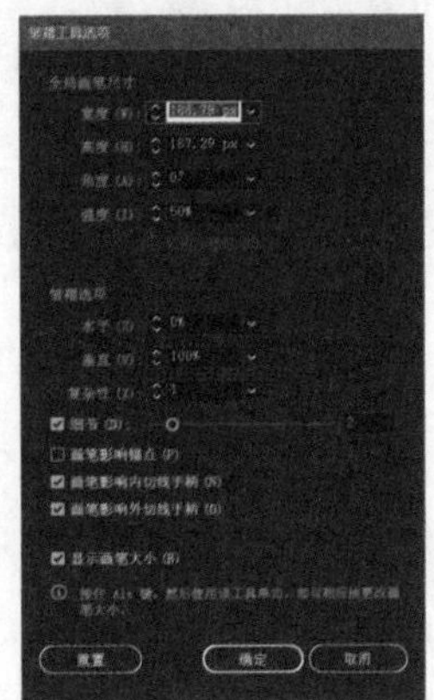

图8-164 “褶皱工具选项”对话框

8.6.9 应用案例——绘制深邃的旋涡图形

源文件：无

素　材：无

技术要点：掌握【粗糙化效果】的使用方法

扫描查看演示视频

STEP 01 新建一个海报尺寸的 Illustrator 文件。使用“矩形工具”在画板中创建一个与画板尺寸大小相等的黑色矩形，使用“直线段工具”在画板中创建一条白色直线，效果如图 8-165 所示。打开“图层”面板，锁定黑色矩形图层。

STEP 02 选中直线，执行“效果”→“变换与扭曲”→“变换”命令，弹出“变换效果”对话框，设置参数如图 8-166 所示。单击“确定”按钮后，使用“椭圆工具”在画板中创建一个白色正圆形，效果如图 8-167 所示。

图8-165 创建矩形和直线

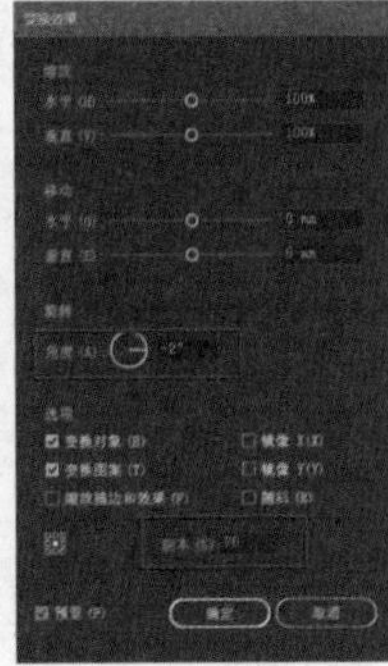

图8-166 设置参数

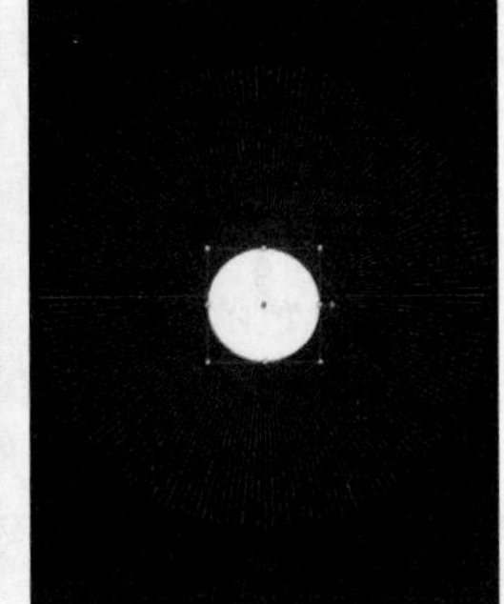

图8-167 创建正圆形

STEP 03 执行“效果”→“变换与扭曲”→“粗糙化”命令，弹出“粗糙化”对话框，设置参数如图 8-168 所示。单击“确定”按钮，完成变换效果。

STEP 04 使用“选择工具”选中直线和圆形，单击“控制”面板中的“垂直居中对齐”和“水平居中对齐”按钮，执行“对象”→“扩展外观”命令。按住【Alt】键不放并使用“形状生成器工具”在圆形上拖曳，释放鼠标后挖空圆形，如图 8-169 所示。

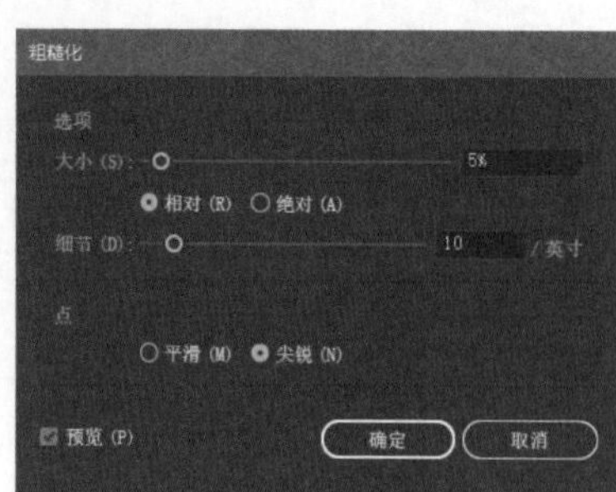

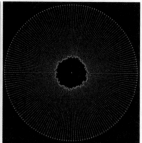

图8-168 设置参数

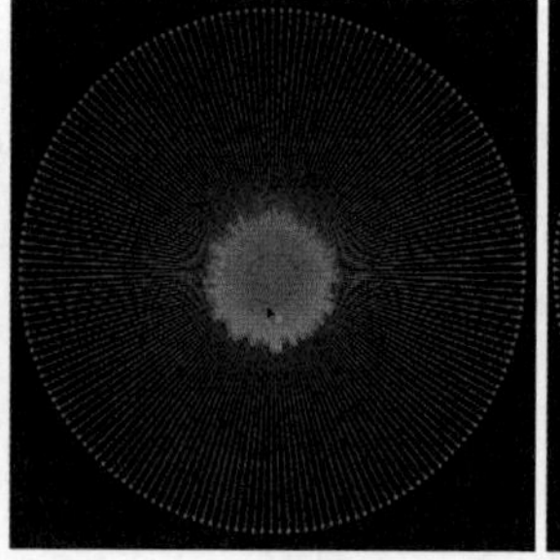
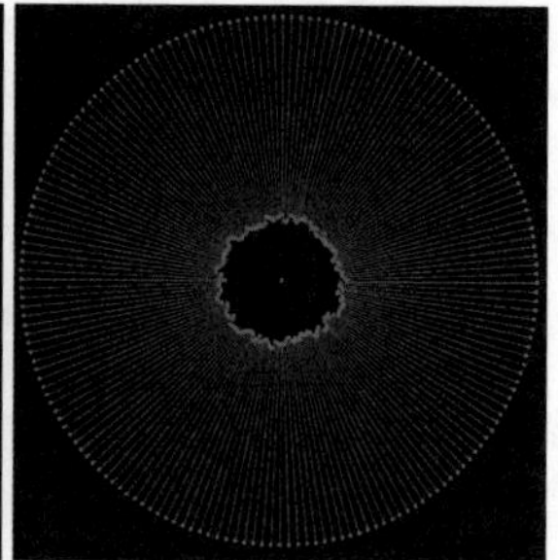
图8-169 拖曳鼠标挖空圆形

8.6.10 应用案例——制作深邃海报效果

源 文 件：源文件\第8章\8-6-10.ai

素　材：无

技术要点：掌握【深邃海报效果】的绘制方法

扫描查看演示视频

STEP 01 双击工具箱中的“旋转扭曲工具”按钮，弹出“旋转扭曲工具选项”对话框，设置参数如图8-170所示。单击“确定”按钮，将画笔笔触范围调整到大于白色线条后，连续单击两次。双击工具箱中的“褶皱工具”按钮，弹出“褶皱工具选项”对话框，设置参数如图8-171所示，单击“确定”按钮。

STEP 02 再次放大画笔笔触，使用“褶皱工具”在画板中单击，效果如图8-172所示。使用“椭圆工具”在画板中创建一个正圆形，设置“填色”为黑白径向渐变，使用“选择工具”在画板中拖曳选中渐变圆形和线条，如图8-173所示。

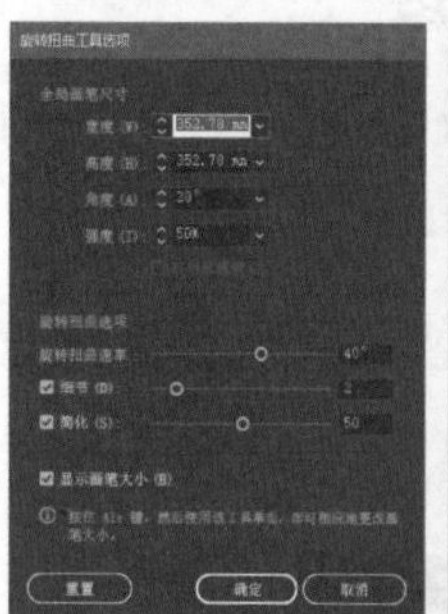
图8-170 设置参数

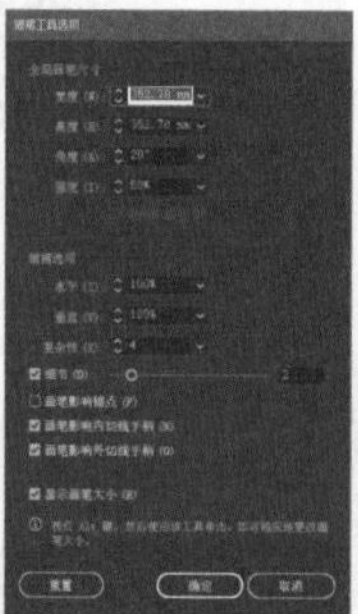
图8-171 设置参数

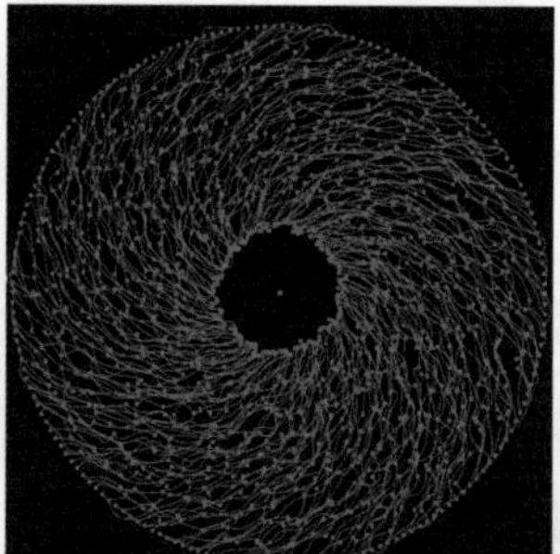
图8-172 线条效果

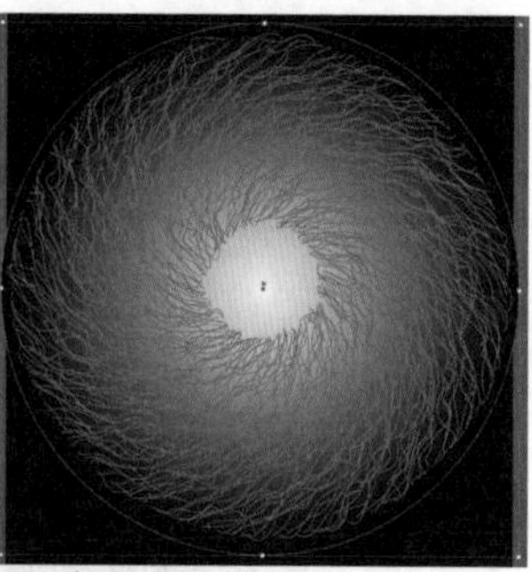
图8-173 选中图形

STEP 03 打开“透明度”面板，单击面板中的“制作蒙版”按钮，图形效果如图8-174所示。使用“选择工具”选中渐变图形，按住【Alt】键不放并向任意方向拖曳，释放鼠标后复制图形，等比例缩放图形并对齐，如图8-175所示。

STEP 04 使用相同方法连续3次复制并缩放图形，图形的深邃效果如图8-176所示。使用“文字工具”添加文字内容，完成海报的制作，效果如图8-177所示。

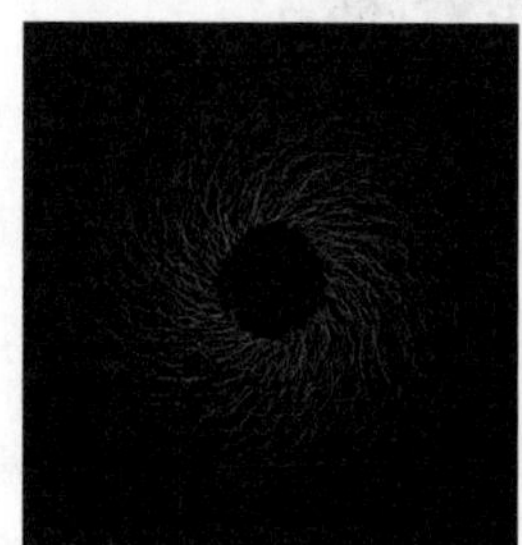
图8-174 图形效果

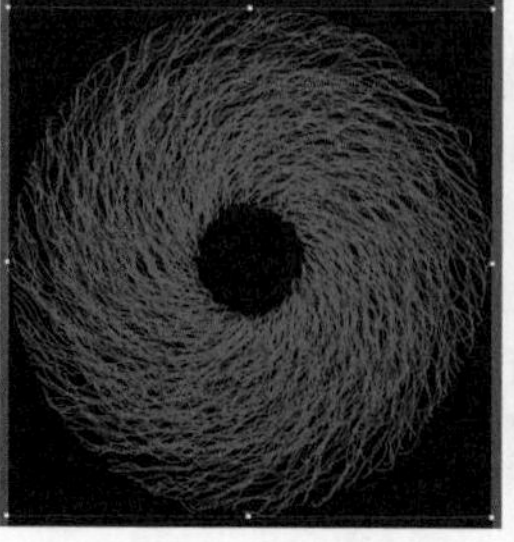
图8-175 缩放并对齐图形

图8-176 深邃效果

图8-177 海报效果

8.7 解惑答疑

掌握各种绘图工具和命令，有利于使用Illustrator完成各种插画图形的绘制。使用图案和符号可以大大提高绘制相似图形的效率。

8.7.1 网格工具和渐变工具的区别

在Illustrator CC中，使用网格工具和渐变工具都能制作出渐变效果。两个工具的本质是同一个原理，只是网格工具可以用来处理局部某个区域的颜色渐变，而渐变工具处理的是整体的图形效果。

8.7.2 液化变形工具的使用技巧

由于在使用“液化变形工具”时会产生多余的锚点，因此在使用“液化变形工具”处理图形时，要尽量减少使用频率，适可而止。避免由于出现过多锚点，造成文件的卡顿或者死机。

8.8 总结扩展

在Illustrator CC中，除了可以使用常规的绘画工具和命令完成各种图画的绘制，还可以使用高级的工具和命令快速绘制画稿。

8.8.1 本章小结

本章讲解了Illustrator CC的高级绘画功能，包括使用图像描摹、网格对象、图案、符号、操控变形工具和液化变形工具绘制画稿的方法和技巧。掌握这些高级操作功能，有助于提升绘画基础较为薄弱的用户的绘制图稿水平。

8.8.2 扩展练习——使用网格工具绘制郁金香

源 文 件：源文件\第8章\8-8-2.ai

素　材：无

技术要点：掌握【郁金香】的绘制方法

扫描查看演示视频

完成本章内容学习后，接下来使用“网格工具”完成郁金香图形的制作，对本章知识进行测验并加深对所学知识的理解，创建完成的案例效果如图8-178所示。

图8-178 案例效果

第9章 3D对象的创建与编辑

在Illustrator CC中，用户可以使用3D效果制作出三维图形，产生令人惊讶的视觉效果，也可以利用透视网格工具完成具有三维空间感的图形，增加设计的艺术性和独特性。本章将针对3D效果和透视网格工具进行讲解，帮助读者进一步了解Illustrator CC的绘图技巧。

Learning Objectives
学习重点

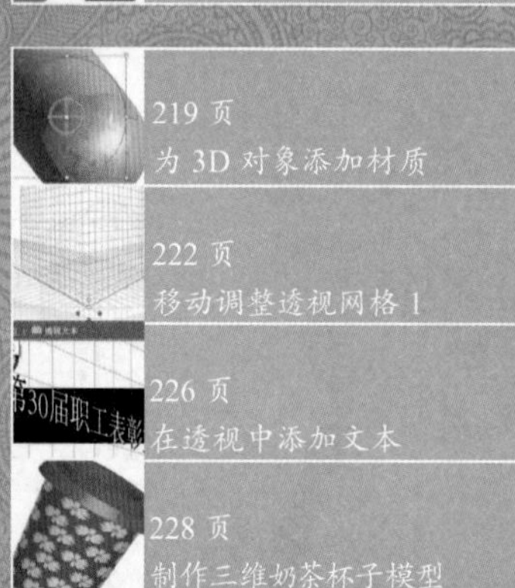

9.1 3D效果

用户使用3D效果可以将二维（2D）图稿创建成三维（3D）对象，完成创建后用户也可以通过高光、阴影、旋转及其他属性来控制3D对象的外观，还可以将图稿贴到3D对象的每一个表面上，用以改变外观。

执行“效果”→“3D和材质”命令，将打开包含6个命令的子菜单，如图9-1所示。其中，“凸出和斜角”“绕转”“膨胀”，以及“3D（经典）”→“凸出和斜角”/“绕转”命令用以创建3D对象，而“旋转”“材质”和“3D（经典）”→“旋转”命令的作用则是在三维空间中旋转2D或3D对象，还可以应用或修改现有3D对象的3D效果。

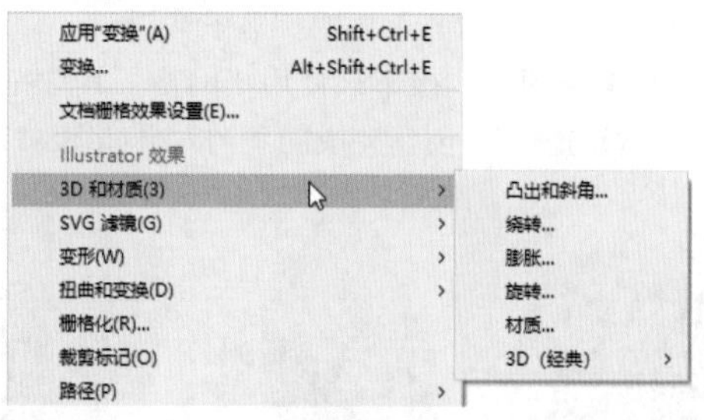

图9-1 “3D和材质”子菜单

提示 “效果”菜单中的“3D”命令和“透视网格工具”是两种不同的工具，但是在透视中处理3D对象的方式与处理其他任何透视对象的方式是一样的。

9.1.1 使用“凸出和斜角”命令创建3D对象

选中一个对象，执行“效果”→“3D和材质”→“凸出和斜角”命令，可以将选中对象由二维平面图形创建为3D对象，如图9-2所示。同时打开“3D和材质”面板，如图9-3所示。用户可以在该面板中为刚刚创建的3D对象变换类型、设置斜角、旋转、材质和光照等参数。

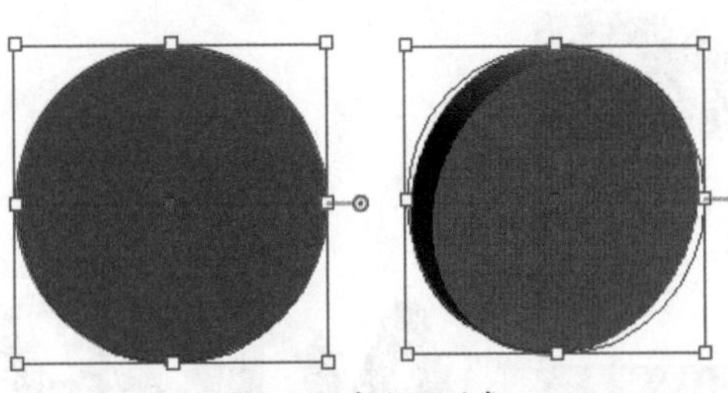
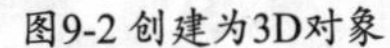

图9-2 创建为3D对象

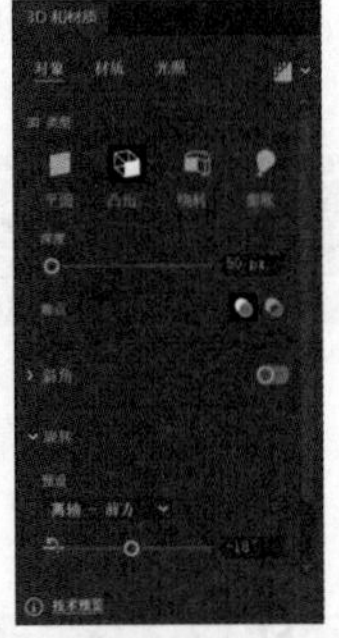

图9-3 “3D和材质”面板

选中对象后，执行“效果”→“3D和材质”→“3D（经典）”→“凸出和斜角”命令，弹出“3D凸出和斜角选项（经典）”对话框，如图9-4所示。单击对话框底部的“更多选项”按钮，将显示“表面”选项的更多参数，如图9-5所示。此时，用户可以查看完整的选项，单击对话框中的“较少选项”按钮可以隐藏额外的“表面”选项参数。设置对话框中的各个选项并单击“确定”按钮，也可将所选对象创建为3D对象。

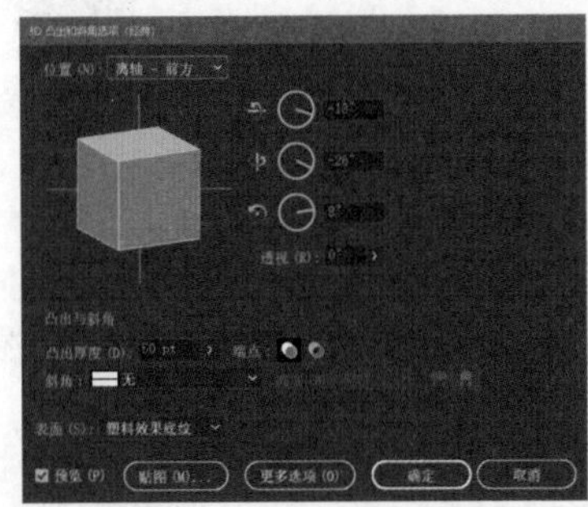

图9-4 “3D凸出和斜角选项（经典）”对话框

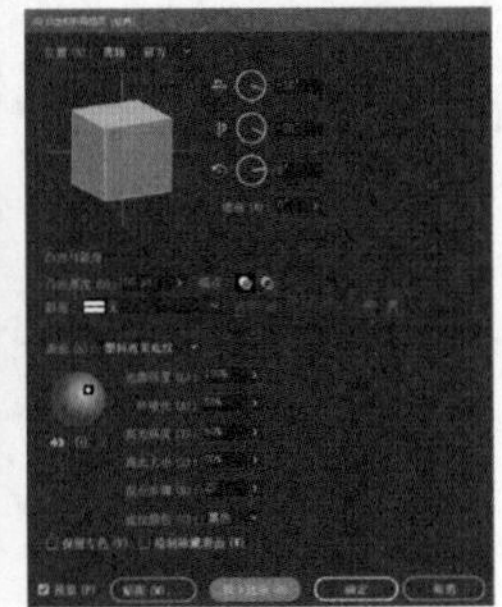

图9-5 显示更多参数

? 疑问解答 为什么对话框中的“更多选项”参数数量会发生变化？

“3D 凸出和斜角选项（经典）”对话框中“更多选项”的选项数量（可用光源选项），取决于用户所选择的“表面”选项。并且如果3D对象只使用3D旋转效果，则可用的“表面”选项只有“扩散底纹”或“无底纹”。

将光源拖曳至球体上的任意位置，用以定义光源的位置，如图9-6所示。单击“新建光源”按钮，可添加一个光源。默认情况下，新建光源出现在球体正前方的中心位置，如图9-7所示。

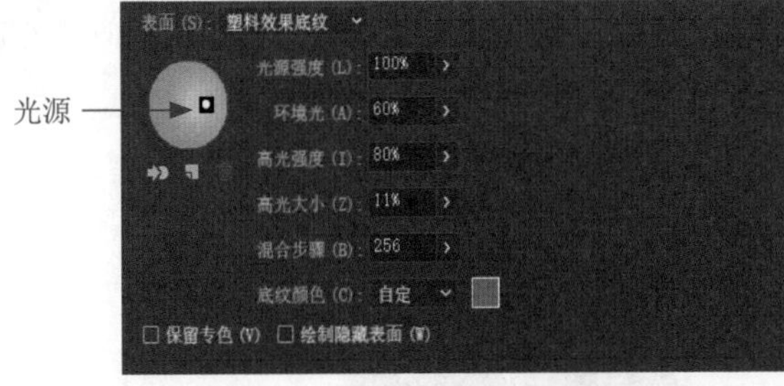

图9-6 定义光源

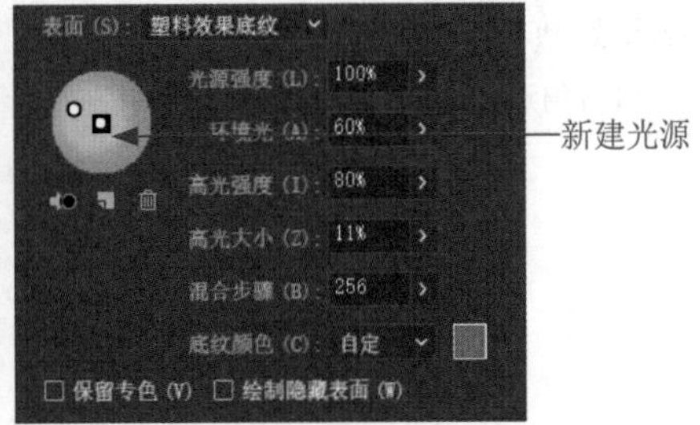

图9-7 新建光源

默认情况下，“3D效果”会为一个对象分配一个光源。用户可以在对话框中添加或删除光源，但对象至少要保留一个光源。

单击底部的“贴图”按钮，弹出“贴图”对话框。用户可在该对话框中设置各项参数，如图9-8所示。完成后单击“确定”按钮，即可将图稿贴到3D对象表面上，如图9-9所示。

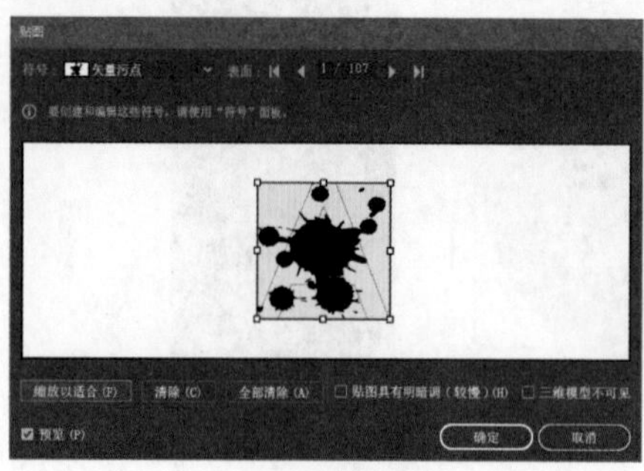

图9-8 设置参数

图9-9 贴图效果

9.1.2 应用案例——制作三维彩带

源 文 件：源文件\第9章\9-1-2.ai

素　材：无

技术要点：掌握【三维彩带】的绘制方法

扫描查看演示视频

STEP 01 新建一个 Illustrator 文件。使用“文字工具”在画板中输入文字并执行“文字”→“创建轮廓”命令，取消编组后分别设置单个文字颜色。使用“矩形工具”在画板中创建多个图形。选中所有图形，将其旋转－90°，如图 9-10 所示。

STEP 02 分别将文字和图形拖曳到“符号”面板中，创建两个符号。使用“直线段工具”在画板中新建一条直线，如图 9-11 所示。执行“效果”→“扭曲和变换”→“波纹效果”，在弹出的“波纹效果”对话框中设置参数，如图 9-12 所示。

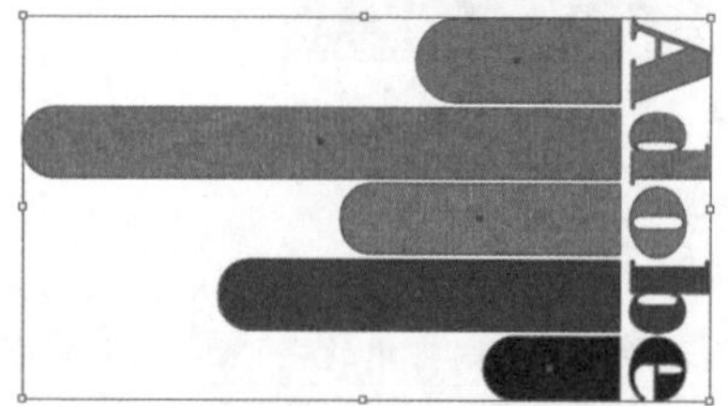

图9-10 绘制图形

图9-11 绘制直线

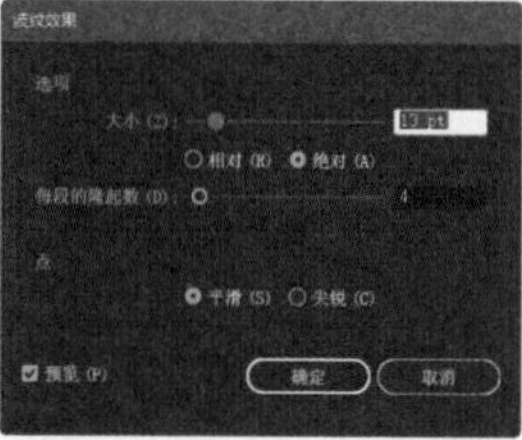

图9-12 “波纹效果”对话框

STEP 03 单击“确定”按钮，执行“对象”→“扩展外观”命令。使用“钢笔工具”接着顶部的锚点绘制一条路径，使用“直接选择工具”拖曳调整为圆角，如图 9-13 所示。

STEP 04 执行“效果”→“3D 和材质”→“3D（经典）”→“凸出和斜角”命令，在弹出的“3D 凸出和斜角选项（经典）”对话框中调整“凸出厚度”和光源，如图 9-14 所示。

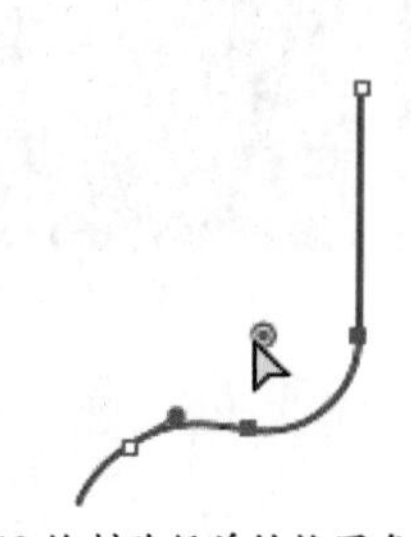

图9-13 绘制路径并转换圆角　图9-14 “3D凸出和斜角选项”对话框

STEP 05 单击“贴图”按钮，在弹出的“贴图”对话框中选择正确的表面和符号，单击“缩放以适合”按钮，选择“贴图具有明暗调”和“三维模型不可见”复选框，如图 9-15 所示。单击“确定”按钮，完成三维彩带的制作，效果如图 9-16 所示。

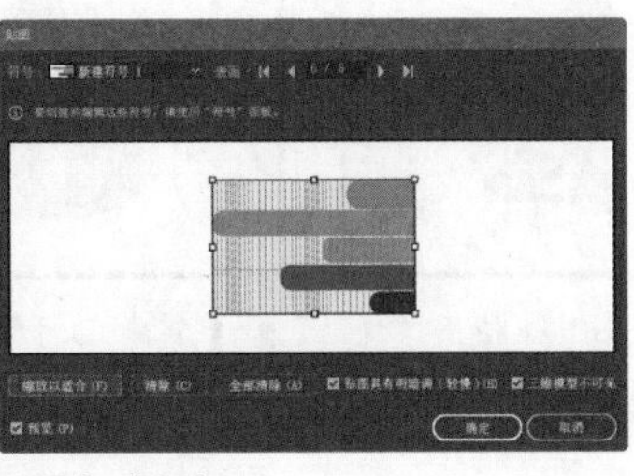

图9-15 设置“贴图”对话框

图9-16 三维彩带效果

9.1.3 通过“绕转”命令创建3D对象

“绕转”命令以Y轴为绕转轴，通过绕转一条路径或剖面，使选中对象作圆周运动，最终完成创建3D对象的操作。

选择一个对象，执行“效果”→“3D和材质”→“绕转”命令，将创建一个3D对象，如图9-17所示。同时打开“3D和材质”面板，如图9-18所示。用户可在该面板中为刚刚创建的3D对象变换类型，设置旋转、材质和光照等参数。

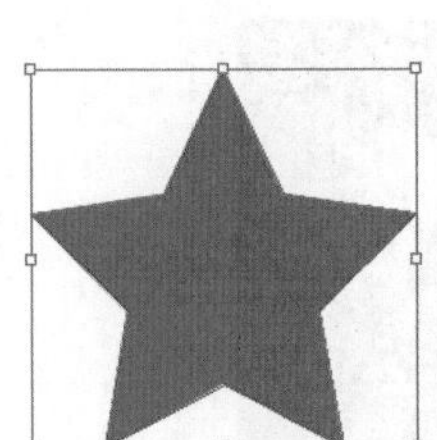
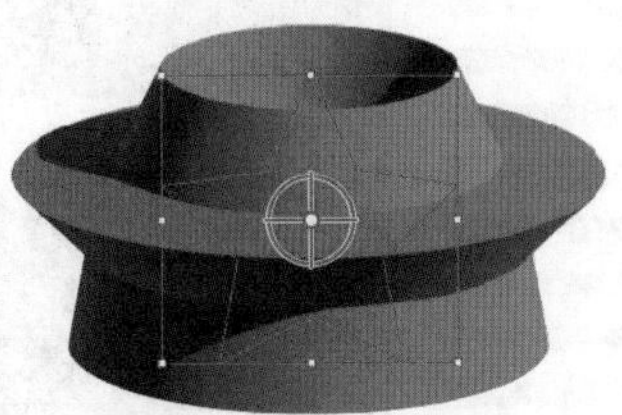

图9-17 创建3D对象

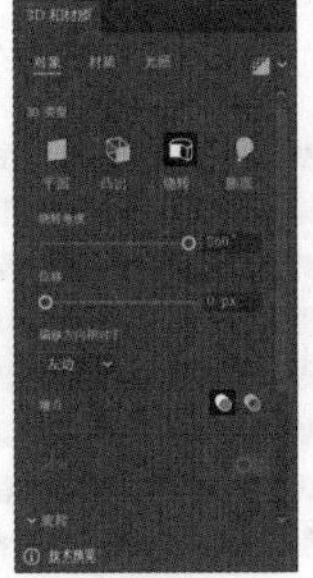

图9-18 “3D和材质”面板

选择一个对象后，执行“效果”→“3D和材质”→“3D（经典）”→“绕转”命令，弹出“3D绕转选项”对话框，如图9-19所示。单击对话框底部的“更多选项”按钮，将显示“表面”选项的更多参数，如图9-20所示。此时，用户可以查看完整的选项列表，单击对话框中的“较少选项”按钮可以隐藏额外的“表面”选项参数。

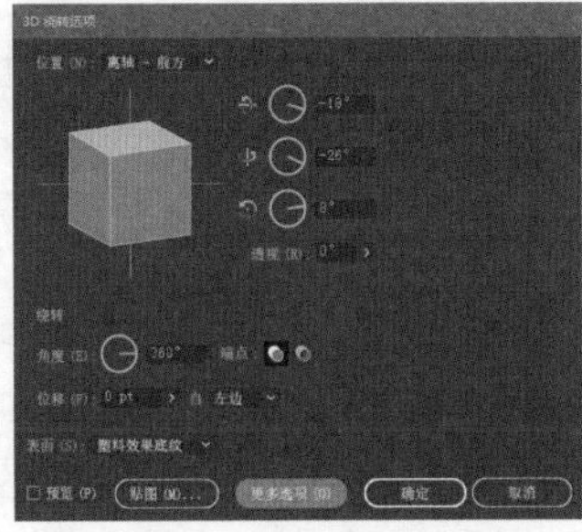

图9-19 “3D绕转选项”对话框

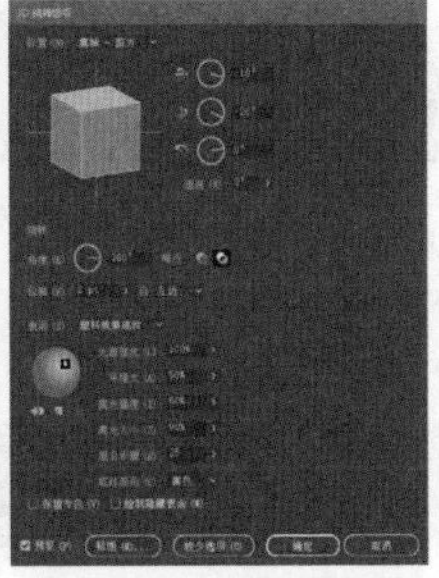

图9-20 显示更多参数

设置“3D绕转选项（经典）”对话框中的各个选项，完成后单击“确定”按钮，也可将所选对象创建为3D对象。图9-21所示为使用“绕转”命令创建的3D对象。

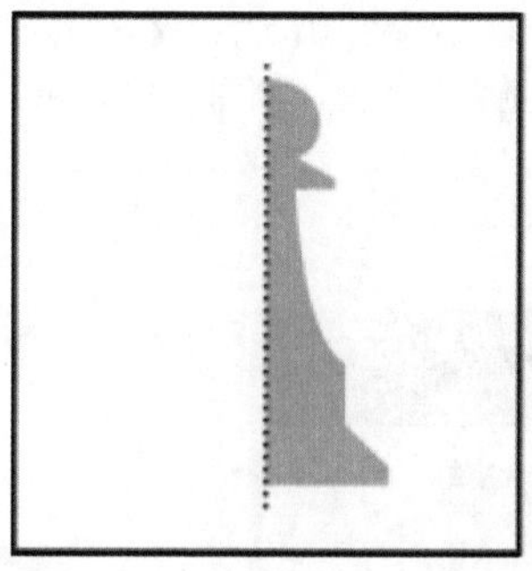

图9-21 使用“绕转”命令创建3D对象

9.1.4 应用案例——制作立体小球

源 文 件：源文件\第9章\9-1-4.ai

素　材：无

技术要点：掌握【立体小球】的绘制方法

扫描查看演示视频

STEP 01 新建一个Illustrator文件。使用“矩形工具”在画板中绘制一个填色为RGB（150、50、255），描边色为“无”的矩形。按住【Alt】键的同时使用“选择工具”拖曳复制矩形。按【Ctrl+D】组合键重复复制矩形，效果如图9-22所示。

STEP 02 拖曳选中所有图形，将其拖入“符号”面板中，弹出“符号选项”对话框，单击“确定”按钮，“符号”面板如图9-23所示。使用“椭圆工具”在画板中拖曳绘制一个椭圆，拖曳其右侧控制柄，将其修改为半圆并旋转角度，如图9-24所示。

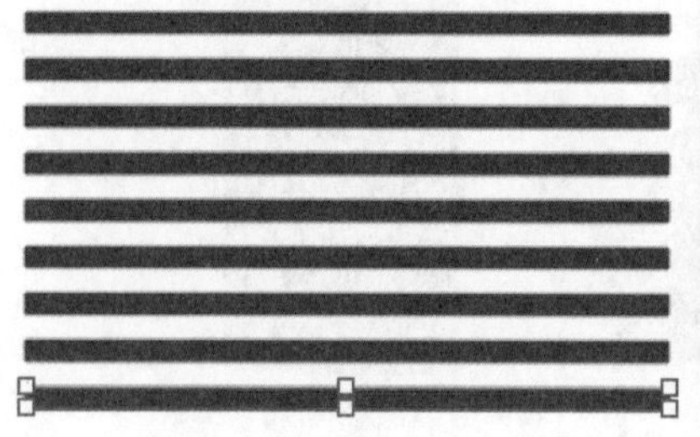

图9-22 重复复制矩形

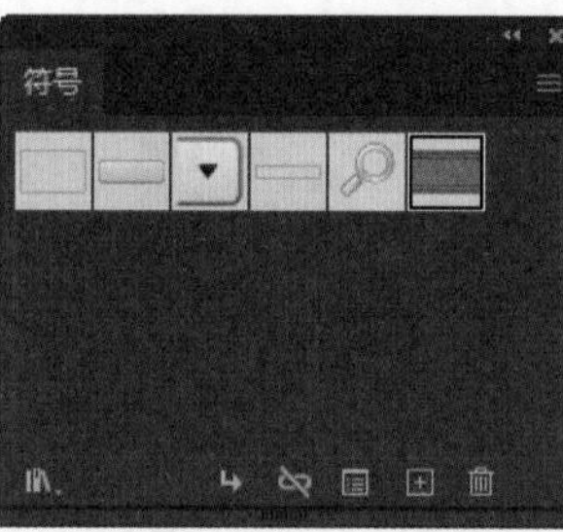

图9-23 “符号”面板

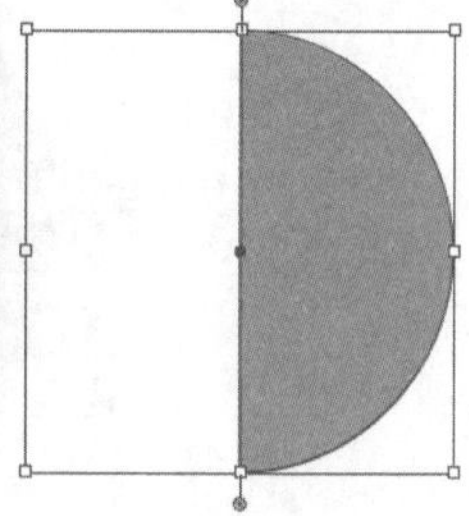

图9-24 创建半圆

STEP 03 执行“效果”→“3D和材质”→“3D（经典）”→“绕转”命令，弹出“3D绕转选项”对话框，单击底部的“贴图”按钮，在弹出的“贴图”对话框的“符号”下拉列表框中选择新建的符号，选择3/3贴图，如图9-25所示。单击“缩放以适合”按钮，如图9-26所示。

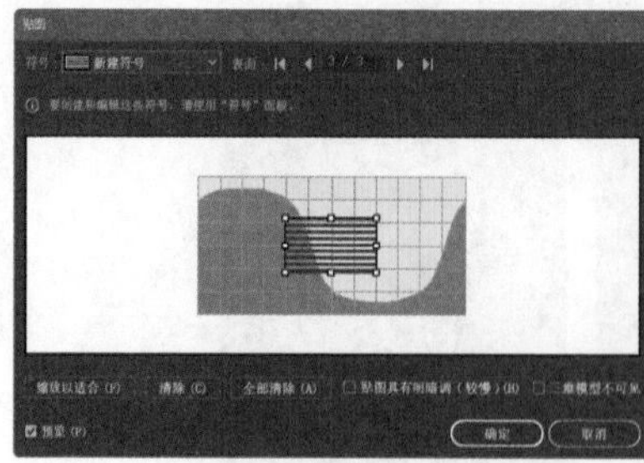

图9-25 “贴图”对话框

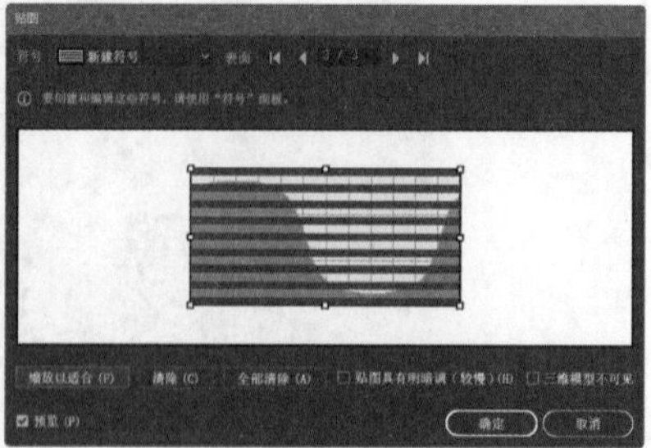

图9-26 缩放以适合贴图

STEP 04 单击“确定”按钮，将光标移动到“3D绕转选项”对话框顶部的立体盒子图形上，拖曳调整显示角度，如图9-27所示。单击“确定”按钮，立体小球效果如图9-28所示。

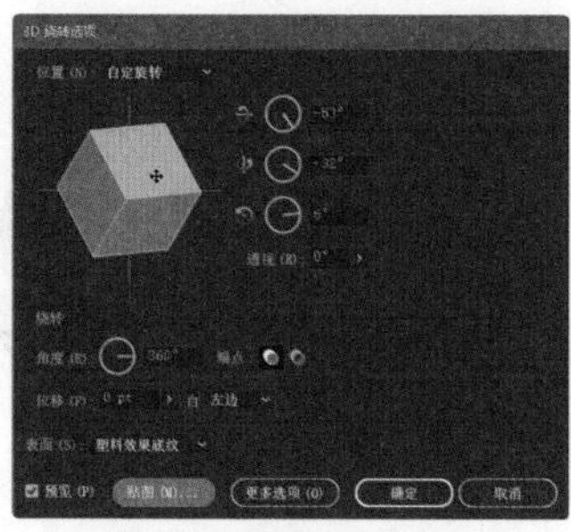
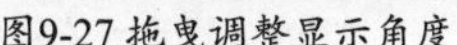

图9-27 拖曳调整显示角度

图9-28 小球效果

9.1.5 应用案例——制作彩带螺旋线

源 文 件：源文件\第9章\9-1-5.ai

素　材：无

技术要点：掌握【彩带螺旋线】的绘制方法

扫描查看演示视频

STEP 01 新建 Illustrator 文件。使用“矩形工具”在画板中绘制一个黑色矩形和一个绿色矩形，在“变换”面板中设置倾斜角度为 45°，按住【Alt】键的同时拖曳复制一个矩形，按【Ctrl+D】组合键复制多个，如图 9-29 所示。按住【Alt】键的同时使用“形状生成器工具”删除黑色矩形外侧内容，效果如图 9-30 所示。

STEP 02 修改间隔矩形填色为洋红色，并删除黑色矩形，如图 9-31 所示。选中所有对象并拖曳到“符号”面板中，弹出“符号选项”对话框，单击“确定”按钮。

图9-29 绘制并复制对象

图9-30 删除内容

图9-31 修改填色并删除矩形

STEP 03 使用“矩形工具”在画板中绘制一个矩形，执行“效果”→“3D 和材质”→“3D（经典）”→“绕转”命令，在弹出的“3D 绕转选项”对话框中设置参数，如图 9-32 所示。单击“贴图”按钮，选择 3/3 面，选择新建的符号，单击“缩放以适合”按钮，其他设置如图 9-33 所示。

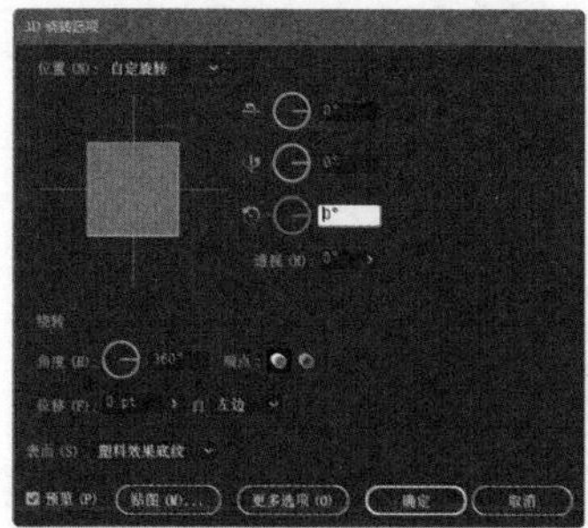

图9-32 “3D绕转选项”对话框

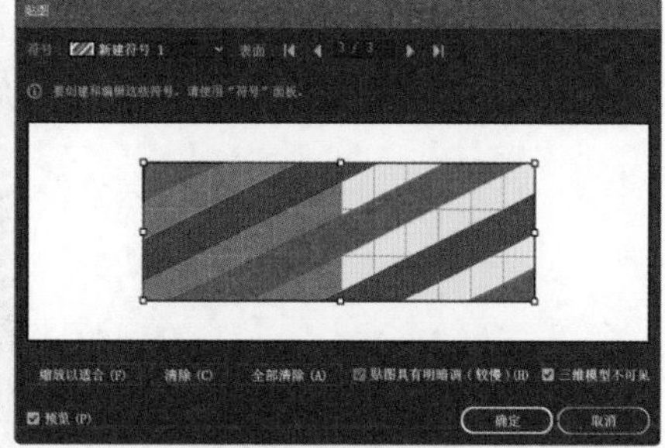

图9-33 “贴图”对话框

STEP 04 单击“确定”按钮两次，执行“对象”→“扩展外观”命令，取消编组并释放剪切蒙版，旋转 90°，如图 9-34 所示。将图像拖曳到“画笔”面板中，新建一个图案画笔。使用“椭圆工具”创建一个只有描边色的椭圆，单击应用新建的画笔，效果如图 9-35 所示。

图9-34 旋转图形效果

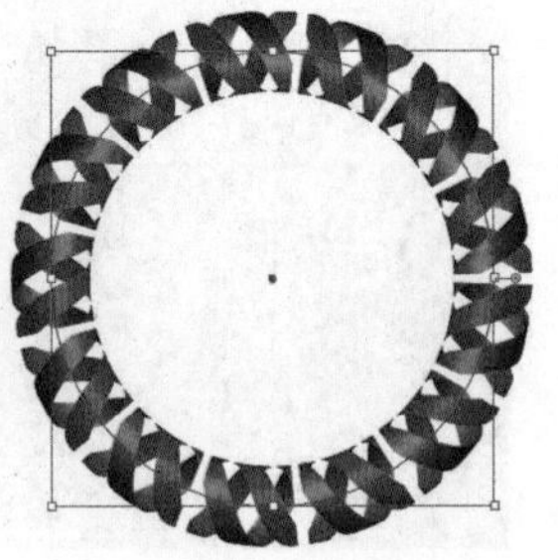

图9-35 应用画笔效果

9.1.6 使用“膨胀”命令创建3D对象

选中一个对象后，执行“效果”→“3D和材质”→“膨胀”命令，将所选二维平面图形创建为3D对象，如图9-36所示。同时打开“3D和材质”面板，如图9-37所示。用户可在该面板中为刚刚创建的3D对象变换类型，设置斜角、旋转、材质和光照等参数。

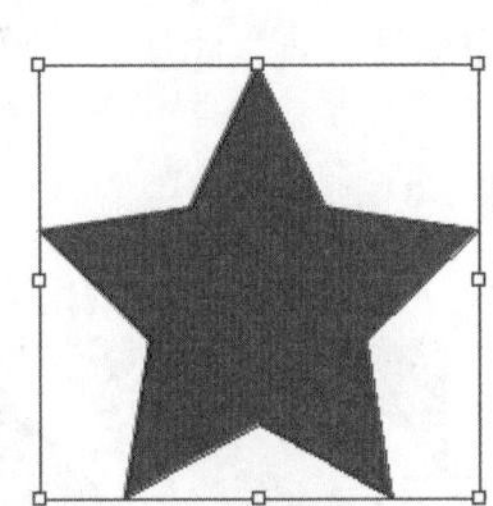

图9-36 创建为3D对象

图9-37 “3D和材质”面板

9.1.7 在三维空间旋转对象

创建3D对象后，如果对现有3D对象的外观效果不是很满意，可以执行“效果”→“3D和材质”→“旋转”命令，将对象旋转一定的角度，如图9-38所示。

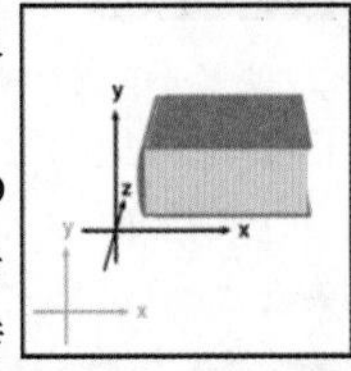

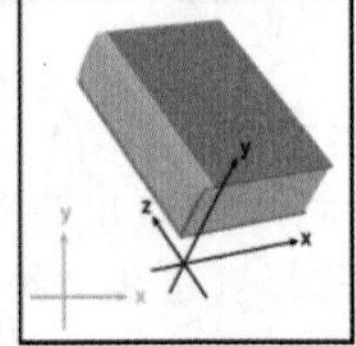

图9-38 使用“旋转”命令旋转对象

选择一个3D对象，执行“效果”→“3D和材质”→“3D（经典）”→“旋转（经典）”命令，弹出Adobe Illustrator警告框，如图9-39所示。单击“应用新效果”按钮后，弹出“3D旋转选项（经典）”对话框，如图9-40所示。用户可在其中旋转3D对象及调整“表面”选项，完成后单击“确定”按钮，确认旋转或调整操作。

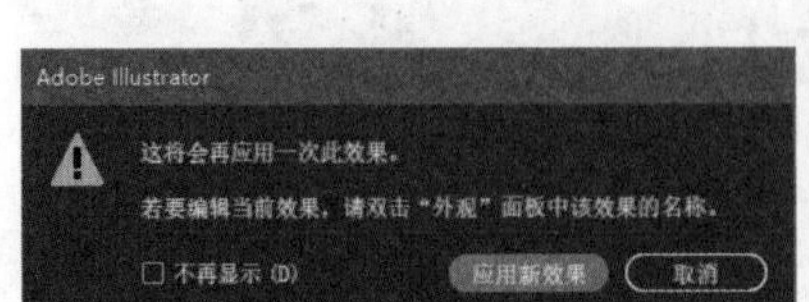

图9-39 Adobe Illustrator警告框

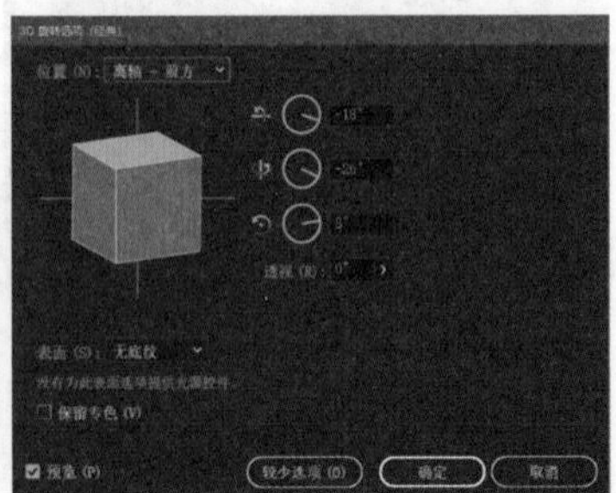

图9-40 “3D旋转选项（经典）”对话框

将“表面”设置为“无底纹”选项时，用户可以单击对话框底部的“较少选项”按钮，得到较为简洁的对话框界面，如图9-41所示。而将“表面”设置为“扩散底纹”选项时，单击对话框底部的“更多选项”按钮，可以查看完整的选项列表，如图9-42所示。

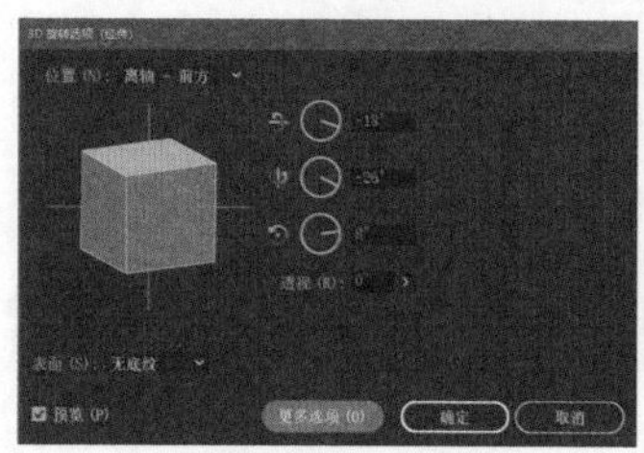
图9-41 简洁界面

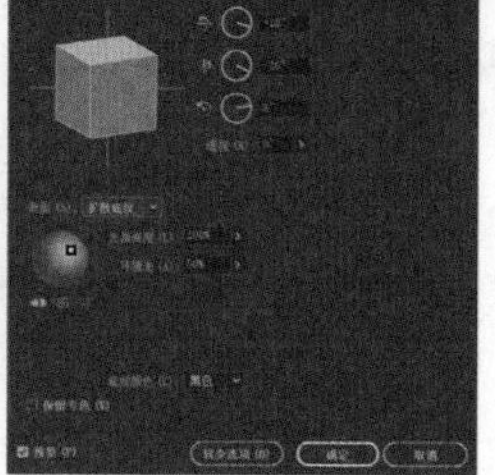
图9-42 完整的选项列表

9.1.8 “3D和材质”面板

用户通过“3D和材质”面板中的“对象”“材质”“光照”选项，可以轻松地将3D效果应用到矢量图稿上，并创建3D图形。

9.1.9 应用案例——为3D对象添加材质

源 文 件：源文件\第9章\9-1-9.ai
素　材：无
技术要点：掌握【为3D对象添加材质】的方法

扫描查看演示视频

STEP 01 使用“椭圆工具”绘制一个红色正圆，如图 9-43 所示。执行“窗口”→“3D 和材质”命令，打开“3D 和材质”面板，选择面板顶部的“对象”选项卡，单击下方的“凸出”按钮，设置“深度”参数，如图 9-44 所示。3D 对象效果如图 9-45 所示。

STEP 02 单击“膨胀”按钮，然后使用“选择工具”在 3D 对象的中心上拖曳改变对象的角度，效果如图 9-46 所示。

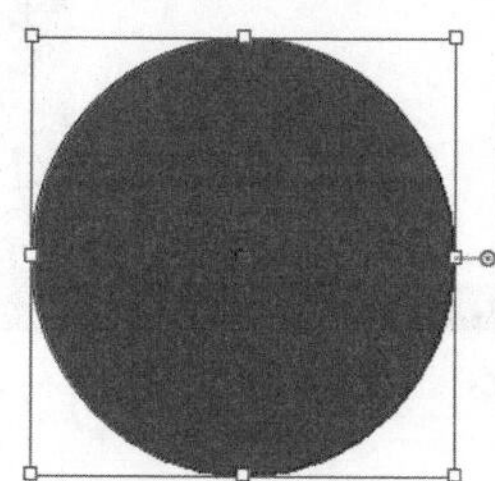
图9-43 绘制对象

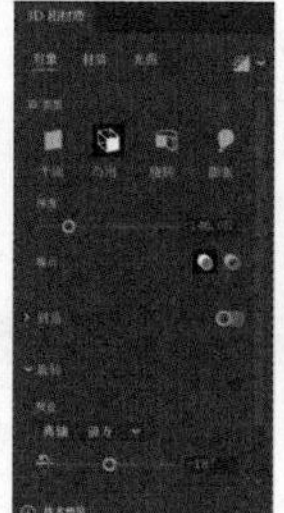
图9-44 设置参数

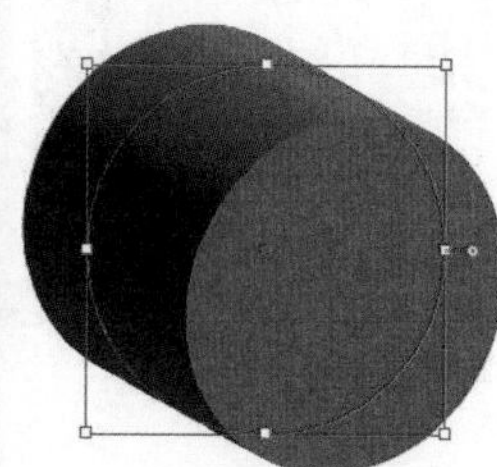
图9-45 3D对象效果

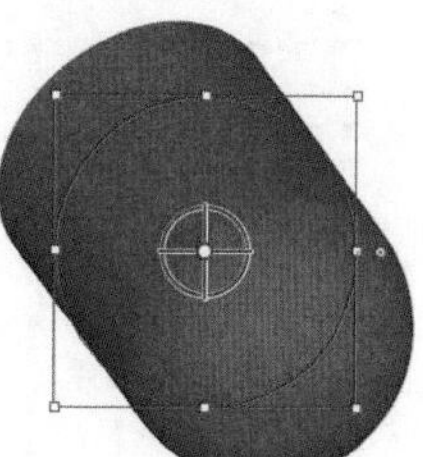
图9-46 膨胀效果

STEP 03 选择面板顶部的“光照”选项卡，单击下方的任一预设选项，如图 9-47 所示，即可改变 3D 对象的光照效果，如图 9-48 所示。

STEP 04 选择面板顶部的“材质”选项卡，单击任意一种材质预设，如图 9-49 所示。即可为选中的 3D 对象应用该材质预设，效果如图 9-50 所示。

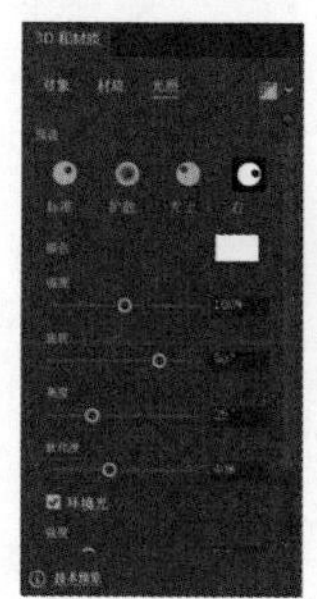
图9-47 光照预设

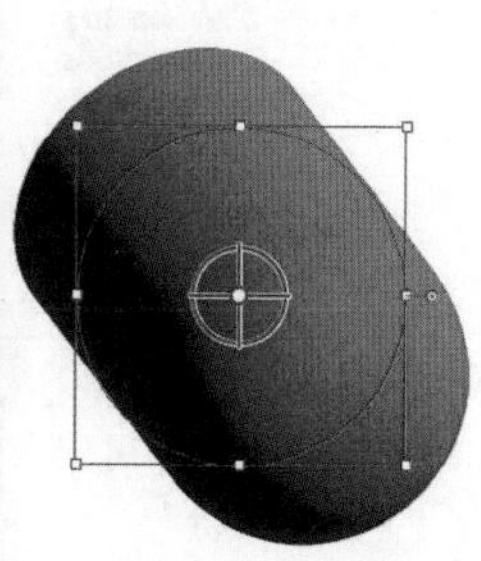
图9-48 光照效果

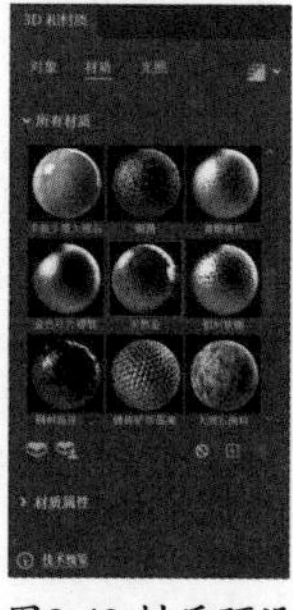
图9-49 材质预设

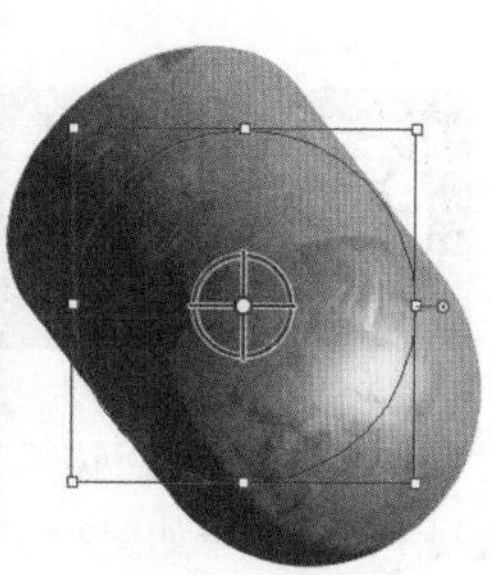
图9-50 材质效果

如果“光照”预设选项无法满足用户的需求，可以对“颜色”“强度”“旋转”“高度”等参数进行设置，从而自定义3D对象的光照效果。

如果用户想为3D对象添加其他材质，可通过“添加新的材质”按钮完成操作；用户也可以通过“材质”选项卡下的“材质属性”中的各个参数，对应用了材质的3D对象进行更加精细的调整。

9.2 使用透视网格

在Illustrator CC中，用户可以在透视模式中轻松绘制或呈现图稿。透视网格可以帮助用户在平面上呈现场景，就像肉眼所见的那样自然。例如，道路或铁轨看上去像在视线中相交或消失一般。

9.2.1 显示/隐藏透视网格

Illustrator CC在一个文档中只能创建一个透视网格。

显示透视网格

单击工具箱中的“透视网格工具”按钮即可在画板中显示透视网格。执行“视图”→“透视网格”→“显示网格”命令，或者按【Ctrl+Shift+I】组合键，如图9-51所示，也可以快速在画板中显示透视网格，透视网格效果如图9-52所示。

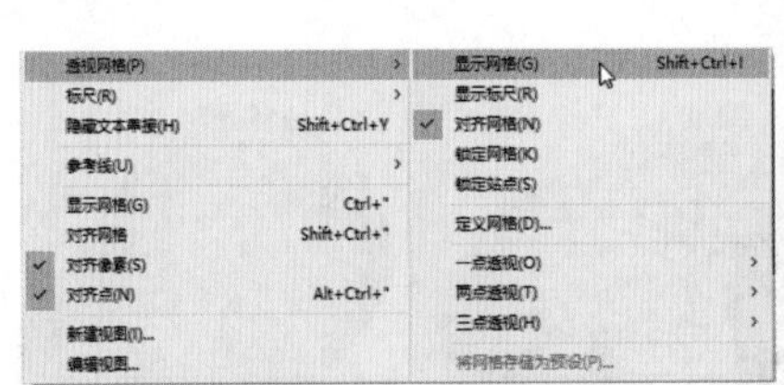

图9-51 选择“显示网格”命令

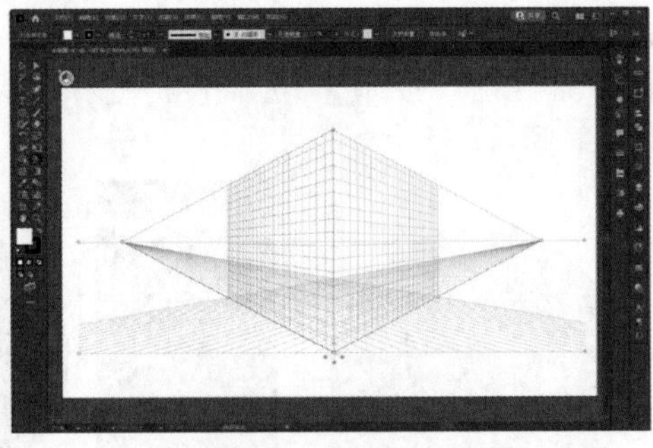

图9-52 透视网格显示效果

隐藏透视网格

使用“透视网格工具”，将鼠标移动到左上角的“平面切换构件”的×图标上，当鼠标变成时，单击或者按【Ctrl+Shift+I】组合键，即可隐藏透视网格，如图9-53所示。执行“视图”→“透视网格”→“隐藏网格”命令或者按【Esc】键，也可以隐藏透视网格，如图9-54所示。

图9-53 隐藏透视网格

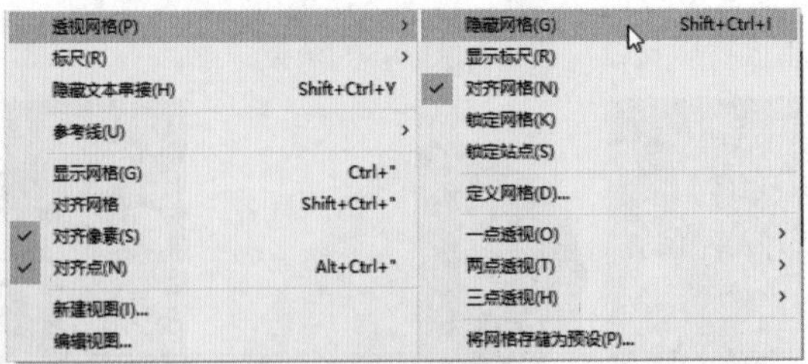

图9-54 选择“隐藏网格”命令

执行“视图”→“透视网格”中的对应命令，如图9-55所示，即可定义一点透视、两点透视和三点透视的透视网格，效果如图9-56所示。

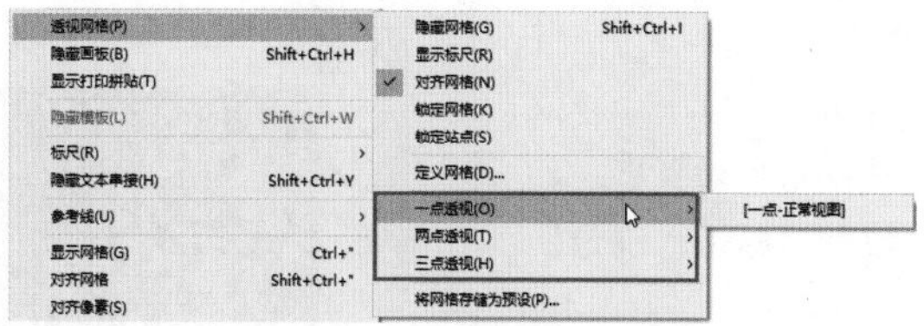

图9-55 创建不同类型的透视网格

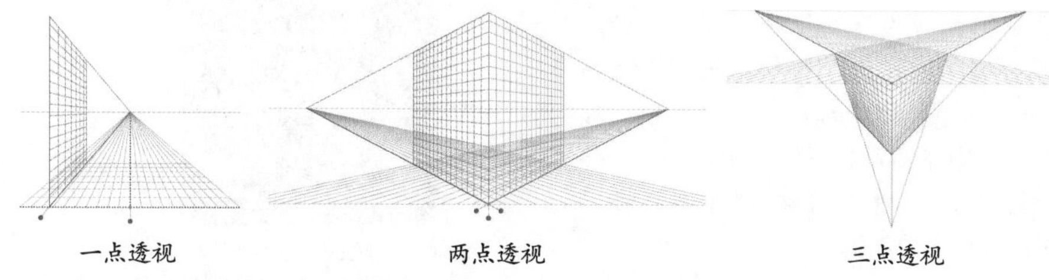

一点透视　　两点透视　　三点透视

图9-56 不同类型的透视网格效果

显示/隐藏透视网格中的标尺

执行“视图”→“透视网格”→“显示标尺”命令，如图9-57所示。将显示沿真实高度线的标尺刻度，如图9-58所示。标尺的刻度由网格线的单位决定。执行“视图”→“透视网格”→“隐藏标尺”命令，即可将网格上的刻度隐藏。

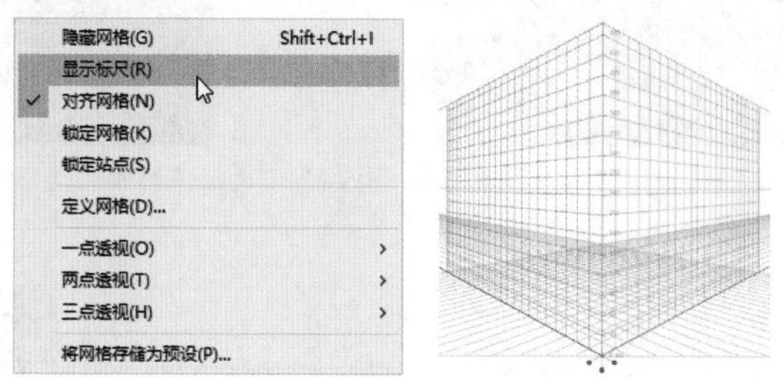

图9-57 选择“显示标尺”命令　图9-58 显示标尺效果

锁定透视网格

执行“视图”→“透视网格”→“锁定网格”命令，如图9-59所示。将当前透视网格锁定，锁定后的网格不能进行移动和编辑，只能更改可见性和平面位置。执行“视图”→“透视网格”→“解锁网格”命令，即可解锁透视网格。

锁定透视站点

执行“视图”→“透视网格”→“锁定站点”命令，如图9-60所示，即可将站点锁定。选择“锁定站点”命令后，移动一个消失点将带动其他消失点同步移动。如果未选择此命令，则此类移动操作互不影响，站点也会移动。

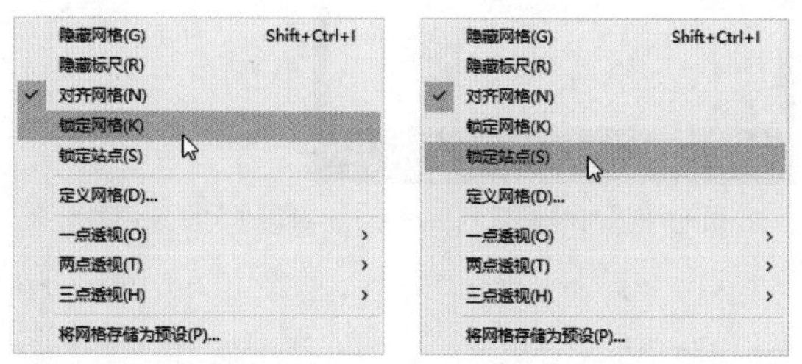

图9-59 选择“锁定网格”命令　图9-60 选择“锁定站点”命令

9.2.2 定义/编辑透视网格

执行“视图”→“透视网格”→“定义网格”命令，弹出“定义透视网格”对话框，如图9-61所示。设置各项参数后，单击“确定”按钮，即可完成透视网格的自定义。

执行“编辑”→“透视网格预设”命令，弹出“透视网格预设”对话框，如图9-62所示。选择要编辑的预设，单击“编辑”按钮，可以在弹出的“透视网格预设选项（编辑）”对话框中重新设置各项参数，如图9-63所示。设置完成后，单击“确定”按钮，即可完成透视网格预设的编辑。

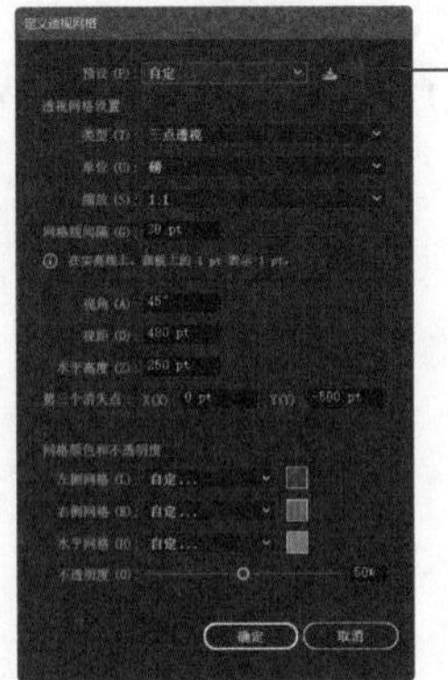
存储预设

图9-61 “定义透视网格”对话框

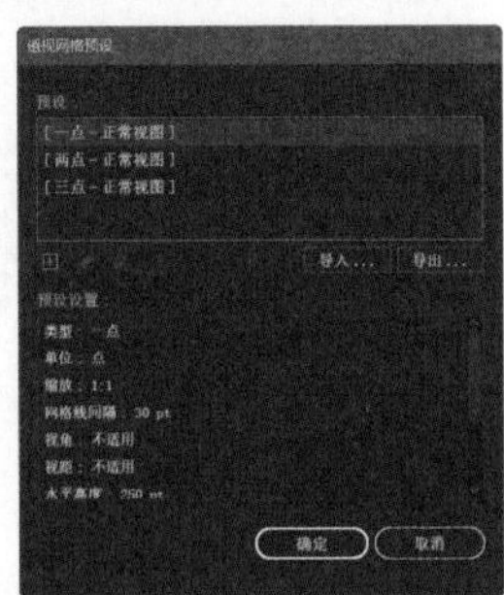

图9-62 “透视网格预设”对话框

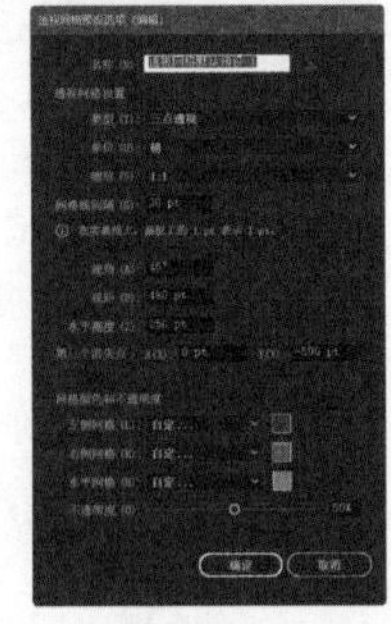

图9-63 “透视网格预设选项（编辑）”对话框

9.2.3 应用案例——移动调整透视网格1

源 文 件：无

素　材：无

技术要点：掌握【移动调整透视网格】的方法

扫描查看演示视频

STEP 01 新建一个Illustrator文档，单击工具箱中的“透视网格工具”按钮或者按【Shift+P】组合键，显示透视网格。将光标置于左侧或右侧地平面构件的平面点上，当鼠标指针变成时，按住鼠标左键并拖曳，即可在文档中随意移动透视网格的位置，如图9-64所示。

STEP 02 将鼠标移动到左侧或者右侧消失点上，当鼠标指针变成时，按住鼠标左键并拖曳，即可调整两侧消失点的位置，如图9-65所示。

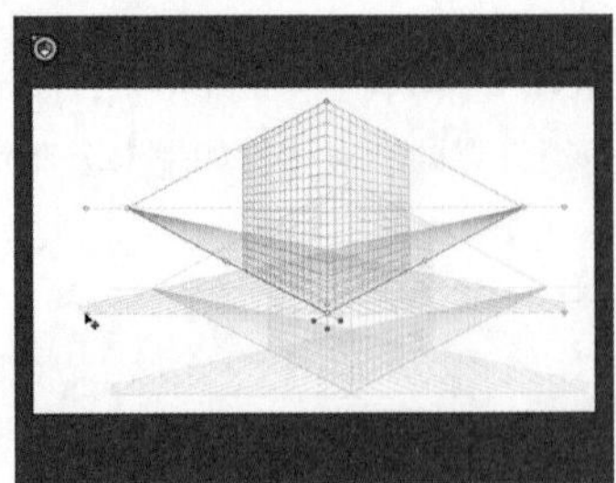

图9-64 拖曳移动透视网格

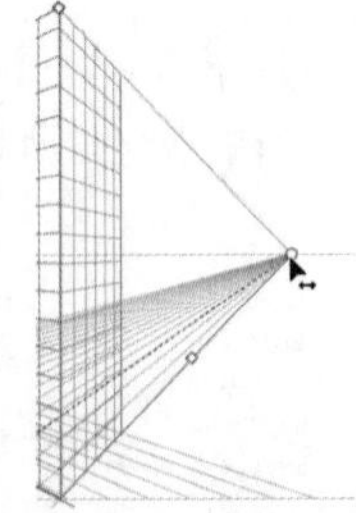

图9-65 拖曳调整消失点

在三点透视中调整第三个消失点时，按住【Shift】键将只能在纵轴上进行移动。执行“视图”→“透视网格”→“锁定站点”命令，锁定站点，两个消失点将一起被移动。

STEP 03 将鼠标移动到透视网格底部的网格平面控件上，按住鼠标左键，当鼠标指针变成▶↔时，按住鼠标左键并左右拖曳，可调整网格屏幕的位置，如图 9-66 所示。

STEP 04 按住【Shift】键的同时拖曳调整网格平面，单元格大小将不会改变，如图 9-67 所示。

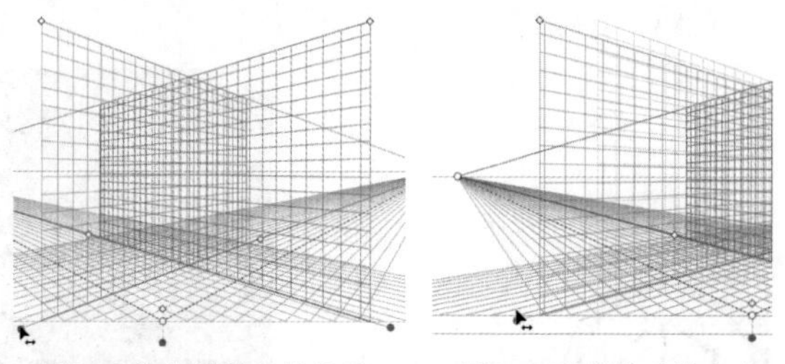

图9-66 拖曳调整网格平面　　图9-67 限制单元格大小

9.2.4 应用案例——移动调整透视网格2

源文件：无

素　材：无

技术要点：掌握【移动调整透视网格】的方法

扫描查看演示视频

STEP 01 将鼠标移动到原点的位置，按住鼠标左键并拖曳，可以更改标尺的原点位置，如图 9-68 所示。移动原点后，将显示站点的位置，如图 9-69 所示。

STEP 02 将鼠标移动到水平线控制点上，当鼠标指针变成▶↕时，按住鼠标左键并上下拖曳，可更改观察者的视线高度，如图 9-70 所示。

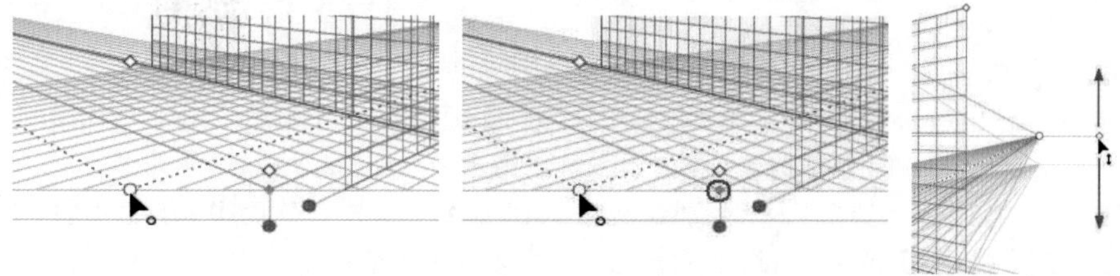

图9-68 更改标尺原点位置　　图9-69 显示站点位置　　图9-70 拖曳调整观察者视线高度

STEP 03 将鼠标移动网格范围构件上，当鼠标指针变成▶⊞时，按住鼠标左键并拖曳，即可调整网格范围，如图 9-71 所示。

STEP 04 将鼠标移动到网格单元格大小构件上，当鼠标指针变成▶▫时，按住鼠标左键并拖曳，即可调整单元格大小，如图 9-72 所示。

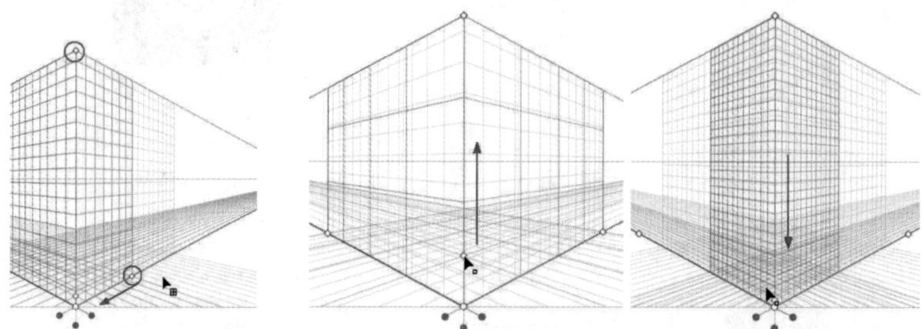

图9-71 调整网格范围　　图9-72 调整单元格大小

提示

增大网格单元格大小时，网格单元格数量减少；减小网格单元格大小时，网格单元格数量增加。

9.2.5 平面切换构件

用户可以使用“平面切换构件”快速选择活动网格平面。当显示透视网格时，“平面切换构件”默认显示在透视网格的左上方，如图9-73所示。双击工具箱中的“透视网格工具”按钮，弹出“透视网格选项”对话框，如图9-74所示。

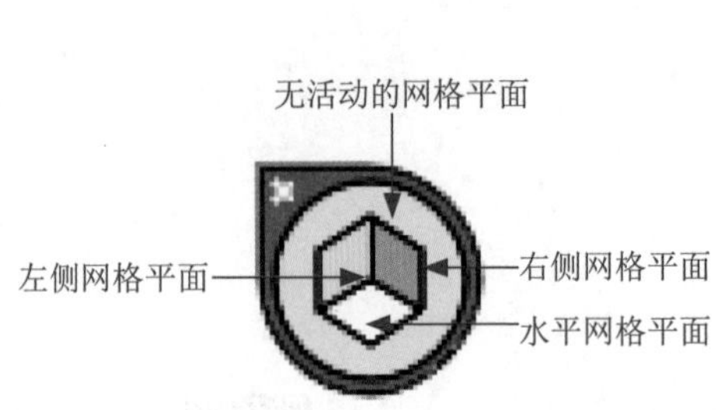

图9-73 默认显示在左上角

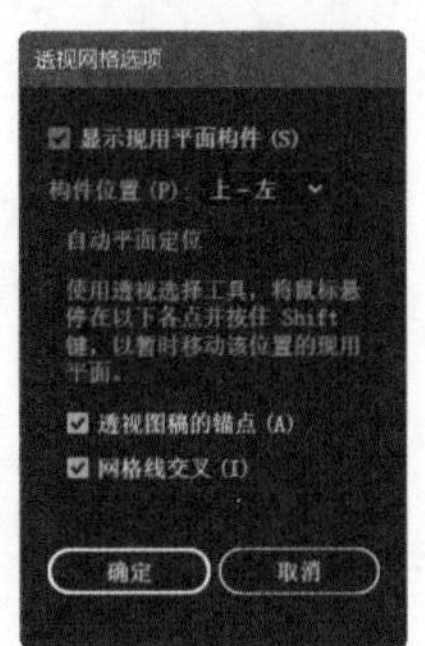

图9-74 “透视网格选项”对话框

提示：在透视网格中，“活动平面”是指在其上绘制对象的平面，以投射观察者对于场景中该部分的视野。

9.2.6 应用案例——附加和释放对象到透视

源文件：无

素　材：无

技术要点：掌握【附加和释放对象到透视】的方法

扫描查看演示视频

STEP 01 新建一个 Illustrator 文档，使用“矩形工具”在画板中绘制一个矩形。单击工具箱中的“透视网格工具”按钮，在文档中创建透视网格，如图 9-75 所示。

STEP 02 执行“对象”→“透视”→“附加到现用平面”命令，单击“平面切换构件”中的任意面或者按键盘上的【1】【2】或【3】键，选择一个平面，如图 9-76 所示。

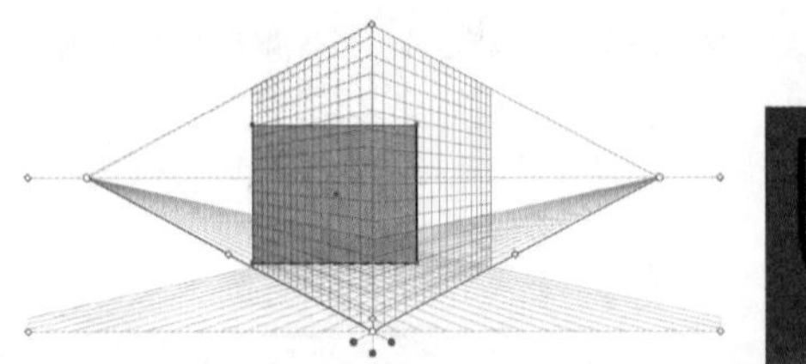

图9-75 绘制矩形并显示透视网格

图9-76 选择平面

STEP 03 单击工具箱中的“透视选区工具”按钮，拖曳矩形观察效果，如图 9-77 所示。

STEP 04 执行“对象”→“透视”→“通过透视释放”命令，即可释放带透视视图的对象，如图 9-78 所示。

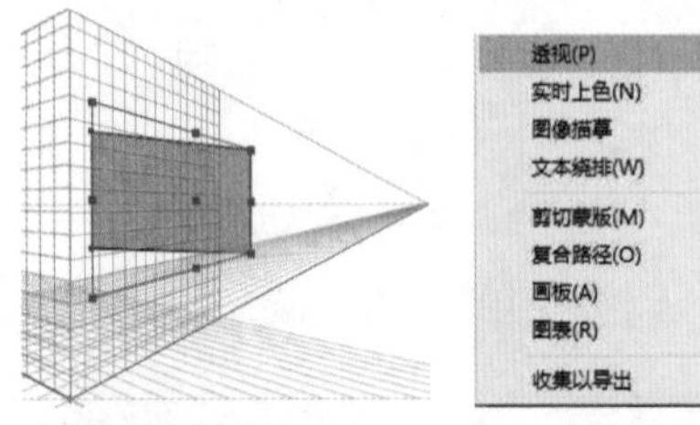

图9-77 拖曳矩形

透视(P)
实时上色(N)
图像描摹
文本绕排(W)
剪切蒙版(M)
复合路径(O)
画板(A)
图表(R)
收集以导出
附加到现用平面(A)
通过透视释放(R)
移动平面以匹配对象(M)
编辑文本(E)

图9-78 释放带透视视图的对象

9.2.7 透视选区工具

使用“透视选区工具”可以在透视中加入对象、文本和符号；可以在透视空间中移动、缩放和复制对象；可以在透视屏幕中沿着对象的当前位置垂直移动和复制对象；还可以使用键盘快捷键切换活动界面。

单击工具箱中的“透视选区工具”按钮或者按【Shift+P】组合键，激活“透视选区工具”，分别选择左侧、右侧和水平网格屏幕，“透视选区工具”光标如图9-79所示。

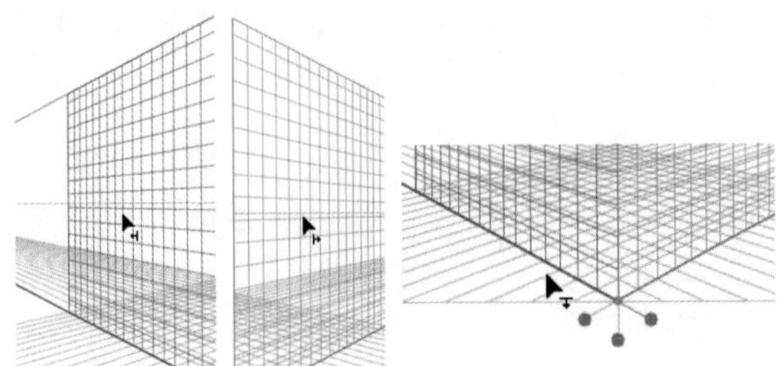

图9-79 不同活动平面中的“透视选区工具”光标

使用“透视选区工具”选择对象，通过使用“平面切换构件”或按键盘上的【1】（左平面）、【2】（水平面）、【3】（右平面）键选择要置入对象的活动平面。将对象拖曳到所需位置，即可完成向透视中加入现有对象或图稿的操作。

使用“透视选区工具”进行拖动时，可以在正常选框和透视选框之间选择，通过按【1】【2】【3】或【4】键可以在网格的不同平面间切换。用户可以沿着当前对象位置垂直的方向移动对象，这个操作在创建平行对象时很有用，如房间的墙壁。

激活“透视选区工具”按钮，按住键盘上的【5】键，将对象拖曳到所需位置，如图9-80所示。同时按住【Alt+5】组合键并拖曳对象，可将对象复制到新位置，且不会改变原始对象，如图9-81所示。

如果想要精确垂直移动选中对象，可以使用“透视选区工具”按钮双击右侧等平面构件，在弹出的“右侧消失平面”对话框中设置参数，实现精确地在右侧平面移动对象的操作，如图9-82所示。

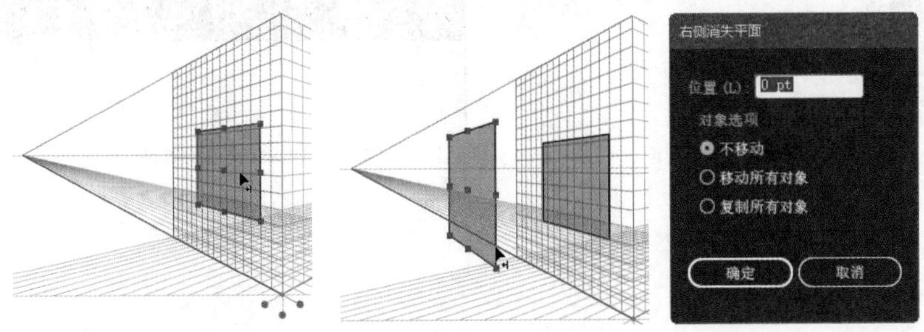

图9-80 将对象拖曳到透视平面　图9-81 复制对象到新位置　图9-82 “右侧消失平面”对话框

默认情况下，使用“透视选区工具”执行移动、缩放、复制和将对象置于透视等操作时，对象将与单元格 1/4 距离内的网格线对齐。

? 疑问解答 如何在完成各种操作时对齐网格?

执行“视图”→“透视网格”→“对齐网格”命令或“禁用对齐”命令，可控制在使用“透视选区工具”完成各种操作时是否对齐网格。

9.2.8 应用案例——在透视中添加文本

源 文 件：无

素　材：无

技术要点：掌握【在透视中添加文本】的方法

扫描查看演示视频

STEP 01 新建一个 Illustrator 文档，单击工具箱中的“文字工具”按钮T，在画板上单击并输入文本。使用“透视网格工具”在文档中创建透视网格，如图 9-83 所示。

STEP 02 单击工具箱中的“透视选区工具”按钮，选中文本并向左侧平面拖曳，效果如图 9-84 所示。在拖曳文本的过程中，按键盘上的【3】键，即可将文本插入右侧平面，效果如图 9-85 所示。

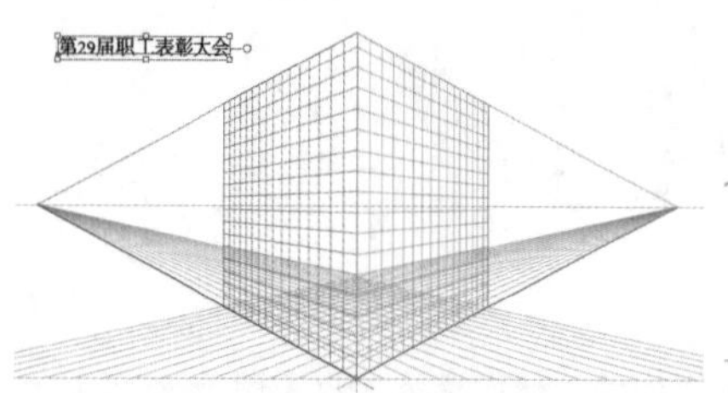

图9-83 创建文本和透视网格　图9-84 将文本插入透视平面

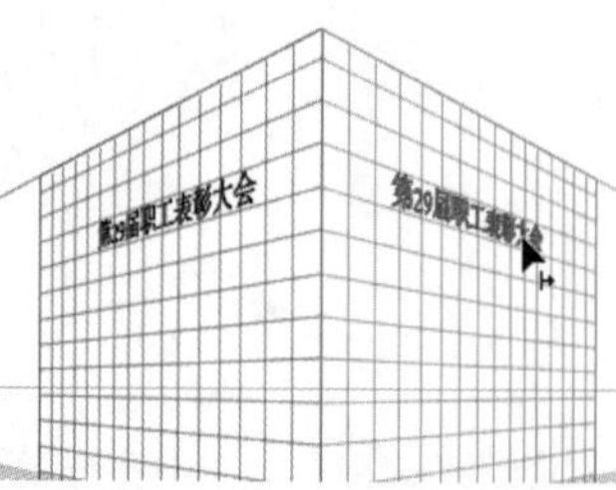

图9-85 将文本插入右侧平面

STEP 03 单击“控制”面板中的“编辑文本”按钮或者执行“对象”→“透视”→“编辑文本”命令，即可进行编辑文本的操作，如图 9-86 所示。

STEP 04 编辑完成后，单击文档顶部的“后移一级”按钮，即可返回透视网格，效果如图 9-87 所示。

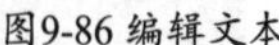

图9-86 编辑文本

图9-87 后移一级效果

提示　除了可以将文本添加到透视中，还可以将符号添加到透视中。插入符号后，“控制”面板中将会出现“编辑符号”按钮。

9.2.9 应用案例——设计制作两点透视图标

源 文 件：源文件\第9章\9-2-9.ai

素　材：无

技术要点：掌握【两点透视图标】的绘制方法

扫描查看演示视频

STEP 01 新建一个 Illustrator 文件。单击工具箱中的“透视网格工具”按钮，拖曳调整透视网格角度，如图 9-88 所示。单击“平面切片构件”上的左侧网格，将其激活，使用“矩形工具”绘制矩形。

STEP 02 激活水平网格，使用“矩形工具”绘制一个填色为 RGB（116、116、116）的矩形，如图 9-89 所示。激活左侧网格，使用“矩形工具”绘制一个填色为 RGB（141、141、141）的矩形，效果如图 9-90 所示。

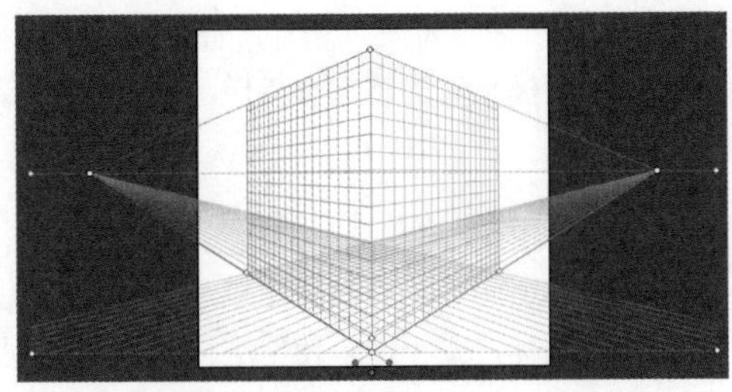

图9-88 启用透视网格并调整角度

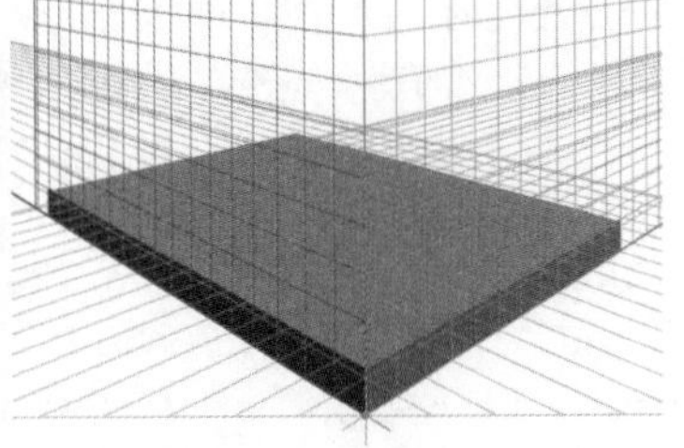

图9-89 在水平网格上绘制矩形

STEP 03 继续在水平网格上绘制一个填色为 RGB（116、116、116）的矩形，再激活右侧网格，使用“矩形工具”绘制如图 9-91 所示的效果。

STEP 04 激活水平网格，使用“矩形工具”绘制图形。继续使用相同的方法，将顶部的图形绘制出来，效果如图 9-92 所示的效果。

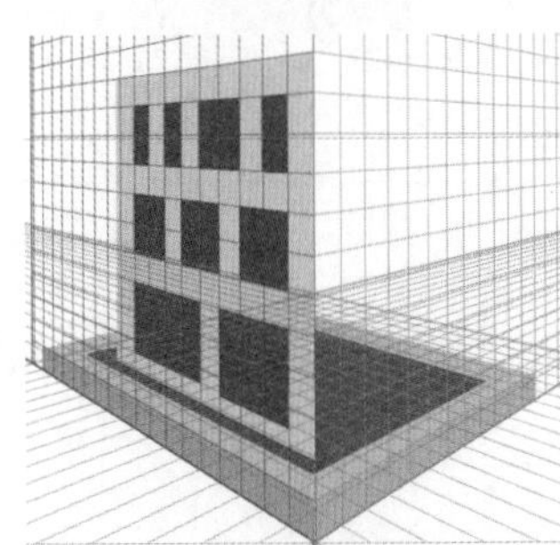

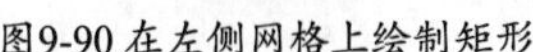

图9-90 在左侧网格上绘制矩形

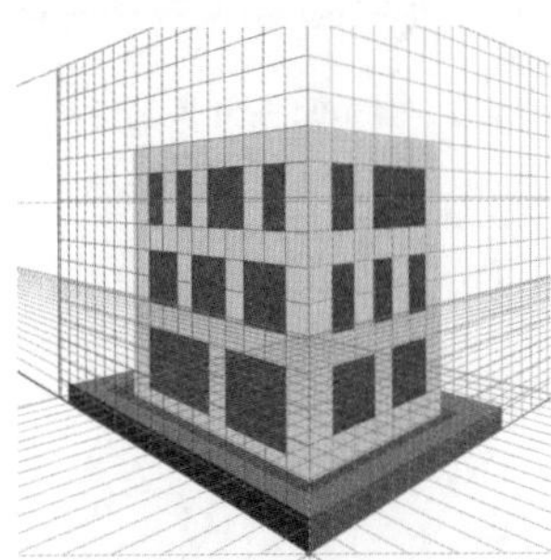

图9-91 在右侧网格上绘制矩形

图9-92 绘制完成的透视图标

9.3 解惑答疑

使用3D效果和透视网格可以在平面设计中制作出三维效果的图形效果，帮助设计师实现更多、更丰富的设计效果。

9.3.1 了解透视的概念

在艺术和设计中，透视是一种视觉现象，也是人的一种视觉体验。越近的东西两眼看它的角度差越大，越远的东西两眼看它的角度差越小，很远的东西两眼看它的角度几乎一样，因此放得离你近的东西，紧缩感比较强烈。掌握透视的概念，有利于创作出逼真的图标效果。

透视可以把眼睛所见的景物投影在眼前一个平面上，并在此平面上描绘景物。在透视投影中，观众的眼睛称为视点，而延伸至远方的平行线会交于一点，称为消失点，如生活中笔直的道路或铁路。

9.3.2 了解透视图标的分类

按照绘制物体的不同印象，可以把图标透视分为零点透视、一点透视和两点透视3种类型。

零点透视

零点透视的图标是指直接绘制的无角度图标。图标没有明显的侧面或顶部。这类图标一般用来表现工具栏和字形风格的图标，通过使用颜色变化和对象比例缩放实现景深的效果。图9-93所示为一个窗户的效果，通过为图形添加阴影效果，欺骗人的感知视觉，实现窗格与图像的深度错觉。

一点透视

一点透视的图标都具有单一的消失点，而且好的设计方案通常是将消失点绘制在图标核心对象的背面。一点透视的空间方向一般呈锥形，最终相聚在消失点位置，增加了图标的视觉深度，如图9-94所示。如果最终的消失点没有在图标的范围内，则图标整体的感觉会走样，可以说是一种失败的设计。

两点透视

两点透视可以用来表现两个方向面的图标，如图9-95所示。这种透视比较适合复杂的图标，如应用程序图标。对于一些要求简单清晰的图标，如工具栏图标，则不适合使用这种透视方式，因为太多的面会淡化图标本身的喻意。

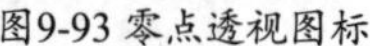
图9-93 零点透视图标

图9-94 一点透视图标

图9-95 两点透视图标

9.4 总结扩展

随着人们艺术审美的日益提高，简单平淡的设计已经无法给浏览者带来视觉上的刺激，在平面设计中加入三维元素是目前流行的设计趋势。

9.4.1 本章小结

本章主要讲解了Illustrator CC中3D效果和透视网格工具的使用方法。使用3D效果可以通过凸出、旋转和绕转将平面对象转换为三维模型，以三维的视角呈现设计。用户也可以借助透视网格功能，绘制出伪三维的图形，同样可以为设计增加冲击力。

9.4.2 扩展练习——制作三维奶茶杯子模型

源 文 件：源文件\第9章\9-4-2.ai

素　材：无

技术要点：掌握【三维奶茶杯子模型】的绘制方法

扫描查看演示视频

完成本章内容学习后，接下来使用“符号”面板和3D功能完成立体奶茶杯子的制作，对本章知识进行测验并加深对所学知识的理解，创建完成的案例效果如图9-96所示

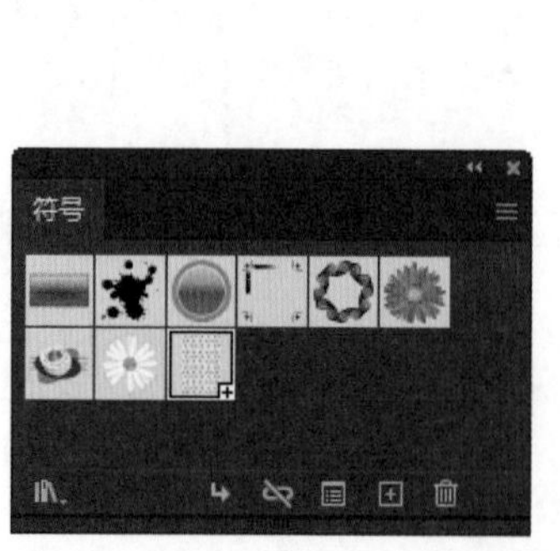

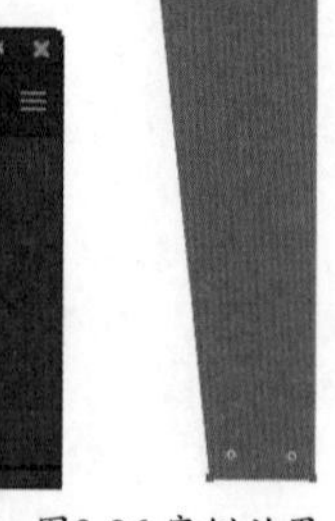

图9-96 案例效果

第10章 文字的创建与编辑

Learning Objectives
学习重点

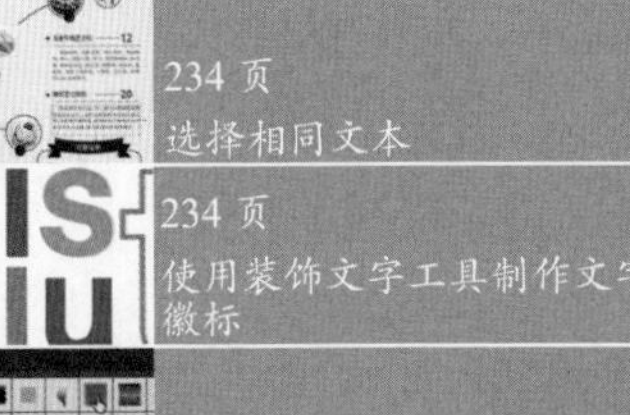

234 页
选择相同文本

234 页
使用装饰文字工具制作文字徽标

235 页
为文字添加抖动效果

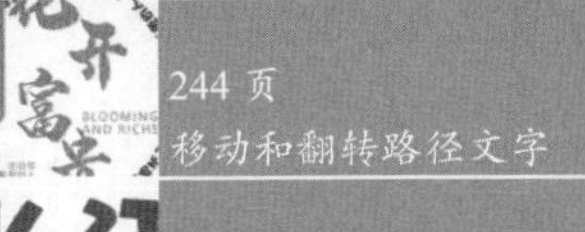

244 页
移动和翻转路径文字

245 页
为路径文字应用效果

255 页
使用制表符制作日历

258 页
使用路径文字工具制作标志

本章将讲解Illustrator CC中的文字处理操作。Illustrator CC拥有非常全面的文字处理功能，用户可以把文字当作一种图形元素，对其进行填色、缩放、旋转和变形等，还可以实现图文混排、沿路径分布和创建文字蒙版等操作，利用这些操作可以完成各种复杂的排版工作。

10.1 添加文字

Illustrator CC包含3种文字类型，即“点状文字”“区域文字”和“路径文字”。本节将详细讲解使用“文字工具”创建不同文字类型的方法和技巧，帮助用户快速掌握在Illustrator CC中添加不同类型文字的方法。

10.1.1 认识文字工具

Illustrator CC为用户提供了7种文字工具，长按工具箱中的“文字工具”按钮，即可展开文字工具组，如图10-1所示。

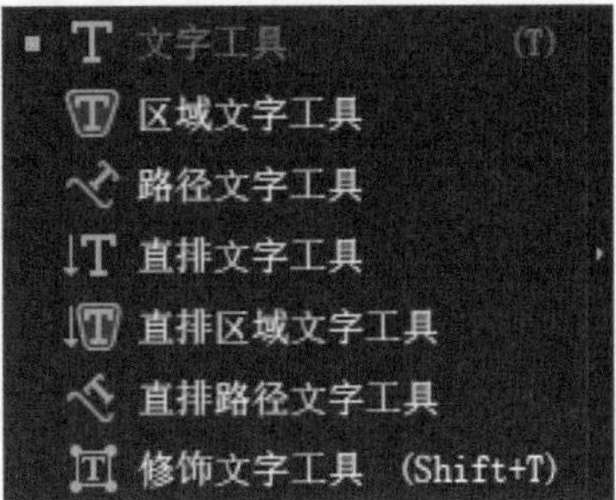

图10-1 文字工具组

其中，“文字工具”和“直排文字工具”用于创建点状文字和区域文字；“区域文字工具”和“直排区域文字工具”用于在现有图形中添加文字；而“路径文字工具”和“直排路径文字工具”用于在任何路径上添加文字。

- 点状文字：是指从单击位置开始并随着字符输入而扩展的一行或一列文本。点文字的每行文本都是独立的，对其进行编辑时，该行将扩展或缩短，但不会自动换行。如果需要在图稿中输入少量文本，该方式非常适用。
- 区域文字：是指利用图形边界控制字符排列的文字，也被称为段落文字。
- 路径文字：是指沿着路径排列的文字。

10.1.2 应用案例——创建点状文字

源文件：无

素　材：无

技术要点：掌握【创建点状文字】的方法

扫描查看演示视频

STEP 01 单击工具箱中的“文字工具”按钮 T 或按【T】键，在画板中单击插入输入点，将自动沿水平方向添加一行占位符文本，文本为选中状态，如图 10-2 所示。

STEP 02 输入如图 10-3 所示的字符。完成后单击工具箱中的“选择工具”按钮或按住【Ctrl】键的同时单击文字，即可提交文字。此时创建的文字类型为点状文字。

滚滚长江东逝水

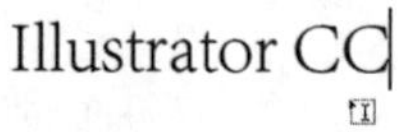

图10-2 添加占位符文本

Illustrator CC

图10-3 输入字符

提示

使用占位符文本填充文字对象，可以帮助用户更好地进行可视化设计。在 Illustrator CC 中创建文字时，默认使用占位符文本填充新对象，并且占位符文本将保留之前文字对象所应用的各项参数。

STEP 03 单击工具箱中的“直排文字工具”按钮 IT，在画板中单击插入输入点，将自动沿垂直方向添加一行占位符文本，如图 10-4 所示。

STEP 04 在画板中输入相应的文字，完成后单击文档窗口中的空白处或工具箱中的其他工具按钮，即可提交文字，如图 10-5 所示。

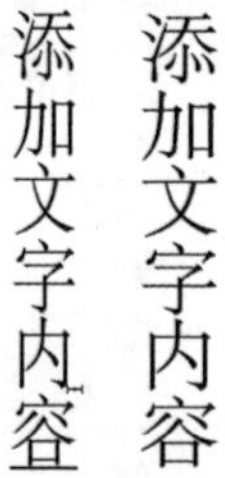

图10-4 垂直方向的占位符文本

添加文字内容

图10-5 输入文字并提交

10.1.3 应用案例——创建区域文字

源文件：无

素　材：无

技术要点：掌握【创建区域文字】的方法

扫描查看演示视频

STEP 01 使用“文字工具”在画板中单击并向任意方向拖曳绘制矩形框，该矩形框为文本框。当创建的文本框达到目标大小时释放鼠标，将自动在文本框中添加水平方向的占位符文本，且所有占位符文本都是选中状态，如图 10-6 所示。

STEP 02 保持占位符文本的选中状态，开始输入文本时，自动删除所有占位符文本，如图 10-7 所示。输入完成后单击工具箱中的“选择工具”按钮或按住【Ctrl】键的同时单击文字，即可提交文字。此时创建的文字类型为区域文字。

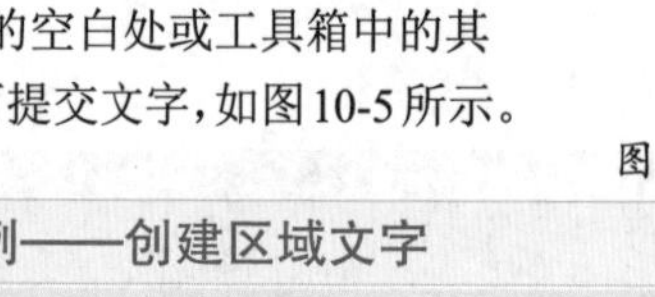

是非成败转头空，青山依旧在，惯看秋月春风。一壶浊酒喜相逢，古今多少事，滚滚长江东逝水，浪花淘尽英雄。几度夕阳红。白发渔

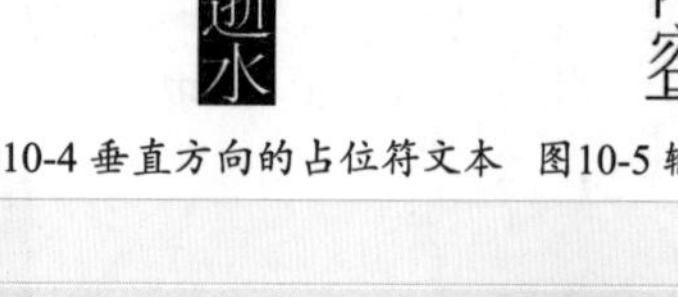

图10-6 创建文本框

创建区域文本的过程中，当文本触及文本框的边界时，会自动换行，使添加的所有文本内容都落在所定义的文本框内。

图10-7 输入文本

STEP 03 使用“直排文字工具”在画板中单击并拖曳创建文本框，释放鼠标后将会自动在文本框中添加垂直方向的占位符文本，如图 10-8 所示。

STEP 04 在文本框中输入相应的文本，如图 10-9 所示。完成后提交文字，如图 10-10 所示。

图10-8 垂直方向的占位符文本

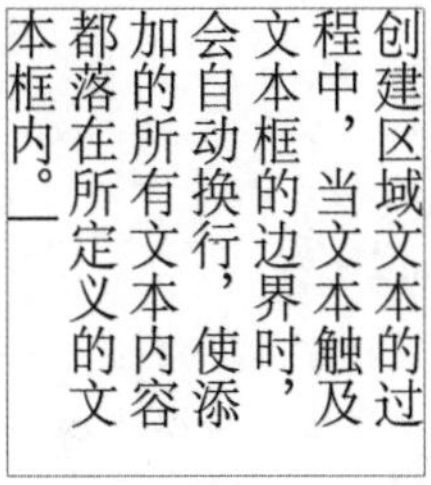

创建区域文本的过程中，当文本触及文本框的边界时，会自动换行，使添加的所有文本内容都落在所定义的文本框内。

图10-9 输入文字

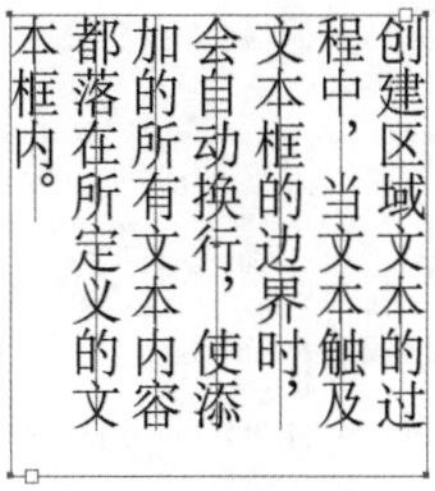

创建区域文本的过程中，当文本触及文本框的边界时，会自动换行，使添加的所有文本内容都落在所定义的文本框内。

图10-10 提交文字

10.1.4 应用案例——区域文字的不同创建方法

源 文 件：无

素　材：无

技术要点：掌握【创建区域文字】的方法

扫描查看演示视频

STEP 01 在画板中绘制一个圆角矩形。单击工具箱中的“区域文字工具”按钮，将光标置于图形的边缘，当光标变为状态时，单击圆角矩形，如图 10-11 所示。

STEP 02 单击后将图形转变为文本框，同时将自动沿文本框的水平方向添加占位符文本，如图 10-12 所示。在文本框中输入相应的文字，提交文字后即可完成横排区域文本的创建。

图10-11 单击圆角矩形

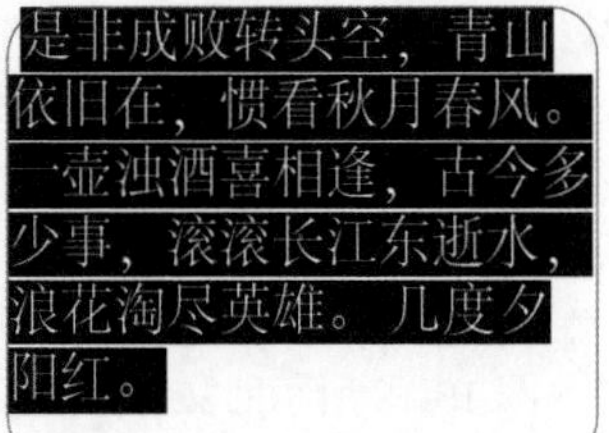

图10-12 在图形内添加区域文字

如果对象为开放路径，则必须使用“区域文字工具”定义区域文字的边框，这种情况下，Illustrator CC 会在路径的端点之间绘制一条虚构的直线来定义文字边界。

STEP 03 再次绘制一个圆角矩形。单击工具箱中的“直排区域文字工具”按钮，在圆角矩形边缘线上单击，如图 10-13 所示。

STEP 04 将会在图形内沿垂直方向添加占位符文本，在文本框中输入相应的文字，如图 10-14 所示。输入完成后，单击工具箱中的“选择工具”按钮提交文字。

图10-13 单击圆角矩形边缘线

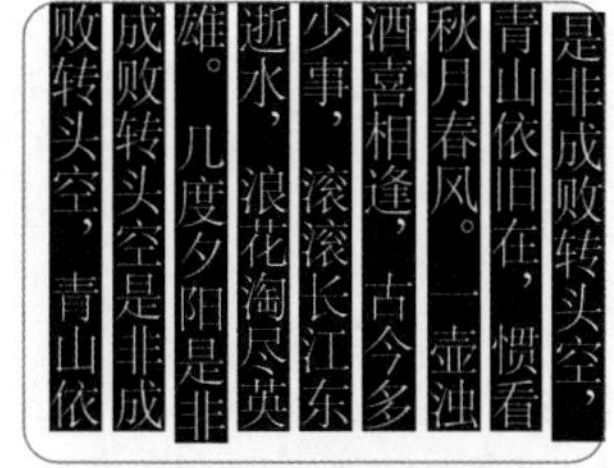

图10-14 输入文字

使用“区域文字工具”和“直排区域文字工具”在图形中输入文字时，图形的“填色”和“描边”将被删除。所以，在制作区域文字前，应提前设计好自己的作品。

10.1.5 应用案例——创建路径文字

源 文 件：无

素　材：无

技术要点：掌握【创建路径文字】的方法

扫描查看演示视频

STEP 01 在画板中绘制一个圆形。单击工具箱中的“路径文字工具”按钮，将光标置于圆形边缘，当光标变为 状态时，单击即可在路径上添加占位符文本，如图 10-15 所示。

STEP 02 在路径上输入相应的文字，输入完成后提交文字，效果如图 10-16 所示。

图10-15 添加占位符文本　　　　图10-16 添加并提交文字

提示

使用“路径文字工具”可以在任意路径上添加文字，完成后的文字类型为路径文本。

STEP 03 再次绘制一段路径。单击工具箱中的“直排路径文字工具”按钮，在画板中的路径上单击，将会在路径上沿垂直方向添加占位符文本，如图 10-17 所示。

STEP 04 在路径上输入如图 10-18 所示的文字。完成后按住【Ctrl】键的同时单击以提交文字，完成直排路径文字的创建。

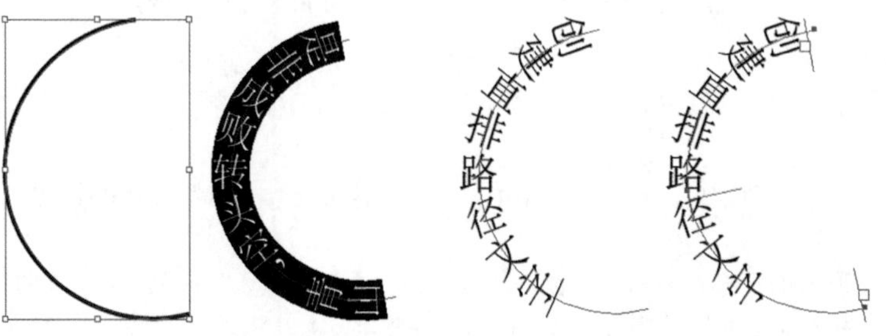

图10-17 沿垂直方向添加占位符文本　　　　图10-18 添加并提交文字

提示

当用户输入的文本长度超出路径容量时，路径尾部会出现 ⊞ 标识，代表当前路径无法显示全部的文本内容。如果想要显示全部文字，可以应用溢流文本的显示方法。

10.1.6 溢出文字

如果输入的文本长度超出文本框或路径区域，文本框或路径尾部就会出现⊞标识，代表当前文字没有全部显示。而无法显示的文字则被隐藏，这些无法显示的文字称为溢流文本，如图10-19所示。

如果想要显示溢流文本，可以将“选择工具”移至文本框任意边缘线的中心，当光标变为↕或↔ 状态时，向任意方向拖曳调整文本框区域的大小，如图10-20所示。一直调整到文本框尾部⊞标识消失为止，此时文本框区域已经能够容纳全部文本，如图10-21所示。

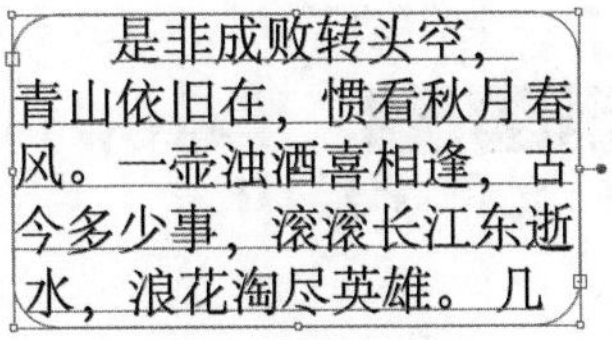

图10-19 溢流文本 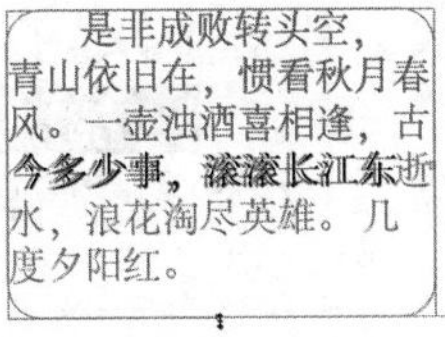　　图10-20 调整文本框大小 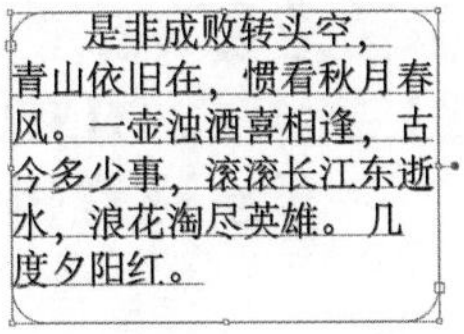　　图10-21 显示全部文本

10.1.7 点状文字与区域文字的相互转换

在Illustrator CC中，点状文字和区域文字之间可以相互转换。如果当前文本为点状文字，执行“文字”→“转换为区域文字”命令，如图10-22所示，即可将点状文字转换为区域文字。如果当前文字是区域文字，执行“文字”→“转换为点状文字”命令，如图10-23所示，即可将区域文字转换为点状文字。

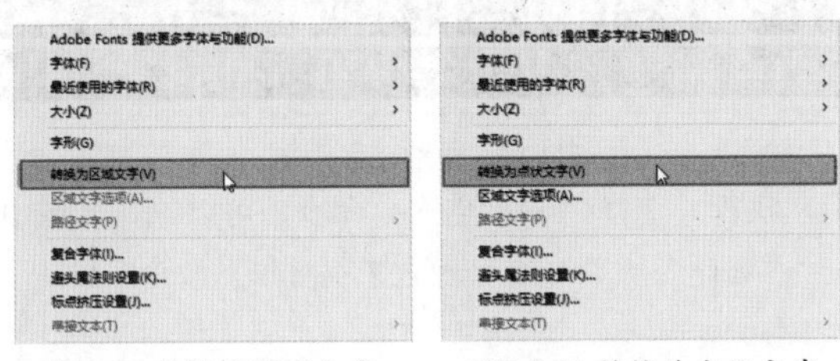

图10-22 转换为区域文字　　图10-23 转换为点状文字

10.2 设置文字格式

在画板中添加任意类型的文字后，都可以选中一部分或全部文字，然后为选中文字设置格式。文字格式可以通过“控制”面板、“字符”面板、“文字”菜单，以及其他与文字相关的各种面板进行设置。

10.2.1 选择文字

在对文字进行格式设置之前，必须先将文字选中。选择文字时，可以选择一个字符或多个字符，也可以选择一行文字、一列文字、整个区域文字或一条文字路径。下面介绍几种选择文字的方法。

选择部分文本

使用“修饰文字工具”可以选中点状文字、区域文字或路径文字上的任意单个文字，并对其进行样式设计。单击工具箱中的“修饰文字工具”按钮，将光标置于文字上，当光标变为 状态时，单击想要对其进行样式设计的单个文字，即可将其选中，选中的文字四周会出现框体，如图10-24所示。

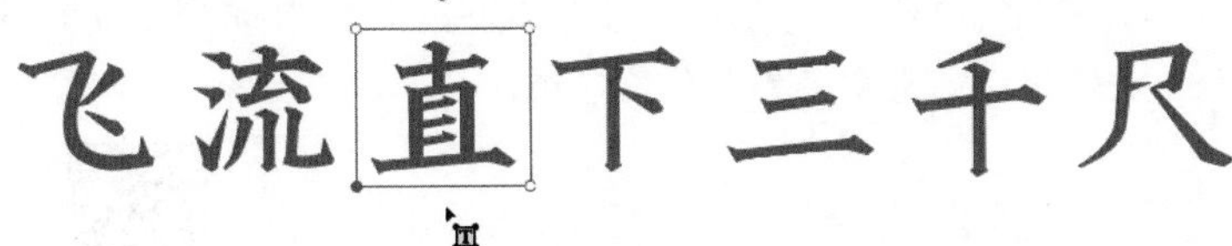

图10-24 选择单个文字

使用“文字工具”在文字中单击并拖曳，可以选择一个或多个字符；如果文字类型是点状文字，在中文字体上双击，可以选择光标所在行中符号结束前的文字内容，三击则可选中整行文字内容；如果是英文字体，双击可以选择一个单词，三击则可选中整行文字内容。如果是区域文字，双击可选中部分文字内容，如图10-25所示。

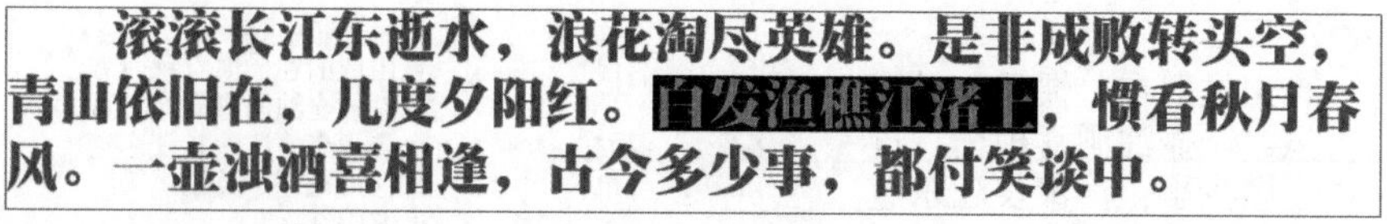

滚滚长江东逝水，浪花淘尽英雄。是非成败转头空，青山依旧在，几度夕阳红。白发渔樵江渚上，惯看秋月春风。一壶浊酒喜相逢，古今多少事，都付笑谈中。

图10-25 选中部分文字

选择全部文本

使用任意文字工具在区域文字中三击，可以选中全部文字内容，如图10-26所示。使用“选择工具”或“直接选择工具”，按住【Shift】键的同时连续单击多个文字区域，可以选中所有单击过的文字区域。

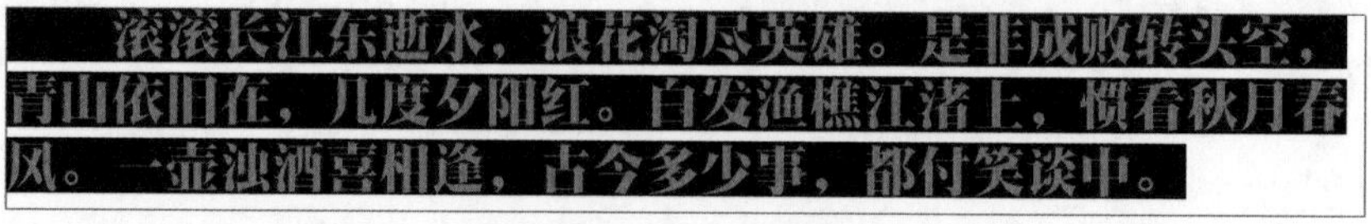

滚滚长江东逝水，浪花淘尽英雄。是非成败转头空，青山依旧在，几度夕阳红。白发渔樵江渚上，惯看秋月春风。一壶浊酒喜相逢，古今多少事，都付笑谈中。

图10-26 选中全部文字

进入文字编辑状态后，执行“选择”→“全部”命令，可以选择区域中的所有文字。如果要选择文档中的所有文本，执行“选择”→“对象”→“文本对象”命令即可。

10.2.2 应用案例——选择相同文本

源 文 件：无

素　材：素材\第10章\102201.ai

技术要点：掌握【选择相同文本】的方法

扫描查看演示视频

扫描下载素材

STEP 01 打开“素材 \ 第 10 章 \102201.ai”文件，选中段落文本，如图 10-27 所示。

STEP 02 执行“选择”→“相同”→“字体系列”命令，将画板中所有与选中文本使用相同字体的文字选中，如图 10-28 所示。可一次性修改选中的多个文本对象的文本特征。

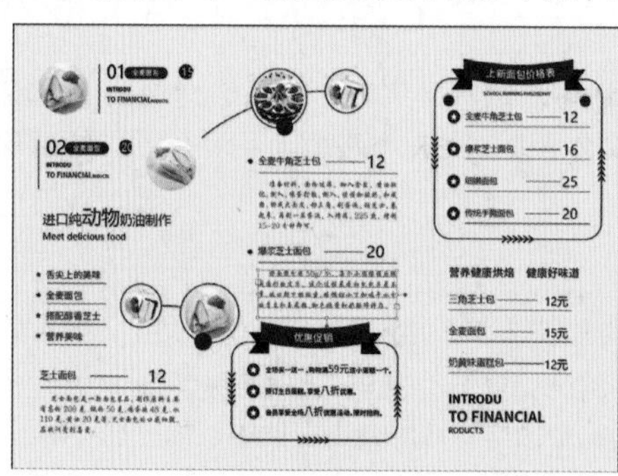

图10-27 选中文本

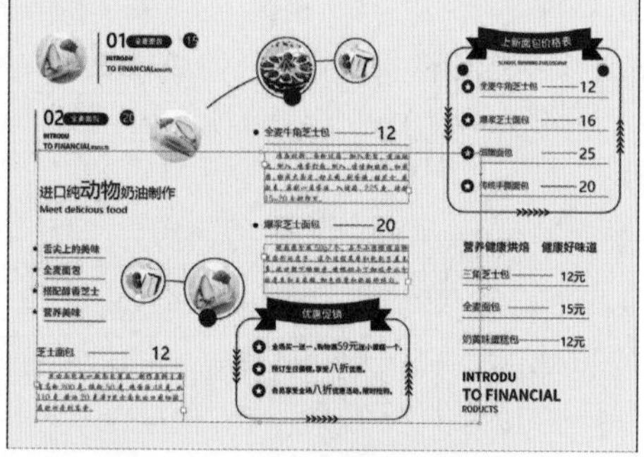

图10-28 选中使用相同字体的所有文本

10.2.3 应用案例——使用装饰文字工具制作文字徽标

源 文 件：源文件\第10章\10-2-3.ai

素　材：无

技术要点：掌握【装饰文字工具】的使用方法

扫描查看演示视频

STEP 01 新建一个 Illustrator 文件。使用“文字工具”在画板中单击并输入文字内容，设置“字符”面板的各项参数，文字效果如图 10-29 所示。

STEP 02 单击工具箱中的“修饰文字工具”按钮，将光标移动到第 2 个字母上，拖曳顶部的锚点调整文字大小，拖曳底部的锚点调整文字的宽度，如图 10-30 所示。

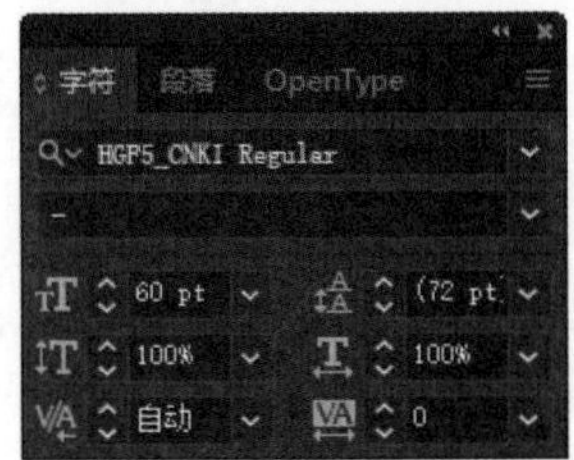

Illustrator

图10-29 设置文字参数后的文字效果

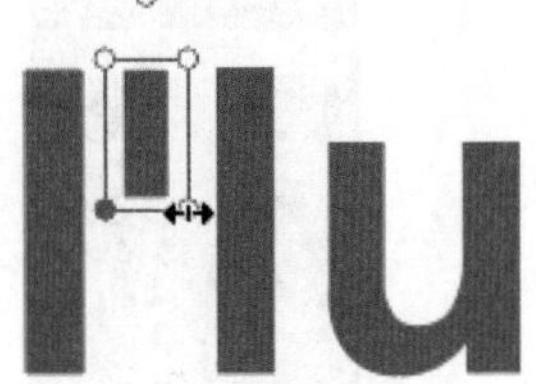

图10-30 调整字母宽度

STEP 03 继续使用相同的方法调整第三个字母，效果如图10-31所示。

STEP 04 继续拖曳调整其他字母的大小和摆放位置；使用“修饰文字工具”选中单个字母，修改填色和描边，完成效果如图10-32所示。

图10-31 调整字母 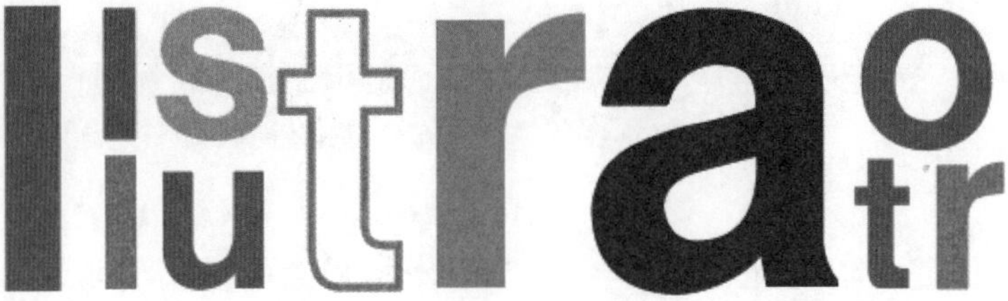　　图10-32 修改字母的填色和描边

10.2.4 字体概述

“字体”是指一套具有相同的粗细、宽度和样式的字符。常用的中文字体有宋体、黑体、楷体和隶书等，图10-33所示为应用不同字体后的文字外观。

宋体　是非成败转头空，青山依旧在，惯看秋月春风。

黑体　是非成败转头空，青山依旧在，惯看秋月春风。

隶书　是非成败转头空，青山依旧在，惯看秋月春风。

楷书　是非成败转头空，青山依旧在，惯看秋月春风。

图10-33 应用不同字体后的文字外观

下面介绍与“字体”有关的另外两个概念，分别是“字形”和“字体样式”。

- 字形：也称为“文字系列”或“字体系列”，它们是具有相同整体外观的字体构成的集合，因此字形是专门为一起使用的文字而设计的。
- 字体样式：是指字体系列中单个字体的形状变化。一般情况下，一种字体包括常规、粗体、半粗体、斜体和粗斜体等文字样式。

10.2.5 应用案例——为文字添加抖动效果

源文件：无

素　材：无

技术要点：掌握【为文字添加样式效果】的方法

扫描查看演示视频

STEP 01 在画板中创建文字，使用“选择工具”将文字对象选中。执行“窗口”→“图形效果”命令或按【Shift+F5】组合键，打开“图形样式”面板。

STEP 02 在面板菜单中选择“打开图形样式库”→“文字效果”命令，如图10-34所示，打开“文字效果”面板。选择“文字效果”面板中的“抖动”效果，如图10-35所示。

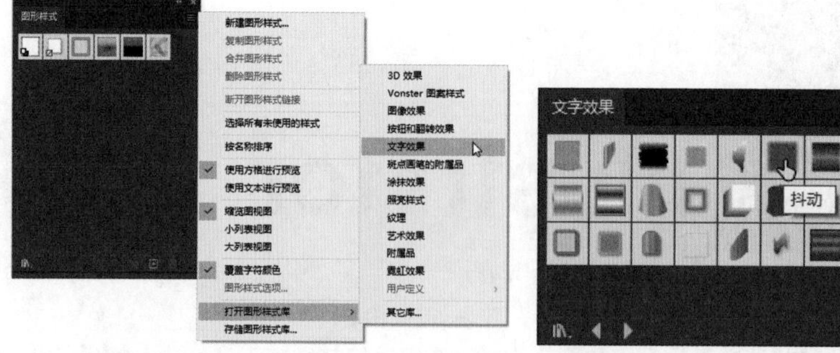

图10-34 打开“文字效果”面板　　　　图10-35 选择“抖动”效果

STEP 03 为文字对象应用选中的文字效果，文字对象的外观如图 10-36 所示。

图10-36 应用“抖动”效果后的文字外观

STEP 04 也可以使用“修饰文字工具”选中文字对象中的单个字母或文字，单击工具栏中的“填色”或“描边”选项，在弹出的“拾色器”对话框中设置颜色参数；还可以在打开的“外观”面板中为选中的文字对象设置不透明度，用以更改文字对象的外观。

用户可以通过改变文字的填色、描边、透明、效果和图形样式等属性，使文字具有不同的外观。除非将文字栅格化，否则无论怎样更改文字的格式，文字都将保持可编辑状态。

10.2.6 使用“字符”面板

执行“窗口”→“文字”→“字符”命令或按【Ctrl+T】组合键，打开“字符”面板，如图10-37所示。单击“字符”面板右上角的“面板菜单”按钮，在打开的面板菜单中选择“显示选项”命令，显示面板的隐藏选项，此时的“字符”面板如图10-38所示。用户可以利用“字符”面板，对文档中的单个或多个字符进行格式设置。

图10-37 “字符”面板

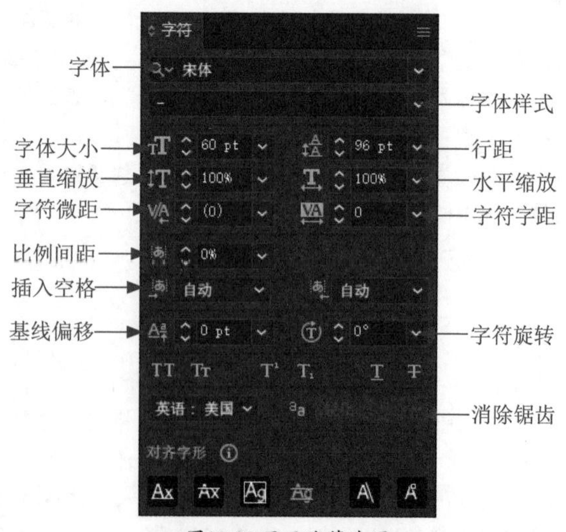

图10-38 显示隐藏选项

10.2.7 使用“段落”面板

区域文字中各个段落的格式主要通过“段落”面板来实现，利用“段落”面板可以为各个段落设置对齐、缩进和间距等选项。

执行“窗口”→“文字”→“段落”命令或按【Alt+Ctrl+T】组合键，打开“段落”面板，如图10-39所示。单击“段落”面板右上角的“面板菜单”按钮☰，在打开的面板菜单中选择“显示选项”命令，可以显示面板的隐藏选项，如图10-40所示。

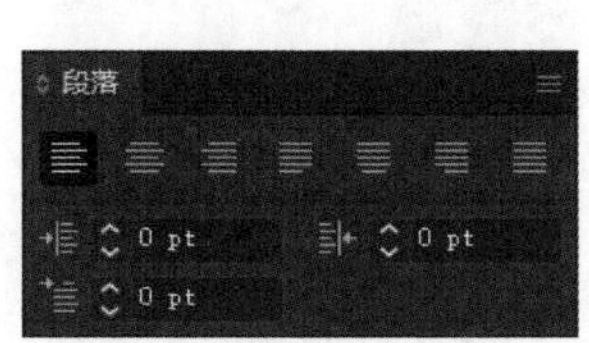

图10-39 “段落”面板

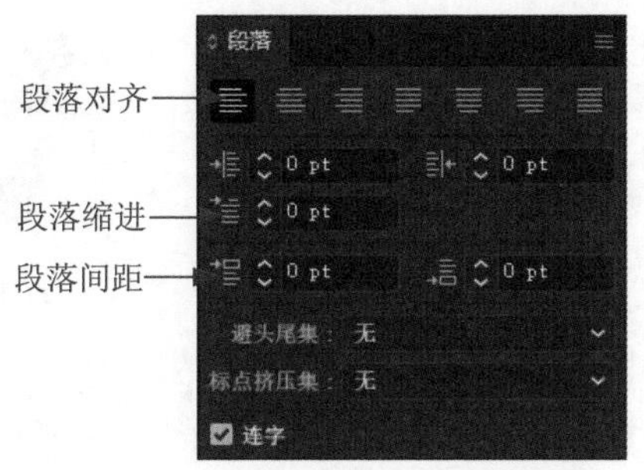

图10-40 显示隐藏选项

10.2.8 消除文字锯齿

将文档存储为位图格式（如JPEG、GIF和PNG）时，Illustrator CC会以每英寸72像素的分辨率栅格化画板中的所有对象，并为对象消除锯齿。

但如果画板中包含文字，则默认设置的消除锯齿可能无法产生所要的结果。此时，需要使用Illustrator CC中专门为栅格化文字操作提供的“消除锯齿”选项。

首先选中需要栅格化的文字，如果想要将文字永久栅格化，执行“对象”→“栅格化”命令，弹出“栅格化”对话框，如图10-41所示，单击“确定”按钮即可完成操作。

如果用户想要为文本创建栅格化，且不更改对象外观的底层结构，可以执行“效果”→“栅格化”命令，弹出“栅格化”对话框，在对话框中选择一种“消除锯齿”选项，单击“确定”按钮，确认为文字对象应用该“消除锯齿”选项，如图10-42所示。

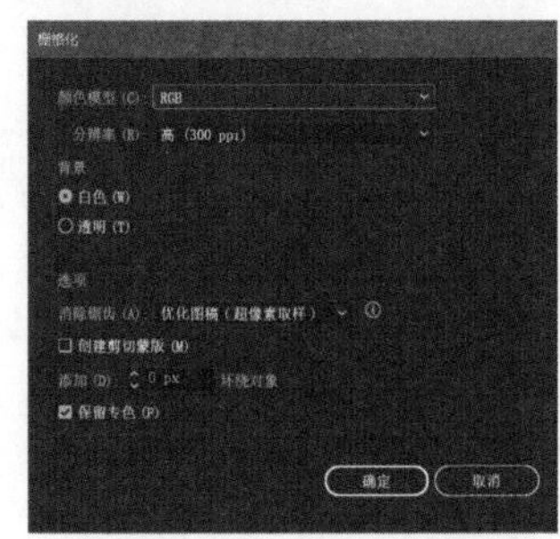

图10-41 “栅格化”对话框

图10-42 选择一种“消除锯齿”选项

栅格化文字对象的过程中应用“消除锯齿”选项后，虽然可以减少文字中的锯齿边缘，并使文字具有平滑的外观，但是如果文字对象较小，应用“消除锯齿”选项后就会产生难以辨认的效果。图10-43所示为应用不同“消除锯齿”选项后的栅格化文字效果。

滚滚长江东逝水 滚滚长江东逝水 滚滚长江东逝水

无 优化图稿 优化文字

图10-43 应用不同消除锯齿选项后的栅格化文字效果

10.2.9 轮廓化文字

用户在画板上创建文字后，可以将文字转化为轮廓。将文字转化为轮廓后，可以将其看作普通的路径，也可编辑和处理这些轮廓，还可以避免因字体缺失而无法正确打印所需文本的问题。将文字转换为轮廓后，仍会保留所有的字体样式和文字格式。

选中文字对象，如图10-44所示。执行“文字”→“创建轮廓”命令或按【Shift+Ctrl+O】组合键，即可将选中的文字对象转换为轮廓路径，如图10-45所示。

图10-44 选中文字对象

图10-45 将文字转换为轮廓路径

10.2.10 查找字体

当画板中包含大量文本且文本应用多种字体后，如果想要更改某些文本的字体，可以使用“查找字体”功能快速完成操作。

创建文字对象或选中现有文字对象，如图10-46所示。执行“文字”→“查找字体”命令，弹出“查找字体”对话框，被选中的文字使用的所有字体类型都会出现在该对话框中，如图10-47所示。

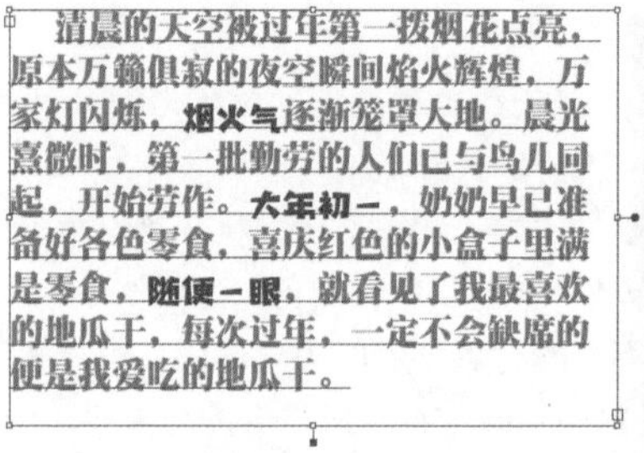

清晨的天空被过年第一拨烟花点亮，原本万籁俱寂的夜空瞬间焰火辉煌，万家灯闪烁，烟火气逐渐笼罩大地。晨光熹微时，第一批勤劳的人们已与鸟儿同起，开始劳作。大年初一，奶奶早已准备好各色零食，喜庆红色的小盒子里满是零食，随便一眼，就看见了我最喜欢的地瓜干，每次过年，一定不会缺席的便是我爱吃的地瓜干。

图10-46 选中文字

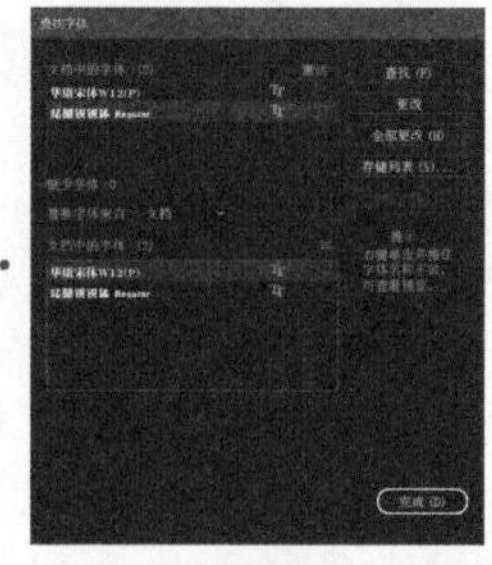

图10-47 “查找字体”对话框

使用“查找字体”命令更改文字的字体类型时，被更改文字的颜色和字体大小等属性不会改变。

在对话框中选择想要改变的字体类型，单击“查找”按钮，将选中应用了该字体类型的部分文字，然后设置其余参数，单击“更改”按钮，即可为选中文字替换字体类型。并且系统会自动选中相同文字类型的下一部分文字，如图10-48所示。

查找完成后，单击“全部更改”按钮，即可替换文本中所有应用了该字体类型的文字。全部替换后自动选中全部文本，如图10-49所示。

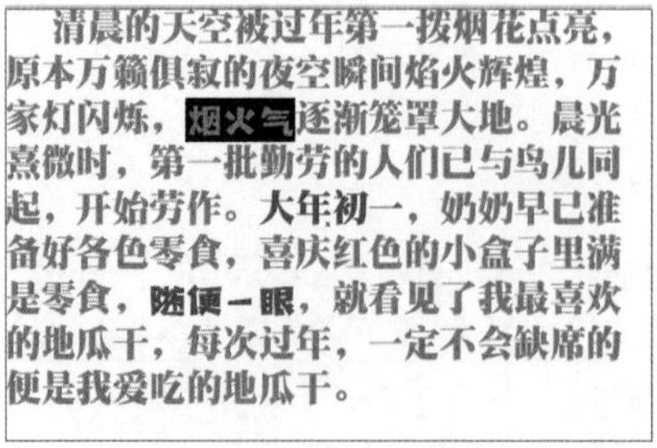

清晨的天空被过年第一拨烟花点亮，原本万籁俱寂的夜空瞬间焰火辉煌，万家灯闪烁，烟火气逐渐笼罩大地。晨光熹微时，第一批勤劳的人们已与鸟儿同起，开始劳作。大年初一，奶奶早已准备好各色零食，喜庆红色的小盒子里满是零食，随便一眼，就看见了我最喜欢的地瓜干，每次过年，一定不会缺席的便是我爱吃的地瓜干。

图10-48 替换部分文字类型

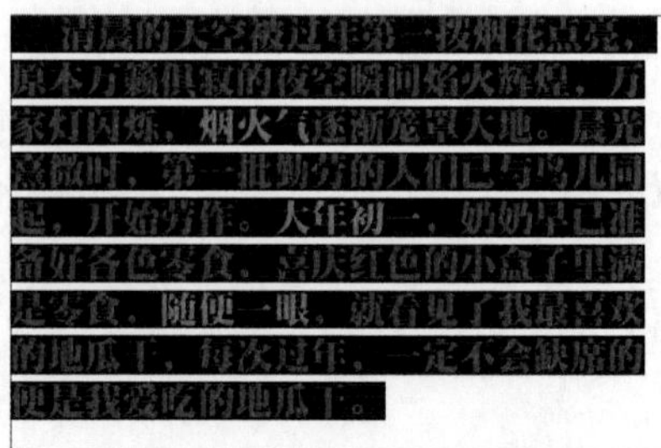
清晨的天空被过年第一拨烟花点亮，原本万籁俱寂的夜空瞬间焰火辉煌，万家灯闪烁，烟火气逐渐笼罩大地。晨光熹微时，第一批勤劳的人们已与鸟儿同起，开始劳作。大年初一，奶奶早已准备好各色零食，喜庆红色的小盒子里满是零食，随便一眼，就看见了我最喜欢的地瓜干，每次过年，一定不会缺席的便是我爱吃的地瓜干。

图10-49 替换所有文字类型

10.3 管理文字区域

在Illustrator CC中，不管是点状文本、区域文本还是路径文本，都可以使用不同的方式调整文本的大小。接下来主要讲解如何管理文字区域，包括调整文本区域的大小、更改文字区域的边距、调整首行基线偏移、为区域文字设置分栏、文本串接及文本绕排等。

10.3.1 应用案例——调整文本框大小

源文件：无

素　材：素材\第10章\103101.ai

技术要点：掌握【调整文本框大小】的方法

扫描查看演示视频

扫描下载素材

STEP 01 打开“素材\第10章\103101.ai”文件，如图10-50所示。使用“直接选择工具”将光标移动到控制点上单击并拖曳，调整控制点的位置，可以改变文本框的圆角值，改变后文字会自动调整位置，如图10-51所示。

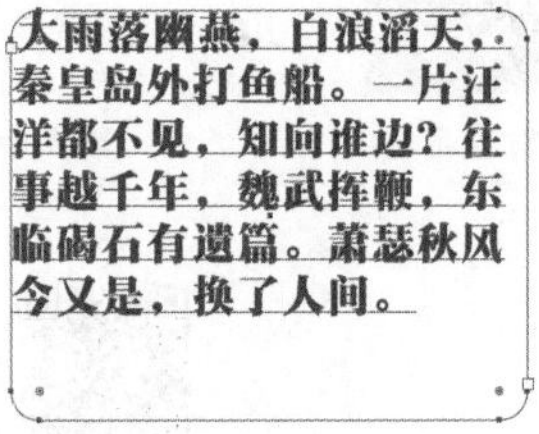

图10-50 打开文件

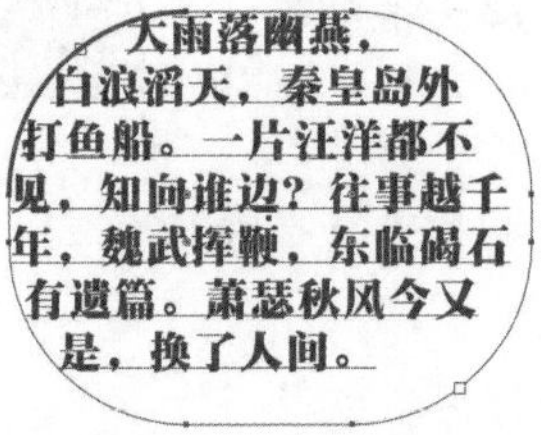

图10-51 调整区域文字的外观

STEP 02 使用“选择工具”调整文本框的大小时，文本框中的文字会随着区域宽度和高度的改变，而自动改变每行的文字数量。

根据用户创建的文本类型，选择不同的方式调整文本大小。因为点状文字在编写过程中没有数量限制，所以点状文字一般通过手动换行调整文本区域的大小。

STEP 03 使用“选择工具”调整文本框的角度，文字的摆放也会随之改变，如图10-52所示。

STEP 04 使用“选择工具”调整包含文本的路径大小，文本的大小也会随之改变，如图10-53所示。

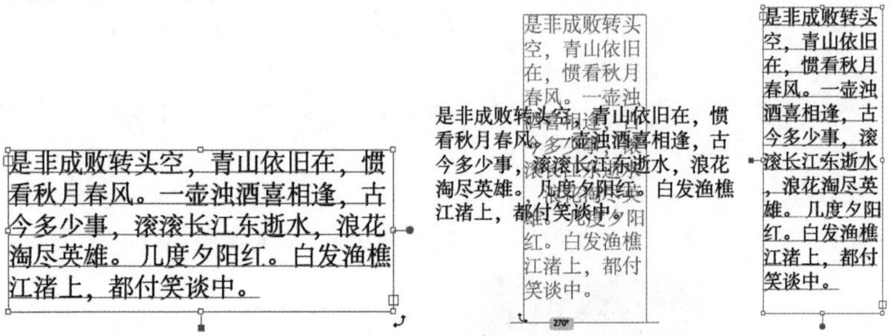

图10-52 旋转文本框

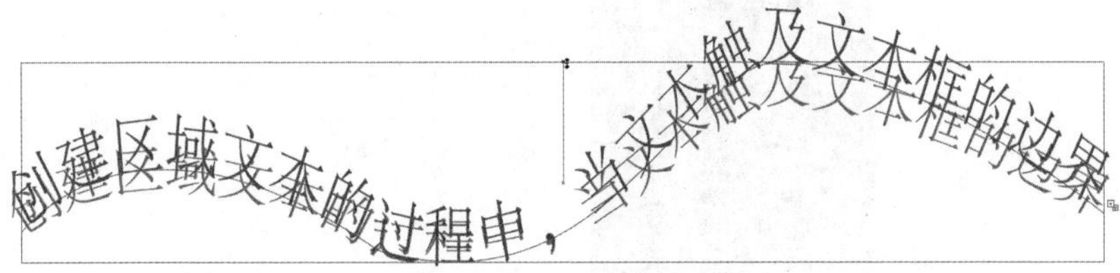

图10-53 调整路径文字的大小

10.3.2 更改文字区域的边距

在Illustrator CC中创建区域文字时，用户可以控制文本和边框路径之间的边距。该边距被称为内边距。

在画板中添加区域文本后，使用“选择工具”选中区域文字，如图10-54所示。执行“文字”→“区域文字选项”命令，弹出“区域文字选项”对话框，设置“内边距”参数，如图10-55所示。单击“确定”按钮，文本框的边距效果如图10-56所示。

长歌行
青青园中葵，朝露待日晞。
阳春布德泽，万物生光辉。
常恐秋节至，焜黄华叶衰。
百川东到海，何时复西归？
少壮不努力，老大徒伤悲。

图10-54 选中区域文字

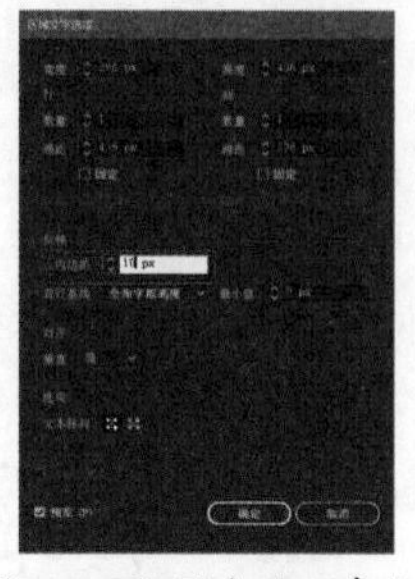

图10-55 设置内边距参数

长歌行
青青园中葵，朝露待日晞。
阳春布德泽，万物生光辉。
常恐秋节至，焜黄华叶衰。
百川东到海，何时复西归？
少壮不努力，老大徒伤悲。

图10-56 边距效果

10.3.3 应用案例——调整首行基线偏移

源文件：无

素　材：素材\第10章\103301.ai

技术要点：掌握【首行基线偏移】的编辑方式

扫描查看演示视频　扫描下载素材

STEP 01 使用“选择工具”选中区域文字，如图 10-57 所示。

STEP 02 执行“文字”→“区域文字选项”命令，弹出“区域文字选项”对话框，单击“首行基线”下拉按钮，打开如图 10-58 所示的下拉列表框。

图10-57 选中区域文字

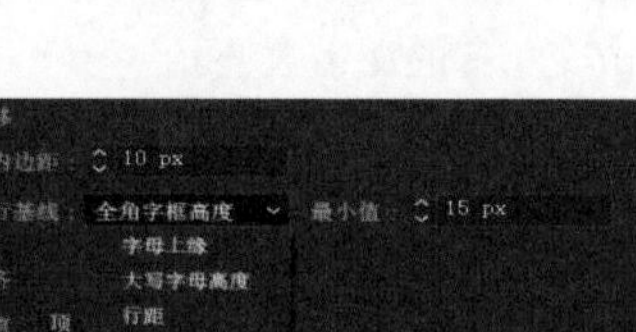

图10-58 “首行基线”下拉列表框

区域文字中的首行文本与边框顶部的对齐方式被称为“首行基线偏移”，用户可以通过调整“首行基线”参数，使区域文本中的首行文字紧贴文本框顶部，或者使两者之间间隔一段距离。

STEP 03 选择“全角字框高度”选项，在“最小值”文本框中输入数值，如图 10-59 所示。

STEP 04 单击“确定”按钮，完成对“首行基线”选项的设置，效果如图 10-60 所示。

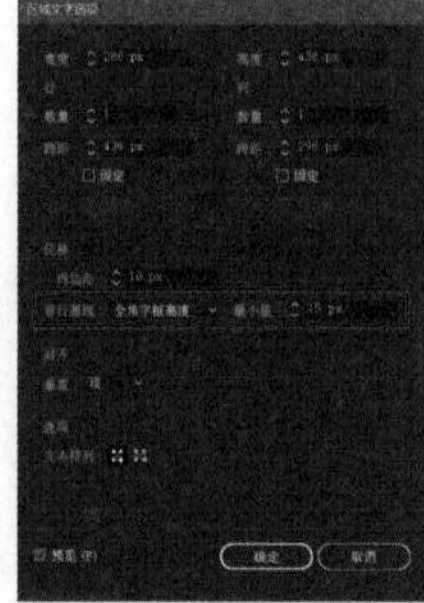

图10-59 输入数值

图10-60 基线偏移效果

10.3.4 为区域文字设置分栏

用户在创建区域文字的过程中，可以在“区域文字选项”对话框中设置文本的行数量和列数量，从而实现分栏效果。

使用“文字工具”在画板中创建文本框并输入文字，适当调整区域文字的大小和首行左缩进等参数，如图10-61所示。

使用“选择工具”选中区域文字，单击“属性”面板中“区域文字”选项组右下角的“更多选项”按钮▪▪▪，弹出“区域文字选项”对话框，在其中设置“列”选项下的各项参数，如图10-62所示。单击“确定”按钮，分栏效果如图10-63所示。

近日，天水收费所严格落实疫情防控要求，结合实际积极开展了以“倡导文明健康生活方式，巩固疫情防控成果”为主题的宣传活动，力在传播普及健康理念，倡导良好卫生习惯，推动形成文明健康生活方式。

疫情防控我先行。在各收费站出入口张贴“国务院大数据行程卡”二维码，持续做好过往车辆的测温扫码工作，经查验为黄码、红码人员果断采取措施及时联系属地联防联控机构快速处置。在路段内和收费站、服务区可变情报板滚动播放疫情防控宣传标语，并设置醒目的引导提示标志。

文明健康始于行。通过对过往司乘发放《关于倡导文明健康生活方式的倡议书》，在办公楼显眼处、公示栏等张贴“倡导文明健康生活方式”主题公益广告画报，向职工普及健康生活相关知识，提供科学的健康生活方式指导。画报以其简洁明了的图片和文字的形式展现，倡导职工积极参与健康生活。

低碳环保鉴于行。积极参与“光盘行动”“垃圾分类”“绿色出行”“节能降碳”等行动，努力营造“畅、安、舒、美、洁”的高速公路路域环境，为人民群众出行提供清洁、安全、舒适的交通运输条件，确保辖区无垃圾。车道收费及楼内办公区域人流车流密集，组织人员进行垃圾清理，使工作生活和收费环境角落无灰尘、卫生无死角。并保持长期不间断的路域环境整治，进一步创建更加畅洁、和谐的工作生活环境。

活动期间共发放宣传单100余张，在宣传栏、办公楼显著位置张贴公益广告画报10余张，车道现场讲解文明健康生活理念40余次，有效提高了职工和司乘人员树立文明健康生活方式的意识，养成了“戴口罩、勤洗手、勤通风、一米线、用公筷公勺、分餐制、不随地吐痰、打喷嚏遮掩口鼻”等健康文明的生活方式和行为习惯，营造了讲文明、铸健康的良好风尚。

图10-61 创建区域文字

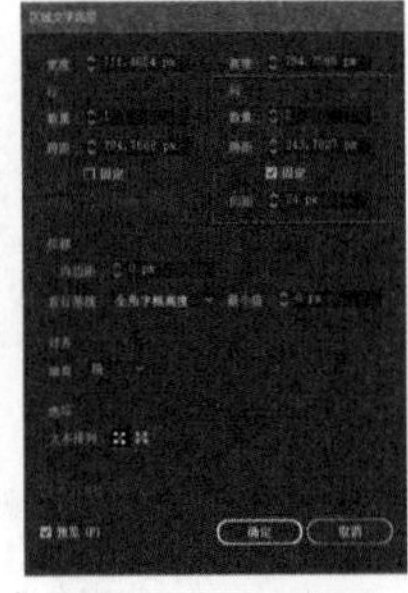

图10-62 设置参数

近日，天水收费所严格落实疫情防控要求，结合实际积极开展了以“倡导文明健康生活方式，巩固疫情防控成果”为主题的宣传活动，力在传播普及健康理念，倡导良好卫生习惯，推动形成文明健康生活方式。

疫情防控我先行。在各收费站出入口张贴“国务院大数据行程卡”二维码，持续做好过往车辆的测温扫码工作，经查验为黄码、红码人员果断采取措施及时联系属地联防联控机构快速处置。在路段内和收费站、服务区可变情报板滚动播放疫情防控宣传标语，并设置醒目的引导提示标志。

文明健康始于行。通过对过往司乘发放《关于倡导文明健康生活方式的倡议书》，在办公楼显眼处、公示栏等张贴“倡导文明健康生活方式”主题公益广告画报，向职工普及健康生活相关知识，提供科学的健康生活方式指导。画报以其简洁明了的图片和文字的形式展现，倡导职工积极参与健康生活。

低碳环保鉴于行。积极参与“光盘行动”“垃圾分类”“绿色出行”“节能降碳”等行动，努力营造“畅、安、舒、美、洁”的高速公路路域环境，为人民群众出行提供清洁、安全、舒适的交通运输条件，确保辖区无垃圾。车道收费及楼内办公区域人流车流密集，组织人员进行垃圾清理，使工作生活和收费环境角落无灰尘、卫生无死角。并保持长期不间断的路域环境整治，进一步创建更加畅洁、和谐的工作生活环境。

活动期间共发放宣传单100余张，在宣传栏、办公楼显著位置张贴公益广告画报10余张，车道现场讲解文明健康生活理念40余次，有效提高了职工和司乘人员树立文明健康生活方式的意识，养成了“戴口罩、勤洗手、勤通风、一米线、用公筷公勺、分餐制、不随地吐痰、打喷嚏遮掩口鼻”等健康文明的生活方式和行为习惯，营造了讲文明、铸健康的良好风尚。

图10-63 分栏效果

10.3.5 文本串接

如果当前文本框容量或路径范围不能显示所有文字，可以通过链接文本的方式将文字导出到其他文本框中或路径上。并且只有区域文本或路径文本可以创建串接文本，直接输入的点状文本无法进行串接。

串接文本是指将一个区域中的文字和另一个区域中的文字连接起来，使两个或多个文本之间保持链接关系。

10.3.6 应用案例——建立、中断、释放和移去串接文本

源文件：无

素　材：素材\第10章\103601.ai

技术要点：掌握【串接文字】的方法

扫描查看演示视频

扫描下载素材

STEP 01 使用“选择工具”选中两个或多个区域文本，执行“文字”→“串接文本”→“建立”命令，可将选中的多个区域文本转换为串接文本，如图 10-64 所示。

近日，天水收费所严格落实疫情防控要求，结合实际积极开展了以“倡导文明健康生活方式，巩固疫情防控成果”为主题的宣传活动，力在传播普及健康理念，倡导良好卫生习惯，推动形成文明健康生活方式。

疫情防控我先行。在各收费站出入口张贴“国务院大数据行程卡”二维码，持续做好过往车辆的测温扫码工作，经查验为黄码、红码人员果断采取措施及时联系属地联防联控机构快速处置。在路段内和收费站、服务区可变情报板滚动播放疫情防控宣传标语，并设置醒目的引导提示标志。

文明健康始于行。通过对过往司乘发放《关于倡导文明健康生活方式的倡议书》，在办公楼显眼处、公示栏等张贴“倡导文明健康生活方式”主题公益广告画报，向职工普及健康生活相关知识，提供科学的健康生活方式指导。画报以其简洁明了的图片和文字的形式展现，倡导职工积极参与健康生活。

图10-64 串接文本

? 疑问解答 如何串接中断文字对象？

首先需要选择带有链接的文字对象，然后将光标移至连接线的任意端点处，当光标变为▶状态时，双击串接任一端的连接点，串接文本将会排列到第一个文本对象中。

STEP 02 使用“选择工具”单击文本框区域尾部的⊞标识，如图 10-65 所示。

STEP 03 当光标变为 状态时，将光标置于想要放置文本的位置，单击将溢流文本串接到另一个对象中，如图 10-66 所示。选中想要释放的串接文本，如图 10-67 所示。

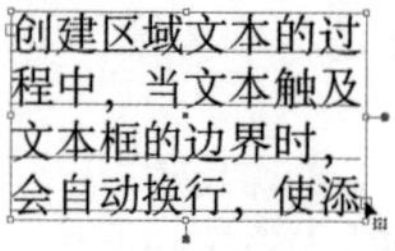

创建区域文本的过
程中，当文本触及
文本框的边界时，
会自动换行，使添

图10-65 溢流文本

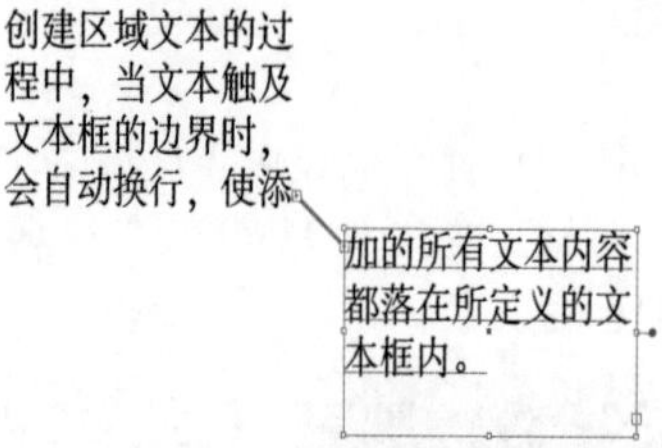

创建区域文本的过
程中，当文本触及
文本框的边界时，
会自动换行，使添
加的所有文本内容
都落在所定义的文
本框内。

图10-66 串接溢流文本

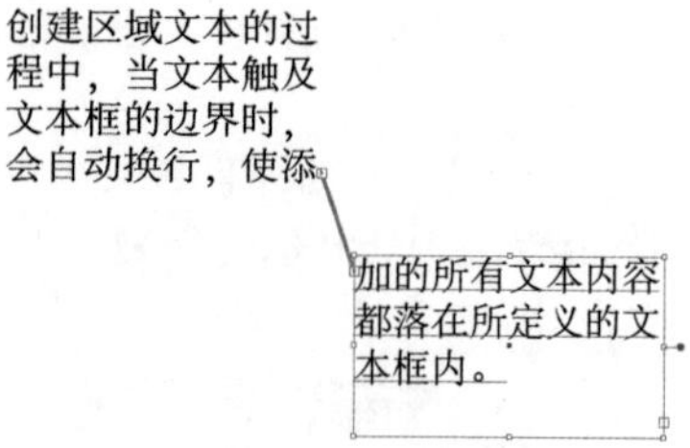

创建区域文本的过
程中，当文本触及
文本框的边界时，
会自动换行，使添
加的所有文本内容
都落在所定义的文
本框内。

图10-67 选中串接文本

STEP 04 执行“文字”→“串接文字”→“释放所选文字”命令，释放后的串接文字重新返回到原始的溢流文本中，如图 10-68 所示。执行“编辑”→“还原”命令，将溢流文本还原到没有释放串接文字之前。选中想要移去的串接文本，执行“文字”→“串接文字”→“移去串接文字”命令，区域文字效果如图 10-69 所示。

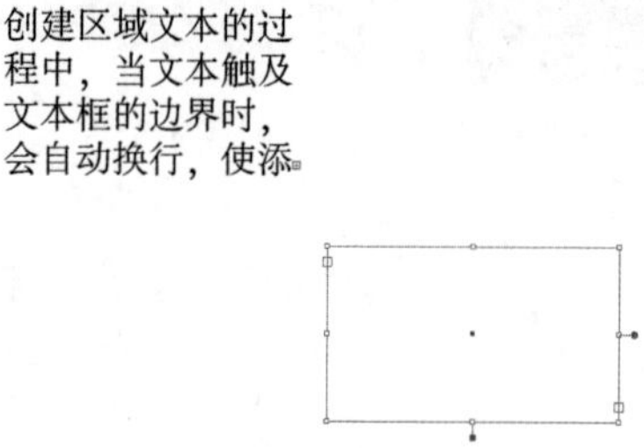

创建区域文本的过
程中，当文本触及
文本框的边界时，
会自动换行，使添

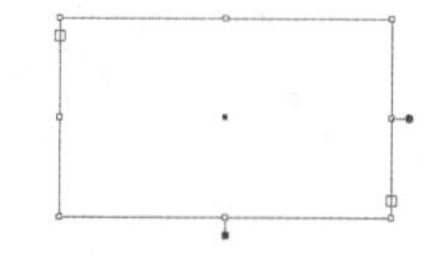

图10-68 释放串接文本

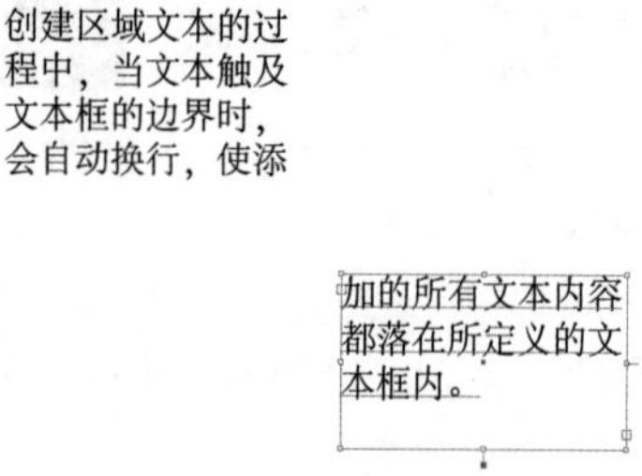

创建区域文本的过
程中，当文本触及
文本框的边界时，
会自动换行，使添

加的所有文本内容
都落在所定义的文
本框内。

图10-69 移去串接文本

释放串接文本是将所选链接文本重新排列到原始的溢流文本中，而移去串接文本是删除文本链接的同时保留文本区域。

10.3.7 文本绕排

由于用户为文字进行排版设计时，经常需要用到文本绕排效果，所以Illustrator CC为广大用户提供了一个非常强大的功能，即在Illustrator CC中可以将文本绕排在任何对象上，方便用户更快、更好地完成文字排版工作。

如果围绕对象是位图图像，则文字会沿不透明或半透明的像素排列文本，并完全忽略透明像素。由于Illustrator CC中的文本绕排是由对象排列顺序决定的，因此文本所要围绕的对象和文字必须满足下列3个条件，才能够实现文本绕排效果。

- 用于绕排效果的文字必须是区域文字。
- 用于绕排效果的文字与围绕对象位于相同的图层中。
- 用于绕排效果的文字在图层层次结构中位于围绕对象的下方。

如果图层中包含多个文字对象，用户需要将不希望绕排于围绕对象周围的文字对象转移到其他图层中或是围绕对象上方。

建立文本绕排

如果想要实现文本绕排效果，首先需要将文本对象排列在围绕对象的下方，再使用“选择工具”选中一个或多个围绕对象，如图10-70所示。执行“对象”→“文本绕排”→“建立”命令，即可建立文本绕排，效果如图10-71所示。

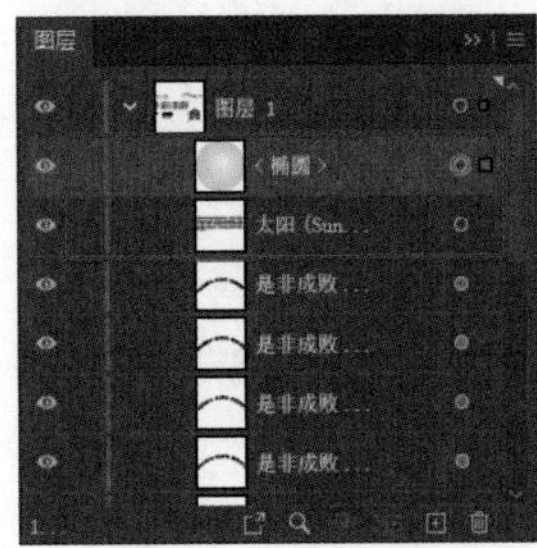

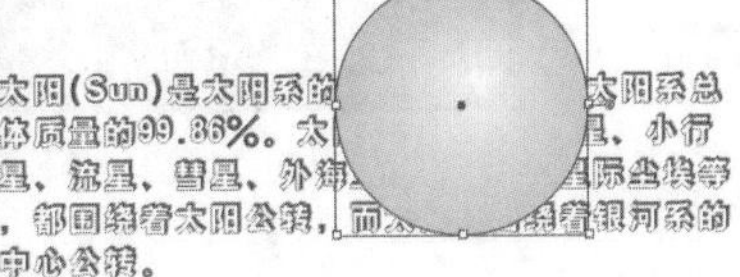

图10-70 排列顺序并选中所要绕排的对象

图10-71 绕排效果

设置绕排选项

用户可以在绕排文本之前或之后设置绕排选项。使用“选择工具”选中要绕排的对象，执行“对象”→“文本绕排”→“文本绕排选项”命令，弹出“文本绕排选项”对话框，如图10-72所示。在该对话框中设置“位移”选项，完成后单击“确定”按钮。

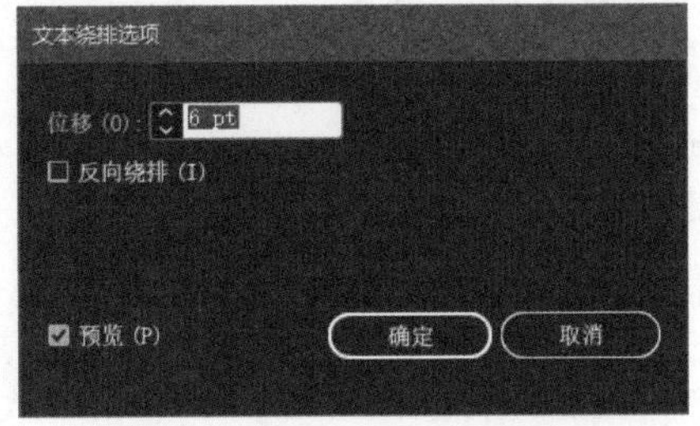

图10-72 “文本绕排选项”对话框

释放文本绕排

使用“选择工具”选中一个或多个围绕对象后，执行“对象”→“文本绕排”→“释放”命令，即可释放文本绕排效果。

10.3.8 适合标题

想要对齐区域文字两端时，使用任意一种文字工具单击区域文字中的这个段落，执行“文字”→“适合标题”命令，即可完成使标题适合文字区域宽度的操作，如图10-73所示。

图10-73 使标题适合文字区域宽度

如果用户更改了区域文字的文字格式，需要重新执行“适合标题”命令，才能匹配之前的操作。

10.3.9 使文字与对象对齐

如果想要根据实际字形的边界而不是字体度量值对齐文本，可以执行“效果”→“路径”→“轮廓化对象”命令，如图10-74所示。该命令可对文字对象应用轮廓化对象的实时效果。

也可以打开“对齐”面板，选择面板菜单中的“使用预览边界”命令，如图10-75所示，设置对齐面板的同时使用预览边界功能。应用这些设置后，文本对象可以获得与“轮廓化文字”相同的对齐方式，同时还可以灵活处理文本。

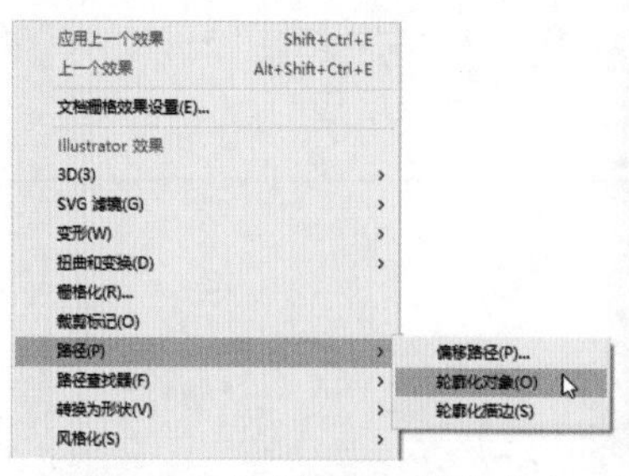

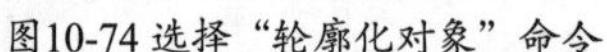
图10-74 选择“轮廓化对象”命令

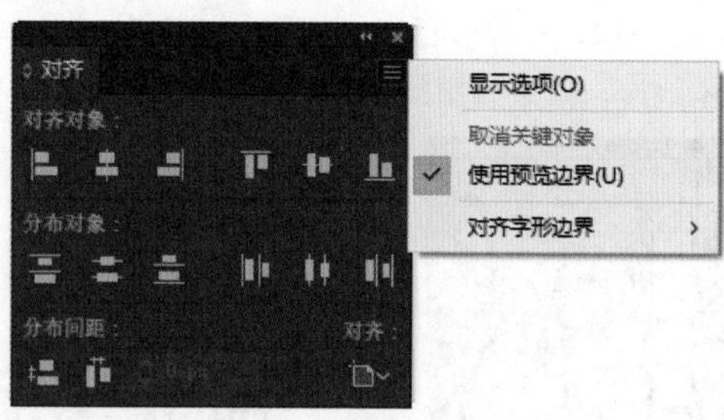

图10-75 选择“使用预览边界”命令

10.4 编辑路径文字

创建路径文字后，还可以对其进行调整，如可以沿路径移动或翻转文本，也可以为路径文字应用效果、调整路径文字的对齐方式，以及设置路径文字的间距等。

10.4.1 翻转路径文字

如果用户想要在不改变文字方向的前提下使路径上的文字翻转到路径的另一侧，可以使用“字符”面板中的“基线偏移”选项。

使用任意文字工具在路径上填充占位符文本或选中现有路径文字，如图10-76所示。打开“字符”面板，在面板中设置“基线偏移”参数，完成后路径文字翻转到路径的另一侧，如图10-77所示。

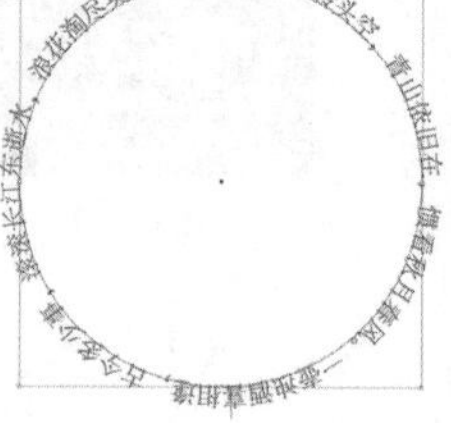

图10-76 创建或选中路径文字

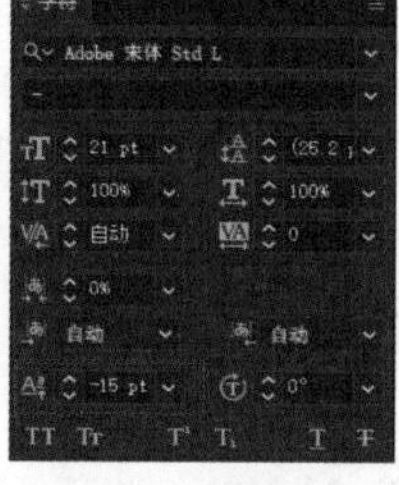

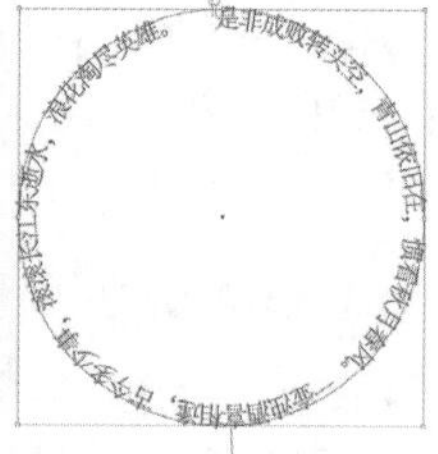

图10-77 设置参数后文字翻转

执行“文字”→“路径文字”→“路径文字选项”命令，在弹出的“路径文字选项”对话框中选择“翻转”复选框，单击“确定”按钮，也可完成翻转路径文字的操作。

10.4.2 应用案例——移动和翻转路径文字

源文件：无

素　材：素材\第10章\104201.ai

技术要点：掌握【移动和翻转路径文字】的方法

扫描查看演示视频

扫描下载素材

STEP 01 使用“选择工具”选中路径文字，文字对象的起点、路径的终点，以及起点与终点之间的中点，都会出现标记，如图 10-78 所示。

STEP 02 将光标置于起点标志或终点标记处，当光标转变为▸或▸状态后，沿路径向左侧或右侧拖曳标记，如图 10-79 所示。释放鼠标后即可完成移动路径文字的操作，移动时可以按住【Ctrl】键，以防文字翻转到路径的另一侧。

图10-78 出现标记

图10-79 移动路径文字

STEP 03 单击工具箱中的“选择工具”按钮，单击想要翻转的路径文字，将光标置于文字对象的起点标记、中点标记或终点标记上，如图 10-80 所示。

STEP 04 当光标转变为 、 或 状态时，向上或向下拖曳光标，释放鼠标即可完成翻转路径文字的操作，如图 10-81 所示。

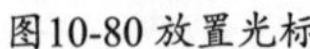

图10-80 放置光标

图10-81 翻转路径文字

10.4.3 应用案例——为路径文字应用效果

源文件：无

素　材：素材\第10章\104301.ai

技术要点：掌握【为路径文字应用效果】的方法

扫描查看演示视频

扫描下载素材

STEP 01 打开“素材\第 10 章\104301.ai”文件，选中第一个路径文字，执行“文字”→“路径文字”命令，打开如图 10-82 所示的子菜单。

STEP 02 从子菜单中选择“倾斜效果”命令，为路径文字应用该效果，如图 10-83 所示。

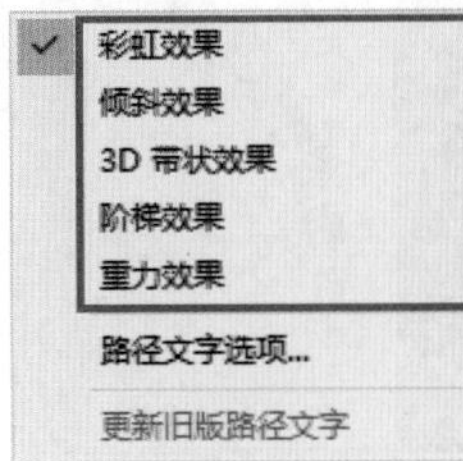

图10-82 子菜单

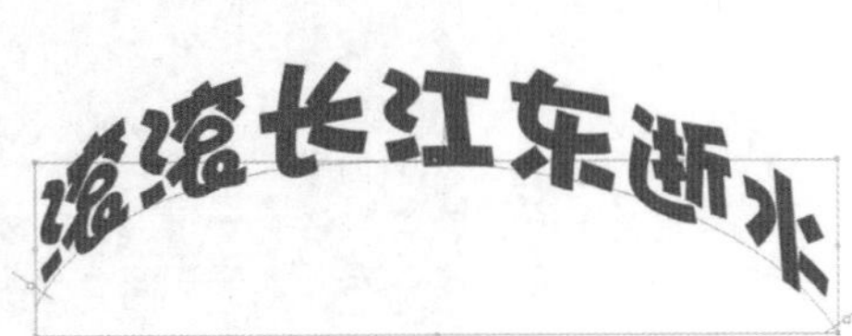

图10-83 倾斜效果

STEP 03 选中另一个路径文字，执行“文字”→“路径文字”→“路径文件选项”命令，弹出“路径文字选项”对话框，在“效果”下拉列表框中选择“3D 带状效果”选项，如图 10-84 所示。

STEP 04 单击“确定”按钮，完成为路径文字应用效果的操作，效果如图 10-85 所示。

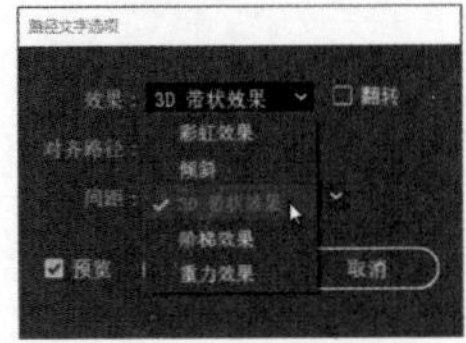

图10-84 选择“3D带状效果”选项

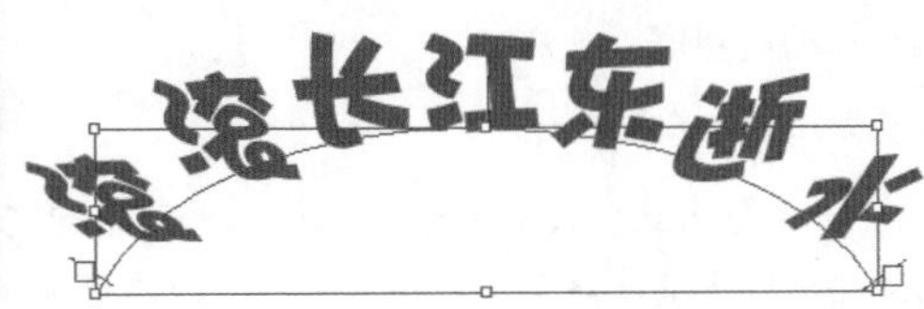

图10-85 3D带状效果

提示

Illustrator CC 软件中提供了彩虹效果、倾斜效果、3D 带状效果、阶梯效果和重力效果 5 种路径文字效果，在使用路径文字效果时，会沿着路径方向扭曲字符。

10.4.4 路径文字的垂直对齐方式

Illustrator CC为用户提供了字母上缘、字母下缘、居中和基线4种路径文字的垂直对齐方式。

选择文字对象，执行“文字”→“路径文字”→“路径文件选项”命令，弹出“路径文字选项”对话框，在“对齐路径”下拉列表框中选择一个选项，用以指定如何将所有字符对齐到路径（相对字体的整体高度），如图10-86所示。

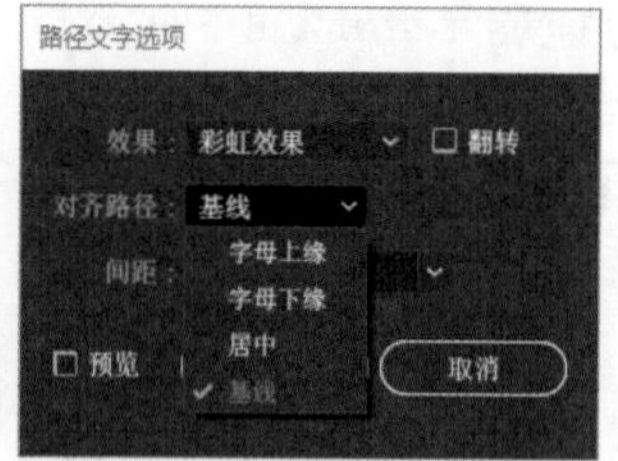

图10-86 对齐路径的选项

要想更好地控制垂直对齐方式，可以使用“字符”面板中的“基线偏移”选项。例如，在“基线偏移”文本框中输入一个负值，可以降低文字的对齐高度。

? 疑问解答 无上缘、无下缘和无基线的文本如何垂直对齐?

无上缘、无下缘（如字母e）或无基线（如省略号）的字符，将与具有上缘、下缘和基线的字符垂直对齐。这些字体大小都是由字体设计人员指定的，且固定不变。

10.4.5 设置路径文字的间距

当字符围绕尖锐曲线或锐角排列时，因为突出展开的关系，字符间可能会出现额外的间距。此时，用户可以通过“路径文字选项”对话框中的“间距”选项缩小或删除曲线上字符间不必要的间距。

创建路径文字或选中现有路径文字，如图10-87所示。执行“文字”→“路径文字”→“路径文字选项”命令，弹出“路径文字选项”对话框。在“间距”文本框中，以点为单位输入一个值。设置较高的值，可消除锐利曲线或锐角处字符间的不必要间距，如图10-88所示。

图10-87 创建或选中路径文字

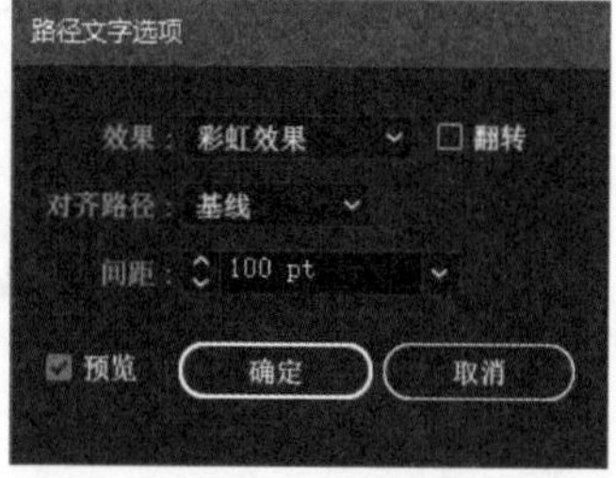

图10-88 缩小不必要的间距

10.5 应用文字样式

在Illustrator CC中，可以为选中的文字和段落应用相应的样式，使文字和段落的结构更加多样化，并增加图稿整体的美观度。

10.5.1 字符样式和段落样式

字符样式是许多字符格式属性的集合，可应用于选中的文本范围。段落样式包括字符和段落格式属性，并且可应用于选中的段落文本，也可应用于段落范围。

使用字符样式和段落样式可节省操作时间，还可确保格式的一致性。

如果想要使用字符样式，执行“窗口”→“文字”→“字符样式”命令，打开“字符样式”面板，如图10-89所示。选中要应用字符样式的文字内容，在“字符样式”面板中单击样式名称，即可为文字内容应用选中的字符样式。如果未选择任何文本，则会将样式应用于所创建的新文本上。

如果想要使用段落样式，执行“窗口”→“文字”→“段落样式”命令，打开“段落样式”面板，如图10-90所示。在画板中选中需要应用样式的段落文本，再单击“段落样式”面板中的段落样式，即可为文字对象应用选中的段落样式。

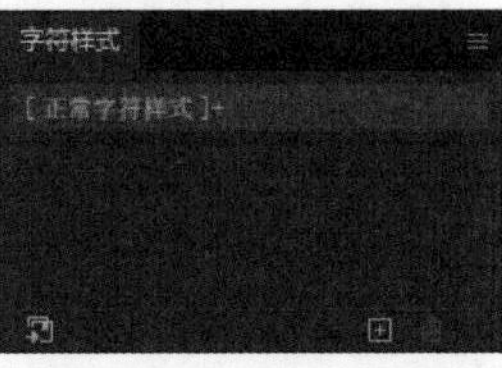

图10-89 “字符样式”面板

图10-90 “段落样式”面板

默认情况下，文档中的每个字符都会被指定为“正常字符样式”，而每个段落都会被指定为“正常段落样式”。这些默认样式是创建所有其他样式的基础。

在文本对象中选择文本或插入光标时，将会在“字符样式”和“段落样式”面板中突出显示现用样式。

10.5.2 删除覆盖样式

为文本对象应用字符样式或段落样式后，如果“字符样式”或“段落样式”面板中样式名称的旁边出现加号，表示该样式具有覆盖样式。此时可以按住【Alt】键再次单击该样式，即可完整地应用样式，样式后面的加号也会消失。

选中应用样式的文字，单击面板右上角的“面板菜单”按钮，在打开的面板菜单中选择“清除优先选项”命令，完成后即可删除样式覆盖。

如果想要重新定义样式并且还想保持文本的当前外观，需要至少选择文本的一个字符，然后从面板菜单中选择“重新定义样式”命令，即可完成操作。

如果用户想要使用样式来保持格式的一致性，则应该避免使用优先选项。如果用户想要一次性快速设置文本格式，这些优先选项便不会造成任何问题。

? 疑问解答 什么是覆盖样式?

覆盖样式是与样式所定义的属性不匹配的任意格式。每次在“字符”面板和OpenType面板中更改设置时，都会为当前字符样式创建覆盖样式；同样，在“段落”面板中更改设置时，也会为当前段落样式创建覆盖样式。

10.5.3 应用案例——新建字符样式和段落样式

源文件：无

素　材：无

技术要点：掌握【创建字符样式和段落样式】的方法

扫描查看演示视频

STEP 01 打开“字符样式”面板，单击面板底部的“创建新样式”按钮 ，弹出“新建字符样式”对话框，如图10-91所示。此时创建字符样式的默认名称为“字符样式1、2、3、4……”，用户可以在“样式名称”文本框中输入自己想要的样式名称。

STEP 02 在对话框左侧选择“基本字符格式”“高级字符格式”“字符颜色”和“Open Type功能”等选项，为创建的字符样式设置各项参数，如图10-92所示。单击“确定”按钮，确认新建字符样式的操作。

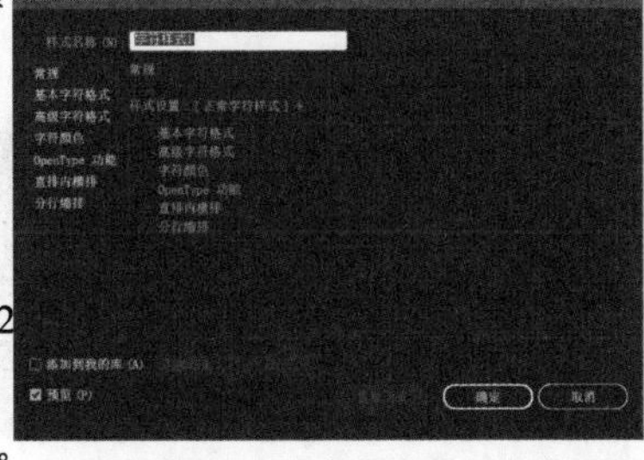
图10-91 “新建字符样式”对话框

图10-92 设置各项参数

STEP 03 打开“段落样式”面板，单击面板底部的“创建新样式”按钮，弹出“新建段落样式”对话框，如图 10-93 所示。此时创建字符样式的默认名称为“段落样式 1、2、3、4……”，用户可以在“样式名称”文本框中输入自己想要的样式名称。

STEP 04 在对话框左侧选择“基本字符格式”“高级字符格式”“缩进和间距”和“Open Type 功能”等选项，为创建的段落样式设置各项参数，如图 10-94 所示。单击“确定”按钮，确认新建段落样式的操作。

图10-93 “新建段落样式”对话框

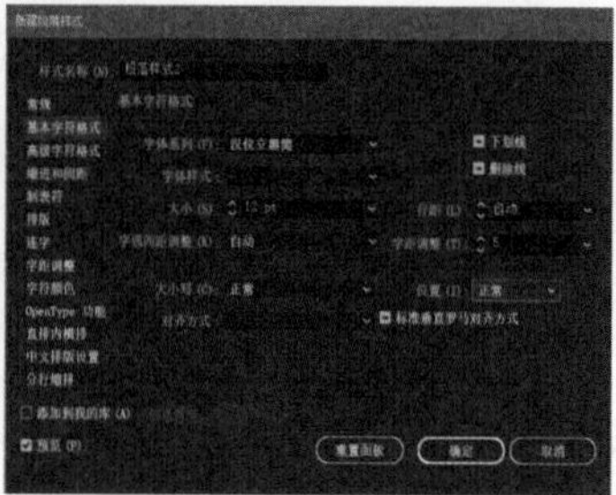

图10-94 设置各项参数

10.5.4 管理字符样式和段落样式

用户在使用字符样式或段落样式的过程中，不仅可以新建样式，还可以对样式进行管理，包括编辑样式、删除样式、复制样式和载入样式等。

编辑样式

编辑样式是指用户可以更改默认字符样式和段落样式的各项定义参数，也可以调整新创建样式的各项定义参数。在更改样式的定义参数时，应用该样式的所有文本都会发生更改，用以与新样式相匹配。

要想编辑样式，在相应面板中选择需要更改参数的样式，单击面板右上角的“面板菜单”按钮，在打开的面板菜单中选择“字符样式选项”或“段落样式选项”命令，也可以双击样式名称，弹出相应的对话框，在其中设置所需的各项参数。设置完选项后，单击“确定”按钮确认更改。

删除样式

用户在删除字符样式或段落样式时，使用该样式的文字或段落外观并不会改变，但其格式将不再与任何样式相关联。

在“字符样式”或“段落样式”面板中选择一个或多个样式，单击面板右上角的“面板菜单”按钮，在打开的面板菜单中选择“删除字符样式”或“删除段落样式”命令，如图10-95所示，完成后即可删除选中的样式。

选中样式后，也可以单击面板底部的“删除所选样式”按钮；还可以将选中的样式拖曳到面板底部的“删除所选样式”按钮上，都可删除选中样式，如图10-96所示。

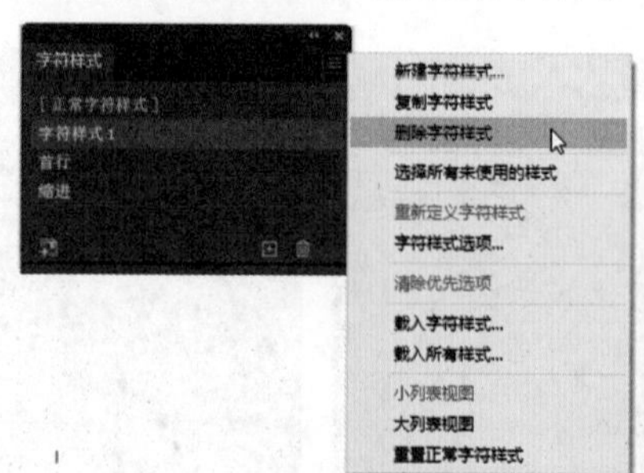

图10-95 选择“删除字符样式”命令

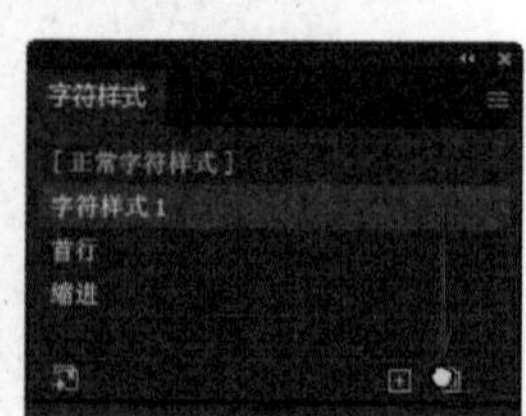

图10-96 删除样式

要删除所有未使用的样式，从面板菜单中选择“选择所有未使用的样式”命令，再单击“删除”按钮即可。

复制样式

复制样式时，首先要在相应的面板中选择字符样式或段落样式，再直接将选中的样式拖曳到“创建新样式”按钮上，即可完成复制样式操作，如图10-97所示。

也可以单击面板右上角的“面板菜单”按钮，在打开的面板菜单中选择“复制字符样式”或“复制段落样式”命令，如图10-98所示。释放鼠标，即可完成复制选中样式的操作。

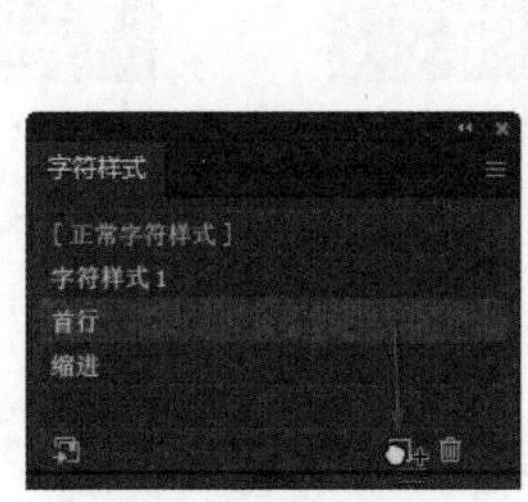

图10-97 复制样式

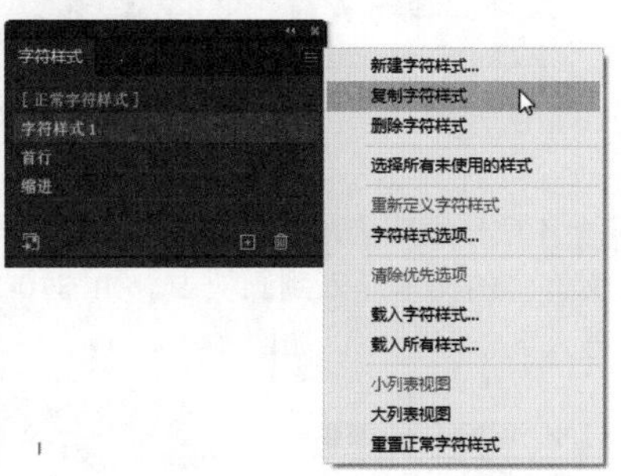

图10-98 选择“复制字符样式”命令

载入样式

如果用户想要从其他Illustrator CC文档中载入字符样式或段落样式，可以单击相应面板右上角的“面板菜单”按钮，在打开的面板菜单中选择“载入字符样式”或“载入段落样式”命令，也可以在面板菜单中选择“载入所有样式”命令。

选择相应命令后，弹出“选择要导入的文件”对话框，选择想要载入的样式文件，如图10-99所示。单击“打开”按钮，载入的字符样式或段落样式将出现在相应面板上，如图10-100所示。

图10-99 选择想要载入的样式文件

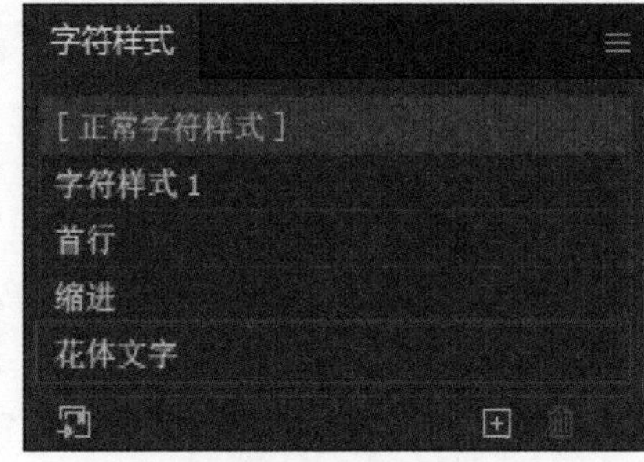

图10-100 载入样式

10.6 文本的导入与导出

Illustrator CC为用户提供了从Word文档、RTF文档和TXT文件中导入文本的功能；还提供了将设计文件中的文本导出的功能，以便于用户将导出文本应用于其他软件中。

10.6.1 将文本导入到新文件中

如果用户想要将文本导入到画板中，执行“文件”→“打开”命令，弹出“打开”对话框，选中需要导入的文本文件，单击“打开”按钮，即可将文本导入到新文件中。

10.6.2 将文本导入到现有文件中

如果用户想要将文本导入到当前文档中，执行“文件”→“置入”命令或按【Shift+Ctrl+P】组合键，弹出“置入”对话框，选中要导入的文件，单击“置入”按钮，将弹出不同的对话框。

如果置入的是Word文档，单击“置入”按钮后，会弹出“Microsoft Word选项”对话框，如图10-101所示。在该对话框中可以选择想要置入的文本内容，也可以选择“移去文本格式”复选框，将其作为纯文本置入。如果置入的是纯文本，单击“置入”按钮后，会弹出“文本导入选项”对话框，如图10-102所示。

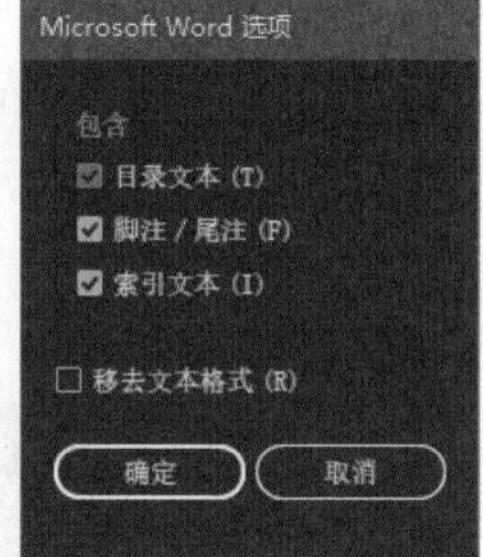

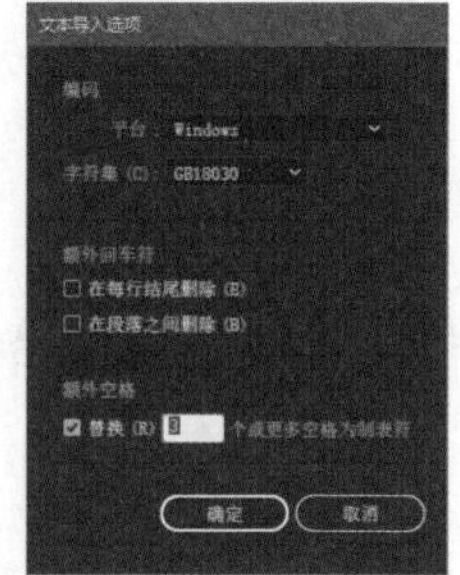

图10-101 “Microsoft Word选项”对话框　图10-102 “文件导入选项”对话框

在对话框中设置各项参数，完成后单击“确定”按钮，此时光标变为 状态，在画板中的空白处单击，即可将文件中的文本导入到画板中，如图10-103所示。而在画板中的形状边缘处单击，即可将文件中的文本导入到该形状中，如图10-104所示。

是非成败转头空，青山依旧在，惯看秋月春风。一壶浊酒喜相逢，古今多少事，滚滚长江东逝水，浪花淘尽英雄。　几度夕阳红。白发渔樵江渚上，都付笑谈中。
滚滚长江东逝水，浪花淘尽英雄。是非成败转头空，青山依旧在，几度夕阳红。白发渔樵江渚上，惯看秋月春风。一壶浊酒喜相逢，古今多少事，都付笑谈中。

图10-103 将文字导入到画板中

是非成败转头空，青山依旧在，惯看秋月春风。一壶浊酒喜相逢，古今多少事，滚滚长江东逝水，浪花淘尽英雄。　几度夕阳红。白发渔樵江渚上，都付笑谈中。滚滚长江东逝水，浪花淘尽英雄。是非成败转头空，青山依旧在，几度夕阳红。白发渔樵江渚上，惯看秋月春风。一壶浊酒喜相逢，古今多少事，都付笑谈中。

图10-104 导入形状

使用这种方法导入的文本，导入位置是现有文件，并且将文本导入画板后，文字将以区域文字的形式存在。

10.6.3 应用案例——将文本导出到文本文件

源文件：无

素　材：无

技术要点：掌握【导出文本文件】的方法

扫描查看演示视频

STEP 01 选中要导出的文本，执行“文件”→“导出”→“导出为”命令，弹出“导出”对话框，如图10-105所示。

STEP 02 在“导出”对话框中选择文件要导出的位置，设置保存的类型为“文本格式（*.TXT）”，并输入导出文本的文件名称，完成后单击“导出”按钮，弹出“文本导出选项”对话框，如图10-106所示。

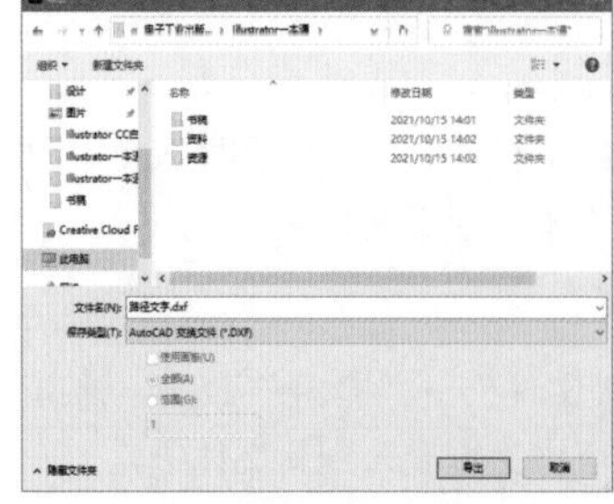

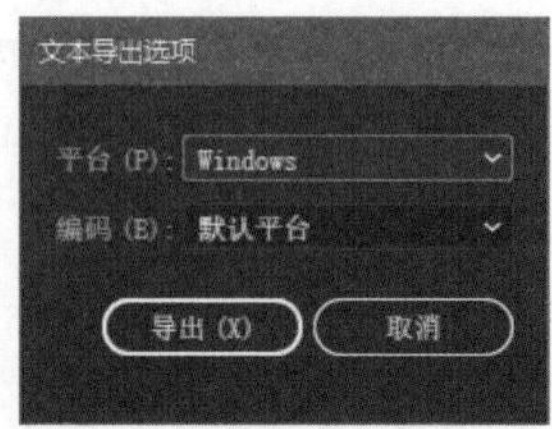

图10-105 “导出”对话框　图10-106 “文本导出选项”对话框

STEP 03 用户可以在“文本导出选项”对话框中，单击“平台”或“编码”下拉按钮，在打开的下拉列表框中选择需要的选项，完成设置后单击“导出”按钮，即可将选中文本导出。

10.7 文字的其他操作

除了前面讲到的功能和操作，Illustrator CC还提供了一些其他有关文字的操作，包括拼写检查、查找与替换文本、字体预览、智能标点和缺少字体等，这些功能也可以为用户处理文本提供极大的便利。

10.7.1 拼写检查

llustrator CC为用户提供了两种拼写检查方法，包括拼写检查和自动拼写检查。拼写检查可以将当前文档中存在的拼写错误逐一检查出来并显示在对话框中，还会给出相应的修改建议。而自动拼写检查则可以实时地检查文本中的所有错误，检查出来的错误文本下方会出现红色下画线，用户需要选中错误文本并单击鼠标右键，显示修改建议。此外，Illustrator CC还为用户提供了自定义拼写词典功能。

Illustrator CC 中的拼写检查功能主要的应用对象是英文。

拼写检查

使用任意文字工具创建文本后，如果用户想要手动检查当前文本是否存在错误，执行“编辑”→“拼写检查”→“拼写检查”命令或按【Ctrl+I】组合键，弹出“拼写检查”对话框，如图10-107所示。

单击“开始”按钮，开始查找文档中的拼写错误。如果找到文档中的错误文本，会在“建议单词”栏中给出建议的单词，如图10-108所示。此时，可以使用对话框中的相应按钮，完成更正、忽略或添加等操作。

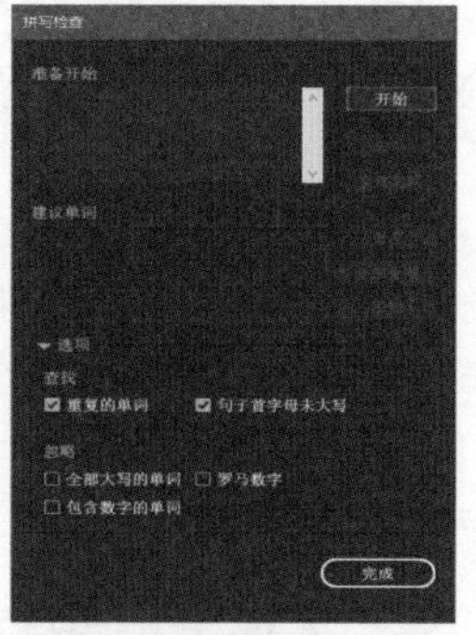

图10-107 “拼写检查”对话框

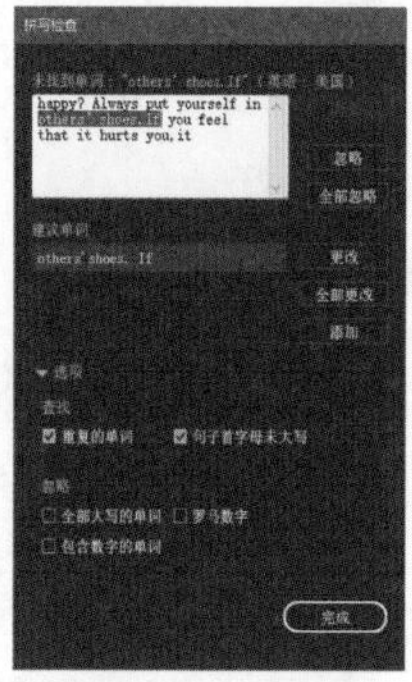

图10-108 建议单词

自动拼写检查

创建文本的过程中，执行“编辑”→“拼写检查”→“自动拼写检查”命令，用户之前和之后输入的所有文本，如果存在错误文本，系统会立刻在错误文本下方添加红色的下画线，用以提醒用户，错误文本的显示方式如图10-109所示。

使用文字工具选中想要修改的错误文本，单击鼠标右键，弹出包含“全部忽略”“添加到词典”功能及建议单词的快捷菜单，如图10-110所示。在其中选择一个建议单词或者相应功能，即可完成拼写检查操作。

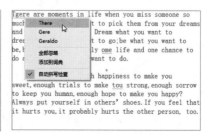

图10-109 错误文本的显示方式

图10-110 快捷菜单

自定义拼写词典

在使用拼写检查功能的过程中，如果检查出的文本无错误，可以执行“编辑”→“编辑自定词典”命令，弹出“编辑自定词典”对话框，如图10-111所示。在对话框中输入无错误的文本，单击“添加”按钮后单击“完成”按钮，即可将单词添加到词典中。

如果要从词典中删除单词，需要选择列表中的单词，然后单击“删除”按钮。如果要修改词典中的单词，需要选择列表中的单词，在“词条”文本框中输入新单词并单击“更改”按钮，即可完成操作，如图10-112所示。

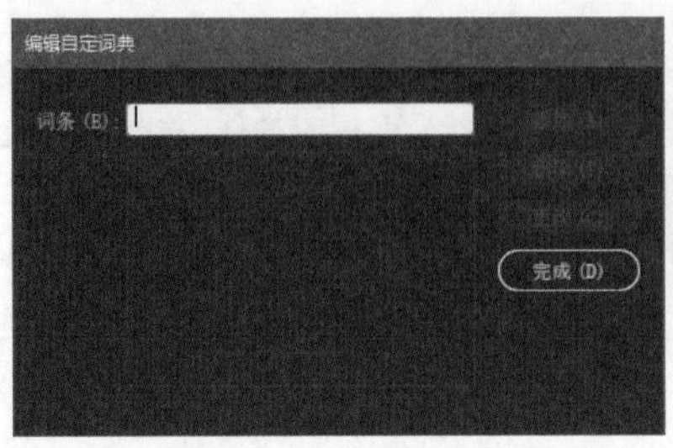

图10-111 “编辑自定词典”对话框

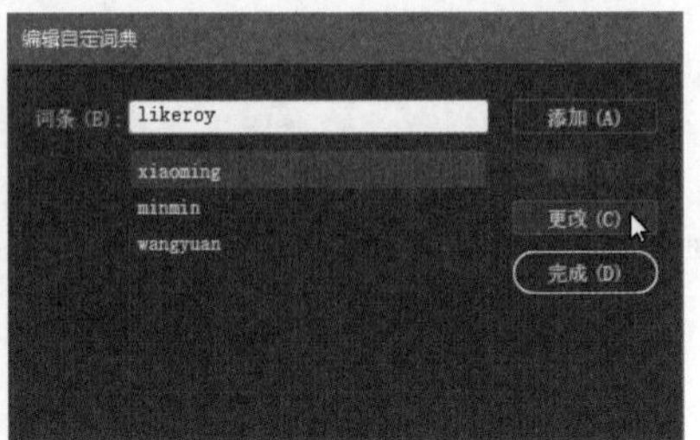

图10-112 修改词典中的单词

10.7.2 查找与替换文本

Illustrator CC中的“查找与替换”命令可以帮助用户快速找到文档中需要修改的内容并完成替换操作。在查找与替换文本之前，首先要选择查找范围。要查找的对象既可以是文字对象，也可以是整篇文档。

选中文字对象，如图10-113所示。执行“编辑”→“查找和替换”命令，弹出“查找和替换”对话框，在“查找”文本框中输入要查找的文本，在“替换为”文本框中输入要替换的文本，其他设置如图10-114所示。设置完成后，单击“查找下一个”按钮，找到查看项后，会在文档中高亮显示，如图10-115所示。

图10-113 选中文字对象

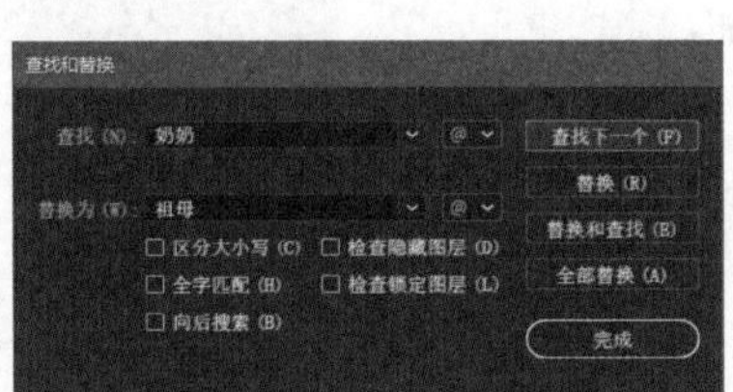

图10-114 参数设置

图10-115 高亮显示查看项

单击“替换”按钮，系统会将查找项文本更换为替换文本，单击“替换和查找”按钮，系统会自动替换文本并查找下一项；单击“全部替换”按钮，文档中的所有查找项都会被更改为替换项。替换完成后，单击“完成”按钮，完成查找和替换操作。

如果要查找整篇文档，查找前无须选择任何文字对象；如果想要查找文字对象中的部分内容，则查找前要先选中文字对象；如果只需要查找某一段文本，则选中这部分文本即可。

10.7.3 字体预览

使用字体预览功能可以帮助用户找到所需的字体。默认情况下，Illustrator CC的字体预览功能处于打开状态，执行“文字”→“字体”命令，在其子菜单中选择字体，或者使用右键快捷菜单选择字体时，可以同时看到每一种字体的外观样本，如图10-116所示。

图10-116 字体预览

10.7.4 智能标点

用户在进行文字排版时，使用“智能标点”功能可以搜索键盘上的标点字符，同时将其替换为相同的印刷体标点字符。另外，如果字体包括连字符或分数符号，也可以使用“智能标点”命令统一插入连字符或分数符号。

选择要替换的文本或字符，执行“文字”→“智能标点”命令，弹出“智能标点”对话框，如图10-117所示。在“智能标点”对话框中选择自己所需的选项后，单击“确定”按钮，开始搜索并替换文本或字符。

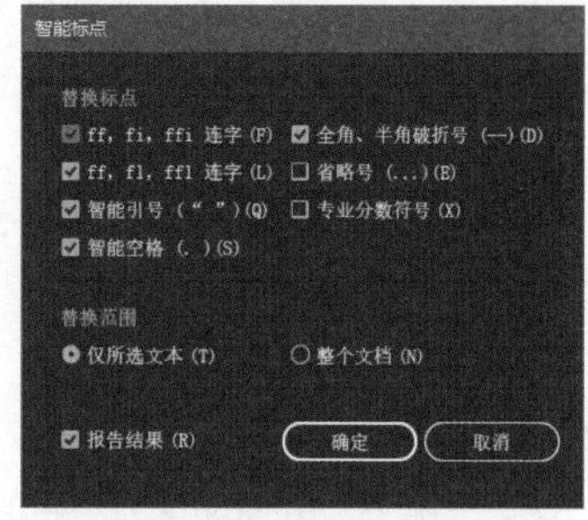

图10-117 “智能标点”对话框

10.7.5 缺少字体

打开Illustrator文档时，如果系统中没有安装文档所使用的字体，会弹出“缺少字体”对话框，如图10-118所示。用以告知用户文件缺少字体并使用已安装的默认字体替代缺少的字体，此时用户仍然可以打开、编辑和保存文件。

如果缺少字体不影响用户的图稿效果，可以单击对话框中的“关闭”按钮。如果用户想要替换缺失字体的字体类型，单击对话框中“查找字体”按钮，弹出“查找字体”对话框，在该对话框中缺少的字体后面显示警告标志，如图10-119所示。使用前面介绍的方法替换应用缺少字体的文本，然后单击“完成”按钮即可。

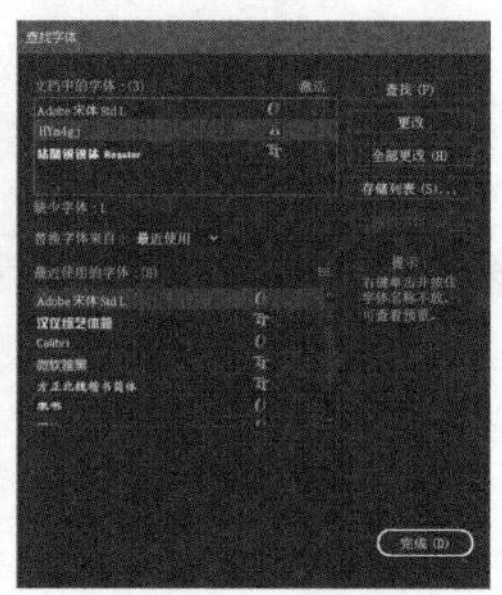

图10-118 “缺少字体”对话框　图10-119 缺少字体的警告标志

如果用户在“缺少字体”对话框中单击了“关闭”按钮，进入文档后又想要将缺少字体替换为其他字体时，可以选择缺少字体的文本，然后在“控制”面板或“字符”面板中为其应用其他字体。

如果用户想在Illustrator CC中使用缺少字体，就要在系统中安装缺少的字体，或者使用字体管理应用程序激活缺少的字体。

高亮显示缺失文本

执行“文件”→“文档设置”命令或按【Alt+Ctrl+P】组合键，弹出“文档设置”对话框，如图10-120所示。选择“突出显示替代的字形”复选框，单击“确定”按钮。完成后的画板中，缺少字体将高亮显示，如图10-121所示。

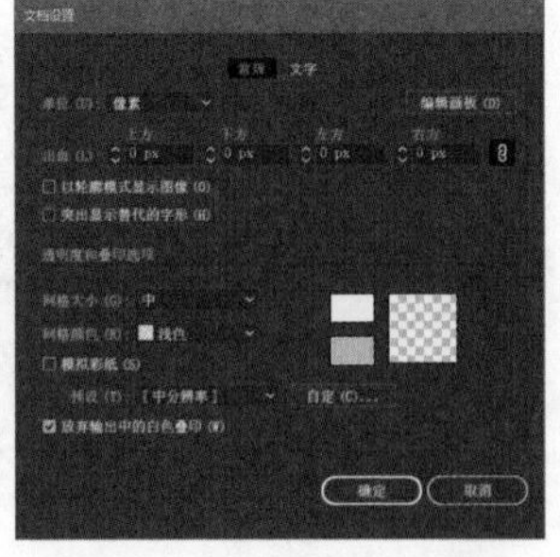

图10-120 “文档设置”对话框

生命中的痛苦就像是盐的咸味一样，就这么多。而我们所能感受和体验的程度，取决于我们将它放在多大的容器里。你的心量越小，烦恼就多了，心量大了，能承受的就多了，生活就不那么苦了。用敞亮的心去看待世界，世界就是闪闪发光的，相反，用阴暗的心去看待世界，世界就永无发光之日。

心态真的很重要，人人都会有烦恼，你不拿他当回事，它就会悄悄溜掉。人这一辈子想活得好，心态一定要好。有些事，不必斤斤计较；有些人，不必放在心上。学会把烦恼留给昨天，把简单留给今天，把期待留给明天。

遇事时，别一昧悲伤，要学会及时调整，释放自己的压力，看看电影、跑跑步，运动都不失为好方法，适时和家人朋友倾诉。一辈子那么长，不要因为一时的烦恼，而耽误了后半生的幸福。无论酸甜苦辣、喜怒哀乐，都认真、踏实过好眼下的生活。

图10-121 高亮显示缺少字体

自动激活缺失字体

当Illustrator文档包含缺失字体时，如果所有字体在Adobe Fonts中均可用，则可以自动激活这些字体。激活任务将在后台运行，而不显示“缺少字体”对话框。图10-122所示为使用“自动激活Adobe Fonts”功能替换缺失字体。

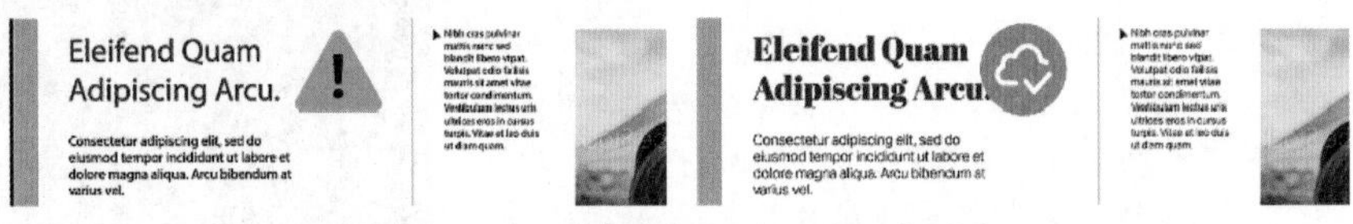

图10-122 使用“自动激活Adobe Fonts”功能

默认情况下，Illustrator CC 中的“自动激活Adobe Fonts”功能为禁用状态，如果想要启用该功能，应该执行“编辑”→“首选项”→“文件处理”命令，弹出“首选项”对话框，选择“自动激活Adobe Fonts”复选框即可。

10.7.6 “字形”面板

在Illustrator CC中，用户可以使用“字形”面板查看字体中的字形，并在文档中插入替代字形。执行“窗口”→“文字”→“字形”命令，打开“字形”面板，如图10-123所示。默认情况下，“字形”面板显示当前所选字体的所有字形。在该面板中，用户可以通过在面板底部选择一个不同的字体系列和样式，完成更改字体的操作。

图10-123 “字形”面板

在“字形”面板中选择OpenType字体时，可以从“显示”下拉列表框中选择一种类别，将面板限制为只显示特定类型的字形。用户还可以单击字形框右下角的三角形，显示替代字形的弹出式菜单，如图10-124所示。

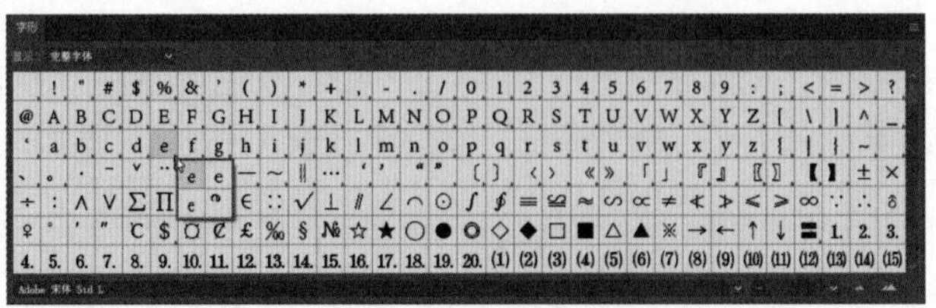

图10-124 显示替代字形的弹出式菜单

如果想要插入字符，需要使用文字工具创建输入点，然后在“字形”面板中双击要插入的字符。如果想要替换字符，需要在“字形”面板的“显示”下拉列表框中选择“当前所选字体的替代字”选项，然后使用“文字工具”在文档中选择一个字符，双击“字形”面板中想要替代的字形即可。

10.7.7 “OpenType”面板

在Illustrator CC中，用户可以使用“OpenType”面板指定如何应用OpenType字体中的替代字符。例如，可以为新文本或现有文本指定使用标准连字。执行“窗口”→“文字”→“OpenType”命令或按【Alt+Shift+Ctrl+T】组合键，打开“OpenType”面板，如图10-125所示。

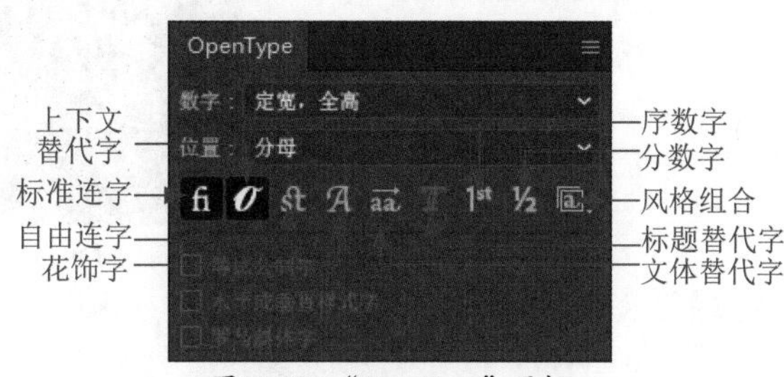

图10-125 “OpenType”面板

OpenType 字体提供的功能类型差别较大，并非每种字体都能够使用 OpenType 面板中的所有选项，并且用户可以使用“字形”面板查看字体中的字符，

10.7.8 “制表符”面板

在Illustrator CC中，用户可以使用“制表符”面板设置段落或文字对象的制表位。在区域文本中插入输入点，或者选择文字对象（想要为文字对象中的所有段落设置制表符定位点），执行“窗口”→“文字”→“制表符”命令或按【Shift+Ctrl+T】组合键，打开“制表符”面板，如图10-126所示。用户可在“制表符”面板中单击一个制表符对齐按钮，用以指定如何相对于制表符位置对齐文本。

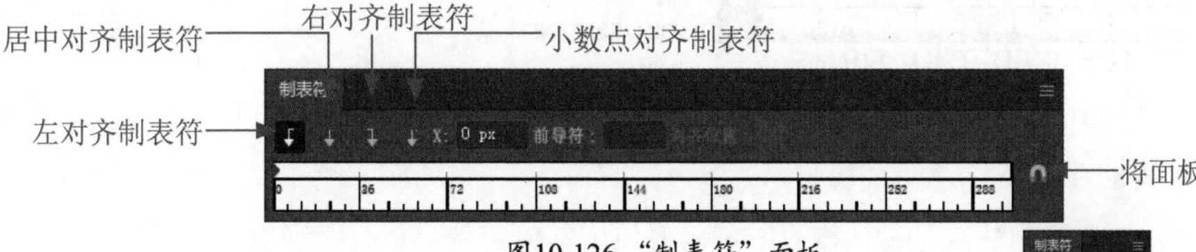

图10-126 “制表符”面板

用户可以根据自己的需要，拖曳面板的左侧或右侧边界用以扩展或缩小标尺。如果选中的文本以垂直方向排列，则单击“制表符”面板中的“将面板置于文本上方”按钮，“制表符”面板将变为如图10-127所示的显示效果。

如果用户想要更改任何制表符的对齐方式，只需选择一个制表符，并单击这些制表符按钮中的任意一个即可。

制表符的定位点可以应用于整个段落。在设置第一个制表符时，会删除其定位点左侧的所有默认制表符定位点。

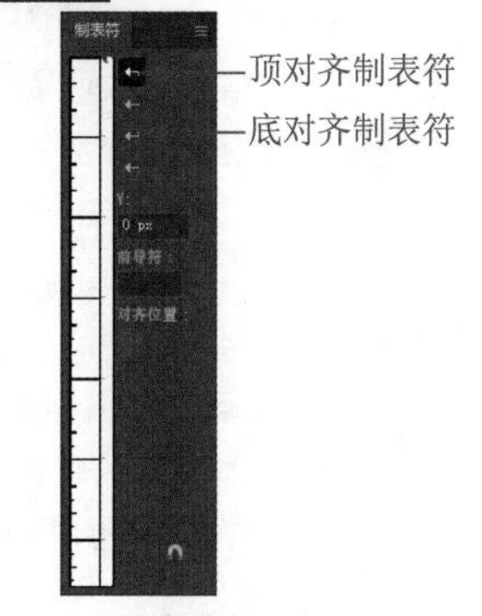

图10-127 “制表符”面板

10.7.9 应用案例——使用制表符制作日历

源文件：源文件\第10章\10-7-9.ai

素　材：素材\第10章\107901.ai

技术要点：掌握【使用制表符制作日历】的方法

扫描查看演示视频

扫描下载素材

STEP 01 执行“文件”→“打开”命令，将“素材\第 10 章\107901.ai”文件打开，使用“文字工具”在画板中拖曳，创建文本框并输入文字内容，如图 10-128 所示。

STEP 02 选中文本框，打开“字符”面板，设置参数如图 10-129 所示。执行“窗口”→“文字”→“制表符”命令，效果如图 10-130 所示。

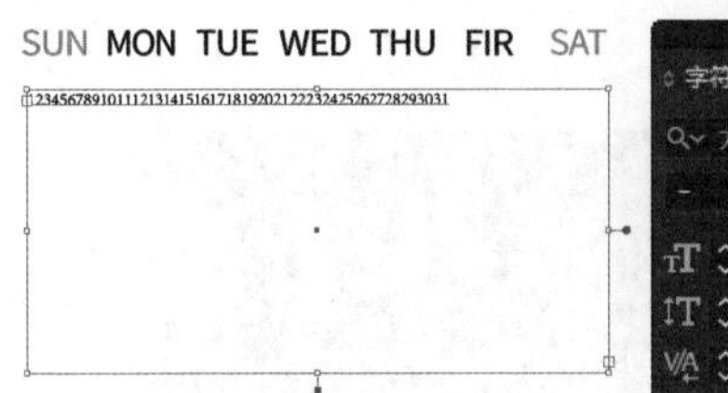

图10-128 输入文字

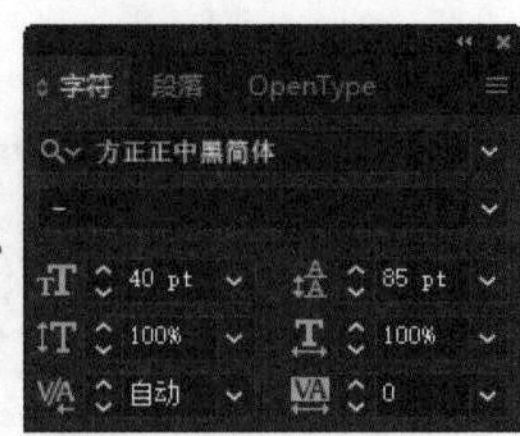

图10-129 设置参数

图10-130 显示制表符

STEP 03 将鼠标移动到标尺上的合适位置，单击添加多个制表符，效果如图 10-131 所示。按【Enter】键，调整文字分段，将光标移动到数字“1”前，按【Table】键，调整位置，如图 10-132 所示。

STEP 04 继续使用相同的方法逐个调整文字的位置，分别选中周六和周日文字列上的文字并修改填色，完成后的日历效果如图 10-133 所示。

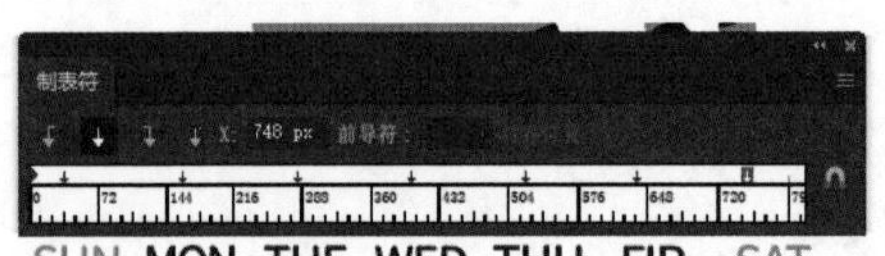

图10-131 添加多个制表符

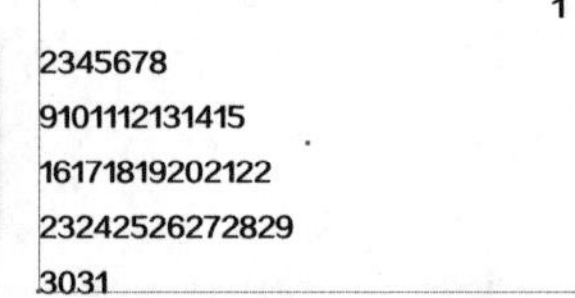

图10-132 调整文字位置

图10-133 日历效果

10.7.10 安装其他字体

当系统提供的字体无法满足设计需要或者需要使用其他特殊字体代替现有字体类型时，用户就需要自己在网络中下载所需字体，再进行安装。而用户在设计时应该经常会用到大量的特殊字体，因此，把经常使用的特殊字体安装到系统中非常有必要。

首先，用户需要在网络中寻找并下载自己所需的字体，打开下载字体所在的文件夹，双击需要安装的字体，打开相应的字体对话框，在其中可以预览字体类型，单击对话框左上角的“安装”按钮，即可完成安装操作，如图10-134所示。

也可以将鼠标置于想要安装的字体上方并单击鼠标右键，在弹出的快捷菜单中选择“安装”命令，如图10-135所示，释放鼠标后即可完成安装字体的操作。

图10-134 “安装”按钮

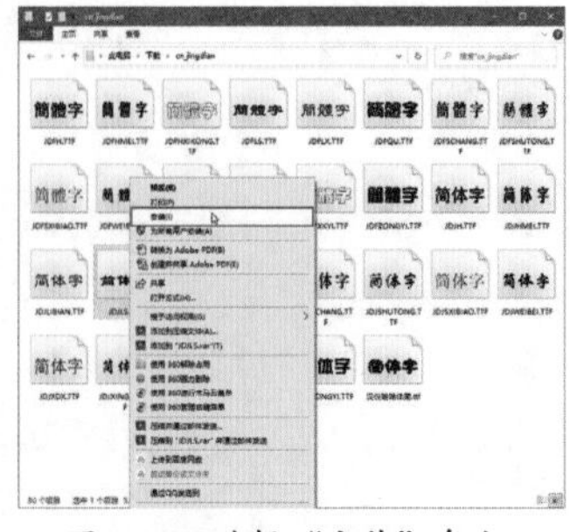

图10-135 选择“安装”命令

10.8 解惑答疑

熟练掌握在Illustrator CC中创建与编辑文本的操作，有利于读者在设计制作图稿的过程中轻松便捷地完成文本的排版工作，同时有利于用户之后学习更多的Illustrator CC 绘制技巧。

10.8.1 使用占位符文本填充文本对象

如果用户不习惯每次创建新文字对象时有占位符文本填充对象，可以停用Illustrator CC在默认情况下用占位符文本填充所有新文字对象的行为。只需执行“编辑”→“首选项”→“文字”命令，弹出“首选项”对话框，取消选择“用占位符文本填充新文字对象”复选框即可，如图10-136所示。

用占位符文本填充新文字对象的默认行为停用后，用户仍可以使用占位符文本逐个填充文字对象。

选中文字对象后，执行“文字”→“用占位符文本填充”命令，如图10-137所示，即可使用占位符文本填充选中对象；也可以在选中文字对象后单击鼠标右键，在弹出的快捷菜单中选择“用占位符文本填充”命令，如图10-138所示。

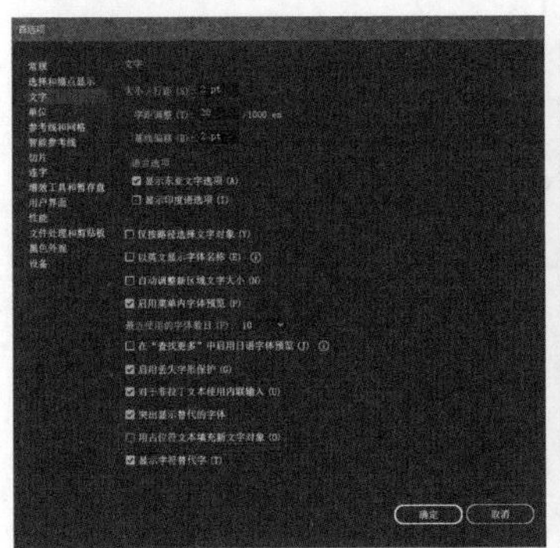

图10-136 取消选择相应的复选框

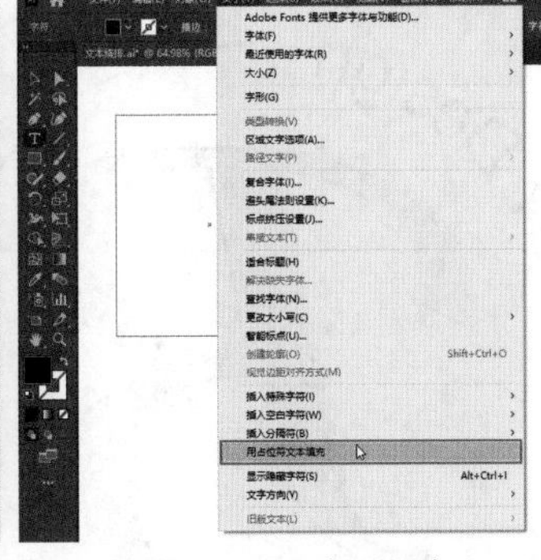

图10-137 执行相应的命令

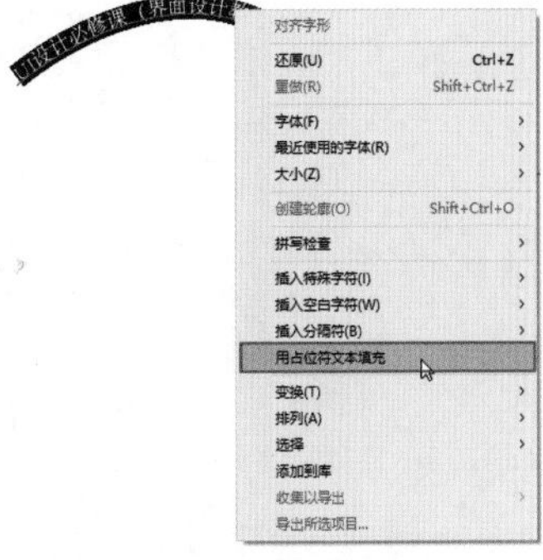

图10-138 右键快捷菜单

10.8.2 如何在图稿中删除空文字对象

在Illustrator CC中设计图稿时，删除无意义且无内容的文字对象，可以让用户的图稿打印更加顺畅，同时还可以减小文件大小。一般情况下，如果用户在绘制图稿的过程中使用任意文字工具在画板区域中创建了文本框，或者将现有区域文本中的文字内容删除或转移，然后选择了另一种工具，就会形成空文本路径对象。

如果画板区域中存在空文本路径，如图10-139所示。执行“对象”→“路径”→“清理”命令，弹出“清理”对话框，如图10-140所示。选择“空文本路径”复选框，单击“确定”按钮，即可完成清理空文本路径的操作。

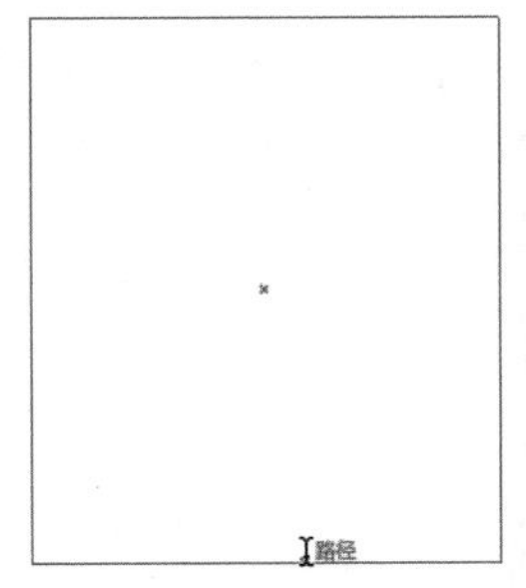

图10-139 空文本路径

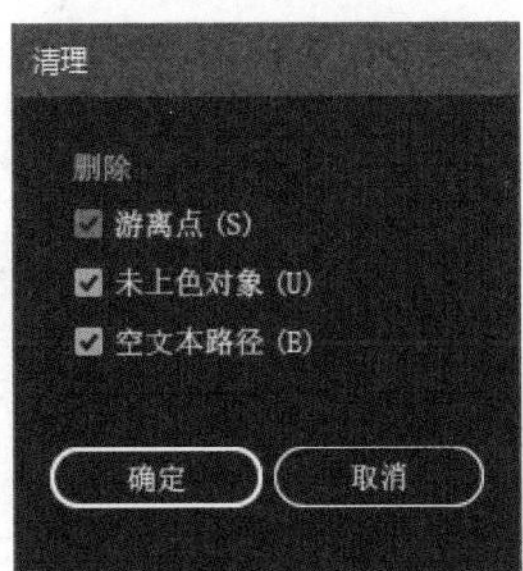

图10-140 “清理”对话框

10.9 总结扩展

Illustrator CC中的文字功能是其最强大的功能之一，用户可以在图稿中添加一行文字、创建文本列和行、在形状中或沿路径排列文本，以及将字形用作图形对象等。

10.9.1 本章小结

本章主要向用户全面介绍了Illustrator CC中各种文字工具的使用方法，创建区域文字、设置段落格式、文字样式等各种文字的处理与设置方法，以及导入与导出文字的方法。熟练掌握文字的各种操作和处理方法，可以制作出很多独特的文字效果。

10.9.2 扩展练习——使用路径文字工具制作标志

源 文 件：源文件\第10章\10-9-2.ai

素　材：无

技术要点：掌握【使用路径文字制作标志】的方法

扫描查看演示视频

完成本章内容学习后，接下来使用各种文字工具和文字功能完成标志的制作，对本章知识进行测验并加深对所学知识的理解，创建完成的案例效果如图10-141所示。

图10-141 案例效果

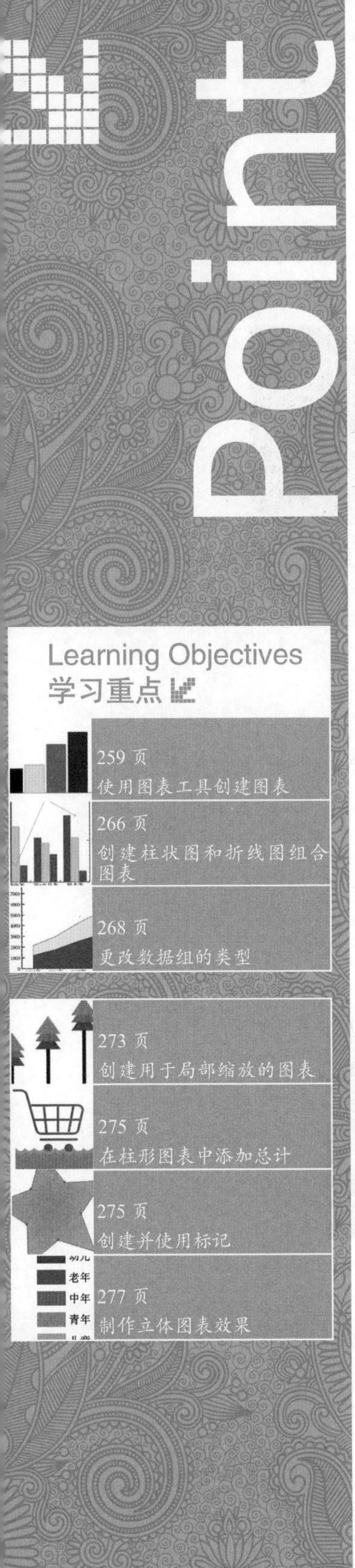

第11章 创建与编辑图表

为了便于用户快速、直观地查看大量数据，Illustrator CC为用户提供了强大的图表功能和丰富的图表类型。本章将针对图表的创建与编辑进行讲解，帮助用户快速制作出效果丰富且美观的图表。

11.1 创建图表

图表可以直观地反映各种统计数据的比较结果，因此在工作中得到了广泛应用。使用Illustrator CC可以制作不同类型的图表，包括柱形图表、堆积柱形图表、条形图表、堆积条形图表、折线图表、面积图表、散点图表、饼图表和雷达图表。

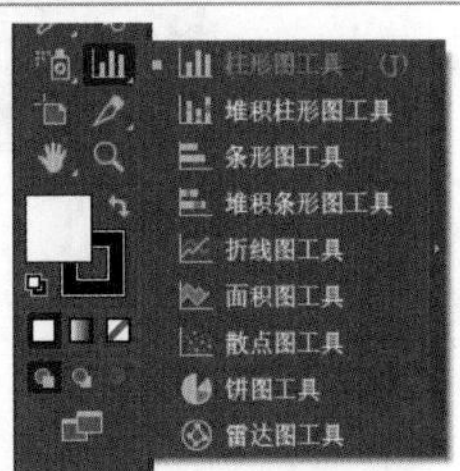

图11-1 图表工具组

单击工具箱中的“图表工具组”按钮并按住鼠标左键不放，打开如图11-1所示的图表工具组，该工具组中包含了用户可以创建的所有图表种类。

11.1.1 应用案例——使用图表工具创建图表

源文件：无

素　材：无

技术要点：掌握【图表工具】的使用方法

扫描查看演示视频

STEP 01 单击工具箱中的“柱形图工具”按钮，将光标移至画板中想要放置图表的位置，单击并沿对角线的方向拖曳绘制一个矩形框，释放鼠标后，画板中出现具有单组数据的柱形图，如图11-2所示。

STEP 02 同时弹出“图表数据”对话框，如图11-3所示。单击对话框中的一个单元格，在上方的文本框中输入数值；重复该操作直到所有数据全部添加到对话框中，单击对话框右上角的“应用”按钮或者按【Enter】键，输入的数据将按照规则反应在画板中的图表上，如图11-4所示。

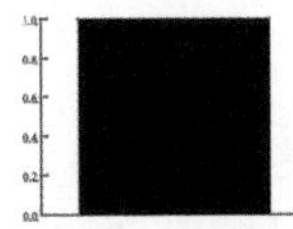

图11-2 柱形图

图11-3 “图表数据”对话框

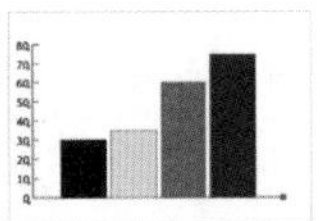

图11-4 应用数据

使用“柱形图工具”在画板中单击并拖曳的同时按住【Shift】键，将绘制出一个正方形。释放鼠标后，图表的主要部分表现为一个正方形。

单击“应用”按钮后，一个最基础的图表就创建完成了。不再更改数据后，单击对话框右上角的“关闭”按钮，否则“图表数据”对话框将始终保持打开状态。

STEP 03 使用“柱形图工具”在画板中单击，弹出“图表”对话框，可在该其中设置图表的宽度和高度，如图 11-5 所示。

STEP 04 单击“确定”按钮，画板中出现具有单组数据的柱形图并弹出“图表数据”对话框，如图 11-6 所示。同样，在对话框中输入多组不同的数值，并将其应用到图表中，即可完成图表的创建。

图11-5 “图表”对话框

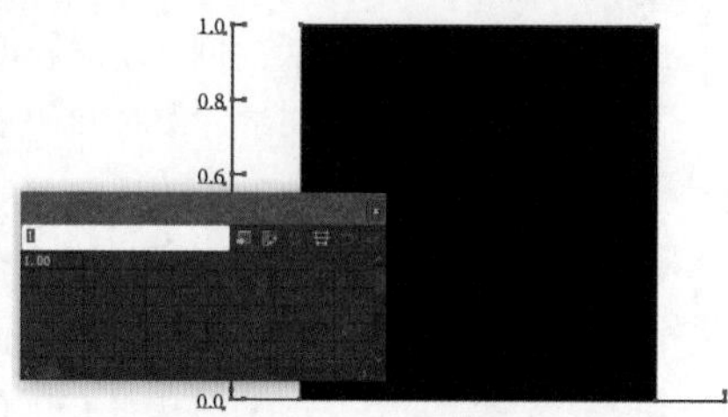

图11-6 出现柱形图并弹出对话框

“图表”对话框中的尺寸针对的是图表的主要部分，并不包括图表的标签和图例部分。

? 疑问解答 如何创建其他类型的图表?

上述两种图表创建方式，适用于 Illustrator CC 中的所有图表类型。也就是说，在工具箱中选择任意一种图表工具，都可以通过上述两种方式完成图表的创建。

11.1.2 输入图表数据

用户可以使用“图表数据”对话框为创建的图表输入数据。在Illustrator CC中使用任意图表工具创建图表时，都会自动弹出“图表数据”对话框，如图11-7所示。

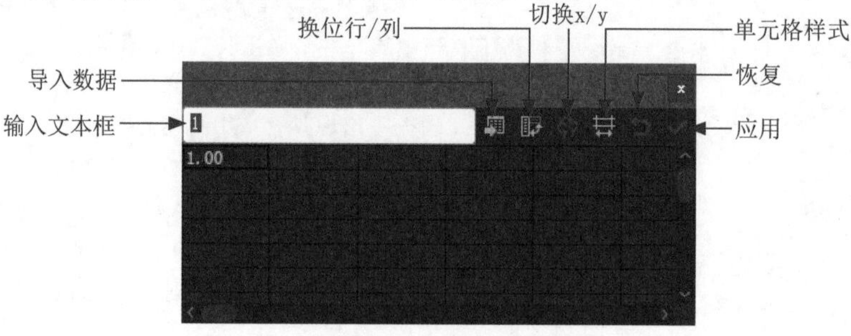

图11-7 “图表数据”对话框

在单元格中输入数据

使用“选择工具”选中一个图表，执行“对象”→“图表”→“数据”命令，或者单击鼠标右键，在弹出的快捷菜单中选择“数据”命令，都可以弹出“图表数据”对话框。选择一个单元格，在对话框顶部的文本框中输入数据即可。

输入数据时，按【Tab】键可以输入数据并选择同一行中的下一单元格；按【Enter】键可以输入数据并选择同一列中的下一单元格；按键盘上的箭头键可以在单元格之间移动。如果需要在不相邻的单元格中输入数据，只需单击所需单元格将其选中，再输入数据即可。

配合Excel文件输入数据

除了在对话框内逐一为单元格添加数据的方法，用户也可以打开存有数据的Excel文件，选中所需的数据后，单击左上角的“复制”按钮或按【Ctrl+C】组合键复制数据，如图11-8所示。当选中数据处于被绿色虚线框包围状态时，代表数据已被复制。

复制完成后回到Illustrator CC中，激活“图表数据”对话框，单击对话框中的某个单元格，将其定义为初始位置。执行“编辑”→“粘贴”命令或按【Ctrl+V】组合键，即可将复制的数据粘贴到对话框中，如图11-9所示。单击“应用”按钮，所选图表的数据将随之发生变化。

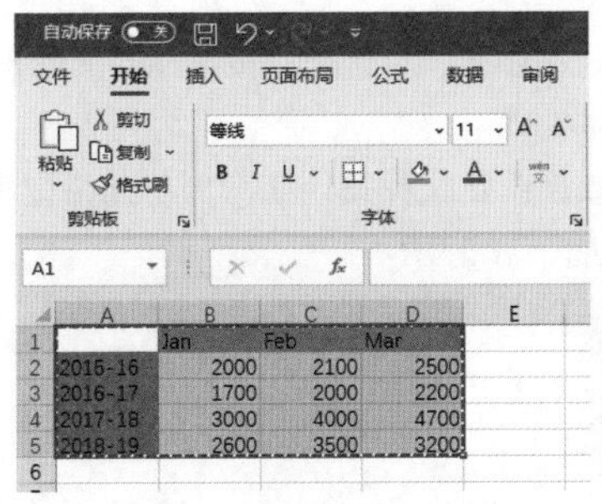

图11-8 复制所需数据

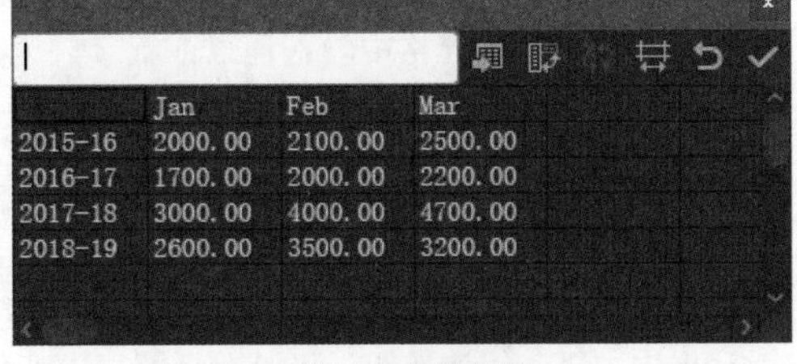

图11-9 粘贴数据

提示 用户在“图表数据”对话框中输入数据时，输入的图表数据必须按规则进行排列，这样画板中的图表才有意义。不同类型的图表，其数据的排列规则也会由于表现形式的不同而有所变化。

使用“导入数据”按钮输入数据

用户还可以通过“图表数据”对话框中的“导入数据”按钮，为图表添加数据。选中想要开始添加数据的单元格，单击对话框中的“导入数据”按钮，在弹出的“导入图表数据”对话框中选择所需的.txt文件，如图11-10所示。单击“打开”按钮，数据被导入到“图表数据”对话框中，如图11-11所示。单击“应用”按钮，所选图表的数据随之发生变化。

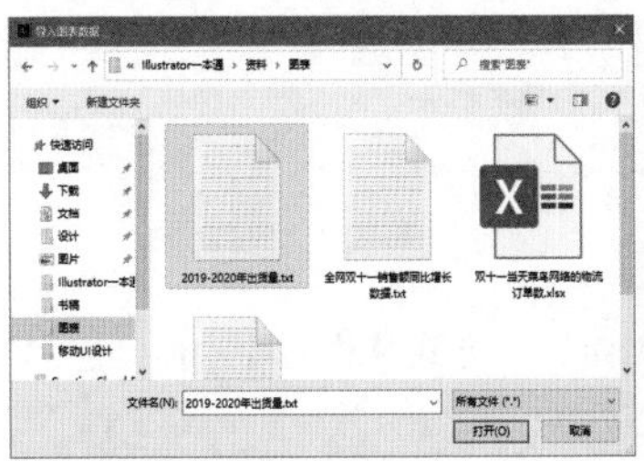
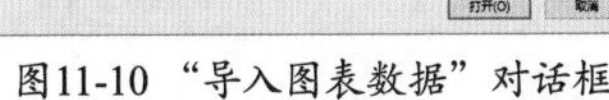

图11-10 “导入图表数据”对话框

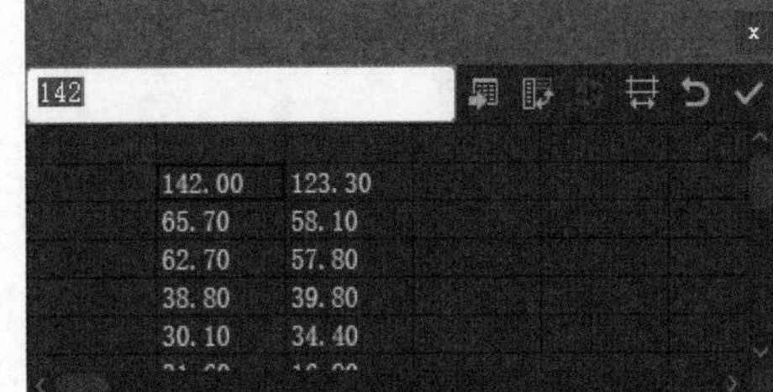

图11-11 导入数据

? 疑问解答 为什么导入的文本数据无法正常显示?

使用文字处理应用程序创建一个文本文件时，可以按【Tab】键分隔每个单元格的数据，按【Enter】（段落硬回车）键分隔每一行的数据。数据只包含小数点或用作小数点的逗号，否则，无法绘制此数据对应的图表。例如，输入的数据 732000 是正确的，732,000 则是错误的。

11.1.3 输入标签和类别

在图表中，标签和类别由一些词语或数字组成，分别用于描述图表中需要比较的数据组和数据组的所属类别。用户可以在“图表数据”对话框中定义图表的数据组标签和数据组类别，如图11-12所示。

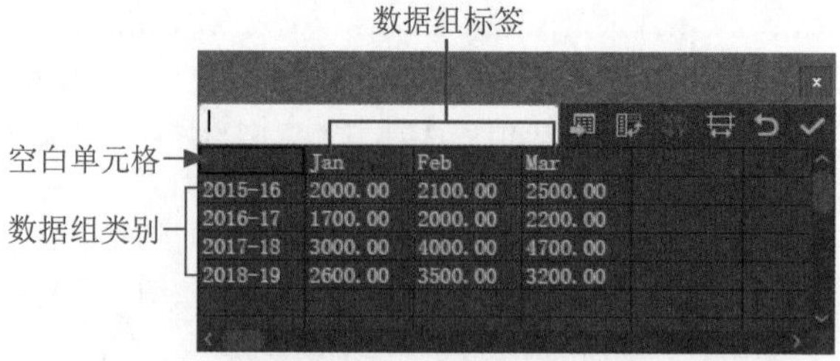

数据组标签

空白单元格

数据组类别

	Jan	Feb	Mar
2015-16	2000.00	2100.00	2500.00
2016-17	1700.00	2000.00	2200.00
2017-18	3000.00	4000.00	4700.00
2018-19	2600.00	3500.00	3200.00

图11-12 定义数据组标签和数据组类别

使用“柱形图工具”在画板中绘制图表后，弹出“图表数据”对话框，按【Delete】键将第1行第1个单元格中的数据删除，即可使创建完成的柱形图包含图例。

继续在对话框的顶行单元格中输入词语或数字，为数据组定义标签；在左列单元格中输入词语或数字，为数据组添加标题类别；再输入相应的数据组，如图11-13所示。

提示　图表中的类别通常是时间单位，如年、月或日。这些类别会沿图表的水平轴或垂直轴显示，但是雷达图表的类别不同，它的每个类别都产生单独的轴。

单击对话框中的“应用”按钮，可以看到图表的变化，效果如图11-14所示。如果无须再输入数据，单击对话框右上角的“关闭”按钮即可。

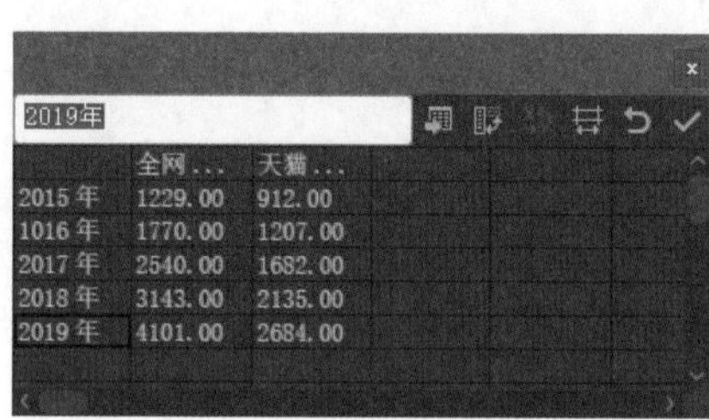

2019年

	全网...	天猫...
2015年	1229.00	912.00
1016年	1770.00	1207.00
2017年	2540.00	1682.00
2018年	3143.00	2135.00
2019年	4101.00	2684.00

图11-13 图表数据

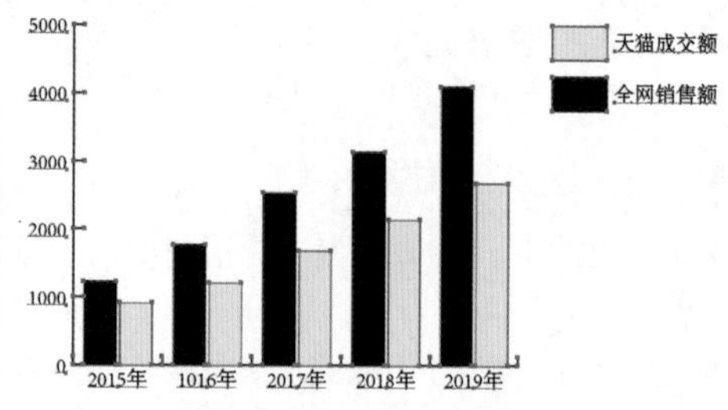

图11-14 柱形图效果

提示　如果想要创建只包含数字的标签或标题，必须使用直式双引号将数字引起来。例如，想要将2020年份用作标签或标题，应该在单元格中输入"2020"。如果要创建带有换行符的标题或标签，必须使用竖线键将每一行分隔开。

11.1.4 为不同图表输入数据组

在Illustrator CC中，不同图表类型的创建方式和数据组输入方式是相同的，但是因为表现方式和作用的不同，使各类型图表在数据组范围上具有一定的差别性。

柱形图表

柱形图表是一种常用的图表类型，可使用工具箱中的“柱形图工具”创建该类图表。这类图表是以坐标的方式逐栏显示输入的数据，柱的高度代表所比较的数值。

在一个柱形图表中，可以组合显示正值和负值；代表正值数据组的柱形显示在水平轴上方，而代表负值数据组的柱形显示在水平轴下方。创建柱形图表后，用户可以直接在图表上读出不同形式的统计数值，如图11-15所示。

堆积柱形图表

使用工具箱中的“堆积柱形图工具”可以在画板中创建堆积柱形图表。堆积柱形图表与普通柱形图表类似，但是表现方式不同。堆积柱形图表是将柱形逐一叠加，而不是相互并列，因此这类图表一般用于表示局部与整体的关系。与柱形图表能够同时显示正值与负值不同，堆积柱形图表中的数据组必须全部为正数或全部为负数，如图11-16所示。

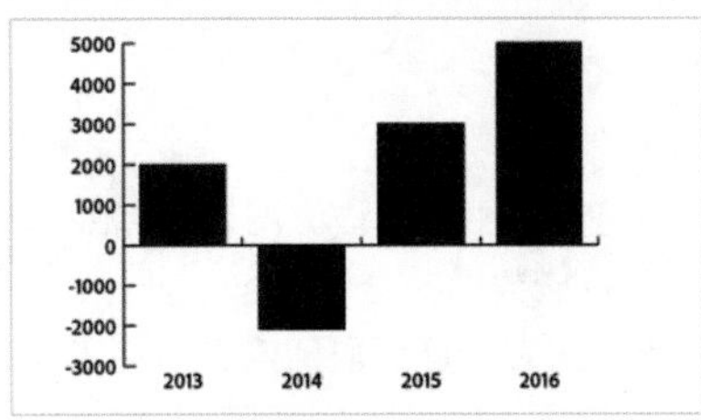

图11-15 柱形图表

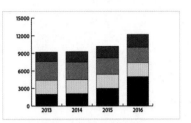

图11-16 堆积柱形图表

条形图表

使用工具箱中的“条形图工具”可以完成条形图表的创建。条形图表与柱形图表类似，区别在于该类图表是在水平坐标轴上进行数据比较，即条形图表中的数据组使用横条的长度来表示数值的大小。在一个条形图表中，同样可以组合显示正值和负值，代表正值数据组的条形显示在水平轴右侧，而代表负值数据组的条形显示在水平轴左侧，如图11-17所示。

堆积条形图表

使用工具箱中的“堆积条形图工具”可以在画板中创建堆积条形图表。堆积条形图表与堆积柱形图表类似，区别在于堆积条形图表使用横向叠加的条形来表示需要比较的数据。对于堆积条形图表中的数据组来说，必须全部为正数或全部为负数，如图11-18所示。

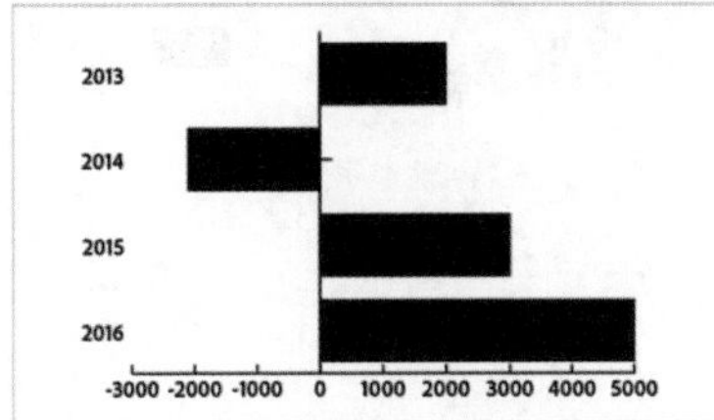

图11-17 条形图表

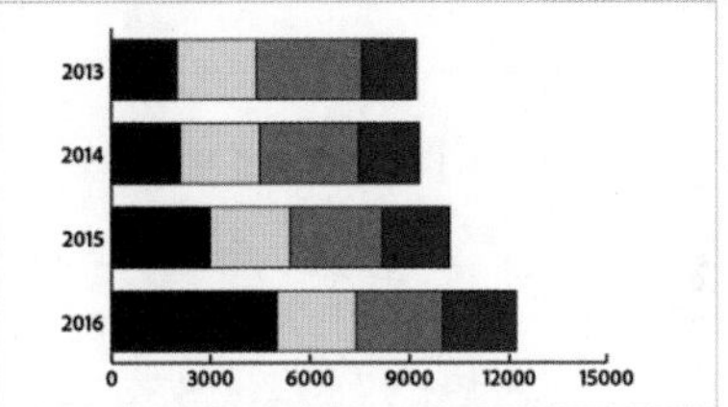

图11-18 堆积条形图表

折线图表

使用工具箱中的“折线图工具”可以在画板中创建折线图表。折线图表用点表示一组或者多组数据，并用折线将代表同一组数据的所有点进行连接，同时使用不同颜色的折线区分不同的数据组。在折线图表中，同样可以同时显示正值数据组和负值数据组，如图11-19所示。

面积图表

使用工具箱中的“面积图工具”可以在画板中创建面积图表。该类图表是在数据产生处和水平坐标相连接的区域内填充不同的颜色，从而体现整体数值的变化趋势，如图11-20所示。

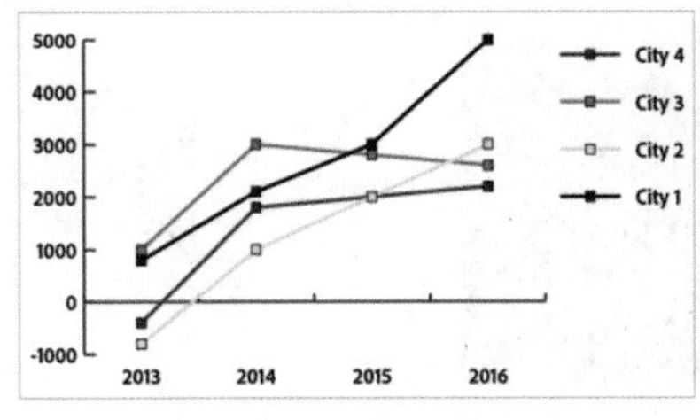

图11-19 折线图表

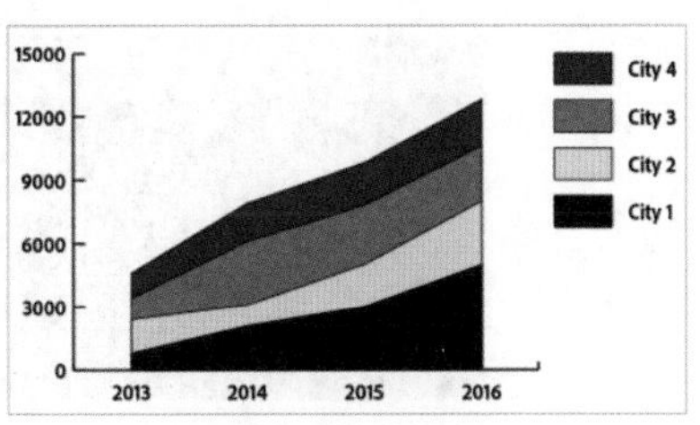

图11-20 面积图表

在面积图表中，数值必须全部为正数或全部为负数。并且输入的每个数据行都与面积图上的填充区域相对应。

散点图表

使用工具箱中的“散点图工具”可以在画板中创建散点图表。该类图表以*X*轴和*Y*轴为坐标，使用直线将两组数据交汇处形成的坐标点连接起来，从而反应数据的变化趋势。

创建散点图表后，为了使用户能够更好地理解散点图表，可以取消选择“图表类型”对话框中的“连接数据点”复选框。完成后图表中的连接线将被移除，如图11-21所示。

饼图表

使用工具箱中的“饼图工具”可以在画板中创建饼图表。饼图表的主体部分由一个圆组成，图表中不同大小的扇形代表不同的数据组。

如果只在“图表数据”对话框中输入一行均为正值或均为负值的数据，将创建单一的饼图，如图11-22所示。使用“编组选择工具”选中饼图表上的一组数据，将其拖曳出一定的距离，可以产生强调效果。

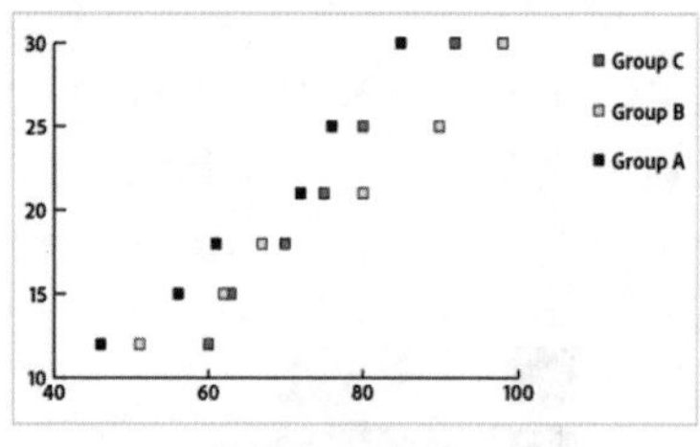

图11-21 散点图表

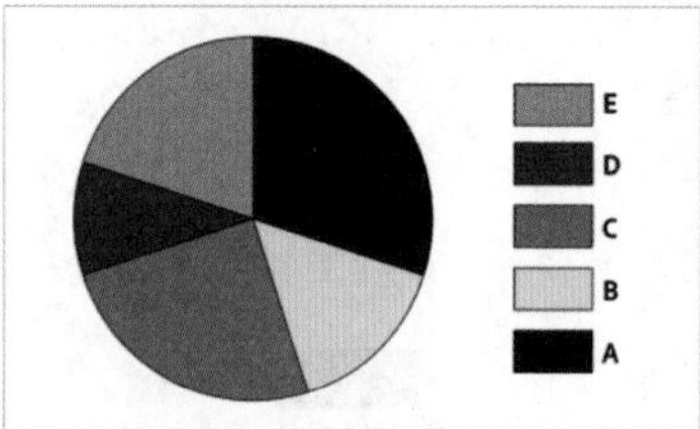

图11-22 饼图表

散点图表根据两个轴的不同表示对每个数据组进行两次测量，所以数据组没有类别。在“图表数据”对话框中，从顶行的第一个单元格开始且每隔一个单元格输入数据组标签，可将标签显示在图例中。

？疑问解答 如何生成多个饼图表？

在“图表数据”对话框中输入多行均为正值或均为负值的数据组，即可创建多个饼图。默认情况下，单独饼图的大小与每个图表的主体部分成比例。

雷达图表

使用工具箱中的“雷达图工具”可以在画板中创建雷达图表，雷达图表主要使用环形显示所需比较的多个数据组。由于较难理解，所以很少使用。

雷达图表的每个数字都被绘制在轴上，并且连接到相同轴的其他数字上，最终创建出一张“网”。在一个雷达图表中，同样可以组合显示正值和负值，如图11-23所示。

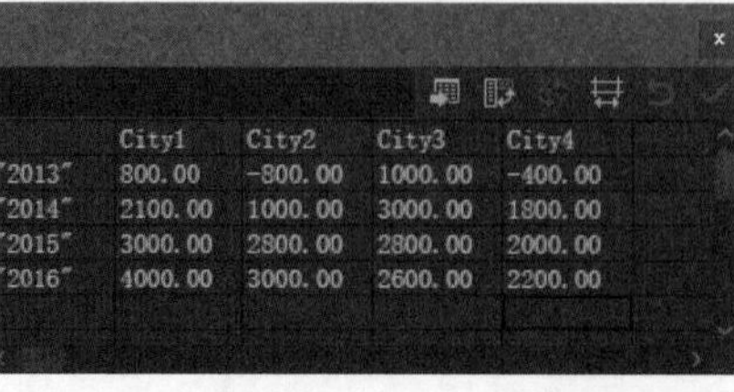

	City1	City2	City3	City4
"2013"	800.00	-800.00	1000.00	-400.00
"2014"	2100.00	1000.00	3000.00	1800.00
"2015"	3000.00	2800.00	2800.00	2000.00
"2016"	4000.00	3000.00	2600.00	2200.00

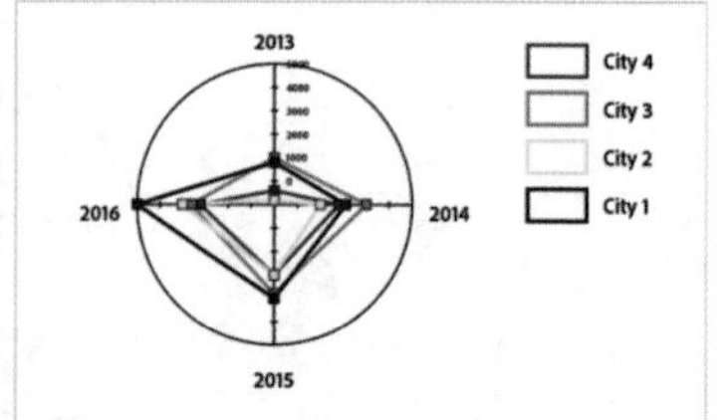

图11-23 雷达图表

11.1.5 调整列宽或小数位数

创建图表时，用户可以在“图表数据”对话框中调整列宽和小数位数。调整列宽后，可以在对话框中的每个单元格上查看更多或更少的小数位数，并且这项更改不影响图表样式中的列宽。

调整列宽

为图表输入数据的过程中，“图表数据”对话框为打开状态，单击“单元格样式”按钮，弹出“单元格样式”对话框，在“列宽度”文本框中输入数值，范围在0～20之间，如图11-24所示。单击“确定”按钮，对话框中每个单元格的列宽调整为相应数值，如图11-25所示。使用此方法调整列宽时，调整对象针对全部单元格的列宽。

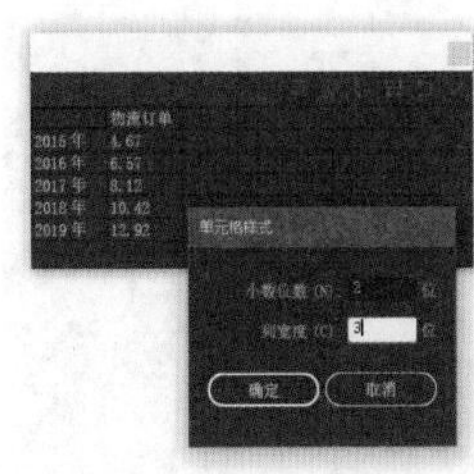

图11-24 设置参数

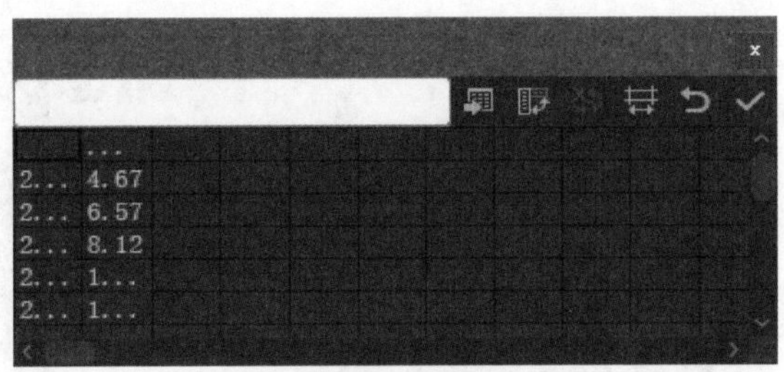

图11-25 调整列宽

用户也可以在“图表数据”对话框中，将光标放置到想要调整的列边缘，当光标变为“双箭头”状态时，单击并向左或向右拖曳到所需位置，释放鼠标后即可完成调整列宽的操作，如图11-26所示。使用此方法调整列宽时，调整对象只针对当前单元格的列宽。

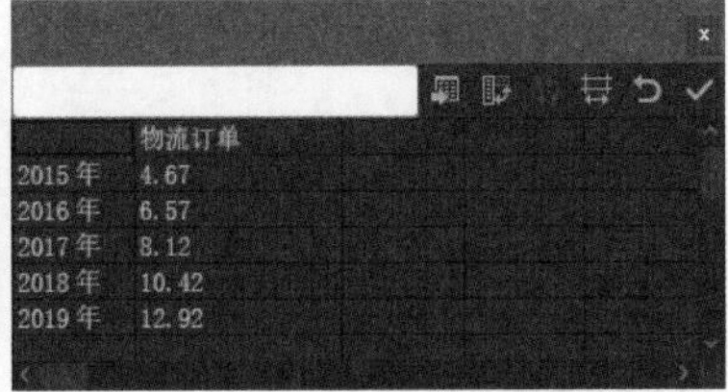

图11-26 调整列宽

调整小数位数

保持“图表数据”对话框为打开状态，单击“单元格样式”按钮，弹出“单元格样式”对话框，在“小数位数”文本框中输入数值，范围在0～10之间，如图11-27所示。单击“确定”按钮，对话框中每个单元格内可查看的小数位数将发生相应变化，如图11-28所示。

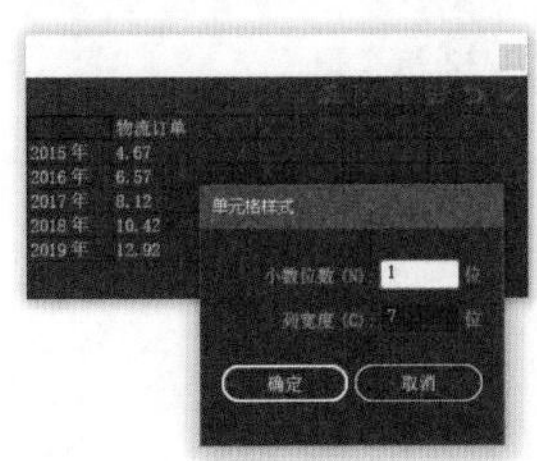

图11-27 设置参数

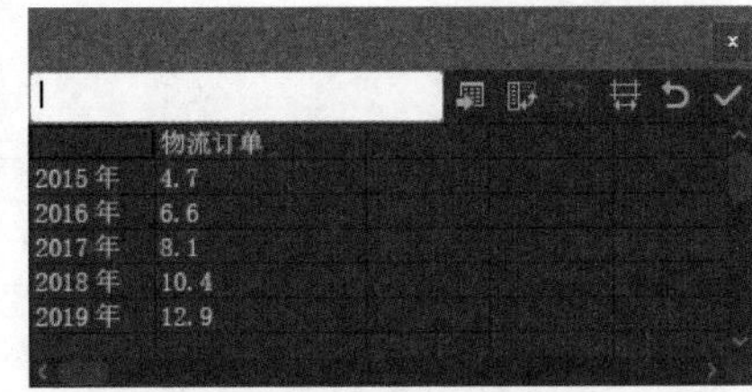

图11-28 查看小数位数

单元格“小数位数”选项的默认值为2位小数，表现为如果在“图表数据”对话框顶部的文本框中输入数字2000，在单元格中会显示为2000.00。

11.2 应用案例——创建柱状图和折线图组合图表

源 文 件：源文件\第11章\11-2.ai

素　材：素材\第11章\11201.ai

技术要点：掌握【创建组合图表】的方法

扫描查看演示视频

扫描下载素材

STEP 01 打开“素材 \ 第 11 章 \11201.ai”文件，将图表置于未选中状态，使用“编组选择工具”双击想要更改类型的数据组或数据组图例，选中图表中的所有同类数据组，如图 11-29 所示。

STEP 02 执行“对象”→“图表”→“类型”命令或双击工具箱中的任意图表工具，弹出“图表类型”对话框，如图 11-30 所示。

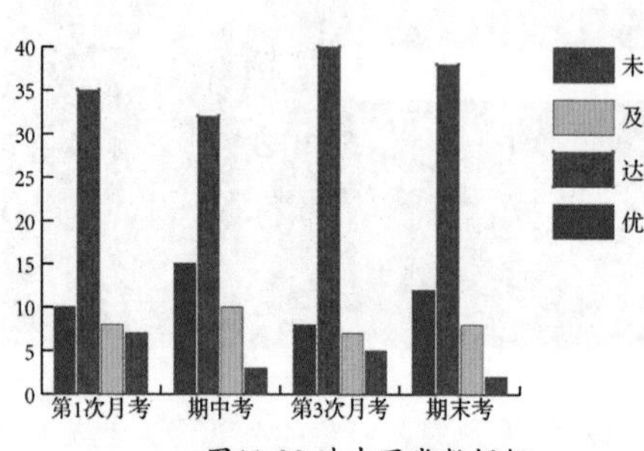

图11-29 选中同类数据组

图11-30 “图表类型”对话框

提示

散点图表不能与其他任何图表类型组合，因此除了散点图表，用户可以将任何类型的图表与其他类型的图表进行组合。

STEP 03 在“图表类型”对话框中选择所需的图表类型和选项，如图 11-31 所示。

STEP 04 单击“确定”按钮后，柱形图表变为组合图表，如图 11-32 所示。

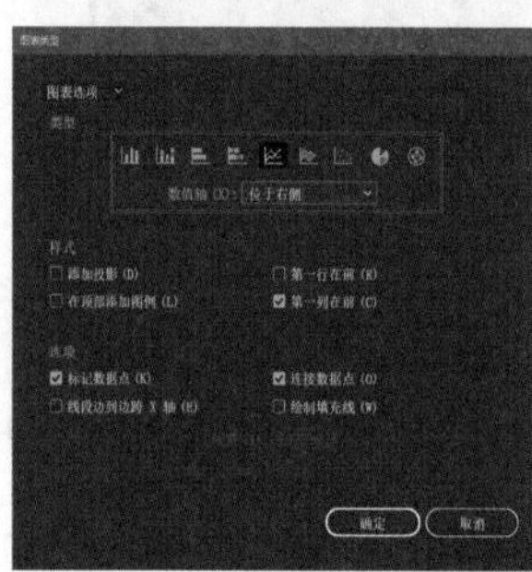

图11-31 设置参数

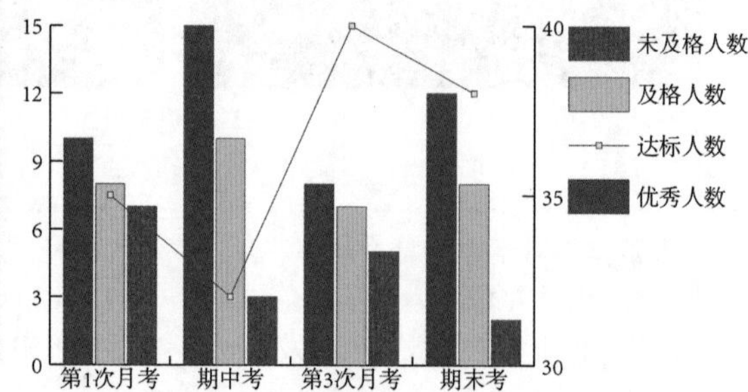

图11-32 组合图表

提示

在一个组合图表中，可以将一个数据组的数值轴设置在左侧，并将其他数据组的数值轴设置在右侧，这样每个数值轴可以测量不同的数据。但是该方式不适用堆积柱形图表和堆积条形图表，如果强行设置的话，将会导致数据组的柱形高度或条形长度发生重叠，致使阅读图表的用户产生误解。

11.3 设置图表格式和自定图表

创建图表后，用户可以使用多种方法对图表的格式进行设置，包括修改图表中的数值轴外观和位置、缩放或扩大图表、移动图例，以及设置图表中的文本格式等。通过修改这些格式，达到调整图表外观的目的。

11.3.1 选择图表中的部分内容

如果想要编辑图表，首先需要在不取消图表编组的情况下，使用“直接选择工具”或“编组选择工具”选择要编辑的部分。

在Illustrator CC中创建图表后，图表的元素彼此间互相关联。如果图表包含图例，那么用户可以将整个图表看作一个编组对象。在这个编组对象中，所有数据组是图表的次组；包含图例的数据组是所有数据组的次组；每个值都是其数据组的次组。

使用“编组选择工具”单击图表中的某个图例将其选中，在不移动“编组选择工具”的情况下，再次单击该图例，选中图表中的所有相关数值组柱形，如图11-33所示；选中所有相关数值组后，再次单击该图例，选中图表中的所有数值组柱形及图例；在选中所有数值组和图例的基础上，再次单击该图例，选中整个图表，包括所有数值组、图例、类别轴和数值轴等，如图11-34所示。

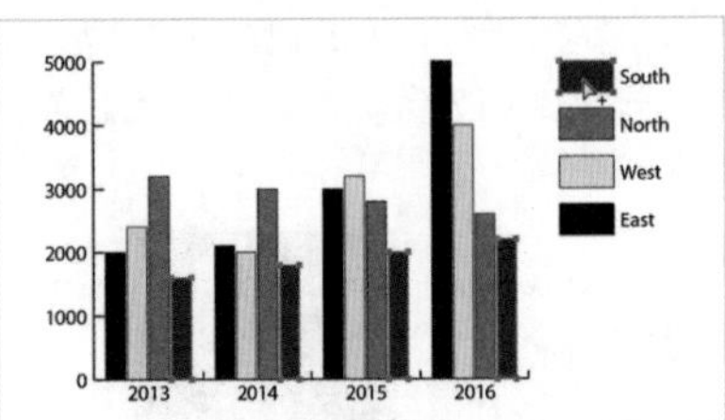

图11-33 双击选中图表部分内容

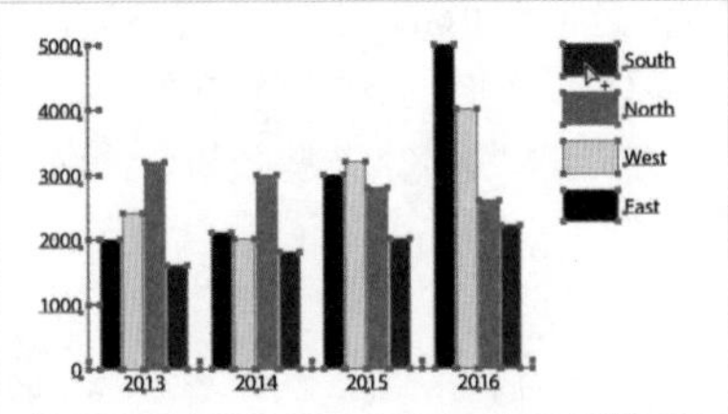

图11-34 四击选中全部图表

在 Illustrator CC 中，图表是一个由多组数据和图例等相关内容共同构成的编组对象。因此，当取消图表编组后，用户将无法对图表进行恰当的修改。

用户也可以使用“编组选择工具”单击图表中的某一数据组柱形，选中该数据组柱形；在此基础上，再次单击该数据组柱形，即可选中图表中的所有同类数值组柱形，如图11-35所示；在选中所有同类数据组柱形的基础下，再次单击该柱形，则选中所有的同类柱形及图例，如图11-36所示。按住【Shift】键的同时使用“直接选择工具”单击图表中的选中内容，即可取消选中内容。

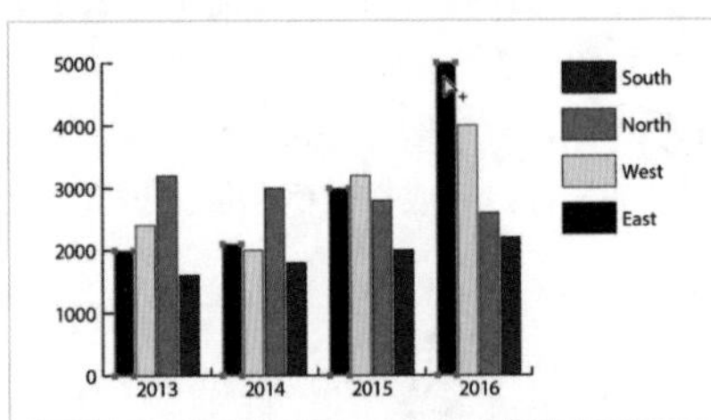

图11-35 双击选中同类柱形

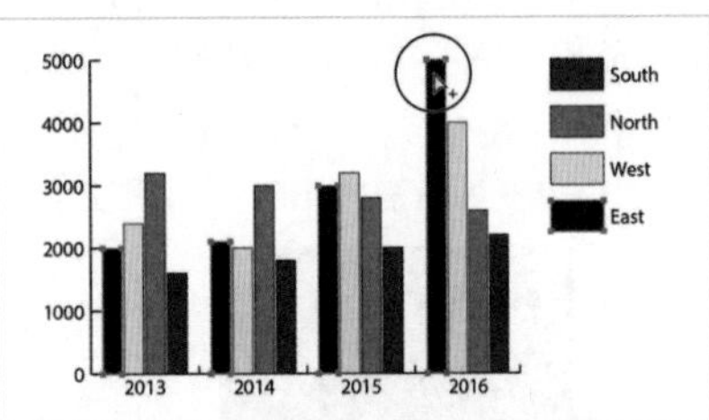

图11-36 三击选中同类柱形及图例

使用“编组选择工具”多次单击图例或数值组的方法选择图表内容时，系统会从选中图表层次的下一个组开始，每次单击都将编组对象的次组图层添加到选中内容中。

11.3.2 应用案例——更改数据组的外观

源 文 件：源文件\第11章\11-3-2.ai

素　 材：素材\第11章\113201.ai

技术要点：掌握【更改数据组外观】的方法

扫描查看演示视频

扫描下载素材

STEP 01 打开“素材\第 11 章\113201.ai”文件，保持柱形图的未选中状态，使用“编组选择工具”在黑色的数值轴上单击三次，将图表中的所有黑色数值轴选中，如图 11-37 所示。

STEP 02 打开“颜色”面板，单击“面板菜单”按钮，在打开的面板菜单中选择“RGB（R）”或“CMYK（C）”命令，如图 11-38 所示。

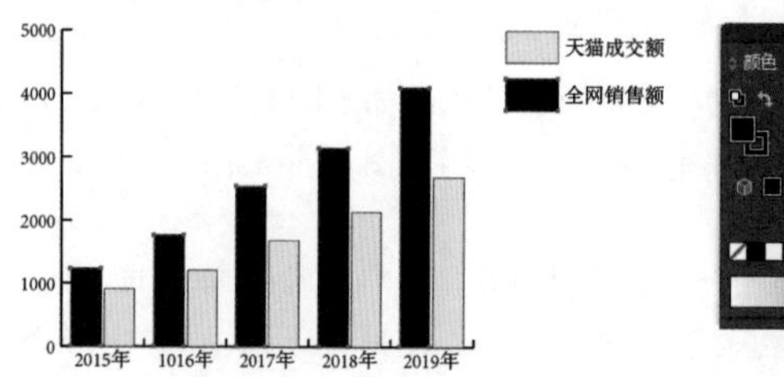

图11-37 选中黑色数值轴

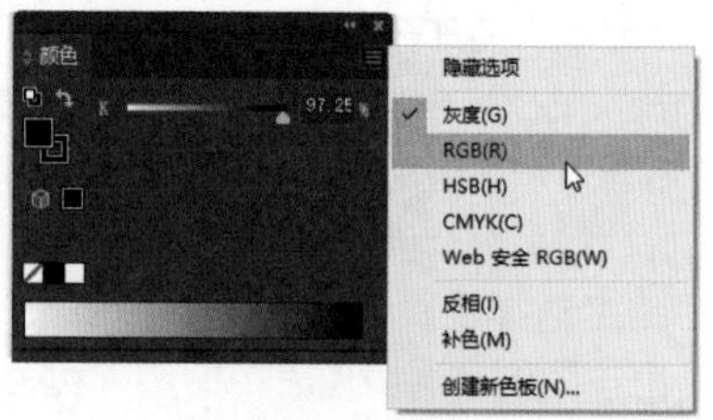

图11-38 设置颜色模式

STEP 03 单击工具箱底部的“填色”颜色块或单击“颜色”面板左上角的“填色”颜色块，弹出“拾色器”对话框，设置颜色值为 RGB（230、0、18），单击“确定”按钮，效果如图 11-39 所示。

STEP 04 打开“属性”面板，用户可以在面板的“外观”选项组中为数值组修改填色颜色、描边粗细、描边颜色和不透明度，并添加一些效果，如图 11-40 所示。

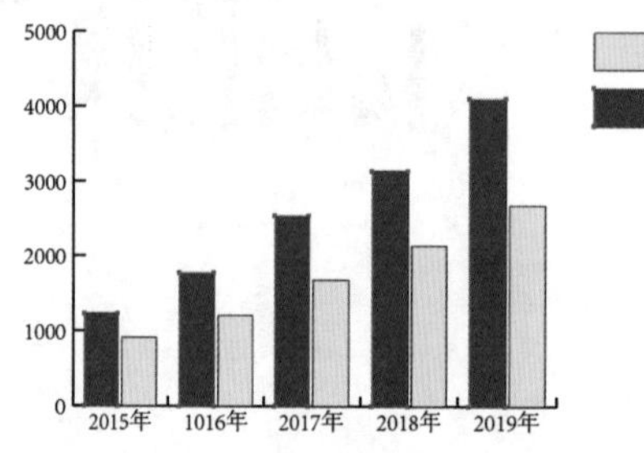

图11-39 柱形图效果

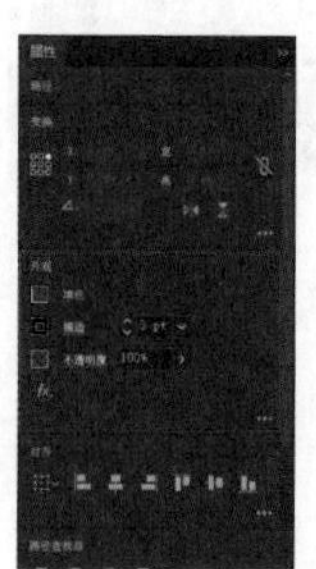
图11-40 修改数值组外观

11.3.3 缩放或扩大图表

创建图表或使用“选择工具”选中图表后，执行“对象”→“变换”→“缩放”命令，或者双击工具箱中的“比例缩放工具”按钮，弹出“比例缩放”对话框，在其中设置缩放或扩大的比例数值，如图11-41所示。单击“确定”按钮，完成缩放或扩大图表的操作。

也可以选中一个图表后，使用“比例缩放工具”将光标置于图表周围，再单击并拖曳鼠标到任意位置，当图表对象变为所需大小时，如图11-42所示。释放鼠标，完成按比例缩放或扩大图表的操作。

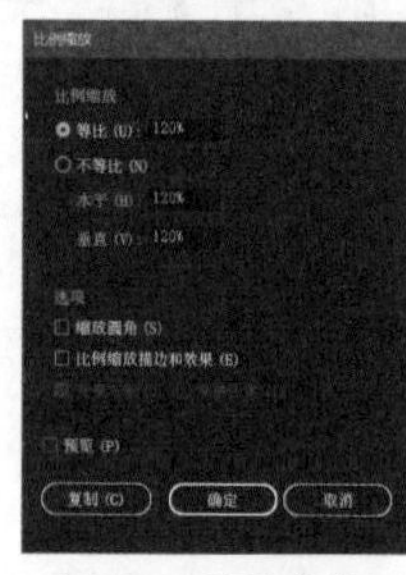

图11-41 设置参数

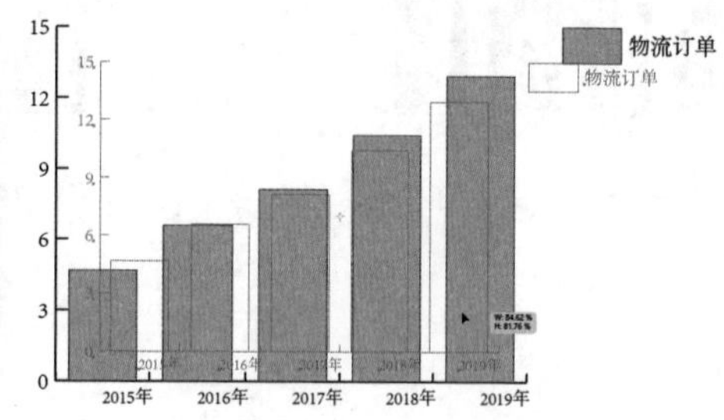

图11-42 拖曳图表等比例变换大小

11.3.4 应用案例——更改数据组的类型

源 文 件：源文件\第11章\11-3-4.ai
素　材：素材\第11章\113401.ai
技术要点：掌握【更改数据组类型】的方法

扫描查看演示视频

扫描下载素材

STEP 01 打开“素材\第 11 章\113401.ai”文件，使用“选择工具”选中图表，如图 11-43 所示。打开

“属性”面板，单击面板底部的“图表类型”按钮，如图11-44所示。

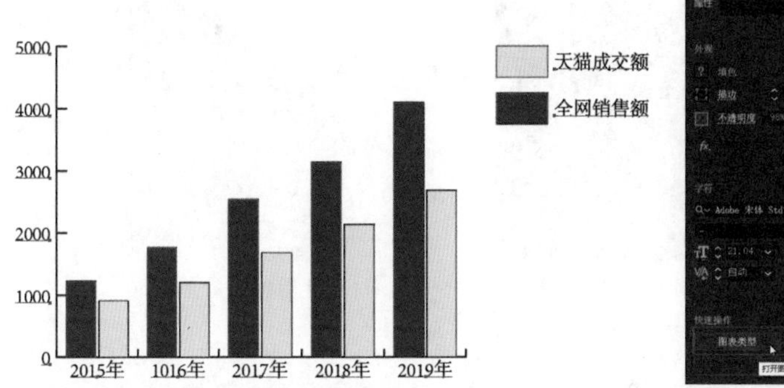

图11-43 选中图表　　图11-44 单击“图表类型”按钮

STEP 02 也可以执行“对象”→“图表”→“类型”命令或者双击工具箱中的任意图表工具按钮，弹出“图表类型”对话框。

STEP 03 单击“类型”选项组中的“面积图”按钮，如图11-45所示。

STEP 04 单击“确定”按钮，即可柱形图表转换为所选图表类型，效果如图11-46所示。

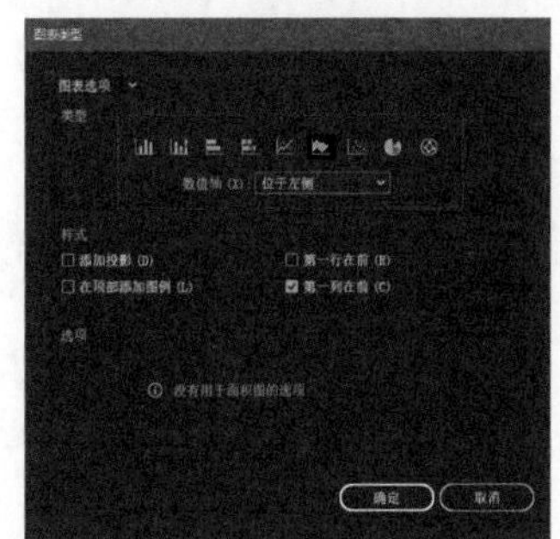

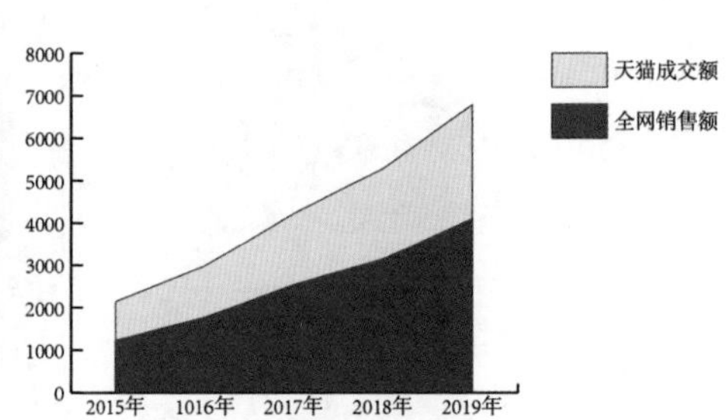

图11-45 选择图表类型　　图11-46 图表转换类型

如果想要调整类型的图表使用了渐变数值组或图例，更改图表类型将会导致意外的结果。为了防止出现不需要的结果，用户可以对转换类型后的图表应用渐变。

11.3.5 更改图例的位置

默认情况下，Illustrator CC中的图表的图例显示在图表右侧。通过设置，用户也可以选择在图表顶部或其他位置显示图例。

显示在顶部位置

使用“选择工具”选择一个图表，如图11-47所示。单击“属性”面板底部的“图表类型”按钮，或者执行“对象”→“图表”→“类型”命令，或者双击工具箱中的任意图表工具按钮，弹出“图表类型”对话框。

在“图表类型”对话框中，选择“在顶部添加图例”复选框，如图11-48所示。单击“确定”按钮，图表的图例显示位置由右侧更改为顶部，如图11-49所示。

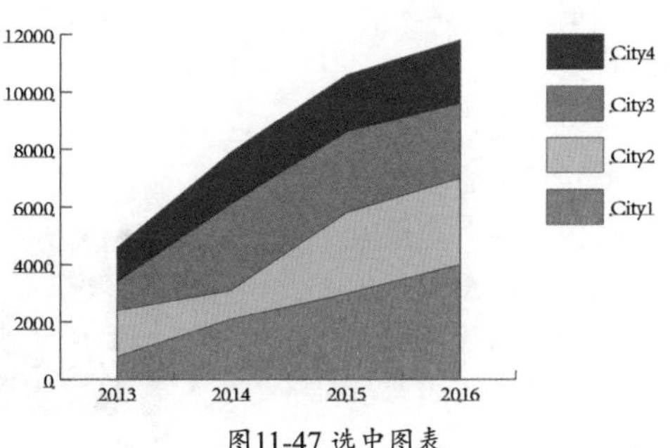

图11-47 选中图表

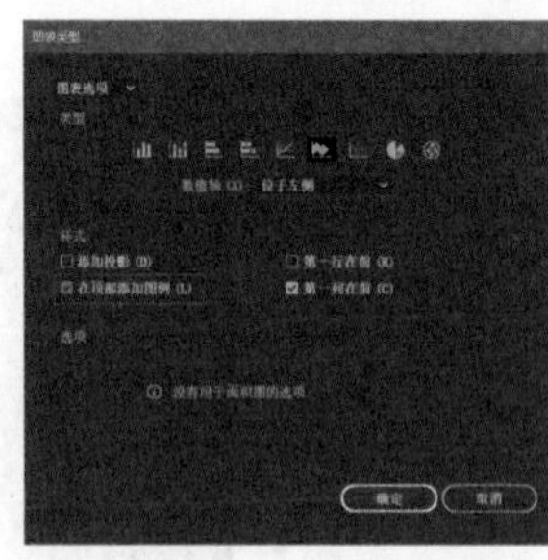
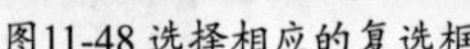
图11-48 选择相应的复选框

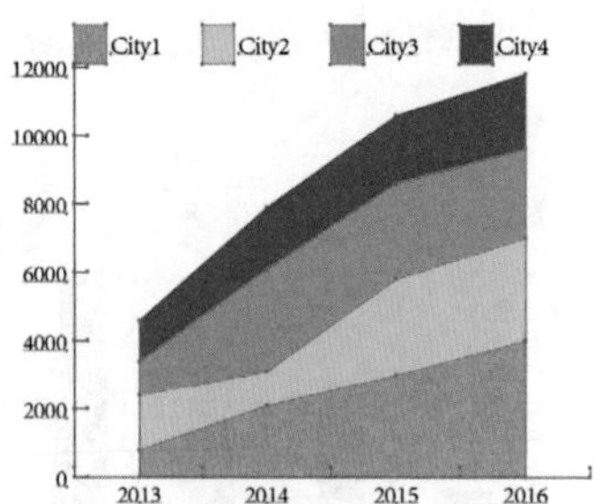

图11-49 图例显示在顶部

显示在其他位置

将图例显示在图表顶部后，发现第一个图例与垂直数值轴的距离较短，降低了整个图表的美观度。此时用户可以使用“编组选择工具”或键盘上的方向键将图例移动到其他位置。

选中要移动的一个或多个图例，使用“编组选择工具”单击并向任意方向拖曳图例，如图11-50所示。将图例拖曳到想要摆放的位置后，释放鼠标即可完成移动操作，如图11-51所示。

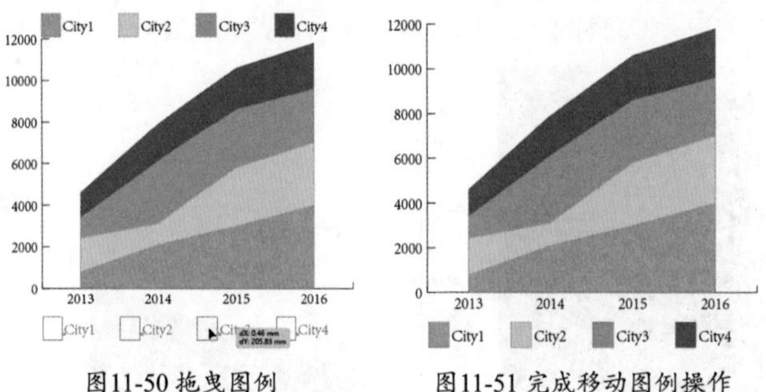

图11-50 拖曳图例　　图11-51 完成移动图例操作

用户也可以选中想要移动位置的图例，再按键盘上的方向键，当图例移动到所需位置后，松开方向键完成移动。

11.3.6 设置数值/类别轴的格式

在Illustrator CC中，除了饼图表，其余所有图表类型都有显示测量单位的数值轴。用户可以选择在图表的一侧显示数值轴或者两侧都显示数值轴。并且柱形、堆积柱形、条形、堆积条形、折线和面积图表还具有在图表中定义数据类别的类别轴。

数值轴

使用“选择工具”选择一个图表，单击鼠标右键，在弹出的快捷菜单中选择“类型”命令，弹出“图表类型”对话框，单击对话框左上角的选项，在打开的下拉列表框中选择“数值轴”选项，如图11-52所示。

选择完成后，“图表类型”对话框中的参数选项切换为“数值轴”的相关选项内容，如图11-53所示。这些选项内容可以帮助用户设置数值轴的刻度线和标签的格式等。

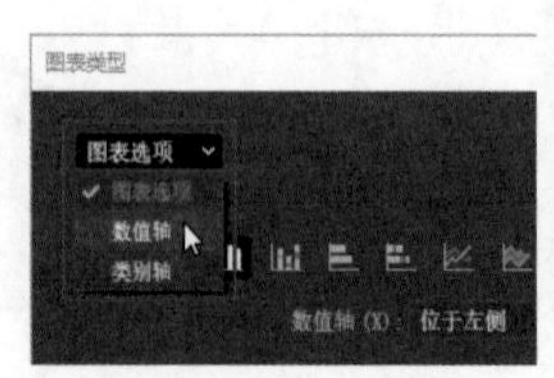

图11-52 选择“数值轴”选项

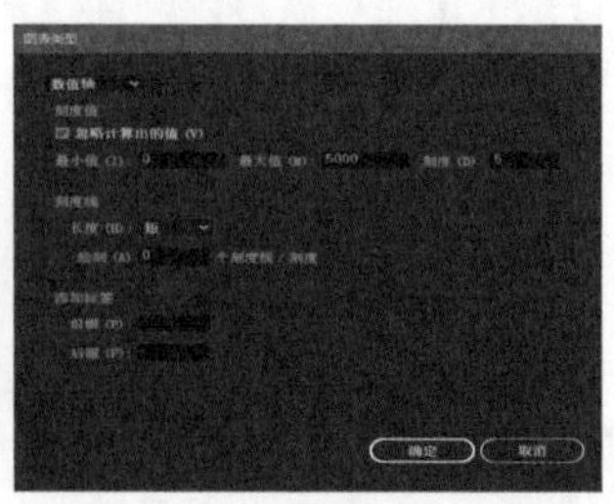
图11-53 “数值轴”选项参数

类别轴

如果想要设置图表的类别轴，首先选中一个图表并打开“图表类型”对话框。再单击对话框左上角的选项，在打开的下拉列表框中选择“类别轴”选项，参数选项切换为相关内容，如图11-54所示。

图11-54 “类别轴”选项参数

11.3.7 为数值轴指定不同比例

如果一个图表包含多个数据组且数据组作用于不同的说明释义，则可以为每个数值轴指定不同的数据组，这样可以为每个数值轴生成不同的比例。用户在创建组合图表时，会经常使用此方法。

使用“编组选择工具”双击图例，选中相关数值组和图例，如图11-55所示。执行“对象”→“图表”→“类型”命令或者双击工具箱中的任意图表工具按钮，弹出“图表选项”对话框。单击“数值轴”下拉按钮，打开如图11-56所示的下拉列表框。选择任意一个选项，单击“确定”按钮，数值轴显示位置发生相应改变，如图11-57所示。

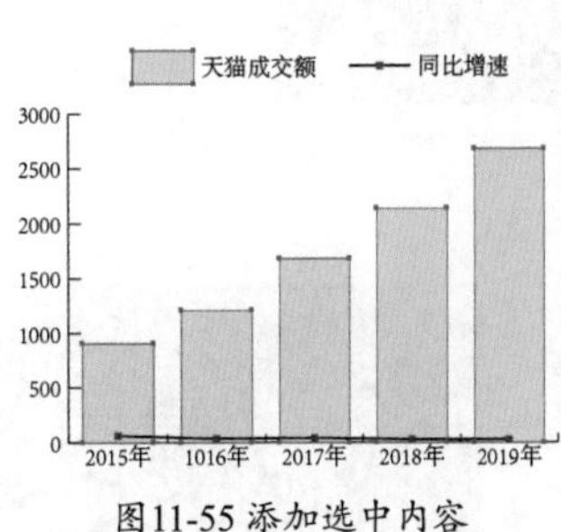

图11-55 添加选中内容

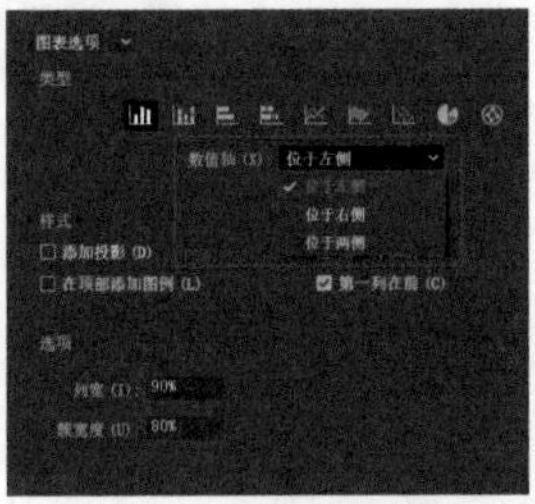

图11-56 下拉列表框

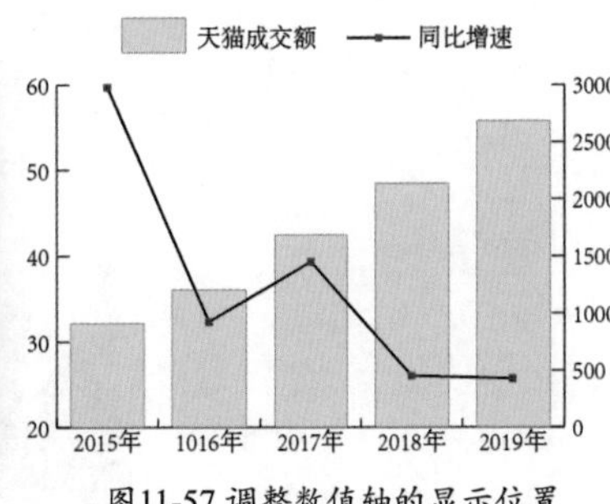

图11-57 调整数值轴的显示位置

11.3.8 设置不同图表的格式

在Illustrator CC中，通过设置列宽、重叠方式和排列方式等参数，能够达到为柱形、堆积柱形、条形和堆积条形图表调整格式的目的；通过设置线段宽度、连接方式和数据点的外观等参数，能够达到为折线、散点和雷达图表调整格式的目的；为饼图表设置图例的显示方式、排序方式和位置等参数，可以调整图表格式。

（堆积）柱形和（堆积）条形图表格式

使用“选择工具”选择一个图表，如图11-58所示。单击鼠标右键，在弹出的快捷菜单中选择“类型”命令，弹出“图表类型”对话框，如图11-59所示。用户可在对话框下方的“样式”和“选项”选项组中设置参数，完成后单击“确定”按钮。

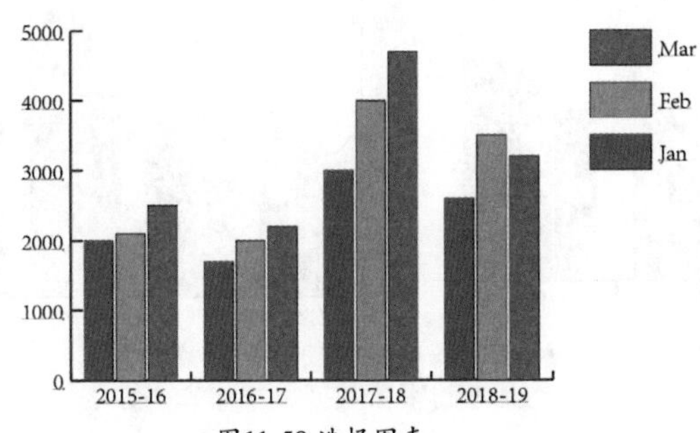

图11-58 选择图表

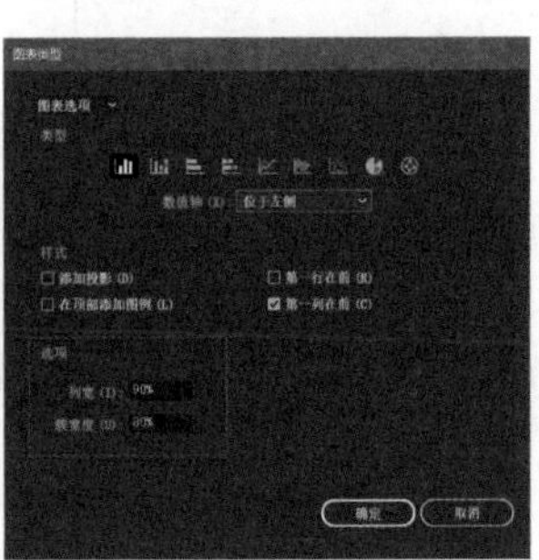

图11-59 “图标类型”对话框

？疑问解答　为什么图表中的数据组柱形或数据组条形会变形？

如果输入的数值大于100%，将导致柱形数据组、条形数据组或群集数据组相互重叠；输入小于100%的数值，柱形数据组、条形数据组或群集数据组之间会存在大量空间。当数值为100%时，柱形数据组、条形数据组或群集数据组相互对齐。

折线、散点和雷达图表格式

选中一个折线、散点或雷达图表，如图11-60所示。双击工具箱中的任意图表工具按钮，弹出“图表类型”对话框，如图11-61所示。用户可在“选项”选项组中调整图表中的线段和数据点，完成后单击“确定”按钮。

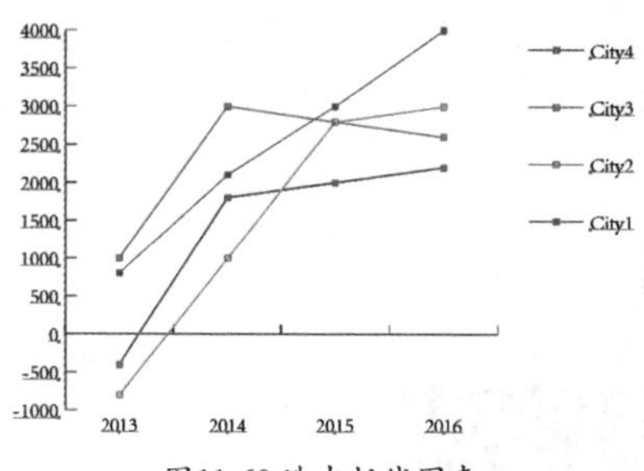

图11-60 选中折线图表

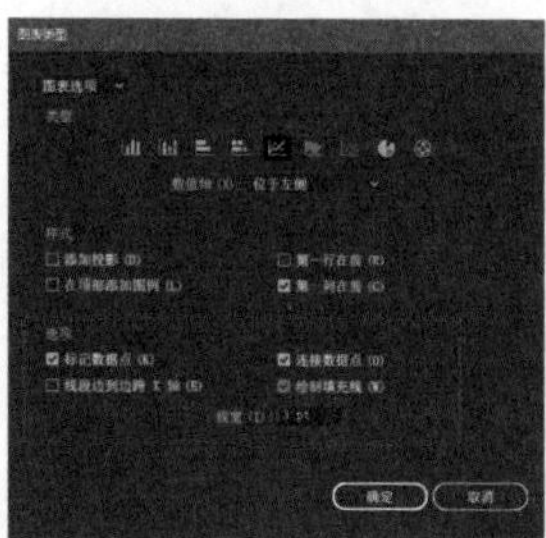

图11-61 “图表类型”对话框

饼图表格式

选中一个饼图表，如图11-62所示。执行“对象”→“图表”→“类型”命令，弹出“图表类型”对话框，如图11-63所示。用户可在“选项”选项组中设置参数，完成后单击“确定”按钮。

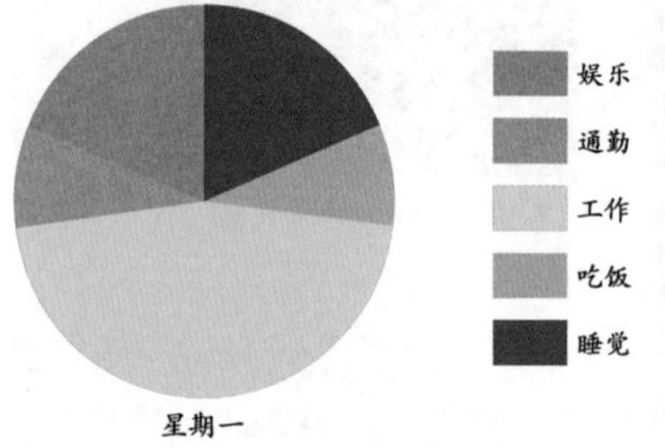

图11-62 选中饼图表

图11-63 “图标类型”对话框

11.3.9 应用案例——移动文本并调整文本外观

源文件：无

素　材：素材\第11章\113901.ai

技术要点：掌握【移动和调整图表文本】的方法

扫描查看演示视频

扫描下载素材

STEP 01 打开“素材\第11章\113801.ai”文件，使用“编组选择工具”单击图表中的文本，被选中文本底部出现下画线，如图11-64所示。

STEP 02 再次单击选中文本，将选中图表中的所有同类文本，如图11-65所示。

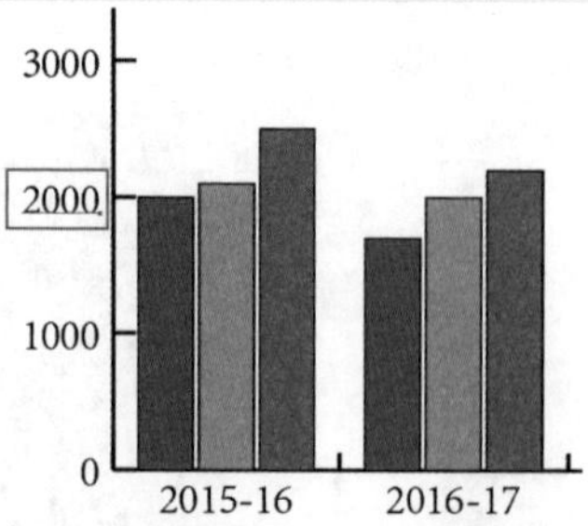

图11-64 选中文本

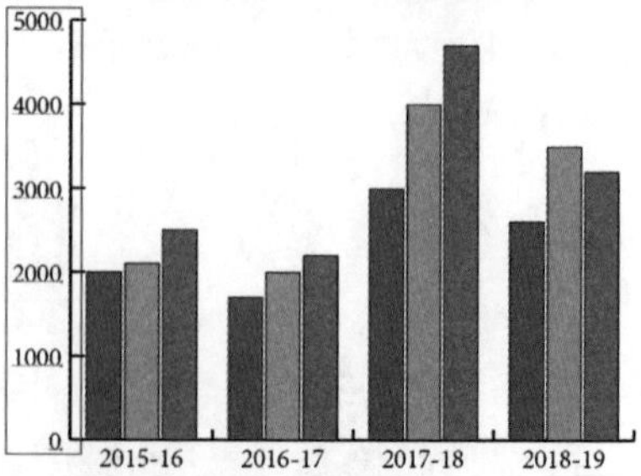

图11-65 选中同类文本

STEP 03 选中所需文本后，可以在“控制”面板中调整文本的字体类型、字体大小、字体颜色、对齐方式及不透明度等参数，效果如图11-66所示。

STEP 04 也可以使用“编组选择工具”向任意方向拖曳移动文本位置，如图 11-67 所示。

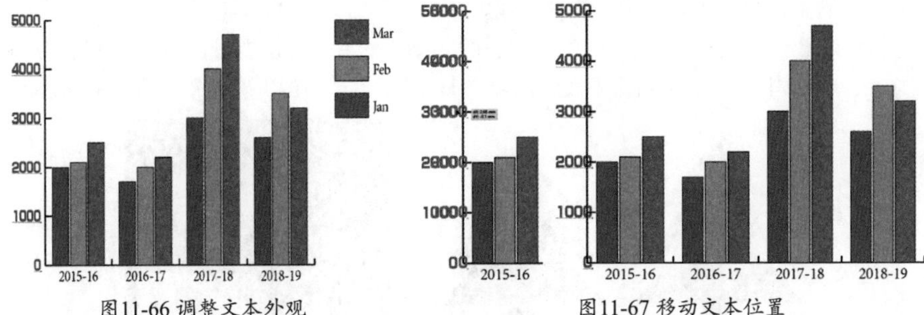

图11-66 调整文本外观　　图11-67 移动文本位置

提示

用户创建包含类别和图例的图表时，Illustrator CC 会使用默认的字体和字体大小生成文本。如果对生成的文本效果不满意，用户可以调整文字格式，间接达到调整图表外观的目的。

11.4 创建和使用图表设计

使用图表设计功能可以将矢量对象或位图图像添加到图表的柱形和标记中。在Illustrator CC中，用户可以创建新的图表设计，并将它们存储在“图表设计”对话框中，还可以使用“图表列”和“图表标记”对话框将选中的柱形或标记替换为自定的图表设计。

11.4.1 创建柱形设计

使用绘图工具创建一个矩形，用以控制图表设计的边界。可以根据需要为矩形填色，再使用任意绘图工具创建设计或者在矩形上面放置现有设计。

完成后选中整个设计，如图11-68所示。按【Ctrl+G】组合键将设计编为一组，执行“对象”→“图表”→“设计”命令，弹出“图表设计”对话框，如图11-69所示。在该对话框中将选中对象创建为图表设计，单击“确定”按钮。图11-70所示为使用图表设计后的效果。

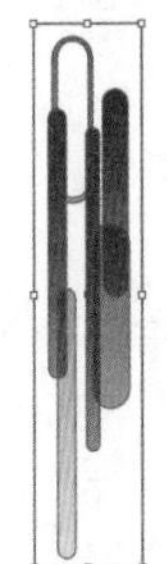

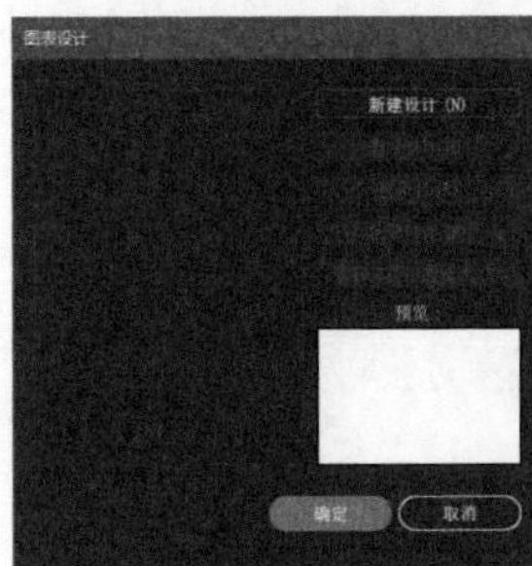

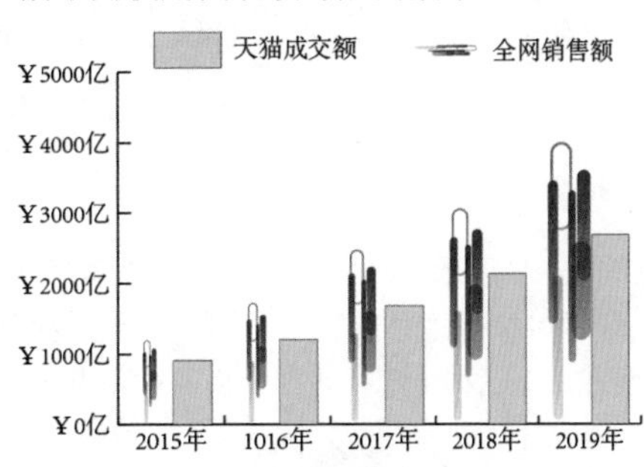

图11-68 选择整个设计　图11-69 “图表设计”对话框　　图11-70 图表效果

提示

创建图表设计时，底部矩形的作用具有局限性。因此，对于刚刚接触 Illustrator CC 的用户来说，为了更好地理解和掌握知识点，创建的图表设计可以不包含底部矩形。

11.4.2 应用案例——创建用于局部缩放的图表

源 文 件：源文件\第11章\11-4-2.ai

素　材：素材\第11章\114201.ai

技术要点：掌握【局部缩放图表】的创建方法

扫描查看演示视频

扫描下载素材

STEP 01 打开“素材\第 11 章\114201.ai”文件，使用“星形工具”和“矩形工具”绘制图形。使用“直线段工具”绘制一条水平路径，为图表设计定义伸展或压缩的位置，如图 11-71 所示。选择水平路径，按【Ctrl+5】组合键，将水平路径定义为参考线。

STEP 02 选中所有图形，执行“对象”→“图表”→“设计”命令，弹出“图表设计”对话框，单击“新建设计”按钮，将选中对象定义为图表设计，如图 11-72 所示。单击“确定”按钮，完成新图表设计。

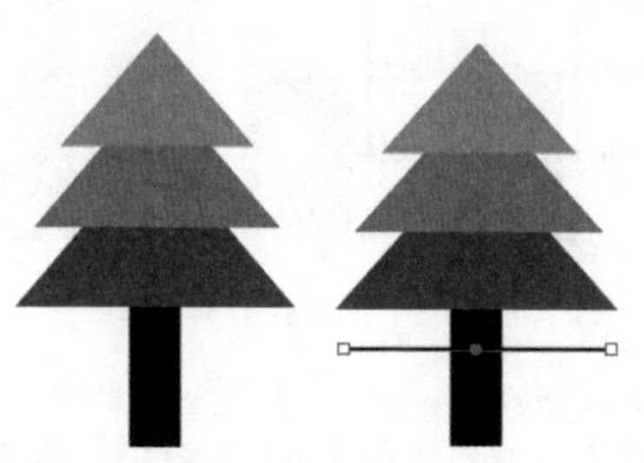

图11-71 绘制水平路径　　图11-72 “图表设计”对话框

STEP 03 选中想要应用设计的图表，执行“对象”→“图表”→“柱形图”命令，在弹出的“图表列”对话框中选择新建的图表设计，设置“列类型”为“局部缩放”，如图 11-73 所示。

STEP 04 单击“确定”按钮后，隐藏参考线，图表效果如图 11-74 所示。

图11-73 “图表列”对话框

图11-74 图表局部缩放效果

可以将其设计为简单绘图、徽标或其他符号，也可以设计为包含图案和参考线的复杂对象。

11.4.3 使用柱形设计

创建或导入图表的柱形设计后，使用“编组选择工具”选择图表的部分柱形/条形或者整个图表，如图11-75所示。执行“对象”→“图表”→“柱形图”命令，弹出“图表列”对话框，如图11-76所示。用户可在该对话框中选择想要替换的柱形设计，完成其他参数选项的设置，单击“确定”按钮。

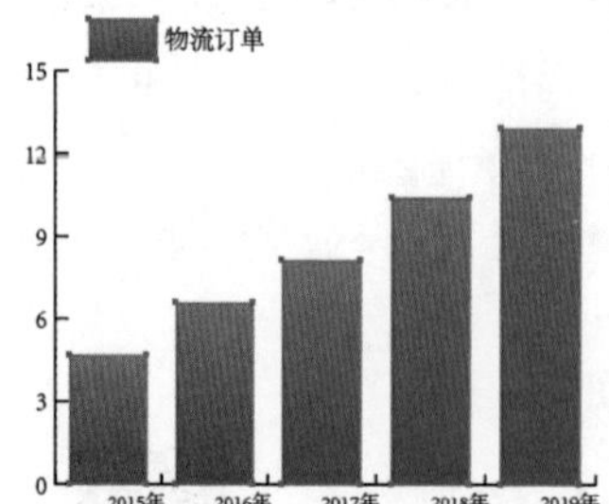

图11-75 选中部分或整个图表

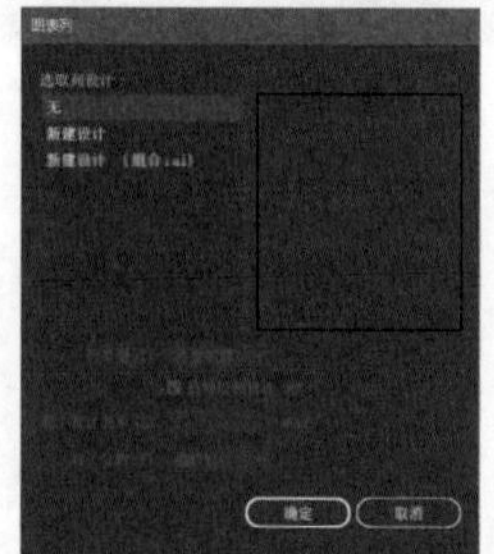

图11-76 “图表列”对话框

在“图表列”对话框中，选择“截断设计”选项后，将使用裁剪方式显示分数字数据，如图11-77所示。选择“缩放设计”选项后，将使用压缩方式显示分数字数据，如图11-78所示。

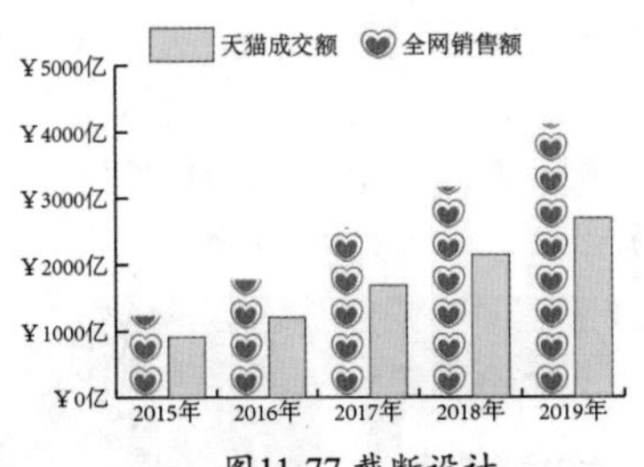

图11-77 截断设计

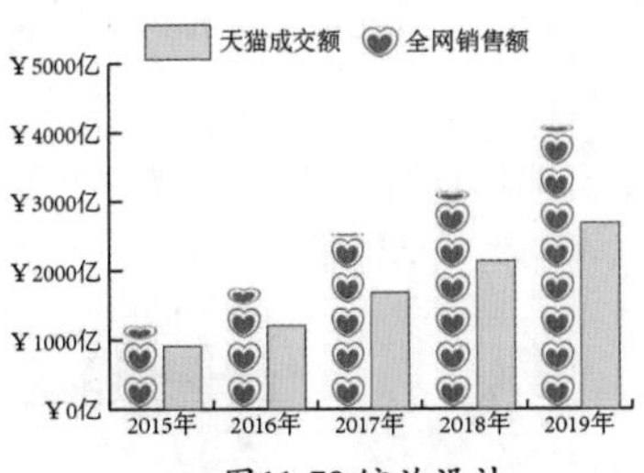

图11-78 缩放设计

11.4.4 应用案例——在柱形图表中添加总计

源 文 件：源文件\第11章\11-4-4.ai

素　材：素材\第11章\114401.ai

技术要点：掌握【在柱形图表中添加总计】的方法

扫描查看演示视频

扫描下载素材

STEP 01 打开“素材\第 11 章\114401.ai”文件，使用“文字工具”在图表设计的底部矩形上添加文字内容，如图 11-79 所示。

STEP 02 使用“选择工具”选中整个设计，包括底部矩形、直线段和文字内容，按【Ctrl+G】组合键编为一组。使用“编组选择工具”选中直线段，执行“视图”→“参考线”→“建立参考线”命令，建立参考线，如图 11-80 所示。

图11-79 添加文字

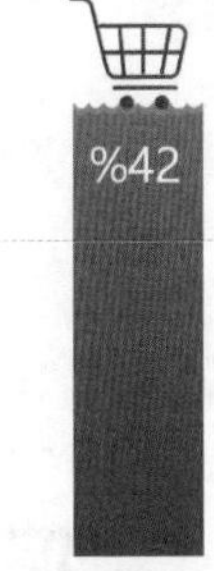

图11-80 建立参考线

使用“文字工具”添加的文字内容，其外观属性都采用默认设置。用户可以在“控制”面板或“字符”面板中修改文字的相关属性，使文字内容更加贴合图表。

STEP 03 再次选中整个设计，执行“对象”→“图表”→“设计”命令，在弹出的“图表设计”对话框中单击“新建设计”按钮，将选中对象定义为图表设计并重命名，如图 11-81 所示。完成后单击“确定”按钮。

STEP 04 使用“编组选择工具”选中部分图表或整个图表，执行“对象”→“图表”→“柱形图”命令，弹出“图表列”对话框，设置各项参数，如图 11-82 所示。单击“确定”按钮，保持参考线为隐藏状态，图表效果如图 11-83 所示。

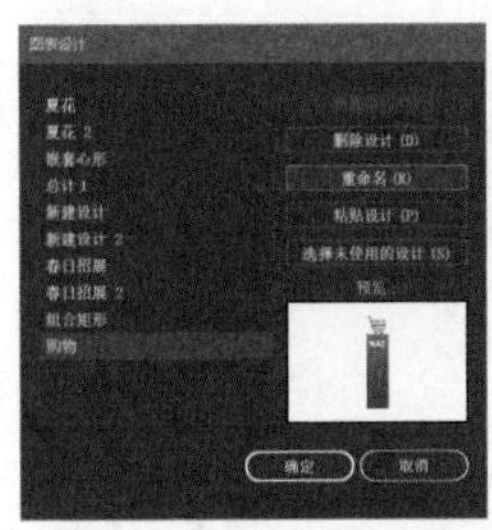
图11-81 创建图表设计

图11-82 设置参数

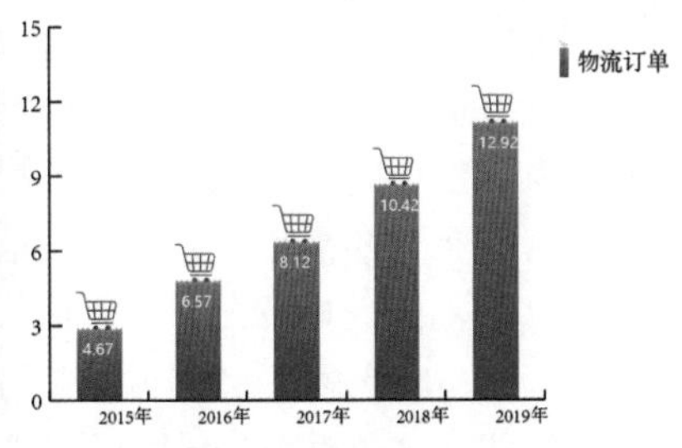

图11-83 图表数据值包含总计

11.4.5 应用案例——创建并使用标记

源 文 件：源文件\第11章\11-4-5.ai

素　材：素材\第11章\114501.ai

技术要点：掌握【图表标记】的创建和使用方法

扫描查看演示视频

扫描下载素材

STEP 01 打开“素材\第 11 章\114501.ai”文件，使用“星形工具”绘制图形，如图 11-84 所示。执行

“对象”→“图表”→“设计”命令，弹出“图表设计”对话框，单击“新建设计”按钮，将选中对象创建为标记设计。

STEP 02 单击“重命名”按钮，弹出“图表设计”对话框，输入名称，如图 11-85 所示。单击“确定”按钮，“图表设计”对话框中的标记设计将替换为新名称，如图 11-86 所示。

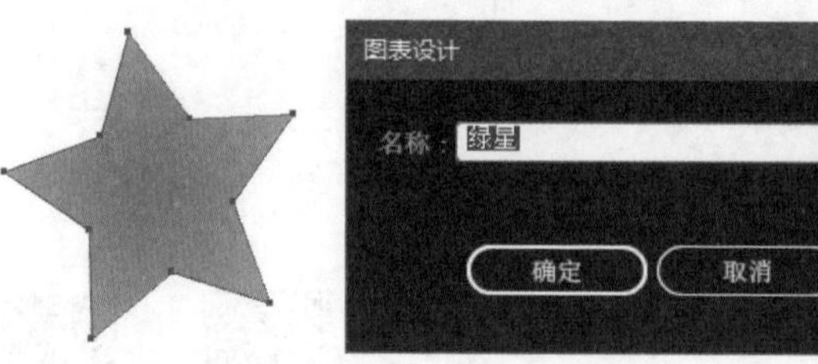

图11-84 绘制图形　　图11-85 输入名称

图11-86 替换标记名称

如果标记设计由多个对象组成，需要选中所有标记设计并按【Ctrl+G】组合键将其编为一组。

STEP 03 单击“确定”按钮。使用“编组选择工具”选择折线图表或散点图表中的同类标记和图例，不需要选择任何线段。执行“对象”→“图表”→“标记”命令，弹出“图表标记”对话框，选择标记设计，如图 11-87 所示。

STEP 04 单击“确定”按钮，将自动缩放设计，使标记设计与折线或散点图表上的默认标记大小相同。缩放完成后，图例效果如图 11-88 所示。图表效果如图 11-89 所示。

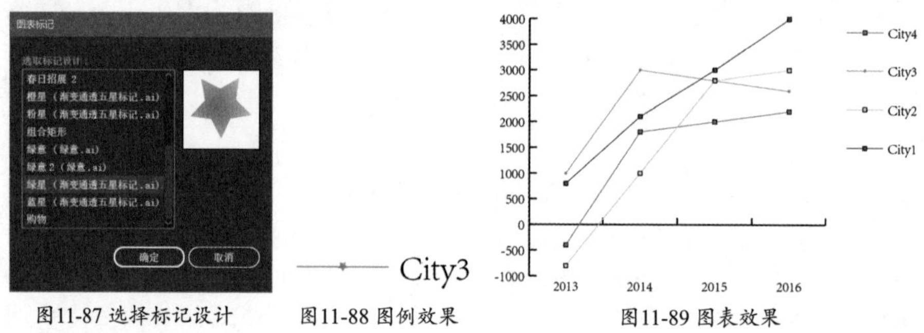

图11-87 选择标记设计　　图11-88 图例效果　　图11-89 图表效果

11.5 解惑答疑

在学习使用Illustrator CC创建图表的过程中，如果能够掌握如何为图表应用预设图表设计，以及如何为图表添加各种效果的操作方法，可使制作的图表的视觉效果更加丰富、美观。

11.5.1 如何应用预设图表设计

在Illustrator CC中，用户不仅可以创建自定的柱形设计和标记设计，也可以在文档之间转换自定图表设计，同时还为用户提供了多种预设图表设计。

执行“窗口”→“色板库”→“其他库”命令，弹出“打开”对话框，在对话框中找到相应的文件夹并选择要导入的预设图表设计，单击“打开”按钮，可在相应的面板上查看预设图表设计。用户也可以在“打开”对话框中选择另一个文档文件，再单击“打开”按钮，即可将该文档中的图表设计导入当前文档内。

将预设的图表设计导入后，用户可以在“图表列”或“图表标记”对话框中，使用这些导入的图表设计。

11.5.2 如何为图表添加效果

Illustrator CC允许用户为图表中的柱形、条形或线段添加投影效果，也可以为整个饼图添加投影效果。

使用“选择工具”选择图表，如图11-90所示。执行“对象”→“图表”→“类型”命令或者双击工具箱中的任意图表工具按钮，弹出“图表类型”对话框。选择“添加投影”复选框，单击“确定”按钮，图表效果如图11-91所示。

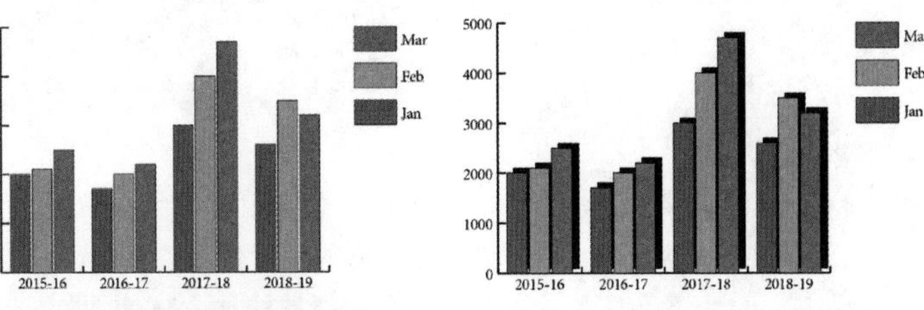

图11-90 选中图表

图11-91 添加阴影后的图表效果

用户还可以使用“编组选择工具”选中图表中的部分内容或整个图表，执行“效果”→“风格化”→“投影”命令，弹出“投影”对话框，设置参数如图11-92所示。单击“确定”按钮，即可为选中的图表部分添加更加细致、美观的投影效果，如图11-93所示。

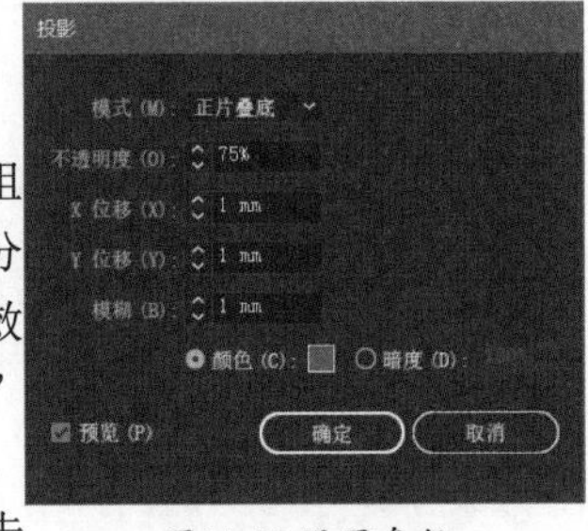

图11-92 设置参数

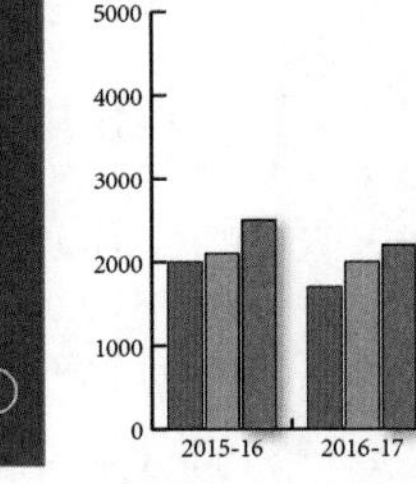

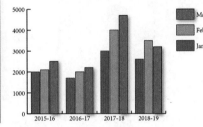

图11-93 投影效果

11.6 总结扩展

本章向用户详细介绍了各种图表工具的使用方法、图表的创建与设计等知识，使用户掌握使用Illustrator CC查看大量数据变化趋势的方法与技巧。

11.6.1 本章小结

本章主要讲解了Illustrator CC中的图表功能。通过学习本章内容，用户应了解在Illustrator CC中能够制作的图表类型，以及不同类别图表的用途，并且掌握设置图表属性和修改图表格式和外观的方法，以及自定义图表设计的方法和技巧。

11.6.2 扩展练习——制作立体图表效果

源 文 件：源文件\第11章\11-6-2.ai

素　　材：无

技术要点：掌握【立体图表】的制作方法

扫描查看演示视频

完成本章内容学习后，接下来使用饼图工具和3D功能完成立体图表的制作，对本章知识进行测验并加深对所学知识的理解，创建完成的案例效果如图11-94所示。

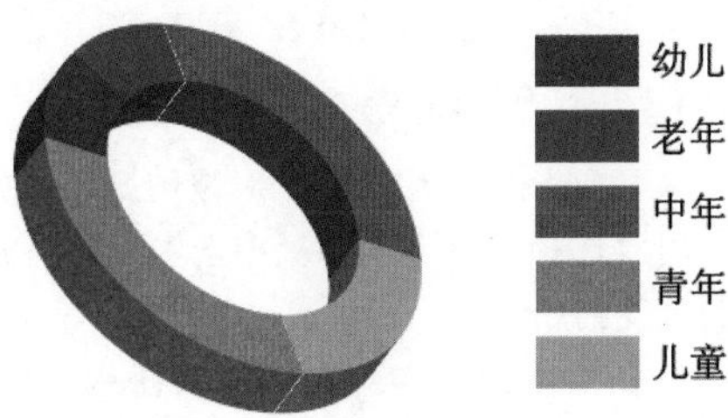

图11-94 案例效果

第12章 样式、效果和外观

通过为对象应用填色、描边、样式和效果等外观属性，可以实现更加丰富的图形效果。Illustrator CC中提供了丰富的图形样式和效果，使用户能够快速、方便地创建出令人印象深刻的特殊外观。本章将针对效果、外观和样式应用进行学习，帮助用户快速掌握为图形添加特殊外观的方法和技巧。

12.1 使用效果

Illustrator CC中包含多种效果，用户可以对某个对象、组或图层应用这些效果，用以改变其特征。对象应用效果后，效果会显示在“外观”面板中。在“外观”面板中，可以编辑、移动、复制、删除效果或将效果存储为图形样式的一部分。

12.1.1 “效果”菜单

单击菜单栏中的“效果”按钮，打开“效果”菜单，其上半部分的效果是矢量效果，如图12-1所示。在“外观”面板中，只能将这些效果应用于矢量对象，或者为某个位图对象应用填色或描边。对于这一规则，上半部分中的3D效果、SVG滤镜效果、变形效果、变换效果，以及风格化效果中的投影、羽化、内发光和外发光，可以同时应用于矢量对象和位图对象。

Illustrator CC中“效果”菜单的下半部分是栅格效果，用户可以将它们应用于矢量对象或位图对象，如图12-2所示。

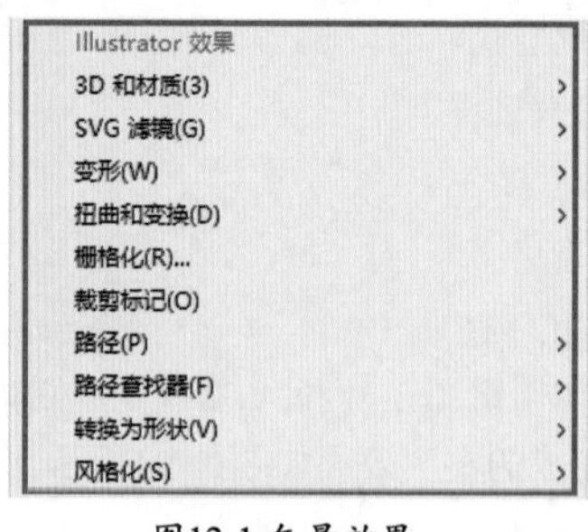

图12-1 矢量效果

Photoshop 效果
效果画廊...
像素化
扭曲
模糊
画笔描边
素描
纹理
艺术效果
视频
风格化

图12-2 栅格效果

12.1.2 应用效果

如果用户想对一个对象的属性（如填充或描边）应用效果，使用“选择工具”在画板中选中对象，并在“外观”面板中选择想要改变的属性。

从“效果”菜单中选择任意一个命令，或者单击“外观”面板底部的“添加新效果”按钮 fx，并从效果列表框中选择一种效

Learning Objectives
学习重点

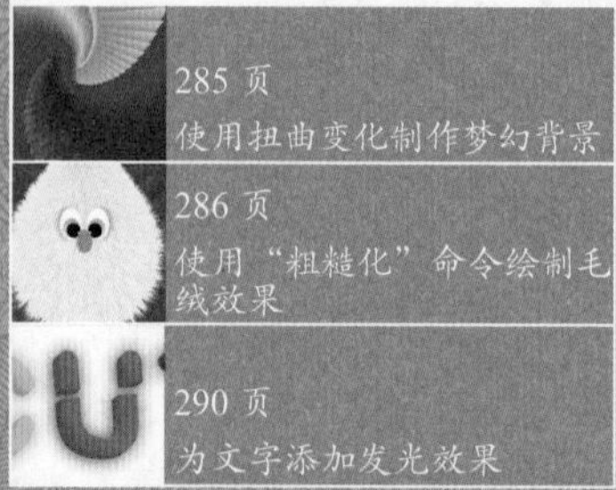

285 页
使用扭曲变化制作梦幻背景

286 页
使用“粗糙化”命令绘制毛绒效果

290 页
为文字添加发光效果

294 页
为对象应用图形样式

303 页
删除和清除外观属性

305 页
使用“外观”面板绘制文字按钮

307 页
绘制酷炫花纹

果。如果弹出对话框，应该根据自己的需要进行设置，完成后单击“确定”按钮，所选对象就添加了该效果。

? 疑问解答 如何为对象应用上次添加的效果?

用户想要应用上次使用的效果和设置，可执行“效果”→“应用 [效果名称]”命令或者按【Shift+Ctrl+E】组合键。而要应用上次使用的效果并设置其选项，可以执行“效果”→“[效果名称]”命令或按【Alt+Shift+Ctrl+E】组合键。

12.1.3 栅格效果

Illustrator CC中的栅格效果的作用是为对象生成像素内容，即删除对象上的矢量数据。栅格效果包括SVG滤镜和“效果”菜单下半部分中的所有效果，以及“效果”→“风格化”子菜单中的投影、内发光、外发光和羽化命令。

如果为对象应用的效果在屏幕中的视觉效果很不错，但打印出来却丢失了一些细节或出现锯齿状边缘，则用户需要在栅格化文档时提高效果分辨率。

执行“效果”→“文档栅格效果设置”命令，弹出“文档栅格效果设置”对话框，如图12-3所示。用户可以在该对话框中设置文档的栅格化选项，完成后单击“确定”按钮。

? 疑问解答 如何使用“添加环绕对象”选项创建快照效果?

为“添加环绕对象”选项指定一个值，并且选中“背景”选项组中的“白色”单选按钮，同时取消选择“创建剪切蒙版”复选框，添加到原始对象上的白色边界成为图像上的可见边框。也可以使用“投影”或“外发光”效果，使原始图稿看起来像照片一样。

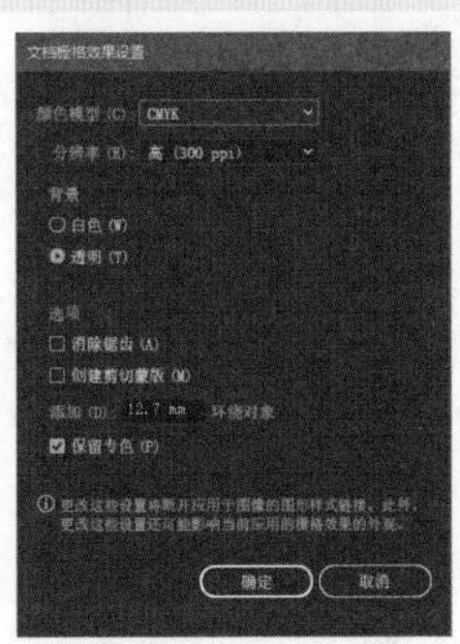

图12-3 “文档栅格效果设置”对话框

12.1.4 应用案例——编辑或删除效果

源 文 件：无

素　材：无

技术要点：掌握【编辑或删除效果】的方法

扫描查看演示视频

STEP 01 选中应用效果的对象或组，打开“外观”面板，单击面板中具有下画线的效果名称，弹出相应的效果对话框，在对话框中调整所需参数，如图 12-4 所示。

STEP 02 单击“确定”按钮，完成编辑效果的操作。

STEP 03 在打开的“外观”面板中选中效果，单击“删除”按钮，或者将效果拖曳至“删除”按钮上，如图 12-5 所示。

STEP 04 释放鼠标后，完成删除效果的操作。

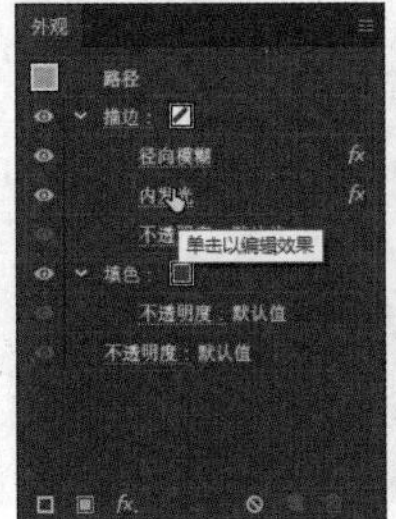

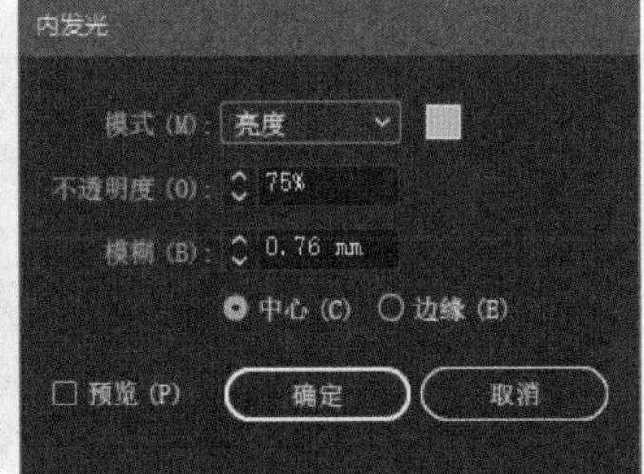

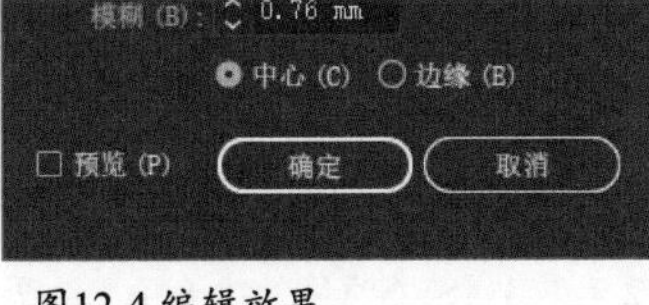

图12-4 编辑效果

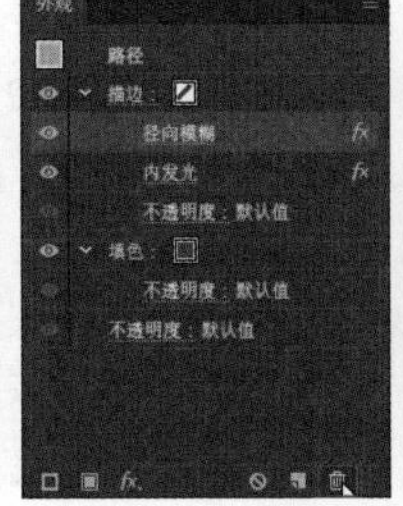

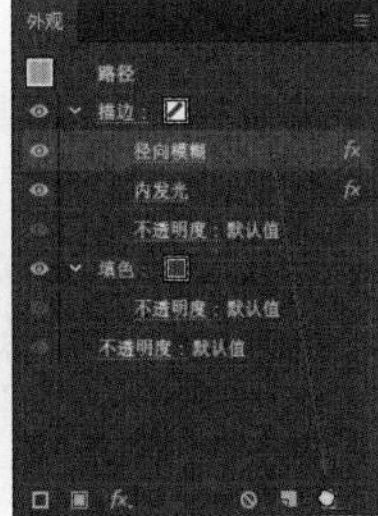

图12-5 删除效果

12.2 添加Illustrator效果

在Illustrator CC中，“效果”菜单被分为了Illustrator效果和Photoshop效果两大类，分别适用于矢量对象和位图对象。其中适用于矢量对象和位图对象的Illustrator效果又被详细划分为10组，包括3D、SVG滤镜、变形、扭曲和变换、栅格化、裁剪标记、路径、路径查找器、转换为形状和风格化。

12.2.1 3D效果

在Illustrator CC中，使用“效果”菜单中的“3D和材质”命令及“窗口”菜单中的“3D和材质”面板，可以制作出很多新颖、有趣的立体效果。关于“3D效果”请参考本书第9章9.1节的讲解。

12.2.2 SVG滤镜

用于Web的GIF、JPEG、WBMP和PNG位图图像格式，都使用像素网格描述图像。这些格式生成的文件可能会很大，并且分辨率较低，最终导致这些位图图像在Web上占用大量带宽。

Illustrator CC为了解决这一问题，衍生出了SVG矢量格式，其将图像描述为形状、路径、文本和滤镜效果，因此生成的文件很小，可在Web、打印设备甚至资源有限的手持设备上提供较高品质的图像。

Illustrator CC 中的“存储为 Web 和设备所用格式”命令提供了一部分 SVG 导出选项，使用这些选项导出的 SVG 格式图形适用于 Web 作品。

应用SVG滤镜

选中对象，如果想要应用具有默认设置的SVG滤镜效果，执行“效果”→“SVG滤镜”命令，在打开的子菜单中选择任意效果即可，如图12-6所示。

如果想要应用具有自定设置的SVG效果，执行“效果”→“SVG滤镜”→“应用SVG滤镜”命令，弹出“应用SVG滤镜”对话框，如图12-7所示。在该对话框中选择某一默认设置效果，再单击“编辑SVG滤镜”按钮，弹出“编辑SVG滤镜”对话框，如图12-8所示。在该对话框中编辑默认代码，完成后单击“确定”按钮。

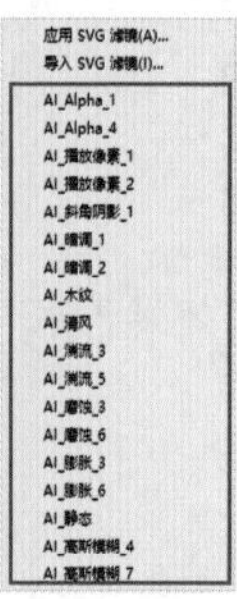

图12-6 “SVG滤镜”子菜单

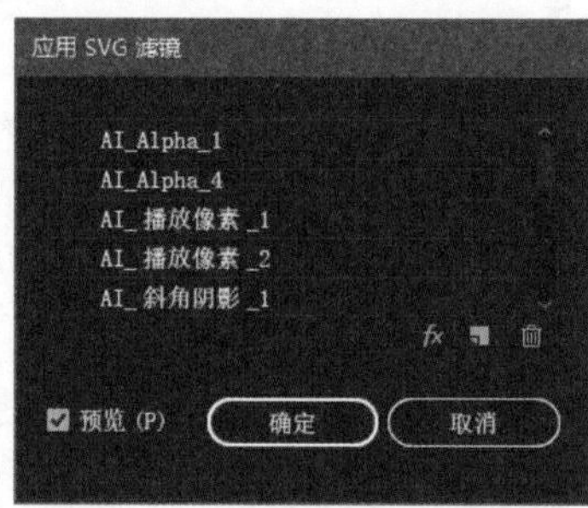

图12-7 “应用SVG滤镜”对话框

图12-8 “编辑SVG滤镜”对话框

如果想要创建并应用新的SVG滤镜效果，执行“效果”→“SVG滤镜”→“应用SVG滤镜”命令，在弹出的“应用SVG滤镜”对话框中单击“新建SVG滤镜”按钮，弹出“编辑SVG滤镜”对话框，如图12-9所示。在对话框中输入新代码，完成后单击“确定”按钮。新建的SVG滤镜出现在“应用SVG滤镜”对话框的列表底部，如图12-10所示。

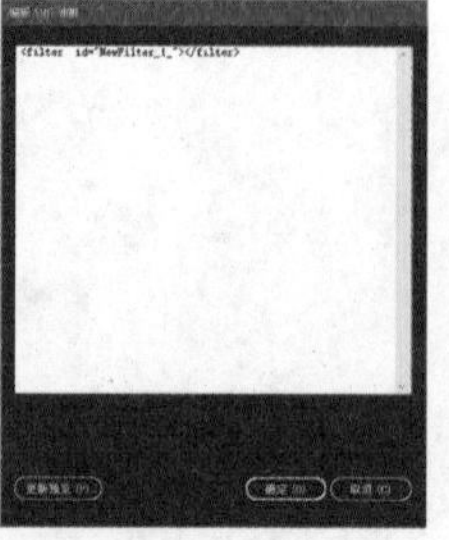

图12-9 “编辑SVG滤镜”对话框

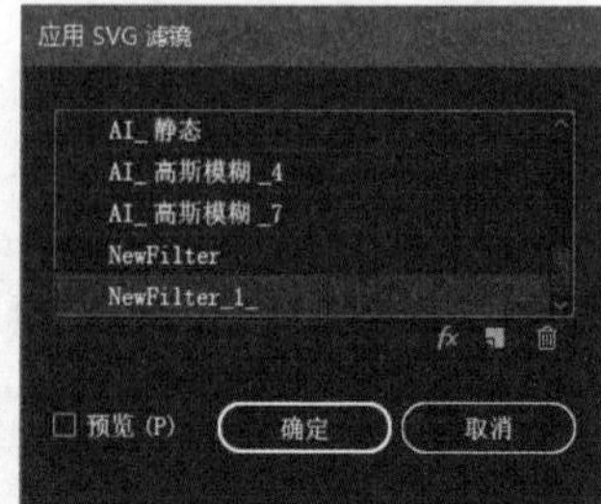

图12-10 新建的SVG滤镜

为对象应用SVG滤镜效果时，Illustrator CC会在画板上显示效果的栅格化版本。可以通过修改文档的“栅格化分辨率”选项来控制此预览图像的分辨率。

从SVG文件导入效果

执行“效果”→“SVG滤镜”→“导入SVG滤镜”命令，弹出“选择SVG文件”对话框，如图12-11所示。从对话框中选择想要导入的SVG效果文件，再单击“打开”按钮，弹出“导入状态”对话框，如图12-12所示。单击“确定”按钮，导入的SVG滤镜效果位于“SVG滤镜”命令的子菜单列表底部，如图12-13所示。

图12-11 “选择SVG文件”对话框

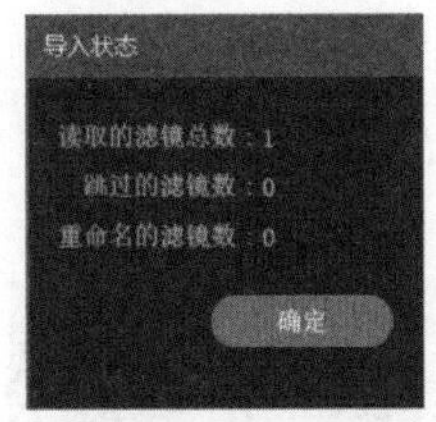

图12-12 “导入状态”对话框

图12-13 导入的SVG滤镜位置

“SVG交互”面板

执行“窗口”→“SVG交互”命令，打开“SVG交互”面板，如图12-14所示，用户可以通过此面板将交互内容添加到图稿中，也可以使用“SVG交互”面板查看与当前文件相关联的所有事件和JavaScript文件。

如果用户想要使用“SVG交互”面板删除一个事件，需要先选择该事件，再单击“删除”按钮，或者选择面板菜单中的“删除事件”命令即可，如图12-15所示。如果想要删除“SVG交互”面板中的所有事件，只需选择面板菜单中的“清除事件”命令即可。

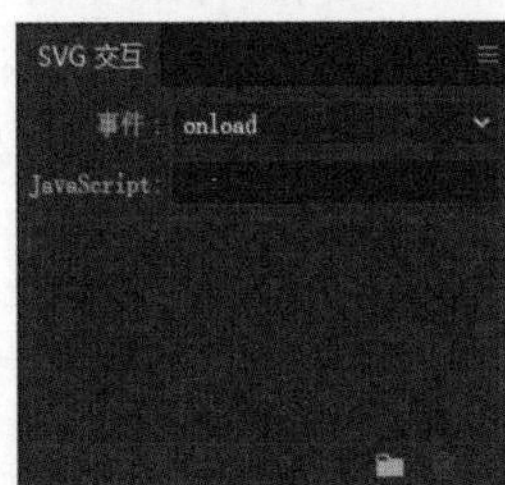

图12-14 “SVG交互”面板

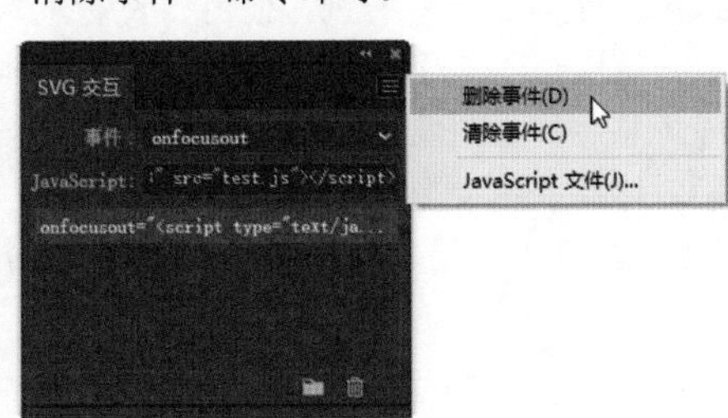

图12-15 选择“删除事件”命令

单击“SVG交互”面板底部的“链接JavaScript文件”按钮，或者选择面板菜单中的“JavaScript文件”命令，弹出“JavaScript文件”对话框，如图12-16所示。再单击左下角的“添加”按钮，弹出“添加JavaScript文件”对话框，如图12-17所示。

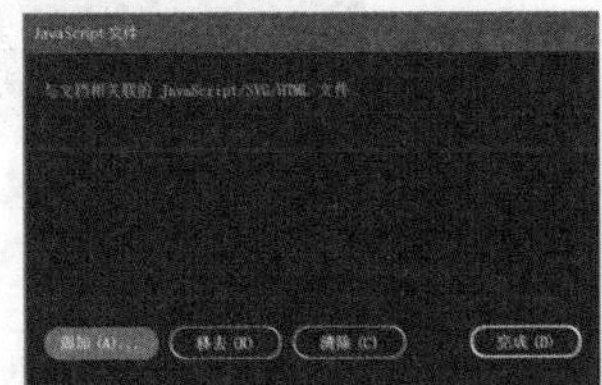

图12-16 “JavaScript文件”对话框

图12-17 “添加JavaScript文件”对话框

单击“选择”按钮，弹出“选择JavaScript文件”对话框，如图12-18所示。在其中选择一个JavaScript文件后，单击“打开”按钮，回到“添加JavaScript文件”对话框，对话框中显示刚刚选择的.js文件，如图12-19所示。

图12-18 “选择JavaScript文件”对话框

图12-19 显示.js文件

单击“添加JavaScript文件”对话框中的“确定”按钮，回到“JavaScript文件”对话框，将刚刚选择的.js文件置于对话框中。在添加了.js文件的对话框中，单击“移去”按钮，即可删除所选的JavaScript选项。单击“清除”按钮，可以删除对话框中的所有JavaScript选项。

将SVG交互添加到图稿中

打开“SVG交互”面板，在面板中选择一个事件，如图12-20所示。然后在事件下面的JavaScript文本框中输入对应的JavaScript代码，如图12-21所示，完成后按【Enter】键，即可将SVG交互添加到面板中。

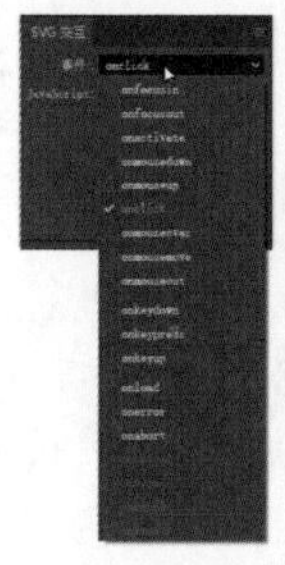

图12-20 选择事件

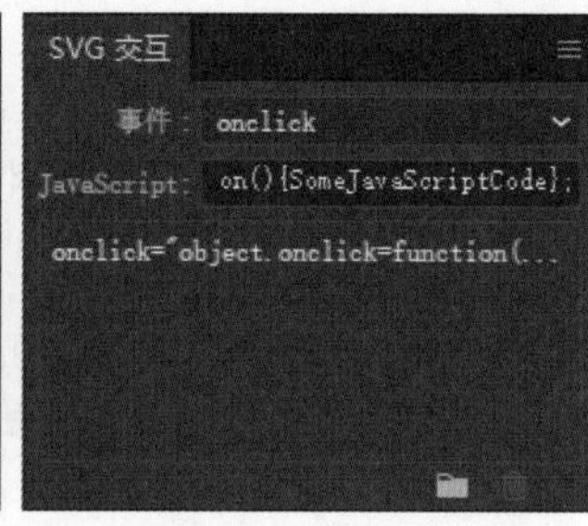

图12-21 输入JavaScript代码

12.2.3 变形效果

如果用户想要改变对象的形状外观，使用“效果”菜单中的“变形”命令是比较方便的方法，而且利用该命令，还可以在改变对象外观形状的基础上，永久保留对象的原始几何形状。变形的对象包括路径、文本、网格、混合图像及位图图像。而Illustrator CC将“变形效果”设置为实时的，这就意味着用户可以随时修改或删除效果。

选择一个对象，执行“效果”→“变形”命令，在打开的子菜单中包括弧形、下弧形、上弧形、拱形、凸出、凹壳、凸壳、旗形、波形、鱼形、上升、鱼眼、膨胀、挤压和扭转15种效果，如图12-22所示。

选择子菜单中的任意一种变形命令，弹出“变形选项”对话框，此时对话框中的“样式”设置为刚刚选择的变形选项，如图12-23所示。在对话框中选择变形方向，并指定要应用的扭曲量，单击“确定”按钮，完成添加变形效果的操作。

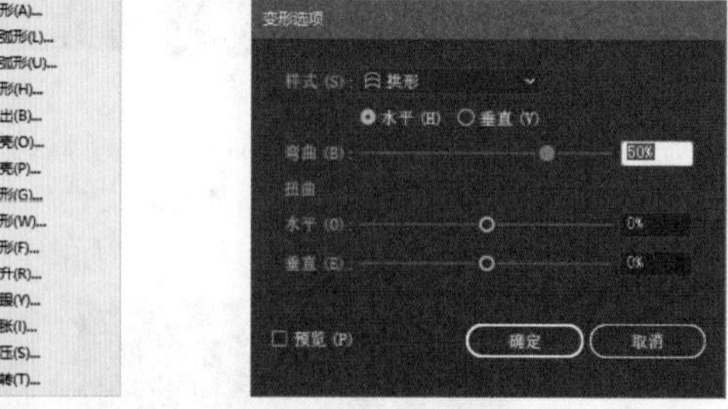

图12-22 15种变形效果

图12-23 “变形选项”对话框

12.2.4 扭曲和变换效果

“效果”菜单中的“扭曲和变换”命令主要用于扭曲对象的形状，或者改变对象的大小、方向和位置等。

执行“效果”→“扭曲和变换”命令，打开包含7种变化效果的子菜单，如图12-24所示。通过这些命令可以为对象创建各种扭曲效果，其中的“变换”命令与执行“对象”→“变换”→“分别变换”命令基本相同。

变换效果

使用“变换”命令，通过在对话框中重设大小、移动、旋转、镜像（翻转）和复制等参数，改变对象形状。执行“效果”→“扭曲和变换”→“变换”命令，弹出“变换效果”对话框，如图12-25所示。

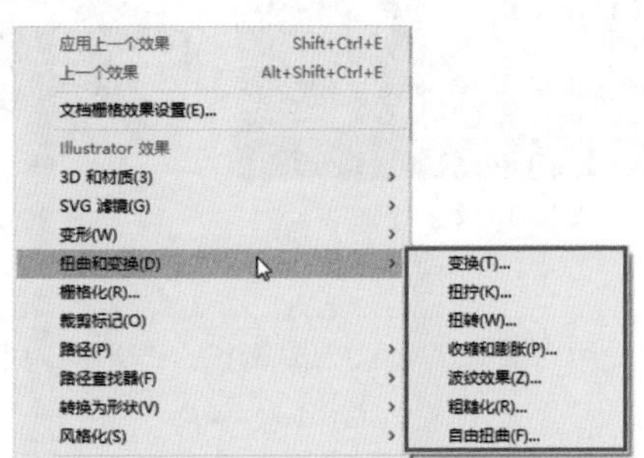

图12-24 包含7种变化效果的子菜单

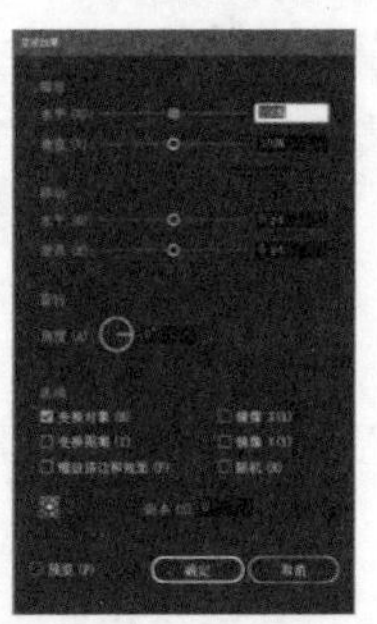

图12-25 “变换效果”对话框

在“变换效果”对话框中设置各项参数，设置完成后单击“确定”按钮，即可完成对象的扭曲变换效果。图12-26所示为对象的原始效果和变换效果对比。

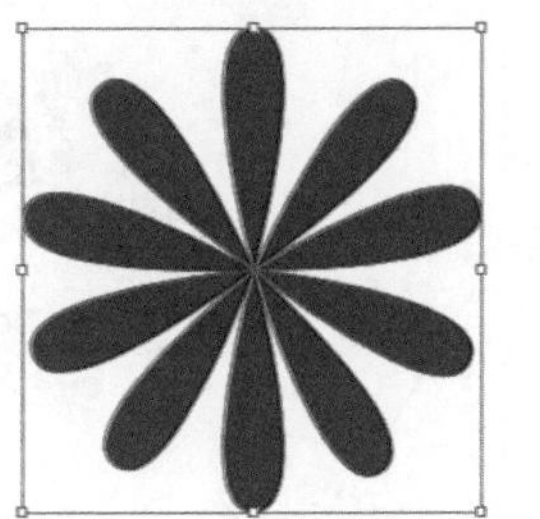

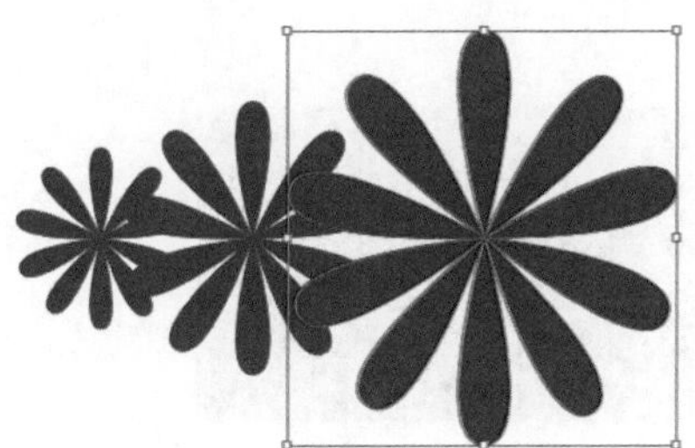

图12-26 对象的原始效果和变换效果对比

扭拧效果

使用“扭拧”命令，可以随机地向内或向外弯曲和扭曲路径段。选择一个对象，执行“效果”→“扭曲和变换”→“扭拧”命令，弹出“扭拧”对话框，如图12-27所示。在该对话框中设置好参数后，单击“确定”按钮，使对象随机地产生向内或向外的扭曲效果。图12-28所示为应用扭拧效果前后的对象外观。

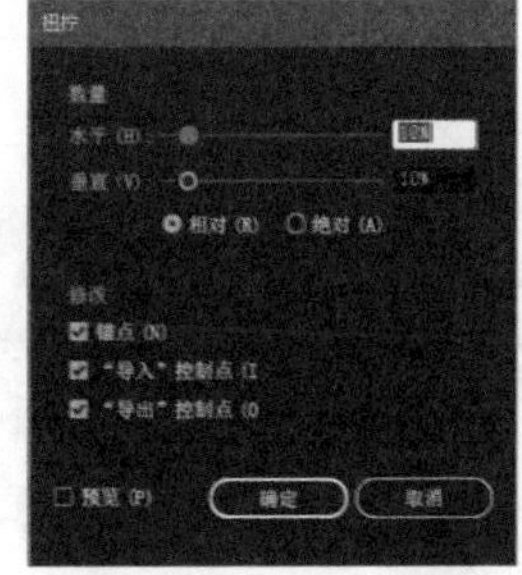

图12-27 “扭拧”对话框

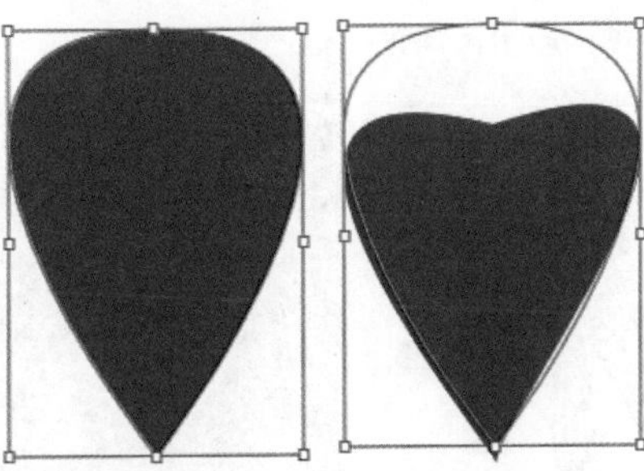

图12-28 应用扭拧效果前后的对象外观

扭转效果

使用“扭转”命令，可以将选中对象进行顺时针或逆时针扭转变形。选择一个对象，如图12-29所示。执行“效果”→“扭曲和变换”→“扭转”命令，弹出“扭转”对话框，设置扭转“角度”参数，如图12-30所示。单击“确定”按钮，完成对象的扭转操作，效果如图12-31所示。

图12-29 选中对象

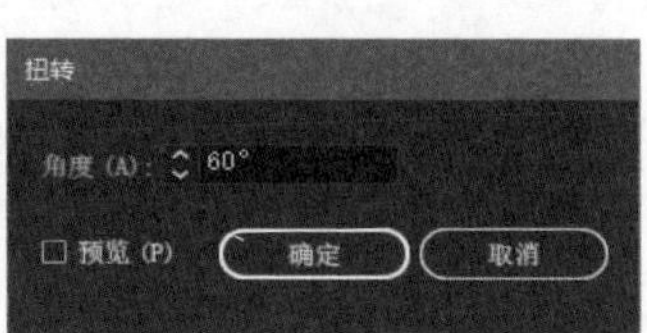

图12-30 设置参数

图12-31 扭转效果

收缩和膨胀效果

使用“收缩和膨胀”命令，可以使选中对象以其锚点为编辑点，产生向内凹陷或者向外膨胀的变形效果。

选中一个对象，执行“效果”→“扭曲和变换”→“收缩和膨胀”命令，弹出“收缩和膨胀”对话框，如图12-32所示。在对话框中设置参数，单击“确定”按钮完成变换操作。图12-33所示为应用了收缩和膨胀效果的对象外观。

图12-32 “收缩和膨胀”对话框

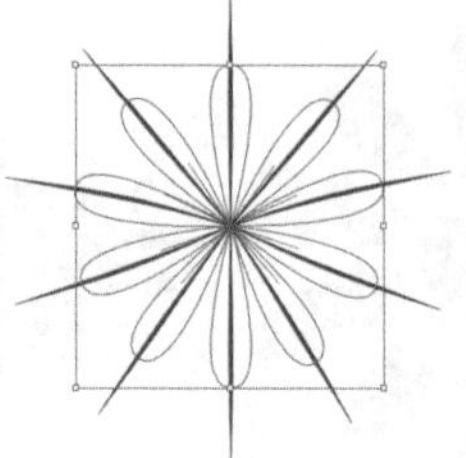

收缩：-90%

膨胀：90%

图12-33 应用了收缩和膨胀效果的对象外观

波纹效果

使用“波纹效果”命令，可以将选中对象的路径变换为同样大小的波纹，从而形成带锯齿和波形的图形效果。

选中一个对象，如图12-34所示。执行“效果”→“扭曲和变换”→“波纹效果”命令，弹出“波纹效果”对话框，如图12-35所示。在该对话框中设置参数，单击“确定”按钮，即可使选中对象产生波纹扭曲效果，如图12-36所示。

图12-34 选中对象

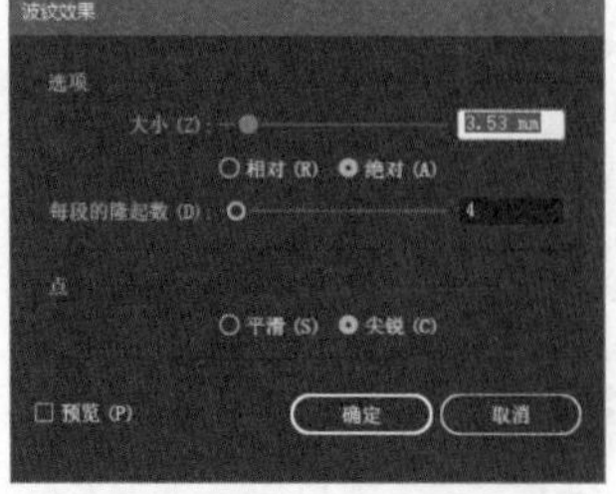

图12-35 “波纹效果”对话框

图12-36 波纹扭曲效果

应用该效果后，系统会自动在选中的对象上添加锚点，使其产生上下位移，从而形成波纹效果。

粗糙化效果

使用“粗糙化”命令，可将选中对象的外形进行不规则的变形处理。一般情况下，都是将矢量对象外形中的尖峰和凹谷变换为各种大小的锯齿数组。

选中一个对象，如图12-37所示。执行“效果”→“扭曲和变换”→“粗糙化”命令，弹出“粗糙化”对话框，如图12-38所示。在该对话框中设置参数，单击“确定”按钮，选中对象的粗糙化效果如图12-39所示。

图12-37 选中对象

图12-38 “粗糙化”对话框

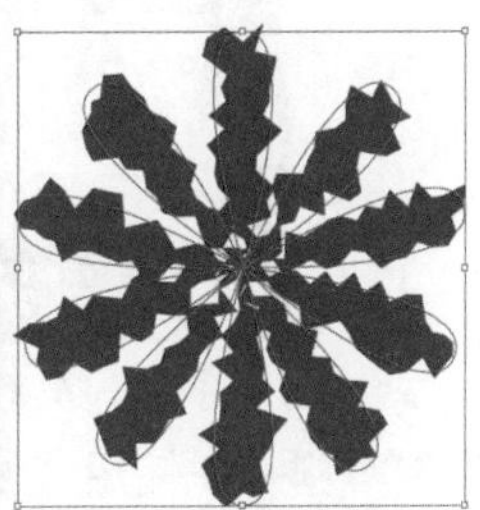

图12-39 粗糙化效果

自由扭曲效果

使用“自由扭曲”命令，用户可以通过拖曳4个边角调整锚点的方式来改变矢量对象的形状。由此可见，“自由扭曲”命令与“自由变换工具”所产生的效果相似，都是通过拖曳控制对象的4个锚点来改变对象形状的。

选择一个对象，执行“效果”→“扭曲和变换”→“自由扭曲”命令，弹出“自由扭曲”对话框。在对话框中调整锚点位置，如图12-40所示。单击“确定”按钮，应用自由扭曲效果后的对象外观如图12-41所示。

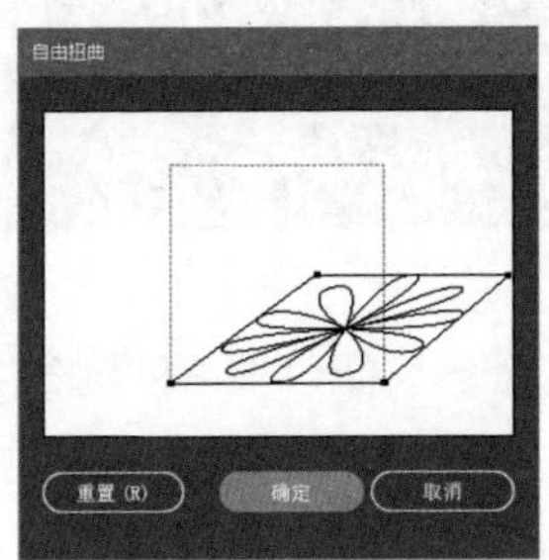

图12-40 调整锚点

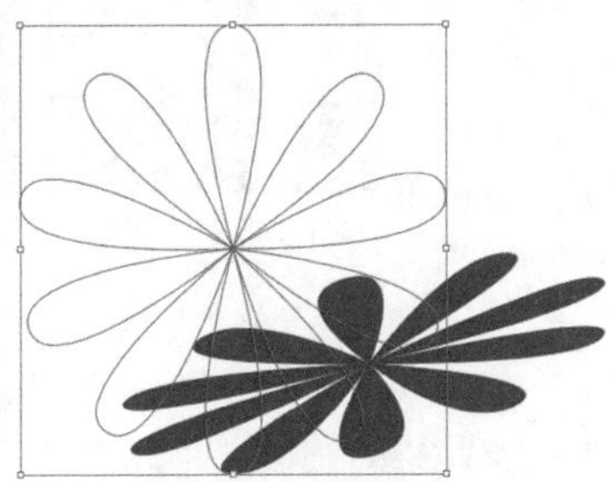

图12-41 应用自由扭曲效果后的对象外观

如果调整过程中出现意外情况或不满意现有调整，可以单击“自由扭曲”对话框中的“重置”按钮，将调整效果恢复为未调整之前；如果想要取消调整，单击“取消”按钮即可。

12.2.5 应用案例——使用扭曲变换制作梦幻背景

源 文 件：源文件\第12章\12-2-5.ai

素　材：无

技术要点：掌握【梦幻背景】的绘制方法

扫描查看演示视频

STEP 01 新建一个 Illustrator 文件。使用“星形工具”在画板中绘制一个五角星图形并使用色谱色板填色，如图 12-42 所示。

STEP 02 执行“效果”→“扭曲和变换”→“变换”命令，在弹出的“变换效果”对话框中设置各项参数，如图 12-43 所示，单击“确定”按钮。

STEP 03 使用“矩形工具”在画板中绘制一个与画板等大的矩形，如图 12-44 所示。

STEP 04 拖曳选中五角星图形和矩形图形，执行“对象”→“剪切蒙版”→“建立”命令，完成剪切蒙版后的画板效果如图 12-45 所示。

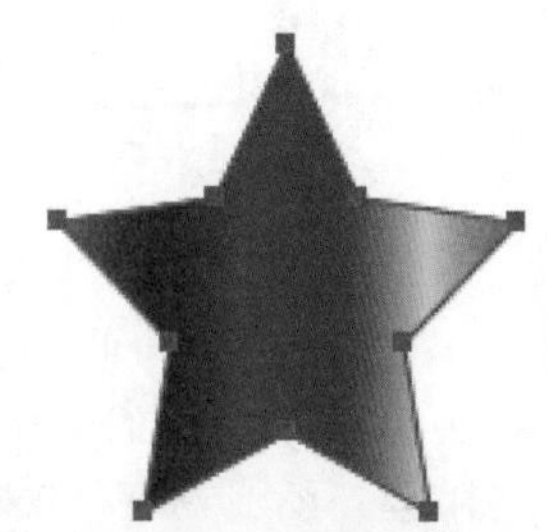

图12-42 绘制五角星并填充色谱

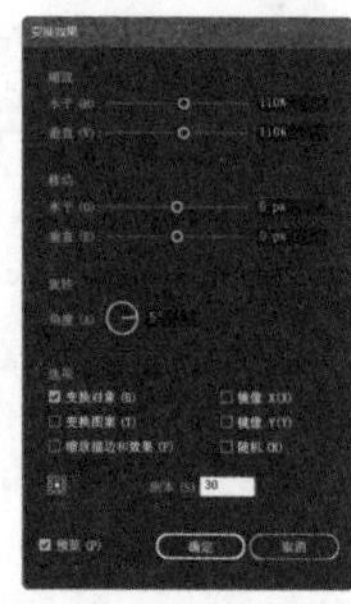

图12-43 “变换效果”对话框

图12-44 绘制矩形

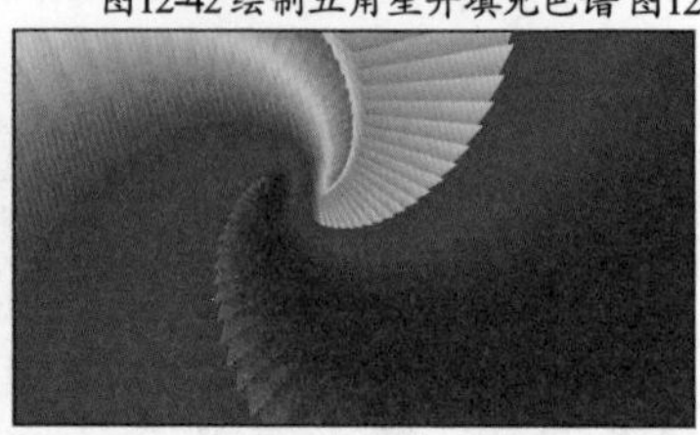

图12-45 完成梦幻背景效果

12.2.6 应用案例——使用“粗糙化”命令绘制毛绒效果

源 文 件：源文件\第12章\12-2-6.ai

素　材：素材\第12章\122601.ai

技术要点：掌握【粗糙化效果】的使用方法

扫描查看演示视频　扫描下载素材

STEP 01 打开“素材\第 12 章\122601.ai”的文件，打开“渐变”面板，设置从 RGB（0、197、233）到白色的径向渐变。使用“星形工具”在画板中单击并拖曳鼠标创建图形，拖曳控制点将转角调整为圆角，效果如图 12-46 所示。

STEP 02 按住【Alt】键不放并拖曳复制图形，等比例缩小图形，打开“混合选项”对话框，设置参数如图 12-47 所示，单击“确定”按钮。选中两个图形并按【Alt+Ctrl+B】组合键，建立混合，效果如图 12-48 所示。

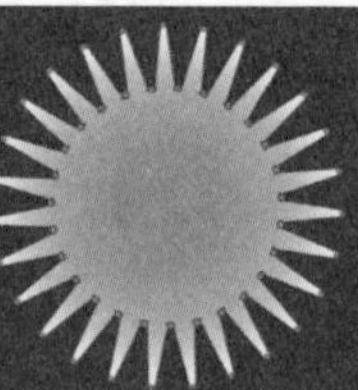

图12-46 创建图形

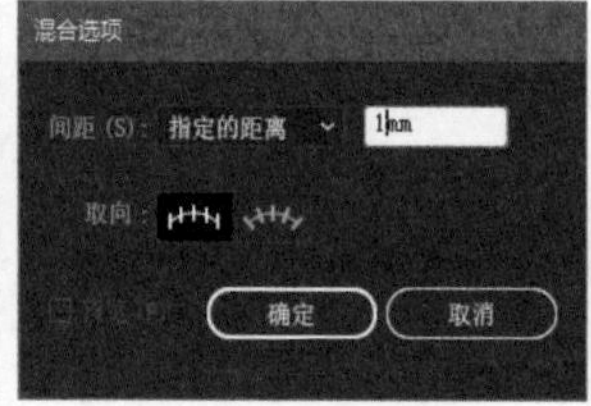

图12-47 设置参数

图12-48 建立混合

STEP 03 执行“效果”→“扭曲和变换”→“收缩和膨胀”命令，弹出“收缩和膨胀”对话框，设置参数为—18%，单击“确定”按钮，效果如图 12-49 所示。执行“效果”→“扭曲和变换”→“粗糙化”命令，弹出“粗糙化”对话框，设置参数为 16%，单击“确定”按钮，效果如图 12-50 所示。

STEP 04 使用“选择工具”双击混合对象中较小的图形将其选中，进入“隔离”模式，向上拖曳移动位置。退出“隔离”模式后，调整层叠顺序，使用“选择工具”将画板左上方的图形移入毛绒图形中，效果如图 12-51 所示。

图12-49 收缩与膨胀效果

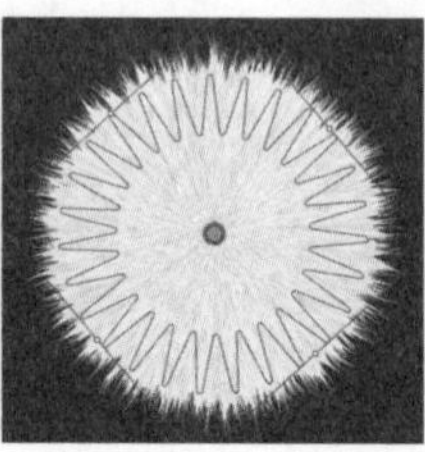

图12-50 粗糙化效果

图12-51 毛绒效果

12.2.7 栅格化效果

“栅格化”效果的作用是将矢量图转换为位图，该命令与执行“对象”→“栅格化”命令产生的效果相似。“效果”菜单中的“栅格化”命令并不是将矢量图形转换为位图，而是将对象应用了类似“转换成位图”的一种外观效果。

选中一个对象，执行“效果”→“栅格化”命令，弹出“栅格化”对话框，如图12-52所示。在对话框中设置各项参数，单击“确定”按钮，即可为选中对象应用栅格化效果，如图12-53所示。

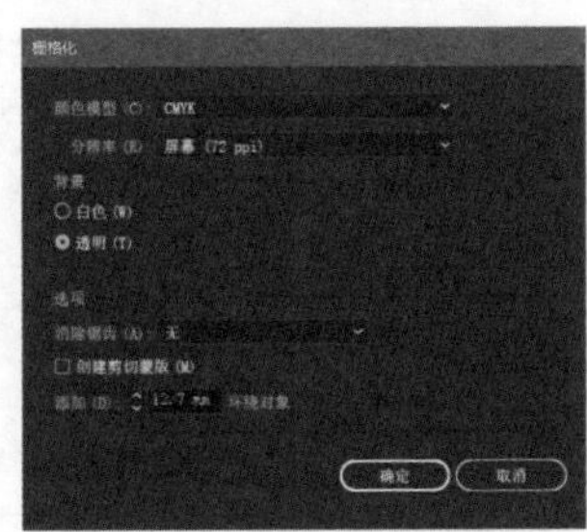

图12-52 “栅格化”对话框

图12-53 应用栅格化效果后的对象

> **? 疑问解答　裁剪标记的使用方法有哪些？**
>
> “效果”菜单中的“裁剪标记”命令也可以称为裁剪符号，是用来打印文档时沿图形边缘进行剪切的细线。因此“裁剪标记”的使用方法将在本书的第 13 章中进行详细讲解，用户可在相关章节中进行阅读和学习。

12.2.8 路径效果

执行“效果”→“路径”命令，打开包含3个命令的子菜单，如图12-54所示。子菜单中的“偏移路径”命令与“对象”菜单中的“路径”→“偏移路径”命令功能相同。

子菜单中的“轮廓化描边”命令也与“对象”菜单中的“路径”→“轮廓化描边”命令功能相同，都是将对象中的描边转换为填色；区别在于为对象应用“效果”菜单中的“轮廓化描边”命令后，用户可在“外观”面板中编辑“轮廓化描边”选项和转换后的“描边”选项，如图12-55所示。

子菜单中的“轮廓化对象”命令则与“文字”菜单中的“创建轮廓”命令拥有相同的功能，都是将所选文字对象转变为矢量图形，并让其可以应用更多效果的操作。

这两个命令存在一些细微区别，为文字对象应用“创建轮廓”命令后，对象完全转换为矢量图形，不再拥有文字的编辑功能；而为文字对象应用“轮廓化对象”命令后，用户还可以在“外观”面板中编辑选项，如图12-56所示。

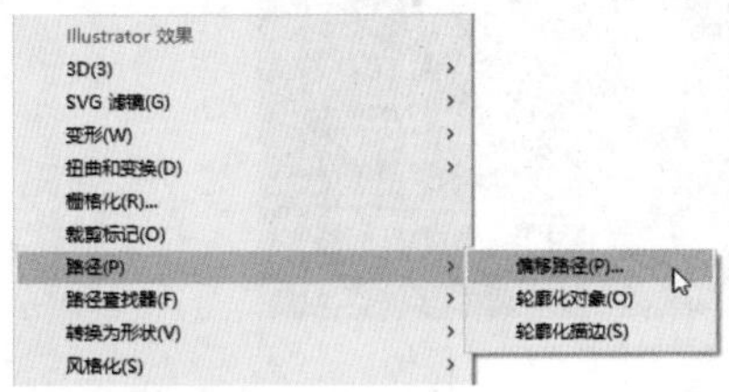

图12-54 子菜单

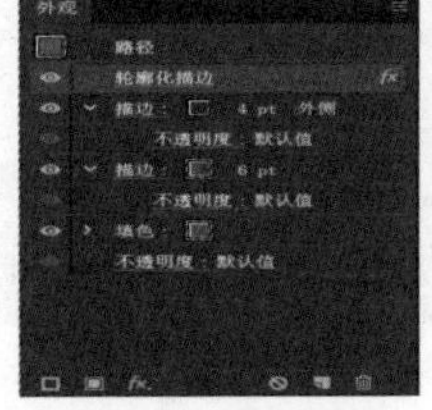

图12-55 轮廓化描边

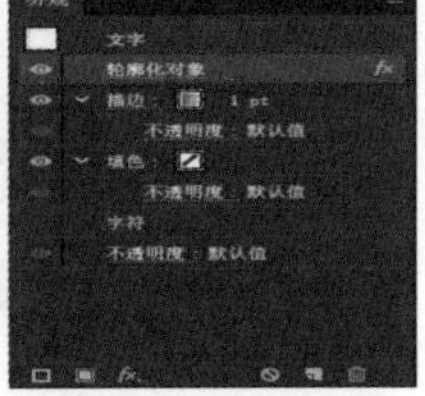

图12-56 轮廓化对象

> **? 疑问解答　“路径查找器”效果的使用方法有哪些？**
>
> “效果”菜单中的“路径查找器”子菜单中各个命令的功能，与第 5 章中介绍的“路径查找器”面板中各个按钮的功能和作用完成相同，此处不再赘述，如果想要复习相关命令的使用方法，可在本书的第 5 章中进行查看。

12.2.9 转换为形状

使用“转换为形状”命令，可以将选中对象转换为矩形、圆角矩形或椭圆形。转换后的对象只是外观发生了变化，对象本身的路径形状不会发生改变。

选择要转换的对象，如图12-57所示。执行“效果”→“转换为形状”→“矩形”命令，弹出“形状选项”对话框，如图12-58所示。在该对话框中设置各项参数，单击“确定”按钮，即可将选中对象转换为指定形状。图12-59所示为由五角星转换为圆角矩形的对象。

图12-57 选中对象

图12-58 “形状选项”对话框

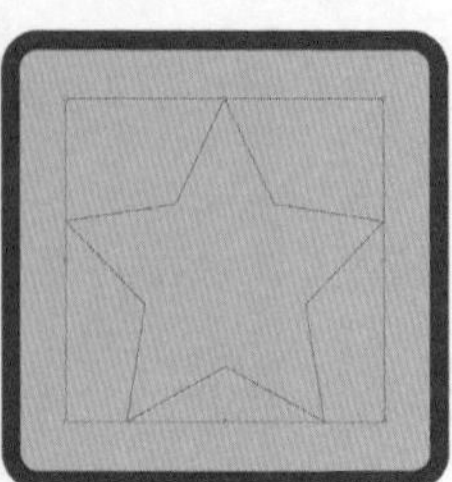
图12-59 转换为圆角矩形

12.2.10 风格化效果

在Illustrator CC中，使用“效果”→“风格化”命令中的各个子菜单命令，可以为对象添加内发光、圆角、外发光、投影、涂抹和羽化等效果，如图12-60所示。

投影效果

选择一个对象，执行“效果”→“风格化”→“投影”命令，弹出“投影”对话框，如图12-61所示。用户可在该对话框中设置选项，设置完成后单击“确定”按钮。

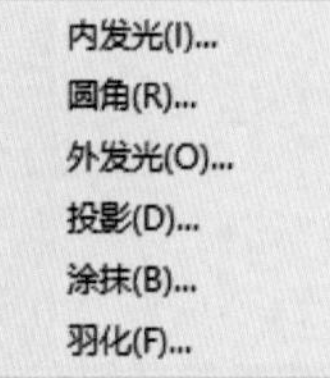

图12-60 “风格化”子菜单

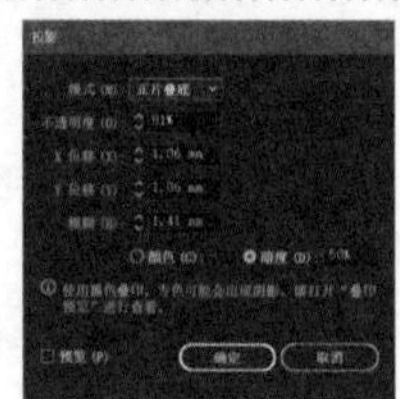
图12-61 “投影”对话框

内发光/外发光效果

选择一个对象，执行“效果”→“风格化”→“内发光”或“外发光”命令，弹出“内发光”或“外发光”对话框，如图12-62所示。在对话框中单击“模式”右侧的颜色方块，将弹出“拾色器”对话框。在“拾色器”对话框中指定发光颜色。再在对话框中设置其他选项，单击“确定”按钮，完成添加效果的操作。

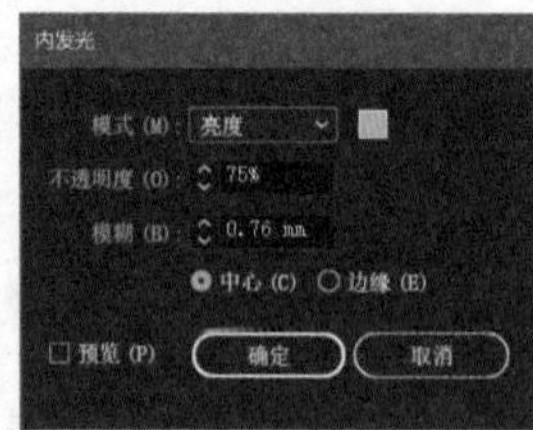

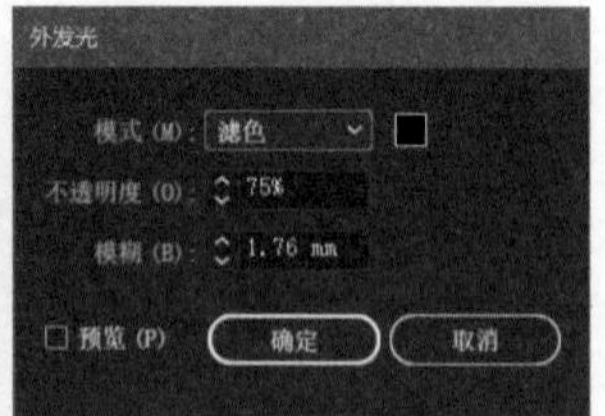

图12-62 “内发光”对话框和“外发光”对话框

使用内发光效果为对象进行扩展时，内发光本身会呈现为一个不透明蒙版；使用外发光为对象进行扩展时，外发光会变成一个透明的栅格对象。

圆角效果

选择一个对象，如图12-63所示。执行“效果”→“风格化”→“圆角”命令，弹出“圆角”对话框，设置“半径”参数，如图12-64所示。单击“确定”按钮，即可为所选对象应用圆角效果，如图12-65所示。

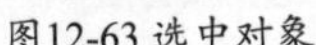
图12-63 选中对象

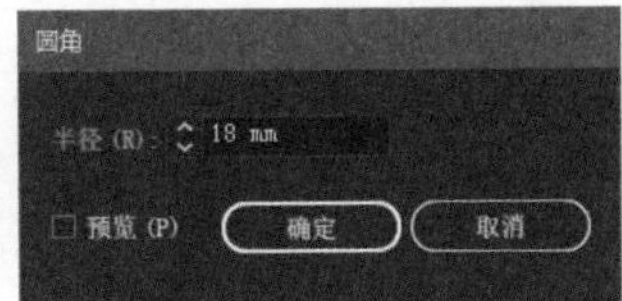

图12-64 设置半径值

图12-65 应用圆角效果

涂抹效果

选择一个对象，执行“效果”→“风格化”→“涂抹”命令，弹出“涂抹选项”对话框，如图12-66所示。

如果要使用预设的涂抹效果，单击“设置”下拉按钮，将打开如图12-67所示的下拉列表框，选择一种涂抹预设，单击“确定”按钮，即可为选中对象应用该涂抹选项。

如果用户想要创建一个自定涂抹效果，首先需要“设置”下拉列表框中选择任意一种预设，然后在预设选项的参数基础上调整“涂抹”选项，调整完成后单击“确定”按钮，即可为所选对象应用自定涂抹效果。

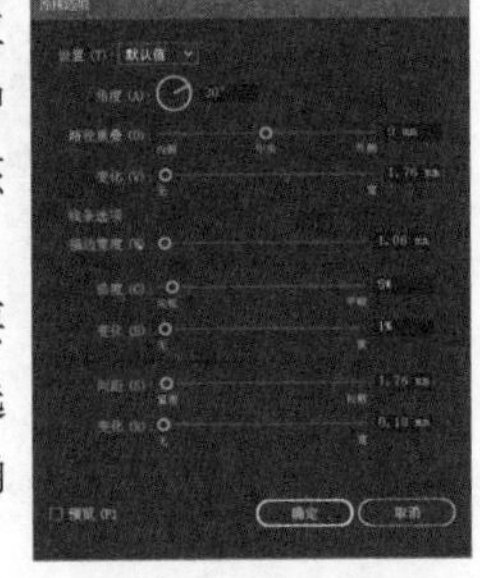
图12-66 “涂抹选项”对话框

图12-67 下拉列表框

羽化效果

选择一个对象或组，如图12-68所示。执行“效果”→“风格化”→“羽化”命令，弹出“羽化”对话框。在该对话框中设置“半径”参数，如图12-69所示。单击“确定”按钮，应用羽化效果后的对象外观如图12-70所示。

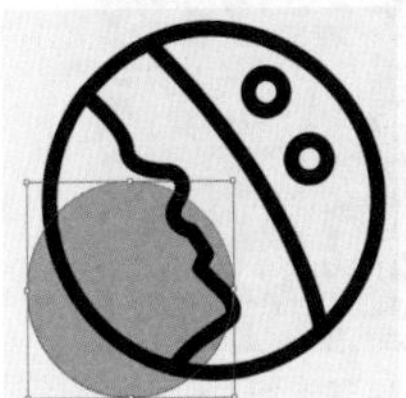
图12-68 选中对象

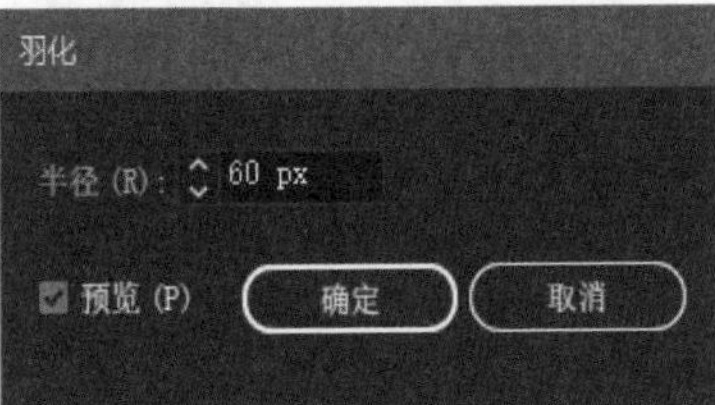

图12-69 设置半径值

图12-70 羽化外观效果

12.3 添加Photoshop效果

“效果”菜单的下半部分命令主要作用于位图图像，其使用方法与在Photoshop CC中为图像添加滤镜的方法类似。这些菜单命令包括效果画廊、像素化、扭曲、模糊、画笔描边、素描、纹理、艺术效果、视频和风格化10个效果组。图12-71所示为应用不同的Photoshop效果的图形表现。

图12-71 应用不同的Photoshop效果的图形表现

提示 Illustrator CC 中的所有 Photoshop 效果都是栅格效果，所以无论何时对矢量对象应用这些效果，矢量对象都将应用“文档栅格效果设置”命令。

12.3.1 应用案例——绘制切割文字

源 文 件：无

素　材：无

技术要点：掌握【切割文字】的绘制方法

扫描查看演示视频

STEP 01 新建一个Illustrator文件，使用“文字工具”在画板中输入文字并设置字符参数，如图12-72所示。打开“外观”面板，单击面板底部的“添加新描边”按钮，为其添加10pt的黑色描边。执行“对象”→“扩展外观”命令。

STEP 02 再次执行“对象”→“扩展”命令，弹出“扩展”对话框，单击“确定”按钮，单击“路径查找器”面板中的“联集”按钮，设置“填色”选项，效果如图12-73所示。

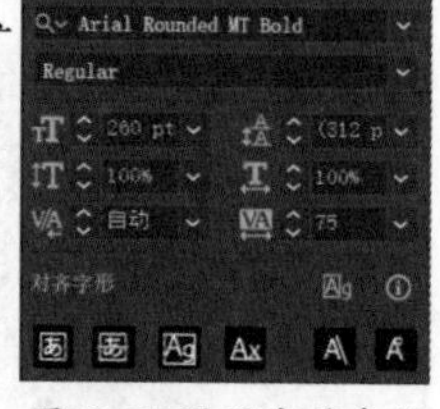

图12-72 设置字符参数

图12-73 文字效果

STEP 03 使用“矩形工具”在文字上创建一个细长的矩形并旋转角度。选中文字和矩形，单击“路径查找器”面板中的“差集”按钮，效果如图12-74所示。取消编组后多次使用“选择工具”选中图形并按【Delete】键，删除多余内容。

STEP 04 选中文字图形，执行“效果”→“3D和材质”→“3D（经典）”→“凸出与斜角（经典）”命令，在弹出的“3D凸出和斜角选项（经典）”对话框中设置参数，如图12-75所示，单击“确定”按钮。

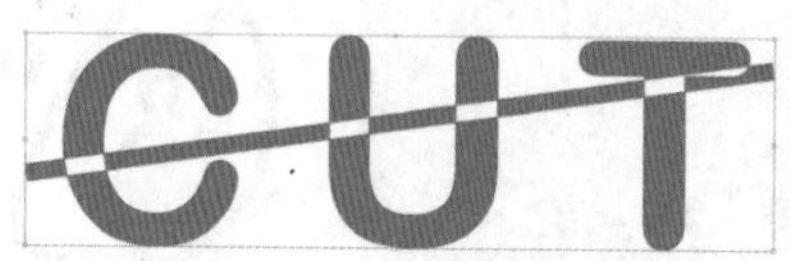

图12-74 “差集”效果

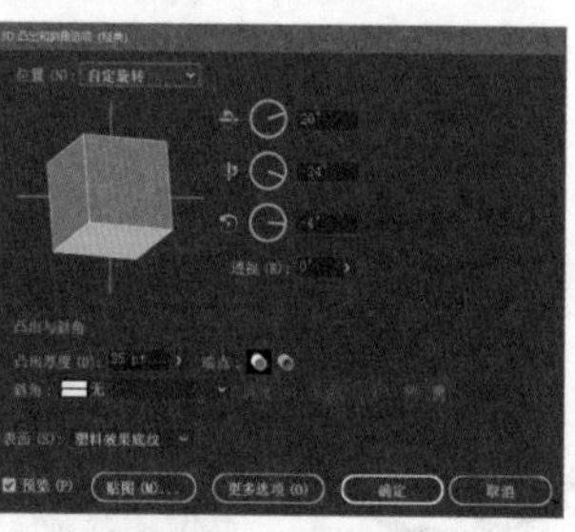

图12-75 设置参数

12.3.2 应用案例——为文字添加发光效果

源 文 件：源文件\第12章\12-3-2.ai

素　材：无

技术要点：掌握【为文字添加发光效果】的方法

扫描查看演示视频

STEP 01 接上一个案例，选中文字图形，扩展外观后取消编组，如图12-76所示。

STEP 02 使用“选择工具”和“吸管工具”为各个图形设置“填色”参数，调整图形位置后选中所有图形，效果如图12-77所示。

图12-76 扩展外观并取消编组　　图12-77 设置“填色”效果

STEP 03 按【Ctrl+G】组合键将其编为一组，再按【Ctrl+C】组合键复制编组图形，再按【Shift+Ctrl+V】组合键，粘贴图形。

STEP 04 执行“效果”→“模糊”→“高斯模糊”命令，在弹出的“高斯模糊”对话框中设置参数，如图 12-78 所示。单击“确定”按钮，发光效果如图 12-79 所示。

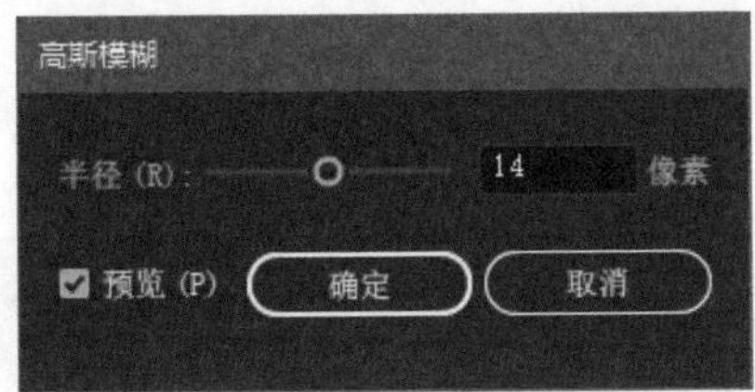

图12-78 设置参数

图12-79 发光效果

12.4 添加样式

图形样式是一组可反复使用的外观属性。其作用是快速更改对象的外观，并且应用图形样式所进行的所有更改都是完全可逆的。用户可以将图形样式应用于对象、组和图层。将图形样式应用于组或图层时，组和图层内的所有对象都将具有图形样式的全部属性。

12.4.1 “图形样式”面板

在Illustrator CC中，用户可以使用“图形样式”面板来创建、命名和应用外观属性集。执行“窗口”→“图形样式”命令或按【Shift+F5】组合键，打开“图形样式”面板，此时面板中只包含一组默认的图形样式，如图12-80所示。

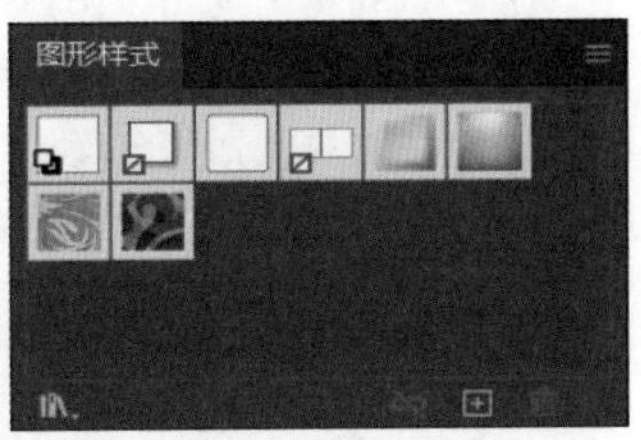

图12-80 “图形样式”面板

在“图形样式”面板中，未设置填色和描边的图形样式，其缩览图显示为黑色轮廓和白色填色的对象，且缩览图的斜对角会显示一条细小的红线，提醒用户该样式没有填色或描边。

12.4.2 应用案例——更换图形样式的预览方式

源文件：无

素　材：无

技术要点：掌握【更换图形样式预览方式】的方法

扫描查看演示视频

STEP 01 打开“图形样式”面板，单击“面板菜单”按钮，在打开的面板菜单中选择“使用文本进行预览”命令，如图 12-81 所示。此时样式缩览图从正方形变为字母，如图 12-82 所示。单击“图形样式”面板右上角的“面板菜单”按钮☰，打开包含 3 种视图显示方式的面板菜单，如图 12-83 所示。

图 12-81 选择“使用文本进行预览”命令

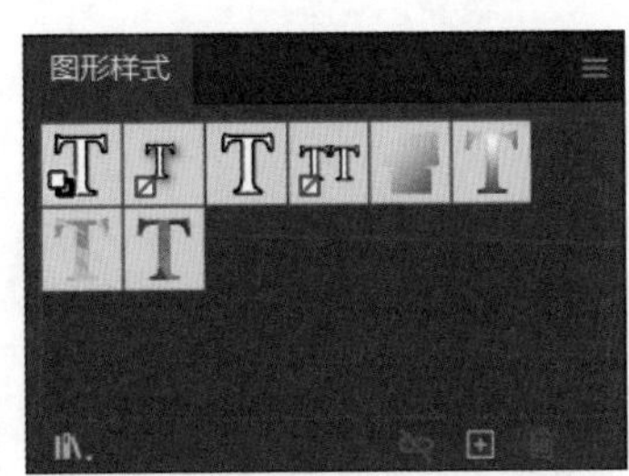

图12-82 使用文本进行预览

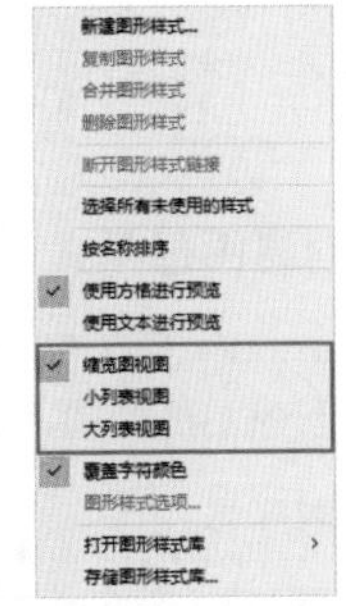

图12-83 面板菜单

“文本”预览方式为应用于文本的样式提供更准确的直观描述。如果想要恢复使用正方形或在创建的对象上预览图形样式，只需在面板菜单中选择“使用方格进行预览”命令即可。

STEP 02 选择“小列表视图”命令，面板将显示包含小型缩览图的样式列表，如图 12-84 所示。选择“大列表视图”命令，面板将显示包含大型缩览图的样式列表，如图 12-85 所示。在“图形样式”面板中，将光标悬停在任意图形样式的缩览图上，长按鼠标右键，样式缩览图右下方将出现弹出式缩览图，如图 12-86 所示。

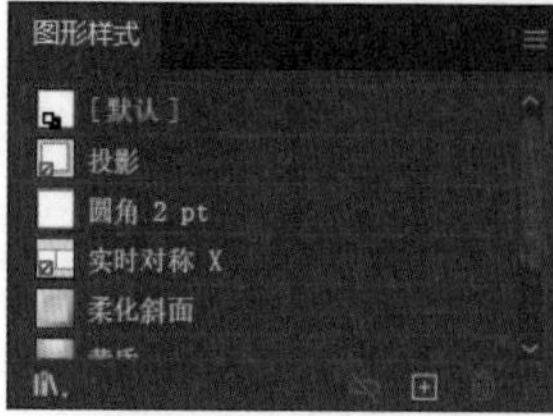

图12-84 小列表视图

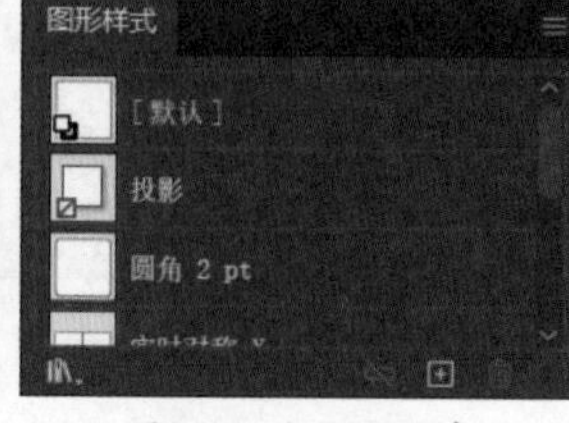

图12-85 大视图列表

图12-86 弹出式缩览图

默认情况下，“缩览图视图”命令为选中状态。

STEP 03 回到缩览图视图，在画板中选定一个对象，将鼠标移动到图形样式上，长按鼠标右键，缩览图右下方出现选中对象应用图形样式后的弹出式缩览图，如图 12-87 所示。

STEP 04 将图形样式拖移至其他位置，并且当所需位置出现一条比较粗的蓝色线条时，释放鼠标即可将该图形样式调整到当前位置，如图 12-88 所示。

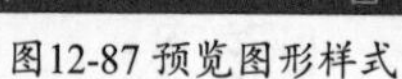

图12-87 预览图形样式

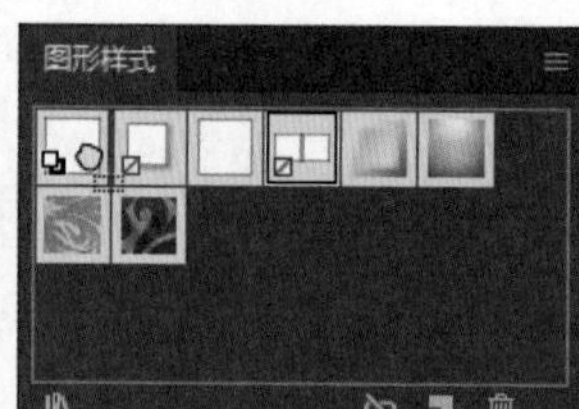

图12-88 调整图形样式的位置

? 疑问解答 为什么在不同的文档中，“图形样式”面板的样式内容也不尽相同？

如果用户在编辑文档的过程中，创建并存储了一个或多个图形样式，那么用户再次打开并编辑文档时，随同该文档一起存储的图形样式会显示在“图形样式”面板中。

从面板菜单中选择“按名称排序”命令，面板中的图形样式将按照字母或数字顺序进行排列。

12.4.3 创建图形样式

在Illustrator CC中，用户可以通过向对象应用外观属性来从头开始创建图形，也可以基于其他图形样式来创建图形样式，还可以复制现有图形样式。

创建图形样式

创建或选中一个对象，对其应用任意外观属性组合，包括填色、描边、各种效果和透明度设置等，如图12-89所示。完成后保持对象的选中状态，有下列4种方法可以将选中对象的外观属性组合创建为图形样式。

为对象应用外观属性组合后，可以使用“外观”面板调整和排列外观属性，并创建多种填充和描边。例如，可以为对象应用3种填充，并且每种填充均带有不同的不透明度和混合模式，那么使用该对象创建的图形样式也包含3种填充，以及每种填充的不同属性。

①单击“图形样式”面板底部的“新建图形样式”按钮，即可将选中对象包含的外观属性组合创建为一个图形样式，新创建的图形样式显示在“图形样式”面板的视图列表尾端，如图12-90所示。

②单击“图形样式”面板右上角的“面板菜单”按钮，在打开的菜单中选择“新建图形样式”命令，弹出“图形样式选项”对话框，如图12-91所示。在该对话框中输入名称，单击“确定”按钮，即可完成创建图形样式的操作。

图12-89 应用外观属性

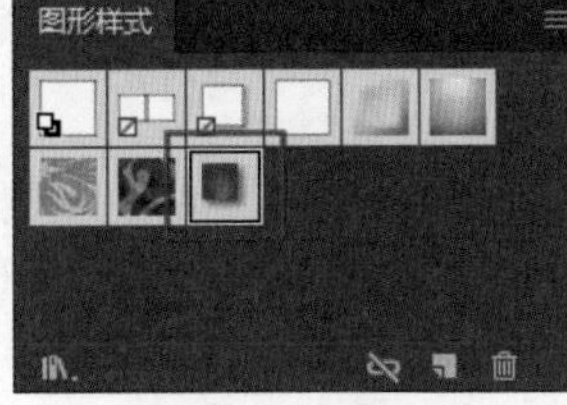

图12-90 创建图形样式

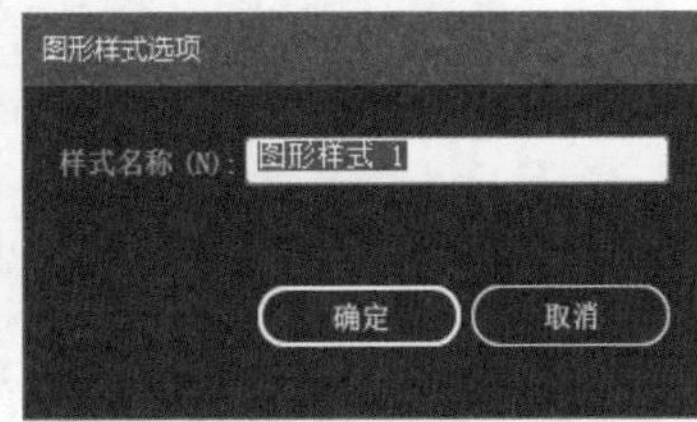

图12-91 “图形样式选项”对话框

如果创建图形样式的过程中没有弹出“图形样式选项”对话框，那么该图形样式将应用系统默认的排序名称进行命名。

③将“外观”面板左上角的缩览图拖曳到“图形样式”面板上，当面板中的视图列表之间出现较粗的蓝色线条时，如图12-92所示。释放鼠标即可完成创建图形样式的操作。或者将文档窗口中的对象拖曳到“图形样式”面板上，同样是在面板中出现较粗的蓝色线条时，如图12-93所示。释放鼠标，完成创建图形样式的操作。

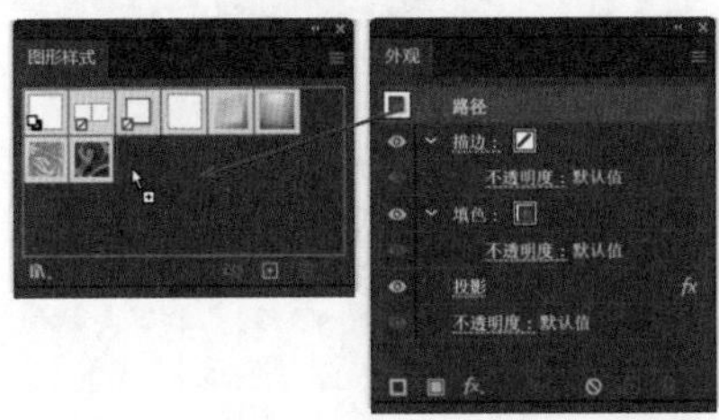

图12-92 拖曳缩览图到“图形样式”面板

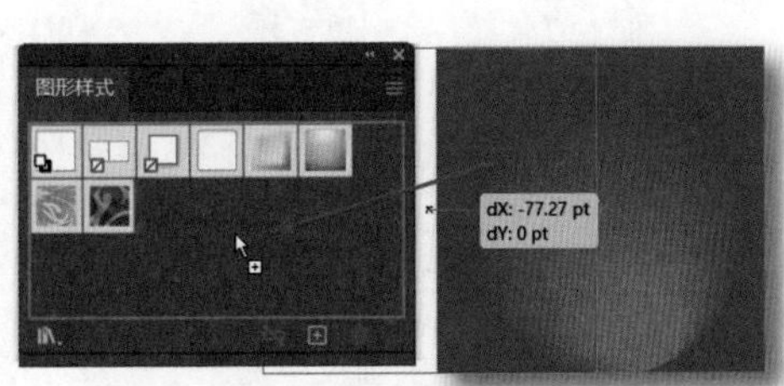

图12-93 拖曳对象到“图形样式”面板

④按住【Alt】键的同时单击“新建图形样式”按钮，弹出“图形样式选项”对话框，输入图形样式的名称，单击“确定”按钮，即可完成创建图形样式的操作，如图12-94所示。

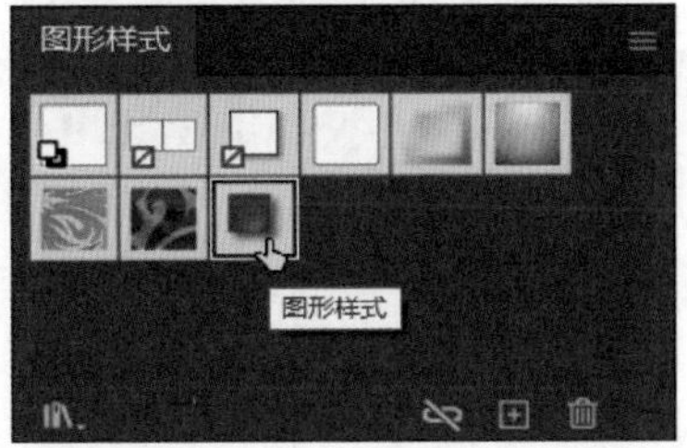

图12-94 创建图形样式

用现有样式创建新的图形样式

在“图形样式”面板中，按住【Ctrl】键的同时单击两个或两个以上的现有图形样式，可以选中多个现有样式。

单击“面板菜单”按钮，选择面板菜单中的“合并图形样式”命令，弹出“图形样式选项”对话框，设置如图12-95所示的名称。单击“确定”按钮，完成创建新图形样式的操作，如图12-96所示。新建的图形样式将包含所选图形样式的全部属性，并被添加到列表尾端。

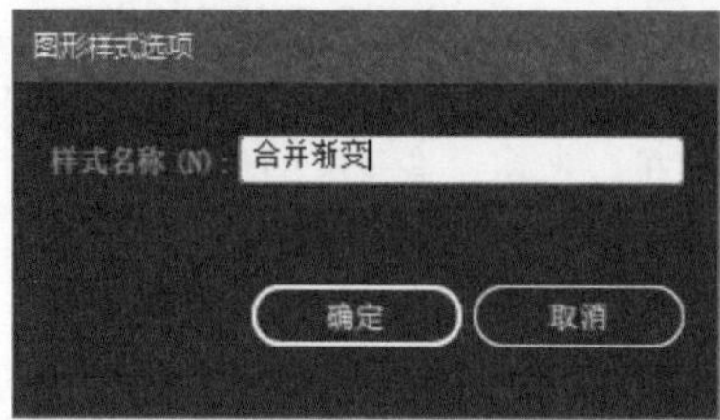

图12-95 “图形样式选项”对话框

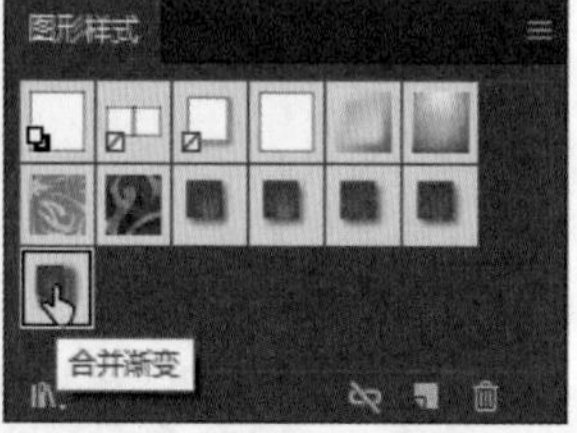

图12-96 创建图形样式

复制图形样式

在“图形样式”面板中选中某个图形样式，单击“面板菜单”按钮，选择面板菜单中的 “复制图形样式”命令，如图12-97所示。或者将图形样式拖曳到“新建图形样式”按钮上，如图12-98所示。释放鼠标后，通过复制得到的新创图形样式将出现在视图列表尾端。

图12-97 选择“复制图形样式”命令

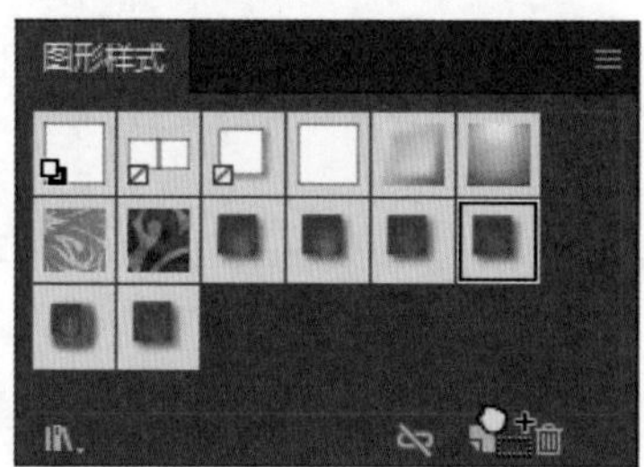

图12-98 拖曳到“新建图形样式”按钮上

12.4.4 应用案例——为对象应用图形样式

源 文 件：源文件\第12章\12-4-4.ai

素　材：素材\第12章\124401.ai

技术要点：掌握【为对象应用图形样式】的方法

扫描查看演示视频

扫描下载素材

STEP 01 使用“选择工具”选中画板中的一个对象/组，单击“控制”面板中的“图形样式面板”按钮，打开“图形样式”面板，选择面板中的某一样式或图形样式库中的某一样式，如图 12-99 所示。

STEP 02 或者在打开的“图形样式”面板或图形样式库中选择一种样式，也可以为选中对象或组应用该图形样式，如图 12-100 所示。

图12-99 为选中对象应用图形样式

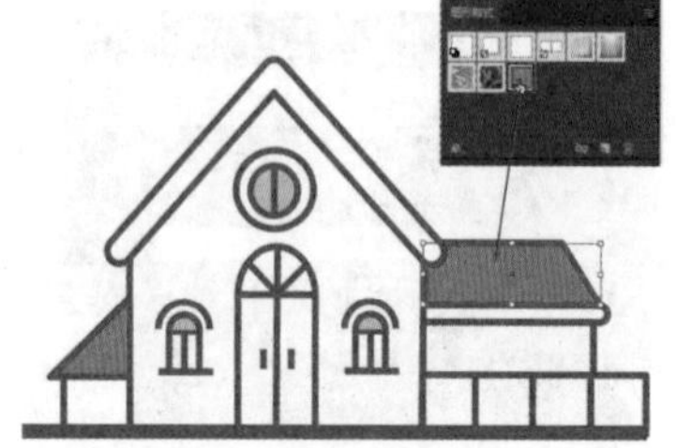
图12-100 应用图形样式

STEP 03 在没有选中对象的提前下，将“图形样式”面板中的某个图形样式拖曳到对象上，如图12-101所示。

STEP 04 释放鼠标后，即可为对象应用该图形样式，如图12-102所示。

图12-101 拖曳图形样式到对象上

图12-102 应用图形样式

12.4.5 合并或应用多个图形样式

按住【Alt】键不放，将样式从“图形样式”面板拖曳到对象上，释放鼠标后，即可将对象上的现有样式属性与拖曳到对象上的图形样式合并。

选择一个对象或组，按住【Alt】键的同时在“图形样式”面板中单击多个图形样式，即可向选中对象应用多个样式。

提示 如果想要在应用图形样式时保留文字的颜色，需要在应用样式前，取消选择面板菜单中的“覆盖字符颜色”命令。

12.4.6 使用图形样式库

图形样式库是Illustrator CC为用户提供的多组图形样式预设集合。当用户打开一组图形样式预设集合时，该组图形样式预设集合会出现在一个新的面板而非“图形样式”面板中。用户可以对图形样式库中的项目进行选择、排序和查看等操作，操作方式与操作“图形样式”面板中的样式一样。但是用户无法在图形样式库中添加、删除或编辑项目。

打开图形样式库

执行“窗口”→“图形样式库”命令，打开包含多组图形样式预设集合的子菜单，如图12-103所示。在子菜单中选择任意一个命令，即可在新面板中打开该组图形样式预设合集，如图12-104所示。

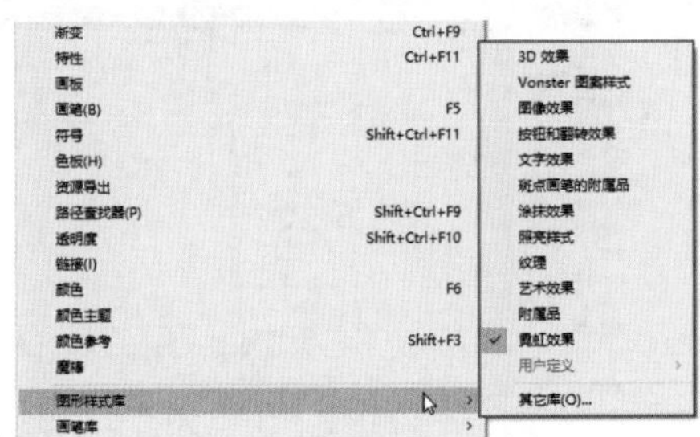

图12-103 “图形样式库”子菜单

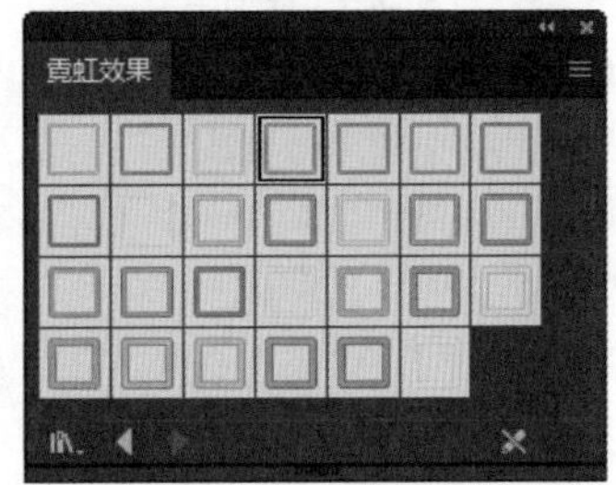

图12-104 “图形样式库”面板

提示 如果用户想要在启动Illustrator CC时自动打开一组图形样式预设合集，需要在“图形样式库”的面板菜单中选择“保持”命令。

用户也可以单击“图形样式”面板底部的“图形样式库菜单”按钮，打开图形样式库的子菜单，如图12-105所示。

或者单击“图形样式”面板右上角的“面板菜单”按钮，在打开的面板菜单中选择“打开图形样式库”命令，也会打开图形样式库的子菜单。在其中选择任意一个命令，也可在新面板中打开该组图形样式预设合集，如图12-106所示。

单击“图形样式库”中的任意图形样式，即可将该图形样式添加到“图形样式”面板中，也可以在“图形样式”面板中移除任何不需要的图形样式。

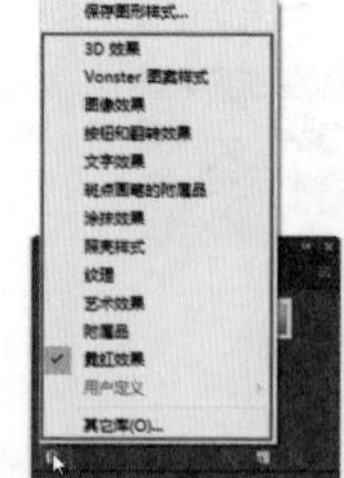

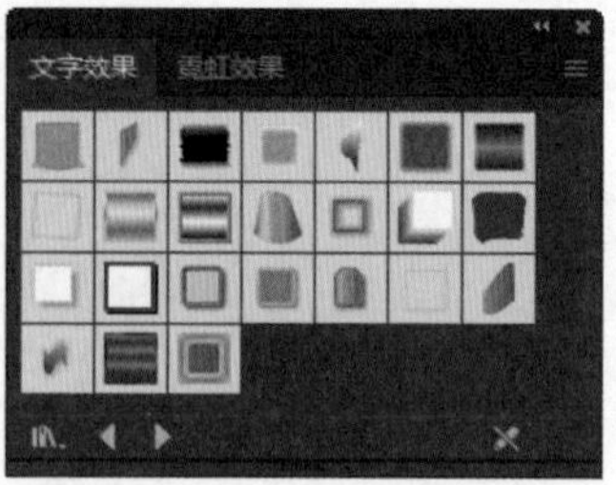

图12-105 “图形样式库”子菜单　图12-106 打开一组图形样式

将库中样式添加到“图形样式”面板

打开“图形样式库”面板，选择一个或多个图形样式，将其拖曳至“图形样式”面板上，如图12-107所示。当“图形样式”面板中的视图列表之间出现较粗的蓝色线条后，立即释放鼠标，即可将一个或多个图形样式添加到“图形样式”面板中，如图12-108所示。

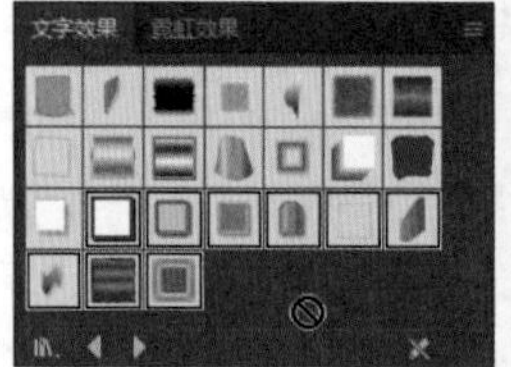

图12-107 选中并拖曳图形样式

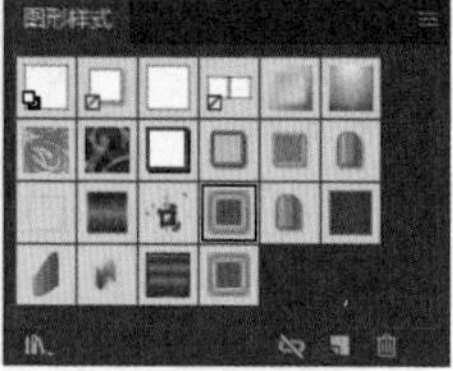

图12-108 添加图形样式

用户也可以在“图形样式库”面板上选择要添加的图形样式，再单击“面板菜单”按钮，在打开的面板菜单中选择“添加到图形样式”命令。

用户还可以将“图形样式库”面板中的图形样式应用到文档中的对象上，被应用的图形样式将会自动添加到“图形样式”面板中。

12.4.7 应用案例——创建图形样式库

源 文 件：无

素　材：无

技术要点：掌握【创建图形样式库】的方法

扫描查看演示视频

STEP 01 在“图形样式”面板中选择一个自己创建好的图形样式，选择“图形样式库菜单”子菜单中的“保存图形样式”命令，如图 12-109 所示。

STEP 02 弹出“将图形样式存储为库”对话框，在该对话框中为图形样式的库文件命名，如图 12-110 所示。

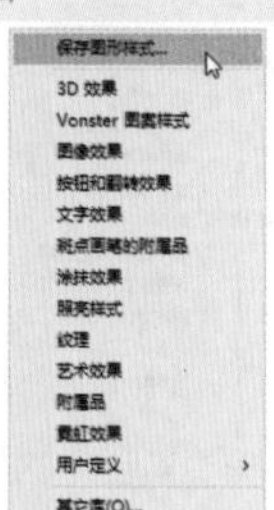

图12-109 选择“保存图形样式”命令　图12-110 为库文件命名

用户也可以通过选择“图形样式”面板菜单中的“存储图形样式库”命令，打开“将图形样式存储为库”对话框。

STEP 03 继续在对话框中设置图形样式库文件的存储位置，如果将库文件存储在默认位置，单击“保存”按钮。

STEP 04 图形样式名称会出现在“图形样式库菜单”和“打开图形样式库”菜单的“用户定义”子菜单中，如图 12-111 所示。

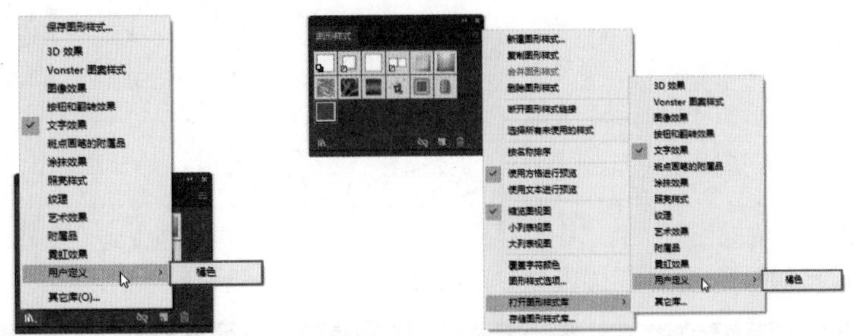

图12-111 “用户定义”子菜单

12.4.8 编辑图形样式

用户可以在“图形样式”面板中，对图形样式进行重命名、删除、断开与图形样式的链接及替换图形样式属性等操作。

重命名图形样式

选中“图形样式”面板中的图形样式，单击“面板菜单”按钮，在打开的面板菜单中选择“图形样式选项”命令，弹出“图形样式选项”对话框，在对话框中输入新的名称，如图12-112所示。单击“确定”按钮，完成对图形样式的重命名操作。

删除图形样式

选中“图形样式”面板中的图形样式，单击“面板菜单”按钮，在打开的面板菜单中选择“删除图形样式”命令，弹出Adobe Illustrator警告框，如图12-113所示。单击“是”按钮即可删除图形样式。或者将选中样式拖曳至“图形样式”面板底部的“删除”按钮上，释放鼠标即可删除图形样式。

图12-112 输入名称

图12-113 警告框

断开与图形样式的链接

选中应用图形样式的对象，单击“图形样式”面板中的“面板菜单”按钮，在打开的面板菜单中的“断开图形样式链接”命令，如图12-114所示。或者单击面板底部的“断开图形样式链接”按钮。释放鼠标后不会改变对象的外观，但是所选对象与图形样式将断开链接。

断开链接后再选中应用了图形样式的对象，可以看到“图形样式”面板中的“断开图形样式链接”按钮为禁用状态，如图12-115所示。

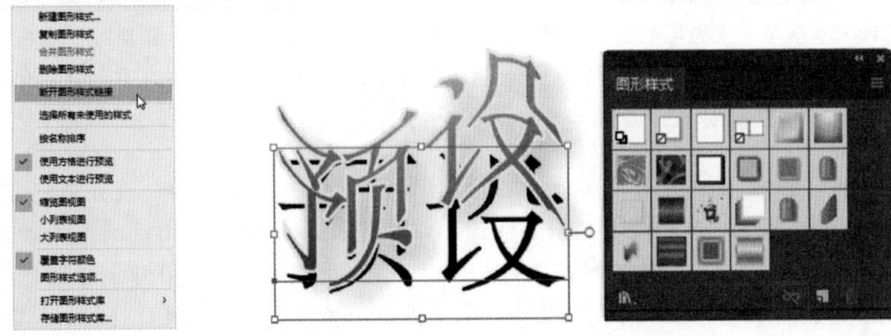

图12-114 选择“断开图形样式链接”命令　　图12-115 禁用状态

> **提示** 用户也可以更改应用了图形样式对象的任意外观属性，包括填色、描边、透明度或效果等，更改完成后所选对象与图形样式同样会断开链接。此时，所选对象、组或图层将保留原来的外观属性，并且可以对其进行独立编辑。

替换图形样式属性

按住【Alt】键不放的同时，将“图形样式库”面板中的图形样式拖曳到“图形样式”面板中，如图12-116所示。释放鼠标后即可完成替换，如图12-117所示。

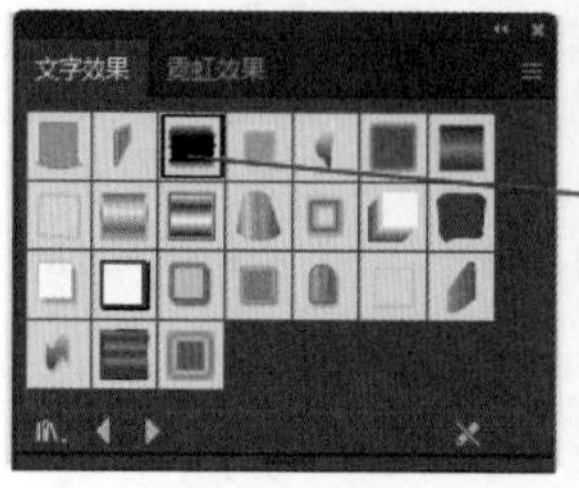

图12-116 拖曳图形样式

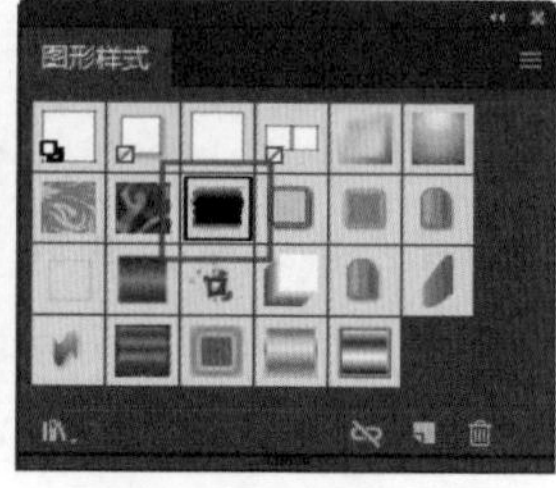

图12-117 替换图形样式

选择一个具有属性的对象，按住【Alt】键不放的同时，将“外观”面板顶部的缩览图拖曳到“图形样式”面板中，如图12-118所示。释放鼠标后即可完成替换，如图12-119所示。

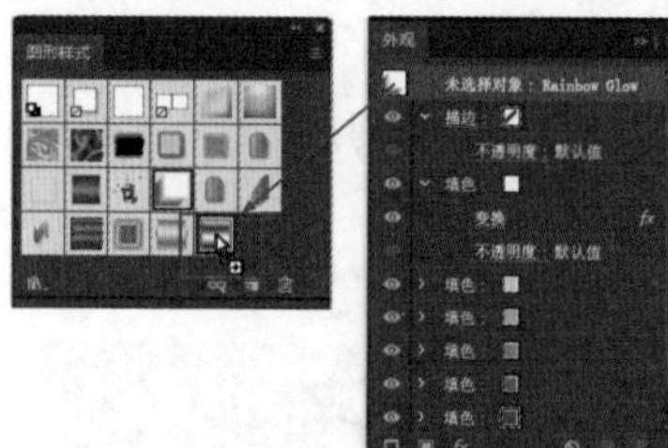

图12-118 拖曳缩览图

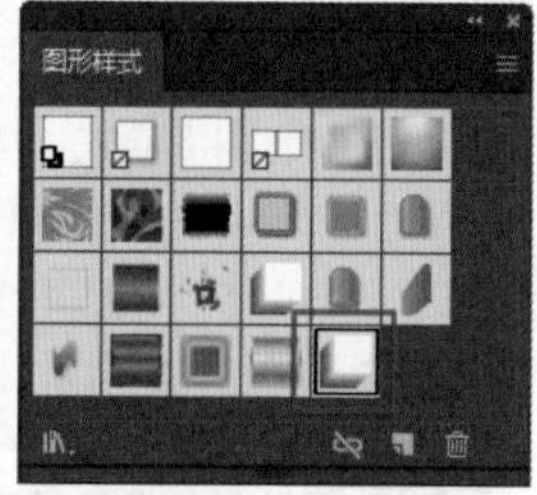

图12-119 替换图形样式

在“图形样式”面板中选择要替换的图形样式，在画板中选择具有属性的对象，单击“外观”面板右上角的“面板菜单”按钮，在打开的面板菜单中选择“重新定义图形样式‘样式名称’”命令，如图12-120所示。释放鼠标后即可完成替换，如图12-121所示。

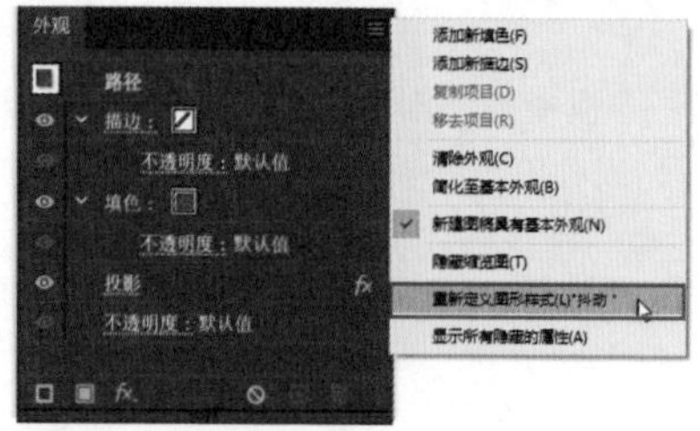

图12-120 选择“重新定义图形样式“样式名称””命令

图12-121 替换图形样式

被替换的图形样式其名称保持不变，但应用的却是新的外观属性。并且Illustrator CC当前文档内所有使用此图形样式的对象，都将更新为新属性。

12.4.9 从其他文档导入图形样式

如果用户想要从其他文档导入图形样式，执行“窗口”→“图形样式库”→“其他库”命令，或者选择面板菜单中的“打开图形样式库”→“其他库”命令，都可弹出“选择要打开的库”对话框，如图12-122所示。在该对话框中选择一个文件，单击“打开”按钮，图形样式将出现在“图形样式库”面板中，如图12-123所示。

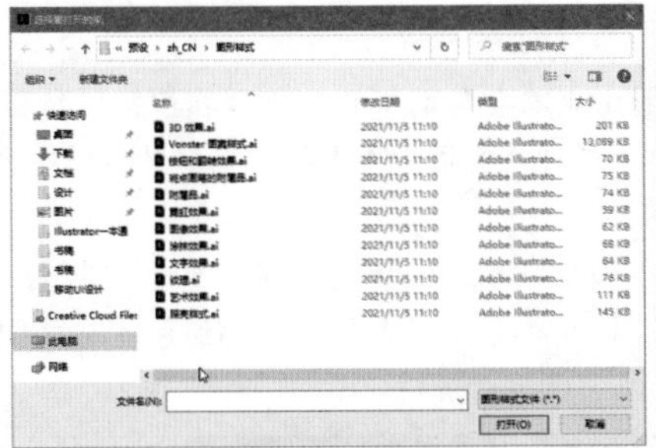

图12-122 “选择要打开的库”对话框

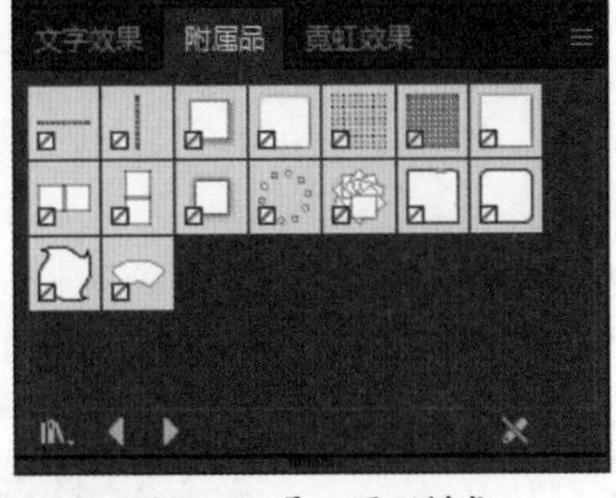

图12-123 导入图形样式

12.5 图形的外观属性

为对象应用外观属性不会改变对象的基本结构，只会影响对象的外在视觉效果。也就是说，如果为某个对象应用了外观属性后又编辑或删除了该属性，该对象的基本结构及对象上的其他属性都不会发生改变。

12.5.1 了解“外观”面板

为对象添加任意外观属性后，可通过“外观”面板对其进行查看、管理和编辑等操作，使对象的视觉效果变得更加丰富。

绘制一个形状并保持其为选中状态，执行“窗口”→“外观”命令，打开“外观”面板，如图12-124所示。在“外观”面板中，描边和填充属性将按堆栈顺序列出，还可以在面板中为所选对象添加新的填色、描边及效果，也可以对其他属性进行编辑和修改。

单击面板右上角的“面板菜单”按钮，打开如图12-125所示的面板菜单。选择任意一个命令，即可完成相应操作。

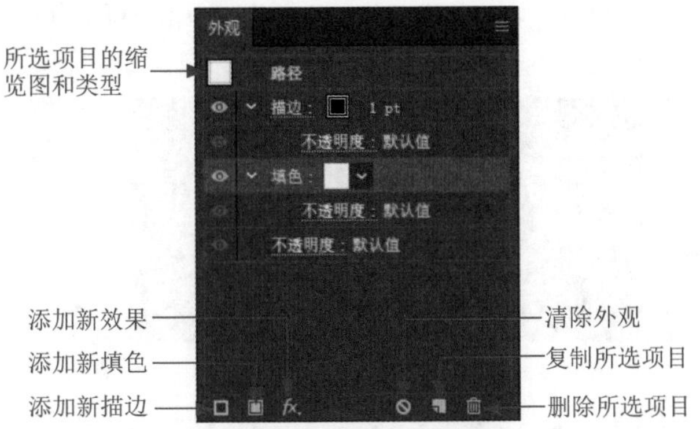

图12-124 “外观”面板

图12-125 面板菜单

如果项目还应用了其他效果，各种效果将按其在图稿中的应用顺序从上到下进行排列，即面板中各属性从上到下的顺序对应图稿中的上下顺序。

因为在Illustrator CC中可以将外观属性应用于图层、组和对象，以及对象的填色和描边上，所以某些图稿的外观属性层次可能十分复杂。

12.5.2 记录外观属性

为对象设置外观属性时，根据不同的选择对象，系统将在“外观”面板中呈现出不同的记录内容。

单个项目

选择单个对象为其设置外观属性时，IllustratorCC会自动将这些外观属性及其参数设置记录到“外观”面板中。用户只需选中该项目，即可在“外观”面板中查看和编辑记录面板中的外观属性，如图12-126所示。

创建路径或添加文字后，该项目的基本外观属性（单一的填色和描边及默认的透明度）会显示在“外观”面板中，此时面板菜单中的“新建图稿具有基本外观”命令为启用状态，如图12-127所示。否则新绘制的对象将沿用上一个选中对象所具有的外观属性。

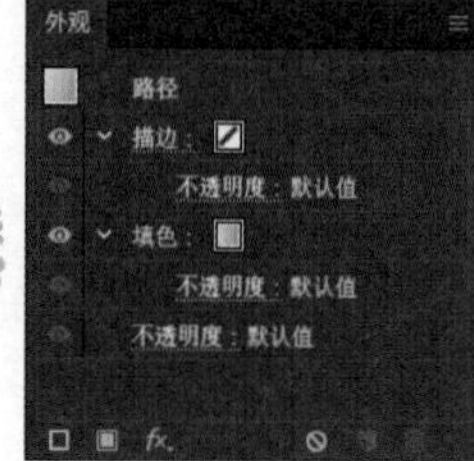

图12-126 单个项目的“外观”面板

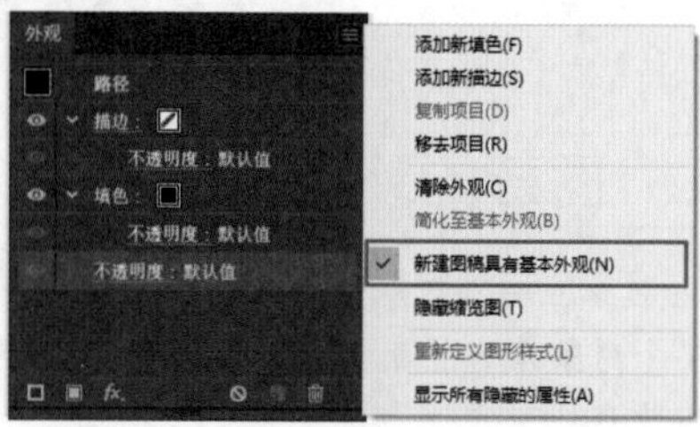

图12-127 “新建图稿具有基本外观”命令

提示

如果属性名称前面有三角按钮，表示该选项有隐藏的子选项，用户可以通过单击三角按钮展开或折叠隐藏的子选项。

文字项目

选中文字并为其添加各项外观属性时，IllustratorCC会自动将这些外观属性及其参数设置记录到“外观”面板中，用户也可在面板中查看和编辑这些外观属性。

选中文本对象，“外观”面板中的外观属性显示为“字符”项目，如图12-128所示。双击面板中的“字符”项目，面板将显示字符的混合外观和外观属性，如图12-129所示；单击面板顶部的“文字”项目，可以返回到面板主视图。

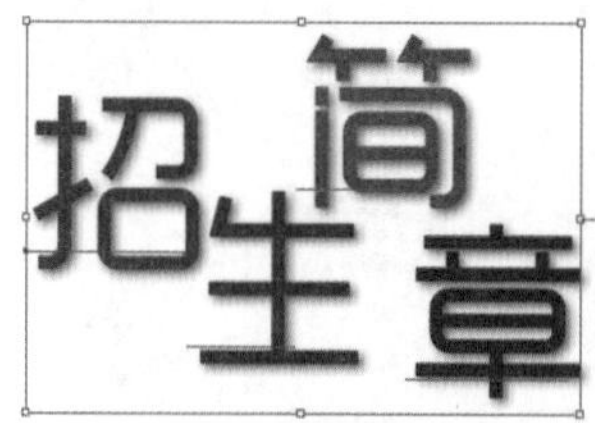

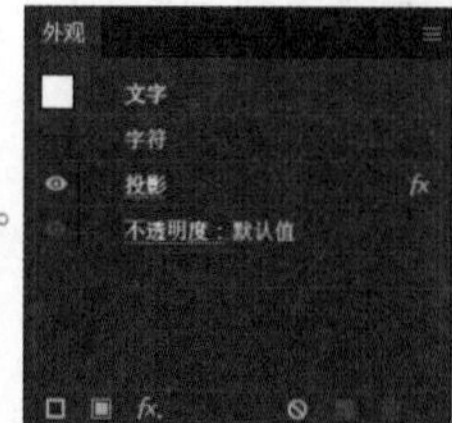

图12-128 “字符”项目

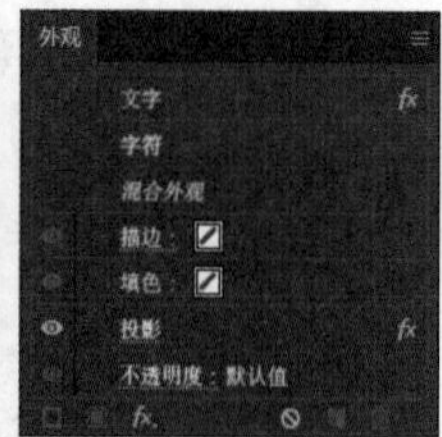

图12-129 “字符”项目的信息

提示

如果想要查看具有混合外观的文本的各个字符属性，选中单个字符即可。

编组项目

用户在绘制过程中，经常需要将多个对象编为一组以方便操作。编组后的对象也可以进行外观属性设置，Illustrator CC同样会将应用给编组对象的各项外观属性记录到“外观”面板中，用户也可在面板中查看和编辑这些外观属性。

选中编组项目，“外观”面板中的外观属性显示为“内容”项目，如图12-130所示。双击面板中的“内容”项目，面板将显示编组中的混合对象和混合外观，如图12-131所示；单击面板顶部的“编组”项目，即可返回面板主视图。

图12-130 “内容”项目　　图12-131 “内容”项目的信息

图层项目

在Illustrator CC中，可以将整个图层当作添加外观属性的对象。打开“图层”面板，单击图层中的“定位”按钮，当按钮变为状态时，表示图层中的所有内容被选中，如图12-132所示。选中图层后，可以为该图层添加各种外观属性，这些属性外观会被记录到“外观”面板中，并显示为“内容”项目，如图12-133所示。

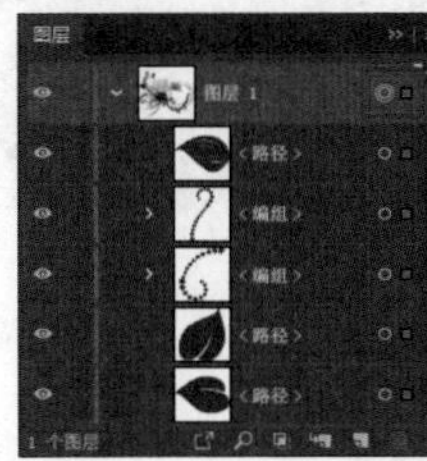

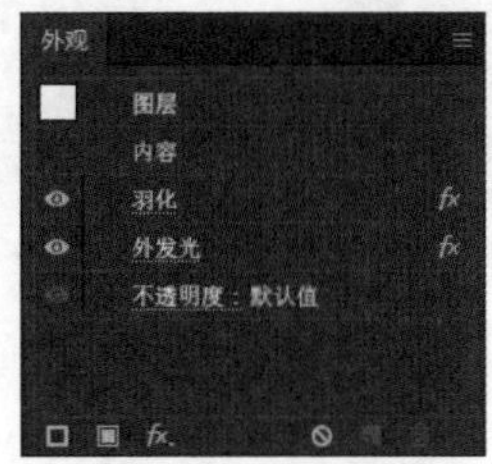

图12-132 选中图层　　图12-133 “外观”面板

12.5.3 应用外观属性

用户可以在“外观”面板中为选中对象应用单一或多重的各类外观属性，包括“填色”“描边”“不透明度”及各种“效果”等。

添加新填色

选中一个对象，单击“外观”面板底部的“添加新填色”按钮，或者选择“外观”面板菜单中的“添加新填色”命令，可以为选中对象增加一个新的“填色”选项，并且新添加的填色与原填色参数相同，如图12-134所示。单击“填色”选项后面的颜色块，用户可以在打开的色板中选择一种新颜色，如图12-135所示。

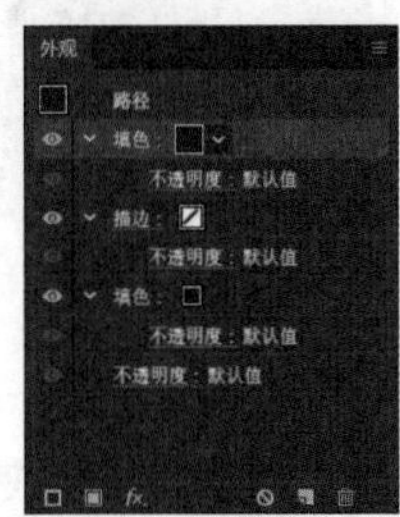

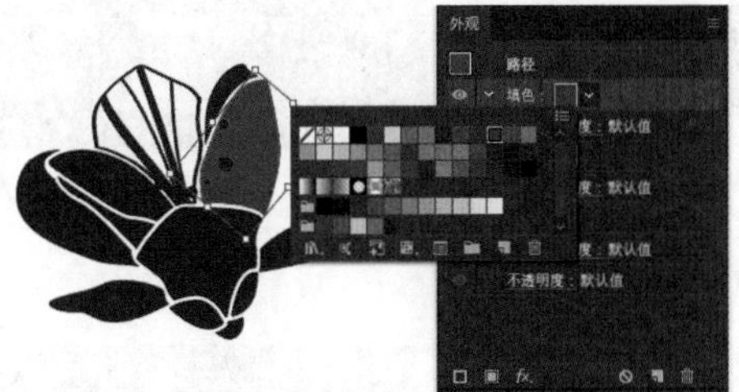

图12-134 添加“填色”选项　　图12-135 选择颜色

对象的“填充”和“描边”外观属性可以多重操作。也就是说可以为一个对象创建多个“填色”和“描边”选项，从而产生多个填充内容或描边叠加的效果。

用户可以通过“外观”面板中的“添加新填色”“添加新描边”及“复制所选项目”等选项，完成为选中对象添加多个填色和描边的操作。

不透明度

无论选中对象是何种类型，用于控制项目整体透明度的“不透明度”选项始终位于“外观”面板的主视图中，且排列在属性选项列表底部，如图12-136所示。而且除了用于控制整体项目的“不透明度”选项，项目中的每一个“填色”和“描边”属性选项都包含一个“不透明度”子选项，如图12-137所示。

单击面板底部的“不透明度”选项，或者单击“填色”/“描边”选项下方的“不透明度”子选项，都可打开“不透明度”面板。在面板中修改不透明度参数，完成后具体的参数数值将显示在“外观”面板中，如图12-138所示。

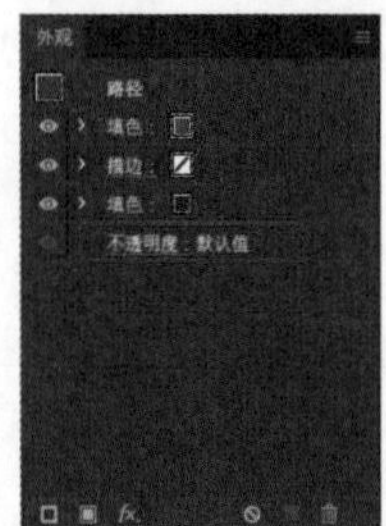

图12-136 “不透明度”选项

图12-137 “不透明度”子选项

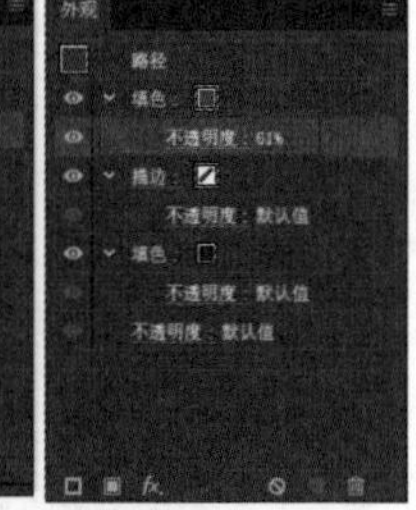

图12-138 修改“不透明度”参数

提示

为对象添加新描边外观属性的操作方式与添加新填色外观属性的操作方式完全相同，因此这里不再赘述。

添加新效果

选中一个项目，单击“外观”面板底部的“添加新效果”按钮，在打开的下拉列表框中选择想要添加的效果选项，如图12-139所示。释放鼠标后弹出相应的对话框，在对话框中设置各项参数，单击“确定”按钮，“外观”面板中自动添加效果选项名称和参数，如图12-140所示。

图12-139 选择效果选项

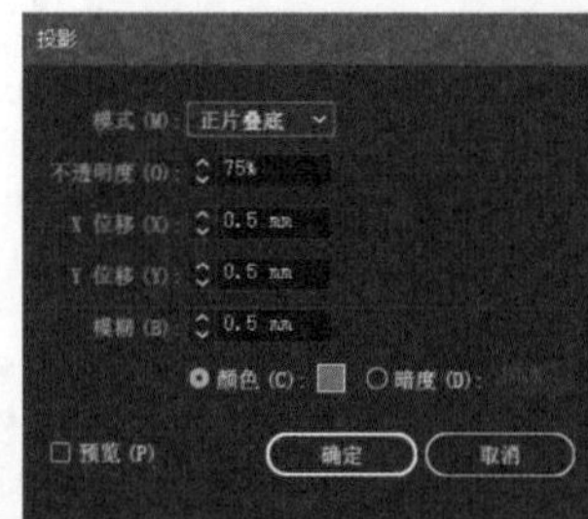

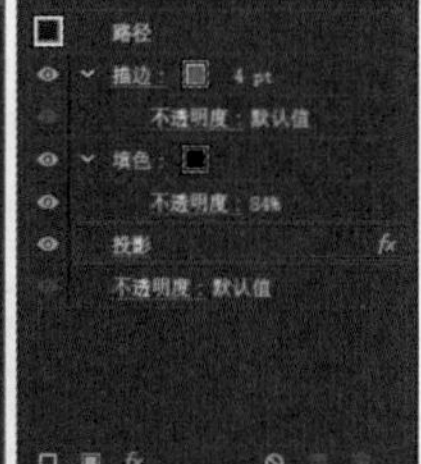

图12-140 添加新效果

编辑外观属性

如果想要编辑选中对象的某个属性，需要在“外观”面板中单击该属性的名称或者双击该属性，都可打开相应的对话框或面板，用户可在对话框或面板中修改参数，如图12-141所示。完成后单击“确定”按钮或画板空白处确认调整，效果如图12-142所示。

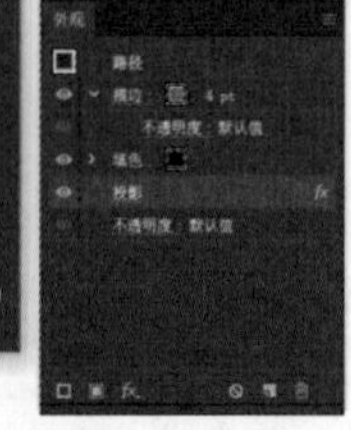

图12-141 修改参数

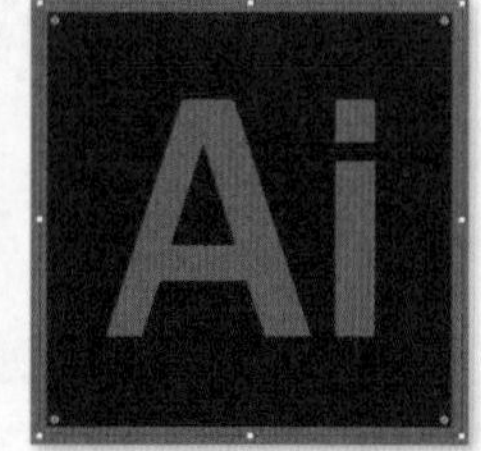

图12-142 调整效果

当外观属性处于编辑状态时，“外观”面板中的属性选项显示为蓝色，如图12-143所示。对于名称中没有下画线的“填色”外观属性来说，用户想要对其进行修改，也有两种方法。一种是必须单击选项将其选中后，再单击选项后面的颜色块，或者按住【Shift】键的同时单击颜色块，即可打开“色板”面板和替代色板的“颜色”面板，如图12-144所示。另一种则是双击“外观”面板中的属性选项，也可打开“颜色”面板。

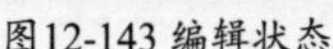
图12-143 编辑状态

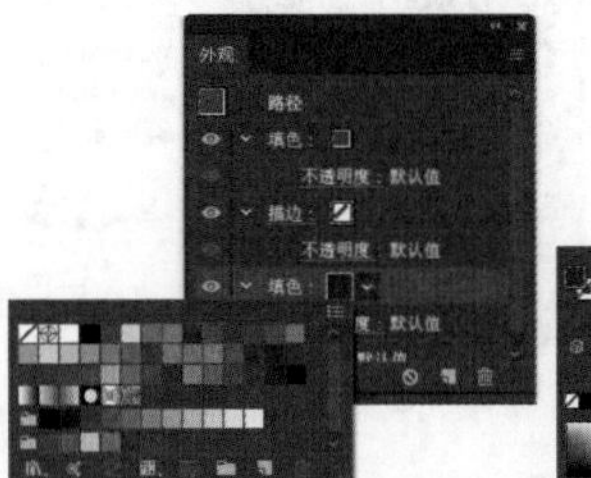

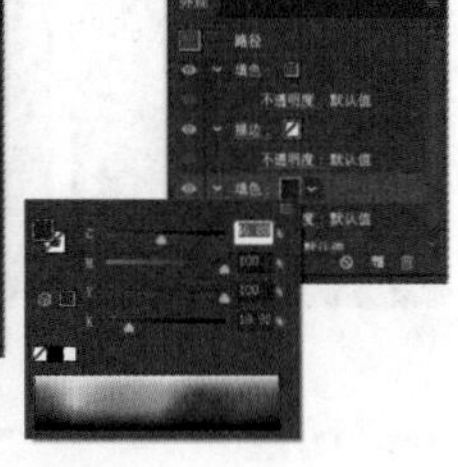

图12-144 打开面板

为“描边”和“填色”属性添加效果

Illustrator CC允许用户直接向对象的“填色”和“描边”外观属性添加效果，而且不会对其他外观属性产生影响，此功能会使图形的外观效果在应用上更加灵活多变。

在“外观”面板中选择要加入效果的“填色”或“描边”选项，如图12-145所示。再单击面板底部的“添加新效果”按钮，在打开的下拉列表框中选择任意一种效果并设置参数，完成后的效果名称出现在所选“填色”或“描边”外观属性的子选项列表中，如图12-146所示。

图12-145 选择“描边”选项

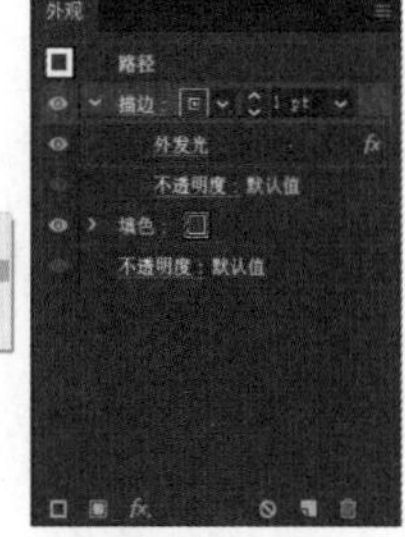

图12-146 添加效果

12.5.4 应用案例——删除和清除外观属性

源文件：无

素　材：素材\第12章\125401.ai

技术要点：掌握【删除和清除外观属性】的方法

扫描查看演示视频

扫描下载素材

STEP 01 选中一个具有外观属性的对象，单击“外观”面板底部的“清除外观”按钮或在面板菜单中选择“清除外观”命令，如图 12-147 所示。

STEP 02 释放鼠标后，选中的编组对象的外观属性将删除至基本外观，如图 12-148 所示。

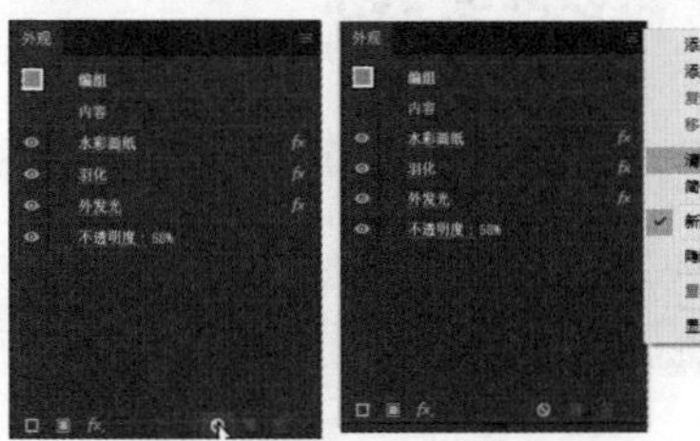
图12-147 单击“清除外观”按钮和选择“清除外观”命令

图12-148 清除外观后的效果

提示

如果是单个对象，即可将选中对象的外观属性完全删除，对象的填色和描边都为“无”状态。

STEP 03 选中“外观”面板中的某个属性选项，单击“外观”面板底部的“删除所选项目”按钮🗑或将其拖曳至该按钮上，也可以在面板菜单中选择“移去项目”命令，如图 12-149 所示。

STEP 04 释放鼠标后，都可以删除选中的外观属性，如图 12-150 所示。

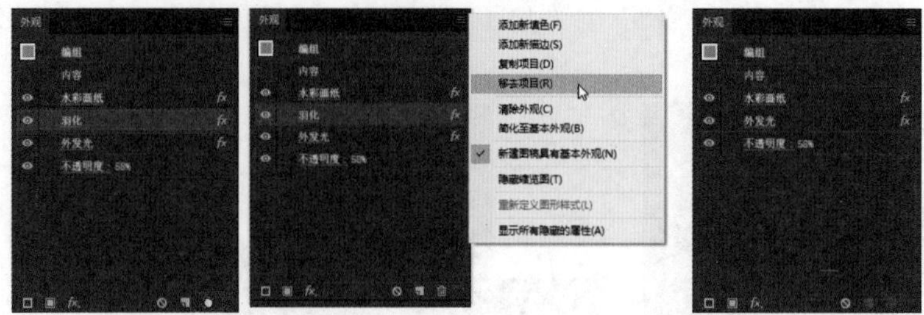

图12-149 删除所选外观属性　　图12-150 删除单个外观属性

12.5.5 管理外观属性

用户可以在“外观”面板中轻松地管理各种外观属性，包括启用属性、禁用属性、复制属性、删除属性、清除属性、简化属性及显示或隐藏缩览图等。

启用/禁用外观属性

如果想要启用或禁用选中对象的单个属性，单击“外观”面板中该属性选项前面的“眼睛”按钮👁即可，如图12-151所示。如果想要启用所有隐藏属性，应该选择“外观”面板菜单中的“显示所有隐藏的属性”命令，如图12-152所示。

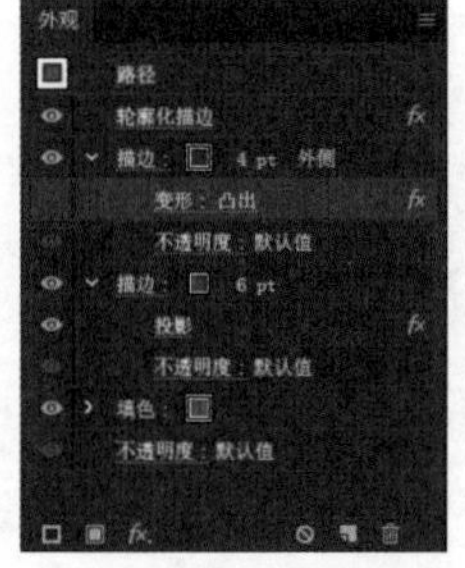

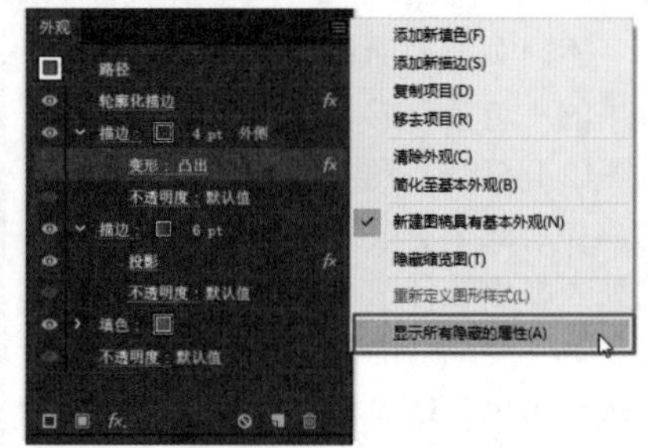

图12-151 显示或隐藏单个属性　图12-152 选择“显示所有隐藏的属性”命令

显示/隐藏缩览图

在“外观”面板中，当面板左上角显示选中对象的缩览图时，面板菜单中的命令显示为“隐藏缩览图”，选择“隐藏缩览图”命令即可隐藏缩览图，如图12-153所示。此时，“外观”面板左上角无内容且面板菜单中的命令显示为“显示缩览图”，选择该命令即可将缩览图恢复为显示状态，如图12-154所示。

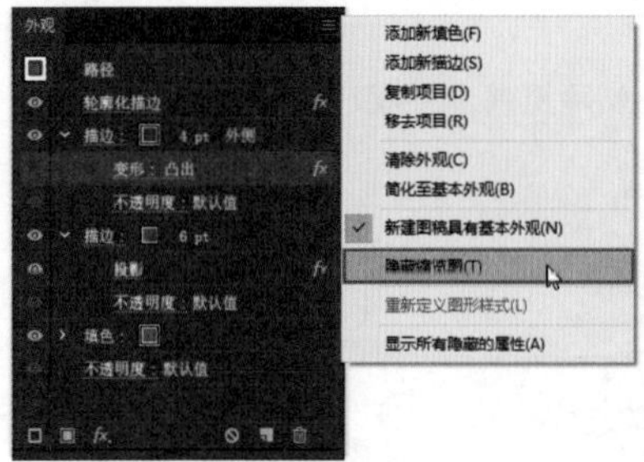

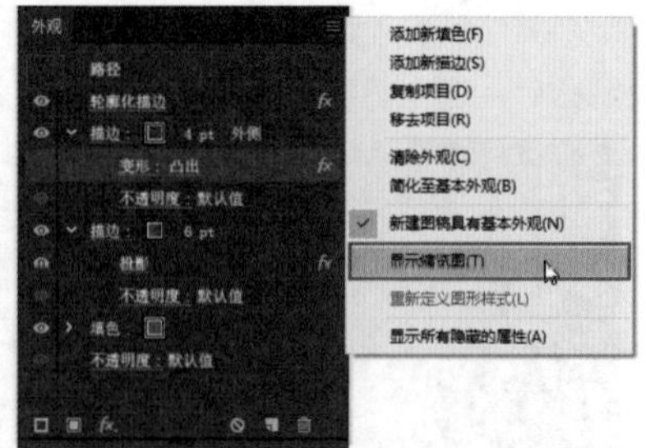

图12-153 隐藏缩览图　　图12-154 显示缩览图

复制外观属性

使用“外观”面板可以将一个对象上的外观属性复制到另一个对象上。

选择一个具有外观属性的对象，单击“外观”面板左上角的缩览图图标，并将其拖曳到需要添加外观属性的对象上，如图12-155所示。释放鼠标后，目标对象将应用选中对象的外观属性，如图12-156所示。

图12-155 拖曳缩览图图标

图12-156 复制外观属性

简化至基本外观

选中一个具有外观属性的对象，单击“外观”面板右上角的“面板菜单”按钮，在打开的面板菜单中选择“简化至基本外观”命令，将选中对象的外观属性删减到只保留基本外观的状态，如图12-157所示。

图12-157 简化至基本外观

如果要在“外观”面板中调整外观属性的顺序，先选中需要调整的属性选项，再将其向上或向下拖曳到合适位置，释放鼠标即可完成操作。

12.5.6 应用案例——使用“外观”面板绘制文字按钮

源 文 件：源文件\第12章\12-5-6.ai

素　材：无

技术要点：掌握使用【“外观”面板绘制文字按钮】的方法

扫描查看演示视频

STEP 01 新建一个 Illustrator 文件，使用“文字工具”在画板上输入“填色”和“描边”为无的文字。打开“外观”面板，单击面板底部的“添加新填色”按钮，设置“填色”为渐变，如图 12-158 所示。

STEP 02 打开“色板”面板，将新的渐变填色设置为色板并命名为“红黑渐变”。继续在“外观”面板中设置“描边”，具体参数如图 12-159 所示。单击面板底部的“添加新效果”按钮，在打开的效果列表中选择“路径”→“偏移路径”选项，弹出“偏移路径”对话框，设置参数如图 12-160 所示，单击“确定”按钮。

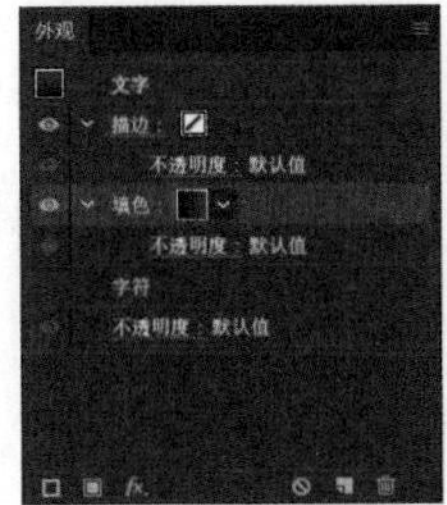

图12-158 添加新填色

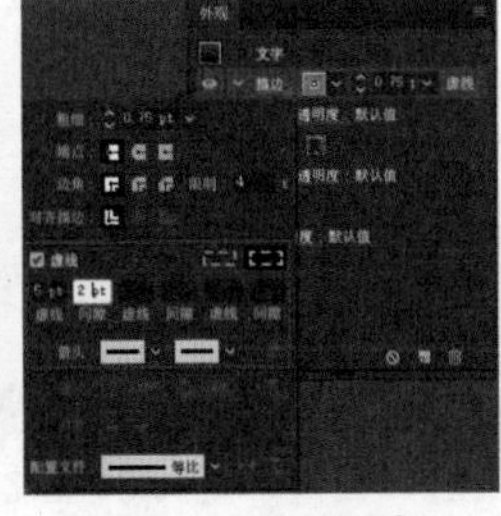

图12-159 设置具体参数

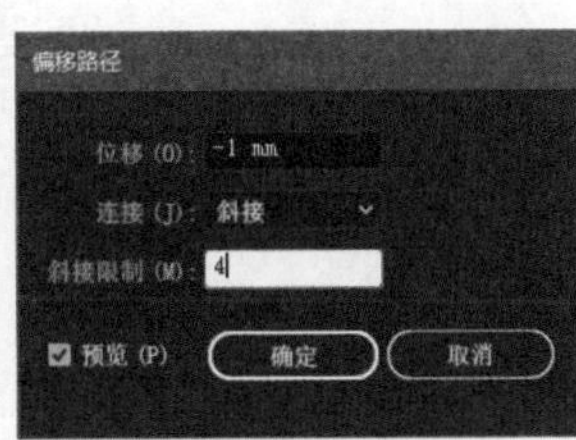

图12-160 设置参数

STEP 03 单击画板中的空白处，打开“图形样式”面板，单击面板底部的“图形样式库菜单”按钮，在打开的下拉列表框中选择“文字效果”选项，在打开“文字效果”面板中选择“金属银渐变”选项，将“填充”设置为新色板，如图 12-161 所示。选中文字并使用“外观”面板添加新的描边，设置参数如图 12-162 所示。

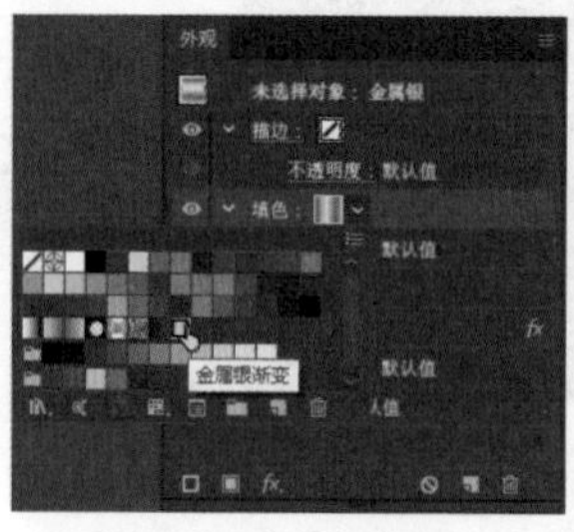

图12-161 设置新色板

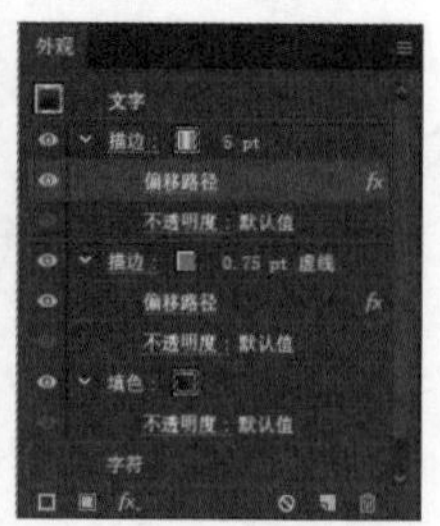

图12-162 设置参数

STEP 04 设置完成后，文字效果如图 12-163 所示。再次单击面板底部的“添加新效果”按钮，在打开的效果列表中选择“风格化”→“投影”选项，弹出“投影”对话框，设置参数如图 12-164 所示，单击“确定”按钮。

图12-163 文字效果

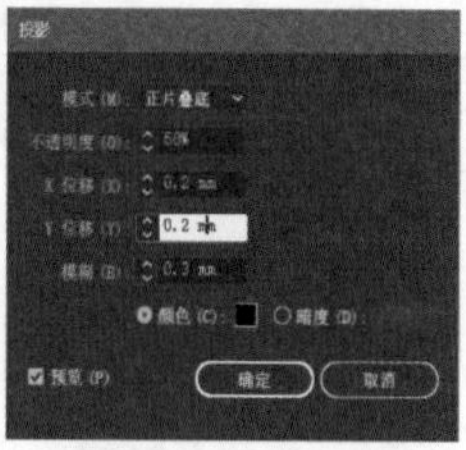

图12-164 设置参数

STEP 05 单击“外观”面板底部的“添加新填色”按钮，将其叠放顺序移至最底层。单击面板底部的“添加新效果”按钮，在打开的效果列表中选择“转换为形状”→“圆角矩形”选项，弹出“形状选项”对话框，设置参数如图 12-165 所示。单击“确定”按钮，文字按钮的效果如图 12-166 所示。

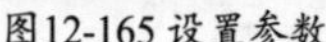

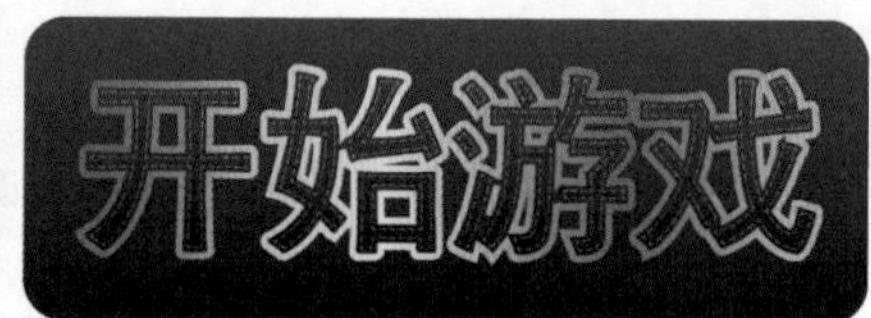

图12-165 设置参数

图12-166 文字按钮的效果

12.6 解惑答疑

Illustrator CC中的效果功能与Photoshop中的滤镜功能有异曲同工之处，但是由于Illustrator CC本身的矢量绘图性质，使软件中的效果应用给矢量对象和位图对象存在一定的差别。因此，当用户掌握了各自的不同后，才能事半功倍地使用各项效果命令。

12.6.1 为位图应用效果

在Illustrator CC中，用户可以将特殊的外观效果应用于位图图像和矢量对象。例如，用户可以为对象应用印象派外观、光线变化或者对图像进行扭曲，还可以生成其他有趣的可视效果。对位图对象应用效果时，需要考虑以下几个方面。

- 效果对于链接的位图对象不起作用。如果对链接的位图应用一种效果，则此效果将应用于嵌入的位图副本，而非原始位图。如果想要对原始位图应用效果，必须将原始位图嵌入文档中。

- Illustrator CC支持使用来自其他Adobe产品（如Adobe Photoshop）和非Adobe软件开发商设计的增效效果。用户可以在网络中下载所需的增效效果，大多数的增效效果在安装后都会出现在“效果”菜单中，并且与内置效果的工作方式相同。
- 为位图对象应用效果时，一些效果可能会占用大量内存，尤其是为拥有高分辨率的位图对象应用效果时，此问题更加明显。

12.6.2 如何改善效果的性能

用户为对象添加效果时，会发现Illustrator CC中的一些效果会占用非常大的内存。在应用这些效果时，下列技巧可以帮助用户改善其性能。

- 为对象添加多个效果时，应该在打开的“效果”对话框中选择“预览”复选框，用以节省时间并防止软件出现意外。
- Illustrator CC中的某些效果命令极耗内存，如“玻璃”命令。对于这些极耗内存的效果，用户可以在应用时尝试不同的设置以提高软件的运行速度。
- 如果用户想要在灰度打印机上打印图像，最好在应用效果之前先将位图图像的一个副本转换为灰度图像，再对其进行相应的操作。这是由于在某些情况下，对彩色位图图像应用效果后再将其转换为灰度图像所得到的结果，与直接对图像的灰度版本应用同一效果所得到的结果可能有所不同。

12.7 总结扩展

Illustrator CC中的效果、外观属性和图形样式等功能，可以帮助用户绘制出更加丰富多彩的复杂图形，从而有效提高用户作品的美观度。

12.7.1 本章小结

本章详细介绍了Illustrator CC中各项效果的表现形式和使用方法，还介绍了对象的外观属性及“外观”面板的使用方法，同时详细介绍了图形样式的创建、应用和编辑操作，并且针对“图形样式”面板的使用方法进行了介绍。通过本章内容的学习，用户应该可以快速掌握效果、外观属性和图形样式的使用方法并灵活运用。

12.7.2 扩展练习——绘制酷炫花纹

源 文 件：源文件\第12章\12-7-2.ai

素　材：无

技术要点：掌握【酷炫花纹】的绘制方法

扫描查看演示视频

完成本章内容学习后，接下来使用绘图工具和变换效果完成酷炫花纹的制作，对本章知识进行测验并加深对所学知识的理解，创建完成的案例效果如图12-167所示。

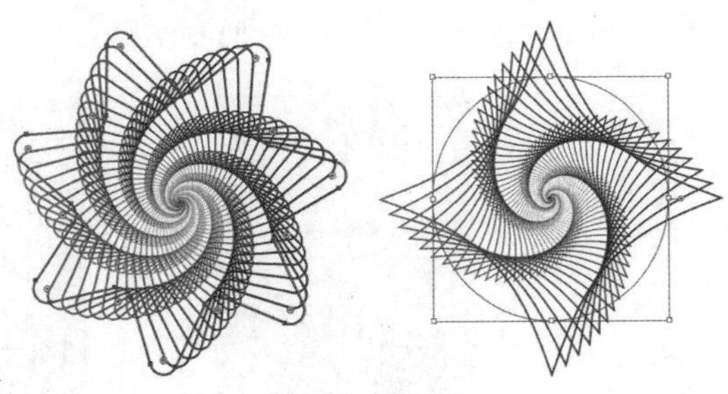

图12-167 案例效果

第13章 作品的输出与打印

Learning Objectives
学习重点

用户使用Illustrator CC完成作品的设计后，可以继续使用Illustrator CC将图稿输出为各种常见的格式，从而最大限度地与其他软件进行沟通与合作。而在实际工作需求中，完成作品后，不仅需要将作品输出为电子文件，有时也需要作品打印，因此了解如何使用Illustrator CC打印作品同样非常重要。

13.1 将作品输出为不同格式

使用Illustrator CC完成广告图稿的制作后，需要将图稿根据不同的用途输出为不同的格式。执行“文件”→“导出”→“导出为”命令，弹出“导出为”对话框，在“保存类型”下拉列表框中选择一种格式。

单击“导出”按钮，将弹出“格式名称选项”对话框，用户需要在对话框中为文件格式设置各项参数，设置完成后单击“确定”按钮，完成输出不同格式文件的操作。

13.1.1 AutoCAD导出选项

如果选择的文件格式为“AutoCAD交换文件（*.dxf）”或“AutoCAD绘图（*.dwg）”，单击“导出”按钮后将弹出“DFX/DWG导出选项”对话框，如图13-1所示。

13.1.2 JPEG导出选项

如果选择的文件格式为“JPEG（*.JPG）”，并且要导出的文档包含多个画板，需要在单击“导出为”对话框中的“导出”按钮前，为导出的画板指定范围。

如果想将文档中的所有画板全部导出为单独的“JPEG（*.JPG）”文件，应选择“导出为”对话框底部的“使用画板”复选框，并选中“全部”单选按钮。如果只想导出某一范围内的画板，应该选中“范围”单选按钮，并在文本框内指定范围。完成后单击“导出”按钮，弹出“JPEG选项”对话框，如图13-2所示。

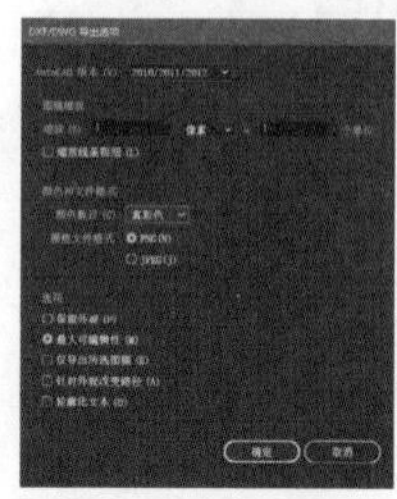

图13-1 “DFX/DWG导出选项”对话框

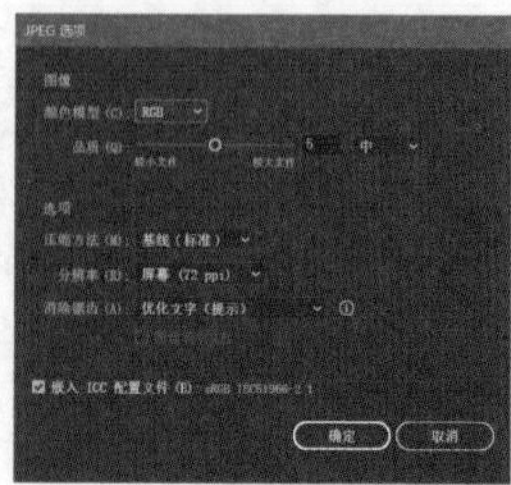

图13-2 “JPEG选项”对话框

13.1.3 Photoshop 导出选项

如果要导出的文档包含多个画板，又想将每个画板导出为独立的PSD文件，用户可以在“导出为”对话框的“保存类型”下拉列表框中选择“Photoshop（*.PSD）”格式。

为文档设置好保存类型后，选择对话框底部的“使用画板”复选框。此时，用户可以选中“全部”或“范围”单选按钮并指定导出范围。完成后单击“导出”按钮，弹出“Photoshop导出选项”对话框，如图13-3所示。

13.1.4 PNG导出选项

如果需要导出的文档包含多个画板，又想将每个画板导出为独立的PNG文件，用户可以在“导出为”对话框的“保存类型”下拉列表框中选择“PNG（*.PNG）”格式。

为文档设置好保存类型后，选择对话框底部的“使用画板”复选框。此时，用户可以选中“全部”或“范围”单选按钮并指定导出范围。完成后单击“导出”按钮，弹出“PNG选项”对话框，如图13-4所示。

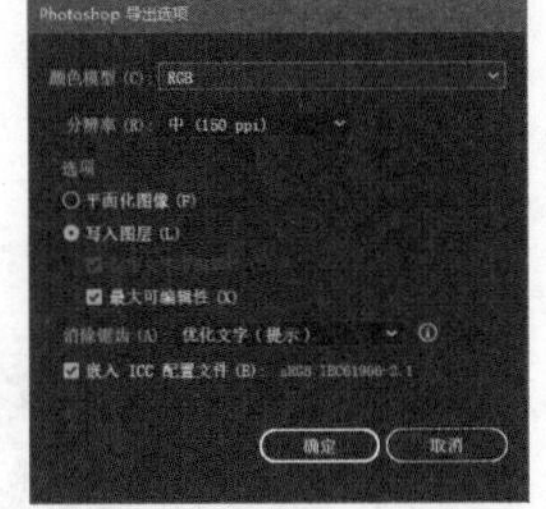

图13-3 “Photoshop导出选项”对话框

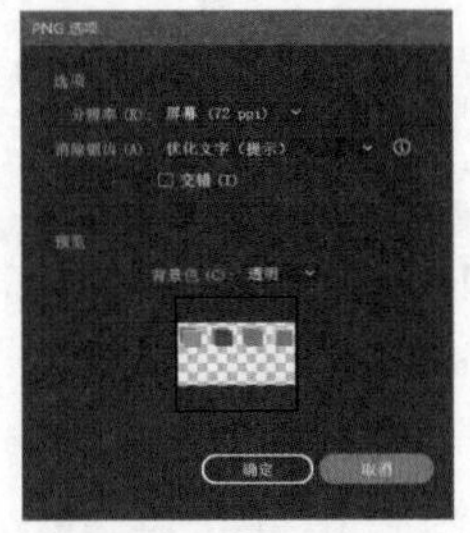

图13-4 “PNG选项”对话框

13.1.5 应用案例——输出为PNG格式文件

源 文 件：源文件\第13章\13-1-5.png

素　材：素材\第13章\131501.ai

技术要点：掌握【输出为PNG格式文件】的方法

扫描查看演示视频

扫描下载素材

STEP 01 执行“文件”→“打开”命令，将“素材\第13章\131501.ai”文件打开，图像效果如图13-5所示。

STEP 02 执行“文件”→“导出”→“导出为”命令，弹出“导出为”对话框，设置“保存类型”为“PNG（*.PNG）”格式选项，如图13-6所示。

图13-5 图像效果

图13-6 设置保存类型

STEP 03 单击“导出”按钮，弹出“PNG选项”对话框，如图13-7所示。

STEP 04 单击“确定”按钮，将文件导出为PNG格式。打开导出文件所在的文件夹，PNG格式的文件效果如图13-8所示。

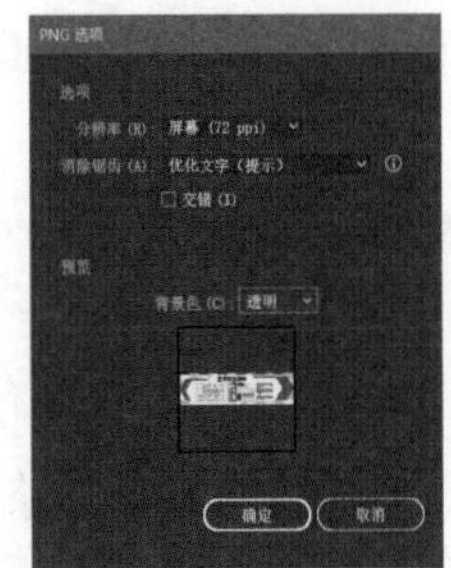

图13-7 “PNG选项”对话框

图13-8 PNG格式的文件效果

13.1.6 TIFF导出选项

如果需要导出的文档包含多个画板，又想将每个画板导出为独立的TIFF文件，用户可以在“导出为”对话框的“保存类型”下拉列表框中选择“TIFF（*.TIF）”格式。

为文档设置好保存类型后，选择“使用画板”复选框。此时，用户可以选中“全部”或“范围”单选按钮。单击“导出”按钮，弹出“TIFF选项”对话框，如图13-9所示。

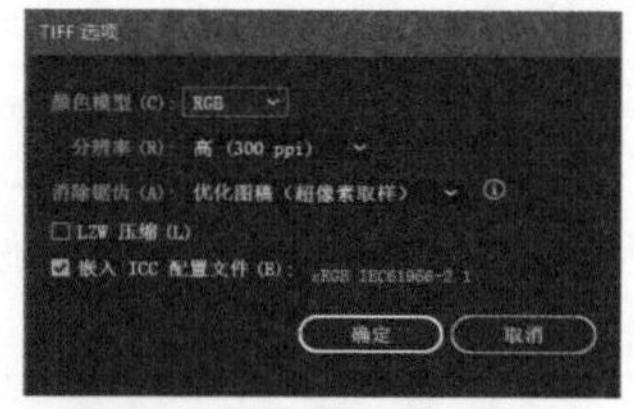

图13-9 “TIFF选项”对话框

13.1.7 应用案例——输出为TIF格式文件

源 文 件：源文件\第13章\13-1-7.tif

素　材：素材\第13章\131701.psd

技术要点：掌握【输出为TIF格式文件】的方法

扫描查看演示视频

扫描下载素材

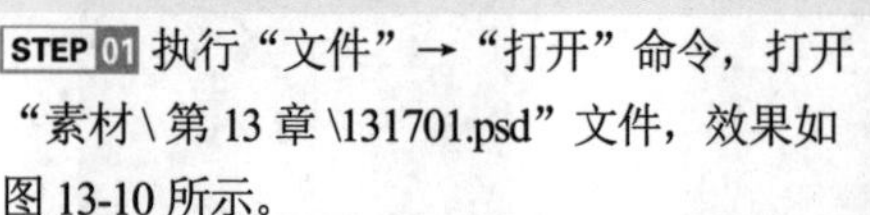

STEP 01 执行“文件”→“打开”命令，打开“素材\第 13 章\131701.psd”文件，效果如图 13-10 所示。

STEP 02 执行“文件”→“导出”→“导出为”命令，弹出“导出”对话框，设置“保存类型”为“TIFF（*.TIF）”格式，如图 13-11 所示。

STEP 03 单击“导出”按钮，弹出“TIFF 选项”对话框，单击“确定”按钮，弹出“进度”对话框，如图 13-12 所示。

图13-10 图形效果

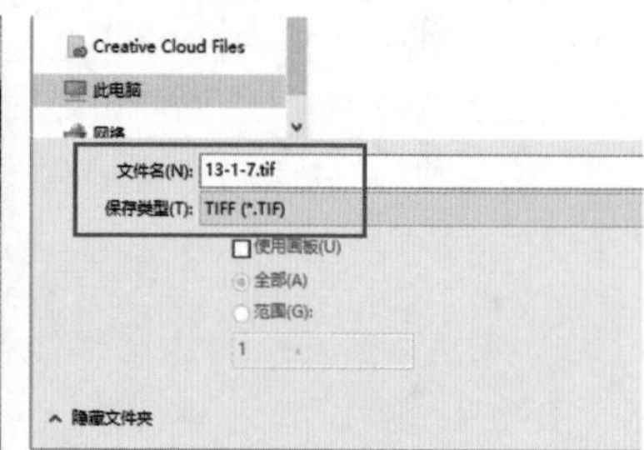

图13-11 设置保存类型

STEP 04 稍等片刻，即可将 PSD 格式文件导出为 TIF 格式文件。打开导出文件所在的文件夹，TIF 格式的文件效果如图 13-13 所示。

图13-12 “进度”对话框

图13-13 TIF格式的文件效果

13.2 收集资源并批量导出

在Illustrator CC中，“导出为多种屏幕所用格式”工作流程是一种全新的输出方式，可以通过一步操作生成不同大小和文件格式的资源；而使用“资源导出”面板则可以快速收集并批量导出资源。

13.2.1 导出资源

Illustrator CC中的“导出”命令和“资源导出”面板的使用方法在第3章的3.9节中已进行了详细介绍，此处不再赘述。

13.2.2 后台导出

在Illustrator CC中，使用“文件”→“导出”→“导出为多种屏幕所用格式”命令导出资源时，系统将导出进程放置在后台运行。此功能使用户可以在执行导出操作的同时，继续完成其余的设计或绘制工作。

如果导出文件较小，则导出进程的时间也相对较短，那么后台导出功能对用户来说可能没有实质性的帮助。如果导出文件很大，那么导出时间将会加长，则后台进程可以为用户节省大量时间并提高工作效率。

如果在后台导出过程中想要检查导出进程的进度，可以单击菜单栏中的“正在导出”按钮，如图13-14所示。打开导出进程的信息面板，如图13-15所示。

图13-14 单击“正在导出”按钮

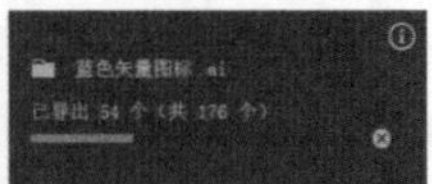

图13-15 信息面板

如果使用Illustrator CC同时在后台导出多个文件，会单独显示每个文件的进度。导出完成后用户将收到一条消息，消息以绿色文本框的形式显示在文档窗口顶部，如图13-16所示。如果想要停止任何文件的导出进程，单击导出进程信息面板中的“取消”按钮即可。

图13-16 提示导出完成的消息

默认情况下，使用“导出为多种屏幕所用格式”命令导出文件时，导出进程将始终在后台进行。如果要关闭后台导出，执行“编辑”→“首选项”→“文件处理”命令，在弹出的“首选项”对话框中取消选择“在后台导出”复选框即可。

目前的 Illustrator CC 版本，后台导出功能只支持栅格文件格式（.PNG 和 .JPG）。

13.2.3 应用案例——批量导出资源

源 文 件：源文件\第13章\1X、1.5X、2X、3X、4X

素　材：素材\第13章\132301.ai

技术要点：掌握【大量资源】的导出方法

扫描查看演示视频

扫描下载素材

STEP 01 执行“文件”→“打开”命令，打开“素材\第 13 章\132301.ai”文件。使用“选择工具”选中一个图标，单击鼠标右键，在弹出的快捷菜单中选择“收集以导出”→“作为单个资源”命令，选中图标被添加到打开的“资源导出”面板中，如图 13-17 所示。

STEP 02 再次选中一个图标，单击面板中的“从选区生成单个资源”按钮，选中图标被添加为资源，如图 13-18 所示。使用刚刚讲解的方法，将其余图标全部添加为资源。

图13-17 添加资源

图13-18 再次添加资源

STEP 03 单击“资源导出”面板中的按钮，弹出“导出为多种屏幕所用格式”对话框，设置各项参数，如图 13-19 所示。

STEP 04 单击“导出资源”按钮，系统开始导出资源。导出完成后，打开导出资源所在的文件夹，资源的每个缩放格式都创建了子文件夹，如图 13-20 所示。

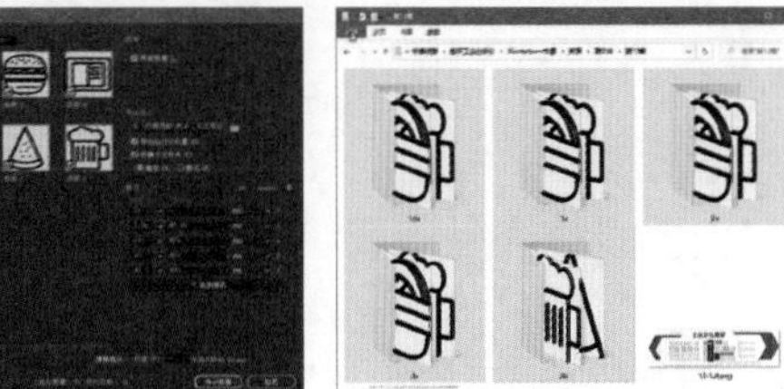

图13-19 设置参数　　图13-20 导出资源

13.3 创建PDF文件

PDF是一种通用的便携文件格式，这种文件格式可以在各种软件和平台上保留创建的文本、图像和版面。而因为Adobe PDF文件小且完整，同时使用Adobe Reader软件的人都可以对其进行共享、查看和打印，所以Adobe PDF成为全球范围内对电子文档和表单进行安全可靠的分发及交换的标准。

13.3.1 导出PDF文件

用户可以从Illustrator中创建不同类型的PDF文件，包括单页PDF、多页PDF、包含图层的PDF、PDF/X兼容的文件及简洁的PDF文件。

包含图层的PDF是指存储一个包含可在不同上下文中使用的图层PDF；而PDF/X兼容的文件则可减少颜色、字体和陷印问题的出现。

创建PDF文件

执行“文件”→“存储为”或“文件”→“存储副本”命令，弹出“存储为”或“存储副本”对话框，在对话框中输入文件名并选择存储文件的位置。再在“保存类型”下拉列表框中选择“Adobe PDF（*.PDF）”文件格式，如图13-21所示。

完成后单击“保存”按钮，弹出“存储 Adone PDF”对话框，如图13-22所示。从“Adobe PDF预设”下拉列表框中选择一个预设，或者从对话框的左侧列表中选择一个类别，然后设置其他参数。单击“存储 PDF”按钮，完成从Illustrator CC中创建PDF文件的操作。

图13-21 选择保存类型

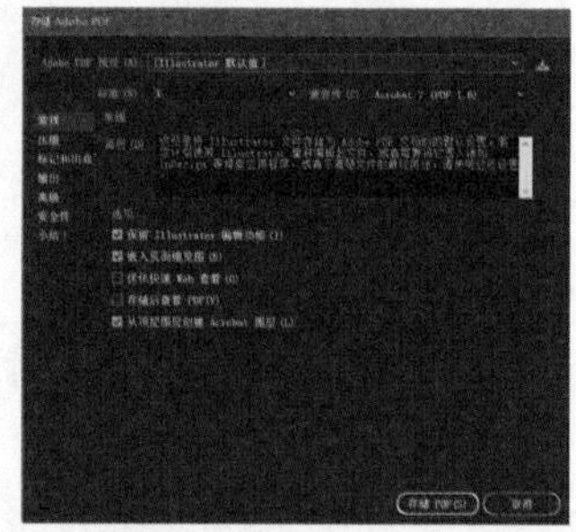

图13-22 “存储 Adobe PDF”对话框

创建多页PDF文件

如果一个文档中包含了多个画板，执行“文件”→“存储为”命令，弹出“存储为”对话框，将“保存类型”设置为“Adobe PDF（*.PDF）”，画板范围为启用状态，如图13-23所示。如果想要将所有画板存储到一个PDF文件中，选中“全部”单选按钮；而如果想要将部分画板存储到一个PDF文件中，选中“范围”单选按钮并在文本框中填写画板范围。

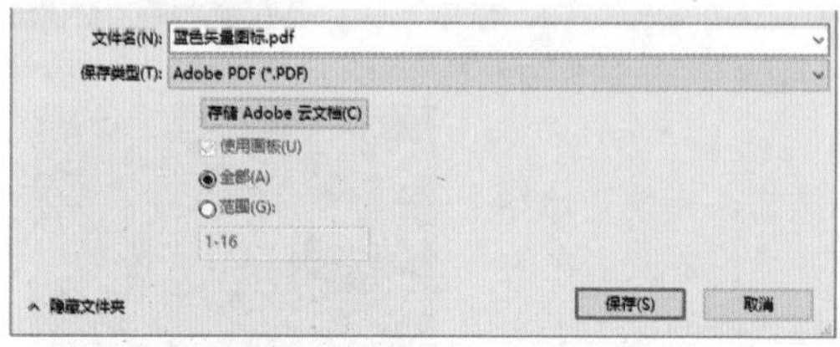

图13-23 画板范围为启用状态

选择完成后，单击“保存”按钮，在弹出的“存储 Adobe PDF”对话框中设置其他PDF选项。然后单击“存储 PDF”按钮，完成从Illustrator CC中创建多页PDF文件的操作。

创建多图层的Adobe PDF

Adobe InDesign和Adobe Acrobat都提供了更改Adobe PDF文件中图层可视性的功能。通过在Illustrator CC中存储图层式PDF文件，用户可以将插图用于不同的上下文中。

想要创建多图层的PDF文件，就要设置用户的可调整元素（希望显示和隐藏的元素）位于不同图层的最上方，而不是嵌套在子图层中。然后以Adobe PDF格式存储文件，并在“存储Adobe PDF”对话框中设置参数，如图13-24所示。继续根据需要设置其他选项，单击“存储 PDF”按钮，完成从Illustrator CC中创建多层PDF文件的操作。

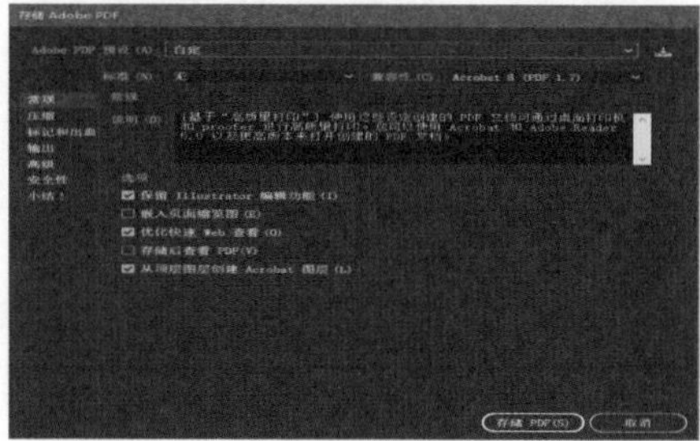
图13-24 设置参数

创建Adobe PDF/X兼容的文件

PDF/X（便携文档格式交换）是图形内容交换的ISO标准，用于消除导致印刷问题的许多颜色、字体和陷印变化。Illustrator CC支持PDF/X-1a、PDF/X-3和PDF/X-4。而在存储PDF文件的过程中，用户也可以创建一个PDF/X兼容的文件。

在“存储 Adobe PDF”对话框中，选择一个PDF/X预设或从“标准”下拉列表框中选择一个PDF/X格式，如图13-25所示。再在“存储 Adobe PDF”对话框左侧选择“输出”选项，设置PDF/X选项，如图13-26所示。设置完成后单击“存储 PDF”按钮，完成从Illustrator CC中创建Adobe PDF/X兼容文件的操作。

图13-25 PDF/X预设

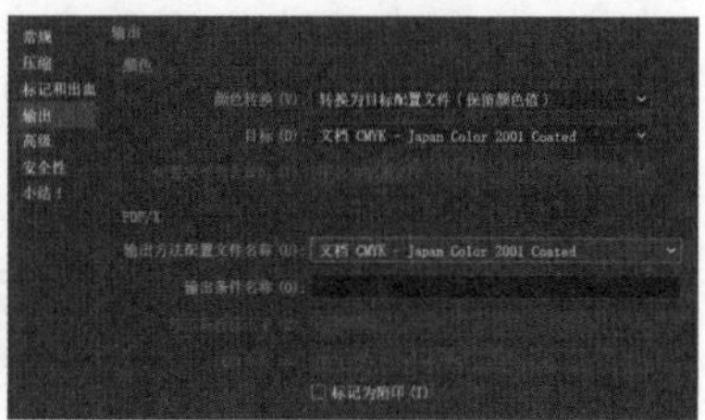
图13-26 设置“输出”选项

创建简洁的PDF文件

Illustrator CC提供了以最小的文件大小保存文件的功能。如果使用了此功能，用户即可从Illustrator CC中生成简洁的PDF文件。

执行“文件”→“存储为”命令，在弹出的“存储为”对话框中设置“保存类型”为“Adobe PDF（*.PDF）”，单击“保存”按钮，弹出“存储Adobe PDF”对话框，设置参数如图13-27所示。单击“存储 PDF”按钮，完成从Illustrator CC中创建简洁PDF文件的操作。

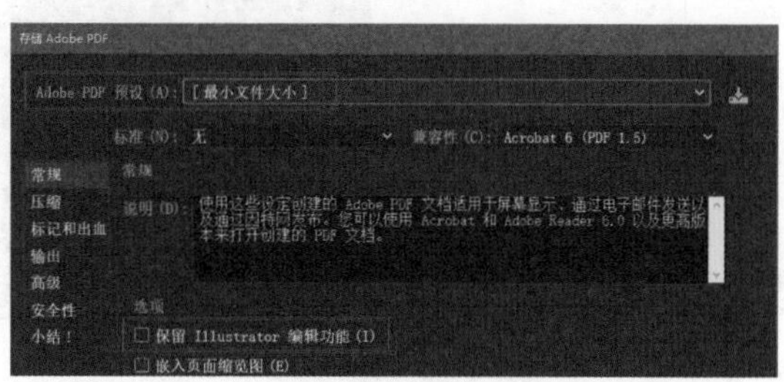

图13-27 设置参数

13.3.2 应用案例——存储为PDF文件

源 文 件：源文件\第13章\13-3-2.pdf

素　材：素材\第13章\133201.ai

技术要点：掌握【将文件存储为PDF格式】的方法

扫描查看演示视频

扫描下载素材

STEP 01 打开“素材\第 13 章\133201.ai”文件，执行“文件”→“存储为”命令，弹出“存储为”对话框，设置“保存类型”为“Adobe PDF（*.PDF）”，如图 13-28 所示。

STEP 02 单击“保存”按钮，弹出“存储 Adobe PDF”对话框，设置参数如图 13-29 所示。

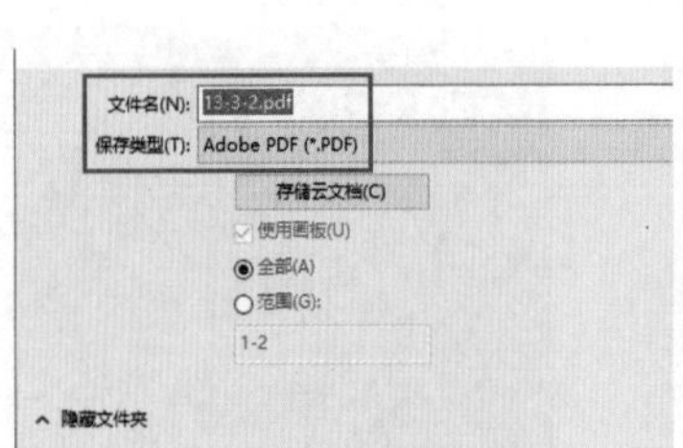

图13-28 选择保存类型

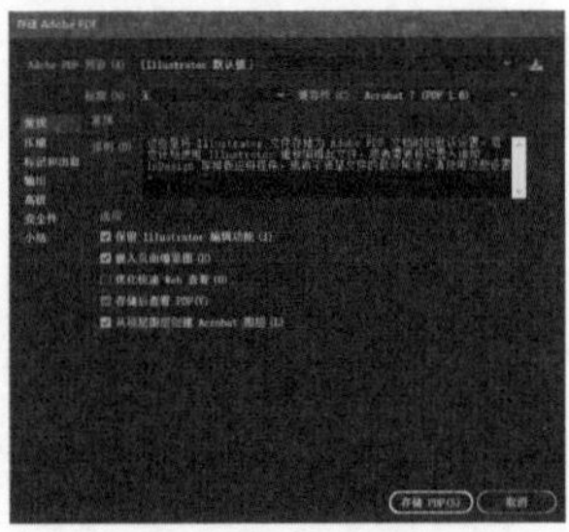

图13-29 设置参数

STEP 03 设置完成后，单击“存储 Adobe PDF”对话框右下角的“存储 PDF”按钮，打开默认浏览器用以浏览完成存储的 PDF 格式文件，如图 13-30 所示。

STEP 04 打开存储文件所在的文件夹，PDF 格式的文件效果如图 13-31 所示。

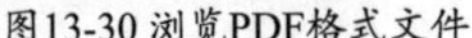

图13-30 浏览PDF格式文件

图13-31 PDF格式的文件效果

13.3.3 Adobe PDF预设

用户在创建PDF文件时，可以根据自己的需求在“存储 Adobe PDF”对话框中选择一种PDF预设。PDF预设是一组影响创建PDF处理的设置，这些设置用于平衡文件大小和品质。用户可在Adobe Creative Suite组件间共享预定义的大多数预设，也可以针对自己特有的输出要求创建和共享自定义预设，Illustrator CC中的Adobe PDF预设类型如图13-32所示。

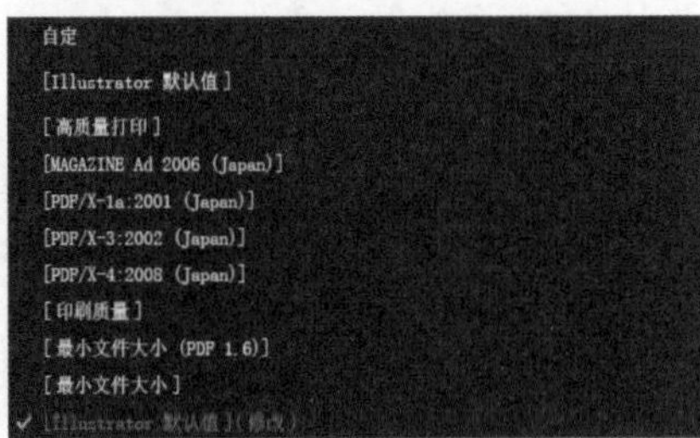

图13-32 PDF预设类型

13.3.4 自定PDF预设

Illustrator CC不仅为用户提供了系统已经设置好的PDF预设文件，还允许用户自定义PDF预设，用以满足自己的工作需要。

执行“编辑”→“Adobe PDF预设”命令，弹出“Adobe PDF预设”对话框，如图13-33所示。如果用户要创建新的预设，单击“新建”按钮，弹出“新建PDF预设”对话框，如图13-34所示。如果想要基于现有预设来创建新的预设，需要在创建预设前选中任一现有预设。

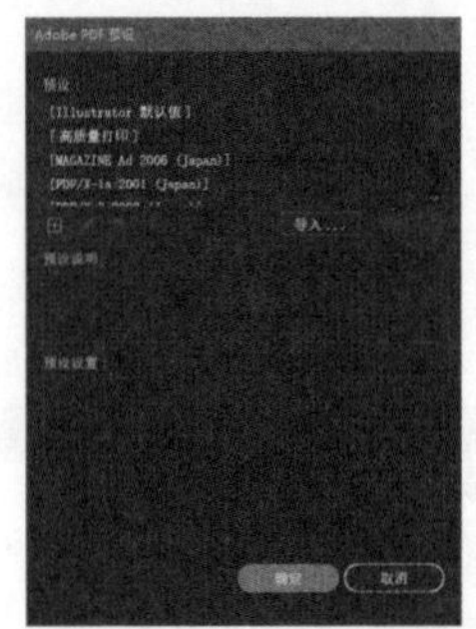

图13-33 “Adobe PDF预设”对话框

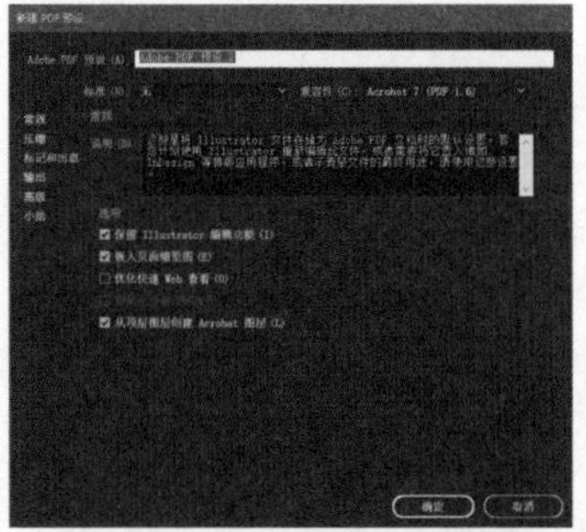

图13-34 “新建PDF预设”对话框

如果想要编辑现有自定预设，需要在“Adobe PDF预设”对话框中选择该自定预设，然后单击“编辑”按钮，弹出“编辑PDF预设”对话框，可在该对话框中完成预设的调整。

如果想要删除现有自定预设，需要在“Adobe PDF预设”对话框中选择该自定预设并单击“删除”按钮。

如果想要将自定预设存储到非Adobe PDF文件夹中的默认Settings文件夹位置，需要选择该自定预设并单击“导出”按钮，如图13-35所示，弹出“将Adobe PDF 设置存储为”对话框，如图13-36所示。可在该对话框中指定预设名称和存储位置，完成后单击“保存”按钮。回到“Adobe PDF预设”对话框，设置PDF选项，然后单击“确定”按钮。

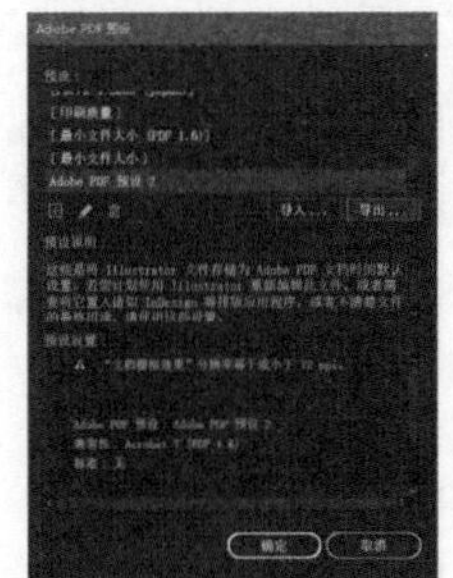

图13-35 单击“导出”按钮

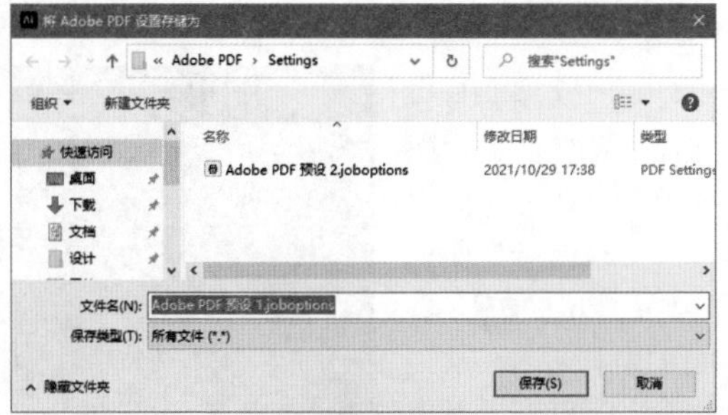

图13-36 导出预设

用户也可以在存储PDF文件的过程中，在打开的“存储Adobe PDF”对话框中，单击“Adobe PDF预设”选项右侧的“存储预设”按钮，弹出“将Adobe PDF 设置存储为”对话框，如图13-37所示。为预设命名后单击“确定”按钮，完成创建自定预设的操作。

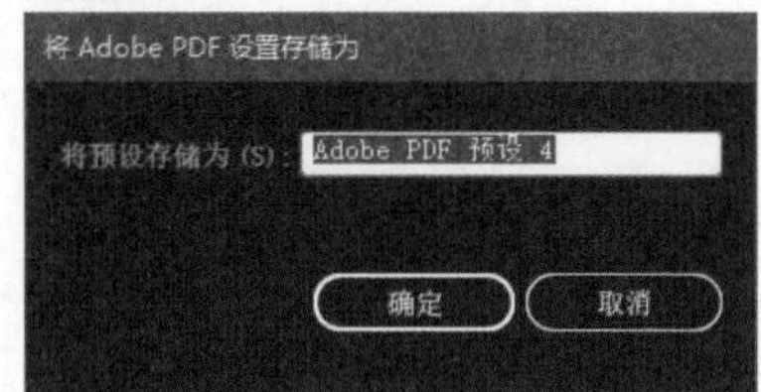

图13-37 “将Adobe PDF 设置存储为”对话框

如果想要向他人共享自定预设，需要选择一个或多个预设，单击“导出”按钮，将预设存储到单独的 .joboptions 文件中，然后就可以通过网络将文件传输给想要分享的用户。

13.3.5 载入PDF预设

用户不仅可以将自己的自定PDF预设共享给他人，也可以从服务提供商和其他用户处获得它们的自定PDF预设文件。如果用户想要使用从其他地方获得的PDF预设文件，就需要将其载入到相应的软件中。

如果用户想要将PDF预设载入到所有Adobe Creative Suite软件中，可以在存放自定PDF预设的文件夹中双击带有.joboptions扩展名的文件，然后在弹出的对话框中选择一个想要使用它打开预设的软件，即可将该预设添加到软件中。

用户也可以在软件中执行“编辑”→“Adobe PDF预设”命令，在弹出的“Adobe PDF预设”对话框中单击“导入”按钮，如图13-38所示。弹出“载入Adobe PDF设置文件”对话框，如图13-39所示。找到存放自定PDF预设文件的文件夹，选择要载入的.joboptions文件，单击“打开”按钮，即可将PDF预设载入软件中。

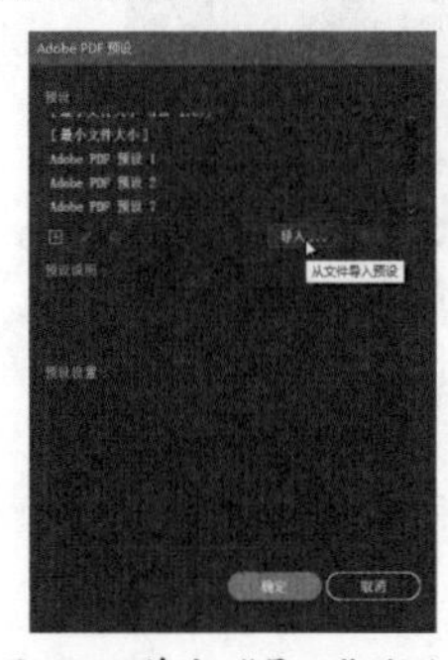

图13-38 单击“导入”按钮

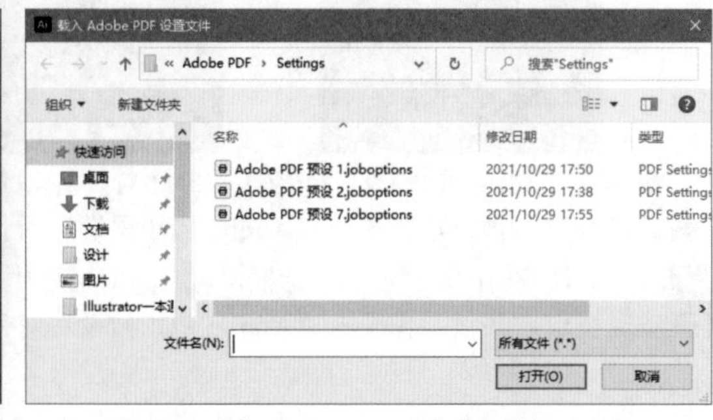

图13-39 “载入Adobe PDF 设置文件”对话框

13.4 “文档信息”面板

在Illustrator CC中，使用“文档信息”面板可查看常规文件信息和对象特征的列表，以及图形样式、自定颜色、图案、渐变、字体和置入图稿的数量和名称。

执行“窗口”→“文档信息”命令，打开“文档信息”面板，如图13-40所示。如果想要查看不同类型的信息，单击“文档信息”面板右上角的“面板菜单”按钮☰，打开面板菜单，如图13-41所示。从菜单中选择一个命令，即可查看对应的文档信息。

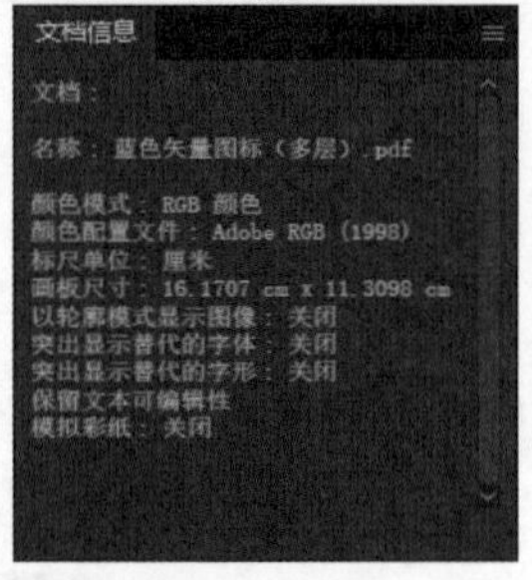

图13-40 “文档信息”面板

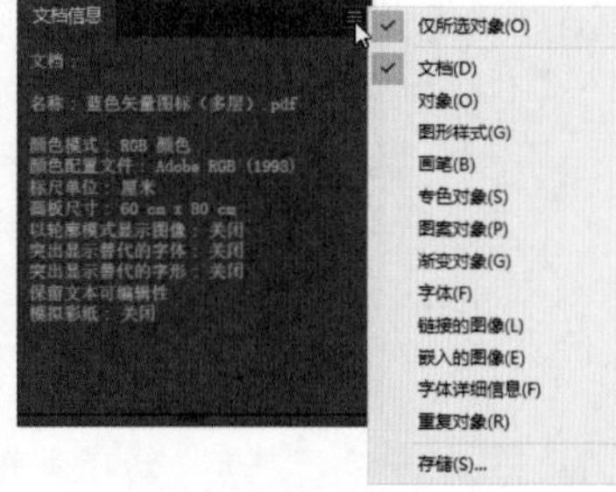

图13-41 面板菜单

如果要将文件信息的副本存储为文本文件，应该从面板菜单中选择“存储”命令；如果要查看画板尺寸，应该从面板菜单中选择“文档”命令，再使用“画板工具”单击想要查看的画板即可。

13.5 叠印与陷印

叠印是指在两个重叠的对象中，将一个颜色印在另一个颜色之上，它们之间是进行油墨混合的。陷印则是为了解决油墨混合所产生的问题的一种技术。因为在实际的工作中，叠印和陷印是为了印刷作品而设置的，所以在讲解打印作品前，先来了解叠印与陷印的概念与操作。

13.5.1 叠印

默认情况下，如果打印的图稿包含不透明的重叠颜色，上方颜色会挖空下方颜色的区域。基于这种情况，可使用叠印防止挖空，原理是让最顶层的叠印油墨对于底层油墨来说是透明的。由于打印时的透明度取决于所用的油墨、纸张和打印方法等，所以印刷时必须获知这些内容，用以确定打印图稿后的最终效果。

设置叠印选项后，应该使用“叠印预览”模式来查看叠印色彩的近似打印效果。执行“视图”→“叠印预览”命令，还应使用整体校样（每种分色对齐显示在一张纸上）或叠加校样（每种分色对齐显示在相互叠置的分立塑料膜上）仔细检查分色图稿上的叠印色。

设置叠印

使用“选择工具”选择想要叠印的一个或多个对象，执行“窗口”→“特性”命令或按【Ctrl+F11】组合键，打开“特性”面板，如图13-42所示。在“特性”面板中，选择“叠印填充”和/或“叠印描边”复选框，对比效果如图13-43所示。

图13-42 “特性”面板

图13-43 对比效果

如果在100%黑色描边或填色上使用“叠印”选项，那么黑色油墨的不透明度可能不足以阻止下层的油墨色透显出来。想要避免透显问题，可以使用四色黑（黄100、红100、蓝100、黑100，这4种颜色叠加在一起印出来的一种黑色），而不要使用100%黑色。

叠印黑色

如果要叠印图稿中的所有黑色，应该在创建分色时选择“打印”对话框中的“叠印黑色”复选框，如图13-44所示。该选项适用于所有使用了K色通道的对象。但是，该选项对设置了透明度或图形样式从而显示黑色的对象不起作用。

也可以使用“叠印黑色”命令为包含特定百分比黑色的对象设置叠印。选择要叠印的所有对象，执行“编辑”→“编辑颜色”→“叠印黑色”命令，弹出“叠印黑色”对话框，如图13-45所示。在该对话框中输入要叠印的百分数，具有指定百分比的所有对象都会叠印。

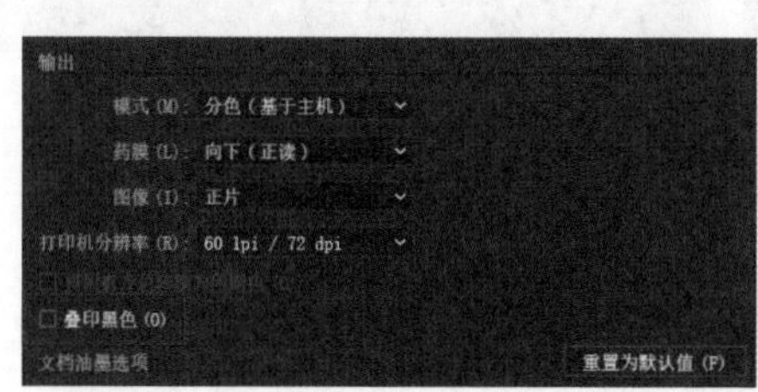

图13-44 选择“叠印黑色”复选框

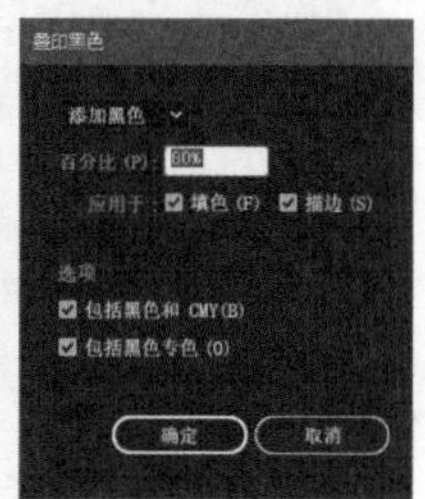

图13-45 “叠印黑色”对话框

选择对话框中的“填色”和“描边”复选框或两者选其一，用以为对象指定叠印的方式。如果要叠印包含青色、洋红色或黄色及指定百分比黑色的印刷色，选择对话框中的“包括黑色和CMY”复选框。如果要叠印其等价印刷色中包含指定百分比的黑色专色，选择对话框中的“包括黑色专色”复选框。而如果要叠印包含印刷色及指定百分比黑色的专色，需要同时选择“包括黑色和CMY”及“包括黑色专色”两个复选框。

如果要从包含指定百分比黑色的对象中删除叠印，可以在“叠印黑色”对话框中将“添加黑色”选项设置为“移去黑色”选项。

模拟或放弃叠印

多数情况下，只有分色设备支持叠印。当打印到复合输出或当图稿中含有包含透明度对象的叠印对象时，应该选择模拟或放弃叠印选项。

执行“文件”→“打印”命令，弹出“打印”对话框。在“打印”对话框左侧选择“高级”选项。单击“叠印”下拉按钮，在打开的下拉列表框中选择“放弃”或“模拟”选项，如图13-46所示。然后单击对话框右下角的“打印”按钮，完成模拟或放弃叠印的操作。

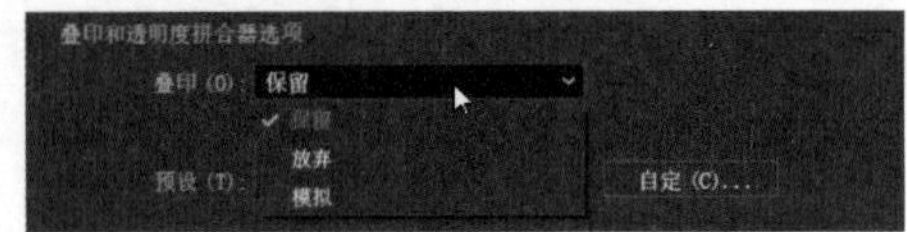

图13-46 选择“放弃”或“模拟”选项

白色叠印

在Illustrator CC中创建的图稿可能具有无意应用叠印的白色对象。只有当打开叠印预览或打印分色时，该问题才会显现出来。这个问题可能延误生产进度，并且必要时需要重新印刷。尽管Illustrator CC在白色对象应用了叠印时会弹出警告框提示用户，但如果用户没有注意，仍然可能发生白色叠印的情况。

在Illustrator CC中，可以使用“放弃白色叠印”选项来移除“文档设置”和“打印”对话框中的白色叠印属性。默认情况下，此选项在两个对话框中处于打开状态。如果未在“文档设置”对话框中选择“放弃输出中的白色叠印”复选框，如图13-47所示。可以在“打印”对话框中选择“放弃白色叠印”复选框覆盖前者，如图13-48所示。

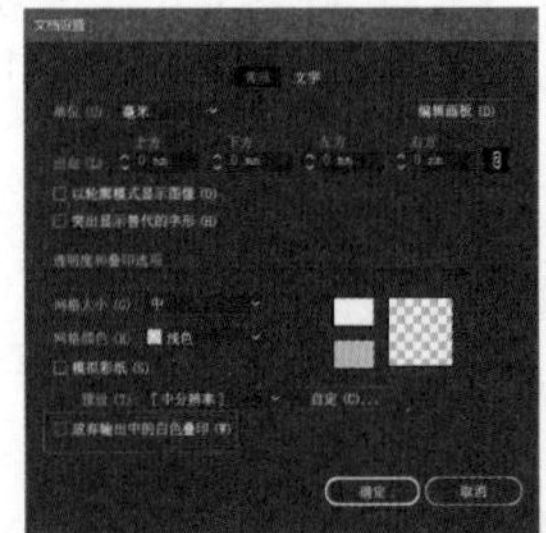

图13-47 “文档设置”对话框

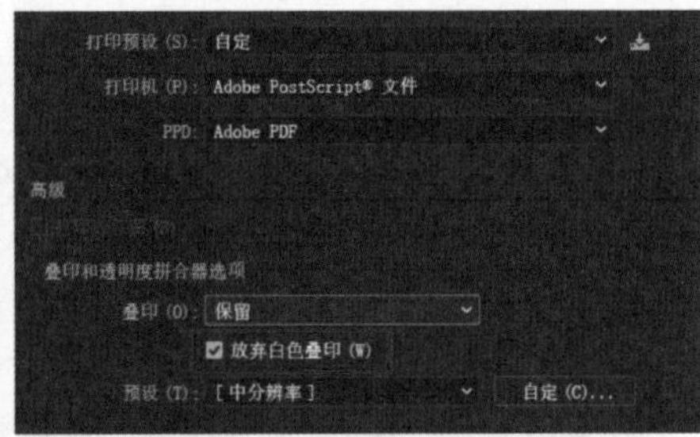

图13-48 “打印”对话框

? 疑问解答 两种不同情况的白色叠印。

选择一个具有叠印的对象，然后创建一个具有白色填充/描边的新对象。在这种情况中，先前所选对象的外观属性被复制到新的对象中，导致对使用白色填充的对象应用了叠印。
具有叠印的非白色对象更改为具有白色填充的对象。为了解决这个问题，在各项操作期间从白色对象中除去叠印属性。这让用户能够在使用打印和输出时，无须检查和更正图稿中的白色对象叠印。

叠印的专色白色对象不受此操作影响，此设置仅影响已保存的文件或Illustrator文件的输出。同时，图稿也不受此设置影响。

13.5.2 应用案例——设置叠印

源 文 件：无
素　　材：素材\第13章\135201.ai
技术要点：掌握【设置叠印】的方法

扫描查看演示视频

扫描下载素材

STEP 01 执行“文件”→“打开”命令，打开“素材\第13章\135102.ai”文件，如图13-49所示。

STEP 02 此时图稿中的圆环处于重叠状态，选中蓝色的半个圆环，如图 13-50 所示。

图13-49 打开素材文件

图13-50 选中重叠对象

STEP 03 执行“窗口”→“特性”命令，打开“特性”面板，选择“叠印填充”复选框，如图 13-51 所示。

STEP 04 此时无法看出叠印填充的效果，执行“视图”→“叠印预览”命令，叠印填充的预览效果如图 13-52 所示。

图13-51 选中复选框

图13-52 叠印填充预览效果

13.5.3 陷印

从单独印版打印的颜色会产生重叠或彼此相连，使印刷套不准，导致最终输出过程中各颜色之间的间隙问题。为了补偿图稿中各颜色之间的潜在间隙，印刷商使用了陷印技术，即在两个相邻颜色之间创建一个小的重叠区域，用以消除间隙问题。用户可以使用独立的专用陷印程序自动创建陷印，也可以使用Illustrator CC手动创建陷印。

陷印分为两种，分别是外扩陷印和内缩陷印。外扩陷印是将较浅色的对象重叠较深色的背景，看起来像是扩展到背景中，如图13-53所示；而内缩陷印则是将较浅色背景重叠陷入背景中较深色的对象，看起来像是挤压或缩小该对象，如图13-54所示。

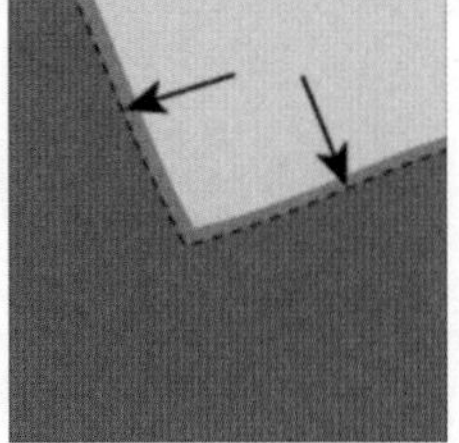

图13-53 外扩陷印

图13-54 内缩陷印

? 疑问解答 为什么使用相同颜色的重叠对象无须创建陷印防止间隙?

当重叠的绘制对象共用一种颜色时，如果两个对象的共用颜色可以创建自动陷印，则不一定要使用陷印功能。例如，两个重叠对象都包含青色，青色作为 CMYK 颜色值的一部分，使得二者之间的任何间隙都会被下方对象的青色成分所覆盖。

“陷印”命令通过识别较浅色的图稿并将其陷印到较深色的图稿中，为简单对象创建陷印。在Illustrator CC中有两种方法应用“陷印”，包括从“路径查找器”面板中应用“陷印”命令或者将其作为效果进行应用。使用“陷印”效果的优势就是可以随时修改陷印设置。

如果图稿中的上下方对象具有相似的颜色密度，即两种颜色无明显的深浅区别，“陷印”命令可根据颜色的微小差异来确定陷印；如果“陷印”对话框指定的陷印不符合要求，可以使用“反向陷印”选项切换“陷印”命令对两个对象的陷印方式。

由于任何不整齐的文字段落都会增加文字的辨认难度，所以不要在磅值很小的文字上应用混合印刷色或印刷色的色调。同样，陷印磅值很小的文字也会导致文字难以辨认。

如果当前文档为RGB模式，执行“文件”→“文档颜色模式”→“CMYK颜色”命令，可以将文档转换为CMYK模式。

选择两个或两个以上对象，执行“效果”→“路径查找器”→“陷印”命令，可能会弹出如图13-55所示的“Adobe Illustrator”警告框，单击“确定”按钮。继续弹出“路径查找器选项”对话框，如图13-56所示，在对话框中设置陷印选项。完成后单击“确定”按钮，可将该命令作为效果进行应用。

图13-55 Adobe Illustrator警告框

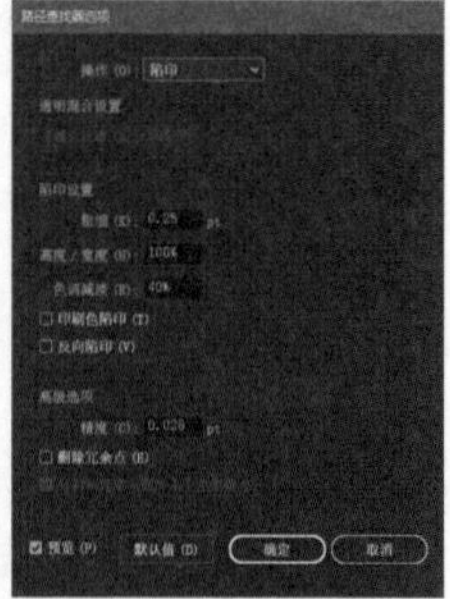

图13-56 “路径查找器选项”对话框

提示

如果用户想要更精确地控制陷印及陷印复杂对象，可以给对象添加描边，然后将该描边设置为叠印的方法来创建陷印效果。

13.6 打印作品

当用户想要做出有关打印的最佳决策时，首先应该了解打印的相关知识，包括打印机分辨率、网频、如何更改页面大小、如何添加标记和出血、裁剪标记的使用方法、颜色管理和制作分色等。

13.6.1 设置打印文档

在Illustrator CC中，执行“文件”→“打印”命令，弹出“打印”对话框，可以利用该对话框完成打印工作流程。

打印复合图稿

复合图稿是一种单页图稿，与用户在文档窗口中看到的效果一致。简单来说，打印复合图稿就是直观的打印作业。复合图稿还可用于校样整体页面设计、验证图像分辨率，以及查找照排机上可能发生的问题（包括PostScript错误）等操作。

执行“文件”→“打印”命令或按【Ctrl+P】组合键，弹出“打印”对话框，如图13-57所示。可以从“打印机”下拉列表框中选择一种打印机，如果要打印到文件而不是打印机，应该选择“Adobe PostScript®文件”或“Adobe PDF”选项。

如果用户想要在一页上打印所有内容，应该在“常规”选项下选择“忽略画板”复选框；而如果想要分别打印每个画板，应该取消选择“忽略画板”复选框，并选中“全部页面（打印所有画板）”或“范围（打印特定范围）”单选按钮。

完成后在“打印”对话框左侧选择“输出”选项，确保对话框中的“模式”设置为“复合”，如图13-58所示。设置其他打印选项，单击“打印”按钮即可完成操作。

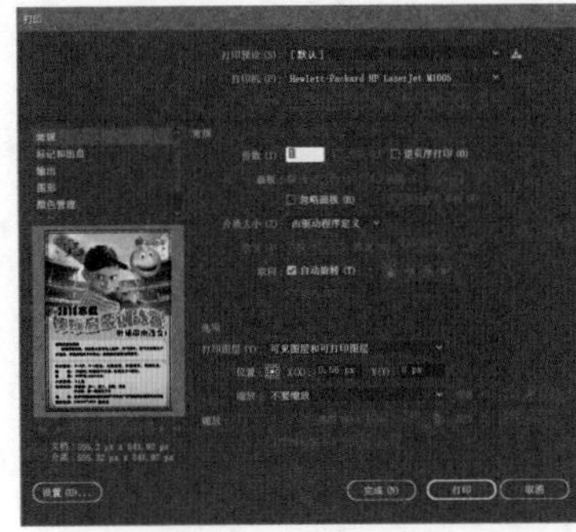
图13-57 “打印”对话框

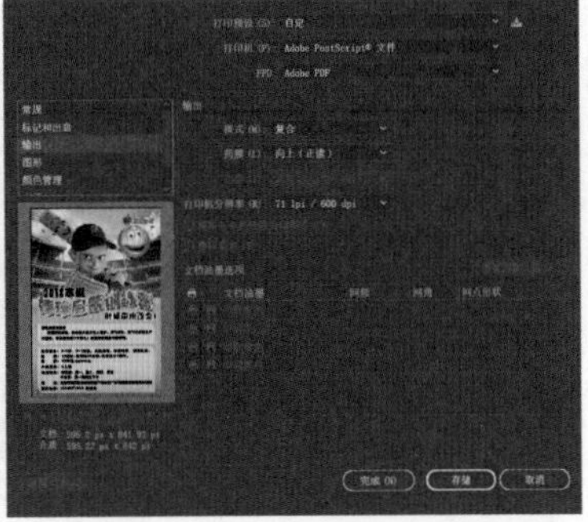
图13-58 设置“模式”为“复合”

“打印”对话框的每个选项中的参数都是系统为了指导用户完成文档的打印过程而设计的，同时对话框中的很多选项是由启动文档时选择的启动配置文件预设的。想要显示其一组选项，只需单击对话框左侧的的选项名称即可。

如果文档包含了多个图层，则用户打印时还可以指定要打印哪些图层。单击“打印”对话框中的“打印图层”下拉按钮，在打开的下拉列表框中选择一个选项即可，下拉列表中共包括“可见图层和可打印图层”“可见图层”“所有图层”3 个选项。

使图搞不可打印

在Illustrator CC中，“图层”面板简化了打印不同图稿版本的过程。例如，为了校样文本，用户可以选择只打印文档中的文字对象；用户还可以向图稿中添加不可打印的元素，用以记录重要信息。

如果想要禁止在文档窗口中显示、打印和导出图稿，可以在“图层”面板中隐藏相应的图层或元素。

如果要禁止打印图稿，同时又允许在画板上显示或导出图稿，可以在“图层”面板中双击该图层的名称，弹出“图层选项”对话框，如图13-59所示。在“图层选项”对话框中，取消选择“打印”复选框，然后单击“确定”按钮。“图层”面板中的图层名称将变为斜体，如图13-60所示。

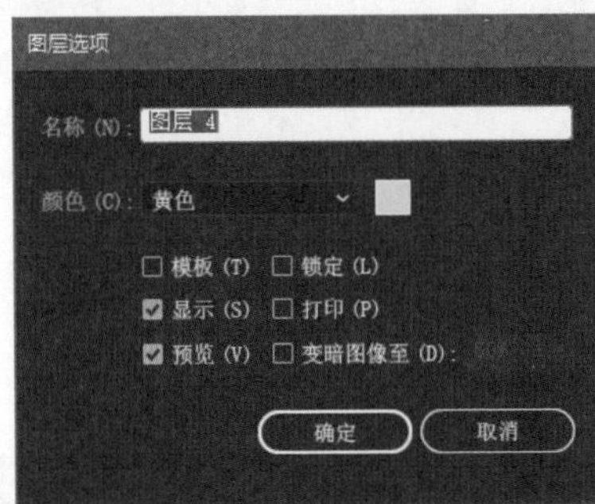

图13-59 “图层选项”对话框

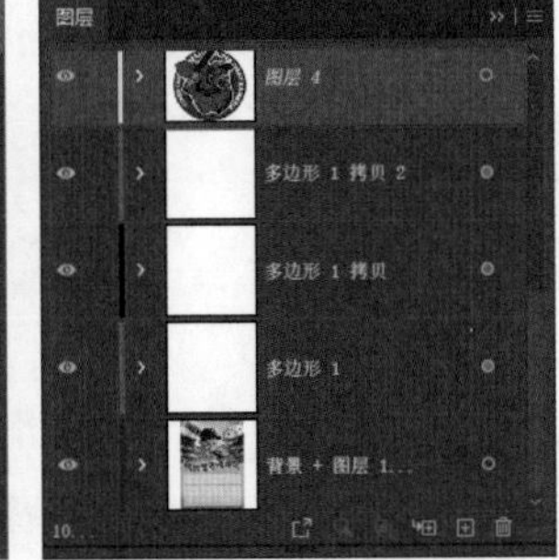

图13-60 该图层不可打印

如果想要创建能在画板上显示但不能打印或导出的图稿，应该在“图层选项”对话框中选择“模板”复选框。

移动可打印区域

“打印”对话框中的预览图像显示了页面中的图稿打印位置。执行“文件”→“打印”命令，弹出“打印”对话框，在对话框左下角的预览图像中拖曳图稿，可直接移动位置，如图13-61所示；也可以单击“位置”右侧定界框图标上的方块，指定将图稿与页面对齐的原点，还可以在选项后面的文本框中输入“原点X”和“原点Y”数值，以微调图稿的位置，如图13-62所示。

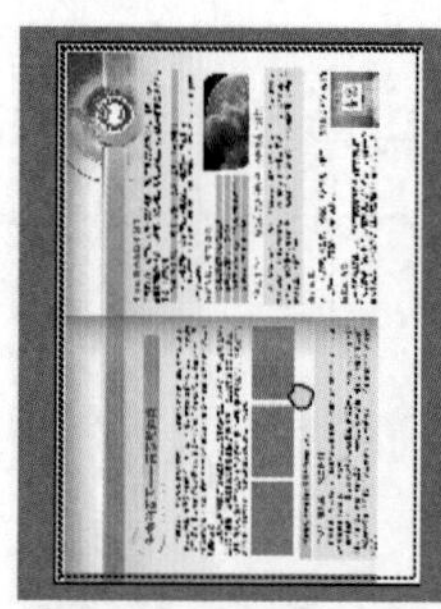

图13-61 直接移动位置

图13-62 微调图稿位置

? 疑问解答 如何在画板中移动可打印区域？

如果想要直接在画板上移动可打印区域，单击工具箱中的“打印拼贴工具”按钮，文档窗口中的可打印区域出现嵌套的虚线范围框；在拖曳过程中，虚线范围框会随鼠标的移动而移动。将鼠标移至想要放置打印区域处，释放鼠标即可将可打印区域移动到该位置。需要注意的是，任何超出可打印区域边界的页面部分都无法被打印出来。

打印多个画板

如果创建的文档具有多个画板，用户可以通过多种方式打印该文档。使用“打印”对话框中的“忽略画板”选项，可以在一页上打印所有内容；如果画板超出了页面边界，那么可能需要拼贴。也可以将每个画板作为一个单独的页面打印。将每个画板作为一个单独的页面打印时，可以选择打印所有画板或打印特定范围的画板。

执行“文件”→“打印”命令，弹出“打印”对话框。如果想要将所有画板都作为单独的页面打印，可以在对话框中选中“全部页面”单选按钮，此时可以看到“打印”对话框左下角的预览区域中列出了所有页面，如图13-63所示。

如果想要将画板子集作为单独页面进行打印，选中“打印”对话框中的“范围”单选按钮，然后在文本框中指定要打印的画板，如图13-64所示。而如果想要在一页中打印所有画板上的图稿，需要选择“打印”对话框中的“忽略画板”复选框。根据需要指定其他打印选项，全部设置完成后单击“打印”按钮，即可完成打印多个画板的操作。

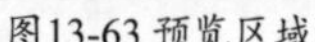

图13-63 预览区域

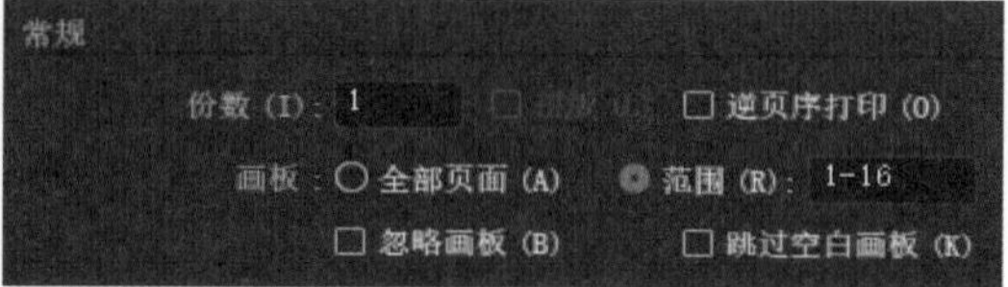

图13-64 指定要打印的画板

打印时自动旋转画板

在Illustrator CC中，文档中的所有画板都可以自动旋转以打印为所选介质大小；并且使用Illustrator CC创建的文档，其“自动旋转”复选框在一般情况下处于启用状态。

选择“打印”对话框中的“自动旋转”复选框，可为打印文档设置自动旋转。例如，文档同时有横向（其宽度超过高度）和纵向（其高度超过宽度）介质大小时，如果用户在“打印”对话框中将介质大小选择为纵向，则打印时横向画板会自动旋转为纵向介质。

如果已经选择了“打印”对话框中的“自动旋转”复选框，则无法更改页面方向。

在多个页面上拼贴图稿

如果打印单个画板中的图稿或在忽略画板的情况下进行打印时，发现一个页面中无法容纳要打印的内容，则可以拼贴图稿到多个页面上。

基于上述情况，执行“文件”→“打印”命令，在弹出的“打印”对话框中设置“缩放”选项为“拼贴整页”，将画板划分为全介质大小的页面后进行输出；也可以设置“缩放”选项为“拼贴可成像区域”，系统将根据所选设备的可成像区域，将画板划分为一些页面。

在输出大于设备可处理的图稿时，此选项非常有用，因为用户可以将拼贴的部分重新组合成比原来更大的图稿。同时需要注意的是，如果选择了“拼贴整页”选项，则必须设置“重叠”选项，用以指定页面之间的重叠量。图13-65所示为拼贴选项。

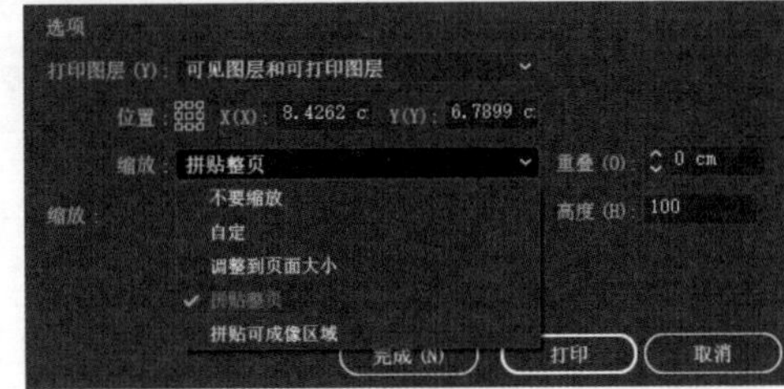

图13-65 拼贴选项

为打印缩放文档

为了把一个超大文档置入小于图稿实际尺寸的纸张内，可以使用“打印”对话框中的对称或非对称方式调整文档的宽度和高度。由于缩放并不影响文档中页面的大小，只是改变文档打印的比例，因此非对称缩放非常有用。

执行“文件”→“打印”命令，弹出“打印”对话框，如果要禁止缩放，应该在“打印”对话框中设置“缩放”为“不要缩放”；如果要自动缩放文档并使其适合页面，需要在“打印”对话框中设置“缩放”为“调整到页面大小”，此时的缩放百分比由所选PPD定义的可成像区域决定。

PPD（PostScript Printer Definition）文件是Adobe公司用于PostScript打印机的一个标准。

如果要激活“宽度”和“高度”文本框，需要设置“缩放”为“自定”，两个文本框即可变为启用状态。文本框的输入范围为1～1000之间的百分数。单击两个文本框中间的“保持间距比例”按钮，如图13-66所示，宽度和高度将成比例缩放；当按钮变为状态时，用户可以任意修改文档的宽高，此时的宽高不再成比例缩小或扩大。

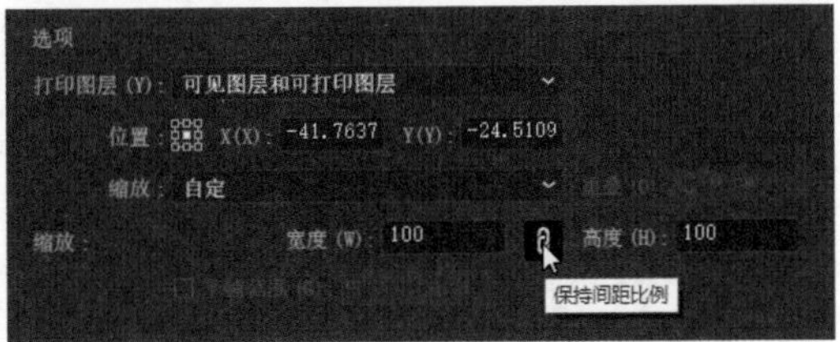

图13-66 单击“保持间距比例”按钮

13.6.2 更改打印机分辨率和网频

在Illustrator CC中使用默认的打印机分辨率和网频时，打印效果又好又快。但是遇到一些特殊情况，就需要更改打印机的分辨率和网频。例如，用户在图稿中绘制了一条很长的曲线路径，此时出现因极限检验错误而不能打印、打印速度缓慢或者打印时渐变和网格有色带的情况，就应该调整打印机的分辨率和网频。

执行“文件”→“打印”命令，弹出“打印”对话框，设置“打印机”为“Adobe PostScript®文件”或“Adobe PDF”选项，如图13-67所示。完成后在“打印”对话框左侧选择“输出”选项，单击“打印机分辨率”下拉按钮，在打开的下拉列表框中选择一个lpi（网频）/dpi（打印机分辨率）组合，如图13-68所示。

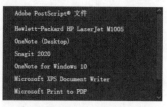

图13-67 设置“打印机”选项

100 lpi / 1200 dpi
175 lpi / 2400 dpi
200 lpi / 3600 dpi
200 lpi / 4000 dpi
60 lpi / 144 dpi
60 lpi / 300 dpi
60 lpi / 72 dpi
71 lpi / 600 dpi

图13-68 选择lpi/dpi组合

打印机分辨率以每英寸产生的墨点数（dpi）进行度量。不同的打印设备其分辨率也不相同，如表13-1所示。

表13-1 不同设备的打印分辨率

设 备	分辨率
多数桌面激光打印机	600dpi
照排机	1200dpi或更高
多数喷墨打印机（实际上产生的是细小的油墨喷雾）	300dpi～720dpi

13.6.3 更改页面大小和方向

Illustrator CC通常使用所选打印机的PPD文件定义默认页面的大小，但是在调整参数的过程中，也可以将介质尺寸更改为PPD文件中所列的任一尺寸，并且可以指定是纵向（垂直）还是横向（水平）。而可指定的最大页面的大小取决于照排机的最大可成像面积。

在“打印”对话框中更改页面大小和方向，只能用于打印目的。如果想要更改画板的大小或方向，需要在“画板选项”对话框或“控制”面板的“画板”选项中进行设置。

指定页面大小和方向时需要注意以下4个方面的内容。

- 因为预览窗口显示的是所选介质的整个可成像区域，因此如果选择不同的介质尺寸，则预览窗口中的图稿会重新定位，如图13-69所示。而当介质大小发生变化时，预览窗口会自动缩放以包括可成像区域，如图13-70所示。

图13-69 重新定位

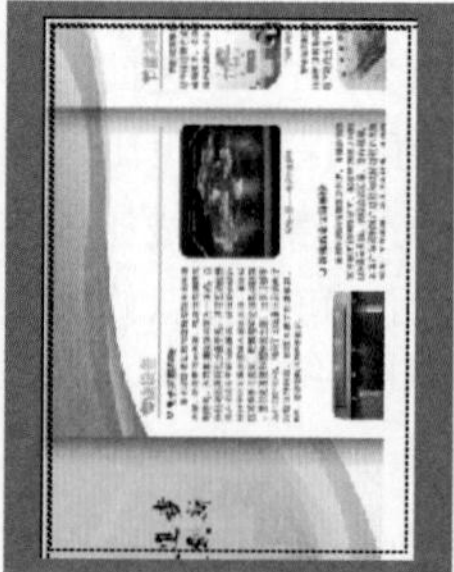
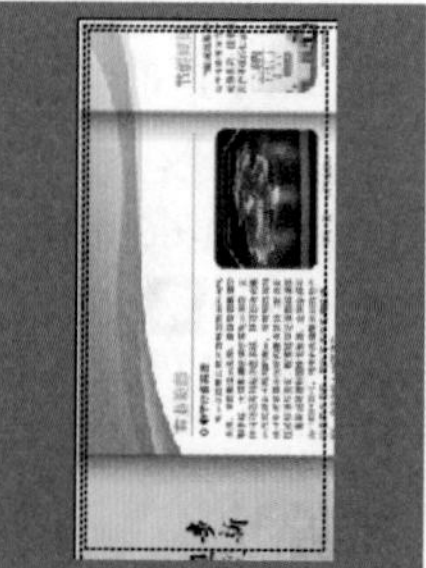

图13-70 自动缩放

即使“介质尺寸”相同（如US Letter），可成像区域也会因PPD文件而异，因为不同的打印机或照排机对其可成像区域大小的定义不同。

- 页面在胶片或纸张中的默认位置取决于打印页面所用的照排机。
- 确保介质的大小可以容纳所有图稿、裁切标记、套准标记及其他必要的打印信息。同时，如果要保存照排机胶片或纸张，应该选择可容纳图稿及必要打印信息的最小页面尺寸。
- 如果照排机能容纳可成像区域的最长边，则可以通过使用“横向”打印或改变打印图稿的方向等方式，保存相当数量的胶片或纸张。

执行“文件”→“打印”命令，弹出“打印”对话框，在“介质大小”下拉列表框中选择一种页面大小。可用大小是由当前打印机和PPD文件决定的。如果打印机的PPD文件允许，用户可以选择“自定”选项，用以在“宽度”和“高度”文本框中指定一个自定页面大小。取消选择“取向”选项组中的所有复选框，设置页面方向的各个按钮为启用状态，如图13-71所示。

图13-71 设置页面方向

13.6.4 印刷标记和出血

用户打印图稿时，还可以在“打印”对话框中为打印后的图稿添加印刷标记和出血值，便于将图稿交付给印刷人员后满足各自的工作需求。

印刷标记

为打印图稿做准备时，打印设备需要几种标记来精确套准图稿元素并校验正确的颜色。在Illustrator CC中的图稿上，可以添加4种印刷标记，包括裁切标记、套准标记、颜色条和页面信息。

执行“文件”→“打印”命令，弹出“打印”对话框，选择左侧的“标记和出血”选项，如图13-72所示。用户可在该对话框中选择需要添加的印刷标记种类，还可以选择使用西式标记或日式标记的形式展示标记。

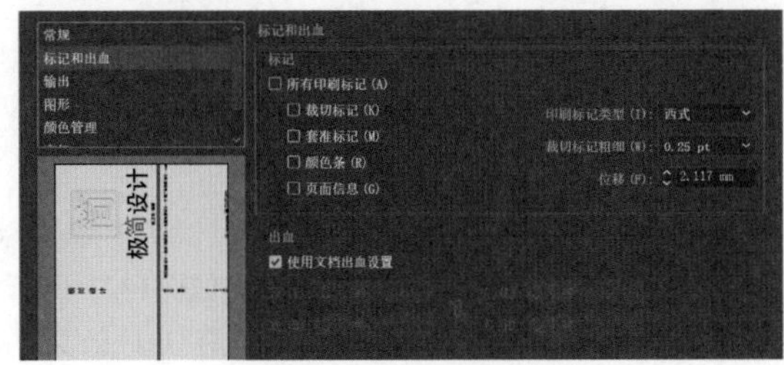

图13-72 “标记和出血”选项

用户打印时一定要注意，为避免把印刷标记画到出血边上，用户输入的“位移”值一定要大于“出血”值。

出血

出血是指图稿打印后落在印刷边框外的或位于裁切标记和裁切标记外的特定范围。简单来说，出血是允许出现公差的范围并被包含在图稿中，用以保证在页面切边后仍可把油墨打印到页面边缘上，或者保证将图像放入文档中的准线内。

只要是使用Illustrator CC创建的图稿，即可为其指定出血程度。如果增加了图稿的出血量，Illustrator CC打印出的图稿也会拥有更多位于裁切标记之外的内容。无论图稿的出血量如何改变，裁切标记定义的打印边框始终如一。

? 疑问解答 如何决定打印图稿的出血值?

打印图稿所用出血大小取决于其用途。如果是印刷出血，即溢出印刷页边缘的图像至少需要18磅。如果出血的用途是确保图像适合准线，则不应超过2～3磅。当用户不具备相关知识时，可以咨询印刷厂中的专业人员，他们会根据特定作业所需的出血大小给出专业建议。

执行“文件”→“打印”命令，弹出“打印”对话框，选择左侧的“标记和出血”选项，如图13-73所示。用户可以在该对话框中为打印图稿设置出血值，完成后单击“打印”按钮。

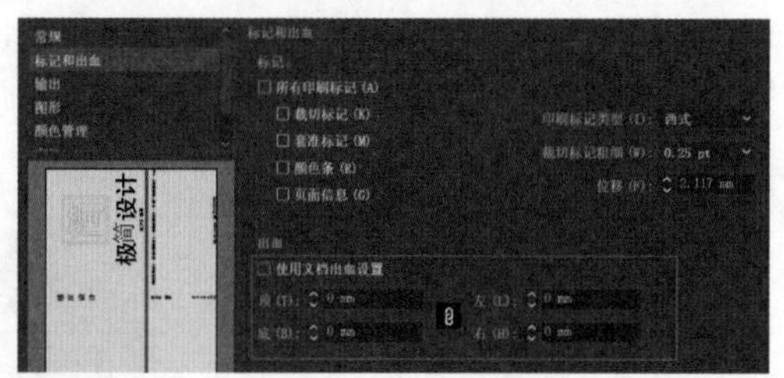

图13-73 设置出血

如果用户未在新建文件时添加出血，“出血”选项下的各个选项为启用状态；反之对话框中的“使用文档出血设置”复选框则为选中状态，用户需要取消选择该复选框，才可以为图稿设置出血值。

13.6.5 裁剪标记

除了使用“打印”对话框中的裁切标记，还可以使用“创建裁切标记”和“裁剪标记”命令为画板中的图稿添加裁剪标记，帮助用户完成拼版工作。创建裁剪标记后，它不仅可以指示所需打印纸张的剪切位置，还可以对齐已导出到其他软件的Illustrator CC图稿。

“创建裁切标记”和“裁剪标记”命令与“打印”对话框中的裁切标记功能，虽具有共通之处，但其作用具有一定的差异性。

创建裁切/裁剪标记

在Illustrator CC中，用户能够创建可编辑的裁切标记。使用“选择工具”选择对象，执行“对象”→“创建裁切标记”命令，裁切标记如图13-74所示。

如果想在Illustrator CC中创建具有实时效果的裁剪标记，首先需要选中对象，执行“效果”→“裁剪标记”命令，即可创建拥有实时效果的裁剪标记，如图13-75所示。

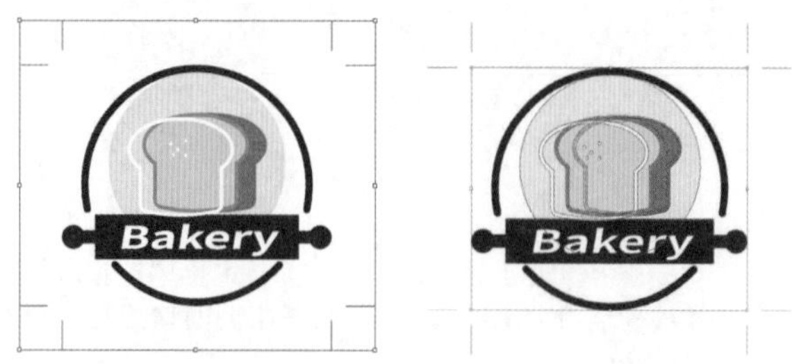

图13-74 裁切标记　　图13-75 裁剪标记

编辑裁切标记

使用“创建裁切标记”命令为对象创建标记后，如果用户想要为之后的拼版工作预留更多的空间，可以使用“直接选择工具”逐一缩小裁切标记的长度，还可以使用“编组选择工具”拉近裁切标记与对象之间的距离，如图13-76所示。

完成对裁切标记的编辑后，使用“选择工具”选中裁切标记和全部对象，按【Ctrl+G】组合键编为一组，按住【Alt】键的同时向任意方向拖曳复制对象，连续复制多次并摆放在合适位置，即可完成拼版工作，如图13-77所示。

图13-76 编辑裁切标记　　图13-77 拼版效果

删除裁剪标记

如果要删除可编辑的裁切标记，可以使用“选择工具”选中该裁切标记，按【Delete】键即可将其删除。而想要删除裁剪标记，需要打开“外观”面板并选中面板中的“裁剪标记”选项，单击“删除所选项目”按钮或者将项目拖曳到“删除所选项目”按钮上，都可以删除所选项目，如图13-78所示。

使用日式裁剪标记

执行“编辑”→“首选项”→“常规”命令或按【Ctrl+K】组合键，弹出“首选项”对话框，选择“使用日式裁剪标记”复选框，如图13-79所示。

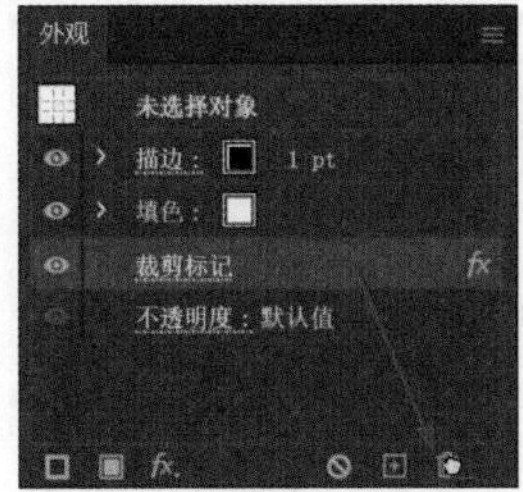

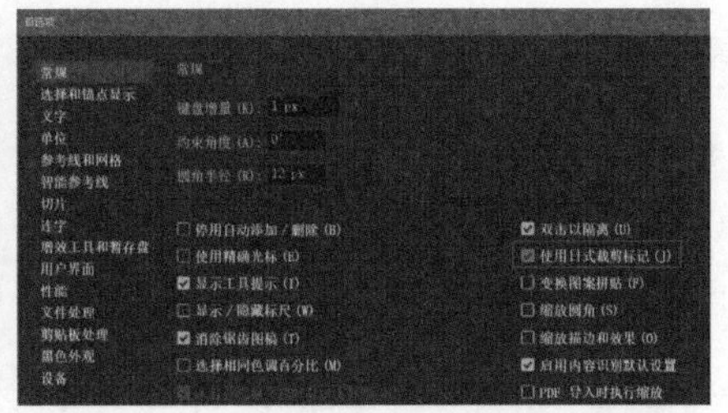

图13-78 删除裁剪标记　　图13-79 选择“使用日式裁剪标记”复选框

然后单击对话框底部的“确定”按钮，设置完成后，裁剪标记和裁切标记都使用日式裁剪标记进行显示，而日式裁剪标记的显示方式为双实线，并以可视方式将默认出血值定义为8.5磅（3毫米）。图13-80所示为使用日式裁剪标记的裁切标记和裁剪标记。

图13-80 使用日式裁剪标记的标记样式

13.6.6 颜色管理

当使用颜色管理进行打印时，一般情况下让Illustrator CC来管理色彩，或者让打印机来管理色彩，是比较稳妥和可靠的。

Illustrator CC管理颜色

执行“文件”→“打印”命令，弹出“打印”对话框。选择左侧的“颜色管理”选项，如图13-81所示。默认情况下，对话框中的“颜色处理”设置为“让Illustrator确定颜色”选项。完成后继续设置

“打印机配置文件”选项，需要选择与输出设备相对应的配置文件。配置文件对输出设备行为和打印条件的描述越精确，色彩管理系统对文档中实际颜色值的转换也就越精确。图13-82所示为“打印机配置文件”下拉列表框。

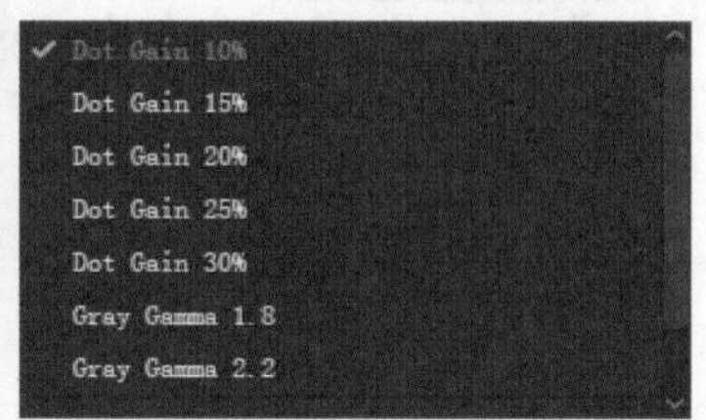

图13-81 “颜色管理”选项　　图13-82 “打印机配置文件”下拉列表框

接下来设置“渲染方法”选项，以指定应用程序将颜色转换为目标色彩空间的方式。大多数情况下，保持默认是最好的渲染方法。单击“打印”对话框左下角的“设置”按钮，弹出Adobe Illustrator警告框，如图13-83所示。单击“继续”按钮，弹出“打印”对话框，如图13-84所示，在该对话框中用户可以访问操作系统中的打印设置。

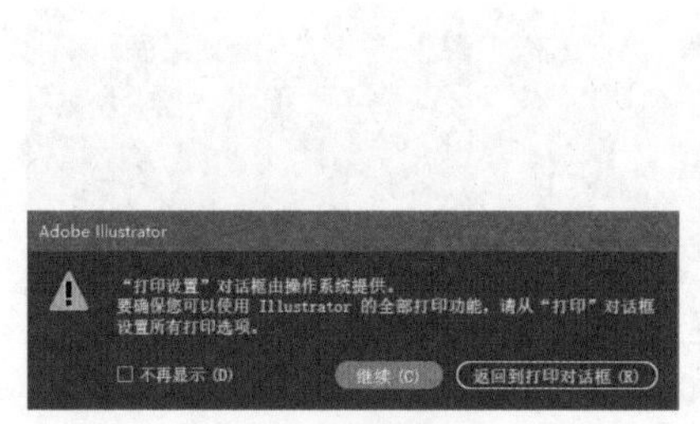

图13-83 警告框　　图13-84 “打印”对话框

如果想要访问打印机驱动程序的色彩管理设置，在使用的打印机处单击鼠标右键，在弹出的快捷菜单中选择“属性”命令，并找到打印机驱动程序的色彩管理设置。对于多数打印机驱动程序，色彩管理设置都标为色彩管理或ICM。每种打印机驱动程序都有不同的色彩管理选项。设置完成后，关闭打印机驱动程序的色彩管理，返回Illustrator CC中的“打印”对话框，单击“打印”按钮，完成打印操作。

让打印机管理颜色

执行“文件”→“打印”命令，弹出“打印”对话框，要打印到文件而不是打印机，在“打印机”下拉列表框中选择“Adobe PostScript®文件”或“Adobe PDF”选项。然后选择左侧的“颜色管理”选项。设置“颜色处理”为“让PostScript打印机确定颜色”，如图13-85所示。

设置完成后，不管用户选择如图13-86所示的何种渲染方式，“保留CMYK颜色值”复选框将始终为选中状态。该复选框是让图稿在打印时保留RGB或CMYK颜色值，用以适用RGB或CMYK输出。目的是确定Illustrator如何处理那些不具有相关联颜色配置文件的颜色。但是在多数情况下，最好使用默认设置。使用相同方法设置对话框中的其余选项参数，单击“打印”按钮，完成打印操作。

- 当选择此复选框时，Illustrator 直接向输出设备发送颜色值。
- 当取消选择此复选框时，Illustrator 首先将颜色值转换为输出设备的色彩空间。
- 当遵循安全的CMYK工作流程时，建议用户保留这些颜色值。对于RGB文档打印，不建议保留颜色值。

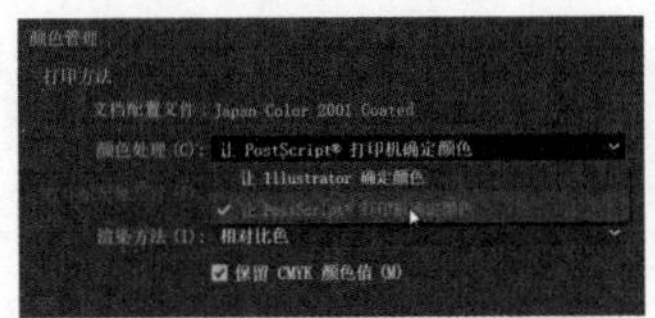

图13-85 设置参数

图13-86 选择渲染方式

13.6.7 制作分色

为了重现彩色和连续色调图像，专业的印刷操作通常将图稿分为4个印版，分别用青色、洋红色、黄色和黑色4种原色印刷到每一个印版上，这些原色被称为印刷色。也可以使用被称为专色的自定油墨进行印刷。使用专色进行印刷时，要为每种专色单独创建一个印版。当着色恰当并相互套准打印时，这些颜色组合起来就会重现原始图稿。将图像分成两种或多种颜色的过程称为分色，而用来制作印版的胶片则称为分色片。

颜色管理

使用颜色管理系统进行颜色管理可以确保屏幕色与印刷色之间保持最精确的匹配。想要完成该匹配，可以在打印之前先为显示器和打印机选择颜色配置文件。配置完成后，打印时可以控制从RGB颜色模式到CMYK颜色模式的转换。

要选择一种颜色配置文件，可以在打印之前先执行“编辑”→“颜色设置”命令或按【Shift+Ctrl+K】组合键，弹出“颜色设置”对话框，如图13-87所示。用户可在该对话框中设置色彩管理。一般情况下，并不需要对颜色设置的选项进行更改，除非具备非常丰富的颜色知识，并且有十足的把握可以更改得更加完美。完成后单击“确定”按钮。

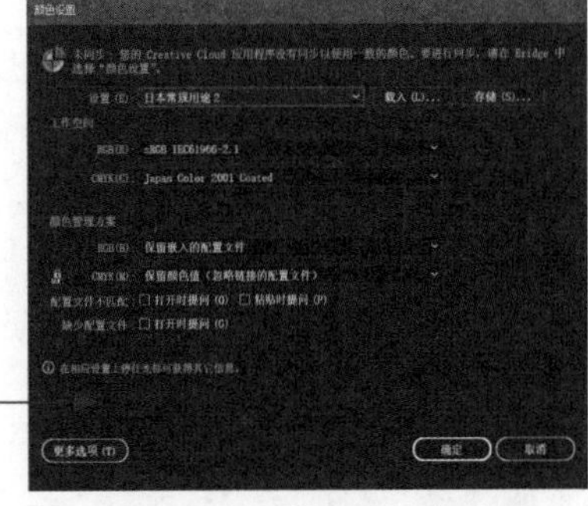

图13-87 “颜色设置”对话框

预览分色

用户可以使用“分色预览”面板预览分色和叠印效果。执行“窗口”→“分色预览”命令，打开“分色预览”面板，如图13-88所示。选择“叠印预览”复选框，复选框下方的各个分色变为可查看状态。

想要在文档窗口中隐藏或显示分色油墨，可以单击分色油墨名称左侧的眼睛图标。想要在文档窗口中只显示或隐藏一个分色油墨，按住【Alt】键的同时单击想要显示的分色油墨的眼睛图标，如图13-89所示。想要同时查看所有印刷色印版，单击CMYK名称左侧的眼睛图标即可。想要返回普通视图，取消选择“叠印预览”复选框即可。

图13-88 “分色预览”面板

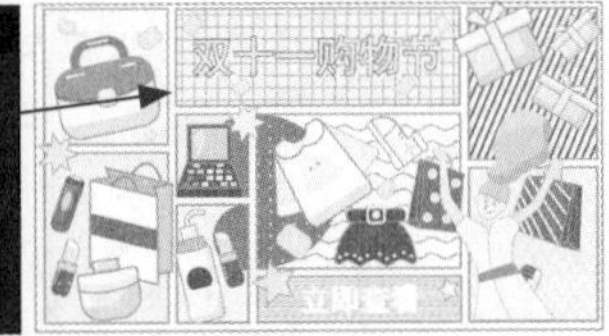

图13-89 只显示一个分色油墨

在显示器上，预览分色可以让用户在不打印分色的情况下检测问题，但是该功能无法预览陷印、药膜选项、印刷标记、半调网屏和分辨率等内容。

在Illustrator CC的“分色预览”面板中，将油墨设置为可见或隐藏，不会影响实际的分色过程，但是会影响预览时它们显示在屏幕上的方式。

由于Illustrator CC中的“分色预览”面板仅用于CMYK颜色，所以想要使用该面板查看分色时，必须将图稿的颜色模式调整为CMYK颜色模式。

打印分色

执行“文件”→“打印”命令，弹出“打印”对话框，如果要打印到文件，需要设置“打印机”为“Adobe PostScript®文件”或“Adobe PDF”选项。选择左侧的“输出”选项，设置“模式”为“分色（基于主机）”或“In-RIP分色”。继续为分色指定其余参数，最后设置需要进行分色的色板，如图13-90所示。

图13-90 色板设置

设置“打印”对话框中的其他选项，包括指定如何定位、伸缩和裁剪图稿，设置印刷标记和出血，以及为透明图稿选择拼合设置，完成后单击“打印”按钮。

在所有印版上打印一个对象

如果用户想要在所有印版上打印一个对象，包括专色色板，可以将其转换为套版色。转换后将自动为套版色指定套准标记、裁切标记及页面信息等内容。

选择对象并打开“色板”面板，单击面板中的“套版色”颜色色板，即可完成转换。一般情况下，套版色位于色板的第一行。

13.6.8 应用案例——打印宣传册

源 文 件：源文件\第13章\13-6-8.pdf

素　材：素材\第13章\136801.ai

技术要点：掌握【打印宣传册】的方法

扫描查看演示视频

扫描下载素材

STEP 01 执行“文件”→“打开”命令，将“素材\第13章\136801.ai”文件打开。执行“文件”→“打印”命令，弹出“打印”对话框，设置“介质大小”选项，如图13-91所示。

STEP 02 在“打印”对话框的左侧选择“标记和出血”选项，设置“标记”参数，如图13-92所示。

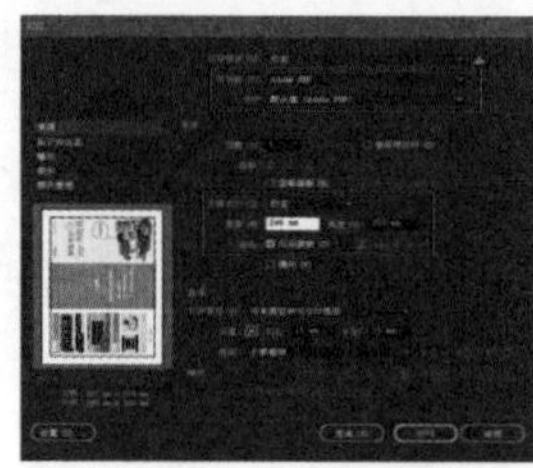

图13-91 设置“介质大小”选项

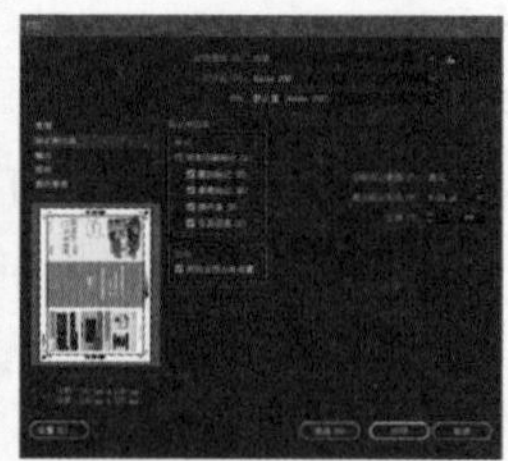

图13-92 设置“标记”参数

一般情况下，用户需要根据设计尺寸的大小选择介质大小，并且介质大小必须大于文档的设计尺寸，这样才能够将全部的文档内容打印出来。

STEP 03 在“打印”对话框的左侧选择“输出”选项，设置“模式”选项。选择左侧的“高级”选项，设置“预设”选项，如图13-93所示。

STEP 04 单击“打印”按钮，弹出“打印”进程框，同时弹出“保存PDF文件为”对话框，设置文件名称和位置，单击“保存”按钮。弹出“正在创建Adobe PDF”进程框。进程完成后，打开默认浏览器预览宣传册的打印效果，如图13-94所示。

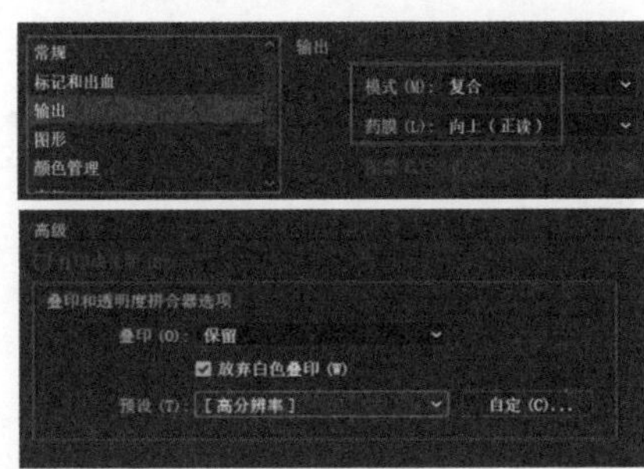

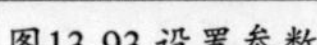
图13-93 设置参数

图13-94 打印效果

在实际工作中，不建议用户使用“缩放”选项将文档内容缩放后打印在较小的纸张上，这样打印出来的效果容易带给客户一种错误的视觉效果，因此，打印时介质大小与文档的设计尺寸最好为1:1。

13.7 打印和存储透明图稿

输出包含透明度的文档或作品时，通常需要对其进行“拼合”处理。拼合操作将包含透明度的作品分割为基于矢量和光栅化的两个区域。如果作品是包含图像、矢量、文字、专色和叠印的复杂图稿，拼合过程及其结果也会比较复杂。

当用户将图稿打印、保存或导出为其他不支持透明的格式时，也可能需要进行拼合操作。因此想要在创建PDF文件时保留透明度而不进行拼合，应该使用Adobe PDF 1.4版本或更高的版本来保存文件，即可避免这个问题。

如果无法使用支持透明的版本保存文件，用户可以指定拼合设置然后保存，并为输出图稿应用透明度拼合器预设，透明对象会依据所选拼合器预设中的设置进行拼合。

设置打印透明度拼合选项

执行“文件”→“打印”命令，弹出“打印”对话框，选择左侧的“高级”选项。从“预设”下拉列表框中选择一种拼合预设，如图13-95所示。

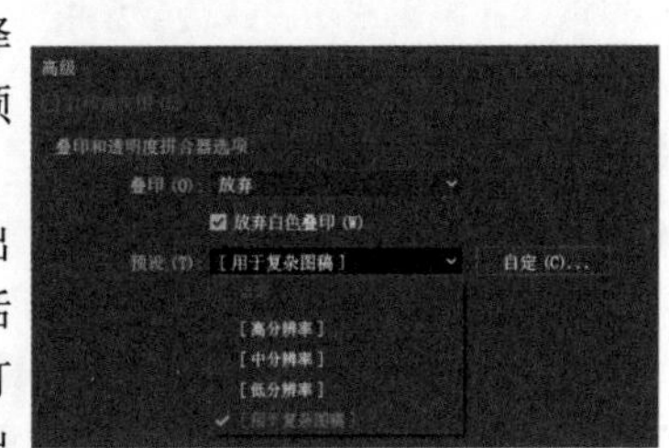

图13-95 预设选项

用户也可以单击“打印”对话框中的“自定”按钮，弹出“自定透明度拼合器选项”对话框，如图13-96所示。在该对话框中设置自定的拼合选项，完成后单击“确定”按钮，返回“打印”对话框。或者执行“对象”→“拼合透明度”命令，弹出“拼合透明度”对话框，如图13-97所示。在该对话框中选择预设选项或自定预设，完成后单击“确定”按钮。

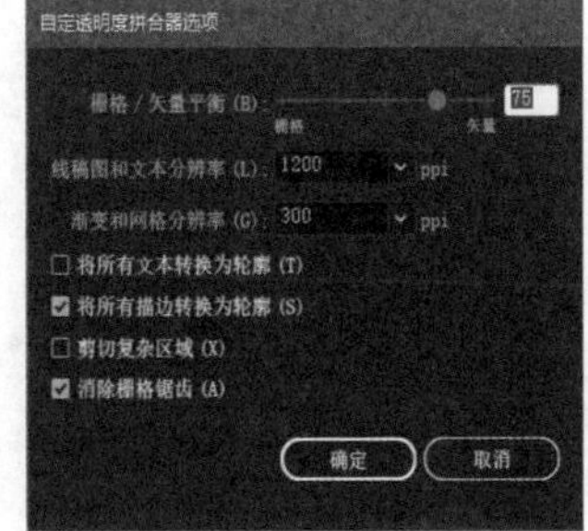

图13-96 “自定透明度拼合器选项”对话框

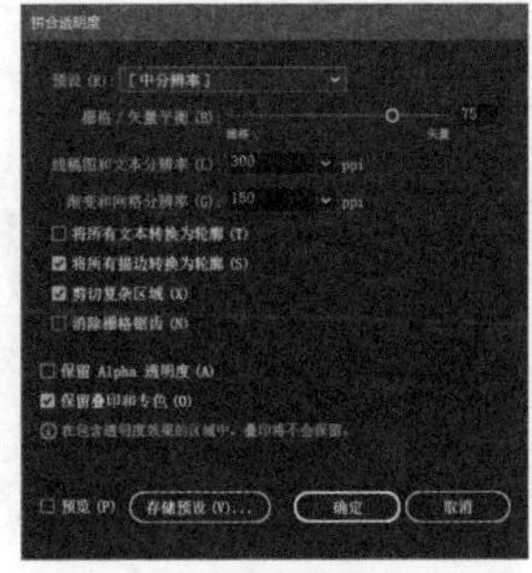

图13-97 “拼合透明度”对话框

如果图稿中含有包含透明度对象的叠印对象，则应该从“叠印”下拉列表框中选择一个选项，共包括保留、模拟或放弃叠印3个选项。

? 疑问解答 如何拼合单独对象的透明度？

选择对象后，执行“对象”→“拼合透明度”命令，弹出“拼合透明度”对话框，通过选择预设或设置特定选项来选择要使用的拼合设置。完成后单击“确定”按钮。

“拼合器预览”面板

在Illustrator CC中，用户可以使用“拼合器预览”面板突出显示拼合影响的区域，并根据着色提供的信息调整拼合选项。

执行“窗口”→“拼合器预览”命令，打开“拼合器预览”面板从“突出显示”下拉列表框中选择要高亮显示的区域类型，如图13-98所示。“突出显示”下拉列表框中的可用选项取决于作品内容。单击面板右上角的面板菜单按钮，在打开的面板菜单中选择“显示选项”命令，面板将显示全部的选项内容，如图13-99所示。用户也可以在该面板中选择要使用的拼合设置，并实时预览拼合效果。

图13-98 “拼合器预览”面板

图13-99 显示全部选项

创建或编辑透明度拼合器预设

可以将透明度拼合器预设存储在单独的文件中，这样不仅便于备份，也可以使服务提供商、客户或工作组中的其他成员更方便地使用这些预设。

执行“编辑”→“透明度拼合器预设”命令，弹出“透明度拼合器预设”对话框，如图13-100所示。在该对话框中可以创建、编辑和删除新的预设，以及导入或导出预设。

单击对话框中的“新建”按钮⊞，弹出“透明度拼合器预设选项（新建）”对话框，可在其中为新建预设设置名称、分辨率和光栅化等，如图13-101所示。如果要根据预先定义的某个预设建立新预设，首先选中列表中的某个预设，单击“新建”按钮，弹出“透明度拼合器预设选项（新建）”对话框，如图13-102所示。设置完成后，单击“确定”按钮。

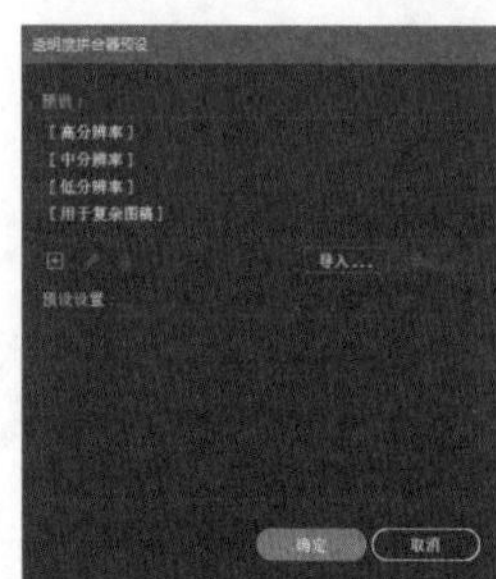

图13-100 “透明度拼合器预设”对话框

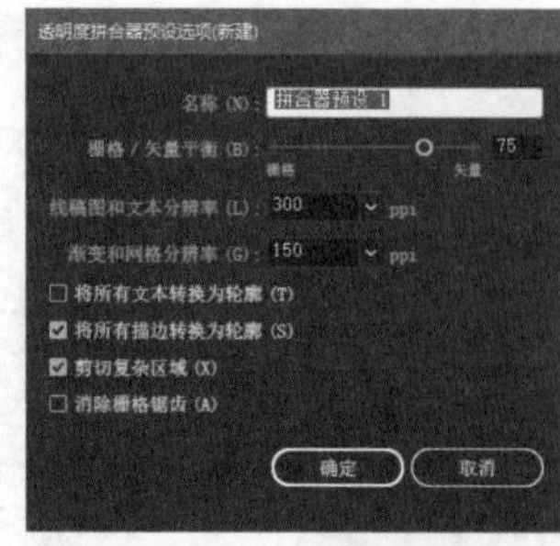

图13-101 新建预设

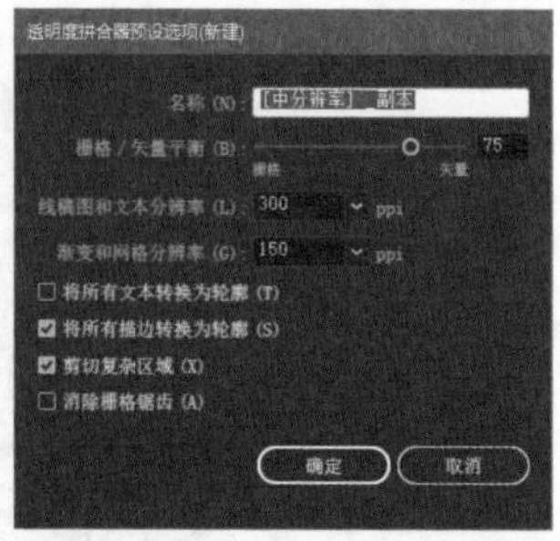

图13-102 根据某个预设定义新预设

如果要编辑现有预设，选择该预设后单击"编辑"按钮。在弹出的“透明度拼合器预设选项（编辑）”对话框中调整拼合选项。完成后单击“确定”按钮，返回“透明度拼合器预设”对话框，再次单击“确定”按钮，完成预设的添加。

也可以单击“透明度拼合器预设”对话框中的“删除”按钮，删除自定的现有预设；还可以单击对话框中的“导入”和“导出”按钮，为图稿导入或导出自定的现有预设。

? 疑问解答 如何在打印过程中栅格化所有图稿?

执行“文件”→“打印”命令，弹出“打印”对话框，选择“高级”选项，选择“打印成位图”复选框即可。值得注意的是，只有所选打印机的打印机驱动程序支持位图打印时，才可使用此选项。

13.8 解惑答疑

学习了如何使用Illustrator CC输出与打印作品后，还要了解如何使用Adobe PDF解决电子文档的问题，以及保留透明度的文件格式有哪些等，然后根据个人需求有目的地学习，才能对如何使用Illustrator CC输出和打印作品理解得更加透彻。

13.8.1 如何使用Adobe PDF解决电子文档的问题

当用户想要查看完成设计制作的图稿时，如果出现了一些意外情况，导致用户当前无法使用Illustrator CC软件，Adobe PDF可以解决与电子文档相关的一些问题，如表13-2所示。

表13-2 Adobe PDF可以解决的电子文档相关问题

常见问题	Adobe PDF 解决方案
接收者无法打开文件，因为没有用于创建此文件的应用程序	下载并安装免费的Adobe Reader软件，即可在任何地方打开PDF
合并纸质和电子文档后难以搜索，占用空间，并且需要用于创建文档的应用程序	PDF文件是压缩且完全可搜索的，同时可以使用Adobe Reader随时进行访问
文档在手持设备上显示错误	带标签的PDF允许重排文本，用以在Palm OS®、Symbian™和Pocket PC®设备的移动平台上显示
视力不佳者无法访问格式复杂的文档	带标签的PDF文件包含有关内容和结构的信息，使这类读者可以在屏幕上访问这些文件

13.8.2 保留透明度的文件格式

当以特定格式存储Illustrator文件时，文件的原生透明度信息将会被保留。例如，以Illustrator CS或更高版本的EPS格式存储文件时，文件将包含本机的Illustrator数据及EPS数据。当在Illustrator中重新打开该文件时，系统就会自动读取文件中未拼合的原生数据。当把文件放入另一个应用程序时，系统也会自动读取拼合的EPS数据。

用户应该尽可能地以保留本机透明度数据的格式保存文件，以便在必要时对其进行编辑。使用以下格式进行存储时，将保留本机透明度数据。

- Ai 9及更高版本。
- Ai 9 EPS及更高版本。
- PDF 1.4及更高版本（存储时选择“保留Illustrator编辑功能”选项）。

13.9 总结扩展

Illustrat or是一款矢量绘图软件，它不仅为用户提供了强大的绘图功能，还为用户提供了完成平面设计后的输出和打印功能，让用户的设计工作更加顺畅完整。

13.9.1 本章小结

本章讲解了使用Illustrator CC输出与打印作品的操作要点。通过学习，用户需要了解在完成平面设计后，如何输出不同格式的作品，以及如何在打印前为作品添加相应的叠印与陷印设置，还要掌握如何打印作品，以及如何打印和存储带有透明度的作品。

13.9.2 扩展练习——输出为PSD格式文件

源 文 件：源文件\第13章\13-9-2[转换].psd
素　材：素材\第13章\139201.eps
技术要点：掌握【将文件输出为PSD格式文件】的方法

扫描查看演示视频

扫描下载素材

完成本章内容学习后，接下来使用文件输出功能完成文件格式转换的制作，对本章知识进行测验并加深对所学知识的理解，输出完成的案例效果如图13-103所示。

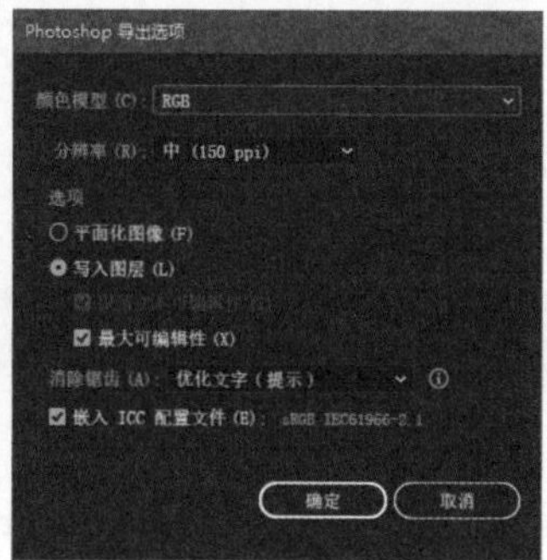

图13-103 案例效果

读书笔记

第14章 移动UI设计应用案例

本章通过设计制作App启动图标、App工具图标、Android系统App界面和iOS系统App界面等实例，使读者在熟练掌握Illustrator CC操作技巧的同时，了解移动App界面设计的设计规范和流程。通过本章的学习，读者需要将软件操作与界面设计规范相结合，有效提升个人的移动UI设计能力。

14.1 绘制Android系统功能图标

在移动UI项目中，将界面中的图标按照属性和摆放位置的不同进行划分，可以分为工具图标、装饰图标和启动图标3类。本案例将设计制作Android系统界面中工具图标的一个种类，即功能图标，设计制作完成的图标效果如图14-1所示。

图14-1 功能图标效果

源 文 件：源文件\第14章\14-1.ai

素　材：无

技术要点：掌握【Android系统功能图标】的绘制方法

扫描查看演示视频

14.1.1 设计分析

工具图标是移动UI设计中使用最频繁的图标类型，也是最常见的图标类型。每个工具图标都有明确功能、提示含义的标识。功能图标也是工具图标的一种，因此也具有工具图标的全部属性。

本案例将使用Illustrator CC设计制作一款功能图标集，为了融入App界面，采用面性风格设计制作图标。而且制作过程中充分利用图形的“添加”和“减去”操作，获得更丰富的图形效果。设计完成后，通过“导出为多种屏幕所用格式”对话框将图标导出为多个尺寸的图片素材，供不同屏幕尺寸的设备使用。

14.1.2 制作步骤

STEP 01 新建一个 1080px×1920px 尺寸的文件。使用“椭圆工具”在画板中绘制尺寸分别为 96px×96px 和 76px×76px 的两个圆形，对齐刚绘制的两个圆形。单击“路径查找器”面板中的“减去顶层”按钮，效果如图 14-2 所示。

STEP 02 使用“矩形工具”在画板中绘制一个矩形，旋转角度后选中圆环和矩形。打开“路径查找器”面板，单击“分割”按钮，效果如图 14-3 所示。按【Shift+Ctrl+G】组合键取消编组，多次选中多余内容并按【Delete】键删除，如图 14-4 所示。

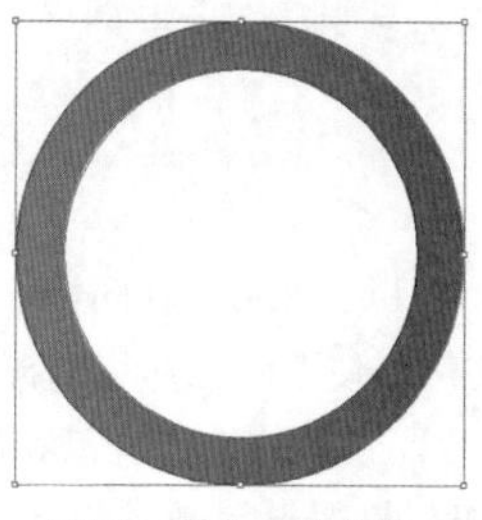
图14-2 减去顶层效果

图14-3 分割效果

图14-4 删除多余内容

因为绘制的是 Android 系统的功能图标，所以文件尺寸是目前比较流行的 1080px × 1920px。而 Android 系统的工具图标的标准尺寸为 96px × 96px，所以将案例中的图标尺寸定义为 96px × 96px。

STEP 03 使用“星形工具”在画板中绘制一个三角形，使用“直接选择工具”调整三角形的圆角值，按住【Alt】键的同时使用“选择工具”向任意方向拖曳复制图形，摆放到合适位置，如图 14-5 所示。

STEP 04 使用“选择工具”选中左侧的三角形和一半圆环，单击“路径查找器”面板中的“交集”按钮，使用相同方法将右侧的三角形和一半圆环合并在一起，效果如图 14-6 所示。

STEP 05 使用“椭圆工具”在画板中绘制一个圆形，使用“文字工具”在圆形上输入一个字母，执行“文字”→“创建轮廓”命令，效果如图 14-7 所示。

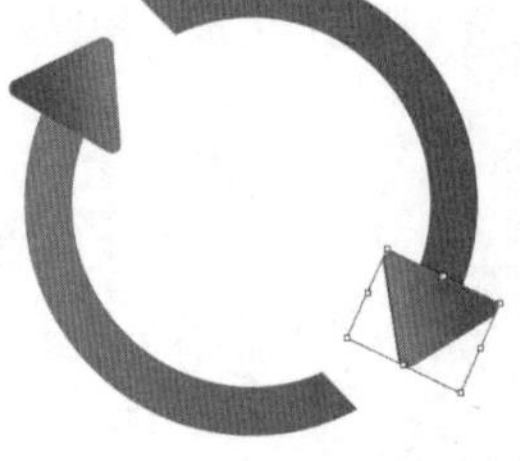
图14-5 创建三角形并复制

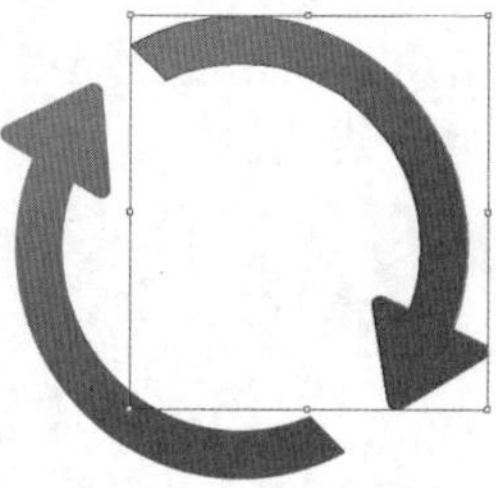
图14-6 合并图形

STEP 06 使用“矩形工具”在文字轮廓上方创建一个矩形并向下复制，选中两个矩形和文字轮廓，单击“路径查找器”面板中的“交集”按钮，修改“填色”参数，效果如图 14-8 所示。

图14-7 创建轮廓　　图14 8 合并图形

图标是一种图形化的标识，它有广义和狭义两种概念。广义的图标主要是指在现实中有明确指向含义的图形符号，狭义的图标主要是指在计算机设备界面中的图形符号。而对于移动 UI 设计师而言，图标主要是指狭义的概念，它是移动 UI 视觉组成的关键元素之一。

STEP 07 选中刚刚绘制的所有图形，按【Ctrl+G】组合键进行编组并重命名为“资金周转”。使用相同的方法完成其余功能图标的绘制，如图 14-9 所示。

STEP 08 执行“窗口”→“资源导出”命令，打开“资源导出”面板。使用“选择工具”将图标逐一拖曳至“资源导出”面板中，如图 14-10 所示。

图14-9 绘制其他功能图标　　图14-10 创建资源

STEP 09 单击面板中的按钮，弹出“导出为多种屏幕所用格式”对话框，设置参数如图 14-11 所示，单击“导出资源”按钮。

STEP 10 稍等片刻，导出操作完成。打开文件所在的文件夹，查看不同尺寸的图标效果，如图 14-12 所示。

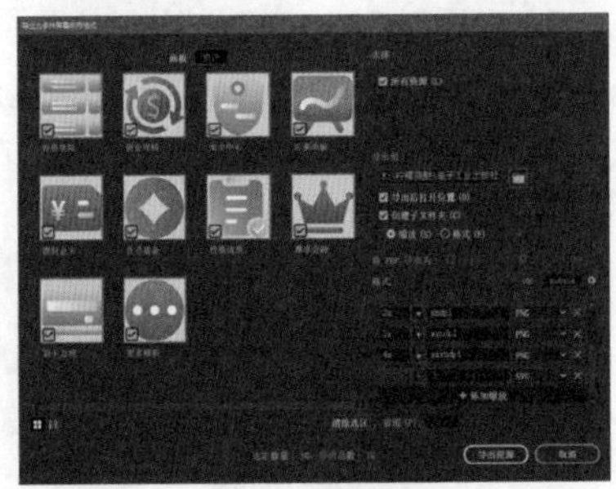

图14-11 设置参数

图14-12 导出不同尺寸的图标

14.2 绘制iOS系统工具图标

工具图标是移动UI设计中使用最频繁的图标类型，也是最常见的图标类型。每个工具图标都有明确的功能。本案例为设计制作一款iOS系统的工具图标，制作完成的图标效果如图14-13所示。

图14-13 图标效果

源 文 件：源文件\第14章\14-2.ai

素　材：无

技术要点：掌握【iOS系统工具图标】的绘制方法

扫描查看演示视频

14.2.1 设计分析

本案例主要向用户介绍App界面中工具图标的设计制作过程。通过案例的制作，用户应深刻理解工具图标的制作规范和要求。

图标尺寸采用64px×64px，填充色设置为黄色，描边颜色设置为红色，图标的色彩搭配突出，对比效果强烈，容易给浏览者一种眼前一亮的感觉。

案例中的图标采用@2x缩放尺寸进行绘制，为了适配不同的屏幕，可以选择不同的缩放倍率输出。@1.5x导出时为3倍图，@0.5x导出时为1倍图。

14.2.2 制作步骤

STEP 01 新建一个680px×180px的Illustrator文档，使用“矩形工具”创建一个54px×34px的矩形，设置“填色”为RGB（248、223、0），“描边”宽度为3px，颜色为RGB（226、89、57），“角半径”为（0、0、10.5、10.5），效果如图14-14所示。

STEP 02 使用“矩形工具”绘制一个13px×48px的矩形，并设置填色为RGB（255、146、125），效果如图14-15所示。使用相同的方法绘制64px×15px的圆角矩形，如图14-16所示。

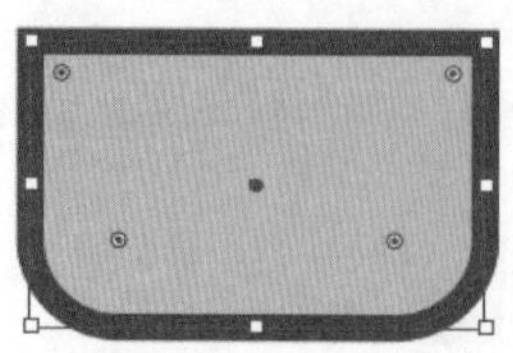
图14-14 绘制矩形1

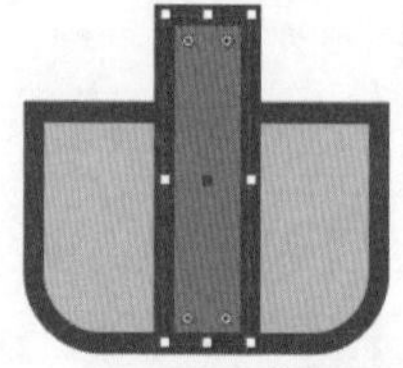
图14-15 绘制矩形2

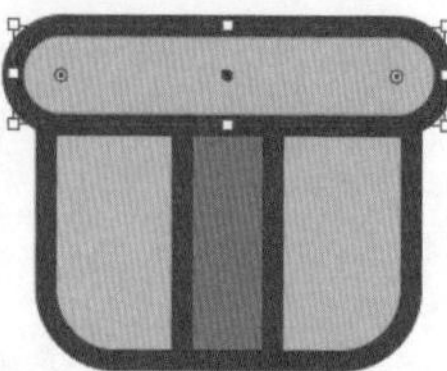
图14-16 绘制圆角矩形

STEP 03 使用“钢笔工具”绘制图形，设置“描边”为3px，“填色”为“无”，“描边”颜色为RGB（226、89、57），使用相同的方法绘制如图14-17所示的图形。

STEP 04 拖动选中图标中的所有图形，单击鼠标右键，在弹出的快捷菜单中选择“收集以导出”→“作为单个资源”命令，打开“资源导出”面板，如图14-18所示。

STEP 05 单击“添加缩放”按钮，选择添加1.5x缩放和0.5x缩放，如图14-19所示，以实现导出不同尺寸的图标。

图14-17 绘制图形

图14-18 “资源导出”面板

STEP 06 单击面板下方的“启动导出多种屏幕格式”按钮，弹出“导出为多种屏幕所用格式”对话框，设置导出位置，如图14-20所示。

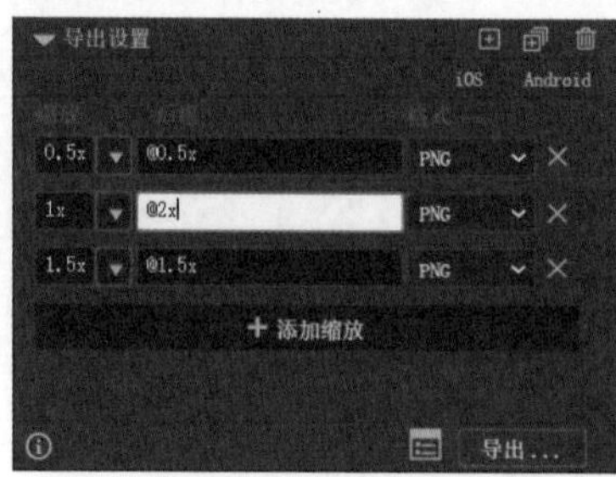

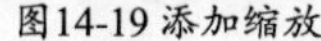
图14-19 添加缩放

图14-20 导出资源

STEP 07 单击“导出资源”按钮，即可将不同缩放的图标导出，效果如图14-21所示。

STEP 08 使用相同的方法，完成其他标签栏上图标的绘制，完成效果如图14-22所示。

图14-21 导出图标效果

图14-22 完成其他标签栏上图标的绘制

14.3 绘制Android系统App界面

本案例将设计制作金融App的首页，为了便于用户的学习与理解，分别从页面布局、全局边距、状态栏、导航栏、Banner广告、功能图标组、广告模块和标签栏等制作流程对Android系统下的界面进行讲解。金融App的首页效果如图14-23所示。

图14-23 金融App的首页效果

源 文 件：源文件\第14章\14-3.ai
素　材：素材\第14章\14301.ai~14306.png
技术要点：掌握【Android系统App界面】的绘制方法

扫描查看演示视频

扫描下载素材

14.3.1 设计分析

Android系统的App界面布局包含界面尺寸设置和界面组件布局两部分。各大厂商最新发布的设备的屏幕分辨率都达到了XXHDPI（Android系统的分辨率）。相信随后发布的产品都会超过这个尺寸。因此，本案例并没有采用720px×1280px的分辨率，而是采用了1080px×1920px的尺寸进行设计，设计完成后再输出不同尺寸的素材，供开发人员使用。

Android系统的基本组件包括状态栏、导航栏和标签栏。不同的设备，组件的高度也不相同，由于本案例采用的设计尺寸为1080px×1920px，因此状态栏高度为60px，导航栏高度为144px，标签栏高度为150px，如图14-24所示。

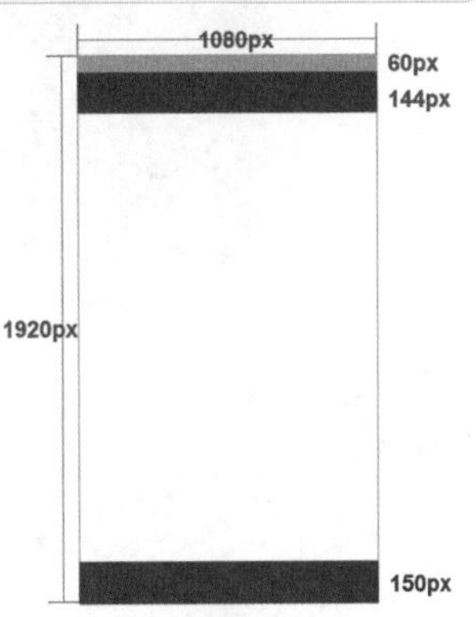

图14-24 组件尺寸

14.3.2 制作步骤

STEP 01 新建一个 Google pixel/Poxel 2 尺寸的文件。按【Ctrl+R】组合键，显示标尺，使用“选择工具”在水平方向的 60px、204px 和 1770px 处添加参考线，界面布局如图 14-25 所示。

STEP 02 使用“选择工具”在垂直方向的 20px 和 1060px 处添加参考线，界面全局边距如图 14-26 所示。

全局边距是指页面内容到屏幕边缘的距离，整个应用的界面都应该以此来进行规范，以达到页面整体视觉效果的统一。全局边距的设置可以更好地引导用户垂直向下浏览。

图14-25 添加参考线 图14-26 界面全局边距

STEP 03 设置“渐变”参数，使用“矩形工具”在画板中创建一个矩形。打开“素材\第 14 章\14301.ai”文件，使用“选择工具”拖曳选中画板上的状态栏内容，将其拖曳至当前文档并摆放至状态栏，如图 14-27 所示。

STEP 04 使用“圆角矩形工具”在画板中创建一个白色的圆角矩形，设置圆角为最大值。切换到“14301.

ai”文档，使用“选择工具”拖曳选中“搜索”和“更多”图标，将其拖曳到当前文档中，摆放至合适位置，如图 14-28 所示。

图14-27 添加状态栏内容

图14-28 添加图标

STEP 05 使用“文字工具”在搜索框背景上输入文字内容，在打开的“字符”面板中设置字号为 32pt，如图 14-29 所示。

STEP 06 将素材图像直接拖曳到设计文档中，单击“控制”面板中的“嵌入”按钮，使用“选择工具”调整素材图像的位置。再次为文档添加素材图像，按住【Alt】键不放并向任意方向拖曳复制图像，调整图像的角度和位置，如图 14-30 所示。

图14-29 输入文字内容

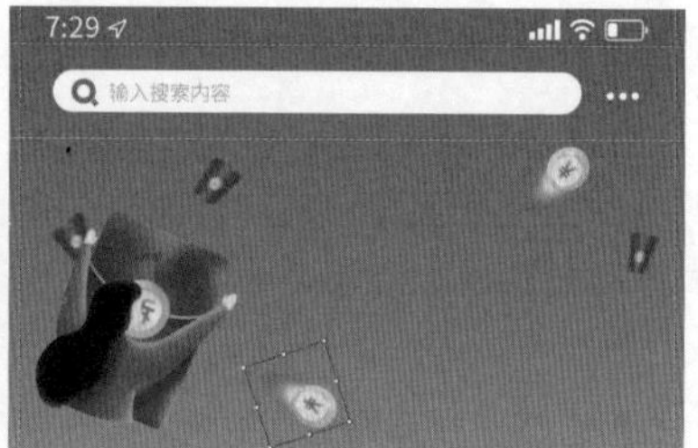

图14-30 添加并复制图像

Android 系统中默认的中文字体为思源黑体，英文名称为 SourceHanSansCN。这种字体与微软雅黑很像，是 Google 公司与 Adobe 公司合作开发的，支持中文简体、中文繁体、日文和韩文。

STEP 07 使用“文字工具”在画板中输入文字并设置字符参数。再使用“直线段工具”在文字左侧单击并拖曳创建直线，设置“描边”为白色，粗细为 2pt，复制直线并调整位置，效果如图 14-31 所示。

STEP 08 切换到“14301.ai”文档，使用“选择工具”选中“马上领取”按钮，将其拖曳到当前文档中并移动到合适位置，如图 14-32 所示。

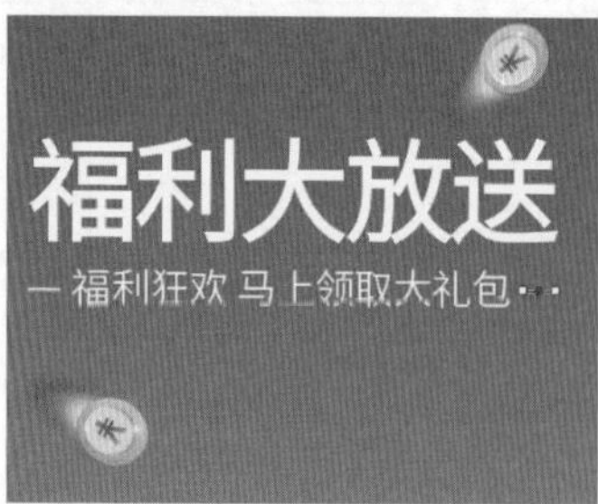

图14-31 创建并复制直线

图14-32 添加按钮

STEP 09 使用“添加锚点工具”在渐变矩形的下边线上单击添加锚点，使用“锚点工具”为锚点调整方向线，使用“直接选择工具”拖曳选中左下角和右下角锚点并向上移动，效果如图 14-33 所示。

STEP 10 使用相同的方法将“14301.ai”文档中的功能图标移动到设计文档中，调整到合适位置。使用“文字工具”在功能图标下方添加文字内容，文字效果和字符参数如图 14-34 所示。

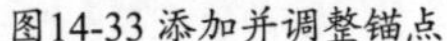

图14-33 添加并调整锚点

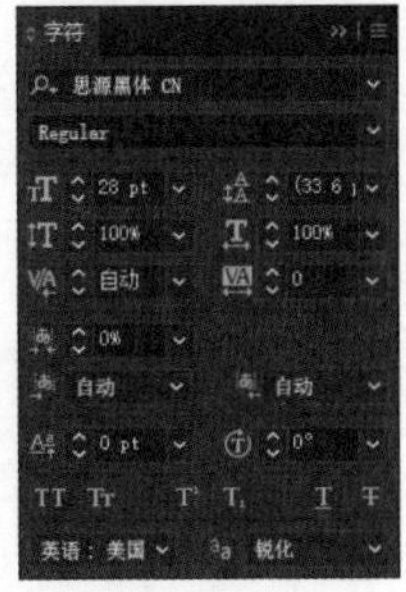

图14-34 文字效果和字符参数

提示 在实际的移动 UI 设计工作中，图标往往都是成套出现的，而一套完整的图标组也往往是通过一个团队制作完成的。

STEP 11 使用“文字工具”在其他图标下方添加文字内容。使用“圆角矩形工具”在功能图标组下方创建一个圆角矩形，设置“填色”为灰色，效果如图 14-35 所示。

STEP 12 使用“文字工具”在圆角矩形上添加文字内容，并创建为轮廓。使用“选择工具”逐一选中文字，再使用“吸管工具”在画板顶部的渐变矩形背景上单击，为文字路径设置与矩形相同的渐变填色，如图 14-36 所示。

图14-35 创建圆角矩形

金融热点

图14-36 设置渐变填色

STEP 13 使用相同的方法在圆角矩形上添加文字内容和下一项图标。使用“圆角矩形工具”在画板中创建一个圆角矩形，“精选理财知识”模块背景如图 14-37 所示。

STEP 14 使用相同的方法将“14301.ai”文档中的模块和下一项图标拖曳到当前文档中，并摆放至合适位置。将素材图像直接拖曳到设计文档中，单击“控制”面板中的“嵌入”按钮，调整位置如图 14-38 所示。

图14-37 广告模块效果

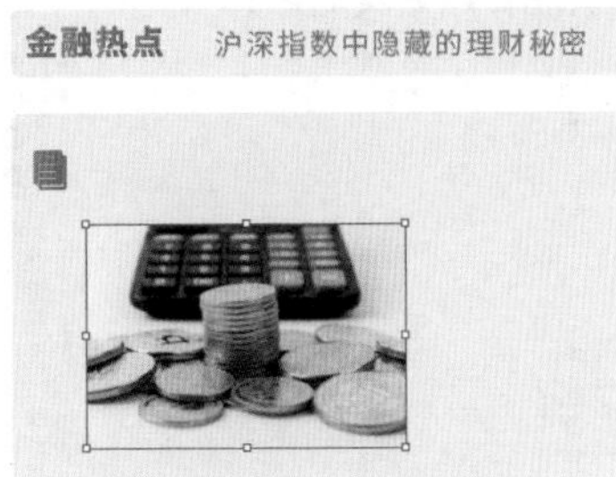

图14-38 添加素材图像

STEP 15 使用“文字工具”在矩形背景上添加不同作用的文字内容，适当调整文字内容的字符参数，选中模块内容的所有对象并按【Ctrl+G】组合键编为一组，如图 14-39 所示。使用相同的方法完成相似模块的制作。

STEP 16 使用“矩形工具”在画板底部创建矩形，执行“效果”→“风格化”→“投影”命令，弹出“投影”对话框，设置参数如图 14-40 所示，单击“确定”按钮。

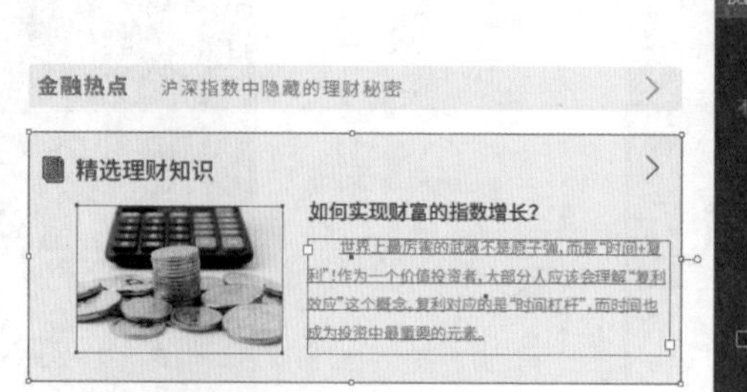

图14-39 添加文字并编组

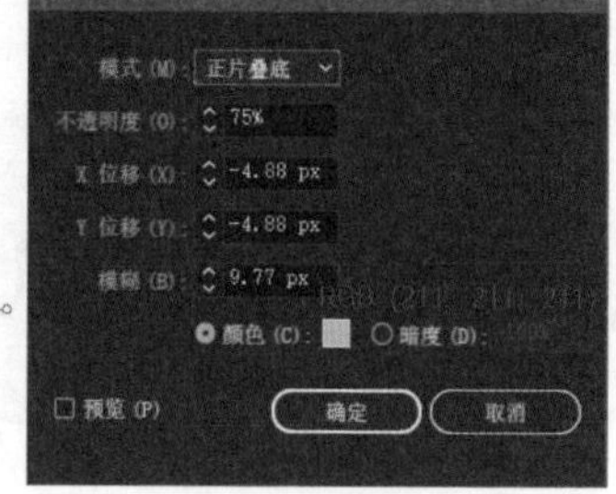

图14-40 设置参数

STEP 17 将“14301.ai”文档中的标签栏图标拖曳到设计文档中，对齐各个图标后，在图标下方添加文字，如图 14-41 所示。

STEP 18 使用“椭圆工具”在画板中创建一个圆形，并调整圆形的堆叠顺序。使用“选择工具”选中图标，等比例放大图标。绘制完成后，App 界面中的标签栏效果如图 14-42 所示。

图14-41 添加图标和文字

图14-42 标签栏效果

在设计界面内容布局时，一定要遵循邻近性原则，即在 App 的任意界面中，每一个图标的应用名称都应该与对应的图标距离较近，让浏览者的浏览变得更直观。

14.4 绘制iOS系统App界面

本案例将设计制作一款买菜App的界面，界面包括状态栏、导航栏、用户信息、功能图标组、任务分栏模块及标签栏。通过展示App界面的全部制作流程和设计规范，向用户讲解iOS系统下App界面设计的规则和技巧。App界面效果如图14-43所示。

图14-43 买菜App的“我的”界面效果

源 文 件：源文件\第14章\14-4.ai

素　 材：素材\第14章\14401.ai

技术要点：掌握【iOS系统App界面】的绘制方法

扫描查看演示视频

扫描下载素材

14.4.1 设计分析

本案例为iOS系统中的App界面，界面尺寸要符合iOS系统的要求。为了便于适配iOS系统的所有设备，以iPhone 6的屏幕尺寸为基准，也就是750px×1334px，图14-44所示为iPhone 6界面的尺寸。状态栏高度为40px，导航栏高度为88px，标签栏高度为98px，图14-45所示为iPhone 6的组件名称与尺寸。

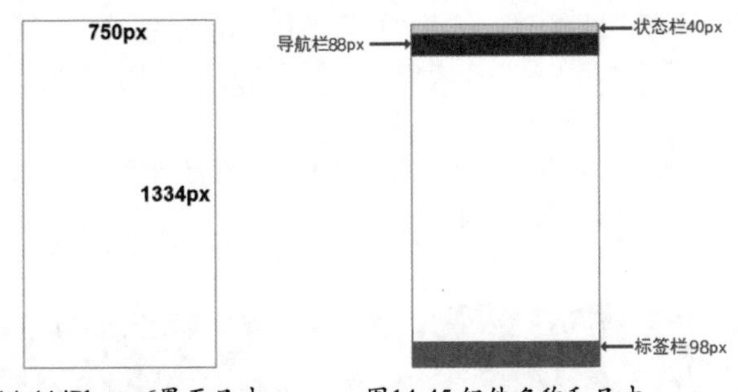

图14-44 iPhone 6界面尺寸　　图14-45 组件名称和尺寸

14.4.2 制作步骤

STEP 01 新建一个 iPhone 8/7/6 尺寸的文档。按【Ctrl+R】组合键，显示标尺，使用“选择工具”在顶部标尺处单击并向下拖曳，分别在水平方向的 40px、128px 和 1236px 处添加参考线，界面布局如图 14-46 所示。

STEP 02 使用“选择工具”在垂直方向 20px 处和 730px 处添加参考线，界面全局边距如图 14-47 所示。

提示　在实际应用中，应该根据 App 的不同风格为其设置不同的全局边距，让边距成为界面的一种设计语言。在 iOS 系统中，常用的全局边距有 32px、30px、24px 和 20px 等。

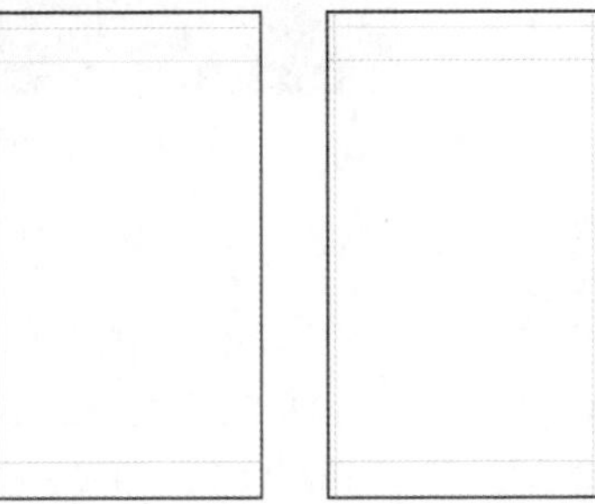

图14-46 界面布局　图14-47 设置全部边距

STEP 03 使用“矩形工具”在画板顶部创建一个矩形，设置“填色”为 RGB（0、152、68）。打开“素材 \ 第 14 章 \14401.ai”文件，使用“选择工具”选中状态栏内容，将其拖曳到当前文档中，摆放在界面顶部状态栏内，效果如图 14-48 所示。

STEP 04 切换到“14401.ai”文档，使用“选择工具”拖曳选中导航栏中的图标，将其拖曳到当前文档内，摆放到合适位置。使用“文字工具”在画板中添加文字内容，打开“字符”面板，设置字号为 32pt，文字效果如图 14-49 所示。

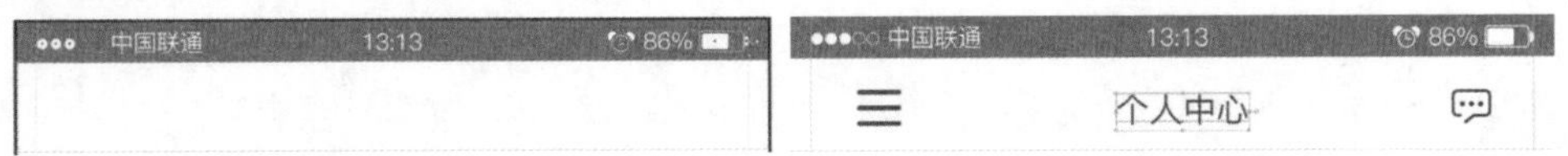

图14-48 添加状态栏内容　　图14-49 文字效果

提示　iOS 系统中的字体应选择苹果公司的苹方字体，字体大小应以 2 的倍数进行划分。本案例中字体的大小按照标题的文字层级分别使用 18pt、20pt、24pt、26pt 和 32pt 的字号。

STEP 05 使用“圆角矩形工具”在导航栏下方创建一个圆角矩形，设置填色和圆角值。使用“椭圆工具”在绿色卡片上创建一个正圆形，设置“填色”为白色，效果如图 14-50 所示。

STEP 06 使用相同的方法将“14401.ai”文档中的一些图标拖曳到当前文档内，如图 14-51 所示。

图14-50 创建圆角矩形和圆形

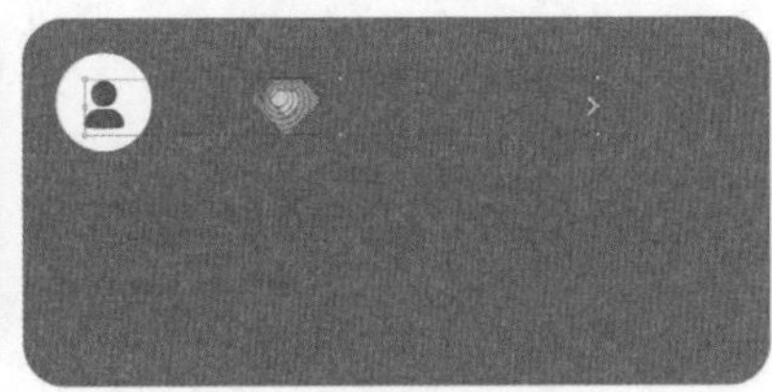

图14-51 添加图标

STEP 07 使用“选择工具”调整图标位置，使用“矩形工具”在绿色卡片右侧创建一个白色矩形，设置圆角值和“填色”。使用“文字工具”在圆角矩形上添加文字。使用相同的方法在绿色卡片上多次添加文字内容，效果如图 14-52 所示。

STEP 08 使用“矩形工具”在绿色卡片左下方创建一个矩形，设置圆角值和“填色”选项。使用“文字工具”在画板中添加文字内容，并将“14401.ai”文档中的“更多”图标拖曳到当前文档内，效果如图 14-53 所示。

图14-52 多次添加文字

图14-53 添加文字和图标

当用户在制作 App 界面的过程中，一定要在完成每一个具体步骤后，及时按【Ctrl+S】组合键或者执行“文件”→“保存”命令，多次保存文件，以避免软件发生意外而导致自已的工作时间受损。

STEP 09 切换到“14401.ai”文档，使用“选择工具”拖曳选中功能图标，将其拖曳到当前文档内。使用“文字工具”在画板中添加文字内容，如图 14-54 所示。

STEP 10 使用“矩形工具”在画板底部创建一个矩形，设置“描边”选项为 RGB（0、152、68），“填色”选项为无，效果如图 14-55 所示。

图14-54 添加功能图标和文字　　图14-55 创建圆角矩形

App 的界面风格一定要与图标组的风格保持一致，否则很难给用户留下统一、和谐的印象。

STEP 11 将“14401.ai”文档中的多个工具图标拖曳到当前文档中，调整摆放位置。使用“选择工具”选中多个图标，单击“控制”面板中的“水平居中对齐”和“垂直居中分布”按钮，效果如图 14-56 所示。

STEP 12 使用“文字工具”在各个工具图标后面添加文字内容，选中所有文字内容，设置合适的字符参数。使用“直线段工具”在画板中创建一条直线，多次按住【Alt】键不放并向下拖曳复制直线，效果如图 14-57 所示。

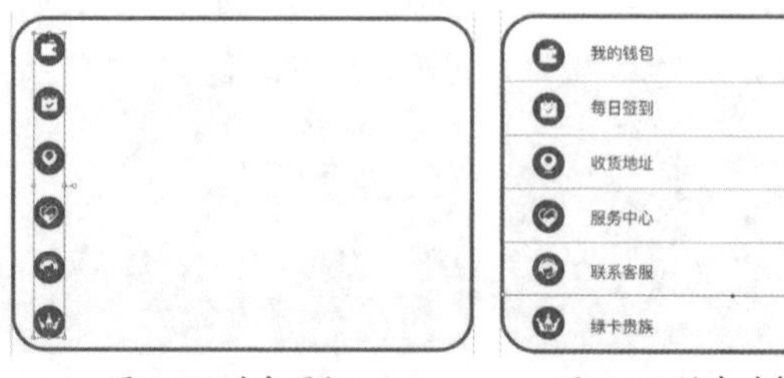

图14-56 对齐图标　　图14-57 创建并复制直线

STEP 13 将“14401.ai”文档中的图标移动到当前文档中，复制多个并调整摆放位置。使用“矩形工具”在画板底部创建矩形，执行“效果”→“风格化”→“投影”命令，弹出“投影”对话框，设置参数如图 14-58 所示。

STEP 14 单击“确定”按钮，投影效果如图 14-59 所示。使用相同的方法完成界面标签栏中图标内容的制作，完成后的标签栏效果如图 14-60 所示。

图14-58 设置参数　　图14-59 投影效果

图14-60 标签栏效果

提示 App 界面制作完成后，用户可以将界面中的各种图标和图片定义为资源，并将资源导出为符合设计规范的不同尺寸，方便开发人员在日后使用。

读书笔记

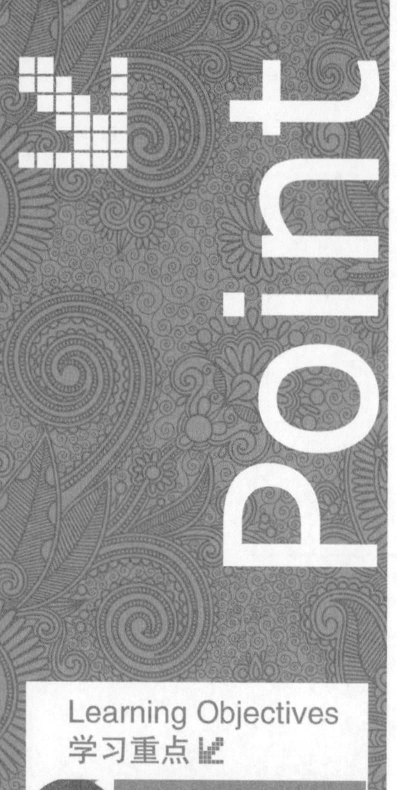

第15章 平面设计应用案例

本章通过设计制作企业Logo、宣传画册封面和礼盒包装等实例，向用户讲解使用Illustrator CC完成平面设计的方法和设计理念。通过本章的学习，可以增加用户对平面设计的理解和认识，同时在设计中熟练掌握软件的各种操作。

Learning Objectives
学习重点

15.1 绘制企业Logo

Logo是徽标或者商标的英文名称，其作用就是对徽标的所有者进行识别和推广，即通过形象的Logo让大众记住企业名称，加深品牌印象。尤其在网络发达、各种信息纷杂的当下，Logo的作用也开始逐渐加深。一个好的Logo，可以为新的企业和品牌的前期发展带来诸多助益。接下来将通过绘制一款美观且有特点的企业Logo，向用户介绍Logo的设计方法与技巧，完成的企业Logo效果如图15-1所示。

图15-1企业Logo效果

源 文 件：源文件\第15章\15-1.ai
素　材：无
技术要点：掌握【企业Logo】的绘制方法

扫描查看演示视频

15.1.1 设计分析

由于Logo是一种面向大众，用来推广公司或品牌的图形标志，所以Logo可以只是图形，也可以是图形和文字的结合，或者是文字的变形，这使得设计师在设计制作Logo时，拥有极大的自由度。根据前面的Logo设计规则，本案例在设计Logo时，采用了最容易让大众记住的图形进行表达。

确定Logo的表现方式后，需要根据信息确定Logo的题材。为企业设计Logo时，可以采用的主题题材包括企业名称、企业名称首字、企业名称含义、企业文化与经营理念、企业主营产品造型或企业地域环境等，可以根据不同的侧重点选择合适的设计方案。本案例为一个科技公司设计Logo，因此通过该公司的名称与理念对“鲸鱼”图形进行变形，制作出Logo的主体造型。

一般情况下，Logo出现在网站、宣传册、名片、社交网络、办公信封、货物清单及办公场所等区域，而用户对于这些区域通常不会过多关注，这意味着设计师不应该将Logo设计得过于复杂。因此设计案例Logo时，采用随处可见的形状（圆形）、协调的色彩搭配、简洁的布局（不需要过多的细节、色彩），以及区别于其他Logo的记忆点，再配合相应的装饰和文字完成Logo的最终设计，让Logo更容易被记住的同时不失美观度。

15.1.2 制作步骤

STEP 01 新建一个 200mm×200mm 的 Illustrator 文档。使用“椭圆工具”在画板中创建一个正圆形，设置填色为无，描边为黑色，如图 15-2 所示。

STEP 02 再次使用“椭圆工具”创建多个圆形，如图 15-3 所示。

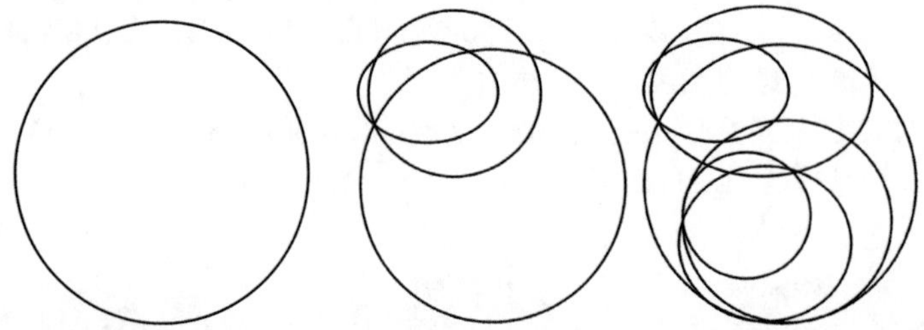

图15-2 创建圆形　　图15-3 创建多个圆形

STEP 03 使用“选择工具”拖曳选中画板中的所有圆形，使用“形状生成器工具”将光标移动到选中对象上，单击并在不同区域拖曳鼠标，如图 15-4 所示。释放鼠标后，鼠标经过区域被合并，效果如图 15-5 所示。

STEP 04 再次使用“形状生成器工具”在选中对象上的不同区域拖曳鼠标，释放鼠标后，得到如图 15-6 所示的合并区域。

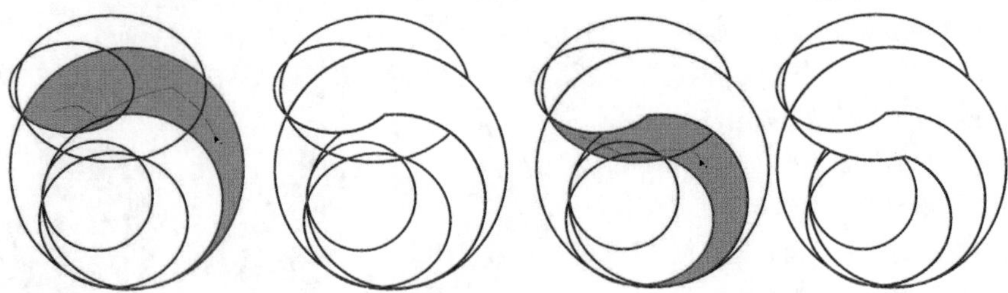

图15-4 拖曳鼠标　　图15-5 合并经过区域　　图15-6 合并区域

STEP 05 按住【Alt】键不放的同时单击并拖曳鼠标经过区域，如图 15-7 所示，释放鼠标后，鼠标经过区域被删除。

STEP 06 继续按住【Alt】键不放，并使用“形状生成器工具”在画板中上拖曳，经过区域如图 15-8 所示。释放鼠标后，鼠标经过区域被删除，效果如图 15-9 所示。

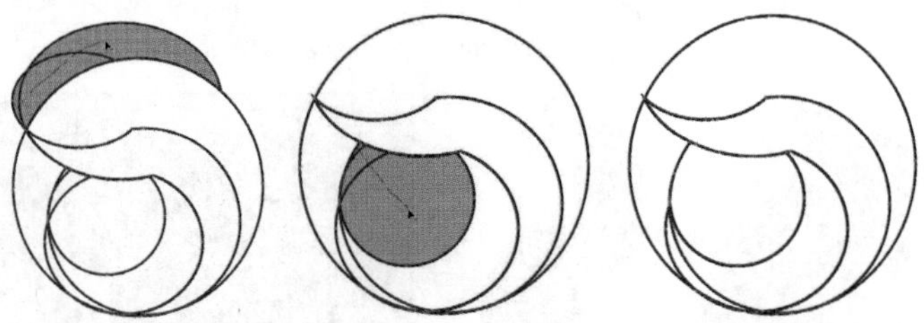

图15-7 拖曳鼠标　　图15-8 继续拖曳鼠标　　图15-9 删除经过区域

STEP 07 使用相同的方法完成合并区域的操作，效果如图 15-10 所示。使用“选择工具”在画板中选中路径对象。

STEP 08 双击工具箱中的“渐变工具”按钮，打开“渐变”面板，设置如图 15-11 所示的线性渐变参数。完成后设置“描边”选项为无，效果如图 15-12 所示。

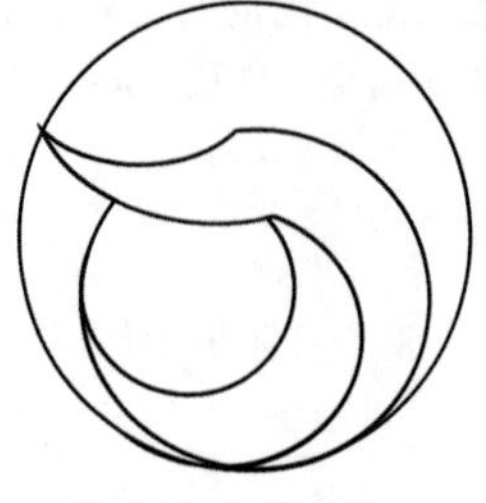
图15-10 合并区域

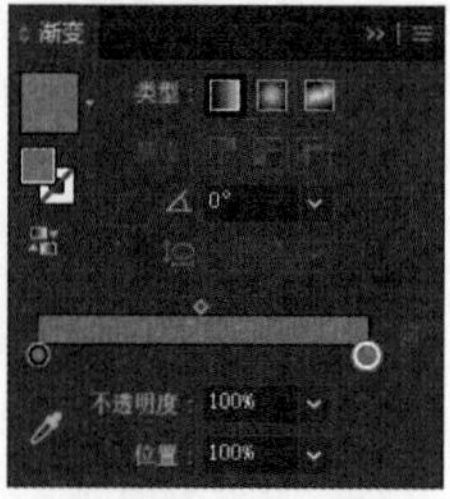

图15-11 设置渐变参数

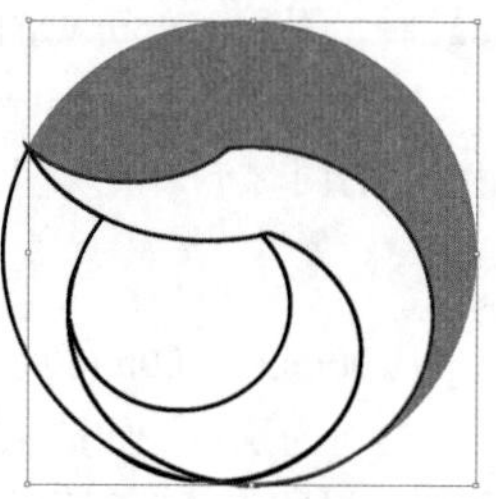
图15-12 对象效果

STEP 09 使用相同的方法为各个对象设置“填色”参数，使用“选择工具”选中多余路径并按【Delete】键将其删除，再轻微调整对象的角度，如图 15-13 所示。

STEP 10 使用“椭圆工具”在画板上创建一个椭圆，调整角度后选中图形。按住【Alt】键不放并使用“形状生成器工具”在多个区域中拖曳鼠标，如图 15-14 所示。使用“椭圆工具”在画板中创建一个正圆形，效果如图 15-15 所示。

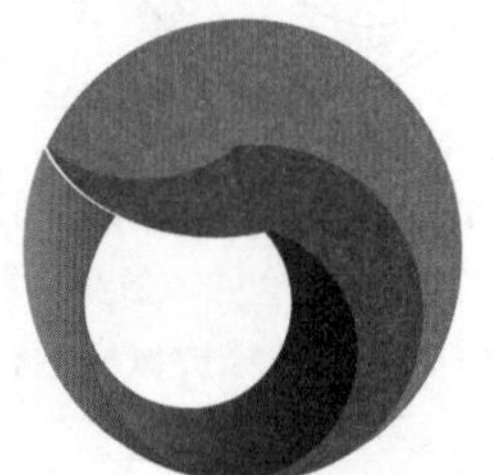
图15-13 设置填色并删除路径

图15-14 拖曳鼠标

图15-15 创建正圆形

STEP 11 使用“钢笔工具”在画板中创建弯曲线段，再使用“宽度工具”将鼠标移到中间锚点上，单击并向外侧拖曳，改变形状后的效果如图 15-16 所示。

STEP 12 执行“对象”→“扩展外观”命令。按住【Alt】键不放并使用“选择工具”向任意方向拖曳复制图形，调整重叠位置后选中两个图形，如图 15-17 所示。

STEP 13 单击“路径选择器”面板中的“分割”按钮，单击鼠标右键，在弹出的快捷菜单中选择“释放编组”命令。使用“选择工具”选中如图 15-18 所示的对象，按【Delete】键删除选中对象。

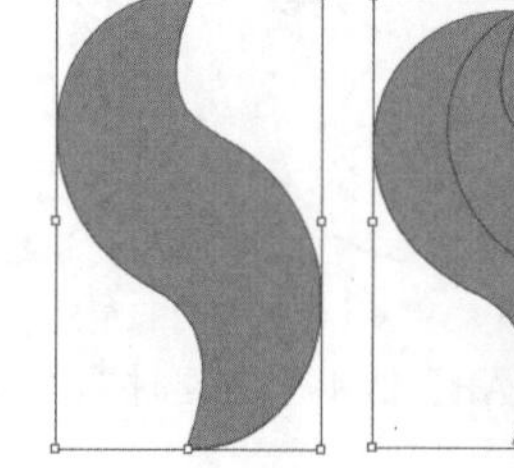
图15-16 改变形状　图15-17 扩展外观并复制

STEP 14 使用“选择工具”选中对象并设置“填色”参数，拖曳选中两个图形，如图 15-19 所示。双击工具箱中的“旋转工具”按钮，弹出“旋转”对话框，设置参数如图 15-20 所示。

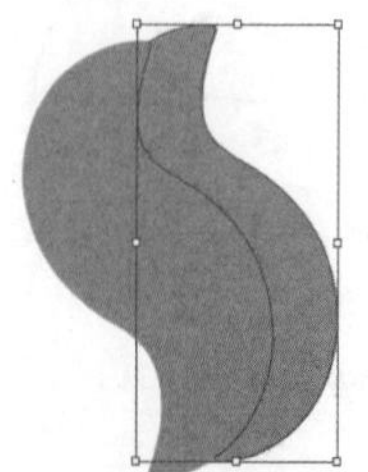
图15-18 选中对象　图15-19 选中图形

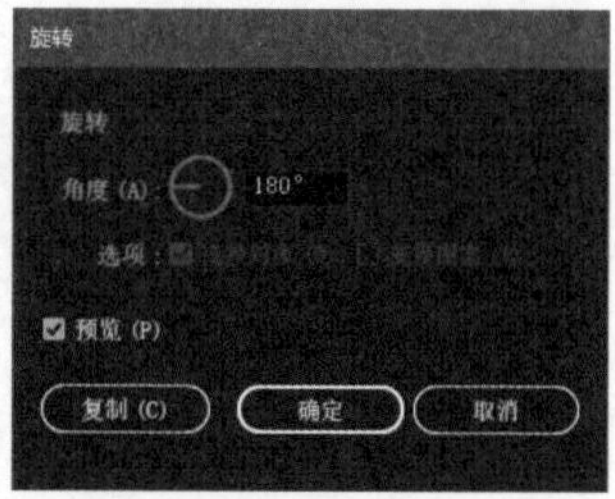

图15-20 设置参数

STEP 15 单击“复制”按钮，使用“选择工具”移动图形的位置和角度，如图15-21所示。

STEP 16 单击鼠标右键，在弹出的快捷菜单中选择“排列”→“置于底层”命令，企业Logo效果如图15-22所示。

图15-21 移动和旋转图形

图15-22 企业Logo效果

15.2 绘制宣传画册封面

宣传画册又称宣传手册，它是企业的一张名片，包含企业的文化、荣誉和产品等内容。其作用就是向大众展示企业的精神和理念，传播企业的历史和产品。一份成功的宣传画册，必须拥有能够吸引和留住浏览者视线的封面。接下来将通过绘制一个企业宣传画册封面，向用户介绍宣传画册的制作方法和技巧，完成的画册封面如图15-23所示。

图15-23 画册封面

源 文 件：源文件\第15章\15-2.ai

素　材：无

技术要点：掌握【国风宣传画册封面】的绘制方法

扫描查看演示视频

15.2.1 设计分析

设计制作宣传画册这类广告时，主要有以下几点要求。

- 设计师需要十分了解企业或品牌及商品，熟知消费者的心理习惯和规律。
- 画册的设计形式没有固定规则，设计师应该根据具体的情况进行自由发挥，灵活掌握不同消费者的购买需求。
- 大众的视线都会为美观的产品或画面而停留，因此画册设计最好新颖且有创意。
- 设计画册时要充分考虑其折叠方式、尺寸和实际重量等，便于成品的邮寄或派发。
- 设计师可以根据画册的折叠方式为其添加一些小花样，如借鉴我国传统的折纸艺术，但切记设计后的成品要便于拆阅。
- 设计师为画册配图时，应该选择与所传递信息有强烈关联的图案，可以刺激浏览者记忆，加深印象。
- 设计制作画册时，设计者需要充分考虑色彩的魅力，合理地运用色彩可以给浏览者留下深刻印象。

除了上述内容，好的画册还需要向纵深拓展，最好形成系列，用以积累广告资源。在普通消费者眼中，宣传画册与散发小广告并没有本质区别。因此，想要打动消费者，就必须借助一些有效的广告技巧来提高画册的宣传效果，这些技巧能帮助使画册为企业与消费者之间建立良好的互动关系。

由于宣传画册的主推商品是旗袍，因此采用具有国风风格的纹理铺在封面的下半部分，同时采用字魂系列字体中飘逸灵动的字体展现画册的名称，使画册封面中的纹理和文字内容的风格相统一。同时采用简洁明了的页面布局，突出我国传统工艺的重要性。最后使用暖色调和冷色调相对立的色彩氛围，为画册封面增加可读性和吸引力。

15.2.2 制作步骤

STEP 01 启动 Illustrator CC 软件，单击主页面中的“新建”按钮，弹出“新建文档”对话框，选择“打印”选项下的 A4 尺寸，设置参数如图 15-24 所示。

正规的 16 开纸张尺寸为 210mm×297mm，但是由于印刷机的裁剪和技术限制，设计师在绘制 16 开的画册时，需要将尺寸设定为 210mm×285mm，才能在打印时更加规整和快速地完成裁剪工作。

STEP 02 单击“创建”按钮进入文档，单击工具箱中的“画板工具”按钮，修改“控制”面板中的“宽”为 420mm。按【Ctrl+R】组合键，显示标尺，使用“选择工具”在垂直方向 210mm 处添加参考线，如图 15-25 所示。

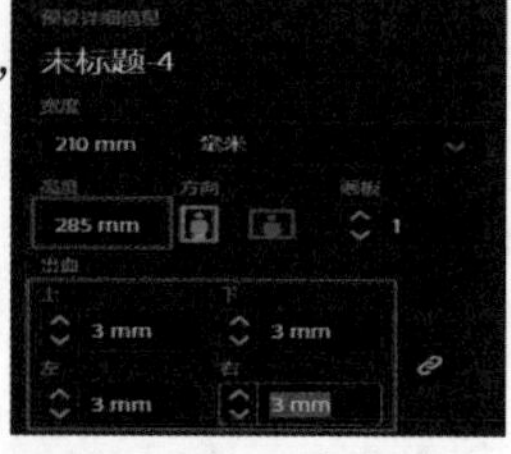

图15-24 设置高度和出血

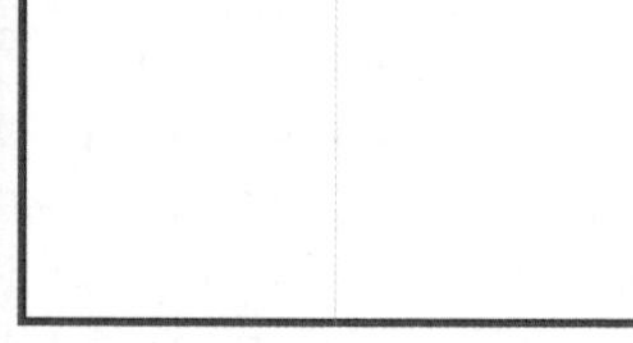

图15-25 画册双页效果

一般情况下，画册封面由两张 16 开纸张对称构成，基于 16 开纸张的实际尺寸为 210mm×285mm，所以制作画册封面前，需要将单页 210mm 的宽度尺寸更改为双页 420mm 的宽度尺寸。

此处的参考线的作用是将画册封面平分为两个面，有利于之后的设计制作。默认情况下，参考线为锁定状态。如果参考线未锁定，为了之后的创作更加顺利，设计师需要将其锁定。

STEP 03 单击工具箱中的“铅笔工具”按钮，在剪贴板上拖曳绘制曲线，使用“铅笔工具”在曲线上绘制多条曲线，效果如图 15-26 所示。

STEP 04 继续使用“铅笔工具”完成相似曲线的制作，如图 15-27 所示。

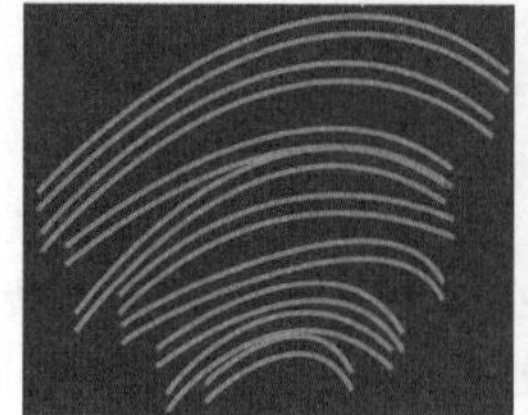

图15-26 绘制曲线

图15-27 完成相似曲线的制作

STEP 05 使用“钢笔工具”在剪贴板上连续单击创建不规则图形，如图 15-28 所示。使用“锚点工具”调整锚点方向线。

STEP 06 再使用“锚点工具”逐一选中并调整锚点，选中整个对象，双击工具箱中的“渐变工具”按钮，设置线性渐变参数，效果如图 15-29 所示。

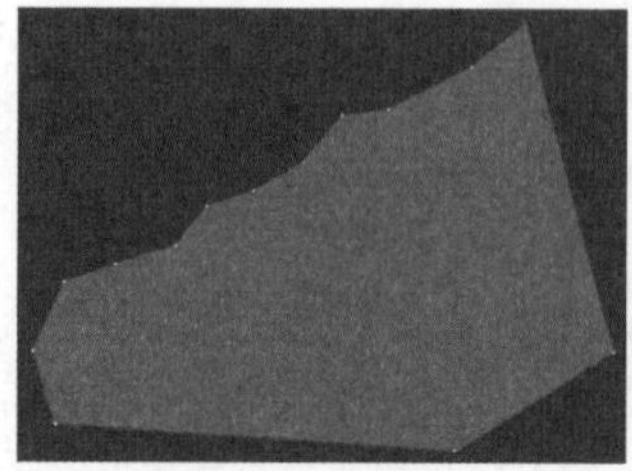

图15-28 创建图形

图15-29 调整锚点并添加线性渐变

STEP 07 按住【Alt】键不放并拖曳复制图形，修改“填色”参数和“混合模式”为正片叠底，效果如图 15-30 所示。

STEP 08 将多组曲线拼接在一起，按【Ctrl+G】组合键将选中对象编为一组。再次复制一个图形并摆放在合适位置，如图 15-31 所示。

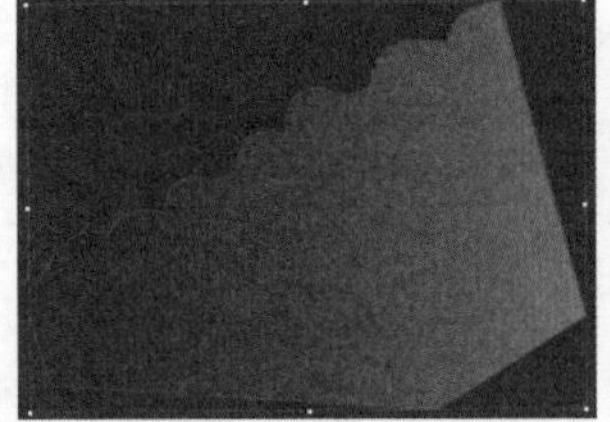
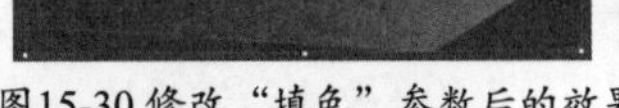
图15-30 修改“填色”参数后的效果

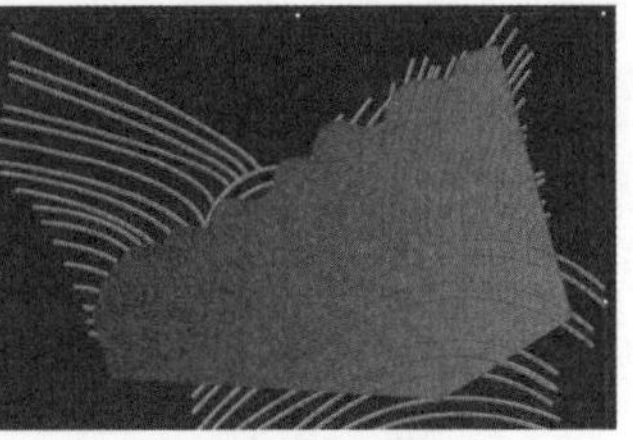
图15-31 复制图形

图15-32 纹路效果

图15-33 叠放并编组

STEP 09 使用“选择工具”拖曳选中曲线编组和图形，按【Ctrl+7】组合键创建剪贴蒙版，纹路效果如图 15-32 所示。

STEP 10 再次复制一个纹路背景图形，设置“填色”为无，“描边”为线性渐变颜色。将纹路背景和纹路按顺序叠放在一起，选中所有纹路对象并按【Ctrl+G】组合键，将其编为一组，效果如图 15-33 所示。

STEP 11 使用“选择工具”将纹路摆放在画册封面的右下方，使用相同的方法完成相似纹路内容的制作，封面效果如图 15-34 所示。

STEP 12 使用“钢笔工具”在画板上多次连续单击创建图形，并为不同图形设置相应的“填色”参数。按住【Shift】键不放，使用“选择工具”连续单击选中多个对象，按【Ctrl+G】组合键，将选中对象编为一组并调整层叠顺序，如图 15-35 所示。

图15-34 封面效果

图15-35 创建多个图形

由于宣传画册为印刷产品，因此在制作案例前，首先就应该考虑到出血问题，即在创建文件时添加 3mm 的“出血”值，此时的文件会在原尺寸的基础上在各个方向加大 3mm。

STEP 13 使用相同的方法完成画册封面左侧的纹路和房屋图形，如图 15-36 所示。

STEP 14 使用“直排文字工具”在画册封面右侧输入文字，使用“修饰文字工具”将单个文字选中并拖曳移动到如图 15-37 所示的位置。使用“文字工具”在画板中输入其余文字内容，如图 15-38 所示。

图15-36 完成左侧内容

图15-37 移动文字

图15-38 输入其余文字

提示 为了凸显主题，设计师常常会将文字设置为加粗，实际操作中并不提倡这种做法。如果字体需要加粗，应该选用相应的粗体中文字，如果没有相应的粗体字，还可以通过添加描边来实现，但需要注意所添加的描边不能超过原字号大小的3%，如果字体本身就是粗体字，则这个比例还应更小。

STEP 15 使用“圆角矩形工具”创建一个圆角矩形，设置较大的圆角值。使用“锚点工具”和“直接选择工具”调整圆角矩形的外观轮廓，印章底图如图15-39所示。

STEP 16 使用“直排文字工具”在画板上输入文字，并设置字符参数，如图15-40所示。选中印章底图和文字，按【Ctrl+G】组合键将其编为一组。

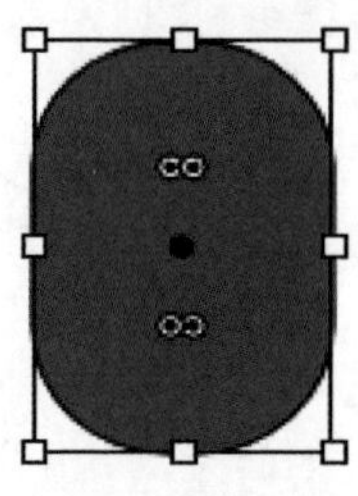
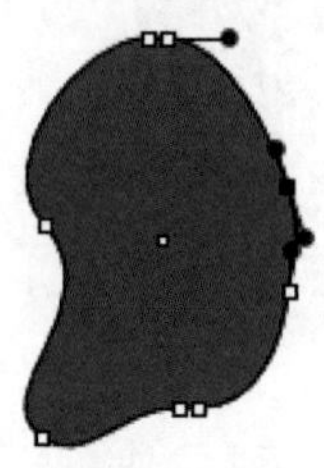

图15-39 创建印章底图

图15-40 输入文字并设置参数

STEP 17 使用相同的方法在封面左侧输入如图15-41所示的版底文字。执行“文件”→“存储”命令，在弹出的“存储为”对话框中为文件命名并设置“保存类型”为Adobe Illustrator（*.AI），单击“保存”按钮，继续在弹出的“Illustrator选项”对话框中单击“确定”按钮。

提示 画册封面制作完成后，设计师需要将封面存储为AI和PDF两种不同的格式。其中，保存为AI格式的目的是方便后期随时调整和修改；而保存为PDF格式的目的是交于印刷厂后，方便裁剪印刷。

STEP 18 选中所有文字对象，按【Shift+Ctrl+O】组合键将其创建为轮廓。按【Shift+Ctrl+S】组合键，弹出“存储为”对话框，设置“保存类型”为“Adobe PDF（*.PDF）”，单击“保存”按钮，弹出“存储Adobe PDF”对话框，设置参数如图15-42所示，单击“存储PDF”按钮。

东派制衣传统旗袍工作室
DONGPAIZHIYI CHEONGSAM TRADITION STUDIO
地址：杭州市富阳区之江路
电话：0000-88888888
传真：0000-88888888
网址：www.dongpaizhyi.com

图15-41 输入文字

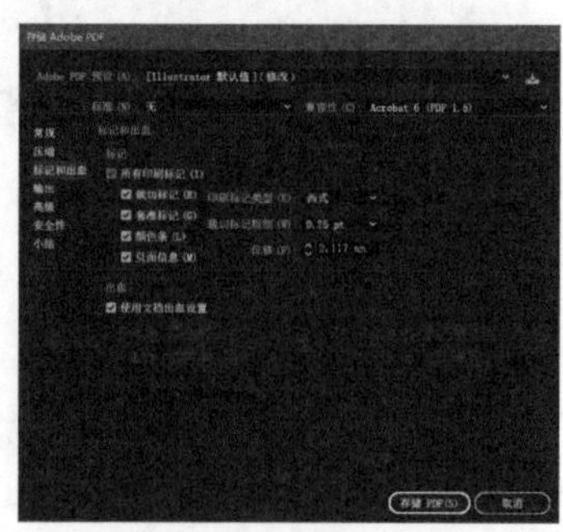

图15-42 设置参数

提示 为了防止由于印刷厂缺失封面中的字体而导致降低工作效率的问题，设计师在将画册封面存储为PDF格式前，可以将所有文字创建为轮廓的矢量对象。

15.3 绘制礼盒包装

经济飞速发展后，极大地改变了人们的生活方式和消费观念，也使包装深入到人们的日常生活中。包装作为实现商品价值和使用价值的一种手段，在生产、流通、销售和消费领域中，发挥着极其重要的作用，也是企业不得不关注的重要环节。接下来通过绘制一个礼盒包装，向用户介绍包装设计的制作方法和技巧，完成的礼盒包装如图15-43所示。

图15-43 礼盒包装

源 文 件：源文件\第15章\15-3.ai
素　材：素材\第15章\15301.ai～15305.ai
技术要点：掌握【包装盒】的绘制方法

扫描查看演示视频

扫描下载素材

15.3.1 设计分析

由于商品的包装设计必须避免与同类商品雷同，还需要针对特定的购买人群进行定位，因此设计时要在独创性、新颖性和指向性等规则方面进行扩展。

一般情况下，包装盒的设计应该力求简洁、大方和美观，即不需要运用过于复杂的图像构成包装盒。这是因为复杂的包装设计只会让礼盒显得凌乱和无主题，而运用简单的图形和色彩对礼盒进行表现，更能体现出包装的精美，并能更好地突出产品。

本案例采用明亮的黄色作为底色，将其铺成在包装设计的任意位置后，大面积的黄色会让大众在众多商品中轻易地捕捉到该商品；再采用与底色同色系的商品主图，使整个包装设计的视觉效果更加和谐统一；将产品名称（Logo）、花纹及装饰说明内容加以组合，并放置在包装设计的不同位置，加深消费者或浏览者对商品的印象。

15.3.2 制作步骤

STEP 01 新建一个65cm×55cm的打印文档。按【Ctrl+R】组合键，显示标尺，在垂直方向的5cm和61cm处，以及水平方向的13cm和43cm处添加参考线，如图15-44所示。

STEP 02 使用“矩形工具”在参考线范围内创建一个图形，尺寸为56cm×30cm，“填色”为CMYK（0%、16%、86%、0%），包装底图效果如图15-45所示。

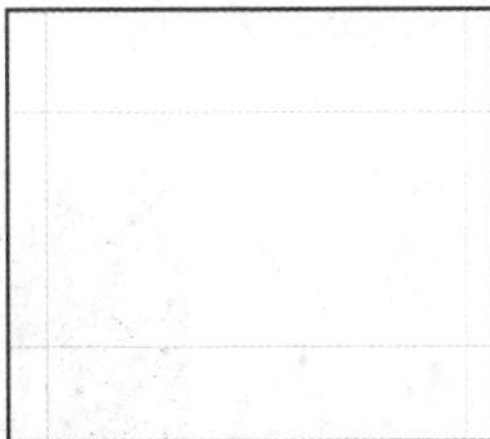

图15-44 添加多条参考线

图15-45 包装底图效果

提示

制作包装设计时，首先使用参考线将包装的主体范围框选出来，再使用任意形状工具对范围进行填充，从而明确包装的主体范围。

STEP 03 再次使用“选择工具”在垂直方向的13cm、33cm和41cm处，以及水平方向的5cm和51cm处添加参考线，按【Alt+Ctrl+;】组合键锁定参考线。使用“矩形工具”在画板上创建两个尺寸为20cm×8cm的矩形，折叠效果如图15-46所示。

STEP 04 拖曳选中3个矩形，按【Ctrl+G】组合键编为一组。在打开的“图层”面板中锁定编组图层。将“素材\第15章\15301.ai”文件直接拖入到设计文档中，单击“控制”面板中的“嵌入”按钮，效果如图15-47所示。

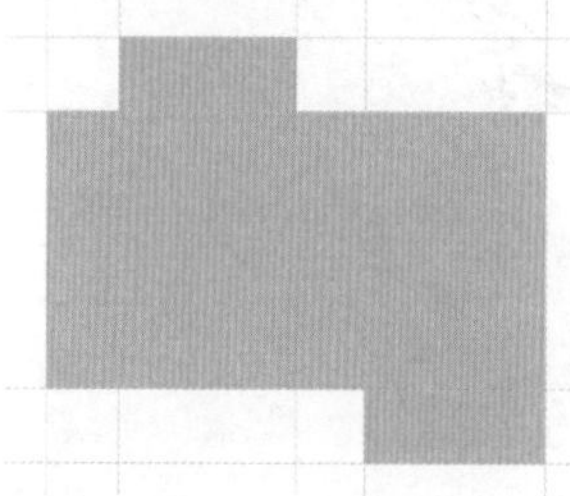

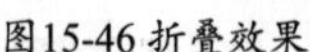

图15-46 折叠效果

图15-47 图形效果

提示

开始设计盒型时，一定要使用参考线辅助定位，同时使用标尺准确控制盒型外观属性。

STEP 05 执行“对象”→“图案”→“建立”命令，弹出提示框和“图案选项”面板，单击提示框中的“确定”按钮，在“图案选项”面板中设置参数，如图15-48所示。

STEP 06 按住【Alt】键不放，使用“选择工具”选中蓝色框内的图形并拖曳复制图形，旋转和移动通过复制得到的图形，如图15-49所示。完成后单击界面左上方的“完成”按钮，如图15-50所示。

图15-48 设置参数

图15-49 旋转并移动图形

图15-50 完成图案设置

STEP 07 使用“矩形工具”创建一个图形，设置“填色”选项为刚刚创建的图案。在打开的“透明度”面板中设置30%的不透明度，底纹效果如图15-51所示。

STEP 08 使用“椭圆工具”在画板中创建一个正圆形，如图15-52所示。将“15302.tif”图像直接拖曳到设计文档中，单击“控制”面板中的“嵌入”按钮，弹出“TIFF导入选项”对话框，设置参数如图15-53所示，单击“确定”按钮。

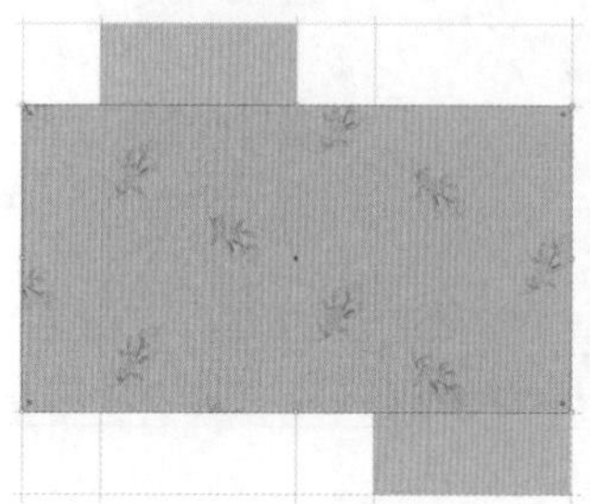

图15-51 底纹效果

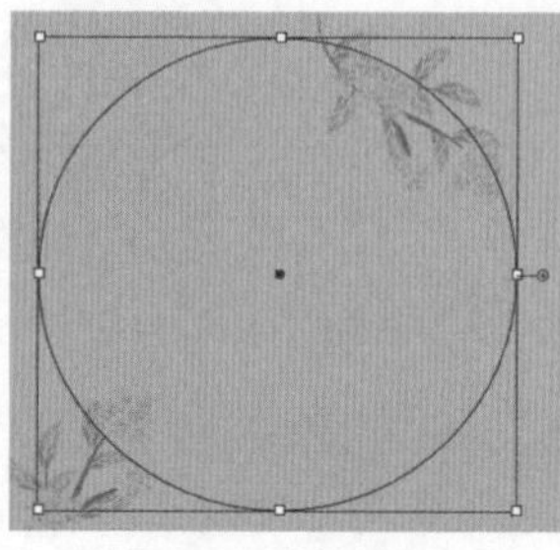

图15-52 创建正圆形

图15-53 设置参数

STEP 09 将图像大小调整到适合圆形并将其置于正圆形下方，同时选中图形和正圆形对象。单击鼠标右键，在弹出的快捷菜单中选择“创建剪贴蒙版”命令，设置“描边”为 CMYK（59%、35%、84%、0%），效果如图 15-54 所示。

STEP 10 使用“椭圆工具”在画板中创建一个正圆形，设置“填色”为 CMYK（22%、60%、96%、0%），如图 15-55 所示。执行“效果”→“模糊”→“高斯模糊”命令，弹出“高斯模糊”对话框，设置参数如图 15-56 所示，单击“确定”按钮。

图15-54 创建剪贴蒙版

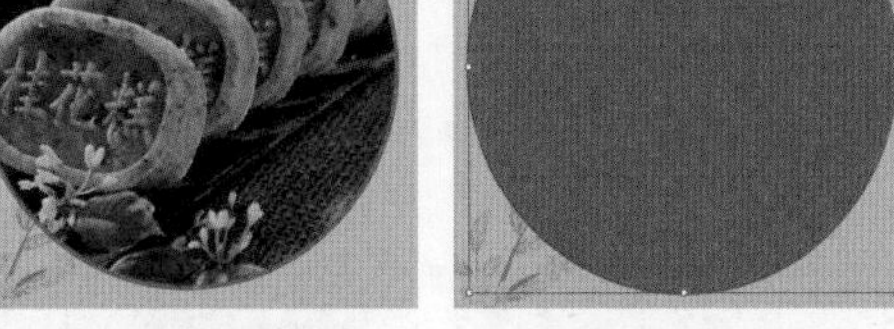

图15-55 创建正圆形

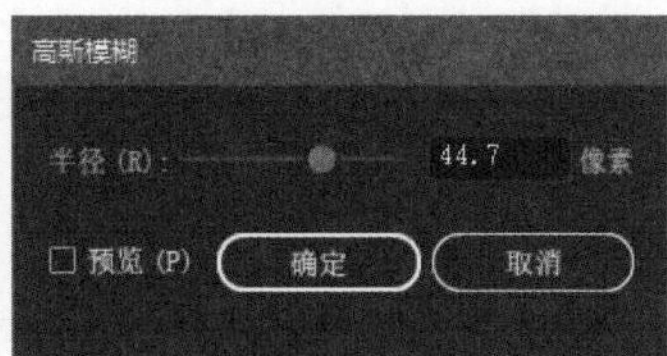

图15-56 设置参数

STEP 11 将边缘模糊的图形调整到产品图形下方，同时选中模糊图形和产品图形，按【Ctrl+G】组合键编为一组。按住【Alt】键不放的同时使用“选择工具”向右侧拖曳复制图形，如图 15-57 所示。

STEP 12 使用“矩形工具”在画板中创建一个矩形，使用“椭圆工具”在画板中创建一个正圆形，设置“填色”为 CMYK（0%、16%、86%、0%），按住【Alt】键不放的同时向右侧拖曳复制正圆形，使用“混合工具”创建混合对象，如图 15-58 所示。

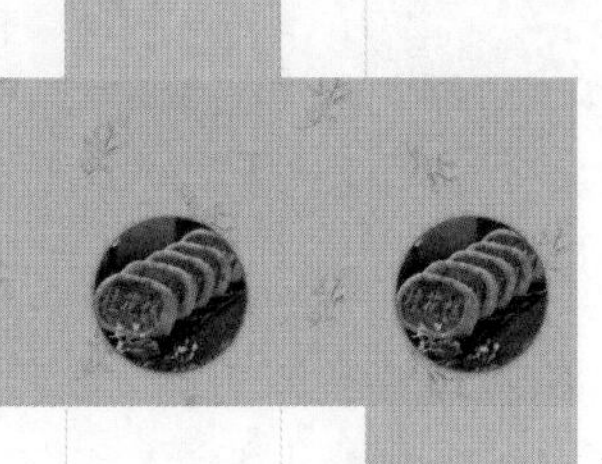

图15-57 复制图形

图15-58 创建混合对象

STEP 13 按住【Alt】键不放，使用“选择工具”向下方拖曳复制混合对象，选中白色矩形和两个混合对象，按【Ctrl+G】组合键将其编为一组。使用“直排文字工具”在剪贴板上输入产品名称，打开“字符”面板，设置各项参数，如图 15-59 所示。

STEP 14 使用“文字修饰工具”选中单个文字并向右侧拖曳移动文字位置，继续在文字右侧输入字母，并在“字符”面板中设置相应的参数，效果如图 15-60 所示。

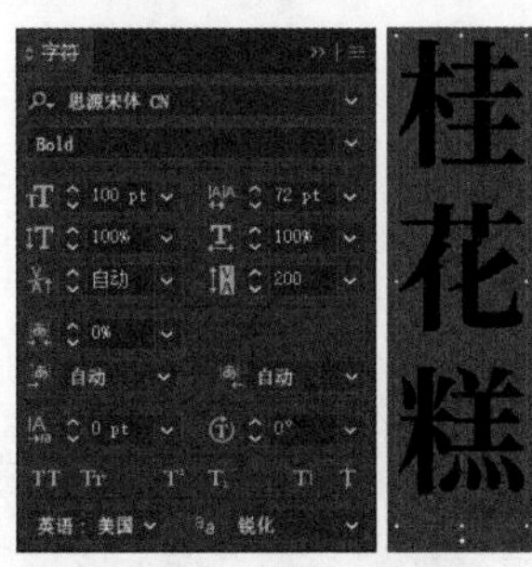

图15-59 输入文字并设置参数

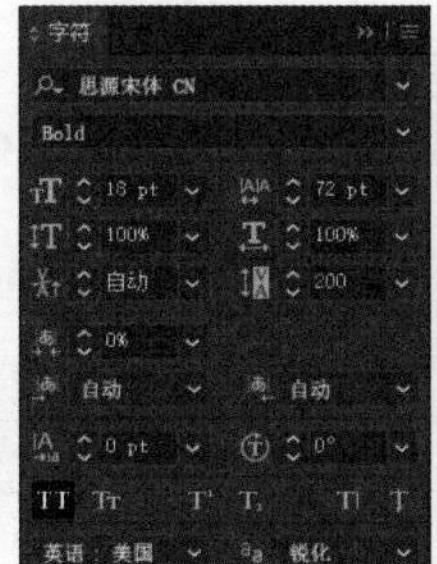

图15-60 输入字母并设置参数

STEP 15 打开“15301.ai”文件，使用“选择工具”将其拖曳到当前文档中并调整角度和位置，再次调整图形的层叠顺序。使用“圆角矩形工具”在文字左侧创建一个圆角矩形，再使用“直排文字工具”在圆角矩形上输入文字，如图 15-61 所示。

STEP 16 将圆角矩形和文字移动到合适位置，选中所有对象后按【Ctrl+G】组合键将其编为一组。保持编组为选中状态，在“属性”面板中设置“旋转”为 90°，将编组移动到合适位置，效果如图 15-62 所示。

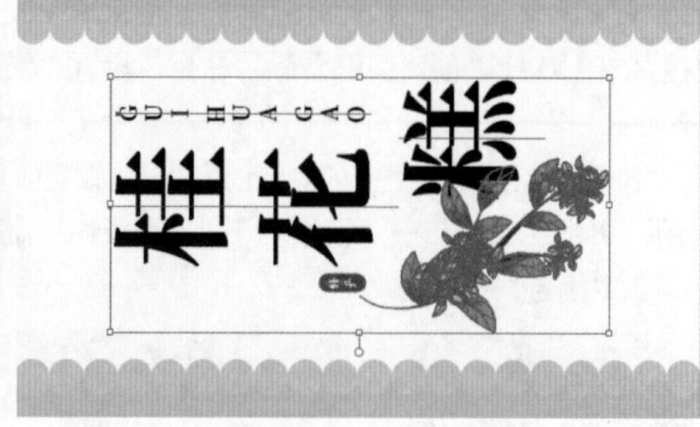

图15-61 创建圆角矩形并添加文字　　图15-62 旋转并移动位置

STEP 17 按住【Alt】键不放的同时向左侧拖曳复制并编组图形，如图 15-63 所示。执行“对象”→“变换”→“缩放”命令，在弹出的“比例缩放”对话框中设置等比为 30%，单击“复制”按钮，移动编组图形的位置，效果如图 15-64 所示。

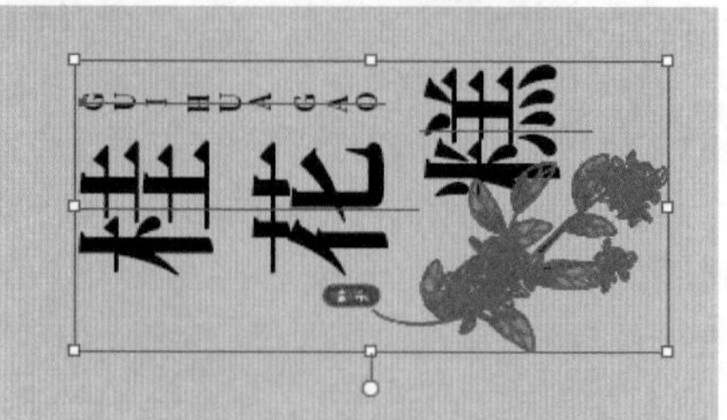

图15-63 复制并编组图形　　图15-64 复制并移动图形

STEP 18 在“属性”面板中设置“旋转”为270°，并修改编组中主体文字的“填色”，效果如图 15-65 所示。

STEP 19 双击工具箱中的“旋转工具”按钮，在弹出的“旋转”对话框中设置参数为 180°。单击“复制”按钮，使用“选择工具”将复制得到的图形移动到合适位置，效果如图 15-66 所示。

图15-65 旋转角度并修改“填色”　　图15-66 移动复制图形

STEP 20 使用“圆角矩形工具”在剪贴板上创建一个白色圆角矩形，如图 15-67 所示。使用“文字工具”在剪贴板上输入文字，并在“字符”面板中设置参数。使用相同的方法输入相似的文字内容，使用“矩形工具”在剪贴板中创建矩形并设置黑色描边，再使用“直线段工具”创建直线，如图 15-68 所示。

营养成分表

项目	每100克(g)	NRV%
能量	1870千焦(kJ)	22%
蛋白质	8.0克(g)	13%
脂肪	6.6克(g)	11%
碳水化合物	89.2克(g)	29%
钠	93毫克(mg)	5%

图15-67 创建圆角矩形　　图15-68 创建矩形和直线

STEP 21 叠放剪贴板上的所有对象并按【Ctrl+G】组合键，将其编为一组，在“属性”面板中设置“旋转”为90°，将其移动到如图 15-69 所示的位置。使用相同的方法完成相似的文字内容制作，如图 15-70 所示。

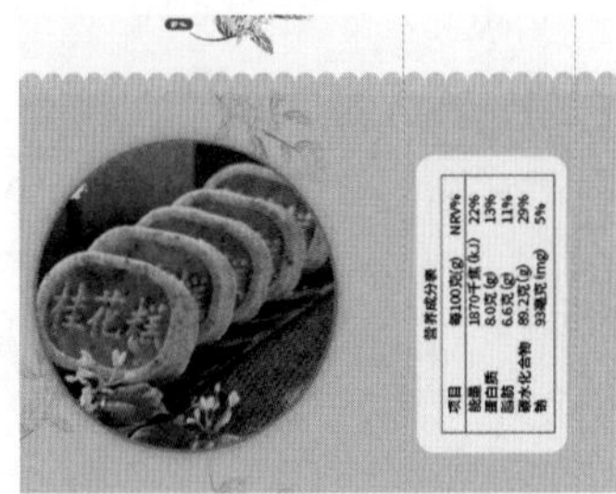

图15-69 移动位置　　图15-70 完成文字内容的制作

STEP 22 使用相同的方法在画板上添加图形和文字等辅助内容，效果如图 15-71 所示。

STEP 23 使用“矩形工具”创建矩形，再使用“直接选择工具”调整顶部两个锚点的位置。使用相同的方法完成相似内容的制作，效果如图 15-72 所示。

图15-71 添加辅助内容

图15-72 创建矩形并调整锚点

STEP 24 隐藏内容，使用“选择工具”拖曳选中如图 15-73 所示的对象，按【Ctrl+C】组合键复制选中内容。

STEP 25 打开“图层”面板，隐藏并锁定“图层 1”后，单击面板底部的“创建新图层”按钮，如图 15-74 所示。保持“图层 2”为选中状态，执行“编辑”→“就地粘贴”命令，效果如图 15-75 所示。

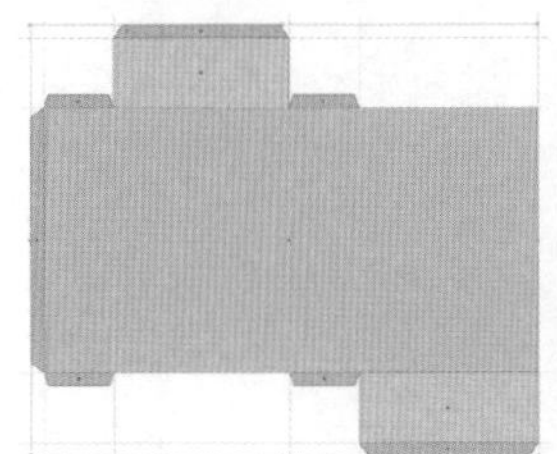

图15-73 隐藏和选中对象　　图15-74 新建图层

图15-75 粘贴图形

STEP 26 保持粘贴图形为选中状态，单击“路径查找器”面板中的“联集”按钮，设置“描边”和“填色”为无，如图 15-76 所示。

STEP 27 修改“图层 2”的名称为“刀版”，如图 15-77 所示。

图15-76 制作刀版

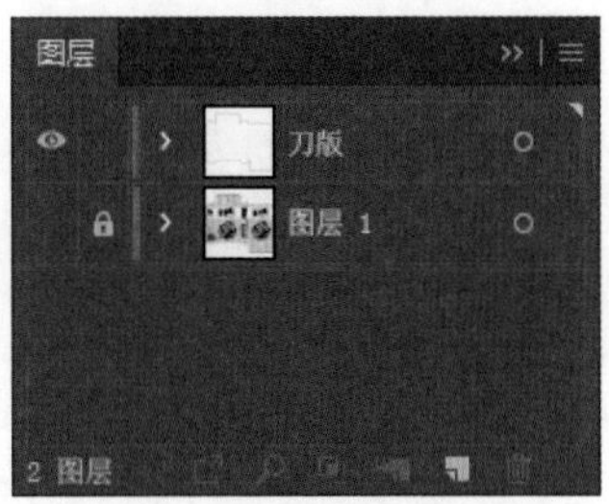

图15-77 修改图层名称

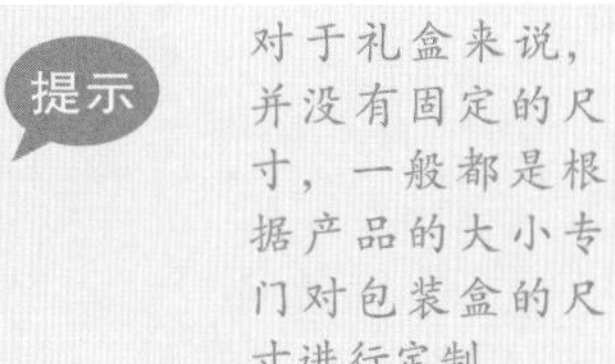

提示
对于礼盒来说，并没有固定的尺寸，一般都是根据产品的大小专门对包装盒的尺寸进行定制。